注册消防工程师资格考试辅导教材

消防安全技术综合能力

XIAOFANG ANQUAN JISHU ZONGHE NENGLI

注册消防工程师资格考试辅导教材编写组 编

图书在版编目（CIP）数据

消防安全技术综合能力 /《注册消防工程师资格考试辅导教材》编写组编. -- 北京：企业管理出版社,2016.6
注册消防工程师资格考试辅导教材
ISBN 978-7-5164-1290-9

Ⅰ.①消… Ⅱ.①注… Ⅲ.①消防－安全技术－资格考试－自学参考资料 Ⅳ.①TU998.1

中国版本图书馆 CIP 数据核字(2016)第 128081 号

书　　名：	注册消防工程师资格考试辅导教材：消防安全技术综合能力
作　　者：	《注册消防工程师资格考试辅导教材》编写组
责任编辑：	程静涵
书　　号：	ISBN 978-7-5164-1290-9
出版发行：	企业管理出版社
地　　址：	北京市海淀区紫竹院南路 17 号　　邮编：100048
网　　址：	http://www.emph.cn
电　　话：	总编室（010）68701719　发行部（010）68701816　编辑部（010）68701638
电子信箱：	80147@sina.com
印　　刷：	北京铭传印刷有限公司
经　　销：	新华书店
规　　格：	185 毫米×260 毫米　　16 开本　　23 印张　　559 千字
版　　次：	2016 年 6 月 第 1 版　2016 年 6 月 第 1 次印刷
定　　价：	110.00 元 (全两册)

版权所有　翻印必究　·　印装有误　负责调换

前言

2012年9月中华人民共和国人力资源和社会保障部、公安部联合公布了《注册消防工程师资格考试实施办法》，2015年8月，公安部消防局发布了2015年233号文件，初步确认注册消防工程师考试时间。至此，注册消防工程师考试正式拉开了帷幕。

为了适应注册消防工程师资格考试的需要，我们组织专家老师多次研讨，根据考试大纲，结合最新规范，精心编写了这套辅导教材。本套教材为考生提供了最具概括性、目标性和专业性的考点知识讲解，从而帮助考生缩短学习时间，提高复习效率。

本套教材共三册，分别为《消防安全技术实务》《消防安全技术综合能力》和《消防安全案例分析》。其中，《消防安全技术综合能力》和《消防安全案例分析》可以作为注册消防工程师二级考试用书。

在本书编写过程中，我们得到了很多在消防领域从事一线工作的消防工作者以及该领域专业老师的支持，在此表示衷心的感谢！虽然编写组成员精益求精，但是由于水平有限，书中难免有错漏和不足之处，恳请广大读者批评指正。

目录

◆ **第一部分 消防法及相关法律法规与消防职业道德**

　◆ **第一章 消防法及相关法律法规** ……………………………………… 1
　　第一节　中华人民共和国消防法 ………………………………………………… 2
　　第二节　相关法律 ………………………………………………………………… 4
　　第三节　部门规章 ………………………………………………………………… 11
　　第四节　规范性文件 ……………………………………………………………… 18
　　本章练习题 ………………………………………………………………………… 20

　◆ **第二章 注册消防工程师职业道德** …………………………………… 22
　　第一节　注册消防工程师职业道德概述 ………………………………………… 22
　　第二节　注册消防工程师职业道德的原则 ……………………………………… 23
　　第三节　注册消防工程师职业道德基本规范 …………………………………… 23
　　第四节　注册消防工程师职业道德修养 ………………………………………… 24
　　本章练习题 ………………………………………………………………………… 24

◆ **第二部分 建筑防火检查**

　◆ **第一章 建筑分类和耐火等级检查** …………………………………… 26
　　第一节　建筑分类 ………………………………………………………………… 26
　　第二节　建筑耐火等级 …………………………………………………………… 28
　　本章练习题 ………………………………………………………………………… 30

　◆ **第二章 总平面布局与平面布置检查** ………………………………… 31
　　第一节　总平面布局 ……………………………………………………………… 31
　　第二节　救援设施的布置 ………………………………………………………… 36
　　第三节　平面布置 ………………………………………………………………… 37
　　本章练习题 ………………………………………………………………………… 44

　◆ **第三章 防火防烟分区检查** …………………………………………… 45
　　第一节　防火分区 ………………………………………………………………… 45
　　第二节　防烟分区 ………………………………………………………………… 48
　　第三节　防火分隔措施 …………………………………………………………… 49
　　本章练习题 ………………………………………………………………………… 54

　◆ **第四章 安全疏散检查** ………………………………………………… 55
　　第一节　安全出口与疏散出口 …………………………………………………… 55
　　第二节　疏散走道与避难走道 …………………………………………………… 59
　　第三节　疏散楼梯间 ……………………………………………………………… 61
　　第四节　避难疏散设施 …………………………………………………………… 63
　　本章练习题 ………………………………………………………………………… 65

　◆ **第五章 防爆检查** ……………………………………………………… 66

第一节	建筑防爆	66
第二节	电气防爆	68
第三节	设施防爆	69
本章练习题		70

第六章 建筑装修和外保温系统检查 71

第一节	建筑内部装修	71
第二节	建筑外墙的装饰和外保温系统	73
本章练习题		74

第三部分 消防设施安装、检测与维护管理

第一章 消防设施质量控制、维护保养与消防控制室管理 75

第一节	消防设施安装调试与检测	75
第二节	消防设施维护管理	79
第三节	消防控制室管理	82
本章练习题		84

第二章 消防给水 85

第一节	系统构成	85
第二节	系统组件（设备）安装前检查	86
第三节	系统安装调试与检测验收	90
第四节	系统维护管理	96
本章练习题		97

第三章 消火栓系统 99

第一节	系统构成	99
第二节	系统组件（设备）安装前检查	100
第三节	系统安装调试与检测验收	103
第四节	系统维护管理	104
本章练习题		105

第四章 自动喷水灭火系统 107

第一节	系统构成	107
第二节	系统组件（设备）安装前检查	108
第三节	系统组件安装调试与检测验收	110
第四节	系统维护管理	117
本章练习题		127

第五章 水喷雾灭火系统 129

第一节	系统构成	129
第二节	系统组件（设备）安装前检查	129
第三节	系统安装调试与检测验收	130
第四节	系统维护管理	132
本章练习题		132

第六章 细水雾灭火系统 134

第一节	系统构成	134
第二节	系统组件（设备）安装前检查	135
第三节	系统组件安装调试与检测验收	136
第四节	系统维护管理	143
本章练习题		148

第七章 气体灭火系统 149

第一节	系统构成	149
第二节	系统部件、组件（设备）安装前检查	150
第三节	系统组件的安装与调试	151
第四节	系统的检测与验收	154
第五节	系统维护管理	159

本章练习题	161

◆ 第八章 泡沫灭火系统 162
第一节	系统构成	162
第二节	泡沫液和系统组件（设备）现场检查	164
第三节	系统组件安装调试与检测验收	166
第四节	系统维护管理	177
本章练习题		179

◆ 第九章 干粉灭火系统 180
第一节	系统构成	180
第二节	系统组件（设备）安装前检查	181
第三节	系统组件安装调试与检测验收	182
第四节	系统维护管理	187
本章练习题		190

◆ 第十章 建筑灭火器配置 191
第一节	安装设置	191
第二节	竣工验收	194
第三节	维护管理	196
本章练习题		199

◆ 第十一章 防烟排烟系统 201
第一节	系统构成	201
第二节	系统组件（设备）安装前检查	202
第三节	系统的安装检测与调试	203
第四节	系统验收	207
第五节	系统维护管理	209
本章练习题		210

◆ 第十二章 消防用电设备的供配电与电气防火 211
第一节	消防用电设备供配电系统	211
第二节	电气防火要求及技术措施	213
本章练习题		218

◆ 第十三章 消防应急照明和疏散指示系统 219
第一节	系统分类与构成	219
第二节	系统安装与调试	219
第三节	系统检测与维护	223
本章练习题		226

◆ 第十四章 火灾自动报警系统 227
第一节	系统构成	227
第二节	系统安装与调试	228
第三节	系统检测与维护	237
本章练习题		243

◆ 第十五章 城市消防远程监控系统 244
第一节	系统构成	244
第二节	系统安装前检查	244
第三节	系统安装与调试	245
第四节	系统检测与维护	247
本章练习题		251

◆ 第四部分 消防安全评估方法与技术

◆ 第一章 区域消防安全评估方法与技术要求 253
第一节	评估方法	253
第二节	评估范例	256

本章练习题	259
◆◆第二章　建筑火灾风险分析方法与评估要求	260
第一节　评估方法	260
第二节　某体育中心火灾风险评估范例	263
本章练习题	274
◆◆第三章　建筑消防性能化设计方法与技术要求	275
第一节　消防性能化设计的适应范围	276
第二节　建筑消防性能化设计的基本程序与设计步骤	276
第三节　资料收集与安全目标设定	278
第四节　软件选取	284
第五节　火灾场景和疏散场景设定	286
第六节　计算分析及结果运用	294
第七节　性能化防火设计文件编制	296
本章练习题	301

第五部分　消防安全管理

◆◆第一章　消防安全管理概述	302
第一节　消防安全管理的发展	302
第二节　消防安全管理的性质和特性	302
第三节　消防安全管理的要素	303
本章练习题	305
◆◆第二章　社会单位消防安全管理	306
第一节　消防安全重点单位	306
第二节　消防安全组织和职责	309
第三节　消防安全制度和落实	314
第四节　消防安全重点部位的确定和管理	318
第五节　火灾隐患及重大火灾隐患的判定	320
第六节　消防档案	324
本章练习题	325
◆◆第三章　社会单位消防宣传与教育培训	327
第一节　消防宣传与教育培训概述	327
第二节　消防宣传与教育培训的主要内容和形式	328
第三节　典型社会单位的消防宣传与教育培训	330
本章练习题	333
◆◆第四章　应急预案编制与演练	334
第一节　应急预案概述	334
第二节　应急预案编制	335
第三节　应急预案演练	336
本章练习题	340
◆◆第五章　施工消防安全管理	341
第一节　施工现场的火灾风险及管理职责	341
第二节　施工现场总平面布局	342
第三节　施工现场内建筑的防火要求	345
第四节　施工现场临时消防设施设置	347
第五节　施工现场的消防安全管理	350
本章练习题	354
◆◆第六章　大型群众性活动消防安全管理	355
第一节　概述	355
第二节　大型群众性活动消防安全管理要求	356
第三节　大型群众性活动消防工作实施	359
本章练习题	360

第一部分 消防法及相关法律法规与消防职业道德

第一章 消防法及相关法律法规

本章知识框架

消防法及相关法律法规	中华人民共和国消防法	1. 关于消防工作的方针、原则和责任制(★★★☆☆) 2. 关于单位的消防安全责任(★★★☆☆) 3. 关于公民在消防工作中的权利和义务(★★☆☆☆) 4. 关于建设工程消防设计审核、消防验收和备案抽查制度(★★☆☆☆) 5. 关于公众聚集场所使用、营业前的消防安全检查(★★☆☆☆) 6. 关于举办大型群众性活动的消防安全要求(★☆☆☆☆) 7. 关于消防产品监督管理(★☆☆☆☆) 8. 关于消防技术服务机构和执业人员(★★☆☆☆) 9. 关于法律责任的规定(★☆☆☆☆)
	相关法律	1. 中华人民共和国城乡规划法(★☆☆☆☆) 2. 中华人民共和国建筑法(★☆☆☆☆) 3. 中华人民共和国产品质量法(★☆☆☆☆) 4. 中华人民共和国安全生产法(★☆☆☆☆) 5. 中华人民共和国行政处罚法(★☆☆☆☆) 6. 中华人民共和国行政许可法(★☆☆☆☆) 7. 中华人民共和国刑法(★☆☆☆☆)
	部门规章	1. 公共娱乐场所消防安全管理规定(★☆☆☆☆) 2. 机关、团体、企业、事业单位消防安全管理规定(★☆☆☆☆) 3. 社会消防安全教育培训规定(★☆☆☆☆) 4. 建设工程消防监督管理规定(★☆☆☆☆) 5. 消防监督检查规定(★☆☆☆☆) 6. 火灾事故调查规定(★☆☆☆☆) 7. 消防产品监督管理规定(★☆☆☆☆) 8. 社会消防技术服务管理规定(★☆☆☆☆) 9. 专业技术人员考试违纪违规行为处理规定(★☆☆☆☆)
	规范性文件	1.《关于印发注册消防工程师制度暂行规定和注册消防工程师资格考试实施办法及注册消防工程师资格考核认定办法的通知》(★☆☆☆☆) 2.《关于颁发<职业资格证书规定>的通知》(★☆☆☆☆) 3.《关于印发<职业资格证书制度暂行办法>的通知》(★☆☆☆☆)

第一节　中华人民共和国消防法

考点　中华人民共和国消防法

《中华人民共和国消防法》(以下简称《消防法》)于1998年4月29日由第九届全国人民代表大会常务委员会第二次会议审议通过,自1998年9月1日起施行。2008年10月28日由第十一届全国人民代表大会常务委员会第五次会议修订通过,自2009年5月1日起施行,该法共7章74条。

1.《消防法》关于消防工作的方针、原则和责任制

《消防法》在总则中规定"消防工作贯彻预防为主、防消结合的方针,按照政府统一领导、部门依法监管、单位全面负责、公民积极参与的原则,实行消防安全责任制,建立健全社会化的消防工作网络",确立了消防工作的方针、原则和责任制。

2.《消防法》关于单位的消防安全责任

(1)《消防法》在总则中规定,任何单位都有维护消防安全、保护消防设施、预防火灾、报告火警的义务;任何单位都有参加有组织的灭火工作的义务;机关、团体、企业、事业等单位应当加强对本单位人员的消防宣传教育。

(2)单位消防安全职责:

①落实消防安全责任制,制定本单位的消防安全制度、消防安全操作规程,制定灭火和应急疏散预案。

②按照国家标准、行业标准配置消防设施、器材,设置消防安全标志,并定期组织检验、维修,确保完好有效。

③对建筑消防设施每年至少进行一次全面检测,确保完好有效,检测记录应当完整准确,存档备查。

④保障疏散通道、安全出口、消防车通道畅通,保证防火防烟分区、防火间距符合消防技术标准。

⑤组织防火检查,及时消除火灾隐患。

⑥组织进行有针对性的消防演练。

⑦法律、法规规定的其他消防安全职责。

(3)重点单位需要履行的特殊安全职责:

①确定消防安全管理人,组织实施本单位的消防安全管理工作。

②建立消防档案,确定消防安全重点部位,设置防火标志,实行严格管理。

③实行每日防火巡查,并建立巡查记录。

④对职工进行岗前消防安全培训,定期组织消防安全培训和消防演练。

(4)规定同一建筑物由两个以上单位管理或者使用的,应当明确各方的消防安全责任,并确定责任人对共用的疏散通道、安全出口、建筑消防设施和消防车通道进行统一管理。

(5)规定任何单位不得损坏、挪用或者擅自拆除、停用消防设施、器材,不得埋压、圈占、遮挡消火栓或者占用防火间距,不得占用、堵塞、封闭疏散通道、安全出口、消防车通道。

(6)规定任何单位都应当无偿为报警提供便利,不得阻拦报警,严禁谎报火警;发生火灾,必须立即组织力量扑救,邻近单位应当给予支援;火灾扑灭后,发生火灾的单位和相关人员应当按照公安机关消防机构的要求保护现场,接受事故调查,如实提供与火灾有关的情况。

(7)规定被责令停止施工、停止使用、停产停业的单位,应当在整改后向公安机关消防机构报告,经公安机关消防机构检查合格,方可恢复施工、使用、生产、经营。

3.《消防法》关于公民在消防工作中的权利和义务

(1)任何人都有维护消防安全、保护消防设施、预防火灾、报告火警的义务;任何成年人都有参加有组织的灭火工作的义务。

(2)任何人不得损坏、挪用或者擅自拆除、停用消防设施、器材,不得埋压、圈占、遮挡消火栓或者占用防火间距,不得占用、堵塞、封闭疏散通道、安全出口、消防车通道。

(3)任何人发现火灾都应当立即报警;任何人都应当无偿为报警提供便利,不得阻拦报警;严禁谎报火警。

(4)火灾扑灭后,相关人员应当按照公安机关消防机构的要求保护现场,接受事故调查,如实提供与火灾有关的情况。

(5)任何人都有权对公安机关消防机构及其工作人员在执法中的违法行为进行检举、控告。

4.《消防法》关于建设工程消防设计审核、消防验收和备案抽查制度

(1)《消防法》第十一条、第十三条第一款第一项及第二款明确了消防设计审核、消防验收的范围。规定对国务院公安部门规定的大型的人员密集场所和其他特殊建设工程,由公安机关消防机构实行建设工程消防设计审核、消防验收。

(2)《消防法》第十条、第十三条第一款第二项及第二款明确了其他工程实行备案抽查制度。规定对国务院公安部门规定的大型的人员密集场所和其他特殊建设工程以外的按照国家建设工程消防技术标准需要进行消防设计的其他建设工程,建设单位应当自依法取得施工许可之日起7个工作日内,将消防设计文件报公安机关消防机构备案,公安机关消防机构应当进行抽查;经依法抽查不合格的,应当停止施工。建设单位在工程验收后应当报公安机关消防机构备案,公安机关消防机构应当进行抽查;经依法抽查不合格的,应当停止使用。

(3)《消防法》第十二条规定建设工程的消防设计未经依法审核或者审核不合格的,负责审批该工程施工许可的部门不得给予施工许可,建设单位、施工单位不得施工;建设工程未经依法进行消防验收或者消防验收不合格的,禁止投入使用;《消防法》第五十八条对违反建设工程消防设计审核、消防验收、备案抽查规定的违法行为,规定了责令停止施工、停止使用、停产停业和罚款的行政处罚。

5.《消防法》关于公众聚集场所使用、营业前的消防安全检查

(1)规定公众聚集场所在投入使用、营业前,建设单位或者使用单位应当向场所所在地的县级以上地方人民政府公安机关消防机构申请消防安全检查。

(2)明确了公安机关消防机构实施消防安全检查的时限和工作要求,规定公安机关消防机构应当自受理申请之日起10个工作日内,根据消防技术标准和管理规定,对该场所进行消防安全检查。未经消防安全检查或者经检查不符合消防安全要求的,不得投入使用、营业。

(3)对公众聚集场所未经消防安全检查或者经检查不符合消防安全要求擅自投入使用、营业的消防安全违法行为,直接给予责令停止施工、停止使用、停产停业和罚款等行政处罚。

6.《消防法》关于举办大型群众性活动的消防安全要求

规定举办大型群众性活动时,承办人应当依法向公安机关申请安全许可,制定灭火和应急疏散预案并组织演练,明确消防安全责任分工,确定消防安全管理人员,保持消防设施和消防器材配置齐全、完好有效,保证疏散通道、安全出口、疏散指示标志、应急照明和消防车通道符合消防技术标准和管理规定。

7.《消防法》关于消防产品监督管理

(1)明确了对消防产品的基本要求,规定消防产品必须符合国家标准;没有国家标准的,必须符合行业标准。禁止生产、销售或者使用不合格的消防产品以及国家明令淘汰的消防产品。

(2)明确了消防产品强制认证制度,规定依法实行强制性产品认证的消防产品,由具有法定资质的认证机构按照国家标准、行业标准的强制性要求认证合格后,方可生产、销售、使用。新研制的尚未制定国家标准、行业标准的消防产品,应当按照国务院产品质量监督部门会同国务院公安部门规定的办法,经技术鉴定符合消防安全要求的,方可投入生产、销售和使用。

(3)明确了消防产品的监督管理主体,规定产品质量监督部门、工商行政管理部门、公安机关消防机构应当按照各自职责加强对消防产品质量的监督检查,并依法进行处罚。

8.《消防法》关于消防技术服务机构和执业人员

《消防法》第三十四条规定,消防产品质量认证、消防设施检测、消防安全监测等消防技术服务机构和执业人员,应当依法获得相应的资质、资格;依照法律、行政法规、国家标准、行业标准和执业准则,接受委托提供消防技术服务,并对服务质量负责。

9.关于法律责任的规定

《消防法》强化了法律责任追究,共设有警告、罚款、拘留、责令停产停业(停止施工、停止使用)、没收违法所得、责令停止执业(吊销相应资质、资格)6类行政处罚。

第二节 相关法律

考点一 中华人民共和国城乡规划法

1.适用范围

《城乡规划法》所称的城乡规划,是指由城镇体系规划、城市规划、镇规划、乡规划和村庄规划组成的一个规划体系。它调整的是城市、镇、村庄等居民点以及居民点之间的相互关系,不是覆盖全部国土面积的规划。

2.城乡规划与其他规划的关系

城乡规划是一项全局性、综合性、战略性很强的工作,它与国民经济和社会发展规划、土地利用总体规划密切相关,只有与这些综合性规划相互衔接、相互协调,才能充分发挥其功能和作用。在规划区内进行建设活动,应当遵守土地管理、自然资源和环境保护等法律、法规的规定。

3.城乡规划的制定

①明确规划制定和实施的原则;②明确规划编制的主体和审批程序;③扩大社会公众参与;④增加规划的透明度。

4.城乡规划的实施

①要求各级地方人民政府有计划、分步骤地实施当地的总体规划,并根据当地的总体规

划,制定近期建设规划;②控制频繁修改城乡规划;③明确规划修改的审批程序;④强调规划许可证的法律效力;⑤强化监督检查措施。

5.法律责任

《城乡规划法》设专章规定了城乡规划与建设的各类违法行为的法律责任,特别是强调了对不同类型违法建设行为的责任追究,明确对无法采取改正措施消除影响的违法建筑予以拆除,不能拆除的,没收实物或者违法收入,可以并处罚款,加大了对恶意违法建设的查处力度。

考点二　中华人民共和国建筑法

1.适用范围

《建筑法》重点规范各类房屋建筑及其附属设施的建造和与其配套的线路、管道、设备的安装活动。

2.建筑许可

《建筑法》规定的建筑许可主要包括建筑工程施工许可以及对从业资格的规定。

3.建筑工程发包与承包

建筑工程发包与承包,应当遵循"公开、公正、平等竞争"的原则,按照招标投标的法定程序,采取招标发包和直接发包的形式,择优选择承包单位。同时,还就建筑工程发包、总包、承包单位采购权、联合体承包建筑工程以及总承包单位与分包单位就分包工程对建设单位承担连带责任等作了明确的法律规范。

4.建筑工程监理制度

第三十条规定"国家推行建筑工程监理制定"。第三十四条特别强调工程监理单位须在其资质等级许可的监理范围内,承担工程监理业务。工程监理单位与被监理工程的承包单位以及建筑材料、建筑构配件和设备供应单位不得有隶属关系或者其他利害关系。对工程监理单位不得转让工程监理业务,也做了明确的规定。

5.建筑安全生产管理及建筑工程质量管理

《建筑法》第五章"建筑安全生产管理"中首先强调建筑工程安全生产管理必须坚持"安全第一、预防为主"的方针,并对工程设计、施工安全等内容作出规定。第六章对影响建筑工程质量的勘察、设计和施工单位提出了具体规范。

6.法律责任

《建筑法》第七章是关于法律责任的规定,对在建筑许可、工程发包与承包、工程监理、安全生产及工程质量等方面的违法行为作出相应的处罚规定。

考点三　中华人民共和国产品质量法

1.调整范围

《产品质量法》所称产品是指经过加工、制作,用于销售的产品。

建设工程不适用本法规定,但是用于建设工程的建筑材料、构配件、设备,如果作为一个独立的产品而被使用的,则应属于产品质量法的调整范围。此外,服务业中从事经营性服务所使用的材料和零配件,将其视同销售,纳入产品质量法的调整范围。

2.产品质量的监督

(1)对涉及保障人体健康和人身、财产安全的产品实行严格的强制监督管理的制度。

(2)产品质量监督部门依法对产品质量实行监督抽查并对抽查结果进行公告的制度。

(3)推行企业质量体系认证和产品质量认证的制度。

(4)产品质量监督部门和工商行政管理部门对涉嫌在产品生产、销售活动中从事违反本法的行为可以依法实行强制检查和采取必要的查封、扣押等强制措施的制度等。

3.产品质量责任制度

(1)生产者、销售者是产品质量责任的承担者,是产品质量的责任主体。

(2)生产者应当对其生产的产品质量负责,产品存在缺陷造成损害的,生产者应当承担赔偿责任。

(3)由于销售者的过错使产品存在缺陷,造成危害的,销售者应当承担赔偿责任。

(4)因产品缺陷造成损害的,受害人可以向生产者要求赔偿,也可以向销售者要求赔偿。

(5)产品质量有瑕疵的,生产者、销售者负瑕疵担保责任,采取修理、更换、退货等救济措施;给购买者造成损失的,承担赔偿责任。

(6)产品质量应当是不存在危及人身、财产安全的不合理的危险,具备产品应当具备的使用性能,符合在产品或者其包装上注明采用的产品标准,符合以产品说明、实物样品等方式表明的质量状况。

(7)禁止生产、销售不符合保障人体健康和人身、财产安全的标准和要求的工业产品。

(8)产品质量应当检验合格,不得以不合格产品冒充合格产品。

4.消费者权益保护

(1)明确了消费者的社会监督权利。消费者有权对产品质量问题进行查询、申诉。

(2)经销者必须对消费者购买的产品质量负责。消费者发现产品质量有问题,有权要求销售者对出售的产品负责修理、更换、退货。

(3)消费者因产品质量问题受到人身伤害、财产损失后,有权向生产者或销售者的任何一方提出赔偿要求。享有诉讼的选择权利和获得及时、合理的损害赔偿的要求。

(4)发生产品质量民事纠纷后,消费者可以选择协商、调解、协议仲裁或者起诉等各种渠道解决。

5.法律责任

(1)处罚的重点主要是生产、销售不符合保障人体健康和人身、财产安全的国家标准、行业标准的产品的行为,制假售假行为,以及其他违法产品的生产、销售行为。

(2)处罚的手段多样。

(3)处罚的对象范围宽泛。

考点四 中华人民共和国安全生产法

1.调整范围

《安全生产法》第二条规定了其调整范围:在中华人民共和国境内从事生产经营活动的单位的安全生产,适用本法;有关法律、行政法规对消防安全和道路交通安全、铁路交通安全、水上交通安全、民用航空安全另有规定的,适用其规定。

2.生产经营单位的安全生产保障

《安全生产法》第二章共28条,为生产经营单位在安全生产的各个方面和各个环节上确立了必须遵循的行为准则。

主要包括：生产经营单位的安全生产条件；生产经营单位的主要负责人的安全生产职责；安全生产资金；安全生产管理人员；安全生产教育和培训；安全设施的"三同时"；安全条件论证和安全评价；安全设施设计和施工；安全警示标志；安全设备；特种设备以及危险物品的容器、运输工具管理；对严重危及生产安全的工艺、设备的淘汰制度；危险物品及废弃危险物品管理；重大危险源管理；生产经营场所和宿舍安全管理；爆破、吊装作业管理；劳动防护用品；安全检查；安全协作；生产经营单位发包或者出租的情况下的安全生产责任；发生重大生产事故后，单位主要负责人的职责；工伤社会保险。

3.从业人员的权利和义务

（1）从业人员与生产经营单位订立的劳动合同应当载明与从业人员劳动安全有关的事项，以及生产经营单位不得以协议免除或者减轻安全事故伤亡责任。

（2）从业人员有权了解其作业场所和工作岗位存在的危险因素、防范措施及事故应急措施，有权对本单位的安全生产工作提出建议。

（3）从业人员有权对本单位存在的安全问题提出批评、检举、控告，有权拒绝违章指挥和强令冒险作业。

（4）从业人员有权在发现直接危及人身安全的紧急情况时停止作业或者在采取可能的应急措施后撤离作业场所，生产经营单位不得因从业人员采取上述措施而降低其工资、福利等待遇或者解除与其订立的劳动合同。

（5）因生产安全事故受到损害的从业人员享有有关赔偿的权利。本章在规定从业人员权利的同时，也要求从业人员必须遵守安全生产法律法规以及规章制度，照章操作；接受安全生产培训；对事故隐患或者不安全因素进行报告等义务。

4.安全生产的监督管理

《安全生产法》第四章是关于安全生产的监督管理的规定，主要包括县级以上地方各级人民政府以及相关部门在安全生产监督管理方面应当履行的主要职责。

5.生产安全事故的应急救援与调查处理

《安全生产法》第五章共九条，对生产安全事故的应急救援和调查处理作出规定。明确县级以上人民政府应当指定特大事故应急救援预案，建立应急救援体系。危险物品生产经营单位以及矿山、建筑施工单位应当建立应急救援组织、配备必要的应急救援器材、设备，并经常进行维护、保养。生产经营单位发生事故，必须按规定报告安全和生产监督管理部门和有关部门，不得隐瞒不报、谎报或者拖延不报。安全生产监督管理部门和有关部门按照有关规定逐级上报，并积极组织事故抢救。事故调查处理按照实事求是、尊重科学的原则和国家有关规定进行。

6.法律责任

《安全生产法》第六章共十九条，规定了安全生产违法行为的法律责任，包括应当承担行政责任、民事责任和刑事责任及其他相关规定。

考点五　中华人民共和国行政处罚法

1.行政处罚的概念和种类

行政处罚是指国家行政机关和法律、法规授权组织依照有关法律、法规和规章，对公民、法人或者其他组织违反行政管理秩序的行为所实施的行政惩戒。对实施处罚的主体来说，行政处罚是一种制裁性行政行为，对承受处罚的主体来说，行政处罚是一种惩罚性的行政法律责任。

《行政处罚法》规定的行政处罚种类有:警告;罚款;没收违法所得,没收非法财物;责令停产停业;暂扣或吊销许可证,暂扣或吊销执照;行政拘留;以及法律、行政法规规定的其他行政处罚。

2.行政处罚的设定权

《行政处罚法》对行政处罚种类严格加以限制的同时,又对法律、行政法规、地方性法规、部门规章、政府规章各自的行政处罚设定权予以明确的规定。除此之外,任何规范性文件不得设定行政处罚。

3.行政处罚的原则

行政处罚的原则:①处罚法定原则;②处罚公正、公开原则;③处罚与教育相结合原则;④权利保障原则;⑤一事不再罚原则。

4.行政处罚的程序

行政处罚的程序分为一般程序、简易程序两大类,分别适用于不同条件的行政处罚行为。一般程序由受案、调查取证、告知、听取申辩和质证、决定等阶段构成。简易程序适用于违法事实确凿并有法定依据,当场作出的对公民处以警告或较少罚款的行政处罚。

5.违法处罚的法律责任

《行政处罚法》规定,对违法实施行政处罚的人员追究法律责任。根据其行为的性质和程度,构成犯罪的,对直接负责的主管人员或其他直接责任人员追究刑事责任;不构成犯罪的,给予行政处分。

考点六　中华人民共和国行政许可法

1.行政许可概念

行政许可是指行政机关根据公民、法人或者其他组织的申请,经依法审查准予其从事特定活动的行为。

有关行政机关对其他机关或者对其直接管理的事业单位的人事、财物、外事等事项的审批,不属于行政许可的范围。

2.行政许可的基本原则

行政许可的基本原则包括:①合法原则;②公开、公平、公正原则;③便民原则;④救济原则;⑤信赖保护原则;⑥监督原则。

3.行政许可的设定

《行政许可法》第十二条规定了6类可以设定行政许可的事项:直接涉及国家安全、公共安全、经济宏观调控、生态环境保护以及直接关系人身健康、生命财产安全等特定活动,需要按照法定条件予以批准的事项;有限自然资源开发利用、公共资源配置以及直接关系公共利益的特定行业的市场准入等,需要赋予特定权利的事项;提供公众服务并且直接关系公共利益的职业、行业,需要确定具备特殊信誉、特殊条件或者特殊技能等资格、资质的事项;直接关系公共安全、人身健康、生命财产安全的重要设备、设施、产品、物品,需要按照技术标准、技术规范,通过检验、检测、检疫等方式进行审定的事项;企业或者其他组织的设立等,需要确定主体资格的事项;法律、行政法规规定可以设定行政许可的其他事项。

4.行政许可的撤销

被许可人以欺骗、贿赂等不正当手段取得行政许可的,行政机关应当予以撤销。行政机关工作人员滥用职权、玩忽职守,违法做出行政许可决定的,有关行政机关根据利害关系人的请求或者依据职权,可以撤销行政许可。但可能对公共利益造成重大损害的,不予撤销。

5.行政审批不得收取任何费用

行政机关实施行政许可和对行政许可事项进行监督检查,不得收取任何费用。但是,法律、行政法规另有规定的,依照其规定。

6.法律责任

(1)行政机关及其工作人员的法律责任。针对该许可不许可,不该许可乱许可以及不依法履行监督责任或者监督不力等违法犯罪行为,对行政机关直接负责主管人员和其他直接责任人员依法追究刑事、行政和民事责任。

(2)以不正当手段获取行政许可的行政相对人将受惩处。主要包括:①行政许可申请人隐瞒有关情况或提供虚假材料申请行政许可的违法行为;②被许可人以欺骗、贿赂等不正当手段取得行政许可的违法犯罪行为;③行政相对人违法从事行政许可,涂改、转让、倒卖、出租和出借行政许可证件或者非法转让行政许可的违法犯罪行为;④行政相对人违法从事行政许可,超越行政许可范围进行活动的违法犯罪行为;⑤向监督检查机关隐瞒有关情况,提供虚假材料或者拒绝提供真实材料的违法犯罪的行为;⑥行政相对人未经行政许可,擅自从事行政许可活动的。针对这些违法犯罪行为,对行政相对人依法追究刑事、行政和民事责任。

考点七 中华人民共和国刑法

(一)失火罪

1.立案标准

最高人民检察院、公安部《关于公安机关管辖刑事案件立案追诉标准的规定(一)》(公通字〔2008〕第36号)(以下简称《规定(一)》)第一条规定,过失引起火灾,涉嫌下列情形之一的,应予以立案追诉:

(1)导致死亡1人以上,或者重伤3人以上的。

(2)导致公共财产或者他人财产直接经济损失50万元以上的。

(3)造成十户以上家庭的房屋以及其他基本生活资料烧毁的。

(4)造成森林火灾,过火有林地面积2公顷以上或者过火疏林地、灌木林地、未成林地、苗圃地面积4公顷以上的。

(5)其他造成严重后果的情形。

2.刑罚

《刑法》第一百一十五条第二款规定,犯失火罪的,处3年以上7年以下有期徒刑;情节较轻的,处3年以下有期徒刑或者拘役。

(二)消防责任事故罪

1.立案标准

《规定(一)》第十五条规定,违反消防管理法规,经消防监督机构通知采取改正措施而拒绝执行,涉嫌下列情形之一的,应予立案追诉:

(1)导致死亡1人以上,或者重伤3人以上的。

(2)直接经济损失50万元以上的。

(3)造成森林火灾,过火有林地面积2公顷以上,或者过火疏林地、灌木林地、未成林地、苗圃地面积4公顷以上的。

(4)其他造成严重后果的情形。

2.刑罚

《刑法》第一百三十九条第一款规定,犯消防责任事故罪,处3年以下有期徒刑或者拘役;后果特别严重的,处3年以上7年以下有期徒刑。

(三)重大责任事故罪

1.立案标准

《规定(一)》第八条规定,在生产、作业中违反有关安全管理的规定,涉嫌下列情形之一的,应予以立案追诉:

(1)造成死亡1人以上,或者重伤3人以上的。

(2)造成直接经济损失50万元以上的。

(3)发生矿山生产安全事故,造成直接经济损失100万元以上的。

(4)其他造成严重后果的情形。

2.刑罚

《刑法》第一百三十四条第一款规定,在生产、作业中违反有关安全管理的规定,因而发生重大伤亡事故或者造成其他严重后果的,处3年以下有期徒刑或者拘役;情节特别恶劣的,处3年以上7年以下有期徒刑。

(四)强令违章冒险作业罪

1.立案标准

《规定(一)》第九条规定,强令他人违章冒险作业,涉嫌下列情形之一的,应予以立案追诉:

(1)造成死亡1人以上,或者重伤3人以上的。

(2)造成直接经济损失50万以上的。

(3)发生矿山生产安全事故,造成直接经济损失100万以上的。

(4)其他造成严重后果的情形。

2.刑罚

《刑法》第一百三十四条第二款规定,强令他人违章冒险作业,因而发生重大伤亡事故或者造成其他严重后果的,处5年以下有期徒刑或者拘役;情节特别恶劣的,处5年以上有期徒刑。

(五)重大劳动安全事故罪

1.立案标准

《规定(一)》第十条规定,安全生产设施或者安全生产条件不符合国家规定,涉嫌下列情形之一的,应予以立案追诉:

(1)造成死亡1人以上,或者重伤3人以上的。

(2)造成直接经济损失50万以上的。

(3)发生矿山生产安全事故,造成直接经济损失100万以上的。

(4)其他造成严重后果的情形。

2.刑罚

《刑法》第一百三十五条第一款规定,安全生产设施或者安全生产条件不符合国家规定,因而发生重大伤亡事故或者造成其他严重后果的,对直接负责的主管人员和其他直接责任人员,处 3 年以下有期徒刑或者拘役;情节特别恶劣的,处 3 年以上 7 年以下有期徒刑。

(六)大型群众性活动重大安全事故罪

1.立案标准

《规定(一)》第十一条规定,举办大型群众性活动违反安全管理规定,涉嫌下列情形之一的,应予以立案追诉:

(1)造成死亡 1 人以上,或者重伤 3 人以上的。

(2)造成直接经济损失 50 万以上的。

(3)其他造成严重后果的情形。

2.刑罚

《刑法》第一百三十五条第二款规定,举办大型群众性活动违反安全管理规定,因而发生重大伤亡事故或者造成其他严重后果的,对直接负责的主管人员和其他直接责任人员,处 3 年以下有期徒刑或者拘役;情节特别恶劣的,处 3 年以上或者 7 年以下有期徒刑。

(七)工程重大安全事故罪

1.立案标准

《规定(一)》第十三条规定,建设单位、设计单位、施工单位、工程监理单位违反国家规定,降低工程质量标准,涉嫌下列情形之一的,应予以立案追诉:

(1)造成死亡 1 人以上,或者重伤 3 人以上的。

(2)造成直接经济损失 50 万以上的。

(3)其他造成严重后果的情形。

2.刑罚

《刑法》第一百三十七条规定,建设单位、涉及单位、施工单位、工程监理单位违反国家规定,降低工程质量标准,造成重大安全事故,对直接责任人员,处 5 年以下有期徒刑或者拘役,并处罚金;后果特别严重的,处 5 年以上 10 年以下有期徒刑,并处罚金。

第三节 部门规章

考点一 公共娱乐场所消防安全管理规定

1.概念

公共娱乐场所是指向公众开放的影剧院、录像厅、礼堂等演出、放映场所;舞厅、卡拉 OK 厅等歌舞娱乐场所;具有娱乐功能的夜总会、音乐茶座和餐饮场所;游艺、游乐场所;保龄球馆、旱冰场、桑拿浴室等营业性健身、休闲场所等室内场所。

2.消防行政许可办理

公共娱乐场所应当依法办理消防设计审核、竣工验收和消防安全检查工作,其消防安全工作应由其经营者负责。

3.公共娱乐场所的消防安全技术及管理要求

39号令第六条至第十三条规定了公共娱乐场所的消防安全技术要求,包括设置场所、防火分区设置、内部装修设计、安全疏散、应急照明设置、电气线路敷设以及地下建筑内设置公共娱乐场所技术要求等内容。同时,39号令第十四条至第十七条设定了禁止性条款,规定公共娱乐场所内严禁带入和存放易燃易爆物品;严禁在公共娱乐场所营业时进行设备检修、电气焊、油漆粉刷等施工、维修作业;演出、放映场所的观众厅内禁止吸烟和明火照明;公共娱乐场所在营业时,不得超过额定人数等。

4.公共娱乐场所及其从业人员的消防安全管理责任

公共娱乐场所应当制定防火安全管理制度、全员防火安全责任制度,制定紧急疏散方案,指定专人在营业期间、营业结束后进行安全巡视检查工作。

考点二 机关、团体、企业、事业单位消防安全管理规定

1.消防安全责任人、消防安全管理人的确定

单位应当确定消防安全责任人、消防安全管理人,并依法报当地公安机关消防机构备案。法人单位的法定代表人或者非法人单位的主要负责人,对本单位的消防安全工作全面负责。

2.单位消防安全管理工作中的两项责任制落实

单位应逐级落实消防安全责任制和岗位消防安全责任制,明确逐级和岗位消防安全职责,确定各级各岗位的消防安全责任人,对本级、本岗位的消防安全负责,建立起单位内部自上而下的逐级消防安全责任制度。

3.消防安全责任人的消防安全职责

（1）贯彻执行消防法规,保障单位消防安全符合规定,掌握本单位的消防安全情况。

（2）将消防工作与本单位的生产、科研、经营、管理等活动统筹安排,批准实施年度消防工作计划。

（3）为本单位的消防安全提供必要的经费和组织保障。

（4）确定逐级消防安全责任,批准实施消防安全制度和保障消防安全的操作规程。

（5）组织防火检查,督促落实火灾隐患整改,及时处理涉及消防安全的重大问题。

（6）根据消防法规的规定建立专职消防队、义务消防队。

（7）组织制定符合本单位实际的灭火和应急疏散预案,并实施演练。

4.消防安全管理人的消防安全职责

（1）拟订年度消防工作计划,组织实施日常消防安全管理工作。

（2）组织制订消防安全制度和保障消防安全的操作规程并检查督促其落实。

（3）拟订消防安全工作的资金投入和组织保障方案。

（4）组织实施防火检查和火灾隐患整改工作。

（5）组织实施对本单位消防设施、灭火器材和消防安全标志的维护保养,确保其完好有效,确保疏散通道和安全出口畅通。

（6）组织管理专职消防队和义务消防队。

（7）在员工中组织开展消防知识、技能的宣传教育和培训,组织灭火和应急疏散预案的实施和演练。

（8）单位消防安全责任人委托的其他消防安全管理工作。另外,消防安全管理人应当定

期向消防安全责任人报告消防安全情况,及时报告涉及消防安全的重大问题。

5.强化消防安全管理

确定消防安全重点单位,严格实行管理;明确公众聚集场所应当具备的消防安全条件;强化消防安全制度和消防安全操作规程的建立健全,明确单位动火作业要求;明确单位禁止性行为和消防安全管理义务。

6.加强防火检查,落实火灾隐患整改

消防安全重点单位应当进行每日防火巡查,并确定巡查的人员、内容、部位和频次。其他单位可以根据需要组织防火巡查。公众聚集场所在营业期间的防火巡查应当至少每2小时一次;营业结束时应当对营业现场进行检查,消除遗留火种。医院、养老院、寄宿制的学校、托儿所、幼儿园应当加强夜间防火巡查,其他消防安全重点单位可以结合实际组织夜间防火巡查。<u>机关、团体、事业单位应当至少每季度进行一次防火检查,其他单位应当至少每月进行一次防火检查。</u>

7.开展消防宣传教育培训和疏散演练

消防安全重点单位对每名员工应当<u>至少每年进行一次消防安全培训</u>;公众聚集场所对员工的消防安全培训应当<u>至少每半年进行一次</u>;单位应当组织新上岗和进入新岗位的员工进行上岗前的消防安全培训。四类人员应当接受消防安全专门培训。单位应当制定的灭火和应急疏散预案。其中,<u>消防安全重点单位至少每半年按照预案进行一次演练;其他单位至少每年组织一次演练</u>。

8.建立消防档案

消防安全重点单位应当建立健全包括消防安全基本情况和消防安全管理情况的消防档案,并统一保管、备查。其他单位也应当将本单位的基本概况、公安机关消防机构填发的各种法律文书、与消防工作有关的材料和记录等统一保管备查。

> **考点三 社会消防安全教育培训规定**

1.部门管理职责

公安、教育、民政、人力资源和社会保障、住房和城乡建设、文化、广电、安监、旅游、文物等部门应当依法开展有针对性的消防安全培训教育工作,并结合本部门职业管理工作,将消防法律法规和有关消防技术标准纳入执业或从业人员培训、考核内容中。

2.消防安全培训

单位应当建立健全消防安全教育培训制度,保障教育培训工作经费,按照规定对职工进行消防安全教育培训;在建工程的施工单位应当在施工前对施工人员进行消防安全教育,并做好建设工地宣传和明火作业管理等,建设单位应当配合施工单位做好消防安全教育工作;各类学校、居(村)委员会、新闻媒体、公共场所、旅游景区、物业服务企业等单位依法履行消防安全教育培训工作职责。

3.消防安全培训机构

国家机构以外的社会组织或者个人利用非国家财政性经费,举办消防安全专业培训机构,面向社会从事消防安全专业培训的,应当经省级教育行政部门或者人力资源和社会保障部门依法批准,并到省级民政部门申请民办非企业单位登记。消防安全专业培训机构应当按照有关法律法规、规章和章程规定,开展消防安全专业培训,保证培训质量。消防安全专业培训机构开展消防安全专业培训,应当将消防安全管理、建筑防火和自动消防设施施工、操作、检测、维护技能作为培训的重点,并对理论和技能操作考核合格的人员,颁发培训证书。

4.奖惩

地方各级人民政府及有关部门和社会单位对在消防安全教育培训工作中有突出贡献或者成绩显著的,给予表彰奖励。公安、教育、民政、人力资源和社会保障、住房和城乡建设、文化、广电、安全监管、旅游、文物等部门依法对不履行消防安全教育培训工作职责的单位和个人予以处理。

考点四 建设工程消防监督管理规定

1.适用范围

119号令适用于新建、扩建、改建(含室内外装修、建筑保温、用途变更)等建设工程的消防监督管理;不适用住宅室内装修、村民自建住宅、救灾和其他非人员密集场所的临时性建筑的建设活动。

2.消防设计、施工的质量责任

建设、设计、施工、工程监理等单位应当遵守有关法律法规和国家消防技术标准,对建设工程消防设计、施工质量和安全负责。为建设工程消防设计、竣工验收提供图纸审查、安全评估、检测等消防技术服务的机构和人员,应当依法取得相应的资质、资格,并对出具的审查、评估、检验、检测意见负责。

3.消防设计审核、消防验收和备案抽查制度

119号令第十三条、第十四条明确了消防设计审核、消防验收的范围,规定具有规定情形的人员密集场所和特殊建设工程,建设单位应当向公安机关消防机构申请消防设计审核,并在建设工程竣工后向出具消防设计审核意见的公安机关消防机构申请消防验收。对第十三条、第十四条规定以外的建设工程,建设单位依法办理消防设计、竣工验收消防备案。

4.专家评审制度

对具有国家工程建设消防技术标准没有规定的,消防设计文件拟采用的新技术、新工艺、新材料可能影响建设工程消防安全,不符合国家标准规定的,拟采用国际标准或者境外消防技术标准等情形之一的建设工程,公安机关消防机构依法组织专家评审。对三分之二以上评审专家同意的特殊消防设计文件,公安机关消防机构可以作为消防设计审核的依据。

5.执法联动机制

对建设、施工、设计、工程监理单位的消防安全违法行为,公安机关消防机构依法追究法律责任,并函告同级住房和城乡建设主管部门,建立执法联动机制。

考点五 消防监督检查规定

1.适用范围

公安机关消防机构和公安派出所依法对单位遵守消防法律、法规情况进行消防监督检查。有固定生产经营场所且具有一定规模的个体工商户,纳入消防监督检查范围。

2.消防监督检查形式

消防监督检查形式包括对公众聚集场所在投入使用、营业前的消防安全检查;对单位履行法定消防安全职责情况的监督抽查;对举报投诉的消防安全违法行为的核查;对大型群众性活动举办前的消防安全检查;根据需要进行的其他消防监督检查等五种形式。

3.分级监管

(1)公安机关消防机构依法对机关、团体、企业、事业等单位进行消防监督检查,并将消防安全重点单位作为监督抽查的重点。

(2)公安派出所可以对居民住宅区的物业服务企业、居民委员会、村民委员会履行消防安全职责的情况和上级公安机关确定的单位实施日常消防监督检查。

4.火灾隐患判定

具有影响人员安全疏散或者灭火救援行动,不能立即改正的;消防设施未保持完好有效,影响防火灭火功能的;擅自改变防火分区,容易导致火势蔓延、扩大的;在人员密集场所违反消防安全规定,使用、储存易燃易爆危险品,不能立即改正的;不符合城市消防安全布局要求,影响公共安全的;其他可能增加火灾实质危险性或者危害性的情形等情形之一的,应当确定为火灾隐患。

考点六 火灾事故调查规定

1.调查任务

火灾事故调查的任务是调查火灾原因,统计火灾损失,依法对火灾事故作出处理,总结火灾教训。

2.管辖分工

根据具体情形分为地域管辖、共同管辖、指定管辖和特殊管辖。火灾事故调查一般由火灾发生地公安机关消防机构按照规定分工进行。

3.调查程序

具有规定情形的火灾事故,可以适用简易调查程序,由一名火灾事故调查人员调查。除依照规定适用简易程序外的其他火灾事故,适用一般调查程序,火灾事故调查人员不得少于两人。

4.复核

当事人对火灾事故认定有异议的,可以自火灾事故认定书送达之日起15日内,向上一级公安机关消防机构提出书面复核申请;对省级人民政府公安机关消防机构作出的火灾事故认定有异议的,向省级人民政府公安机关提出书面复核申请。

5.处理

公安机关消防机构在火灾事故调查过程中,根据不同情况分别予以立案侦查、行政处罚或者移送调查处理。

考点七 消防产品监督管理规定

1.适用范围

消防产品是指专门用于火灾预防、灭火救援和火灾防护、避难、逃生的产品。在中华人民共和国境内生产、销售、使用消防产品,以及对消防产品质量实施监督管理,适用本规定。

2.市场准入

(1)强制性产品认证制度。依法实行强制性产品认证的消防产品,由具有法定资质的认证机构按照国家标准、行业标准的强制性要求认证合格后,方可生产、销售、使用。

(2)消防产品技术鉴定制度。新研制的尚未制定国家标准、行业标准的消防产品,经消防产品技术鉴定机构技术鉴定符合消防安全要求的,方可生产、销售、使用。消防安全要求由公安部制定。

3.产品质量责任和义务

(1)生产者责任和义务。消防产品生产者应当对其生产的消防产品质量负责,建立有效的质量管理体系和消防产品销售流向登记制度;不得生产应当获得而未获得市场准入资格的消防产品、不合格的消防产品或者国家明令淘汰的消防产品。

(2)销售者责任和义务。消防产品销售者应当建立并执行进货检查验收制度,采取措施,保持销售产品的质量;不得销售应当获得而未获得市场准入资格的消防产品、不合格的消防产品或者国家明令淘汰的消防产品。

(3)使用者责任和义务。消防产品使用者应当查验产品合格证明、产品标识和有关证书,选用符合市场准入的、合格的消防产品。

4.监督检查

质量监督部门、工商行政管理部门、公安机关消防机构分别对生产领域、流通领域、使用领域的消防产品质量进行监督检查。任何单位和个人在接受消防产品质量监督检查时,应当如实提供有关情况和资料;不得擅自转移、变卖、隐匿或者损毁被采取强制措施的物品,不得拒绝依法进行的监督检查。

5.法律责任

对生产者、销售者的消防产品违法行分别由质量监督部门或者工商行政管理部门依法予以从重处罚;对建设、设计、施工、工程监理等单位、各类场所在使用领域存在的消防产品违法行为以及消防产品技术鉴定机构出具虚假文件的违法行为,由公安机关消防机构依法予以处罚;构成犯罪的,依法追究刑事责任。

考点八　社会消防技术服务管理规定

1.资质许可制度

根据《消防法》,明确国家对消防技术服务机构实行资质许可制度,规定消防技术服务机构应当取得相应资质证书,并在资质许可范围内从事消防技术服务活动。规定鼓励依托消防协会成立消防技术服务行业协会,加强行业自律管理,促进行业健康发展,同时规定消防协会、消防技术服务行业协会不得从事营利性社会消防技术服务活动、不得进行行业垄断。

2.分级和条件

一是根据消防技术服务的实践和市场需要,规定消防设施维护保养检测机构的资质分为一级、二级和三级,消防安全评估机构的资质分为一级和二级。二是针对不同类别的消防技术服务机构和技术服务需求,统一从业门槛,从法人资格、办公场所、注册资本、仪器设备、从业人员、执业业绩等方面对其资质条件分别作出了具体规定,特别是在资质条件中规定了注册消防工程师的数量,为消防技术服务质量设置重要保障条件。

3.资质许可程序

一是明确许可主体。规定消防技术服务机构资质由省级公安机关消防机构审批;其中,对拟批准消防安全评估机构一级资质的,由公安部消防局书面复核。二是规定许可程序。规定申请消防技术服务机构资质的,应当向机构所在地的省级公安机关消防机构提出申请;具体规定了申请材料内容、申请受理、审查时限等要求。三是引入专家评审机制。规定公安机关消防机构在审批期间应当组织专家评审,对申请人的场所、设备等进行实地核查;专家评审的具体办法由公安部消防局制定并公布。四是规定资质证书有效期。为督促消防技术服务机构持续符合资质条件,保证服务质量,规定资质证书有效期为3年;有效期届满需要续期的,应当在有效期届满3个月前向原许可公安机关消防机构提出申请,并规定了不予办理续期手续的条件。

4.规范服务活动

一是规定服务机构的执业范围和要求。分别规定了各级各类消防技术服务机构的执业范围,明确其对消防技术服务质量负责。二是设立技术负责人和项目负责人。规定消防技术服务机构应设技术负责人,对技术服务结论性文件进行技术审核把关;消防技术服务机构承接具体业务时,应明确项目负责人。技术负责人和项目负责人应具备较高等级的注册消防工程师资格。三是规定公示消防技术服务信息。规定消防设施维护保养检测机构应当制作包含机构名称及项目负责人、维修保养日期等信息的标识,在其维护保养检测的消防设施所在建筑的醒目位置、灭火器上予以公示。四是规定备案消防技术服务信息。规定消防技术服务机构应当通过省级公安机关消防机构建立的社会消防技术服务信息系统将消防技术服务项目目录及书面结论文件予以备案。五是明确禁止行为。

5.监督管理

一是明确监督检查主体和监督抽查制度。规定县级以上公安机关消防机构应当结合日常消防监督检查,对消防技术服务质量开展监督抽查。二是明确举报核查制度。规定公民、法人和其他组织有权对消防技术服务机构及其从业人员的违法执业行为进行举报、投诉,公安机关消防机构应当及时核查、处理。三是规定信息公开。规定省级公安机关消防机构应当建立和完善社会消防技术服务信息系统,公布消防技术服务的有关信息,为社会提供信息查询服务。四是完善法律责任规定。根据《消防法》《行政处罚法》和部门规章的权限具体设定了相关行政处罚并规定了法定救济途径等。

考点九 专业技术人员考试违纪违规行为处理规定

(一)调整对象

专业技术人员资格考试的应试人员、考试工作人员的违纪违规行为,依照本规定进行处理。

(二)处理权限

人力资源社会保障部负责全国专业技术人员资格考试工作的综合管理与监督。各级考试主管部门、考试机构或者有关部门按照考试管理权限依据本规定对考试工作人员的违纪违规行为进行认定与处理。地方各级考试主管部门、考试机构依据本规定对应试人员的违纪违规行为进行认定与处理。其中,造成重大影响的严重违纪违规行为,由省级考试主管部门会同省级考试机构或者由省级考试机构进行认定与处理,并将处理情况报告人力资源社会保障部和相应行业的考试主管部门。

(三)违纪违规行为处理

(1)对应试人员的一般违纪违规行为,当次该科目考试成绩无效。对应试人员的严重违纪违规行为,当次全部科目考试成绩无效;其中有第七条第(三)项至第(八)项行为之一的,2年内不得参加各类专业技术人员资格考试,并责令离开考场。对应试人员扰乱考试工作场所秩序,不服从考试工作人员管理的,责令离开考场;影响考试正常进行的,视情节轻重,按照第六条或者第七条处理;违反《中华人民共和国治安管理处罚法》的,交由公安机关依法处理;构成犯罪的,依法追究刑事责任。

(2)对考试工作人员的一般违纪违规行为,停止其继续参加当年及下一年度考试工作,并由考试机构、考试主管部门或者建议有关部门给予处分。对考试工作人员的严重违纪违规行为,由考试机构、考试主管部门或者建议有关部门将其调离考试工作岗位,不得再从事考试工作,并给予相应处分;构成犯罪的,依法追究刑事责任。

(四)救济权利

被处理的应试人员对处理决定不服的,可以依法申请行政复议或者提起行政诉讼。

第四节 规范性文件

考点一 《关于印发注册消防工程师制度暂行规定和注册消防工程师资格考试实施办法及注册消防工程师资格考核认定办法的通知》

(一)《暂行规定》

《暂行规定》是建立注册消防工程师制度的基础性规定。

(1)概念:注册消防工程师是指经考试取得相应级别注册消防工程师资格证书,并依法注册后,从事消防设施检测、消防安全监测等消防安全技术工作的专业技术人员,分为高级注册消防工程师、一级注册消防工程师和二级注册消防工程师。

(2)监管管理:人力资源社会保障部、公安部共同负责注册消防工程师制度的政策制定,并按照职责分工对该制度的实施进行指导、监督和检查。各省、自治区、直辖市人力资源社会保障行政主管部门和公安机关消防机构,按照职责分工负责本行政区域内注册消防工程师制度的实施与监督管理。

(3)资格考试:人力资源社会保障部、公安部以及省、自治区、直辖市人力资源社会保障行政主管部门和公安机关消防机构按照职责分工开展注册消防工程师资格考试相关工作。一级注册消防工程师资格证书在全国范围有效,二级注册消防工程师资格证书在所在行政区域内有效。

(4)注册执业:取得注册消防工程师资格证书的人员,经注册方可以相应级别注册消防工程师名义执业。注册消防工程师应当在一个经批准的消防技术服务机构或者消防安全重点单位,开展与该机构业务范围和本人资格级别相符的消防安全技术执业活动。

(5)权利义务:注册消防工程师享有使用注册消防工程师称谓;在规定范围内从事消防安全技术执业活动;对违反相关法律、法规和技术标准的行为提出劝告,并向本级别注册审批部门或者上级主管部门报告;接受继续教育;获得与执业责任相应的劳动报酬对侵犯本人权利的行为进行申诉等权利。同时履行遵守法律、法规和有关管理规定,恪守职业道德;执行消防法律、法规、规章及有关技术标准;履行岗位职责,保证消防安全技术执业活动质量,并承担相应责任;保守知悉的国家秘密和聘用单位的商业、技术秘密;不得允许他人以本人名义执业;不断更新知识,提高消防安全技术能力;完成注册管理部门交办的相关工作等义务。

(6)聘任优先:对通过考试取得相应级别注册消防工程师资格证书,且符合《工程技术人员职务试行条例》中工程师、助理工程师技术职务任职条件的人员,用人单位可根据工作需要择优聘任相应级别专业技术职务。通过考试取得的一级注册消防工程师资格，是消防安全监测、消防设施检测领域申请评定消防专业高级工程师职称的必备条件。

（二）《考试实施办法》

《考试实施办法》是关于注册消防工程师资格考试的规定。

（1）考试组织实施机构：人力资源社会保障部、公安部共同委托人力资源社会保障部人事考试中心承担一级注册消防工程师资格考试的具体考务工作。各省、自治区、直辖市人力资源社会保障行政主管部门和公安机关消防机构共同负责本地区的考试工作。

（2）考试科目设置：一级注册消防工程师资格考试设《消防安全技术实务》、《消防安全技术综合能力》和《消防安全案例分析》3个科目。二级注册消防工程师资格考试设《消防安全技术综合能力》和《消防安全案例分析》2个科目。

（3）考试成绩管理：一级注册消防工程师资格考试成绩实行3年为一个周期的滚动管理办法，在连续的3个考试年度内参加应试科目的考试并合格，方可取得一级注册消防工程师资格证书；二级注册消防工程师资格考试成绩实行2年为一个周期的管理办法，在连续的2个考试年度内参加应试科目的考试并合格，方可取得二级注册消防工程师资格证书。

（4）优惠政策：符合《暂行规定》中一级注册消防工程师资格考试报名条件，并具备规定条件的，可免试《消防安全技术实务》科目，只参加《消防安全技术综合能力》和《消防安全案例分析》2个科目的考试。

（三）《考核认定办法》

根据我国现行注册执业资格制度设计形式，通常在实施注册工程师资格考试前，对部分已经达到相应条件的人员经过个人申请、单位推荐和相关部门的层层审核后，认定其取得注册工程师资格。《考核认定办法》即参照我国现行注册执业资格制度通行做法而制定的特许资格办法，实施资格考试后不再进行。该办法主要包括申报条件、认定组织、申报材料、认定程序、申报日期及要求等内容。

考点二 《关于颁发<职业资格证书规定>的通知》

1. 概念

职业资格是对从事某一职业所必备的学识、技术和能力的基本要求，包括从业资格和执业资格。

2. 证书作用

职业资格证书是国家对申请人专业（工种）学识、技术能力的认可，是求职、任职、独立开业和单位录用的主要依据。

3. 主要原则

职业资格证书制度遵循自愿，费用自理，客观公正的原则。凡中华人民共和国公民和获准在我国境内就业的其他国籍的人员都可按照国家有关注册规定和程序申请相应的职业资格。

4. 国际互认

国家职业资格证书参照国际惯例，实行国际双边或多边互认。

考点三 《关于印发<职业资格证书制度暂行办法>的通知》

1. 主要原则

国家按照有利于经济发展、社会公认、国际可比、事关公共利益的原则,在涉及国家、人民生命财产安全的专业技术工作领域,实行专业技术人员职业资格制度。

2. 从业资格

具备本专业中专毕业以上学历,见习一年期满,经单位考核合格者;按国家有关规定已担任本专业初级专业技术职务或通过专业技术资格考试取得初级资格,经单位考试合格者;在本专业岗位工作,经过国家或国家授权部门组织的从业资格考试合格者等条件之一的,可确认从业资格。

3. 执业资格

执业资格通过考试方法取得。执业资格考试定期举行,参加执业资格考试的报名条件根据不同专业规定。

4. 资格证书

经职业资格考试合格的人员,由国家授予相应的职业资格证书。

5. 注册管理

执业资格实行注册登记制度。取得《执业资格证书》者,应在规定的期限内到指定的注册管理机构办理注册登记手续。

6. 责任追究

执业资格应考人员、考试工作人员和其他有关人员在考试和考务工作中有违法行为的,追究其法律责任。对骗取、转让、涂改职业资格证书的人员,一经发现,发证机关应取消其资格,收回证书,并报国务院业务主管部门和当地同级人事部门备案。对伪造职业证书者,依法追究责任。

本章练习题

单项选择题

1. 我国消防工作的原则是( )。
   A. 政府统一领导、部门依法监管、单位全面负责、公民积极参与
   B. 防火安全责任制
   C. 专门机关和群众相结合
   D. 隐患险于明火,防范胜于救灾

2. 我国消防工作贯彻( )方针。
   A. 预防为主、防消结合   B. 以防为主、防消结合
   C. 专门机关与群众相结合   D. 以防为主、以消为辅

3. 《中华人民共和国消防法》总则中规定,( )有维护消防安全、保护消防设施、预防火灾、报告火警的义务。
   A. 任何单位   B. 政府部门   C. 机关   D. 企业

4. 《中华人民共和国消防法》总则中规定,对建筑消防设施( )至少进行一次全面检测,确保完好有效,检测记录应当完整准确,存档备查。

A. 每季度 B. 每半年 C. 每年 D. 每两年
5. 导致公共财产或者他人财产直接经济损失( )万元以上的,可以作为失火罪立案追诉。
   A. 20 B. 30 C. 50 D. 100
6. 下列不属于行政许可的基本原则的是( )。
   A. 合法原则 B. 公开、公平、公正原则
   C. 便民原则 D. 适度原则
7. ( )信赖保护原则指公民、法人或者其他组织依法取得行政许可受到法律保护,非特殊情况行政机关不得擅自改变已经生效的行政许可。
   A. 信赖保护原则 B. 公开、公平、公正原则
   C. 合法原则 D. 监督原则

单项选择题
1. A 2. A 3. A 4. C 5. C 6. D 7. A

第二章
注册消防工程师职业道德

本章知识框架

注册消防工程师职业道德	注册消防工程师职业道德概述	1. 注册消防工程师职业道德的内涵(★☆☆☆☆) 2. 注册消防工程师职业道德的特点(★☆☆☆☆)
	注册消防工程师职业道德的原则	1. 注册消防工程师职业道德原则的特点(★★☆☆☆) 2. 注册消防工程师职业道德原则的作用(★★☆☆☆) 3. 注册消防工程师职业道德的根本原则(★★★☆☆)
	注册消防工程师职业道德基本规范	注册消防工程师职业道德基本规范(★★☆☆☆)
	注册消防工程师职业道德修养	1. 注册消防工程师进行职业道德修养的必要性(★★☆☆☆) 2. 职业道德修养的内容(★★★☆☆) 3. 职业道德修养的途径和方法(★★☆☆☆)

第一节 注册消防工程师职业道德概述

考点 注册消防工程师职业道德概述

(一)注册消防工程师职业道德的内涵

所谓注册消防工程师职业道德,是指注册消防工程师行业的从业人员在执业过程中所应遵循的一种职业行为规范,主要调整注册消防工程师行业内部、注册消防工程师与消防技术服务机构、消防安全重点单位等执业单位及社会之间的道德关系。

(二)注册消防工程师职业道德的特点

1.具有执行消防法规标准的原则性

注册消防工程师是以其所掌握的知识和技能独立地从事消防设施检测、消防安全监测等消防安全技术工作的专业技术人员。虽然受聘于消防技术服务机构或者消防安全重点单位,但其执业行为必须独立、公正、合法,不为利益所诱,不惧权势所迫,始终自觉以维护消防法规标准的正确实施,维护服务对象的合法权益和社会公共安全为执业行为的目的,这也是衡量注册消防工程师职业道德的基本标准。

2.具有维护社会公共安全的责任性

注册消防工程师职业道德具有更强的责任性,直接影响着社会公共安全的稳定。这一特点是大多数注册类工程师行业不能相提并论的。所以,注册消防工程师要富有强烈的责任心,加强职业道德建设,对自己的工作尽心尽责。这既是对注册消防工程师的政治要求和社会要求,也是伦理要求。

3.具有高度的服务性

注册消防工程师作为消防工作社会化管理的一种新兴行业,服务于消防技术服务机构和消防安全重点单位,广泛开展消防技术咨询与消防安全评估、消防设施检测与维护、消防安全监测与检查等消防安全技术工作。注册消防工程师职业道德调整和制约着双方的服务关系,具有高度的服务性特点。因此,注册消防工程师在执业中,必须树立服务意识,不断提升服务质量。

4.具有与社会经济联系的密切性

作为社会意识形态的职业道德都是社会经济状况的产物,且对社会公共安全具有重要影响,而受注册消防工程师职业道德影响和制约的职业活动又会影响和社会经济活动的效益和效果。因此,注册消防工程师职业道德是直接影响社会经济活动的精神力量。

第二节 注册消防工程师职业道德的原则

考点 注册消防工程师职业道德的原则

1.注册消防工程师职业道德原则的特点

注册消防工程师职业道德的原则的特点为:①本质性;②基准性;③稳定性;④独特性。

2.注册消防工程师职业道德原则的作用

注册消防工程师职业道德原则在整个注册消防工作师道德体系中居于核心和主导地位,其主要作用体现在如下两个方面:

(1)注册消防工程师职业道德原则对于注册消防工程师职业道德规范具有指导、制约作用。

(2)注册消防工程师职业道德原则是注册消防工程师处理职业关系最基本的出发点和归宿。

3.注册消防工程师职业道德的根本原则

注册消防工程师职业道德最根本的原则包括如下两点:

(1)维护公共安全原则。

(2)诚实守信原则。

第三节 注册消防工程师职业道德基本规范

考点 注册消防工程师职业道德基本规范

(1)爱岗敬业。

(2)依法执业。

(3)客观公正。

(4)公平竞争。

(5)提高技能。
(6)保守秘密。
(7)奉献社会。

第四节　注册消防工程师职业道德修养

考点　注册消防工程师职业道德修养

1. 注册消防工程师进行职业道德修养的必要性

注册消防工程师进行职业道德修养的必要性主要有以下几点：

(1)重视职业道德修养，是促进注册消防工程师行业兴旺发达的需要。

(2)重视职业道德修养，是促进注册消防工程师进步和成才的需要。

(3)重视职业道德修养，是做好本职工作，维护服务对象合法权益和消防安全的需要。

(4)重视职业道德修养，是促进社会精神文明建设的重要措施。

2. 职业道德修养的内容

职业道德修养的内容如下：

(1)政治理论修养。

(2)业务知识修养。

(3)人生观的修养。

(4)职业道德品质修养。

3. 职业道德修养的途径和方法

(1)自我反思。

(2)向榜样学习。

(3)坚持"慎独"。

(4)提高道德选择能力。

本章练习题

单项选择题

1.下列不属于职业道德修养的内容的是(　　)。
　A. 身体素质修养　　　　　　　　B. 业务知识修养
　C. 职业道德品质修养　　　　　　D. 人生观的修养

2.职业道德修养的途径和方法不包括(　　)。
　A. 自我反思　　　　　　　　　　B. 向榜样学习
　C. 提高道德选择能力　　　　　　D. 勇于牺牲

3.促进消防工程师行业发展的动力是(　　)。
　A. 精益求精　　B. 团结互助　　C. 公平竞争　　D. 爱岗敬业

4. 下列不属于注册消防工程师职业道德原则特点的是( )。
   A. 本质性   B. 基准性   C. 稳定性   D. 普遍性
5. 下列不属于注册消防工程师职业道德基本规范的是( )。
   A. 爱岗敬业 B. 依法执业 C. 客观公正 D. 勤劳认真

单项选择题
1. A 2. D 3. C 4. D 5. D

第二部分 建筑防火检查

第一章 建筑分类和耐火等级检查

本章知识框架

建筑分类和耐火等级检查	建筑分类	1. 检查内容（★★☆☆☆） 2. 检查方法（★★☆☆☆）
	建筑耐火等级	1. 检查内容（★★☆☆☆） 2. 检查方法（★★☆☆☆）

第一节 建筑分类

考点 建筑分类

建筑分类的方式有很多种，根据建筑防火设计规范：工业建筑包括单层、多层和高层的厂房和仓库，其中，火灾危险性类别分为甲、乙、丙、丁、戊类；民用建筑包括单层、多层和高层的住宅建筑和公共建筑，其中，高层民用建筑的火灾危险性类别分为一类和二类。

（一）检查内容

1. 建筑高度

建筑高度是界定建筑是否为高层的依据，建筑高度大于27m的住宅建筑和其他建筑高度大于24m的非单层建筑属于高层建筑。

建筑高度检查时，需要注意如下几点：

（1）建筑屋面为坡屋面时，建筑高度为建筑室外设计地面至檐口与屋脊的平均高度。

（2）建筑屋面为平屋面（包括有女儿墙的平屋面）时，建筑高度为建筑室外设计地面至屋面面层的高度。

（3）同一座建筑有多种形式的屋面时，建筑高度按上述方法分别计算后，取其中最大值。

（4）对于台阶式地坪，当位于不同高程地坪上的同一建筑之间有防火墙分隔，各自有符合规范规定的安全出口，且可沿建筑的两个长边设置贯通式或尽头式消防车道时，可分别确定各自的建筑高度；否则，建筑高度按其中建筑高度最大者确定。

（5）局部突出屋顶的瞭望塔、冷却塔、水箱间、微波天线间或设施、电梯机房、排风和排烟机房以及楼梯出口小间等辅助用房占屋面面积不大于1/4时，不需计入建筑高度。

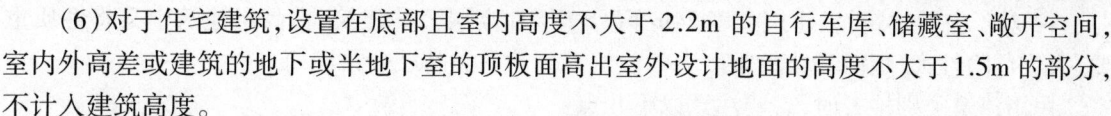

(6)对于住宅建筑,设置在底部且室内高度不大于2.2m的自行车库、储藏室、敞开空间,室内外高差或建筑的地下或半地下室的顶板面高出室外设计地面的高度不大于1.5m的部分,不计入建筑高度。

2.建筑层数

建筑层数按建筑的自然层数确定。建筑层数检查时,需要注意以下几点:

(1)建筑的地下室、半地下室的顶板面高出室外设计地面的高度小于等于1.5m者,建筑底部设置的高度不超过2.2m的自行车库、储藏室、敞开空间,以及建筑屋顶上突出的局部设备用房、出屋面的楼梯间等,不计入建筑层数内。

(2)当住宅建筑或设置有其他功能空间的住宅建筑中有1层或若干层的层高超过3m时,先对这些层按其高度总和除以3m进行层数折算,余数不足1.5m时,多出部分不计入建筑层数;余数大于等于1.5m时,多出部分按1层计入建筑层数。

3.厂房的火灾危险性

厂房火灾危险性类别检查时,需要注意如下几点:

(1)同一座厂房或厂房的任一防火分区内有不同火灾危险性生产时,厂房或防火分区内的生产火灾危险性类别按火灾危险性较大的部分确定;当生产过程中使用或产生易燃、可燃物的量较少,不足以构成爆炸或火灾危险时,按实际情况确定。

例如,机械修配厂或修理车间,虽然使用少量的汽油等甲类溶剂清洗零件,但是因为其数量少,即使气体全部逸出或可燃液体全部汽化也不会在同一时间内使厂房内任何部位的混合气体处于爆炸极限范围内。所以,该厂房的火灾危险性仍可按戊类确定。

(2)火灾危险性较大的生产部分占本层或本防火分区面积的比例小于5%或丁、戊类厂房内的油漆工段小于10%,且发生火灾事故时不足以蔓延至其他部位或火灾危险性较大的生产部分采取了有效的防火措施时,按火灾危险性较小的部分确定。

(3)丁、戊类厂房内的油漆工段,当采用封闭喷漆工艺,封闭喷漆空间内保持负压、油漆工段设置可燃气体探测报警系统或自动抑爆系统,且油漆工段占其所在防火分区面积的比例不大于20%时,按火灾危险性较小的部分确定。

4.储存物品的火灾危险性

(1)确定依据:同一座仓库或仓库的任一防火分区内储存不同火灾危险性物品时,仓库或防火分区的火灾危险性按火灾危险性最大的物品确定。

例如,同一座仓库存放有甲、乙、丙三类物品,仓库就需要按甲类储存物品仓库划分。

(2)丁、戊类物品本身虽属难燃烧或不燃烧物质,但有很多物品的包装是可燃的木箱、纸盒、泡沫塑料等。因此,这两类仓库,除考虑物品本身的燃烧性能外,还要考虑可燃包装的数量,在防火要求上应较丁、戊类仓库严格。当可燃包装重量大于物品本身重量1/4或可燃包装(如泡沫塑料等)体积大于物品本身体积的1/2时,按丙类确定仓库的火灾危险性。

5.民用建筑类别

民用建筑类别是根据建筑高度、使用功能、火灾危险性和扑救难易程度进行确定,主要分为住宅建筑和公共建筑两大类。具体划分如下:

➤ 对于住宅建筑,以建筑高度27m区分多层和高层住宅,高层住宅建筑中又以54m划分一类和二类高层住宅建筑。

▶ 对于公共建筑,以建筑高度 24m 区分多层和高层公共建筑,在高层建筑中又将性质重要、火灾危险性大、疏散和扑救难度大的建筑划分为一类高层公共建筑。

民用建筑类别检查时,需要注意以下几点:

(1)宿舍、公寓等非住宅类居住建筑,应根据公共建筑的相关要求确定其类别。

(2)对建筑高度大于 24m 的单层公共建筑,在实际建筑防火检查中情况比较复杂,需要根据建筑的主要使用功能部分的层数和建筑高度来确定是多、高层建筑还是单层建筑。当难以区分建筑的主要功能,并且单层部分与多层或高层部分又没有采用防火墙分开时,则将该建筑确定为多层或高层建筑。

(3)在实际建筑防火检查中,如遇到规范中未列举的建筑,需要根据建筑功能的具体情况,通过类比划分的标准确定建筑类别。例如,高层医疗建筑,考虑到建筑中有不少人员行动不便、疏散困难,建筑内发生火灾易致人员伤亡,因此将其划分为一类高层共建筑。

6.汽车库、修车库、停车场的类别

汽车库、修车库、停车场类别是根据停车(车位)数量和总建筑面积进行确定。主要分为Ⅰ、Ⅱ、Ⅲ、Ⅳ等 4 类。

(二)检查方法

通过查阅消防设计文件、建筑平面图、剖面图等有关资料,了解消防设计时确定的建筑层数、建筑高度、火灾危险性等确定建筑类别的基础数据后开展现场检查。实地查看建筑层数、测量建筑高度,查看每层使用功能及布局、生产中使用或产生的物质性质及数量或储存物品的性质和可燃物数量等,检查建筑分类的准确性。

第二节 建筑耐火等级

考点 建筑耐火等级

(一)检查内容

1.建筑构件的燃烧性能和耐火极限

建筑主要构件的燃烧性能和耐火极限不得低于建筑相应耐火等级的要求。其主要的检查要求如下:

▶ 一级耐火等级建筑的主要构件都是不燃烧体。

▶ 二级耐火等级建筑的主要建筑构件,除吊顶为难燃烧体外,其余构件都是不燃烧体。

▶ 三级耐火等级建筑的主要构件,除吊顶和隔墙体为难燃烧体外,其余构件都是不燃烧体。

▶ 四级耐火等级建筑的主要构件,除防火墙体外其余构件可采用难燃烧体或燃烧体。以木柱承重且以不燃烧材料作为墙体的建筑物,其耐火等级按四级确定。

如果建筑内存在金属建筑构件,在高温条件下存在强度降低和蠕变现象,极易失去承载力,因此应检查其是否需要进行防火保护,并应检查保护的措施是否满足现行国家工程建设消防技术标准的规定,且不低于建筑耐火等级对应的最低耐火极限要求。

目前,钢结构构件的防火保护措施主要有如下 2 种:

▶ 一种是采用砖石、砂浆、防火板等无机耐火材料包覆的方式。一般情况下优先采用。

▶一种是钢结构防火涂料,即施涂于建筑物和构筑物钢结构构件表面,形成耐火隔热保护层,以提高钢结构耐火极限,按其涂层厚度及性能特点可分为薄涂型和厚涂型两类。由于钢结构防火涂料目前所存在的固有缺陷,因此实际运用中首先考虑采用不燃材料包覆的方式。

2.耐火等级与建筑分类的适应性

主要检查建筑耐火等级的选定与建筑高度、使用功能、重要性质和火灾扑救难度等是否适应。不同类别的建筑,所需要的耐火等级不同。

(1)厂房和仓库的检查要求如下:

①使用或储存特殊、贵重的机器、仪表、仪器等设备或物品时,建筑耐火等级不应低于二级。

②高层厂房,甲、乙类厂房,使用或产生丙类液体的厂房和有火花、赤热表面、明火的丁类厂房,油浸变压器室、高压配电装置室,锅炉房,高架仓库、高层仓库、甲类仓库和多层乙类仓库,粮食筒仓,建筑的耐火等级不低于二级。

③单、多层丙类厂房,多层丁、戊类厂房,单层乙类仓库,单、多层丙类仓库和多层丁、戊类仓库,粮食平房仓,建筑的耐火等级不低于三级。

④建筑面积不大于300m²的独立甲、乙类单层厂房,建筑面积不大于500m²的单层丙类厂房或建筑面积不大于1000m²的单层丁类厂房,燃煤锅炉房且锅炉的总蒸发量不大于4t/h时,可采用三级耐火等级的建筑。

(2)民用建筑的检查要求如下:

地下、半地下建筑(室)和一类高层建筑的耐火等级不应低于一级;单、多层重要公共建筑和二类高层建筑的耐火等级不低于二级,这里的"地下、半地下建筑"包括附建在建筑中的地下室、半地下室和单独建造的地下、半地下建筑;而"重要公共建筑"主要是指对某一地区的政治、经济和生产活动以及居民的正常生活有很大影响的公共建筑,如电信、医疗、电力调度等建筑。

(3)汽车库、修车库的检查要求如下:

地下、半地下和高层汽车库,甲、乙类物品运输车的汽车库、修车库和Ⅰ类汽车库、修车库的耐火等级应为一级。Ⅱ、Ⅲ类汽车库、修车库的耐火等级不低于二级。Ⅳ类汽车库、修车库的耐火等级不低于三级。

3.耐火等级与建筑层数的适应性

不同耐火等级的建筑,最多允许的建筑层数也不相同。检查要求如下:

(1)厂房检查要求。二级耐火等级的乙类厂房建筑层数最多为6层;三级耐火等级的丙类厂房建筑层数最多为2层;三级耐火等级的丁、戊类厂房建筑层数最多为3层,而四级耐火等级的丁、戊类仓库,都只能为单层建筑。

(2)仓库的检查要求。甲类仓库,三级耐火等级的乙类仓库,四级耐火等级的丁、戊类仓库,都只能为单层建筑。三级耐火等级的丁、戊类仓库建筑层数最多为3层。

(3)设有儿童用房、儿童活动场所和老年人活动场所等特殊场所的民用建筑

①托儿所、幼儿园的儿童用房,老年人活动场所和儿童游乐厅等儿童活动场所,当设置在一、二级耐火等级建筑内时,该场所所在的层数不得超过3层。

②商店、托儿所、幼儿园的儿童用房,老年人活动场所和儿童游乐厅等儿童活动场所,医院

和疗养院的住院部分,教学建筑、食堂、菜市场、剧场、电影院和礼堂,当设置在三级耐火等级建筑时,该场所所在的层数不得超过2层。

③商店、托儿所、幼儿园的儿童用房、老年人活动场所和儿童游乐厅等儿童活动场所,医院和疗养院的住院部分,教学建筑、食堂、菜市场,当设置在四级耐火等级建筑时,该场所只允许设在首层。

(二)检查方法

通过查阅消防设计文件、建筑平面图、剖面图、钢结构涂料的型式检验报告等有关资料,了解建筑性质、规模和建筑类别,确定建筑物需要满足的耐火等级、主要构件需要满足的燃烧性能和耐火极限。开展现场检查,实地查看建筑物的结构形式、各种基本建筑构件的种类、对照消防设计文件和施工、监理记录,对建筑构件截面尺寸、保护层厚度以及金属构件的防火处理等方面,逐项进行测量和分析判断,核实建筑物的耐火等级是否符合现行国家消防技术标准的规定。其中,对钢结构防火涂料进行检查时,主要进行以下操作:

①对比样品;②检查涂装基层;③检查涂层强度;④检查涂层厚度;⑤检查表面裂纹;⑥检查涂层表面质量。

本章练习题

单项选择题

1. 对于公共民用建筑,在高层建筑中将性质重要、火灾危险性大、疏散和扑救难度大的建筑划分为( )。
   A. 一类高层住宅建筑 B. 二类高层住宅建筑
   C. 一类高层公共建筑 D. 二类高层公共建筑

2. ( )级耐火等级建筑的主要构件,除吊顶为难燃烧体外,其余构件都是不燃烧体。
   A. 一 B. 二 C. 三 D. 四

3. 当可燃包装重量大于物品本身重量1/4或可燃包装体积大于物品本身体积的1/2时,按( )确定仓库的火灾危险性。
   A. 甲类 B. 乙类 C. 丙类 D. 丁类

单项选择题

1. C 2. B 3. C

第二章
总平面布局与平面布置检查

本章知识框架

总平面布局与平面布置检查	总平面布局	1. 城市总体布局的消防安全(★☆☆☆☆) 2. 常见企业总平面的布局(★☆☆☆☆) 3. 防火间距(★☆☆☆☆) 4. 消防车通道(★★☆☆☆) 5. 消防车登高操作场地(★★☆☆☆)
	救援设施的布置	1. 消防电梯(★★★★☆) 2. 屋顶直升机停机坪(★★★☆☆) 3. 消防救援口(★★★☆☆)
	平面布置	1. 厂房、仓库、民用建筑(★★★☆☆) 2. 汽车库、修车库、人防工程(★★★☆☆)

 **第一节　总平面布局**

考点一　城市总体布局的消防安全

城市总体布局要满足城乡的总体规划和城市消防规划的要求,从保障城市消防安全出发,合理布置大型易燃易爆物品生产、储存场所,汽车加油、加气站,易燃易爆化学物品的专用码头、车站,城市消防站等在城市中的位置,它关系到土地合理利用和建筑的安全使用,其检查要求如下:

(1)<u>易燃、易爆物品的工厂、仓库、甲、乙、丙类液体储罐区、液化石油气储罐区,可燃、助燃气体储罐区,可燃材料堆场</u>等,布置在城市(区域)的边缘或相对独立的安全地带,并位于城市(区域)全年最小频率风向的上风侧;与影剧院、会堂、体育馆、大型商场、游乐场等人员密集的公共建筑或场所保持足够的防火安全距离。

(2)<u>散发可燃气体、可燃蒸汽和可燃粉尘的工厂和大型液化石油气储存基地</u>,应布置在城市全年最小频率风向的上风侧,并与居住区、商业区或其他人员集中地区保持足够的防火安全距离。

(3)<u>大中型石油化工企业、石油库、液化石油气储罐站</u>等,沿城市河流布置时,应尽量布置在城市河流的下游,并采取防止液体流入河流的可靠措施。

(4)汽车加油、加气站远离人员集中的场所、重要的公共建筑。一级加油站、一级加气站、一级加油加气合建站和CNG加气母站应设置在城市建成区和中心区域以外的区域。输油、输送可燃气体干管上不得有违法修建的建筑物、构筑物或堆放物质。

(5)地下建筑(包括地铁、城市隧道等)与加油站的埋地油罐及其他用途的埋地可燃液体储罐保持足够的防火安全距离,其出口和风亭等设施与邻近建筑保持足够的防火安全距离。

(6)汽车库、修车库、停车场远离易燃、可燃液体或可燃气体的生产装置区和储存区;汽车库与甲、乙类厂房、仓库分开建造。

(7)装运液化石油气和其他易燃易爆化学物品的专用码头、车站应布置在城市或港区的独立安全地段。装运液化石油气和其他易燃易爆化学物品的专用码头,与其他物品码头之间的距离不小于最大装运船舶长度的2倍,距主航道的距离不小于最大装运船舶长度的1倍。

(8)城市消防站的布置结合城市交通状况和各区域的火灾危险性进行合理布局;街区道路布置和市政消火栓的布局能满足灭火救援需要;街区道路中心线间距离一般在160m以内;市政消火栓沿可通行消防车的街区道路布置,间距不得大于120m。

需要注意的是,对于旧城区中严重影响城市消防安全的企业,要及时纳入改造计划,采取限期迁移或改变生产使用性质等措施。对于耐火等级低的建筑密集区和棚户区,要结合改造工程,拆除一些破旧房屋,建造。一、二级耐火等级的建筑;对一时不能拆除重建的,可划分占地面积不大于2500m²的防火分区,各分区之间留出不小于6m的防火通道或设置高出建筑屋面不小于50cm的防火墙。对于无市政消火栓或消防给水不足、无消防车通道的区域,要结合本区域内给水管道的改建,增设给水管道管径和消火栓,或根据具体条件修建容量为100~200m³的消防蓄水池。

考点二 常见企业总平面的布局

常见企业在总平面布局方面主要检查以下内容:

(一)石油化工企业

1.企业区域规划

根据工厂的生产流程及各组成部分的生产特点和火灾危险性,结合地形、风向等条件,检查企业的功能分区、集中布置的建筑和装置等总平面布置。可能散发可燃气体的工艺装置、罐组、装卸区或全厂性污水处理场等设施,宜布置在人员集中场所及明火或散发火花地点的全年最小频率风向的上风侧;在山区或丘陵地区,须避免布置在窝风地带。

2.主要出入口

厂区主要出入口不少于2个,设置在不同方位。生产区的道路宜采用双车道。工艺装置区,液化烃储罐区,可燃液体的储罐区、装卸区及化学危险品仓库区按规定设置环形消防车道。

3.企业消防站

消防站的设置位置便于消防车迅速通往工艺装置区和罐区,宜位于生产区全年最小频率风向的下风侧且要避开工厂主要人流道路。

(二)火力发电厂

1.厂区选址

厂址布置在厂区地势较低的边缘地带,当设置安全防护设施时,也可以布置在地形较高的边缘地带。对于布置在厂区内的点火油罐区,检查其围栅高度不小于1.5m。当利用厂区围墙作为点火油罐区的围栅时,实体围墙的高度不小于2.5m。

2.主要出入口

主厂房、点火油罐区及储煤场周围应设置环形消防车通道,且厂区的出入口的位置应便于消防车的出入,数量上应不少于2个。

(三)钢铁冶金企业

1.厂区选址

储存或使用甲、乙、丙类液体,可燃气体,明火或散发火花以及产生大量烟气、粉尘、有毒有害气体的车间,布置在厂区边缘或主要生产车间、职工生活区全年最小频率风向的上风侧。

2.围墙的设置

煤气罐区四周均要设置围墙,实地测量罐体外壁与围墙的间距。当总容积不超过200000 m^3 时,罐体外壁与围墙的间距不宜小于15m;当总容积大于200000 m^3 时,该距离不宜小于18m。

3.储罐的间距

实地测量露天布置的可燃气体或不可燃气体固定容积储罐之间的净距,氧气固定容积储罐之间的净距,不可燃气体固定储罐之间的净距;实地测量露天布置的液氧储罐或不可燃的液化气体储罐之间的净距,不可燃的液化气体储罐之间的净距,上述净距均不得小于2.0m。

4.管道的敷设

高炉煤气、发生炉煤气、转炉煤气和铁合金电炉煤气的管道不能埋地敷设。氧气管道不得与燃油管道、腐蚀性介质管道和电缆、电线同沟敷设,动力电缆不得与可燃、助燃气体和燃油管道同沟敷设。

考点三 防火间距

(一)防火间距的测量

常见建筑防火间距的设置要求可见《消防安全技术实务》第二篇第四章相关内容。对防火间距实地进行测量时,应沿建筑周围选择相对较近处测量间距,测量值的允许偏差不得大于规定值的5%。具体测量方法如下:

(1)建筑之间的防火间距,从相邻建筑外墙的最近水平距离进行测量,当外墙有凸出的可燃或难燃构件时,从凸出部分的外缘进行测量。

(2)建筑与储罐之间的防火间距,按建筑外墙至储罐外壁的最近水平距离测量;与堆场之间的防火间距按建筑外墙至堆场中相邻堆垛外缘的最近水平距离测量。

(3)储罐之间的防火间距,从相邻两个储罐外壁的最近水平距离测量;储罐与堆场之间的防火间距按储罐外壁至堆场中相邻堆垛外缘的最近水平距离测量。

(4)堆场之间防火间距,从两堆场中相邻堆垛外缘的最近水平距离测量。

(5)变压器之间的防火间距,从相邻变压器外壁的最近水平距离测量。变压器与建筑物、储罐或堆场的防火间距,按变压器外壁至建筑外墙、储罐外壁或相邻堆垛外缘的最近水平距离测量。

(6)道路、铁路与建筑物、储罐或堆场的防火间距,从道路或铁路距建筑外墙、储罐外壁或相邻堆垛外缘最近一侧路边及铁路线中心线的最小水平距离测量。

(二)防火间距不足时的处理

(1)改变建筑物的生产或使用性质,尽量减少建筑物的火灾危险性;改变房屋部分结构的耐火性能,提高建筑物的耐火等级。

(2)调整生产厂房的部分工艺流程和库房的储存物品的数量;调整部分构件的耐火性能和燃烧性能。

(3)将建筑物的普通外墙改为防火墙。

(4)拆除部分耐火等级低、占地面积小、适用性不强且与新建建筑相邻的原有陈旧建筑物。

(5)设置独立的防火墙等。

考点四 消防车通道

(一)检查内容

1.消防车通道形式

消防车通道一般的设置形式有环形消防车通道、穿越式消防车通道、尽头式消防车通道和与环形消防车通道相连的中间消防车通道等形式。针对不同类别的场所,具体检查要求如下:

(1)工厂、仓库。工厂、仓库区内设置消防车道。对于占地面积大于3000m² 的甲、乙、丙类高层厂房和占地面积大于1500m² 的乙、丙类仓库,消防车道的设置形式为环形,确有困难时,可沿建筑物的两个长边设置消防车道。

(2)民用建筑。高层民用建筑,超过3000个座位的体育馆,超过2000个座位的会堂,占地面积大于3000m²的展览馆等单、多层公共建筑,消防车道的设置形式为环形,确有困难时,可沿建筑的两个长边设置消防车道。

(3)沿街建筑和设有封闭内院或天井的建筑物。对于沿街道部分的长度大于150m或总长度大于220m的建筑,设置穿过建筑物的消防车道。确有困难时,可沿建筑四周设置环形消防车道。对于设有短边长度大于24m的内院或天井的建筑物,宜设置进入内院或天井的消防车道。在穿过建筑物或进入建筑物内院的消防车道两侧,不得有影响消防车通行或人员安全疏散的设施。

(4)汽车库、修车库。除Ⅳ类汽车库和修车库外,消防车道的设置形式为环形,确有困难时,可沿建筑的一个长边和另一边设置。

(5)露天堆场区、储罐区。可燃材料露天堆场区,液化石油气储罐区,甲、乙、丙类液体储罐区和可燃气体储罐区,设置消防车道。对占地面积大于30000m²的可燃材料堆场,液化石油气储罐区,甲、乙、丙类液体储罐区,可燃气体储罐区,设置与环形消防车道相连通的中间消防车道。

2.消防车通道的设置

主要检查消防车通道的净宽度和净空高度均不小于4m,其坡度不宜大于8%;其转弯处满足消防车转弯半径的要求,目前,我国普通消防车转弯半径为9m,登高车的转弯半径为12m,一些特种车辆的转弯半径为16~20m;消防车通道边缘距供消防车取水的天然水源和消防水池的距离不宜大于2m,距可燃材料堆垛的距离不得小于5m。消防车通道必须与铁路平面交叉时,设置备用车道,且两车道之间的距离不小于经常通过的一列火车的长度。

3.消防车通道回车场地

环形消防车通道至少有2处与其他车道相通,对于尽头式消防车通道设置的回车道或回

第二章 总平面布局与平面布置检查

车场,满足回车场的面积不小于12m×12m,高层民用建筑的回车场面积不小于15m×15m、供重、大型消防车使用时回车场面积不小于18m×18m。

4.消防车道承载力

消防车通道路面、扑救作业场地及其下面的管道和暗沟等能承受大型消防车的压力,一般轻、中系列消防车最大总质量不超过11t;重系列消防车最大总质量15～50t。

5.消防车道的净宽和净高

消防车道的净宽度和净高度均不小于4.0m。其坡度不宜大于8%。

(二)检查方法

(1)沿消防车道全程查看消防车通道路面情况,消防车通道与厂房(仓库)、民用建筑之间不得设置妨碍消防车作业的树木、架空管线等障碍物;消防车通道利用交通道路时,合用道路需满足消防车通行与停靠的要求。

(2)选择车道路面相对较窄部位以及车道4m净空高度内两侧突出物最近距离处进行测量,以最小宽度确定为消防车道宽度。宽度测量值的允许负偏差不得大于规定值的5%,且不影响正常使用。

(3)选择消防车道正上方距车道相对较低的突出物进行测量,以突出物与车道的垂直高度确定为消防车通道净高,高度测量值的允许负偏差不大于规定值的5%。

(4)不规则回车场以消防车可以利用场地的内接正方形为回车场地或根据实际设置情况进行消防车通行试验,满足消防车回车的要求。

(5)核查消防车通道设计承受荷载及施工记录;查验消防车通行试验报告。当消防车通道设置在建筑红线外时,还需查验是否取得权属单位的同意,确保消防车通道正常使用。

考点五 消防车登高操作场地

(一)检查内容

1.消防车登高面的设置

高层建筑沿一个长边或周边长度的1/4且不小于一个长边长度的底边连续布置消防车登高面,此范围内裙房的进深不大于4m,且在此范围内设有直通室外的楼梯或直通楼梯间的入口。对于建筑高度不大于50m的高层建筑,消防车登高面可间隔布置,间隔的距离不得大于30m。

2.消防车登高操作场地的设置

消防车登高操作场地与消防车通道连通,场地靠建筑外墙一侧的边缘距离建筑外墙不宜小于5m,且不大于10m;场地的坡度不大于3%,长度和宽度分别不小于15m和10m。对于建筑高度不小于50m的建筑,场地的长度和宽度不得小于20m和10m。

3.消防车登高操作场地的荷载

消防车登高操作场地及其下面的地下室、管道和暗沟等,能承受重型消防车的压力,重系列消防车最大总质量一般为15～50t。

(二)检查方法

具体的检查方法如下:

(1)沿消防车通道全程查看消防车登高操作场地路面情况,检查消防车登高操作场地与厂房、仓库、民用建筑之间不得设置妨碍消防车操作的架空高压电线、树木、车库出入口等障碍。

（2）沿消防车登高面全程测量消防车登高操作场地的长度、宽度、坡度,场地靠建筑外墙一侧的边缘至建筑外墙的距离等数据。长度、宽度测量值的允许负偏差不得大于规定值5%。

（3）查验施工记录、消防车登高车通行及操作试验报告,核查消防车登高场地设计承受荷载。当消防车登高场地设置在建筑红线外时,还需查验是否取得权属单位的同意,确保消防登高场地正常使用。

第二节 救援设施的布置

考点一 消防电梯

（一）检查内容

1.消防电梯设置的数量

根据建筑物的性质、重要性和建筑高度,建筑面积等因素确定设置消防电梯及其数量。通常,消防电梯设置在不同防火分区内,且每个防火分区不少于1台。

2.消防电梯前室的设置

主要检查消防电梯前室设置位置、使用面积、首层能否直通室外或通向室外通道的长度。需要注意的是,前室或合用前室的门不允许采用防火卷帘。

3.消防电梯井、机房的设置

消防电梯井、机房与相邻其它电梯井、机房之间,采用耐火极限不低于2.00h的不燃烧体隔墙隔开;在隔墙上开设的门为甲级防火门。

4.消防电梯的配置

包括消防电梯的载重量、行驶速度、轿厢的内部装修材料、通信设备的配置,以及消防电梯的控制电缆、电线、控制面板采取的防水措施。

5.消防电梯的排水

消防电梯的井底设置排水设施,排水井的容量不小于2m³,排水泵的排水量不小于10L/s。消防电梯间前室的门口宜设置挡水设施。

（二）检查方法

（1）核查电梯检测主管部门核发的有关证明文件,检查消防电梯的载重量、消防电梯的井底排水设施。

（2）测量消防电梯前室面积、首层消防电梯间通向室外的安全出口通道的长度,面积测量值的允许负偏差和通道长度测量值的允许正偏差不得大于规定值5%。

（3）使用首层供消防人员专用的操作按钮,检查消防电梯能否下降到首层并发出反馈信号,此时其他楼层按钮不能呼叫消防电梯,只能在轿厢内控制。

（4）模拟火灾报警,检查消防控制设备能否手动和自动控制电梯返回首层,并接收反馈信号。

（5）使用消防电梯轿厢内专用消防对讲电话与消防控制中心进行不少于2次通话试验,通话语音清晰。

（6）使用秒表测试消防电梯由首层直达顶层的运行时间,检查消防电梯行驶速度是否保证从首层到顶层的运行时间不超过1min。

考点二 屋顶直升机停机坪

直升飞机停机坪是发生火灾时供直升飞机救援屋顶平台上的避难人员时停靠的设施。建筑高度超过100m且标准层面积超过2000m² 的旅馆、办公楼、综合楼等公共建筑的屋顶宜设直升飞机停机坪或供直升机救助的设施。对该设施的主要检查内容为：

1.与周边突出物的间距

设在屋顶平台上的停机坪，与设备机房、电梯机房、水箱间、共用天线等突出物的距离不宜小于5m。

2.直通屋面出口的设置

从建筑主体通向直升机停机坪出口的数量不少于2个，且每个出口的宽度不宜小于0.90m。

3.消防设施的配置

直升机停机坪四周须设置航空障碍灯、应急照明设施和消火栓。

考点三 消防救援口

(1)消防救援口的设置位置。消防救援口设置位置与消防车登高操作场地相对应。窗口的玻璃易于破碎，并在外侧设置易识别的明显标志。

(2)消防救援口洞口的尺寸。消防救援口的净高度和净宽度均不小于1m，并且其窗口下沿距室内地面的高度不宜大于1.2m。

(3)消防救援口的设置数量。消防救援口沿建筑外墙在每层设置，设置间距不大于20m，且要保证每个防火分区不少于2个。

(4)专用消防口的设置。洁净厂房与洁净区同层外墙设置通往洁净区的专用消防口，宽度不小于0.75m，高度不小于1.80m，并设有明显标志。

第三节 平面布置

考点一 厂房

（一）检查内容

1.是否设置员工宿舍

厂房内严禁设置员工宿舍。

2.办公室、休息室的布置

(1)对于甲、乙类厂房，办公室、休息室等不得设置在厂房内，必须设置时只能与厂房贴邻建造，且厂房的耐火等级不低于二级，并采用耐火极限不低于3.00h的不燃烧体防爆墙隔开和设置独立的安全出口。

(2)对于在丙类厂房内设置为厂房服务的办公室、休息室，应采用耐火极限不低于2.50h的不燃烧体隔墙和1.00h的楼板与厂房隔开，并应至少设置1个独立的安全出口。如隔墙上需开设相互连通的门时，应采用乙级防火门。

3.中间仓库的布置

（1）对于甲、乙类中间仓库，储量不宜超过一昼夜的需要量；靠外墙布置，并采用防火墙和耐火极限不低于1.50h的不燃烧体楼板与其它部分隔开。

> **说明：** 当需用量较少的厂房，如有的手表厂用于清洗的汽油，每昼夜的需用量只有20kg，则可适当调整到存放1~2昼夜的用量；如一昼夜需用量较大，则要严格控制为一昼夜用量。

（2）对于丙类仓库，必须采用防火墙和耐火极限不低于1.50h的楼板与厂房隔开，仓库的耐火等级和面积符合丙类仓库的相关规定。

例如，在一级耐火等级的丙类多层厂房内设置丙类2项物品库房，厂房每个防火分区的最大允许建筑面积为6000m²，每座仓库的最大允许占地面积为4800m²，每个防火分区的最大允许建筑面积为1200m²，则该中间仓库与所服务车间的允许建筑面积之和不应大于6000m²。假定在一层布置中间仓库，用于库房的建筑面积不能大于4800m²，且该库房要按仓库的要求划分4个建筑面积不大于1200m²的防火分区；当设置自动灭火系统时，仓库的占地面积和防火分区的建筑面积可规定增加。

（3）对于丁、戊类仓库，必须采用耐火极限不低于2.00h的不燃烧体隔墙和1.00h的楼板与厂房隔开，仓库的耐火等级和面积符合丁、戊类仓库的相关规定。

> **注意：** 在同一座建筑内，整座建筑物必须采用同一的耐火等级，且该耐火等级要按仓库和厂房两者中要求较高者确定。

4.中间储罐的布置

厂房内的丙类液体中间储罐应设置在单独房间内，其在每个房间内的容量不大于5m³。设置中间储罐的房间，须采用耐火极限不低于3.00h的防火隔墙和不低于1.50h的楼板与其他部位分隔，房间门为甲级防火门。

5.变、配电站的布置

变、配电站不得设置在甲、乙类厂房内或贴邻建造，且不得设置在爆炸性气体、粉尘环境的危险区域内；供甲、乙类厂房专用的10kV及以下的变、配电所，即该变电站、配电站仅向与其贴邻的厂房供电，而不向其它厂房供电时，可以采用无门窗洞口的防火墙与厂房一面贴邻建造，但需符合现行国家标准《爆炸和火灾危险环境电力装置设计规范》（GB 50058）等规范的有关规定。当乙类厂房的配电站必须在防火墙上开窗时，应采用甲级防火窗。

（二）检查方法

通过查阅消防设计文件、建筑平面图、门窗表和防火门（窗）产品质量证明文件等资料，了解厂房内主要功能布局、生产的火灾危险性类别、附属建筑的组成等，并开展现场检查。重点检查安全出口的设置、用于分隔的建筑构件燃烧性能和耐火极限是否符合相关规定。

考点二　仓库

（一）检查内容

1.是否设置员工宿舍

仓库内严禁设置员工宿舍。

2.附属办公室、休息室的布置

(1)对于甲、乙类仓库,严禁在仓库内设置办公室、休息室等,并不得贴邻建造。

(2)对于丙、丁类仓库,在仓库内可设置办公室、休息室,需要采用耐火极限不低于2.50h的防火墙和1.00h的楼板与其他部分分隔,并应设置独立的安全出口;隔墙上必须开设相互连通的门时,应采用乙级防火门。

(二)检查方法

开展现场检查,查阅建筑平面图、门窗总汇表和门窗大样、防火门产品质量证明文件等资料,并了解建筑的主要布局功能,储存品的火灾危险性类别、附属建筑的组成等。重点检查安全出口的设置、用于防火分隔的建筑构件燃烧性能和耐火极限是否符合相关规定。

考点三 民用建筑

(一)检查内容

1.营业厅

(1)设置层数。营业厅、展览厅不得设置在地下3层及以下楼层;三级耐火等级建筑内的商店只能设置在二层或首层,四级耐火等级建筑内的商店只能设置在首层。

(2)商品经营种类。地下或半地下营业厅经营、储存和展示商品的火灾危险性不得为甲、乙类。

(3)营业厅的防火分隔。当地下商业营业厅总建筑面积大于20000m²时,需采用不开设门窗洞口的防火墙、耐火极限不低于2.00h的楼板分隔为多个建筑面积不大于20000m²的区域;对确需局部连通的相邻区域,检查是否采取下沉式广场、防火隔间、避难走道和防烟楼梯间等措施进行防火分隔。

2.托儿所、幼儿园的儿童用房,老年人活动场所和儿童游乐厅等其他儿童活动场所

(1)与建筑其他部位的防火分隔。设置在其他民用建筑内时,采用耐火极限不低于2.00h的不燃烧体墙和耐火极限不低于1.00h的楼板与其它场所或部位隔开,当必须在墙上开设门、窗时应为乙级防火门、窗。

(2)设置层数。不得设置地下、半地下(室)内。可设在一、二级耐火等级建筑的首层、二层、三层;三级耐火等级的建筑的首层或二层;四级耐火等级的建筑的首层。

(3)安全出口的设置。设置在高层建筑内时,设置独立的安全出口和疏散楼梯;设置在单、多层建筑内时,宜设置单独的安全出口和疏散楼梯。当设置在楼层上时,要设置仅供该类场所使用的疏散楼梯;当设置在首层时,要有直接通向室外的单独出入口。

3.医院和疗养院住院部分的布置

(1)设置层数。不得设置地下、半地下(室)内。可设在一、二级耐火等级建筑的首层、二层、三层;三级耐火等级的建筑的首层或二层;四级耐火等级的建筑的首层。

(2)相邻护理单元间的防火分隔。医院和疗养院的病房楼内相邻护理单元之间采用耐火极限不低于2.00h的防火隔墙分隔,隔墙上的门为乙级防火门,设置在走道上的防火门为常开防火门。

(3)避难间的设置。具体检查要求见本篇第三章第三节。

4.教学建筑、食堂、菜市场

主要检查设置层数。这些场所可设在三级耐火等级建筑的首层或二层;四级耐火等级建筑的首层。小学教学楼的主要教学用房不得设置在4层以上,中学教学楼的主要教学用房不得设置在5层以上。

5.剧场、电影院、礼堂

（1）与建筑其他部位的防火分隔。宜设置在独立的建筑内。必须设置在其他民用建筑内时，至少设置1个独立的安全出口和疏散楼梯，并采用耐火极限不低于2.00h的防火隔墙和甲级防火门与其他区域分隔。

（2）设置层数。宜布置一、二级耐火等级的多层建筑的首层、二层或三层；设置在三级耐火等级的建筑内时，不得布置在三层及以上楼层；设置在地下或半地下时，宜设置在地下一层，不得设置在地下三层及以下楼层。

（3）设有固定坐席观众厅的布置。设置在高层民用建筑或多层民用建筑的四层及以上楼层时，每个观众厅的建筑面积不宜大于400m²，且一个厅、室的疏散门不少于2个。

6.歌舞娱乐、放映、游艺场所

（1）与建筑其他部位的防火分隔。采用耐火极限不低于2.00h的不燃烧体墙和耐火极限不低于1.00h的楼板与其它场所或部位隔开，该场所与建筑内其他部位相通的门为乙级防火门。

（2）设置部位。不得布置在地下二层及二层以下。宜布置在一、二级耐火等级建筑物内的首层、二层或三层的靠外墙部位；不宜布置在袋形走道的两侧或尽端。受条件限制时，可布置在地下一层，但地下一层地面与室外出入口地坪的高差不大于10m。

（3）房间的布局。在厅、室墙上的门均为乙级防火门；建筑面积大于50m²的厅、室，疏散出口不得少于2个；布置在地下一层或四层及以上楼层时，一个厅、室的建筑面积不得大于200m²。

7.燃油或燃气锅炉房

（1）设置部位。锅炉房受条件限制必须贴邻民用建筑时，该建筑的耐火等级不得低于一、二级，锅炉房与所贴邻的建筑采用防火墙分隔，且未贴邻人员密集场所；必须布置在民用建筑内时，不得布置在人员密集场所的上一层、下一层或贴邻。

（2）设置层数。锅炉房设置在首层或地下一层的靠外墙部位，如为常（负）压燃油或燃气锅炉，可设置在地下二层或屋顶上。设置在屋顶上的常（负）压燃气锅炉，距离通向屋面的安全出口不小于6m。采用相对密度（与空气密度的比值）不小于0.75的可燃气体为燃料的锅炉，不得置在地下或半地下。

（3）与建筑其他部位的防火分隔。与其他部位之间采用耐火极限不低于2.00h的防火隔墙和不低于1.50h的不燃性楼板分隔。如果必须在隔墙上开设门、窗时，一定要是甲级防火门、窗。

（4）疏散门的设置。疏散门直通室外或安全出口。

（5）储油间的设置。锅炉房内设置的储油间总储存量不得大于1m³，且储油间采用耐火极限不低于3.00h防火墙与锅炉间分隔；必须在防火墙上开设的门为甲级防火门。

（6）储油罐的设置。布置在建筑外的储油罐与建筑间防火间距符合规定；当设置中间罐时，中间罐的容量不得大于1m³，设置在一、二级耐火等级的单独房间时，房间门为甲级防火门。

（7）锅炉的容量。锅炉的容量符合现行国家标准《锅炉房设计规范》（GB 50041—2008）的有关规定。

（8）燃料供给管道的设置。在进入建筑物前和设备间内的管道上设置自动和手动切断阀；储油间的油箱密闭且设置通向室外的通气管，通气管设置带阻火器的呼吸阀，油箱的下部设置防止油品流散的设施。

（9）设施的配置。锅炉房设置火灾报警装置、独立的通风系统和建筑规模相适应的灭火设施；燃气锅炉房还需检查是否设置爆炸泄压设施。

8.变压器室

（1）设置部位。变压器室设有油浸变压器、充有可燃油的高压电容器和多油开关，且受条件限制必须贴邻民用建筑时，该建筑的耐火等级不得低于一、二级，锅炉房与所贴邻的建筑之间采用防火墙分隔，且未贴邻人员密集场所；必须布置在民用建筑内时，不得布置在人员密集场所的上一层、下一层或贴邻。

（2）设置层数。变压器室设置在首层或地下一层的靠外墙部位。

（3）与建筑其他部位的防火分隔。变压器室之间、变压器室与配电室之间，变压器室与其他部位之间采用耐火极限不低于2.00h的防火隔墙和不低于1.50h的不燃性楼板分隔。必须在隔墙上开设的门、窗为甲级防火门、窗。

（4）疏散门的设置。疏散门直通室外或安全出口。

（5）变压器的容量。油浸变压器的总容量不大于1260kV·A，单台容量不大于630kV·A。

（6）设施的配置。油浸变压器、多油开关室、高压电容器室，设置火灾报警装置、防止油品流散的设施和建筑规模相适应的灭火设施；对于油浸变压器，还需要检查其下面是否设置能储存变压器全部油量的事故储油设施。

9.柴油发电机房

（1）设置层数。不得布置在人员密集场所的上一层、下一层或贴邻，宜布置在建筑物的首层及地下一、二层。

（2）与建筑其他部位的防火分隔。采用耐火极限不低于2.00h的不燃烧体隔墙和1.50h的不燃烧体楼板与其它部位隔开，门为甲级防火门。

（3）储油间的设置。检查机房内设置储油间的总储存量不大于$1m^3$，且储油间采用耐火极限不低于3.00h防火墙和甲级防火门与发电机间隔开。

（4）设施的配置。检查是否设置火灾报警装置；根据发电机组的大小、数量、用途等实际情况确定灭火设施的选型，可采用水喷雾、细水雾或气体等自动灭火系统，也可采用相适用的推车式灭火器等移动式灭火器材。如建筑内其他部位设置自动喷水灭火系统，机房必须设置自动喷水灭火系统。

10.瓶装液化石油气瓶组间

（1）应设置独立的瓶组间。

（2）瓶组间不应与住宅建筑、重要公共建筑和其他高层公共建筑贴邻，液化石油气气瓶的总容积不大于$1m^3$的瓶组间与所服务的其他建筑贴邻时，应采用自然气化方式供气。

（3）液化石油气气瓶的总容积大于$1m^3$且不大于$4m^3$的独立瓶组间，与所服务建筑的防火间距应符合规定。

11.消防控制室

（1）设置部位。消防控制室可设置在建筑物的地下一层或建筑物内首层的靠外墙部位，远离电磁场干扰较强及其他可能影响消防控制设备工作的设备用房；如果单独建造，建筑物的耐火等级不低于二级。

（2）与其他部位的防火分隔。采用耐火极限不低于2.00h的隔墙和1.50h的楼板与其它部位隔开，隔墙上的门要为乙级防火门。

（3）疏散门的设置。疏散门直通室外或安全出口。

（4）设施的设置。为避免消防控制室被淹或进水受到影响，需设置挡水门槛等挡水措施，如消防控制室设置在地下时，还需检查是否设置排水沟等防淹措施。

12.消防水泵房

（1）设置部位。消防水泵房不得设置在地下三层及以下或地下室内的地面与室外出入口地坪高差大于10m的楼层内；如果单独建造，建筑物的耐火等级<u>不低于二级</u>。

（2）与建筑其他部位的防火分隔。采用耐火极限不低于2.00h的隔墙和1.50h的楼板与其它部位隔开，隔墙上的门要为乙级防火门。

（3）疏散门的设置。疏散门直通室外或安全出口。

（4）设施的设置。为避免消防水泵房被淹或进水受到影响，需设置挡水门槛等挡水措施，如泵房设置在地下时，还需检查是否设置排水沟等防淹措施。

（二）检查方法

查阅建筑消防设计文件，建筑平面图、剖面图、门窗表和门窗大样、防火门（窗）产品质量证明文件，锅炉、变压器说明书等相关资料，了解该建筑的使用性质、建筑层数、耐火等级、建筑的主要使用功能及布局等，确定需要检查的场所后开展现场检查。对照检查内容重点对上述场所的设置部位、与其他部位的防火分隔措施、安全出口的设置及配套设施等是否符合相关规定等进行检查。

考点四　汽车库、修车库

（一）检查内容

1.为车库服务的附属建筑

（1）建筑规模。甲类物品库房储存量不大于1.0t；乙炔发生器间总安装容量不大于5.0m³/h，乙炔气瓶库储存量<u>不超过5个标准钢瓶</u>；非喷漆间不大于一个车位、封闭喷漆间<u>不大于2个车位</u>；充电间和其他甲类生产场所的建筑面积不大于200m²。

（2）与车库的分隔。与汽车库、修车库之间采用防火墙隔开，并设置直通室外的安全出口。

2.是否有不允许设置的设施

（1）地下、半地下汽车库内不得设置修理车位、喷漆间、充电间、乙炔间和甲、乙类物品库房。

（2）汽车库和修车库内不得设置汽油罐、加油机、燃油或燃气锅炉、油浸变压器、充有可燃油的高压电容器和多油开关、液化石油气或液化天然气储罐、加气机。

3.是否与其他功能的建筑组合建造

Ⅰ类修车库应单独建造；Ⅱ、Ⅲ、Ⅳ类修车库可设置在一、二级耐火等级的建筑物的首层或与其贴邻建造，但不得与甲、乙类厂房、仓库、明火作业的车间或托儿所、幼儿园、中小学校的教学楼、老年人建筑、病房楼及人员密集场所组合建造或贴邻。汽车库不得与甲、乙类生产厂房、库房组合建造。

（二）检查方法

通过查阅消防设计文件、建筑平面图等相关的资料，了解车库的类别、附属用房的组成及布局、组合建造时建筑其他部位的功能等，确定需要检查的场所后开展现场检查。对照检查内容对上述场所的设置部位、与其他部位的防火分隔措施、安全出口的设置等是否符合相关规定等进行重点检查。

考点五　人防工程

(一)检查内容

1.是否有下列不允许设置的场所或设施

(1)油浸电力变压器和其它油浸电气设备。

(2)哺乳室、幼儿园、托儿所、游乐厅等儿童活动场所和残疾人员活动场所。

(3)使用、储存液化石油气、相对密度(与空气密度比值)大于或等于0.75的可燃气体和闪点小于60℃的液体作燃料的场所。

2.地下商店

(1)设置层数。地下商店营业厅不得设置在地下三层及以下。

(2)商品种类。营业厅经营和储存商品的火灾危险性不得为甲、乙类。

(3)营业厅的防火分隔。当总建筑面积大于20000m^2时,采用不开设门窗洞口的防火墙进行分隔。对确需局部连通的相邻区域,采取下沉式广场、防火隔间、避难走道和防烟楼梯间等措施进行防火分隔。

> **注意**:此处的总建筑面积包括营业、储存及其他配套设施等的建筑面积。

3.歌舞娱乐放映游艺场所

(1)与其他部位的防火分隔。采用耐火极限不低于2.00h的不燃烧体墙和耐火极限不低于1.00h的楼板与其它场所隔开,墙上必须开设的门为乙级防火门。

(2)设置部位。布置在袋形走道的两侧或尽端时,最远房间的疏散门至最近安全出口的距离不大于9m。

(3)设置层数。歌舞、娱乐、放映、游艺场所不得布置在地下二层及二层以下。当布置在地下一层时,地下一层的地面与室外出入口的地坪的高度差不大于10m。

(4)房间布局。一个厅、室的建筑面积不大于200m^2;建筑面积大于50m^2的厅、室,疏散出口不少于2个;厅、室隔墙上的门为乙级防火门。

4.医院病房

人防工程内的医院病房不得设置在地下二层及以下层,设置在地下一层时,室内的地面与室外出入口的地坪的高度差不大于10m。

5.消防控制室

(1)设置部位。设置在地下一层,并邻近直接通向地面的安全出口。当地面建筑设有消防控制室时,可与地面建筑消防控制室合用。

(2)与建筑其他部位的防火分隔。采用耐火极限不低于2.00h的隔墙和1.50h的楼板与其它部位隔开。

6.柴油发电机房

除参照民用建筑内设置柴油发电机房的要求进行检查,还需检查以下内容:

(1)储油间的设置。机房内设置储油间的总储存量不大于1m^3,且储油间采用防火墙和甲级防火门与发电机间隔开,并设置高150mm的不燃烧、不渗漏的门槛,地面不得设置地漏。

(2)与电站控制室的防火分隔。与电站控制室之间的连接通道处设置一道常闭甲级防火门,与电站控制室之间的密闭观察窗达到甲级防火窗性能。

7.燃油或燃气锅炉房

可参照民用建筑内设置燃油或燃气锅炉房的要求进行检查。

（二）检查方法

通过查阅消防设计文件、建筑平面图、剖面图以及查阅门窗表和门窗大样、防火门（窗）产品质量证明文件、锅炉、变压器说明书等相关的的资料,了解人防工程的地下层数、室内地坪与室外出入口地坪高度差、内部主要功能及平面布局等,确定需要检查的场所后开展现场检查。对照检查内容对上述场所的设置部位、与其他部位的防火分隔措施、安全出口的设置等是否符合相关规定等进行重点检查。

本章练习题

单项选择题

1. 薄涂型防火涂料涂层表面裂纹宽度不大于（　　）mm。
   A. 0.5　　　　B. 1　　　　C. 1.5　　　　D. 2

2. 厚涂型防火涂料的涂层厚度,80% 及以上面积符合有关耐火极限的设计要求,且最薄处厚度不低于设计要求的（　　）%。
   A. 70　　　　B. 80　　　　C. 85　　　　D. 90

3. 对于（　　）,以建筑高度27m 区分多层和高层住宅,高层住宅建筑中又以54m 划分一类和二类高层住宅建筑。
   A. 工业建筑　　B. 公共建筑　　C. 住宅建筑　　D. 商业建筑

4. 布置在袋形走道的两侧或尽端时,最远房间的疏散门至最近安全出口的距离不大于（　　）m。
   A. 5　　　　B. 9　　　　C. 10　　　　D. 15

5. 中学教学楼的主要教学用房不得设置在（　　）层以上。
   A. 4　　　　B. 5　　　　C. 8　　　　D. 10

6. 储油间采用防火墙和（　　）级防火门与发电机间隔开。
   A. 甲　　　　B. 乙　　　　C. 丙　　　　D. 丁

7. 本题考查专用消防口的设置。洁净厂房与洁净区同层外墙设置的专用消防口,宽度不小于（　　）m。
   A. 0.25　　　B. 0.5　　　C. 0.75　　　D. 1

单项选择题

1. A　2. C　3. C　4. B　5. B　6. A　7. C

第三章 防火防烟分区检查

本章知识框架

防火防烟分区检查	防火分区	1. 防火分区的划分(★★☆☆☆) 2. 电梯井和管道井等竖向井道(★★★☆☆) 3. 中庭、变形缝(★★★☆☆)
	防烟分区	1. 防烟分区设置(★★★☆☆) 2. 挡烟设施(★★★☆☆)
	防火分隔措施	1. 防火墙、防火门、防火窗(★★★★☆) 2. 防火卷帘、防火阀(★★★★☆) 3. 排烟防火阀、防火隔间(★★★★☆)

第一节　防火分区

考点一　防火分区的划分

(一)检查内容

1.防火分区面积

(1)工业建筑检查时,根据火灾危险性类别、建筑物耐火等级、建筑层数等因素确定每个防火分区的最大允许建筑面积;在同一座库房或同一个防火墙间内如储存数种火灾危险性不同的物品时,其库房或隔间的最大允许建筑面积,按其中火灾危险性最大的物品确定。

(2)民用建筑检查时,根据建筑物耐火等级确定每个防火分区的最大允许建筑面积,同时,对建筑内设置的电影院、汽车库、商场、展厅等功能区,还需检查其防火分区是否符合具体防火分区面积的要求。

(3)当建筑上、下层设有走廊、自动扶梯、敞开楼梯、敞开楼梯间、传送带等开口部位时,要将相连通的各层作为一个防火分区考虑;敞开式、错层式、斜楼板式的汽车库的上下连通层防火分区面积需要叠加及计算,允许最大建筑面积可按常规增加1倍;建筑内设有自动灭火系统时,每层允许最大建筑面积可按常规增加1倍。局部设置时,增加面积可按局部面积增加1倍计算。

(4)人防工程中,溜冰馆的冰场、游泳馆的游泳池、射击馆的靶道区、保龄球馆的球道区等,其面积可不计入溜冰馆、游泳馆、射击馆、保龄球馆的防火分区面积;水泵房、污水泵房、水库、厕所、盥洗间等无可燃烧的房间面积可不计入防火分区的面积;避难走道不划分防火分区。

2.防火分隔完整性

防火分隔的完整性主要通过防火分隔设施实现,即在防火分区间设置的能保证在一定时间内阻止火势蔓延的边缘构件及设施。

防火分隔设施主要分为2大类,即固定不可活动式和活动可启闭式。其主要包括防火墙、防火卷帘、防火门(窗)、防火阀、排烟防火阀等,具体检查要求见本篇第三章第三节。

> **注意:**(1)对防火分区间代替防火墙分隔的防火卷帘,检查是否采用以背火面温升作耐火极限判定条件,如不以背火面温升作耐火极限判定条件,其卷帘两侧需要设置独立的闭式自动喷水灭火系统保护,系统喷水延续时间不小于3.00h。
> (2)对设在变形缝处附近的防火门,检查是否设置在楼层较多的一侧,且门开启后不得跨越变形缝。
> (3)对建筑内的隔墙,包括房间隔墙和疏散走道两侧的隔墙,检查是否从楼地面基层隔断砌至顶板底面基层。

(二)检查方法

查阅消防设计文件、建筑平面图、防火分区示意图、施工记录等相关资料,了解建筑分类和耐火等级,建筑平面布局等基本要素,确定防火分区划分的标准后开展现场检查。对于功能复杂的建筑工程,检查时要注意涵盖不同使用功能的楼层,其中歌舞娱乐放映游艺场所等人员密集场所必须检查。防火分区建筑面积测量值的允许正偏差不得大于规定值的5%。对规范有特殊规定或经专家评审确定的,可从其规定,但需要逐条检查专家评审纪要中评审意见是否已落实。

考点二 电梯井和管道井等竖向井道

(一)检查内容

1.竖向井道设置

(1)建筑的电缆井、管道井、排(气)烟道、垃圾道等竖向井道,均分别独立设置。井壁耐火极限不低于1h,井壁上的检查门为丙级防火门。

(2)高层建筑内的垃圾道排气口直接开向室外,垃圾斗设在垃圾道前室内,该前室的门为丙级防火门。垃圾斗采用不燃烧材料制作,并能自行关闭。

(3)电梯井独立设置。井内严禁敷设可燃气体和甲、乙、丙类液体管道,并不得敷设与电梯无关的电缆、电线等。井壁除开设电梯门、安全逃生门和通气孔洞外,不开设其他洞口。电梯门的耐火极限不低于1.00h,并同时符合相关完整性和隔热性要求。

2.缝隙、孔洞的封堵

电缆井、管道井与房间、走道等相连通的孔隙,须采用防火封堵材料封堵;电缆井、管道井在每层楼板处采用不低于楼板耐火极限的不燃烧体或防火封堵材料封堵。

(二)检查方法

查阅消防设计文件、建筑平面图,了解竖向井道类型、设置位置后开展现场检查,实地对照隐蔽工程施工记录、防火门产品质量证明文件、防火封堵产品燃烧性能证明文件等资料,查验防火门、防火封堵材料选型和防火封堵的密实性。

考点三　中庭

(一)检查内容

1.防火分隔措施

(1)当采用防火隔墙时,耐火极限不低于1.00h。

(2)当采用防火玻璃时,防火玻璃与其固定部件整体的耐火极限不低于1.00h,如果采用C类防火玻璃时,还需检查是否设置闭式自动喷水灭火系统保护。

(3)当采用防火卷帘时,耐火极限不低于3.00h。

(4)与中庭相连通的门、窗,均为火灾时能自行关闭的防火门、窗。

上述防火分隔措施的具体检查要求见本章第三节。

2.消防设施的设置

主要检查中庭排烟设施,如为高层建筑,还需检查中庭回廊的自动喷水灭火系统和火灾自动报警系统的设置。

3.中庭的使用功能

中庭内不得布置任何经营性商业设施、可燃物和用于人员通行外的其他用途。

4.与中庭连通部位的装修材料

建筑内上下层相连通的中庭,其连通部位的顶棚、墙面装修材料燃烧等级需为A级,其他部位可采用不低于B_1级的装修材料。

(二)检查方法

通过查阅消防设计文件、建筑平面图、剖面图等资料,了解中庭贯通的层数、与周围空间连通的方式,通过计算连通空间的总建筑面积,判断相连通的空间是否处在一个防火分区内,从而确定中庭与四周应采取的防火分隔措施后开展现场检查。查看中庭及相通部位的使用功能,对照隐蔽工程施工记录、防火门(窗)、防火卷帘的产品质量证明文件等资料,查验防火门、防火卷帘的选型和设置。

考点四　变形缝

(一)检查内容

1.变形缝的材质

变形缝构造基层、表面装饰层必须为不燃烧材料。

2.管道的敷设

变形缝内不得设置电缆、可燃气体管道和甲、乙、丙类液体管道。必须穿过时,需检查在穿过处是否加设不燃材料制作的套管或采取其他防变形措施,并采用防火封堵材料封堵。当通风、空气调节系统的风管穿越防火分隔处的变形缝时,需检查其两侧是否设置公称动作温度为70℃的防火阀。

(二)检查方法

通过查阅消防设计文件、建筑平面图、通风和空调系统平面图等资料,了解变形缝的设置位置,是否有穿越的管道或风管等,结合隐蔽工程施工记录、防火阀、防火封堵产品证明文件等开展现场检查,重点查看跨越防火分区的变形缝、伸缩缝。必要时,可以打开变形缝表面装饰层进行检查。

第二节　防烟分区

考点一　防烟分区设置

（一）检查内容

1. 防烟分区的划分

（1）防烟分区不得跨越防火分区。

（2）有特殊用途的场所（如地下室、防烟楼梯间、消防电梯、避难层间等）必须独立划分防烟分区；不设排烟设施的部位（包括地下室）、净空高度大于6m的区域可不划分防烟分区。

（3）防烟分区的长边一般不大于60m；当室内高度超过6m且具有自然对流条件时，长边可不大于75m。

2. 防烟分区的面积

防烟分区如果面积过大，会使烟气波及面积扩大，增加受灾面，不利于安全疏散和扑救；如果面积过小，不仅影响使用，还会提高工程造价。因此，对于高层民用建筑和其他建筑（包括地下建筑和人防工程），需要根据具体情况确定合适的防烟分区大小，每个防烟分区的面积不宜大于2000 m^2。

（二）检查方法

通过查阅消防设计文件、建筑平面图和剖面图，了解需要设置机械排烟设施的部位及其室内净高，进而确定建筑排烟平面图，了解防烟分区的具体划分后开展现场检查。测量最大防烟分区的面积，测量值的允许正偏差不得大于设计值的5%。

考点二　挡烟设施

（一）检查内容

1. 挡烟高度

挡烟高度即指各类挡烟设施处于安装位置时，其底部与顶部之间的垂直高度，要求不得小于500mm。

2. 挡烟垂壁

挡烟垂壁有固定或活动式2种。固定式挡烟垂壁是指固定安装的、能满足设定挡烟高度的挡烟垂壁；活动式挡烟垂壁是指可从初始位置自动运行至挡烟工作位置，并满足设定挡烟高度的挡烟垂壁。主要对挡烟垂壁的外观、材料、尺寸与搭接宽度、控制运行性能等进行逐项检查。

（二）检查方法

（1）查看挡烟垂壁的外观，挡烟垂壁的标牌牢固，标识清楚，金属零部件表面无明显凹痕或机械损伤，各零部件的组装、拼接处无错位。

（2）测量挡烟垂壁的搭接宽度。卷帘式挡烟垂壁挡烟部件由两块或两块以上织物缝制时，搭接宽度不得小于20mm；当单节挡烟垂壁的宽度不能满足防烟分区要求，而采用多节垂壁搭接的形式使用时，卷帘式挡烟垂壁的搭接宽度不得小于100mm，翻板式挡烟垂壁的搭接宽度不得小于20mm。宽度测量值的允许负偏差不得大于规定值的5%。

（3）测量挡烟垂壁边沿与建筑物结构表面的最小距离，此距离不得大于20mm，测量值的允许正偏差不得大于规定值的5%。

(4)观察活动式挡烟垂壁的下降,使用秒表、卷尺测量挡烟垂壁的电动下降或机械下降的运行速度和时间。卷帘式挡烟垂壁的运行速度大于等于0.07m/s;翻板式挡烟垂壁的运行时间小于7s。挡烟垂壁设置限位装置,当其运行至上、下限位时,能自动停止。

(5)采用加烟的方法使感烟探测器发出模拟火灾报警信号,或由消防控制中心发出控制信号,观察防烟分区内的活动式挡烟垂壁是否能自动下降至挡烟工作位置。

(6)切断系统供电,观察挡烟垂壁是否能自动下降至挡烟工作位置。

第三节 防火分隔措施

考点一 防火墙

(一)检查内容

1.防火墙设置位置

(1)设置在建筑物的基础或钢筋混凝土框架、梁等承重结构上,从楼地面基层隔断至梁、楼板或屋面结构层的底面。

(2)如设置在转角附近的防火墙,内转角两侧墙上的门、窗洞口之间最近边缘的水平距离不小于4.0m,当采取设置乙级防火窗等防止火灾水平蔓延的措施时,距离可不限。

(3)防火墙的构造在防火墙任意一侧的屋架、梁、楼板等受到火灾的影响而破坏时,不会导致防火墙倒塌。

(4)紧靠防火墙两侧的门、窗、洞口之间最近边缘的水平距离不得小于2.0m;采取设置乙级防火窗等防止火灾水平蔓延的措施时,距离可不限。

2.防火墙墙体材料

防火墙的耐火极限一般要求为3.00h,对甲、乙类厂房和甲、乙、丙类仓库,因火灾时延续时间较长,燃烧过程中所释放的热量较大,因而用于防火分区分隔的防火墙耐火极限要保持不低于4.00h。防火墙上一般不开设门、窗、洞口,必须开设时,需设置不可开启或火灾时能自动关闭的甲级防火门、窗,防止建筑内火灾的浓烟和火焰穿过门窗洞口蔓延扩散。

3.穿越防火墙的管道

防火墙内不得设置排气道、可燃气体和甲、乙、丙类液体的管道。对穿过防火墙的其他管道,检查是否采用防火封堵材料将墙与管道之间的空隙紧密填实;对穿过防火墙处的管道保温材料,检查是否采用不燃材料;当管道为难燃及可燃材料时,还需检查防火墙两侧的管道上采取的防火措施。

4.防火封堵的严密性

主要检查防火墙、隔墙墙体与梁、楼板的结合是否紧密,无孔洞、缝隙;墙上的施工孔洞是否采用不燃材料填塞密实;墙体上嵌有箱体时是否在其背部采用不燃材料封堵,并满足墙体相应耐火极限要求。

(二)检查方法

主要进行以下操作:

(1)测量防火墙两侧的门、窗、洞口之间最近边缘水平距离,距离测量值的允许负偏差不得大于规定值的5%。

(2)沿防火墙现场检查管道敷设情况、墙体上嵌有箱体的部位,核查防火封堵材料、保温材料产品与市场准入文件、消防设计文件的一致性。

考点二　防火门

(一)检查内容

在防火检查中,主要通过对防火门的选型、外观、安装质量和系统功能等进行检查。

1.防火门的选型

防火门按开启状态分为常闭防火门和常开防火门。对设置在建筑内经常有人通行处的防火门优先选用常开防火门,其他位置的均采用常闭防火门。常闭防火门在门扇的明显位置设置"保持防火门关闭"等提示标志。防火门耐火极限选择的正确与否根据具体设置位置结合消防设计文件进行判断。

2.防火门的外观

防火门门框、门扇无明显凹凸、擦痰等缺陷,在其明显部位设有耐久性铭牌,应标明产品名称、型号规格、耐火性能及商标、生产单位(制造商)名称和厂址、出厂日期及产品生产批号、执行标准等,且内容清晰,设置牢靠。常闭防火门应装有闭门器等,双扇和多扇防火门装有顺序器;常开防火门装有火灾时能自动关闭门扇的装置和现场手动控制装置。防火插销安装在双扇门或多扇门相对固定一侧的门扇上。

3.防火门的安装

用于疏散的防火门向疏散方向开启,在关闭后应能从任何一侧手动开启。对设置在变形缝附近的防火门,需安装在楼层数较多的一侧,且门扇开启后不应跨越变形缝。钢质防火门门框内充填水泥沙浆,门框与墙体采用预埋钢件或膨胀螺栓等连接牢固,固定点间距<u>不宜大于600mm</u>。防火门门扇与门框的搭接尺寸<u>不小于12mm</u>。

4.防火门的系统功能

防火门的系统功能主要包括常闭式防火门启闭功能,常开防火门联动控制功能、消防控制室手动控制功能和现场手动关闭功能的检查。

(二)检查方法

(1)查看防火门的外观,使用测力计测试其门扇开启力,防火门门扇开启力<u>不得大于80N</u>。

(2)开启防火门,查看关闭效果。

(3)触发常开防火门一侧的火灾探测器,发出模拟火灾报警信号,观察防火门动作情况及消防控制室信号显示情况。防火门应能自动关闭,并能将关闭信号反馈至消防控制室。

(4)将消防控制室的火灾报警控制器或消防联动控制设备处于手动状态,消防控制室手动启动常开防火门电动关闭装置,观察防火门动作情况及消防控制室信号显示情况。接到消防控制室手动发出的关闭指令后,常开防火门能自动关闭,并将关闭信号反馈至消防控制室。

考点三　防火窗

(一)检查内容

1.防火窗的选型

常见防火窗有无可开启窗扇的固定式防火窗、有可开启窗扇且装配有窗扇启闭控制装置的活动式防火窗。

2.防火窗的外观

防火窗的表面平整、光洁,无明显凹痕或机械损伤。在其明显部位设置永久性铭牌,标明产品名称、型号规格、耐火性能及商标、生产单位(制造商)名称和厂址、出厂日期及产品生产批号、执行标准等,内容清晰,设置牢靠。活动式防火窗装配火灾时能控制窗扇自动关闭的温控释放装置。

3.防火窗的安装质量

有密封要求的防火窗窗框密封槽内镶嵌的防火密封件牢固、完好。钢质防火窗窗框内充填水泥沙浆,窗框与墙体采用预埋钢件或膨胀螺栓等连接牢固,固定点间距不宜大于600mm。活动式防火窗窗扇启闭控制装置的安装位置明显,便于操作。

4.防火窗的控制功能

主要检查活动式防火窗的控制功能、联动功能、消防控制室手动功能和温控释放功能。

（二）检查方法

(1)查看防火窗的外观,完好无损、安装牢固。

(2)现场手动启动活动式防火窗的窗扇启闭控制装置,窗扇能灵活开启,并完全关闭,无启闭卡阻现象。

(3)触发活动式防火窗任一侧的火灾探测器发出模拟火灾报警信号,观察防火窗动作情况及消防控制室信号显示情况。

(4)将消防控制室的火灾报警控制器或消防联动控制设备处于手动状态,消防控制室手动启动活动式防火窗电动关闭装置,观察防火窗动作情况及消防控制室信号显示情况。

(5)切断活动式防火窗电源,加热温控释放装置,使其热敏感元件动作,观察防火窗动作情况,用秒表测试关闭时间。活动式防火窗在温控释放装置动作后60s内应能自动关闭。

考点四 防火卷帘

（一）检查内容

1.防火卷帘的设置部位

对照建筑平面图对防火卷帘门进行检查,通常有自动扶梯的周围、与中庭相连通的过厅和通道等部位需要进行防火卷帘的设置,且其下方不得有影响其下降的障碍物。目前,在建筑中大量采用大面积、大跨度的防火卷帘替代防火墙进行水平防火分隔的做法存在较大消防安全隐患。因此,对设置在中庭以外的防火卷帘,需检查其设置宽度:当防火分隔部位的宽度不大于30m时,防火卷帘的宽度不宜大于10m;当防火分隔部位的宽度大于30m时,防火卷帘的宽度不宜大于该部位宽度的1/3,且不大于20m。

2.防火卷帘的设置类型

常见的防火卷帘有钢质防火卷帘和无机纤维复合防火卷帘。当防火卷帘的耐火极限符合耐火完整性和耐火隔热性的判定条件时,可不设置自动喷水灭火系统保护。当防火卷帘的耐火极限仅符合耐火完整性的判定条件时,需设置自动喷水灭火系统保护。防火卷帘类型选择的正确与否应根据具体设置位置进行判断,不宜选用侧式防火卷帘。

3.防火卷帘的外观

防火卷帘的帘面平整、光洁,金属零部件的表面无裂纹、压坑及明显的凹痕或机械损伤。

在其明显部位设置永久性标牌,标明产品名称、型号规格、耐火性能及商标、生产单位(制造商)名称和厂址、出厂日期及产品生产批号、执行标准等,内容清晰,设置牢靠。

4.组件的安装质量

防火卷帘的帘板(面)、导轨、门楣、卷门机等组件齐全完好,紧固件无松动现象。门扇个接缝处、导轨、卷筒等缝隙,有防火防烟密封措施防止烟火窜入。防火卷帘上部、周围的缝隙采用不低于防火卷帘耐火极限的不燃烧材料填充、封隔。防火卷帘的控制器和手动按钮盒分别安装在防火卷帘内外两侧的墙壁便于识别的位置,底边距地面高度宜为 1.3～1.5m,并标出上升、下降、停止等功能。

> **注意**:对设置在通道位置的防火卷帘,需要由感烟、感温两种不同类型的火灾探测器组联动;对设置在其他位置的防火卷帘,可由同一防火分区两只不同的火灾探测器组联动。

5.防火卷帘的系统功能

主要包括防火卷帘控制器的火灾报警功能、自动控制功能、手动控制功能、故障报警功能、控制速放功能、备用电源功能;防火卷帘用卷门机的手动操作功能、电动启闭功能、自重下降功能、自动限位功能;防火卷帘的运行平稳性、电动启闭运行速度、运行噪音等功能的检查。

(二)检查方法

(1)查看防火卷帘外观,检查周围是否存放商品或杂物。手动启动防火卷帘,观察防火卷帘运行平稳性能以及与地面的接触情况;使用秒表、卷尺测量卷帘的启、闭运行速度;使用声级计在距卷帘表面的垂直距离1m、距地面的垂直距离1.5m处水平测量卷帘启、闭运行的噪音。需满足以下要求:

①防火卷帘的导轨运行平稳,不允许有脱轨和明显的倾斜现象。
②双帘面卷帘的两个帘面同时升降,两个帘面之间的高度差不大于50mm。
③垂直卷帘的电动启闭运行速度为2～7.5m/min之间;其自重下降速度不大于9.5m/min。
④卷帘启、闭运行的平均噪音不大于85dB。
⑤与地面接触时,座板与地面平行,接触均匀不得倾斜。

(2)拉动手动速放装置,观察防火卷帘是否具有自重恒速下降功能。防火卷帘卷门机具有依靠防火卷帘自重恒速下降的功能,操作臂力不得大于70N。切断防火卷帘电源,加热温控释放装置,使其热敏感元件动作,观察防火卷帘动作情况,防火卷帘在温控释放装置动作后能自动下降至全闭。

(3)采用加烟、加温的方法使防火卷帘控制器负载的感烟、感温探测器分别发出模拟烟、温火灾报警信号,观察防火卷帘控制器的报警功能。防火卷帘控制器能直接或间接地接受来自火灾报警探测器或消防控制设备的火灾报警信号,发出声、光报警信号。

(4)操作防火卷帘控制器的手动控制按钮,观察防火卷帘控制器的手动控制功能,其手动操作卷帘下降、停止、上升等功能正常,消防控制设备上防火卷帘信号显示正常。

(5)手动启动防火卷帘内、外侧手动控制按钮,观察防火卷帘现场启动。卷帘下降、停止、上升等功能正常,并向控制室的消防控制设备反馈动作信号。

(6)在控制室手动启动消防控制设备上的防火卷帘控制装置,观察防火卷帘远程启动。卷帘下降、停止等功能正常,并向控制室的消防控制设备反馈动作信号。

(7)采用加烟、加温的方法使火灾探测器组的感烟、感温探测器分别发出模拟烟、温火灾报警信号,观察防火卷帘自动启动。

第三章 防火防烟分区检查

考点五 防火阀

(一) 检查内容

1. 防火阀的外观

防火卷阀的外观完好无损，机械部分外表应无锈蚀、变形或机械损伤。应将产品名称、型号规格、耐火性能及商标、生产单位（制造商）名称和厂址、出厂日期及产品生产批号、执行标准等内容设置成耐久性铭牌，牢固的设置在其明显的部位。

2. 安装位置

防火阀主要安装在风管靠近防火分隔处，具体检查要求为：

（1）通风、空气调节系统的风管，穿越防火分区处、穿越通风、空气调节机房的房间隔墙和楼板处、穿越重要或火灾危险性大的房间隔墙和楼板处、穿越防火分隔处的变形缝两侧、竖向风管与每层水平风管交接处的水平管段上都要设置防火阀。当建筑内每个防火分区的通风、空气调节系统均独立设置时，水平风管与竖向总管的交接处可不设置防火阀。

（2）公共建筑的浴室、卫生间和厨房的竖向排风管，如未采取防止回流措施，在支管上设置防火阀。

（3）公共建筑内厨房的排油烟管道，在与竖向排风管连接的支管处设置防火阀。

（4）阀门顺气流方向关闭，防火分区隔墙两侧的防火阀距墙端面不大于200mm。

（5）设置防火阀处的风管要设置单独的支吊架，在防火阀两侧各2.0m范围内的风管及其绝热材料采用不燃材料。防火阀暗装时，安装部位设置方便维护的检修口。

3. 公称动作温度

公共建筑内厨房的排油烟管道与竖向排风管连接的支管处设置的防火阀，公称动作温度为150℃。其他风管上安装的防火阀公称动作温度均为70℃。

4. 防火阀的控制功能

主要检查防火阀的手动、联动控制和复位功能。防火阀平时处于开启状态，可手动关闭，也可与火灾报警系统联动自动关闭，均能在消防控制室接到防火阀动作的信号。

(二) 检查方法

（1）查看防火阀外观，检查是否完好无损、安装牢固，阀体内不得有杂物。

（2）在防火阀现场进行手动关闭、复位实验，观察防火阀的现场关闭和手动复位功能。

（3）采用加烟的方法使被试防烟分区的火灾探测器发出模拟火灾报警信号，观察防火阀的自动关闭功能。同一防火区域范围内的防火阀能自动关闭，并向控制室消防控制设备反馈其动作信号。

（4）在消防控制室的消防控制设备上和手动直接控制装置上分别手动关闭防烟分区的防火阀，观察防火阀的远程关闭功能。防火阀的关闭、复位功能正常，并能向控制室消防控制设备反馈其动作信号。

考点六 排烟防火阀

火灾时，当管道内气体温度达到280℃时，排烟防火阀自动关闭，并在一定的时间内起到阻火隔烟的作用，能满足耐火稳定性和耐火完整性的要求，其平时呈开启状态。它通常安装在排烟风机入口处、与垂直排烟风管连接的水平管和负担多个防烟分区排烟系统的排烟支管上。

注意: 排烟防火阀的组成、形状和工作原理与防火阀相似,但是有也有不同,其不同之处主要是安装管道和动作温度不同,防火阀安装在通风、空调系统的管道上的公称动作温度为70℃,而排烟防火阀安装在排烟系统管道上的公称动作温度为280℃。

考点七 防火隔间

(一)检查内容

(1) 建筑面积。防火隔间的建筑面积<u>不小于6m²</u>。

(2) 防火分隔。防火隔间墙为耐火极限不低于<u>3.00h</u>的防火隔墙,门为甲级防火门;不同防火分区通向防火隔间的门最小间距不小于<u>4m</u>。

(3) 内部装修材料。防火隔间内部装修材料的燃烧性能均采用A级材料。

(4) 使用用途。防火隔间不得用于除人员通行外的其他用途。

(二)检查方法

查阅消防设计文件、建筑平面图,了解地下商店的面积、防火隔间的设置位置后开展现场检查。防火隔间面积测量值的允许负偏差不得大于规定值的5%,核查防火门产品与市场准入文件、消防设计文件的一致性。

本章练习题

单项选择题

1. 防火卷帘其卷帘两侧需要设置独立的闭式自动喷水灭火系统保护,系统喷水延续时间不小于(   )h。
   A. 1   B. 2   C. 3   D. 5

2. 每个防烟分区的面积不宜大于(   )m²。
   A. 100   B. 200   C. 300   D. 500

3. 卷帘启、闭运行的平均噪音不大于(   )dB。
   A. 75   B. 80   C. 85   D. 90

4. 防火卷帘卷门机具有依靠防火卷帘自重恒速下降的功能,操作臂力不得大于(   )N。
   A. 50   B. 70   C. 90   D. 100

5. 下列不属于防火分隔的完整性的是(   )。
   A. 防火分区间   B. 防火墙   C. 防火卷帘   D. 防火门(窗)

6. 防火门门扇与门框的搭接尺寸不小于(   )mm。
   A. 5   B. 10   C. 12   D. 15

单项选择题

1. C   2. D   3. C   4. B   5. A   6. C

第四章 安全疏散检查

本章知识框架

安全疏散检查	安全出口与疏散出口	1.安全出口(★★☆☆☆) 2.疏散出口(★★☆☆☆) 3.安全疏散距离(★★☆☆☆)
	疏散走道与避难走道	1.疏散走道(★★★☆☆) 2.避难走道(★★★☆☆)
	疏散楼梯间	1.检查内容(★★★★☆) 2.检查方法(★★★★☆)
	避难疏散设施	1.避难层(间)(★★☆☆☆) 2.病房楼的避难间(★★☆☆☆) 3.下沉式广场(★★☆☆☆)

第一节　安全出口与疏散出口

考点一　安全出口

(一)检查内容

1.安全出口的形式

利用供人员安全疏散用的楼梯间作为安全出口时,疏散楼梯的设置形式与建筑物的使用性质、建筑层数、建筑高度等因素紧密联系。

2.安全出口的数量

安全出口的数量与安全出口总宽度、安全疏散距离有直接关系。当安全出口总宽度足够时,还需要保证在不同人员分布条件下的安全疏散距离,二者相互结合才能使安全出口的布置更加合理。一般要求建筑内每个防火分区或一个防火分区的每个楼层,安全出口不少于2个。对于仅设一个安全出口或一部疏散楼梯时,具体检查要求为:

(1)公共建筑

①除托儿所、幼儿园外单层公共建筑或多层公共建筑的首层,建筑面积小于等于200m²且人数不超过50人。

②除医疗建筑,老年人建筑,托儿所、幼儿园的儿童用房,儿童游乐厅等儿童活动场所和歌舞娱乐放映游艺场所等外,耐火等级、建筑层数、每层最大建筑面积和使用人数要符合相关规定。

③除歌舞娱乐放映游艺场所外,地下或半地下建筑的防火分区的建筑面积不大于200m²,其他地下或半地下建筑面积不大于50m²且经常停留人数不超过15人。

(2) 住宅建筑

一般要求住宅单元每层的安全出口不少于2个。检查要求为:

①建筑高度不大于27m的住宅,每个单元任一层的建筑面积小于650m²且任一户门至最近安全出口的距离小于15m。

②建筑高度大于27m、小于等于54m的住宅,每个单元任一层的建筑面积小于650m²,且任一户门至最近安全出口的距离小于10m。

③建筑高度大于54m的建筑。

(3) 厂房

厂房每个防火分区或一个防火分区的每个楼层的安全出口不少于2个。当厂房仅设一个安全出口时,检查要求为:

①甲类厂房,每层建筑面积不超过100m²,且同一时间的生产人数不超过5人。

②乙类厂房,每层建筑面积不超过150m²,且同一时间的生产人数不超过10人。

③丙类厂房,每层建筑面积不超过250m²,且同一时间的生产人数不超过20人。

④丁、戊类厂房,每层建筑面积不超过400m²,且同一时间的生产人数不超过30人。

⑤地下或半地下厂房(包括地下或半地下室),每层建筑面积不大于50m²,且同一时间的作业人数不超过15人。

⑥地下、半地下厂房或厂房的地下室、半地下室,如有防火墙隔成多个防火分区且每个防火分区设有一个直通室外的安全出口时,每个防火分区可利用防火墙上通向相邻分区的甲级防火门作为第二安全出口。

(4) 仓库

每座仓库的安全出口不少于2个。当仓库仅设一个安全出口时,检查要求为:

①仓库占地面积不大于300m²。

②仓库防火分区的建筑面积小于等于100m²。

③地下、半地下仓库或仓库的地下室、半地下室的建筑面积小于等于100m²。

④地下、半地下仓库或仓库的地下室、半地下室,如有防火墙隔成多个防火分区且每个防火分区设有一个直通室外的安全出口时,每个防火分区可利用防火墙上通向相邻分区的甲级防火门作为第二安全出口。

(5) 汽车库、修车库

汽车库、修车库的每个防火分区内的人员安全出口不少于2个,Ⅳ类汽车库和Ⅲ、Ⅳ类的修车库可设置一个安全出口。

(6) 人防工程

每个防火分区的安全出口不少于2个。当人防工程仅设一个安全出口时,检查要求为:

①如有防火墙隔成多个防火分区且每个防火分区设有一个直通室外的安全出口时,每个防火分区可利用防火墙上通向相邻分区的甲级防火门作为第二安全出口。

②当建筑面积不大于500m²,其室内地坪与室外出入口地面高差不大于10m,容纳人数不大于30人的防火分区,当有竖井,且竖井内有金属梯直通地面时,可设一个安全出口或一个相邻防火分区相通的防火门。

③当建筑面积不大于200m²,且经常停留人数不大于3人的防火分区,可只设置一个通向

相邻防火分区的防火门。

④改建工程的防火分区,当相邻防火分区有符合规范规定的安全出口时,可设置在不同方向且不少于2个通向相邻防火分区的防火门作为安全出口。

3.安全出口的宽度

(1)当每层疏散人数不等时,疏散楼梯的总宽度可分层计算,地上建筑内下层楼梯的总宽度按该层及以上疏散人数最多一层的疏散人数计算。

(2)地下建筑内上层楼梯的总宽度按该层及以下疏散人数最多一层的人数计算。

(3)首层外门的总宽度按该建筑疏散人数最多的一层的疏散人数计算确定,不供其他楼层人员疏散的外门,可按本层疏散人数计算确定。

4.安全出口的间距

每个防火分区、一个防火分区的每个楼层,其相邻两个安全出口最近边缘之间的水平距离不小于5m。

5.安全出口的畅通

建筑物的安全出口在使用时保持畅通,不得设有影响人员疏散的突出物和障碍物,安全出口的门向疏散方向开启。

(二)检查方法

通过查阅消防设计文件、建筑平面图、剖面图,了解建筑高度、使用功能和耐火等级等,根据检查场所或建筑的使用功能确定疏散人数和疏散宽度指标(具体要求见《消防安全技术实务》第二篇第六章相关内容),计算该场所或建筑每层(防火分区)需要的安全出口总宽度。根据计算结果开展现场检查,实地查看安全出口的数量,计算每个安全出口需要的最小疏散宽度,逐一核实每个安全出口的宽度是否满足现行国家工程消防技术标准规定,同时检查安全出口宽度与疏散走道、疏散楼梯梯段的净宽度之间是否互相匹配。安全出口的宽度、间距测量值的允许负偏差不得大于规定值的5%。

考点二 疏散出口

(一)检查内容

1.疏散门的数量

疏散门的数量根据房间或场所需要的疏散总宽度经计算确定,与安全出口的设置原则基本一致。检查要求为:

(1)公共建筑

公共建筑内各房间疏散门的数量不少于2个。除托儿所、幼儿园、老年人建筑、医疗建筑、教学建筑内位于走道尽端的房间外,当房间仅设一个疏散门时,需要注意:

①位于两个安全出口之间或袋形走道两侧的房间,对于托儿所、幼儿园、老年人建筑,建筑面积不大于50m²;对于医疗建筑、教学建筑,建筑面积不大于75m²;对于其他建筑或场所,建筑面积不大于120m²。

②位于走道尽端的房间,建筑面积小于50m²且疏散门的净宽度不小于0.90m,或由房间内任一点至疏散门的直线距离不大于15m、建筑面积不大于200m²且疏散门的净宽度不小于1.40m。

③位于歌舞娱乐放映游艺场所内的厅、室或房间,建筑面积不大于50m²且经常停留人数

不超过 15 人。

④位于地下或半地下的房间,设备间的建筑面积不大于 $200m^2$;其他房间的建筑面积不大于 $50m^2$ 且经常停留人数不超过 15 人。

(2)剧院、电影院和礼堂的观众厅

根据人员从一、二级耐火等级建筑的观众厅疏散出去的时间不大于 2min,从三级耐火等级的剧场、电影院等的观众厅疏散出去的时间不大于 1.5min 的原则,剧院、电影院和礼堂的观众厅每个疏散门的平均疏散人数不超过 250 人;当容纳人数超过 2000 人时,其超过 2000 人的部分,每个疏散门的平均疏散人数不超过 400 人。

(3)体育馆的观众厅

体育馆建筑均为一、二级耐火等级,依据容量的不同,人员从观众厅疏散出去的时间一般按 3~4min 控制,每个疏散门的平均疏散人数一般不超过 400~700 人。

2.疏散门的宽度

公共建筑内疏散门和住宅建筑户门的净宽度不小于 0.9m;观众厅及其他人员密集场所的疏散门,净宽度不得小于 1.4m。

> 注意:(1)疏散门的宽度与走道、楼梯梯段宽度的匹配性。
> (2)体育馆、剧院、电影院和礼堂观众厅疏散门的宽度与数量、疏散时间的匹配性。

举例:一座容量为 8600 人的一、二级耐火等级的体育馆,如果观众厅的疏散门设计为 14 个,则每个疏散出口的平均疏散人数为 8600/14 = 614(人)。假设每个疏散出口的宽度为 2.2m(即 4 股人流所需宽度),则通过每个疏散门需要的时间为 614/(4×37) = 4.15(min),大于 3.5min,不符合疏散要求。此时可以考虑加大疏散门的数量或疏散门的宽度。若此时将疏散门数量增加到 18,经过计算,疏散时间最终为 3.22min,不大于 3.5min,符合疏散要求。

3.疏散门的形式

(1)民用建筑和厂房的疏散门,采用向疏散方向开启的平开门,不得采用推拉门、卷帘门、吊门、转门和折叠门。

(2)仓库的疏散门采用向疏散方向开启的平开门,但丙、丁、戊类仓库首层靠墙的外侧可采用推拉门或卷帘门。

(3)人员密集场所内平时需要控制人员随意出入的疏散门和设置门禁系统的住宅、宿舍、公寓建筑的外门,要保证火灾时不需要使用钥匙等任何工具即能从内部轻易打开,并在明显位置设置标识和提示。

4.疏散门的间距

每个房间相邻 2 个疏散门最近边缘之间的水平距离不小于 5m。

5.疏散门的畅通

除甲、乙类生产车间外,人数不超过 60 人且每樘门的平均疏散人数不超过 30 人的房间,其疏散门的开启方向不限;开向疏散楼梯或疏散楼梯间的门,当门完全开启时,不得减少楼梯平台的有效宽度。疏散门在使用时保持畅通,不得上锁或在其附近设有影响人员疏散的突出物和障碍物。

(二)检查方法

通过查阅消防设计文件、建筑平面图、门窗表和门窗大样,了解建筑层数、高度、使用功能等,一般场所或房间根据使用功能、建筑面积确定疏散门设置数量,对于剧场、电影院和礼堂的观众厅或多功能厅、体育馆的观众厅等特殊场所,还需要根据每个疏散门的平均最多疏散人数进一步校核疏散门的数量。结合计算结果开展现场检查,实地查看疏散门的数量,根据疏散宽度指标(具体要求见《消防安全技术实务》第二篇第六章相关内容)逐一核实每个疏散门的宽度是否满足现行国家工程消防技术标准规定,同时检查疏散门宽度与疏散走道、疏散楼梯梯段的净宽度之间是否互相匹配。疏散门的宽度、间距测量值的允许负偏差不得大于规定值的5%。对于有防火要求的疏散门,还要现场核查产品质量合格证明文件、符合国家市场准入要求的检验报告与消防设计文件的一致性。

考点三　安全疏散距离

(一)检查内容

(1)若建筑物内全部设置自动喷淋灭火系统时,安全疏散距离可按规定增加25%,因为设置自动喷水灭火系统可提高建筑物的安全性能。

(2)建筑内开向敞开式外廊的房间,疏散门至最近安全出口的距离可按规定增加5m。

(3)直通疏散走道的房间疏散门至最近敞开楼梯间的距离,当房间位于两个楼梯间之间时,按规定减少5m;当房间位于袋型走道两侧或尽端时,按规定减少2m。

(4)对于一些机场候机楼的候机厅、展览建筑的展览厅等有特殊功能要求的区域,其疏散距离在最大限度地提高建筑消防安全水平并进行充分论证的基础上,可以根据专家评审纪要中的评审意见适当放宽。

(二)检查方法

查阅消防设计文件,建筑平面图、剖面图,了解建筑类别、平面布局、消防设施的设置等,确定安全疏散距离检查标准后开展现场检查。安全疏散距离测量值的允许正偏差不得大于规定值的5%。规范有特殊规定或经专家评审确定的,可从其规定,但需要逐条检查专家评审纪要中评审意见是否已落实。

第二节　疏散走道与避难走道

考点一　疏散走道

(一)检查内容

1.疏散走道的宽度

疏散走道的宽度一般需要根据其通过人数和疏散净宽度指标经计算确定。检查要求为:

(1)厂房疏散走道的净宽度不小于1.40m。

(2)单、多层公共建筑疏散走道的净宽度不小于1.10m;高层医疗建筑单面布房疏散走道净宽度不小于1.40m,双面布房疏散走道净宽度不小于1.50m;其他高层公共建筑单面布房疏散走道净宽度不小于1.30m,双面布房疏散走道净宽度不小于1.40m。

(3)住宅疏散走道净宽度不小于1.1m。

(4)剧院、电影院、礼堂、体育馆等人员密集场所,观众厅内疏散走道净宽度不小于1.00m,边走道的净宽度不小于0.80m;人员密集场所的室外疏散通道的净宽度不小于3.00m,并直通宽敞地带。

2.疏散距离

具体检查内容见本章第一节"安全疏散距离"的检查。

3.疏散走道的畅通性

疏散走道的设置要简明直接,尽量避免弯曲,尤其不要往返转折,疏散走道内不得设置阶梯、门槛、门垛、管道等影响人员疏散的突出物和障碍物。

4.疏散走道与其他部位分隔

疏散走道两侧采用一定耐火极限的隔墙与其他部位分隔,隔墙需砌至梁、板底部且不留有缝隙。疏散走道两侧隔墙的耐火极限,一、二耐火等级的建筑不低于1.00h;三级耐火等级的建筑不低于0.50h;四级耐火等级的建筑不低于0.25h。

5.疏散走道的内部装修

地上建筑的水平疏散走道,其顶棚装饰材料采用A级装修材料,其他部位采用不低于B_1级的装修材料。地下民用建筑的疏散走道,其顶棚、墙面和地面的装修材料均采用A级装修材料。

(二)检查方法

查阅消防设计文件、建筑平面图,了解建筑类别和平面布局,一般场所根据使用功能决定的疏散人数,疏散指标等计算确定每层疏散走道需要的最小宽度,对于剧场、电影院、礼堂、体育馆等特殊人员密集场所,还需要根据地面的形式、走道的位置等因素进一步校核不同部位疏散走道需要的最小宽度。结合计算结果开展现场检查,实地测量疏散走道宽度,宽度测量值的允许负偏差不得大于规定值的5%。

考点二 避难走道

(一)检查内容

1.直通地面出口的数量

除避难走到只有一个防火分区相通且该防火分区至少有一个不通向该避难走道的安全出口时可设置一个直通地面的出口,通常情况下,避难走道直通地面的出口不得低于2个且应设置在不同的方向。

2.避难走道的净宽度

通向避难走道的各防火分区人数不等时,避难走道的净宽不得小于设计容纳人数最多的一个防火分区通向避难走道各安全出口最小净宽之和。

3.避难走道入口处的前室

防火分区至避难走道入口处所设前室的面积不得小于$6.0m^2$,开向前室的门应为甲级防火门,前室开向避难走道的门为乙级防火门。

4.消防设施的设置

避难走道内设置消火栓、消防应急照明、应急广播和消防专线电话,防火分区至避难走道入口处的前室设置防烟设施。

5.避难走道的内部装修

避难走道的装修材料燃烧性能等级必须为A级。

(二)检查方法

通过查阅消防设计文件、建筑平面图,了解避难走道设置位置及数量、直通地面的安全出口位置,根据所有通向避难走道防火分区的功能确定需要疏散的人数、疏散指标等计算确定避难走道需要的最小宽度。结合计算结果开展现场检查,实地测量疏散走道宽度,宽度测量值的允许负偏差不得大于规定值的5%。

注意: 通向避难走道的各防火分区人数不等时,避难走道的净宽度不应小于设计容纳最多一个防火分区通向避难走道各安全出口最小净宽之和。

第三节　疏散楼梯间

考点　疏散楼梯间

（一）检查内容

1. 疏散楼梯间的设置形式

封闭楼梯间是用建筑构件配件分隔,能防止烟和热气进入的楼梯间;防烟楼梯间是在楼梯间入口处设有防烟前室,或设有专供排烟用的阳台、凹廊等,且通向前室和楼梯间的门均为乙级防火门的楼梯间;室外楼梯可以作为辅助的防烟楼梯。

检查中,根据建筑物的使用性质、建筑层数、建筑高度等因素判断建筑物疏散楼梯间设置的合理性。

（1）厂房、库房的检查要求:

甲、乙、丙类多层厂房和高层厂房的疏散楼梯采用封闭楼梯间或室外楼梯;建筑高度大于32m且任一层人数超过10人的高层厂房,采用防烟楼梯间或室外楼梯。高层仓库采用封闭楼梯间。

（2）民用建筑的检查要求:

①高层公共建筑。一类高层公共建筑和建筑高度大于32m的二类高层公共建筑,采用防烟楼梯间;裙房和建筑高度不大于32m的二类高层公共建筑,采用封闭楼梯间。高层公共建筑的疏散楼梯,当分散设置确有困难且从任一疏散门至最近疏散楼梯间入口的距离小于10m时,可采用剪刀楼梯间。

②多层公共建筑。医疗建筑、旅馆、老年人建筑;设置歌舞娱乐放映游艺场所的建筑;商店、图书馆、展览建筑、会议中心及类似使用功能的建筑;6层及以上的其他建筑采用封闭楼梯间。但是,当这些场所与其他功能空间组合在同一座建筑内时,则对其疏散楼梯的设置形式进行检查时,应按其中要求最高者确定,或按该建筑的主要功能确定。

③住宅。建筑高度不大于21m的住宅建筑可采用敞开楼梯间;建筑高度大于21m、小于等于33m的住宅建筑采用封闭楼梯间;上述住宅建筑当户门采用乙级防火门时,楼梯间可不封闭;建筑高度大于33m的住宅建筑,采用防烟楼梯间。对于住宅单元的疏散楼梯,当分散设置确有困难且从任一户门至最近疏散楼梯间入口的距离不大于10m时,可采用剪刀楼梯间。

④地下或半地下建筑(室)。3层及以上或室内地面与室外出入口地坪高差大于10m的地下或半地下建筑(室),其疏散楼梯应采用防烟楼梯间;其他地下或半地下建筑(室),其疏散楼梯可采用封闭楼梯间。

（3）汽车库、修车库的检查要求:

室内疏散楼梯采用封闭楼梯间;建筑高度超过32m的高层汽车库、室内地面与室外出入口地坪的高差大于10m地下汽车库的室内疏散楼梯采用防烟楼梯间。

(4)人防工程的检查要求：
设有电影院、礼堂；建筑面积大于500m²的医院、旅馆，建筑面积大于1000m²的商场、餐厅、展览厅、公共娱乐场所、健身体育场所等公共活动场所的人防工程，当底层室内地坪与室外出入口地面高差大于10m时，采用防烟楼梯间；当地下为2层，且地下第二层的地坪与室外出入口地面高差不大于10m时，采用封闭楼梯间。

2.疏散楼梯的平面布置

(1)封闭楼梯间的检查要求：

①楼梯间靠外墙布置，并能直接天然采光和自然通风。

②除楼梯间的门之外，楼梯间的内墙上不开设其他门窗洞口；楼梯间墙体采用耐火极限不低于2.00h的不燃烧体。

③高层建筑、人员密集的公共建筑、人员密集的多层丙类厂房楼梯间的门为乙级防火门，并向疏散方向开启；其他建筑封闭楼梯间的门可采用双向弹簧门。

④楼梯间的顶棚、墙面和地面的装修材料必须采用不燃烧材料。

(2)防烟楼梯间的检查要求：

①楼梯间的首层如将走道和门厅等包括在楼梯间前室内形成扩大的防烟前室时，需采用乙级防火门等措施与其他走道和房间隔开。

②防烟楼梯间需设前室，可与消防电梯间前室合用前室。前室的使用面积：公共建筑不小于6.0m²，居住建筑不小于4.5m²；合用前室的使用面积：公共建筑、高层厂房以及高层仓库不小于10.0m²，居住面积不小于6.0m²。

③除楼梯间的门之外，楼梯间的内墙上不开设其他门窗洞口；楼梯间墙体采用耐火极限不低于2.00h的不燃烧体。

④疏散走道通向前室以及前室通向楼梯间的门为乙级防火门。

⑤防烟楼梯间、前室的顶棚、墙面和地面的装修材料必须采用不燃烧材料。

> **注意**：对剪刀楼梯间检查时，除满足上述防烟楼梯间的相关要求外，还需检查：
> 剪刀楼梯间的梯段之间是否设置耐火极限不低于1.00h的不燃烧体墙分隔；共用前室的使用面积不得小于6.0m²；对于住宅建筑防烟楼梯间的前室或共用前室与消防电梯的前室合用时，合用前室的使用面积不得小于12.0m²，且短边不得小于2.4m。

(3)室外楼梯的检查要求：

①室外楼梯和每层出口处平台，采用不燃烧材料制作，平台的耐火极限不低于1.00h。

②在楼梯周围2.0m内的墙面上不开设其他门窗洞口，疏散门为乙级防火门，且不正对楼梯阶段设置。

③楼梯段耐火极限不低于0.25h，楼梯的最小净宽不小于0.9m，倾斜角度不大于45°，栏杆扶手的高度不小于1.1m。

④疏散楼梯不采用螺旋楼梯和扇形踏步，如踏步上下两级所形成的平面角不超过10°，每级离扶手25cm处的踏步深度超过22cm时可作疏散楼梯使用；公共建筑的疏散楼梯两段之间的水平净距不小于15cm。

3.疏散楼梯的净宽度

疏散楼梯的宽度是指梯段一侧的扶手中心线到墙面或梯段另一侧的扶手中心线到墙面之间最小水平距离。根据建筑使用性质的不同，具体检查要求为：

(1)一般公共建筑疏散楼梯的净宽度不小于1.10m；高层医疗建筑疏散楼梯的净宽度不

小于1.30m;其他高层公共建筑疏散楼梯的净宽度不小于1.20m。

(2)住宅建筑疏散楼梯的净宽度不小于1.10m;当住宅建筑高度不大于18m且疏散楼梯一边设置栏杆时,其疏散楼梯的净宽度不小于1.0m。

(3)厂房、汽车库、修车库的疏散楼梯的最小净宽度不小于1.10m。

(4)人防工程中商场、公共娱乐场所、健身体育场所疏散楼梯的最小净宽不小于1.4m;医院不小于1.3m,其他建筑不小于1.1m。

4.疏散楼梯的安全性

疏散楼梯间内不得设置烧水间、可燃材料储存室、垃圾道;不得设有影响疏散的凸出物或其他障碍物;严禁敷设甲、乙、丙类液体管道。公共建筑的楼梯间内不得敷设可燃气体管道,居住建筑的楼梯间不得敷设可燃气体管道和设置天然气体计量表,当住宅建筑必须设置时,需检查是否采用金属管道和设置切断气源的装置等保护措施。

(二)检查方法

(1)沿楼梯全程检查安全性和畅通性。需要注意的是,当地下室或半地下室与地上层共用楼梯间时,在首层与地下或半地下层的出入口处,需检查是否设置耐火极限不低于2.00h的隔墙和乙级的防火门隔开,并设有明显提示标志。

(2)在设计人数最多的楼层,选择疏散楼梯扶手与楼梯隔墙之间相对较窄处测量疏散楼梯的净宽度,并核查与消防设计文件的一致性。每部楼梯的测量点不少于5个,宽度测量值的允许负偏差不得大于规定值的5%。

(3)测量前室(合用前室)使用面积,测量值的允许负偏差不得大于规定值的5%。

(4)测量楼梯间(前室)疏散门的宽度,测量值的允许负偏差不得大于规定值的5%,并核查防火门质量合格证明文件、符合国家市场准入要求的检验报告和消防设计文件的一致性。

 **第四节　避难疏散设施**

考点一　避难层(间)

避难层(间)是建筑内用于人员在火灾时暂时躲避火灾及其烟气危害的楼层(房间)。常见避难层的类型有敞开式、半敞开式和封闭式3种。

(一)检查内容

1.避难层设置位置

考虑到目前国内主要配备的50m高云梯车的操作要求,避难层的设置数量应保证:第一个避难层(间)的楼地面至灭火救援场地地面的高度不大于50m,两个避难层之间的高度不宜大于50m。避难层可兼作设备层,但设备管道宜集中布置。

2.可供避难的面积

避难层的净面积满足设计避难人员避难的要求,通常按5.00人/m^2计算。

3.避难层的疏散楼梯

通向避难层的防烟楼梯在避难层分隔、同层错位或上下层断开。

注意:避难人员不一定要经过避难区才能上下。

4.避难层的消防设施
避难层设置消防电梯出口;消防专线电话和应急广播,消火栓和消防卷盘、防烟设施。

5.使用功能
一座建筑是否需要设置避难层还是避难间,主要根据该建筑的不同高度段内需要避难的人数及所需避难面积确定。当需要设置避难层时,该避难层除用于火灾危险性小的设备用房外,不能用于其他使用功能,且设备管道宜集中布置。当建筑内的避难人数较少而无须将整个楼层用作避难层时,可以采用防火墙将该楼层分隔成不同的区域,从非避难区到避难区的部位,要采取防止非避难区的火灾威胁到避难区安全的措施,如设置防烟前室。

(二)检查方法
通过查阅消防设计文件、建筑平面图、剖面图,了解避难层设置楼层、建筑高度后开展现场检查。测量可供避难的使用面积,测量值的允许负偏差不得大于设计值的5%;对消防设施的检查具体方法见本书第三篇。

考点二　病房楼的避难间

考虑到病房楼内使用人员的自我疏散能力较差,高层病房楼在二层及以上各楼层需设置避难间。

1.检查内容
(1)设置的数量及位置。避难间服务的护理单元不得超过2个;靠近楼梯间并采用耐火极限不低于2.00h的防火隔墙和甲级防火门与其他部位分隔。

(2)可供避难的面积。避难间的净面积能满足设计避难人员避难的要求,并按每个护理单元不小于25.0m^{2}确定。当避难间兼作其他用途时,需保证其避难安全和可供避难的净面积不变。

(3)避难层的消防设施。避难间入口设置明显的指示标志,避难间设置消防专线电话和应急广播,防烟设施。

2.检查方法
通过查阅消防设计文件、建筑平面图,剖面图,了解建筑高度、病房楼内各层避难间的设置位置后开展现场检查。核查防火门质量合格证明文件、符合国家市场准入要求的检验报告和消防设计文件的一致性;测量可供避难的使用面积,测量值的允许负偏差不得大于设计值的5%;对消防设施的检查具体方法见本书第三篇。

考点三　下沉式广场

下沉式广场是大型地下商业用房通过设置一定的室外开敞空间用来防止相邻区域的火灾蔓延和便于人员疏散的区域。

(一)检查内容

1.广场的开敞区域
不同防火分区通向下沉式广场等室外开敞空间的开口最近边缘之间的水平距离不得小于13m。室外开敞空间除用于人员疏散外不得用于其他商业或供人员通行外的其他用途,其中用于疏散的净面积不得小于169m^2。

2.广场直通地面的疏散楼梯

为保证人员逃生需要,直通地面的疏散楼梯不得少于 1 部。当连接下沉广场的防火分区需利用下沉广场进行疏散时,该区域通向地面的疏散楼梯要均匀布置,使人员的疏散距离尽量短。疏散楼梯的总净宽度不得小于任一防火分区通向室外开敞空间的设计疏散总净宽度。

3.广场防风雨棚的设置

防风雨棚不得完全封闭,四周开口部位要均匀布置,开口的面积不得小于室外开敞空间地面面积的 25%,开口高度不得小于 1.0m;开口设置百叶时,百叶的有效排烟面积可按百叶通风口面积的 60% 设置。

4.使用功能

作为人员疏散区域的下沉广场,不得布置任何经营性商业设施和用于人员通行的其他用途。

(二)检查方法

通过查阅消防设计文件、建筑地下各层平面图,了解下沉广场设置位置、所起的作用后开展现场检查。测量可供疏散的净面积、直通地面疏散楼梯的净宽度时,测量值的允许负偏差不得大于设计值的 5%。

本章练习题

单项选择题

1. 公共建筑内每个防火分区或一个防火分区的每个楼层,安全出口不少于( )个。
   A. 1   B. 2   C. 3   D. 4

2. ( )类厂房,每层建筑面积不超过 100m²,且同一时间的生产人数不超过 5 人。
   A. 甲   B. 乙   C. 丙   D. 丁

3. 建筑面积不大于( )m²,且经常停留人数不大于( )人的防火分区,可只设置一个通向相邻防火分区的防火门。
   A. 100、2   B. 100、3   C. 200、2   D. 200、3

4. 不同防火分区通向下沉式广场等室外开敞空间的开口最近边缘之间的水平距离不得小于( )m。
   A. 10   B. 13   C. 14   D. 15

5. 下列不属于常见避难层的类型的是( )。
   A. 敞开式   B. 半敞开式   C. 封闭式   D. 半封闭式

6. 每部楼梯的测量点不少于( )个,宽度测量值的允许负偏差不得大于规定值的 5%。
   A. 1   B. 2   C. 3   D. 5

单项选择题

1. B   2. A   3. D   4. B   5. D   6. D

第五章 防爆检查

本章知识框架

防爆检查	建筑防爆	1. 检查内容(★★★☆☆) 2. 检查方法(★★★☆☆)
	电气防爆	1. 检查内容(★★★☆☆) 2. 检查方法(★★★☆☆)
	设施防爆	1. 通风和空气调节系统(★★☆☆☆) 2. 供暖系统(★★☆☆☆)

第一节 建筑防爆

练一练

考点一 检查内容

1. 爆炸危险区域的确定

爆炸危险区域按场所内存在物质的物态不同,主要分为爆炸性气体环境和爆炸性粉尘环境。检查中主要判定爆炸危险环境类别及区域等级是否符合相关要求。

2. 有爆炸危险厂房的总体布局

主要检查有爆炸危险的甲、乙类厂房、总/分控制室和相关设备用房的布置位置。检查要求为:

(1)有爆炸危险的甲、乙类厂房宜独立设置。

(2)有爆炸危险的甲、乙类厂房的总控制室需独立设置;分控制室宜独立设置,当采用耐火极限不低于3.00h的防火隔墙与其他部位分隔时,可贴邻外墙设置。

(3)净化有爆炸危险粉尘的干式除尘器和过滤器宜布置在厂房外的独立建筑内,且建筑外墙与所属厂房的防火间距不得小于10m。对符合一定条件可以布置在厂房内的单独房间内时,需检查是否采用耐火极限分别不低于3.00h的防火隔墙和1.50h的楼板与其他部位分隔。

3. 有爆炸危险厂房的平面布置

主要检查有爆炸危险的甲、乙类生产部位和设备、疏散楼梯、办公室和休息室、排风设备在厂房内的布置。检查要求为:

(1)有爆炸危险的设备避开厂房的梁、柱等主要承重构件布置。

(2)有爆炸危险的甲、乙类生产部位,布置在单层厂房靠外墙的泄压设施或多层厂房顶层靠外墙的泄压设施附近。

(3)办公室、休息室不得布置在有爆炸危险的甲、乙类厂房内。如必须贴邻本厂房设置时,建筑耐火等级不得低于二级,并采用耐火极限不低3.00h的非燃烧体防护墙隔开和设置直通室外或疏散楼梯的安全出口。

(4)排除有燃烧或爆炸危险气体、蒸气和粉尘的排风系统的排风设备不得布置在地下或半地下建筑(室)内。

(5)在爆炸危险区域内的楼梯间、室外楼梯或与相邻区域连通处,设置门斗等防护措施。门斗的隔墙采用耐火极限不低于2.00h的防火隔墙,门采用甲级防火门并与楼梯间的门错位设置。

4.采取的防爆措施

(1)散发较空气重的可燃气体、可燃蒸气的甲类厂房和有粉尘、纤维爆炸危险的乙类厂房,其地面采用不发火花的地面。当采用绝缘材料作整体面层时,采取防静电措施。地面下不宜设置地沟,必须设置时,其盖板严密,并采用不燃烧材料紧密填实;地沟采取防止可燃气体、可燃蒸气和粉尘、纤维在地沟积聚的有效措施,且在与相邻厂房连通处采用不燃烧防火材料密封。

(2)散发可燃粉尘、纤维的厂房内表面平整、光滑,并易于清扫。

(3)使用和生产甲、乙、丙类液体厂房,其管、沟不得与相邻厂房的管、沟相通,下水道设置隔油设施,避免流淌或滴漏至地下管沟的液体遇火源后引起燃烧爆炸事故并殃及相邻厂房。

(4)甲、乙、丙类液体仓库设置防止液体流散的设施。

(5)遇湿会发生燃烧爆炸的物品仓库采取防止水浸渍的措施。

5.泄压设施的设置

(1)有爆炸危险的甲、乙类厂房宜采用敞开或半敞开式,承重结构宜采用钢筋混凝土或钢框架、排架结构。

(2)泄压设施的材质宜采用轻质屋面板、轻质墙体和易于泄压的门、窗等,并采用安全玻璃等在爆炸时不产生尖锐碎片的材料。作为泄压设施的轻质屋面板和墙体的质量不宜大于60kg。

(3)散发较空气轻的可燃气体、可燃蒸气的甲类厂房,宜采用轻质屋面板作为泄压面积。顶棚尽量平整、无死角,厂房上部空间保证通风良好。

(4)泄压设施的设置避开人员密集场所和主要交通道路,并宜靠近有爆炸危险的部位。有粉尘爆炸危险的筒仓,泄压设施设置在顶部盖板。屋顶上的泄压设施采取防冰雪积聚措施。

(5)有爆炸危险的厂房、粮食筒仓工作塔和上通廊设置的泄压面积严格按计算确定,具体计算方法见《消防安全技术实务》第二篇第八章相关内容。

6.与爆炸危险场所毗连的变、配电所的布置

(1)爆炸危险场所的正上方或正下方,不得设置变、配电所。必须毗连时,变、配电所尽量靠近楼梯间和外墙布置。

(2)当变、配电所为正压室且布置在1区、2区内时,室内地面宜高出室外地面0.6m左右。

(3)根据爆炸危险场所的危险等级,确定变、配电所与之共用墙面的数量,共用隔墙和楼板为抹灰的实体和非燃烧体。

考点二 检查方法

通过查阅消防设计文件、总平面图、建筑平面图、建筑剖面图施工记录、有关产品质量证明文件及相关资料,了解工业建筑火灾危险性、建筑层数、存在爆炸危险的物质、爆炸危险环境类别及区域等级等,根据《消防安全技术实务》第二篇第八章的相关内容确定需要设置的泄压面积后,对照上述检查内容逐项开展现场检查。

第二节 电气防爆

考点一 检查内容

1. 导线材质

因为铝线机械强度差、容易折断,需要进行过渡联接而加大接线盒,同时在联接技术上难于控制并保证质量,因此在爆炸危险环境的配线工程中,不能选用铝质的,而应选用铜芯绝缘导线或电缆。铜芯导线或电缆的截面在1区为2.5mm²以上,2区为1.5mm²以上。

2. 导线允许载流量

为避免过载、防止短路把电线烧坏或过热形成火源,绝缘电线和电缆的允许载流量不得小于熔断器熔体额定电流的1.25倍和自动开关长延时过电流脱扣器整定电流的1.25倍。

3. 线路的敷设方式

主要检查电气线路的敷设方式是否与爆炸环境中气体、蒸汽的密度相适应。检查要求为:

(1)当爆炸环境中气体、蒸汽的密度比空气重时,电气线路敷设在高处或埋入地下。架空敷设时选用电缆桥架;电缆沟敷设时沟内填充沙并设置有效的排水措施。

(2)当爆炸环境中气体、蒸汽的密度比空气轻时,电气线路敷设在较低处或用电缆沟敷设。敷设电气线路的沟道、钢管或电缆,在穿过不同区域之间墙或楼板处的孔洞时,采用非燃性材料严密堵塞,防止爆炸性混合物或蒸汽沿沟道、电缆管道流动。

4. 电气设备的选型和安装

根据爆炸危险区域的分区、电气设备的种类和防爆结构的要求,爆炸性气体环境应选择相应的电气设备。防爆电气设备的级别和组别不得低于该爆炸性气体环境内爆炸性气体混合物的级别和组别。当存在两种以上易燃性物质形成的爆炸性气体混合物时,应按危险程度较高的级别和组别选用防爆电气设备。爆炸性粉尘环境防爆电气设备的选型,根据粉尘的种类,选择防尘结构或尘密结构的粉尘防爆电气设备。

5. 线路的连接

导线或电缆的连接,采用有防松措施的螺栓固定,但不得绕接。铝芯与电气设备的连接,采用可靠的铜-铝过渡接头等措施。

6. 带电部件的接地

很多电气设备一般情况下是可以不接地的,但是在爆炸危险场所内仍须接地。主要包括以下设备:

(1)在导线不良的地面处,交流额定电压380V以下和直流额定电压440V以下的电气设备正常时不带电的金属外壳。

(2)在干燥环境,交流额定电压为127V以下,直流电压为110V以下的电气设备正常时不带电的金属外壳。

(3)安装在已接地的金属结构上的电气设备;敷设铠装电缆的金属构架。

检查时还需注意,接地干线宜设置在爆炸危险区域的不同方向,且不少于2处与接地体相连。

考点二　检查方法

通过查阅消防设计文件、电气设备材料清单、隐蔽工程施工记录、按现行国家标准电气装置安全工程施工及验收规范规定提交的有关设备的调整、试验记录及相关资料，了解环境可能出现爆炸的危险介质、爆炸危险区域范围、电气装置的组成等基本数据后，对照检查内容逐项开展现场检查，并核实向产品质量证明文件与消防设计文件的一致性。

第三节　设施防爆

考点一　通风和空气调节系统

（一）检查内容

1.空气调节系统的选择

对民用建筑内空气中含有容易起火或爆炸危险物质的房间，检查是否设置自然通风或独立的机械通风设施且其空气不循环使用；对含有燃烧或爆炸危险粉尘、纤维的空气的甲、乙类厂房及丙类厂房，检查空气调节系统是否采取不循环使用的方式。

2.管道的敷设

厂房内用于有爆炸危险场所的排风管道，严禁穿过防火墙和有爆炸危险的房间隔墙。甲、乙、丙类厂房内的送、排风管道宜分层设置。对排除有燃烧或爆炸危险气体、蒸气和粉尘的排风系统，检查排风管是否为明装，并检查其是否采用金属管道直接通向室外安全地点。

3.除尘器、过滤器的设置

对排除含有燃烧和爆炸危险粉尘的空气的排风机，检查在进入排风机前的除尘器是否采用不产生火花的除尘器；对于遇水可能形成爆炸的粉尘，严禁采用湿式除尘器。

4.通风设备的选型

对空气中含有易燃、易爆危险物质的房间，检查其送、排风系统是否选用防爆型的通风设备。当送风机布置在单独分隔的通风机房内且送风干管上设置防止回流设施时，可采用普通型的通风设备。对燃气锅炉房，检查是否选用防爆型的事故排风机，且排风量满足换气次数不少于12次/h。

5.接地装置的设置

对排除有燃烧或爆炸危险气体、蒸气和粉尘的排风系统以及燃油或燃气锅炉房的机械通风设施，检查其是否设置导除静电的接地装置。

（二）检查方法

查阅消防设计文件、通风空调平面图和设备材料表、隐蔽工程施工记录、通风空调设备有关产品质量证明文件及相关资料，了解建筑的用途、规模、是否有爆炸危险场所或部位后对照检查内容逐项开展现场检查，核实风机选型、接地装置等产品质量证明文件与消防设计文件的一致性。

考点二　供暖系统

在防火检查中，对供暖系统的检查主要是指对供暖方式、管道敷设、管道和设备绝热材料的燃烧性能等开展现场检查,并实地测量散热器表面的温度,核实供暖系统的设置是否满足现行国家工程建设消防技术标准的要求。具体的检查内容如下:

1.供暖方式的选择

对一些容易发生火灾或爆炸的厂房,需检查其供暖系统是否采用不循环使用的热风采暖。

2.供暖管道的敷设

供暖管道不得穿过存在与供暖管道接触能引起燃烧或爆炸的气体、蒸气或粉尘的房间,必须穿过时,检查是否采用不燃材料隔热。同时,供暖管道与可燃物之间保持的距离满足以下要求:

▶ 当温度大于100℃时,此距离不小于100mm或采用不燃材料隔热。

▶ 当温度不大于100℃时,此距离不小于50mm或采用不燃材料隔热。

3.供暖管道和设备绝热材料的燃烧性能

对于甲、乙类厂房(仓库),其建筑内的供暖管道和设备的绝热材料采用不燃材料。

4.散热器表面的温度

在一些散发可燃粉尘、纤维的厂房内,其散热器的表面平均温度不得超过82.5℃,输煤廊的散热器表面平均温度不得超过130℃。

本章练习题

单项选择题

1. 净化有爆炸危险粉尘的干式除尘器和过滤器宜布置在厂房外的独立建筑内,且建筑外墙与所属厂房的防火间距不得小于( )m。

   A.5　　　　　　B.10　　　　　　C.15　　　　　　D.20

2. 当送风机布置在单独分隔的通风机房内且送风干管上设置防止回流设施时,可采用普通型的通风设备。对燃气锅炉房,检查是否选用防爆型的事故排风机,且排风量满足换气次数不少于( )次/h。

   A.5　　　　　　B.10　　　　　　C.12　　　　　　D.15

3. 输煤廊的散热器表面平均温度不得超过( )℃。

   A.82.5　　　　　B.95.5　　　　　C.110　　　　　D.130

4. 绝缘电线和电缆的允许载流量不得小于熔断器熔体额定电流的( )倍。

   A.1　　　　　　B.1.25　　　　　C.1.5　　　　　D.2

单项选择题

1. B　2. C　3. D　4. B

第六章 建筑装修和外保温系统检查

本章知识框架

建筑装修和外保温系统检查	建筑内部装修	1.建筑内部装修的内容及分类(★☆☆☆☆) 2.检查内容(★★★☆☆) 3.检查方法(★★★☆☆)
	建筑外墙装饰和外保温系统	1.建筑外墙装饰(★★☆☆☆) 2.建筑外保温系统(★★☆☆☆)

第一节 建筑内部装修

考点 建筑内部装修

(一)建筑内部装修的内容及分类

建筑内部装修是建筑投入使用前的重要环节,在民用建筑中,主要包括顶棚、墙面、地面、隔断的装修,以及固定家具、窗帘、帷幕、床罩、家具包布、固定饰物等;在工业厂房中,主要包括顶棚、墙面、地面和隔断的装修。

建筑内部装修工程根据装修材料种类,又可划分为纺织织物、高分子合成材料、复合材料和其他材料子分部等4种类型的装修工程。

(二)检查内容

1.装修功能与原建筑类别一致性

装修工程的使用功能与所在建筑原设计功能需保持一致,不得影响原有建筑类别。

2.装修工程的平面布置

主要检查装修工程的平面布置是否满足相关要求,即由疏散楼梯、疏散走道、防火分区组成的立体疏散体系是否完整与畅通。

3.装修材料燃烧性能等级

根据装修材料在内部装修中使用的部位和功能的不同,可将其划分成7大类,分别为顶棚装修材料、墙面装修材料、地面装修材料、隔断装修材料、固定家具、装饰织物和其他装饰材料等。但是对于不同建筑类别、建筑规模和使用部位,对这些装修材料的燃烧性能等级的要求也不同,主要分为A(不燃性)、B_1(难燃性)、B_2(可燃性)和B_3(易燃性)4个等级(具体要求见《消

防安全技术实务》第二篇第十章相关内容),其具体的设定的原则如下:

(1)对重要的建筑比一般建筑物要求严;对地下建筑比地上建筑严;对100m以上的建筑比对一般高层建筑要求严。

(2)对建筑物中的重点防火部位,如公共活动区、楼梯、疏散走道及危险性大的场所等,其要求比一般建筑部位要求严。

(3)对顶棚的要求严于墙面,对墙面的要求又严于地面,对悬挂物(如窗帘、幕布等)的要求严于粘贴在基材上的物件。

4.装修对疏散设施的影响

结合对装修范围内平面布置的检查,核实建筑内部装修是否减少安全出口、疏散出口和疏散走道的设计所需的净宽度和数量。安全出口附近和疏散走道两侧不得设置有误导人员安全疏散的反光镜子、玻璃等装修材料。

5.装修对消防设施的影响

装饰物不得遮掩消火栓门,而且门的颜色要与四周的装修材料颜色有明显区别;建筑内部装修不得遮挡消火栓箱、手动报警按钮、喷头、火灾探测器以及安全疏散指示标志和安全出口标志等消防设施。

6.照明灯具和配电箱的安装

(1)照明灯具的高温部位,当靠近非A级装修材料时,采取隔热、散热等防火保护措施。灯饰所用材料的燃烧性能等级不得低于B_1级。

(2)开关、插座、配电箱不得直接安装在低于B_1级的装修材料上,当需要安装在B_1级以下的材料基座上时,必须采用具有良好隔热性能的不燃材料隔绝。

(3)白炽灯、卤钨灯、荧光高压汞灯、镇流器等不得直接设置在可燃装修材料或可燃构件上。

7.公共场所内阻燃制品标识张贴

公共场所内建筑制品、家具及组件、织物、泡沫塑料类、塑料或橡胶电线电缆六类产品需使用阻燃制品并加贴阻燃标识。

(三)检查方法

在对装修材料燃烧性能判定时,需要注意以下几点:

(1)安装在钢龙骨上燃烧性能达到B_1级的纸面石膏板、矿棉吸声板,可作为A级装修材料;当胶合板表面涂覆一级饰面型防火涂料时,可做为B_1级装修材料;单位重量小于300g/m²的纸质、布质壁纸,当直接粘贴在A级基材上时,可做为B_1级装修材料;施涂于A级基材上的无机装饰涂料,可做为A级装修材料;施涂于A级基材上,湿涂覆比小于1.5kg/m²的有机装饰涂料,可做为B_1级装修材料。

(2)对隐蔽层检查时,当胶合板用于顶棚和墙面装修并且内含有电器、电线等物体时,需查阅隐蔽工程验收记录,现场核查胶合板的内、外表面以及相应的木龙骨是否涂覆防火涂料,或采用阻燃浸渍处理达到B_1级。

(3)当采用不同装修材料进行分层装修时,各层装修材料的燃烧性能等级均要符合相关规定。对于一些复合型装修材料,可通过提交专业检测机构进行整体测试后确定其燃烧性能等级。

(4)当顶棚或墙面表面局部采用多孔或泡沫状塑料时,其厚度不得大于15mm,且面积不得超过该房间顶棚或墙面积的10%。

(5)对现场阻燃处理的木质材料、复合材料、纺织织物等检查时,结合材料的燃烧性能型式检验报告、现场进行阻燃处理的材料和所使用的阻燃剂的见证取样检验报告、现场对材料进行阻燃处理的施工记录及隐蔽工程验收记录等相关资料,对照报告及记录内容开展现场核查,并且重点核查上述报告或记录内容与实际使用材料的一致性。

(6)对公共场所内使用的阻燃制品,还要检查阻燃制品标识使用证书,现场检验标识加贴的情况。

第二节 建筑外墙装饰和外保温系统

考点一 建筑外墙装饰

(一)检查内容

1.装饰材料的燃烧性能

建筑外墙的装饰层,除采用涂料外,不得使用可燃材料,当建筑高度大于24m时,要采用不燃材料;当建筑外墙采用可燃保温材料时,不得使用火灾时易脱落的瓷砖材料。

2.广告牌和条幅的设置

建筑外墙室外大型广告牌和条幅的材质便于火灾时破拆,并且不得使用可燃材料;广告牌和条幅不得设置在灭火救援窗或自然排烟窗的外侧;消防车登高面一侧外墙上不得设置凸出的广告牌以免影消防车登高操作。

3.设置户外电致发光广告牌墙体的燃烧性能

由于直接设置在有可燃、难燃材料墙体上的户外电致发光广告牌,容易成为引火源而引发火灾,因此,户外电致发光广告牌不得直接设置在有可燃、难燃材料的墙体上。

(二)检查方法

防火检查中,通过查阅消防设计文件、建筑立面图、装饰材料的燃烧性能检测报告等资料,了解建筑高度和墙体材料,确定消防车登高面、自然排烟窗和每层灭火救援窗的部位后,并沿建筑四周对外立面开展现场检查,核实建筑外墙装饰的设置是否符合现行国家工程建设消防技术标准的要求。

考点二 建筑外保温系统

(一)检查内容

1.保温材料的燃烧性能

根据燃烧等级的不同,用于建筑保温系统的保温材料主要分为:A(不燃性)、B_1(难燃性)、B_2(可燃性)3个等级;主要包括有机高分子类、有机无机复合类和无机类3大类。针对民用建筑不同的建筑类别、建筑高度,外墙材质,外保温材料的燃烧性能等级有所不同。具体要求见《消防安全技术实务》第二篇第十章相关内容。需要注意的是,屋面、地下室外墙面不得使用岩棉、玻璃棉等吸水率高的保温材料。

2.防护层的设置

当外墙体保温材料选用非A级材料时,检查其外侧是否按要求设置不燃材料制作的防护层。并将保温材料完全覆盖。不同使用性质、建筑高度,外墙材质的民用建筑,其防护层的设置厚度也有所不同。

注意：防护层厚度不应小于15mm，其他层不应小于5mm。

3.防火隔离带的设置

当外墙体采用非A级保温材料时,检查是否每层沿楼板位置都设置不燃材料制作的水平防火隔离带,隔离带的设置高度不得小于300mm,与建筑外墙体全面积粘贴密实。当屋面和外墙体均采用非A级保温材料时,还要检查外墙和屋面分隔处是否按要求设置不燃材料制作的防火隔离带,宽度不得小于500mm。

4.每层的防火封堵

当外墙外保温系统与基层墙体、装饰层之间有空腔时,需要检查该空腔在每层楼板处是否被防火封堵材料封堵,进而防止因烟囱效应而造成火势的快速发展。

5.电气线路和电器配件

电气线路不得穿越或敷设在非A级保温材料中;对确需穿越或敷设的,检查是否采取穿金属导管等防火保护措施。开关、插座等电器配件,不得直接安装在难燃或可燃的保温材料上,防止因电器使用年限长、绝缘老化或过负荷运行发热等引发火灾。

（二）检查方法

通过查阅消防设计文件中节能设计专篇、建筑剖面图、建筑外墙节点大样、施工记录、隐蔽工程验收记录、相关材料（保温材料、防护层、防火隔离带等）质量证明文件和性能检测报告或型式检验报告等资料,了解建筑高度、建筑类别及是否为幕墙式建筑、外保温体系类型等基础数据后开展现场检查。现场采用钢针插入或剖开尺量防护层的厚度、水平防火隔离带的高度或宽度时,不允许有负偏差。

本章练习题

单项选择题

1. 安装在钢龙骨上燃烧性能达到（　　）级的纸面石膏板,矿棉吸声板,可作为A级装修材料。
   A. A　　　　B. B_1　　　　C. B_2　　　　D. A_1

2. 当外墙体采用用B_2级保温材料时,检查是否每层沿楼板位置设置不燃材料制作的水平防火隔离带,隔离带的设置高度不得小于（　　）mm,与建筑外墙体全面积粘贴密实。
   A. 100　　　B. 200　　　C. 300　　　D. 500

3. 当屋面和外墙体均采用非A级保温材料时,还要检查外墙和屋面分隔处是否按要求设置不燃材料制作的防火隔离带,宽度不得小于（　　）mm。
   A. 100　　　B. 200　　　C. 300　　　D. 500

4. 下列不属于保温材料根据燃烧性能等级的不同分类的是（　　）。
   A. A　　　　B. A_1　　　　C. B_1　　　　D. B_2

参考答案

单项选择题

1. B　2. C　3. D　4. B

第三部分 消防设施安装、检测与维护管理

第一章 消防设施质量控制、维护保养与消防控制室管理

本章知识框架

消防设施质量控制、维护保养与消防控制室管理	消防设施安装调试与检测	1.施工质量控制要求(★★☆☆☆) 2.消防设施现场检查(★☆☆☆☆) 3.施工安装调试(★★☆☆☆) 4.技术检测与竣工验收(★★☆☆☆)
	消防设施维护管理	1.消防设施维护管理的内容(★☆☆☆☆) 2.消防设施维护管理的要求(★★☆☆☆) 3.维护管理各环节工作要求(★☆☆☆☆)
	消防控制室管理	1.消防控制室的设备配置(★☆☆☆☆) 2.消防控制设备的监控要求(★☆☆☆☆) 3.消防控制室台账档案建立(★☆☆☆☆) 4.消防控制室的管理要求(★☆☆☆☆)

 **第一节 消防设施安装调试与检测**

考点一 施工质量控制要求

1.施工前准备

(1)经批准的消防设计文件以及其他技术资料齐全。
(2)设计单位向建设、施工、监理单位进行技术交底,明确相应技术要求。
(3)经检查,与专业施工相关的基础、预埋件和预留空洞等符合设计要求。
(4)各类消防设施的设备、组件以及材料齐全,规格型号符合设计要求,能够保证正常施工。
(5)施工现场及施工中使用的水、电、气能够满足连续施工的要求。

消防设计文件包括消防设施设计施工图(平面图、系统图、施工详图、设备表、材料表等)图纸以及设计说明等;其他技术资料主要包括消防设施产品明细表、主要组件安装使用说明书及施工技术要求,各类消防设施的设备、组件以及材料等符合市场准入制度的有效证明文件和产品出厂合格证书,工程质量管理、检验制度等。

2.施工过程质量控制

（1）对到场的各类消防设施的设备、组件以及材料进行现场检查，经检查合格后方可用于施工。

（2）各工序按照施工技术标准进行质量控制，每道工序完成后进行检查，经检查合格后方可进入下一道工序。

（3）相关各专业工种之间交接时，进行检验认可，经监理工程师签证后，方可进行下一道工序。

（4）消防设施安装完毕，施工单位按照相关专业调试规定进行调试。

（5）调试结束后，施工单位向建设单位提供质量控制资料和各类消防设施施工过程质量检查记录。

（6）监理工程师组织施工单位人员对消防设施施工过程进行质量检查；施工过程质量检查记录按照各消防设施施工及验收规范的要求填写。

（7）施工过程质量控制资料按照相关消防设施施工及验收规范的要求填写、整理。

3.施工安装质量问题处理

（1）更换相关消防设施的设备、组件以及材料，进行施工返工处理，重新组织产品现场检查、技术检测或者竣工验收。

（2）返修处理，能够满足相关标准规定和使用要求的，按照经批准的处理技术方案和协议文件，重新组织现场检查、技术检测或者竣工验收。

（3）返修或者更换相关消防设施的设备、组件以及材料的，经重新组织现场检查、技术检测、竣工验收，仍然不符合要求的，判定为现场检查、技术检测、竣工验收不合格。

（4）未经现场检查合格的消防设施的设备、组件以及材料，不得用于施工安装；消防设施未经竣工验收合格的，其建设工程不得投入使用。

考点二　消防设施现场检查

消防设施现场检查包括产品合法性检查、一致性检查及产品质量检查。

（一）合法性检查

消防产品合法性检查，重点查验其符合国家市场准入规定的相关合法性文件，以及出厂检验合格证明文件。

1.市场准入文件

到场检查重点查验下列市场准入文件：

（1）纳入强制性产品认证的消防产品，查验其依法获得的强制认证证书。

（2）新研制的尚未制定国家或者行业标准的消防产品，查验其依法获得的技术鉴定证书。

（3）目前尚未纳入强制性产品认证的非新产品类的消防产品，查验其经国家法定消防产品检验机构检验合格的型式检验报告。

（4）非消防产品类的管材管件以及其他设备查验其法定质量保证文件。

2.产品质量检验文件

到场检查重点查验下列消防产品质量检验文件：

（1）查验所有消防产品、管材管件以及其他设备的出厂检验报告或者出厂合格证。

（2）查验所有消防产品的型式检验报告；其他相关产品的法定检验报告。

（二）一致性检查

消防产品一致性检查按照下列步骤及要求实施：

（1）对各类消防设施的设备及其组件名称、批次、规格型号、数量和生产厂名、地址和产地进行逐一登记，并与其设备清单、使用说明书等核对无误。

（2）查验各类消防设施的设备及其组件的规格型号、组件配置及其数量、性能参数、生产厂名及其地址与产地，以及标志、外观、材料、产品实物等，与经国家消防产品法定检验机构检验合格的型式检验报告一致。

（3）查验各类消防设施的设备及其组件规格型号，符合经法定机构批准或者备案的消防设计文件要求。

（三）产品质量检查

消防设施的产品质量检查主要包括外观检查、组件装配及其结构检查、基本功能试验以及灭火剂质量检测等内容。

（1）火灾自动报警系统、火灾应急照明以及疏散指示系统的现场产品质量检查，重点对其设备及其组件进行外观检查。

（2）水系灭火系统的现场产品质量检查，重点对其设备、组件以及管件、管材的外观、组件结构及其操作性能进行检查，并对规定组件、管件、阀门等进行强度和严密性试验；泡沫灭火系统还需按照规定对灭火剂进行抽样检测。

（3）气体灭火系统、干粉灭火系统除参照水系灭火系统的检查要求进行现场产品质量检查外，还要对灭火剂储存容器的充装量、充装压力等进行检查。

（4）防烟排烟设施的现场产品质量检查，重点检查风机、风管及其部件的外观（尺寸）、材料燃烧性能和操作性能；检查活动挡烟垂壁、自动排烟窗及其驱动装置、控制装置的外观、操控性能等。

考点三　施工安装调试

1.施工安装依据

消防设施施工安装以经法定机构批准或者备案的消防设计文件、国家工程建设消防技术标准为依据；经批准或者备案的消防设计文件不得擅自变更，确需变更的，由原设计单位修改，报经原批准机构批准后，方可用于施工安装。

消防供电以及火灾自动报警系统设计文件，不仅需要具备前述消防设施设计文件，还需具备系统布线图和消防设备联动逻辑说明等技术文件。

2.施工安装要求

在消防设施的施工安装过程中，施工现场要配齐相应的施工技术标准、工艺规程以及实施方案，建立健全质量管理体系、施工质量控制与检验制度。

施工单位做好施工（包括隐蔽工程验收）、检验（包括绝缘电阻、接地电阻）、调试、设计变更等相关记录；施工结束后，施工单位对消防设施施工安装质量进行全面检查，在施工现场质量管理检查、施工过程检查、隐蔽工程验收、资料核查等检查全部合格后，完成竣工图以及竣工报告。

3.调试要求

（1）系统供电正常，电气设备（主要是火灾自动报警系统）具备与系统联动调试的条件。

（2）水源、动力源和灭火剂储存等满足设计要求和系统调试要求，各类管网、管道、阀门等密封严密，无泄漏。

(3)调试使用的测试仪器、仪表等性能稳定可靠,其精度等级及其最小分度值能够满足调试测定的要求,符合国家有关计量法规以及检定规程的规定。

(4)对火灾自动报警系统及其组件、其他电气设备分别进行通电试验,确保其工作正常。

考点四 技术检测与竣工验收

(一)技术检测

1.检测准备

在对消防设施进行技术检测前,检测机构需要按照下列要求对各类消防设施及其检测仪器仪表进行检查:

(1)检查各类消防设施的设备及其组件、材料(管道、管件、支吊架、线槽、电线、电缆等)的外观,以及导线、电缆的绝缘电阻值和系统接地电阻值等测试记录。

(2)检查各类消防设施的设备及其组件的相关技术文件。

(3)检查各类消防设施的设备及其组件的外观标志。

(4)检查检测用仪器、仪表、量具等的计量检定合格证书及其有效期限。

2.检测方法及要求

(1)采用核对方式检查的,与经法定机构批准或者备案的消防设计文件、验收记录和国家工程建设消防技术标准等进行对比核查。

(2)按照各类消防设施施工及验收规范以及《建筑消防设施检测技术规程》GA 503 规定的内容,对各类消防设施的设置场所(防护区域)、设备及其组件、材料(管道、管件、支吊架、线槽、电线、电缆等)进行设置场所(防护区域)安全性检查、消防设施施工质量检查和功能性试验;对于有数据测试要求的项目,采用规定的仪器、仪表、量具等进行测试。

(3)逐项记录各类消防设施检测结果以及仪器、仪表、量具等测量显示数据,填写检测记录。

(二)竣工验收

消防设施竣工验收分为资料检查、施工质量现场检查和质量验收判定等3个环节,消防设施竣工验收过程中,按照各类消防设施的施工及验收规范的要求填写竣工验收记录表。

1.资料检查

消防设施竣工验收前,施工单位需要提交下列竣工验收资料,供参验单位进行资料检查:

(1)竣工验收申请报告。

(2)施工图设计文件(包括设计图纸和设计说明书等)、各类消防设施的设备及其组件安装说明书、消防设计审核意见书和设计变更通知书、竣工图。

(3)主要设备、组件、材料符合市场准入制度的有效证明文件、出厂质量合格证明文件以及现场检查(验)报告。

(4)施工现场质量管理检查记录、施工过程质量管理检查记录以及工程质量事故处理报告。

(5)隐蔽工程检查验收记录以及灭火系统阀门、其他组件的强度和严密性试验记录、管道试压和冲洗记录。

2.现场检查

现场检查的具体内容如下:

(1)检查各类消防设施外观质量。
(2)检查各类消防设施安装场所(防护区域)及其设置位置。
(3)通过专业仪器设备现场测量涉及距离、宽度、长度、面积、厚度等可测量的指标。
(4)检查、测试其它涉及消防设施规定要求的项目。
(5)测试各类消防设施的功能。

如果在现场检查时发现各项检查项目中有不合格项时,应对其设备及其组件、材料(管道、管件、支吊架、线槽、电线、电缆等)进行返修或者更换后,进行复验。复验时,对有抽验比例要求的,需加倍抽样检查。

3.质量验收判定

当消防设施现场检查结束后,可以根据各类设施的施工及验收规范确定的工程施工质量缺陷类别,并按照下列规则对各类消防设施的施工质量作出验收判定结论,具体如下:

(1)消防给水及消火栓系统、自动喷水灭火系统、防烟排烟系统和火灾自动报警系统等工程施工质量缺陷可划分为:严重缺陷项(A)、重缺陷项(B)和轻缺陷项(C)。

①自动喷水灭火系统、防烟排烟系统的工程施工质量缺陷:当 $A=0$,且 $B \leqslant 2$,且 $B+C \leqslant 6$ 时,竣工验收判定为合格;否则,判定为不合格。

②消防给水及消火栓系统的工程施工质量缺陷:当 $A=0$, $B \leqslant$ 检查项的 10%,且 $B+C \leqslant 20\%$ 时,竣工验收判定为合格;否则,判定为不合格。

③火灾自动报警系统的工程施工质量缺陷:当 $A=0$, $B \leqslant 2$,且 $B+C \leqslant$ 检查项的 5% 时,竣工验收判定为合格;否则,判定为不合格。

(2)泡沫灭火系统按照《泡沫灭火系统施工及验收规范》GB 50281 的规定内容进行竣工验收,若其功能验收为不合格时,则系统验收判定为不合格。

(3)气体灭火系统按照《气体灭火系统施工及验收规范》GB 50263 的规定内容进行竣工验收,若其验收项目有一项为不合格时,则系统验收判定为不合格。

 **第二节　消防设施维护管理**

考点一　消防设施维护管理的内容

消防设施维护管理由建筑物的产权单位或者受其委托的建筑物业管理单位(以下简称"建筑使用管理单位")依法自行管理或者委托具有相应资质的消防技术服务机构实施管理。消防设施维护管理包括值班、巡查、检测、维修、保养、建档等工作。

考点二　消防设施维护管理的要求

1.维护管理人员从业资格要求

消防设施操作管理以及值班、巡查、检测、维修、保养的从业人员,需要具备符合下列规定的从业资格:

(1)消防设施检测、维护保养等消防技术服务机构的项目经理、技术人员,经注册消防工程师考试合格,具有规定数量的、持有一级或者二级注册消防工程师的执业资格证书。

(2)消防设施检测、保养人员,经消防行业特有工种职业技能鉴定合格,持有高级技能

(含,下同)以上等级职业资格证书。

(3)消防设施维修人员,经消防行业特有工种职业技能鉴定合格,持有技师以上等级职业资格证书。

(4)消防设施操作、值班、巡查的人员,经消防行业特有工种职业技能鉴定合格,持有初级技能以上等级的职业资格证书,能够熟练操作消防设施。

2.维护管理装备要求

用于消防设施的巡查、检测、维修、保养的测量用仪器、仪表、量具以及泄压阀、安全阀等,依法需要计量检定的,建筑使用管理单位按照有关规定进行定期校验,并具有有效证明文件。

3.维护管理工作要求

建筑使用管理单位按照下列要求组织实施消防设施维护管理:

(1)明确管理职责。
(2)制定消防设施维护管理制度和维修管理技术规程。
(3)落实管理责任。
(4)实施消防设施标识化管理。
(5)故障消除及报修。
(6)建立健全建筑消防设施维护管理档案。
(7)远程监控管理。

考点三 维护管理各环节工作要求

(一)值班

在消防控制室、具有消防配电功能的配电室、消防水泵房、防排烟机房等重要设备用房,合理安排符合从业资格条件的专业人员对消防设施实施值守、监控,负责消防设施操作控制,确保火灾情况下能够按照操作技术规程,及时、准确的操作建筑消防设施。单位制定灭火和应急疏散预案、组织预案演练时,要将消防设施操作内容纳入其中,并对操作过程中发现的问题及时给予纠正、处理。

(二)巡查

消防设施巡查内容主要包括消防设施设置场所(防护区域)的环境状况、消防设施及其组件、材料等外观以及消防设施运行状态、消防水源状况及固定灭火设施灭火剂储存量等。

1.巡查要求

(1)明确各类消防设施的巡查频次、内容和部位。
(2)巡查时,准确填写《建筑消防设施巡查记录表》。
(3)巡查发现故障或者存在问题的,按照规定程序进行故障处置,消除存在问题。

2.巡查频次

(1)公共娱乐场所营业期间,每2h组织1次综合巡查。期间,将部分或者全部消防设施巡查纳入综合巡查内容,并保证每日至少对全部建筑消防设施巡查一遍。
(2)消防安全重点单位每日至少对消防设施巡查1次。
(3)其他社会单位每周至少对消防设施巡查1次。
(4)举办具有火灾危险性的大型群众性活动的,承办单位根据活动现场实际需要确定巡查频次。

(三)检测

消防设施检测主要是对国家标准规定的各类消防设施的功能性要求进行的检查、测试。

1.检测频次

消防设施每年至少检测1次。重大节日或者重大活动,根据活动要求安排消防设施检测。设有自动消防设施的消防安全重点单位,自消防设施投入运行后的每年年底,将年度检测记录报当地公安机关消防机构备案。

2.检查对象

检测对象包括全部系统设备、组件等。检测过程中,要如实填写《建筑消防设施检测记录表》的相关内容。

(四)维修

对于在值班、巡查、检测、灭火演练中发现的消防设施存在问题和故障,相关人员按照规定填写《建筑消防设施故障维修记录表》,向建筑使用管理单位消防安全管理人报告;消防安全管理人对相关人员上报的消防设施存在的问题和故障,要立即通知维修人员或者委托具有资质的消防设施维保单位进行维修。

维修期间,建筑使用管理单位要采取确保消防安全的有效措施;故障排除后,消防安全管理人组织相关人员进行相应功能试验,检查确认,并将检查确认合格的消防设施,恢复至正常工作状态,维修情况在《建筑消防设施故障维修记录表》中全面、准确记录。

(五)保养

建筑使用管理单位根据建筑规模、消防设施使用周期等,制定消防设施保养计划,载明消防设施的名称、保养内容和周期;储备一定数量的消防设施易损件或者与有关消防产品厂家、供应商签订相关合同,以保证维修保养供应。

消防设施的维护保养时,维护保养单位相关技术人员填写《建筑消防设施维护保养记录表》,并进行相应功能试验。

(六)档案建立与管理

1.档案内容

(1)消防设施基本情况。主要包括消防设施的验收意见和产品、系统使用说明书、系统调试记录、消防设施平面布置图、系统图等原始技术资料。

(2)消防设施动态管理情况。主要包括消防设施的值班记录、巡查记录、检测记录、故障维修记录以及维护保养计划表、维护保养记录、自动消防控制室值班人员基本情况档案及培训记录等。

2.保存期限

消防设施施工安装、竣工验收以及验收技术检测等原始技术资料要长期保存;《消防控制室值班记录表》和《建筑消防设施巡查记录表》的存档时间不得少于1年;《建筑消防设施检测记录表》《建筑消防设施故障维修记录表》《建筑消防设施维护保养计划表》《建筑消防设施维护保养记录表》的存档时间不得少于5年。

第三节　消防控制室管理

考点一　消防控制室的设备配置

消防控制室至少需要设置火灾报警控制器、消防联动控制器、消防控制室图形显示装置、消防电话总机、消防应急广播控制装置、消防应急照明和疏散指示系统控制装置、消防电源监控器等设备，或者设置具有相应功能的组合设备。

考点二　消防控制设备的监控要求

（1）消防控制室设置的消防设备能够监控并显示消防设施运行状态信息，并能够向城市消防远程监控中心（以下简称"监控中心"）传输相应信息。

（2）根据建筑（单位）规模及其火灾危险性特点，消防控制室内需要保存必要的文字、电子资料，存储相关的消防安全管理信息，并能够及时向监控中心传输消防安全管理信息。

（3）大型建筑群要根据其不同建筑功能需求、火灾危险性特点和消防安全监控需要，设置2个及2个以上的消防控制室，并确定主消防控制室、分消防控制室，以实现分散与集中相结合的消防安全监控模式。

（4）主消防控制室的消防设备能够对系统内共用消防设备进行控制，显示其状态信息，并能够显示各个分消防控制室内消防设备的状态信息，具备对分消防控制室内消防设备及其所控制的消防系统、设备的控制功能。

（5）各个分消防控制室的消防设备之间，可以互相传输、显示状态信息，不能互相控制消防设备。

考点三　消防控制室台账档案建立

消防控制室内至少保存有下列纸质台账档案和电子资料：

（1）建（构）筑物竣工后的总平面布局图、消防设施平面布置图和系统图以及安全出口布置图、重点部位位置图等。

（2）消防安全管理规章制度、应急灭火预案、应急疏散预案等。

（3）消防安全组织结构图，包括消防安全责任人、管理人、专职、义务消防人员等内容。

（4）消防安全培训记录、灭火和应急疏散预案的演练记录。

（5）值班情况、消防安全检查情况及巡查情况等记录。

（6）消防设施一览表，包括消防设施的类型、数量、状态等内容。

（7）消防系统控制逻辑关系说明、设备使用说明书、系统操作规程、系统以及设备的维护保养制度和技术规程等。

（8）设备运行状况、接报警记录、火灾处理情况、设备检修检测报告等资料。

上述台账、资料按照本章第二节档案建立与管理的要求，定期归档保存。

考点四　消防控制室管理要求

（一）消防控制室值班要求

（1）实行每日24h专人值班制度，每班不少于2人，值班人员持有规定的消防专业技能鉴定证书。

第一章 消防设施质量控制、维护保养与消防控制室管理

(2)消防设施日常维护管理符合国家标准《建筑消防设施的维护管理》GB 25201的相关规定。

(3)确保火灾自动报警系统、固定灭火系统和其他联动控制设备处于正常工作状态,不得将应处于自动控制状态的设备设置在手动控制状态。

(4)确保高位消防水箱、消防水池、气压水罐等消防储水设施水量充足,确保消防泵出水管阀门、自动喷水灭火系统管道上的阀门常开;确保消防水泵、防排烟风机、防火卷帘等消防用电设备的配电柜控制装置处于自动控制位置(或者通电状态)。

(二)消防控制室应急处置程序

火灾发生时,消防控制室的值班人员按照下列应急程序处置火灾:

(1)接到火灾警报后,值班人员立即以最快方式确认火灾。

(2)火灾确认后,值班人员立即确认火灾报警联动控制开关处于自动控制状态,同时拨打"119"报警电话准确报警;报警时需要说明着火单位地点、起火部位、着火物种类、火势大小、报警人姓名和联系电话等。

(3)值班人员立即启动单位应急疏散和初期火灾扑救灭火预案,同时报告单位消防安全负责人。

(三)消防控制室控制、显示要求

1.消防控制室图形显示装置

采用中文标注和中文界面的消防控制室图形显示装置,其界面对角线长度不得小于430mm。消防控制室图形显示装置按照下列要求显示相关信息:

(1)能够显示前述电子资料内容以及符合规定的消防安全管理信息。

(2)能够显示消防系统及设备的名称、位置和消防控制器、消防联动控制设备(含消防电话、消防应急广播、消防应急照明和疏散指示系统、消防电源等控制装置)的动态信息。

(3)能够用同一界面显示建(构)筑物周边消防车道、消防登高车操作场地、消防水源位置,以及相邻建筑的防火间距、建筑面积、建筑高度、使用性质等情况。

(4)有火灾报警信号、监管报警信号、反馈信号、屏蔽信号、故障信号输入时,具有相应状态的专用总指示,在总平面布局图中应显示输入信号所在的建(构)筑物的位置,在建筑平面图上应显示输入信号所在的位置和名称,并记录时间、信号类别和部位等信息。

(5)10s内能够显示输入的火灾报警信号和反馈信号的状态信息,100s内能够显示其他输入信号的状态信息。

(6)能够显示可燃气体探测报警系统、电气火灾监控系统的报警信息、故障信息和相关联动反馈信息。

2.火灾报警控制器

火灾报警控制器能够显示火灾探测器、火灾显示盘、手动火灾报警按钮的正常工作状态、火灾报警状态、屏蔽状态及故障状态等相关信息,能够控制火灾声光警报器启动和停止。

3.消防联动控制设备

消防联动控制设备能够将各类消防设施及其设备的状态信息传输到图形显示装置;能够控制和显示各类消防设施的电源工作状态、各类设备及其组件的启、停等运行状态和故障状态,显示具有控制功能、信号反馈功能的阀门、监控装置的正常工作状态和动作状态,能够控制具有自动控制、远程控制功能的消防设备的启/停,并接收其反馈信号。

本章练习题

一、单项选择题

1. 采用中文标注和中文界面的消防控制室图形显示装置,其界面对角线长度不得小于( )mm。
   A. 400　　　　B. 410　　　　C. 420　　　　D. 430

2. 实行每日24h专人值班制度,每班不少于( )人,值班人员持有规定的消防专业技能鉴定证书。
   A. 1　　　　B. 2　　　　C. 3　　　　D. 4

3. 消防设施每年至少检测( )次。
   A. 1　　　　B. 2　　　　C. 3　　　　D. 5

二、多项选择题

1. 下列属于消防设施调试需要具备的条件的是( )。
   A. 系统供电正常,电气设备(主要是火灾自动报警系统)具备与系统联动调试的条件
   B. 水源、动力源和灭火剂储存等满足设计要求和系统调试要求
   C. 各类管网、管道、阀门等密封严密,无泄漏
   D. 调试使用的测试仪器、仪表等性能稳定可靠,其精度等级及其最小分度值能够满足调试测定的要求,符合国家有关计量法规以及检定规程的规定
   E. 对火灾自动报警系统及其组件、其他电气设备分别进行通电试验,确保其工作正常

2. 下列符合消防控制室图形显示装置显示要求的是( )。
   A. 能够显示前述电子资料内容以及符合规定的消防安全管理信息
   B. 能够用同一界面显示建(构)筑物周边消防车道、消防登高车操作场地、消防水源位置,以及相邻建筑的防火间距、建筑面积、建筑高度、使用性质等情况
   C. 10s内能够显示输入的火灾报警信号和反馈信号的状态信息,50s内能够显示其他输入信号的状态信息
   D. 能够显示消防系统及设备的名称、位置和消防控制器、消防联动控制设备的动态信息
   E. 有火灾报警信号、监管报警信号、反馈信号、屏蔽信号、故障信号输入时,具有相应状态的专用总指示,在总平面布局图中应显示输入信号所在的建(构)筑物的位置,在建筑平面图上应显示输入信号所在的位置和名称,并记录时间、信号类别和部位等信息

参考答案

一、单项选择题
1. D　2. B　3. A

二、多项选择题
1. ABCDE　2. ABDE

第二章 消防给水

本章知识框架

	系统构成	系统构成及分类(★☆☆☆☆)
消防给水	系统组件(设备)安装前检查	1. 消防水源的检查(★☆☆☆☆) 2. 消防供水设施(设备)检查(★☆☆☆☆) 3. 给水管网的检查(★☆☆☆☆)
	系统安装调试与检测验收	1. 消防水源(★★☆☆☆) 2. 消防供水设施、设备(★★☆☆☆) 3. 给水管网(★★☆☆☆)
	系统维护管理	1. 消防水源的维护管理(★☆☆☆☆) 2. 供水设施设备的维护管理(★☆☆☆☆) 3. 给水管网的维护管理(★☆☆☆☆)

第一节 系统构成

练一练

考点 系统构成及分类

消防给水系统主要由消防水源(市政管网、水池、水箱)、供水设施设备(消防水泵、消防增(稳)压设施、水泵接合器)和给水管网(阀门)等构成。

消防给水系统的分类如表2.1所示。

2.1 消防给水系统的分类

分类方式	系统名称	特点
按水压分	高压消防给水系统	在消防给水系统管网中,最不利处消防用水点的水压和流量平时能满足灭火时的需要,系统中不设消防泵和消防转输泵的消防给水系统。
	临时高压消防给水系统	在消防给水系统管网中,平时最不利处消防用水点的水压和流量不能满足灭火时的需要。在灭火时启动消防泵,使管网中最不利处消防用水点的水压和流量达到灭火的要求。
	低压消防给水系统	在消防给水系统管网中,平时最不利处消防用水点的水压和流量不能满足灭火时的需要。在灭火时靠消防车的消防泵来加压,以满足最不利处消防用水点的水压和流量达到灭火的要求。

续表

分类方式	系统名称	特点
按水压分	稳高压消防给水系统	在消防给水系统管网中,平时由稳压设施保证系统中最不利处消防用水点的水压以满足灭火时的需要,系统中设有消防泵的消防给水系统。在灭火时,由压力联动装置启动消防泵,使管网中最不利点的水压和流量达到灭火的要求。
按范围分	独立消防给水系统	在一栋建筑内消防给水系统自成体系、独立工作的系统。
	区域(集中)消防给水系统	两栋及两栋以上的建筑共用消防给水系统。
按用途分	专用消防给水系统	消防给水管网与生活、生产给水系统互不关联,各成独立系统的消防给水系统。
	生活、消防共用给水系统	生活给水管网与消防给水管网共用。
	生产、消防共用给水系统	生产给水管网与消防给水管网共用。
	生活、生产、消防共用给水系统	大中型城镇、开发区的给水系统均为生活、生产和消防共用系统,较经济和安全可靠。
按位置区分	室外消防给水系统	由进水管、室外消防给水管网、室外消火栓等构成,在建筑物外部进行灭火并向室内消防给水系统供水的消防给水系统。
	室内消防给水系统	由引入管、室内消防给水管网、室内消火栓、水泵接合器、消防水箱等构成,在建筑物内部进行灭火的消防给水系统。
按灭火方式分	消火栓灭火系统	以消火栓、水带、水枪等灭火设施构成的灭火系统。
	自动喷水灭火系统	以自动喷水灭火系统的喷头等灭火设施构成的灭火系统。
按管网形式分	环状管网消防给水系统	消防给水管网构成闭合环形、双向供水。
	枝状管网消防给水系统	消防给水管网似树枝状、单向供水。

注:在稳高压消防给水系统的分类上国内存在着不同的争议,特别是稳高压消防给水系统是否可以单列。有观念认为它划分在临时高压消防给水系统中,但国家的电力、石化消防设计规范将其定义为独立的消防给水系统。

第二节 系统组件(设备)安装前检查

考点一 消防水源的检查

可用作消防水源的有:市政给水、消防水池、天然水源、消防水箱和其他几类水源。选择符合要求的消防水源,应满足以下条件:

1.市政给水管网作为消防水源的条件

(1)市政给水管网可以连续供水。

(2)市政给水管网布置成环状管网。
(3)市政给水厂至少有两条输水干管向市政给水管网输水。
(4)有不同市政给水干管上不少于两条引入管向消防给水系统供水。当其中一条发生故障时,其余引入管应仍能保证全部消防用水量。

2.消防水池(消防水箱)作为消防水源的条件
(1)消防水池有足够的有效容积。只有在能可靠补水的情况下(两路进水),才可减去持续灭火时间内的补水容积。
(2)供消防车取水的消防水池应设取水口(井)。
(3)在与生活或其他用水合用时,消防水池应有确保消防用水不被挪用的技术措施。
(4)取水设施有相应保护设施。
(5)寒冷地区的消防水池还应采取相应的防冻措施。

3.天然水源作为消防水源的条件
(1)利用江河湖海水库等天然水源作为消防水源时,其设计枯水流量保证率宜为90%~97%。看是否有条件采取防止冰凌、漂浮物、悬浮物等物质堵塞消防设施的技术措施。
(2)天然水源要应当具备在枯水位也能确保消防车、固定和移动消防水泵取水的技术条件;若要求消防车能够到达取水口,则还需要考虑能够设置消防车道和消防车回车场或回车道的条件。
(3)利用井水作为消防水源时,水井不应少于两眼,且当每眼井的深井泵均采用一级供电负荷时,才可视为两路消防供水;若不满足,则视为一路消防供水。

4.其他水源作为消防水源的条件
雨水清水池、中水清水池、水景和游泳池等都可以作为消防水源的其他水源,但是这些水源一般只宜作为备用消防水源使用。但当以上所列的水源必须作为消防水源时,应有保证在任何情况下都能满足消防给水系统所需的水量和水质的技术措施。

考点二　消防供水设施(设备)检查

(一)消防水泵

1.消防水泵的外观质量要求
(1)所有铸件外表面不能有明显的结疤、气泡、砂眼等缺陷。
(2)泵体以及各种外露的罩壳、箱体均应喷涂大红漆。并且涂层质量应符合相关规定。
(3)消防水泵的形状尺寸和安装尺寸与提供的安装图纸应相符。
(4)铭牌上标注的泵的型号、名称、特性应与设计说明一致。

2.消防水泵的材料要求
(1)水泵外壳宜为球墨铸铁;水泵叶轮宜为青铜或不锈钢。
(2)查看泵体、泵轴、叶轮等的材质合格证应符合要求。

3.消防水泵的结构要求
(1)泵的结构形式应保证易于现场维修和更换零件。紧固件及自锁装置不应因振动等原因而产生松动。
(2)消防泵体上应铸出表示旋转方向的箭头。

(3)泵应设置放水旋塞,放水旋塞应处于泵的最低位置以便排尽泵内余水。

4.消防水泵的机械性能要求

(1)消防水泵的型号与设计型号一致,泵的流量、扬程、功率符合设计要求和国家现行有关标准的规定。

(2)轴封处密封良好,无线状泄漏现象。

5.消防水泵控制柜的要求

(1)消防水泵控制柜的控制功能满足设计要求。

(2)控制柜体端正,表面应平整,涂层颜色均匀一致,无眩光,并符合现行国家标准的有关规定,且控制柜外表面没有明显的磕碰伤痕和变形掉漆。

(3)控制柜面板设有电源电压、电流、水泵启、停状况及故障的声光报警等显示。

(4)控制柜导线的规格和颜色符合现行国家标准的有关规定。

(5)面板上的按钮、开关、指示灯应易于操作和观察且有功能标示,并符合现行国家标准的有关规定。

(6)控制柜内的电器元件及材料应符合现行国家产品标准的有关规定,并安装合理,其工作位置符合产品使用说明书的规定。

(二)消防增(稳)压设施

1.消防稳压罐技术要求

(1)罐体外表面没有明显的结疤、气泡、砂眼等缺陷。

(2)罐体以及各种外露的罩壳、箱体均喷涂大红漆,并且涂层质量应符合相关规定。

(3)消防稳压罐的型号与设计型号一致,工作压力不低于规定压力,流量应符合规定流量的要求。

(4)稳压罐的设计、材料、制造、检验与检验报告描述相符。

(5)气压罐有效容积、气压、水位及工作压力符合设计要求;气压水罐应有水位指示器。气压水罐上的安全阀、压力表、泄水管、压力控制仪表等应符合产品使用说明书的要求。

(6)气压罐的出水口公称直径按流量计算确定。应急消防气压给水设备其公称直径不宜小于100mm,出水口处应设有防止消防用水倒流进罐的措施。

(7)囊式橡胶隔膜材料的性能符合国家有关标准的规定,消防与生活(生产)共用的设备,其囊式橡胶隔膜的卫生质量应符合相关的规定。

2.消防稳压泵技术要求

(1)查看消防稳压泵的泵体、电机外观是否有瑕疵,油漆是否完整,形状尺寸和安装尺寸与提供的安装图纸是否相符。

(2)稳压泵的规格、型号、流量和扬程符合设计要求,并应有产品合格证和安装使用说明书。

(3)查看泵体、泵轴、叶轮等的材质是否符合要求。

(三)水泵接合器

(1)查看水泵接合器的外观是否有瑕疵,油漆是否完整,形状尺寸和安装尺寸与提供的安装图纸是否相符。

(2)对照设计文件查看选择的水泵接合器的型号、名称是否准确、一致。

(3)检查水泵接合器组件(包括单向阀、安全阀、控制阀等)是否齐全。

(4)水泵接合器的设置条件是否具备,其设置位置是否是在室外便于消防车接近和使用的地点。

(5)检查水泵接合器的外形与室外消火栓是否雷同,以免混淆而延误灭火。

考点三 给水管网的检查

给水管网的主要作用是传输消防用水。给水管网包括室外管网和室内管网,包括消火栓给水管道、自动喷水灭火系统管道、泡沫灭火系统的给水管道、室内的水喷雾灭火系统管道等。

1.给水管材

管材、管件的应进行现场外观检查符合下列要求:

(1)表面无裂纹、缩孔、夹渣、折叠和重皮。

(2)螺纹密封面应完整、无损伤、无毛刺。

(3)镀锌钢管内外表面的镀锌层不得有脱落、锈蚀等现象。

(4)非金属密封垫片应质地柔韧、无老化变质或分层现象,表面无折损、皱纹等缺陷。

(5)法兰密封面应完整光洁,没有毛刺及径向沟槽;螺纹法兰的螺纹完整、无损伤。

(6)管材的壁厚符合要求(有相关的质量保证文件)。

2.管网支、吊架及防晃支架

管网支吊架是各种不同型式的支架和吊架的总称。按照支吊架的功能和型式可分为:固定支架;滑动支架;导向支架;弹簧支吊架;吊架等。

对制作安装的管道支/吊架的要求如下:

(1)管道支/吊架型式、材质、结构尺寸、加工精度及焊接质量等要符合设计文件或有关施工验收规范的要求。

(2)管道支/吊架材料除设计文件另有规定外,一般采用 Q235 普通碳素钢型材制作。

(3)管道支/吊架的切边均匀无毛刺、焊缝均匀完整、外观成形良好、没有欠焊、漏焊、裂纹和绞内等缺陷。

(4)管道支/吊架上面的孔洞采用电钻加工,不得用氧乙炔割孔。

(5)管道支/吊架上管卡、吊杆等部件的螺纹光洁整齐,无断丝和毛刺等缺陷。

(6)管道支/吊架成品后作防腐处理,防腐涂层完整、厚度均匀;当设计文件无规定时;除锈后涂防锈漆一道。

(7)管卡宜用镀锌成型件,当无成型件时可用国钢或扁钢制作,其内圆弧部分应与管子外径相符。

3.通用阀门的检查

阀门是控制消防系统管道内水的流动方向、流量及压力的,是具有可动机构的机械,是消防给水系统中不可缺少的部件。按照阀门在系统中的用途,可将阀门分为截断阀、止回阀、安全阀、减压阀等。阀门的选用,应当根据阀门的用途、介质的性质、最大工作压力、最高工作温度,以及介质的流量或管道的公称通径来选择。

(1)对减压阀、泄压阀等重要阀门在现场要逐个进行强度试验和严密性试验,并符合现行国家标准《工业金属管道工程施工规范》GB 50253 中有关规定。

(2)所选用阀门的型号、规格、压力、流量符合设计要求。

(3)所选用阀门及其附件配备齐全,没有加工缺陷和机械性损伤。

第三节 系统安装调试与检测验收

考点一 消防水源

1.消防水池、消防水箱的施工、安装

（1）消防水池、消防水箱的施工和安装，要应符合现行国家标准《给水排水构筑物工程施工及验收规范》（GB 50141—2008）、《建筑给水排水及采暖工程施工质量验收规范》（GB 50242—2002）的有关规定。

（2）消防水池、消防水箱应设置于便于维护、通风良好、不结冰、不受污染的场所。在寒冷的场所，消防水箱应保温或在水箱间设置采暖（室内气温大于5℃）。

（3）在施工安装时，消防水池及消防水箱的外壁与建筑本体结构墙面或其他池壁之间的净距，要满足施工、装配和检修的需要。无管道的侧面，净距不宜小于0.7m；有管道的侧面，净距不宜小于1.0m，且管道外壁与建筑本体墙面之间的通道宽度不宜小于0.6m；设有人孔的池顶，顶板面与上面建筑本体板底的净空不应小于0.8m。

（4）消防水箱采用钢筋混凝土时，在消防水箱的内部应贴白瓷砖或喷涂瓷釉涂料。采用其他材料时，消防水箱宜设置支墩，支墩的高度不宜小于600mm，以便于管道、附件的安装和检修。在选择材料时，除了考虑强度、造价、水箱的自重、不易产生藻类外，还应考虑到消防水箱的耐腐蚀性（耐久性）。常见的适合做水箱的材料有碳素钢、不锈钢、钢筋混凝土、玻璃钢、搪瓷钢板等材料。

（5）钢筋混凝土消防水池或消防水箱的进水管、出水管要加设防水套管，钢板等制作的消防水池和消防水箱的进/出水等管道宜采用法兰连接，对有振动的管道应加设柔性接头。组合式消防水池或消防水箱的进水管、出水管接头宜采用法兰连接，采用其他连接时应做防锈处理。

（6）消防水池、消防水箱的溢流管、泄水管不得与生产或生活用水的排水系统直接相连，应采用间接排水方式。

（7）消防水池和消防水箱出水管或水泵吸水管要满足最低有效水位出水不掺气的技术要求。

2.消防水池、消防水箱的检测验收

（1）对照图纸，用测量工具检查水池容量是否符合要求，观察有无补水措施、防冻措施以及消防用水的保证措施，测量取水口的高度和位置是否符合技术要求，察看溢流管、泄水管的安装位置是否正确。对水箱需测量水箱的容积、安装标高及位置是否符合技术要求；查看水箱的进出水管、溢流管、泄水管、水位指示器、单向阀、水箱补水及增压措施是否符合技术要求；查看管道与水箱之间的连接方式及管道穿楼板或墙体时的保护措施。

（2）敞口水箱装满水静置24h后观察，若不渗不漏，则敞口水箱的满水试验合格；而封闭水箱在试验压力下保持10min，压力不降、不渗不漏则封闭水箱的水压试验合格。

（3）对照图纸，用测量工具检查水箱安装位置及支架或底座安装情况，其尺寸及位置应符合设计要求，埋设平整牢固。

（4）观察检查水箱溢流管和泄放管应设置在排水地点附近但不得与排水管直接连接。

3.其他消防水源的检测验收

（1）天然水源取水口、地下水井等其他消防水源的水位、出水量、有效容积、安装位置，应符合设计要求。

(2)对照设计资料检查江河湖海、水库和水塘等天然水源的水量、水质是否符合设计要求,应验证其枯水位、洪水位和常水位的流量符合设计要求;地下水井的常水位、出水量等应符合设计要求。

(3)给水管网的进水管管径及供水能力应符合设计要求。

(4)消防水泵直接从市政管网吸水时,应测试市政供水的压力和流量能否满足设计要求的流量。

考点二　消防供水设施、设备

(一)消防水泵

1.消防水泵的安装调试

(1)安装前要对水泵进行手动盘车,检查其灵活性。

(2)水泵的减振措施。

(3)水泵安装操作。

在水泵的安装操作中,还要重点注意:消防水泵机组外轮廓面与相邻机组间的间距应符合表2.2所示的规定。

表2.2　消防水泵机组外轮廓面与相邻机组间的间距

电动机额定功率/kW	消防水泵机组外轮廓面与墙面之间的最小距离/m	相邻机组外轮廓面之间最小间距/m
≤20	0.8	0.4
>22~55	1.0	1.0
≥22~55	1.2	1.2

说明:水泵侧面有管道时,外轮廓面计至管道外壁。

除了上述机组间距要求外,泵房主要人行通道宽度<u>不宜小于1.2m</u>,电气控制柜前通道宽度<u>不宜小于1.5m</u>。

2.消防水泵控制柜的安装要求

(1)控制柜的基座其水平度误差不大于±2mm,并应做防腐处理及防水措施。

(2)控制柜与基座采用不小于 $\phi 12mm$ 的螺栓固定,每只柜不应少于4只螺栓。

(3)做控制柜的上下进出线口时,不应破坏控制柜的防护等级。

3.消防水泵的检测验收要求

(1)消防水泵运转应平稳,应无不良噪声的振动。

(2)对照图纸,检查工作泵、备用泵、吸水管、出水管及出水管上泄压阀、水锤消除设施、止回阀、信号阀等的规格、型号、数量,应符合设计要求,吸水管、出水管上的控制阀应锁定在常开位置,并有明显标记。

(3)消防水泵应采用自灌式引水或其它可靠的引水措施。并保证全部有效储水被有效利用。

(4)分别开启系统中的每一个末端试水装置、试水阀和试验消火栓,水流指示器、压力开关、低压压力开关、高位消防水箱流量开关等信号的功能,均符合设计要求。

(5)打开消防水泵出水管上试水阀,当采用主电源启动消防水泵时,消防水泵应启动正常;关掉主电源,主、备电源应能正常切换;消防水泵就地和远程启停功能应正常,并向消防控制室返馈状态信号。

(6)在阀门出口用压力表检查消防水泵停泵时,水锤消除设施后的压力不应超过水泵出口设计额定压力的1.4倍。

(7)采用固定和移动式流量计和压力表测试消防水泵的性能,水泵性能应满足设计要求。

(8)消防水泵启动控制应置于自动启动档。

(9)消防水泵控制柜的验收要求:①控制柜的规格、型号、数量应符合设计要求;②控制柜的图纸塑封后牢固粘贴于柜门内侧;③控制柜的动作符合设计要求和有关规定;④控制柜的质量符合产品标准;⑤主、备用电源自动切换装置的设置符合设计要求。

(二)消防增(稳)压设施

1.气压水罐安装要求

(1)气压水罐有效容积、气压、水位及设计压力符合设计要求。

(2)气压水罐宜有有效水容积指示器。

(3)气压水罐安装位置和间距、进水管及出水管方向符合设计要求。

(4)当气压水罐设置在非采暖房间时,应采取有效措施防止结冰。

(5)气压水罐安装时其四周要设检修通道,其宽度不宜小于0.7m,消防气压给水设备顶部至楼板或梁底的距离不宜小于0.6m;消防稳压罐的布置应合理、紧凑。

2.稳压泵的安装要求

(1)要求稳压泵的规格、型号、流量和扬程都要符合设计要求,并应有产品合格证和安装使用说明书。

(2)稳压泵的安装应符合现行国家标准《给水排水构筑物工程施工及验收规范》(GB 50141-2008)、《机械设备安装工程施工及验收通用规范》(GB 50231-2009)、国家标准《风机、压缩机、泵安装工程施工及验收规范》(GB 50275-2010)的有关规定,并考虑排水的要求。

(三)消防增(稳)压设施的检测验收

1.气压水罐验收要求

(1)气压水罐的有效容积、调节容积符合设计要求。

(2)气压水罐气侧压力符合设计要求。

2.稳压泵验收要求

(1)稳压泵的型号性能等符合设计要求。

(2)稳压泵的控制符合设计要求,并有防止稳压泵频繁启动的技术措施。

(3)稳压泵在1h内的启停次数符合设计要求,不大于15次/h。

(4)稳压泵供电应正常,自动手动启停应正常;关掉主电源,主、备电源能正常切换。

(5)稳压泵吸水管应设置明杆闸阀,稳压泵出水管应设置消声止回阀和明杆闸阀。

(四)水泵接合器

1.水泵接合器的安装规定

(1)墙壁水泵接合器的安装应符合设计要求。设计无要求时,其安装高度距地面宜为0.7m;与墙面上的门、窗、孔、洞的净距离不应小于2.0m,且不应安装在玻璃幕墙下方。

(2)组装式水泵接合器的安装,应按接口、本体、连接管、止回阀、安全阀、放空管、控制阀的顺序进行,止回阀的安装方向应使消防用水能从水泵接合器进入系统,整体式水泵接合器的安装,按其使用安装说明书进行。

(3)水泵接合器接口的位置应方便操作,安装在便于消防车接近的人行道或非机动车行驶地段,距室外消火栓或消防水池的距离宜为15~40m。

(4)水泵接合器与给水系统之间不应设置除检修阀门以外其它的阀门;检修阀门应在水泵接合器周围就近设置,且应保证便于操作。

(5)地下水泵接合器的安装,应使进水口与井盖底面的距离不大于0.4m,且不应小于井盖的半径;井内应有足够的操作空间并应做好防水和排水措施,防止地下水渗入。寒冷地区井内应做防冻保护。

2.水泵接合器的检测验收

(1)水泵接合器的安全阀及止回阀安装位置和方向应正确,阀门启闭应灵活。

(2)消火栓水泵接合器与消防通道之间不应设有妨碍消防车加压供水的障碍物,但是用于保护接合器的装置除外。

(3)水泵接合器应设置明显的耐久性指示标志,当系统采用分区或对不同系统供水时,必须标明水泵接合器的供水区域及系统区别的永久性固定标志。

(4)地下消防水泵接合器应采用铸有"消防水泵接合器"标志的铸铁井盖,并在附近设置指示其位置的永久性固定标志。

(5)消防水泵接合器数量及进水管位置应符合设计要求,消防水泵接合器应采用消防车车载消防水泵进行充水试验,且供水最不利点的压力、流量应符合设计要求;当有分区供水时应确定消防车的最大供水高度和接力泵的设置位置的合理性。

考点三 给水管网

(一)给水管网的安装

1.管道连接方式

消防管道工程目前常用的连接方式主要有:①螺纹连接;②焊接连接;③法兰连接;④承插连接;⑤沟槽连接。

2.架空管道的安装

架空管道的安装位置不仅要符合设计要求还应符合下列规定:

(1)架空管道的安装不得影响建筑功能的正常使用,不得应影响和妨碍通行以及门窗等开启。

(2)当设计无要求时,管道的中心线与梁、柱、楼板等的最小距离应符合表2.3的规定。

表2.3 管道的中心线与梁、柱、楼板等的最小距离

公称直径(mm)	25	32	40	50	70	80	100	125	150	200
距离(mm)	40	40	50	60	70	80	100	125	150	200

(3)消防给水管穿过地下室外墙、构筑物墙壁以及屋面等有防水要求处时,要设防水套管。

(4)消防给水管穿过建筑物承重墙或基础时,应预留洞口,洞口高度应保证管顶上部净空不小于建筑物的沉降量,不宜小于0.1m,并应填充不透水的弹性材料。

(5)消防给水管穿过墙体或楼板时要加设套管,套管长度不小于墙体厚度,或高出楼面或地面50mm;套管与管道的间隙应采用不燃材料填塞并且管道的接口不应位于套管内。

(6)消防给水管必须穿过伸缩缝及沉降缝时,应采用波纹管和补偿器等技术措施。

(7)消防给水管可能发生冰冻时,要采取防冻技术措施。

(8)通过及敷设在有腐蚀性气体的房间内时,管道外壁要刷防腐漆或缠绕防腐材料。

(9)架空管道外刷红色油漆或涂红色环圈标志,并注明管道名称和水流方向标识。

3.管网支吊架的安装

(1)架空管道支/吊架、防晃(固定)支架的安装应固定牢固,其型式、材质及施工符合设计要求。

(2)设计的吊架在管道的每一支撑点处应能承受5倍于充满水的管重,且管道系统支撑点应支撑整个消防给水系统。

(3)管道支架的支撑点宜设在建筑物的结构上,其结构在管道悬吊点应能承受充满水管道质量另加至少114kg的阀门、法兰和接头等附加荷载,充水管道的参考质量可按表2.4选取。

表2.4 充水管道的参考质量

公称直径(mm)	25	32	40	50	70	80	100	125	150	200
保温管道(kg/m)	15	18	19	22	27	32	41	54	66	103
不保温管道(kg/m)	5	7	7	9	13	17	22	33	42	73

注:1.计算管质量按10kg化整,不足20kg按20kg计算。
   2.表中管质量不包括阀门质量,大口径的阀门和部件不应该由管道来承重,应该设置支吊架承重。

(4)管道支架或吊架的设置间距不应大于表2.5的要求。

表2.5 管道支架或吊架的间距

公称直径(mm)	25	32	40	50	70	80	100	150	200	250	300
最大间距(m)	3.5	4.0	4.5	5.0	6.0	6.0	6.5	7.0	8.0	11.0	12.0

(5)下列部位应设置固定支架或防晃支架:

▶ 配水管宜在中点设一个防晃支架;若管径小于 $DN50\text{mm}$ 时,该支架可不设。

▶ 配水干管及配水管,配水支管的长度超过15m,每15m长度内应至少设1个防晃支架;若管径不大于 $DN40\text{mm}$,该支架可不设。

▶ 管径大于 $DN50\text{mm}$ 的管道拐弯、三通及四通位置处应设1个防晃支架。

▶ 防晃支架的强度应满足管道、配件及管内水的重量再加50%的水平方向推力时不损坏或不产生永久变形。当管道穿梁安装并且管道再用紧固件固定于混凝土结构上时,此种情况可作为1个防晃支架处理。

(6)架空管道每段管道设置的防晃支架不少于1个;当管道改变方向时,增设防晃支架;立管在其始端和终端设防晃支架或采用管卡固定。

4.管网的试压和冲洗

(1)管网安装完毕后,要对其进行强度试验、冲洗和严密性试验。

(2)强度试验和严密性试验宜用水进行。

(3)系统试压完成后,要及时拆除所有临时盲板及试验用的管道,并与记录核对无误。

(4)管网冲洗在试压合格后分段进行。在冲洗过程中宜采用的冲洗顺序为先室外,后室内;先地下,后地上;室内部分的冲洗应按配水干管、配水管、配水支管的顺序进行。

(5)系统试压前应具备下列条件:
➤ 埋地管道的位置及管道基础、支墩等经复查应符合设计要求。
➤ 试压用的压力表不少于2只;精度不低于1.5级,量程为试验压力值的1.5~2倍。
➤ 对不能参与试压的设备、仪表、阀门及附件要加以隔离或拆除;加设的临时盲板具有突出于法兰的边耳,且应做明显标志,并记录临时盲板的数量。

(6)在系统试压过程中,当出现泄漏时,要停止试压,并放空管网中的试验介质,消除缺陷后,重新再试。

(7)管网冲洗宜用水进行。冲洗前,需要对系统的仪表采取保护措施。

(8)当冲洗管道直径大于$DN100mm$时,应对其死角和底部进行敲打,但不得损伤管道。

(9)冲洗前,对管道防晃支架、支吊架等进行检查,必要时应采取加固措施。

(10)对不能经受冲洗的设备和冲洗后可能存留脏物、杂物的管段,应进行清理。

(11)水压试验和水冲洗宜采用生活用水进行,不得使用海水或含有腐蚀性化学物质的水。

(12)水压强度试验的测试点应设在系统管网的最低点。对管网注水时,应将管网内的空气排净,并缓慢升压,达到试验压力后,稳压30min后,管网无泄漏、无变形,且压力降不大于0.05MPa。

(13)当系统设计工作压力等于或小于1.0MPa时,水压强度试验压力应为设计工作压力的1.5倍,并不应低于1.4MPa;当系统设计工作压力大于1.0MPa时,水压强度试验压力为该工作压力加0.4MPa(钢管)。

(14)水压严密性试验在水压强度试验和管网冲洗合格后进行。试验压力为设计工作压力,稳压24h,应无泄漏。

(15)水压试验时环境温度不宜低于5℃,当低于5℃时,水压试验应采取防冻措施。

(16)管网冲洗的水流流速、流量不应小于系统设计的水流流速、流量;管网冲洗宜分区、分段进行;水平管网冲洗时,其排水管位置低于配水支管。

(17)消防给水系统的水源干管、进户管和室内埋地管道在回填前单独或与系统一起进行水压强度试验和水压严密性试验。

(18)气压严密性试验的介质宜采用空气或氮气,试验压力应为0.28MPa,且稳压24h,压力降不大于0.01MPa。

(19)管网冲洗的水流方向需要与灭火时管网的水流方向一致。

(20)管网冲洗宜设临时专用排水管道,其排放应畅通和安全。排水管道的截面面积不小于被冲洗管道截面面积的60%。

(21)管网的地上管道与地下管道连接前,应在配水干管底部加设堵头后,对地下管道进行冲洗。

(22)管网冲洗应连续进行。当出口处水的颜色、透明度与入口处水的颜色、透明度基本一致时,冲洗方可结束。

(23)管网冲洗结束后,将管网内的水排除干净。

(24)干式消火栓系统管网冲洗结束,管网内水排除干净后,必要时可采用压缩空气吹干。

5.消防给水系统阀门的安装

消防给水系统阀门的安装要求如下:

(1)各类阀门型号、规格及公称压力要符合设计要求。
(2)阀门的设置应便于安装维修和操作,且安装空间能满足阀门完全启闭的要求,并作标志。
(3)阀门要有明显的启闭标志。
(4)消防给水系统干管与水灭火系统连接处设置独立阀门,并保证各系统独立使用。

6.给水管网的检测验收

(1)管网验收应符合以下要求:

①管道的材质、管径、接头、连接方式及采取的防腐、防冻措施,符合设计要求,管道标识符合设计要求。

②管网不同部位安装的阀门及部件等,均应符合设计要求。

③架空管道的立管、配水支管、配水管、配水干管设置的支架,应符合相关规定。

④管网排水坡度及辅助排水设施,符合设计要求。

⑤消防给水系统流量、压力的验收,应通过系统流量、压力检测装置和末端试水装置进行放水试验,系统流量、压力和消火栓充实水柱等应符合设计要求。

(2)阀门验收应符合以下要求:

阀门的型号、安装位置和方向应符合设计文件的规定。安装位置、进出口方向应正确,连接应牢固、紧密,启闭应灵活,阀杆、手轮等朝向应合理。

第四节　系统维护管理

考点一　消防水源的维护管理

(1)每月对消防水池、高位消防水池、高位消防水箱等消防水源设施的水位等进行一次检测;消防水池(箱)玻璃水位计两端的角阀在不进行水位观察时应关闭。

(2)每季度监测市政给水管网的压力和供水能力。

(3)每年对天然河湖等地表水消防水源的常水位、枯水位、洪水位,以及枯水位流量或蓄水量等进行一次检测。

(4)每年对水井等地下水消防水源的常水位、最低水位、最高水位和出水量等进行一次测定。

(5)每年应检查消防水池、消防水箱等蓄水设施的结构材料是否完好,发现问题时及时处理。

(6)在冬季每天要对消防储水设施进行室内温度和水温检测,当结冰或室内温度低于5℃时,要采取确保不结冰和室温不低于5℃的措施。

(7)永久性地表水天然水源消防取水口有防止水生生物繁殖的管理技术措施。

考点二　供水设施设备的维护管理

1.供水设施的维护管理规定

(1)每日对稳压泵的停泵启泵压力和启泵次数等进行检查和记录运行情况。

(2)每日对柴油机消防水泵的启动电池的电量进行检测,每周检查储油箱的储油量,每月应手动手动启动柴油机消防水泵运行一次。

(3)每周应模拟消防水泵自动控制的条件自动启动消防水泵运转一次,且自动记录自动巡检情况,每月应检测记录。

（4）每月对气压水罐的压力和有效容积等进行一次检测。
（5）每月应手动启动消防水泵运转一次，并检查供电电源的情况。
（6）每季度应对消防水泵的出流量和压力进行一次试验。

2.水泵接合器的维护管理规定
（1）查看水泵接合器周围有无放置构成操作障碍的物品。
（2）查看水泵接合器有无破损、变形、锈蚀及操作障碍，确保接口完好、无渗漏、闷盖齐全。
（3）查看闸阀是否处于开启状态。
（4）查看水泵接合器的标志是否还明显。

考点三　给水管网的维护管理

管网及阀门的维护管理规定如下：
（1）每天对水源控制阀进行外观检查，并应保证系统处于无故障状态。
（2）系统上所有的控制阀门均应采用铅封或锁链固定在开启或规定的状态，每月应对铅封、锁链进行一次检查，当有破坏或损坏时应及时修理更换。
（3）每月对电动阀和电磁阀的供电和启闭性能进行检测。
（4）每季度对室外阀门井中进水管上的控制阀门进行一次检查，并应核实其处于全开启状态。
（5）每季度对系统所有的末端试水阀和报警阀的放水试验阀进行一次放水试验，并应检查系统启动、报警功能以及出水情况是否正常。
（6）在市政供水阀门处于完全开启状态时，每月对倒流防止器的压差进行检测，且应符合现行国家标准《减压型倒流防止器》（GB/T 25178－2010）和《双止回阀倒流防止器》（CJ/T160－2010）等的有关规定。

本章练习题

一、单项选择题

1. 管网冲洗宜设临时专用排水管道，其排放应畅通和安全。排水管道的截面面积不小于被冲洗管道截面面积的（　　）%。
   A.40　　　　　B.50　　　　　C.60　　　　　D.70

2. 当系统设计工作压力等于或小于1.0MPa时，水压强度试验压力应为设计工作压力的1.5倍，并不应低于（　　）MPa。
   A.1.3　　　　　B.1.4　　　　　C.1.5　　　　　D.1.6

3. 下列不属于消防给水系统构成的是（　　）。
   A.消防水源　　　　　　　　　　B.供水设施设备
   C.给水管网　　　　　　　　　　D.消防栓

4. （　　）对水井等地下水消防水源的常水位、最低水位、最高水位和出水量等进行一次测定。
   A.每星期　　　　　　　　　　　B.每月
   C.每季度　　　　　　　　　　　D.每年

二、多项选择题

1. 下列关于消防水泵结构要求的叙述中,正确的是(　　)。

   A. 泵的结构形式应保证易于现场维修和更换零件

   B. 紧固件及自锁装置不应因振动等原因而产生松动

   C. 消防泵体上应注出表示旋转方向的箭头

   D. 泵应设置放水旋塞,放水旋塞应处于泵的最低位置以便排尽泵内的余水

   E. 轴封处密封良好,无线状泄露现象

2. 下列关于管网应符合要求叙述正确的是(　　)。

   A. 管道的材质、管径、接头、连接方式及采取的防腐、防冻措施,符合设计要求,管道标识符合设计要求

   B. 管网排水坡度及辅助排水设施,符合设计要求

   C. 管网不同部位安装的阀门及部件等,均应符合设计要求

   D. 架空管道的立管、配水支管、配水管、配水干管设置的支架,应符合相关规定

   E. 消防给水系统流量、压力的验收,应通过系统流量、压力检测装置和末端试水装置进行放水试验,系统流量、压力和消火栓充实水柱等应符合设计要求

一、单项选择题

1. C　2. B　3. D　4. D

二、多项选择题

1. ABCD　2. ABCDE

第三章 消火栓系统

本章知识框架

消火栓系统	系统构成	1. 室外消火栓系统(★☆☆☆☆) 2. 室内消火栓系统(★☆☆☆☆)
	系统组件(设备)安装前检查	1. 室外消火栓(★★★★☆) 2. 室内消火栓(★★★★☆) 3. 消火栓箱(★★★☆☆) 4. 消防水带、消防水枪、消防接口(★★★☆☆)
	系统安装调试与检测验收	1. 室外消火栓系统的安装调试与检测验收(★★☆☆☆) 2. 室内消火栓系统的安装调试与检测验收(★★☆☆☆)
	系统维护管理	1. 室外消火栓系统的维护管理(★★☆☆☆) 2. 室内消火栓系统的维护管理(★★☆☆☆)

第一节 系统构成

练一练

考点一 室外消火栓系统

室外消火栓系统是设置在建筑外的供水设施。主要供消防车取水,经增压后向建筑内的供水管网供水或实施灭火,也可以直接连接水带、水枪出水灭火。室外消火栓系统主要由市政供水管网或室外消防给水管网、消防水池、消防水泵和室外消火栓组成。

考点二 室内消火栓系统

室内消火栓是扑救建筑内火灾的主要设施,通常安装在消火栓箱内,与消防水带和水枪等器材配套使用,是使用最普遍的消防设施之一,在消防灭火的使用中因性能可靠、成本低廉而被广泛采用。室内消火栓给水系统是由消防给水设施、消防给水管网、室内消火栓设备、报警控制设备及系统附件等组成。

第二节 系统组件(设备)安装前检查

考点一 室外消火栓

1.室外消火栓的分类

(1)按其安装场合可分为:地上式和地下式2种。其中,地上式消火栓适用于气温较高的地区,而地下式消火栓则适用于气温较寒冷的地区。

(2)按其进水口连接形式可分为承插式和法兰式2种,即消火栓的进水口与城市自来水管网的连接方式。

(3)按其进水口的公称通径可分为100mm和150mm两种。其中,进水口公称通径为100mm的消火栓,其吸水管出水口应选用规格为100mm消防接口,水带出水口应选用规格为65mm的消防接口;进水口公称通径为150mm的消火栓,其吸水管出水口应选用规格为150mm消防接口,水带出水口应选用规格为80mm的消防接口。

(4)按公称压力可分为1.0MPa和1.6MPa两种。其中,承插式的消火栓为1.0MPa;法兰式的消火栓为1.6MPa。

2.室外消火栓的检查

(1)产品标识。对照产品的检验报告,目测,合格的室外消火栓应在阀体或阀盖上铸出型号、规格和商标且与检验报告描述一致,若发现不一致的,则一致性检查不合格。

(2)消防接口。使用小刀轻刮外螺纹的固定接口和吸水管接口处,目测外螺纹的固定接口和吸水管接口处的本体材料应由铜质材料制造。

(3)排放余水装置。目测,室外消火栓应有自动排放余水装置。

(4)材料。打开室外消火栓,进行目测,栓阀座应使用铸造铜合金,阀杆螺母的材料应不低于黄铜。

考点二 室内消火栓

1.室内消火栓的分类

(1)按出水口型式可分为单出口室内消火栓和双出口室内消火栓2种。

(2)按栓阀数量可分为单栓阀(以下称单阀)室内消火栓,双栓阀(以下称双阀)室内消火栓2种。

(3)按结构型式可分为直角出口型室内消火栓、45°出口型室内消火栓、旋转型室内消火栓、减压型室内消火栓、旋转减压型室内消火栓、减压稳压型室内消火栓、旋转减压稳压型室内消火栓等。

2.室内消火栓的检查

(1)产品标识。对照产品的检验报告,室内消火栓应在阀体或阀盖上铸出型号、规格和商标且与检验报告描述一致,如发现不一致的,则判一致性检查不合格。

(2)手轮。室内消火栓手轮轮缘上应明显地铸出标示开关方向的箭头和字样,手轮直径应符合要求,如常用的SN65型手轮直径不小于120mm。

(3)材料。室内消火栓阀座材料应用不低于黄铜材料制造,阀杆螺母制造材料、阀杆本体材料不低于铅黄铜。

考点三　消火栓箱

（一）消火栓箱的分类

（1）按安装方式可分为明装式、暗装式、半暗装式3种。
（2）按箱门型式可分为左开门式、右开门式、双开门式、前后开门式4种。
（3）按箱门材料可分为全钢、钢框镶玻璃、铝合金框镶玻璃、其他材料型4种。
（4）按水带的安置方式可分为挂置式、卷盘式、卷置式、托架式4种。

（二）消火栓箱的检查

1.外观质量和标志

消火栓箱箱体应设耐久性铭牌，具体包括以下内容：产品名称，产品型号，批准文件的编号，注册商标或厂名，生产日期，执行标准。现场检查时可以用小刀轻刮箱体内外表面图层，查看是否经过防腐处理。此外，还可以目测栓箱箱门正面应以直观、醒目、匀整的字体标注"消火栓"字样，且字体不得小于：高100mm，宽80mm。

2.器材的配置和性能

室内消火栓箱按照该产品的检验报告，箱内消防器材的配置应该与报告一致，且栓箱内配置的消防器材（水枪、水带等）符合各产品现场检查的要求。

3.箱门

消火栓箱应设置门锁或箱门关紧装置。设置门锁的栓箱，除箱门安装玻璃者以及能被击碎的透明材料外，均应设置箱门紧急开启的手动机构，应保证在没有钥匙的情况下开启灵活、可靠。且箱门开启角度不得小于160°，并且不能有卡阻现象。

4.水带安置

盘卷式栓箱的水带盘从挂臂上取出应无卡阻。

5.材料

室内消火栓箱刮开箱体涂层，使用千分尺进行测量，箱体应使用厚度不小于1.2mm的薄钢板或铝合金材料制造，而箱门所使用的玻璃厚度不小于4.0mm。

考点四　消防水带、消防水枪、消防接口

（一）消防水带的分类

（1）按衬里材料可分为橡胶衬里消防水带、乳胶衬里消防水带、聚氨酯（TPU）衬里消防水带、PVC衬里消防水带、消防软管。
（2）按承受的工作压力可将消防水带分为6类，分别为0.8MPa、1.0MPa、1.3MPa、1.6MPa、2.0MPa、2.5MPa工作压力的消防水带。
（3）按内口径可将消防水带分为8类，分别为内径25mm、50mm、65mm、80mm、100mm、125mm、150mm、300mm的消防水带。
（4）按使用功能可将消防水带分为5类，分别为通用消防水带、消防湿水带、抗静电消防水带、A类泡沫专用水带、水幕水带。
（5）按结构可将消防水带分为3类，分别为单层编织消防水带、双层编织消防水带、内外

涂层消防水带。

(6) 按编织层编织方式可分为：平纹消防水带、斜纹消防水带。

(二) 消防水带的检查

(1) 产品标识。对照水带的 3C 认证型式检验报告，看该产品名称、型号、规格是否一致。

(2) 织物层外观质量。合格水带的织物层应编织均匀，表面整洁，无跳双经、断双经、跳纬及划伤。

(3) 水带长度。将整卷水带打开，用卷尺测量其总长度，测量时应不包括水带的接口，将测得的数据与有衬里消防水带的标称长度进行对比，如水带长度小于水带长度规格 1m 以上的，则可以判为该产品为不合格。

(4) 压力试验。截取 1.2m 长的水带，使用手动试压泵或电动试压泵平稳加压至试验压力，保压 5min，检查是否有渗漏现象，有渗漏则不合格。在试验压力状态下，继续加压，升压至试样爆破，其爆破时压力不应小于水带工作压力的 3 倍。如常用 8 型水带的试验压力为 1.2MPa，爆破压力不小于 2.4MPa。

(三) 消防水枪的分类

(1) 消防水枪按照喷水方式有 3 种基本型式，分别为直流水枪、喷雾水枪和多用途水枪。

(2) 按水枪的工作压力分为低压水压(02.~1.0MPa)、中压水枪(1.6~2.5MPa)和高压水枪(2.5~4.0MPa)。

(四) 消防水枪的检查

1. 表面质量

合格消防水枪铸件表面应无结疤、裂纹及孔眼。使用小刀轻刮水枪铝制件表面，是否做阳极氧化处理。

2. 抗跌落性能

将水枪以喷嘴垂直朝上，喷嘴垂直朝下，(旋转开关处于关闭位置) 以及水枪轴线处于水平 (若有开关时，开关处于水枪轴线之下处并处于关闭位置) 3 个位置。从离地 2.0m±0.02m 高处 (从水枪的最低点算起) 自由跌落到混凝土地面上。水枪在每个位子各跌落 2 次，然后再检查水枪。如消防接口跌落后出现断裂或不能正常操纵使用的，则判该产品不合格。

3. 密封性能

封闭水枪的出水端，将水枪的进水端缓慢加压至最大工作压力的 1.5 倍，保压 2min，水枪不应出现裂纹、断裂或影响正常使用的残余变形。

(五) 消防接口的分类

消防接口的型式有水带接口、管牙接口、内螺纹固定接口、外螺纹固定接口和异径接口，还有闷盖等品种。

(六) 消防接口检查

1. 外观

目测，使用小刀轻刮接口表面，表面应进行阳极氧化处理或静电喷塑防腐处理。

2. 抗跌落性能

内扣式接口以扣抓垂直朝下的位置，将接口的最低点离地面 1.5m±0.05m 高度，然后自由跌落到混泥土地面上。反复进行5次后,检查接口是否断裂现象,并与相同口径的消防接口是否能正常操作。卡式接口和螺纹式接口从接口的轴线呈水平状态,将接口的最低点离地面1.5m±0.05m高度,然后自由跌落到混泥土地面上。反复进行5次后,检查接口是否断裂现象,并进行操作。如果消防接口跌落后出现断裂或不能正常操纵使用的,则判断该产品为不合格。

第三节 系统安装调试与检测验收

考点一 室外消火栓系统的安装调试与检测验收

(一)施工安装

1.安装准备

(1)认真熟悉图纸,结合现场情况复核管道的坐标、标高是否位置得当,如有问题,及时与设计人员研究解决。

(2)检查预留及预埋是否正确,临时剔凿应与设计工建协调好。

(3)检查设备材料是否符合设计要求和质量标准。

(4)安排合理的施工顺序、避免工种交叉作业干扰,影响施工。

2.管道安装

(1)管道安装应根据设计要求使用管材,按压力要求选用管材。

(2)管道在焊接前应清除接口处的浮锈、污垢及油脂。

(3)室外消火栓安装前,管件内外壁均涂沥青冷底子油2遍,外壁需另回热沥青2遍,面漆1遍,埋入土中的法兰盘接口涂沥青冷底子油2遍,外壁需另加热沥青2遍,面漆1遍,埋入土中的法兰盘接口涂沥青冷底子油2遍,外壁需另加热沥青2遍,面漆1遍,埋入土中的法兰盘接口涂沥青冷底子油及热沥青2遍,并用沥青麻布包严,消火栓井内铁件也应涂热沥青防腐。

3.栓体安装

(1)消火栓安装按国标13S201要求进行。消火栓安装位于人行道沿上1.0m处,采用钢制双盘短管调整高度,做内外防腐。

(2)室外地上式消火栓安装时,消火栓顶距地面高为0.64m,立管应垂直、稳固、控制阀门井距消火栓不应超过1.5m。室外地下式消火栓应安装在消火栓井内,消火栓井内径不应小于1m。

(3)消火栓井内供水主管底部距井底不应小于0.2m,消火栓顶部至井盖底距离最小不应小于0.2m,冬季室外温度低于-20℃的地区,地下消火栓井口需作保温处理。安装室外地上式消火栓时,其放水口应用粒径为20~30mm的卵石做渗水层,铺设半径为500mm,铺设厚度自地面下100mm至槽底。

(二)检测验收

(1)室外消火栓的选型、规格、数量、安装位置应符合设计要求。

(2)室外消火栓水量及压力应满足要求。

(3)同一建筑物内设置的室外消火栓应采用统一规格的栓口及配件。

(4)室外消火栓应设置明显的永久性固定标志。

考点二　室内消火栓系统的安装调试与检测验收

（一）施工安装

1.安装准备

消火栓系统管材应根据设计要求选用；消火栓箱体的规格类型应符合设计要求；栓阀外型规矩，无裂纹，启闭灵活，关闭严密，密封填料完好，有产品出厂合格证。

2.管道安装

（1）管道安装必须按图纸设计要求之轴线位置，标高进行定位放线。

（2）水压强度试验的测试点应设在系统管网的最低点。

3.栓体及配件安装

（1）消火栓箱体要符合设计要求（其材质有铁和铝合金等）。

（2）箱体配件安装应在交工前进行。

（二）检测验收

1.室内消火栓的检测验收

（1）室内消火栓的选型、规格应符合设计要求。

（2）同一建筑物内设置的消火栓应采用统一规格的栓口、水枪和水带及配件。

（3）试验用消火栓栓口处应设置压力表。

（4）消火栓按钮不宜作为直接启动消防水泵的开关，但可以作为发生报警信号的开关或启动干式消火栓系统的快速启闭装置等。

（5）当消火栓设置减压装置时，应检查减压装置应符合设计要求。

（6）室内消火栓应设置明显的永久性固定标志。

2.消火栓箱的检测验收

（1）栓口出水方向宜向下或与设置消火栓的墙面成90°角，栓口不应安装在门轴侧。

（2）如设计未要求，栓口中心距地面应为1.1m，但每栋建筑物应一致，允许偏差±20mm。

（3）阀门的设置位置应便于操作使用，阀门的中心距箱侧面为140mm，距箱后内表面为100mm，允许偏差±5mm。

（4）室内消火栓箱的安装应平正、牢固，暗装的消火栓箱不能破坏隔墙的耐火等级。

（5）消火栓箱体安装的垂直度允许偏差为±3mm。

（6）消火栓箱门的开启幅度不应小于160°。

（7）不论消火栓箱的安装型式如何（明装、暗装、半暗装），不能影响疏散宽度。

第四节　系统维护管理

考点一　室外消火栓系统的维护管理

1.地下消火栓的维护管理

室外地下消火栓应每季度进行一次检查保养，其内容主要包括以下几点：

（1）用专用扳手转动消火栓启闭杆，观察其灵活性。必要时加注润滑油。

(2)入冬前检查消火栓的防冻设施是否完好。
(3)随时消除消火栓井周围及井内可能积存杂物。
(4)检查栓体外表油漆有无脱落,有无锈蚀,如有应及时修补。
(5)重点部位消火栓,每年应逐一进行一次出水试验,出水应满足压力要求,我们在检查中可使用压力表测试管网压力,或者连接水带作射水试验,检查管网压力是否正常。
(6)检查橡胶垫圈等密封件有无损坏、老化或丢失等情况。
(7)地下消火栓应有明显标志,要保持室外消火栓配套器材和标志的完整有效。

2.地上消火栓的维护管理
(1)用专用扳手转动消火栓启动杆,检查其灵活性,必要时加注润滑油。
(2)检查出水口闷盖是否密封,有无缺损。
(3)检查栓体外表油漆有无剥落,有无锈蚀,如有应及时修补。
(4)每年开春后入冬前对地上消火栓逐一进行出水试验。出水应满足压力要求,我们在检查中可使用压力表测试管网压力,或者连接水带作射水试验,检查管网压力是否正常。
(5)定期检查消火栓前端阀门井。
(6)保持配套器材的完备有效,无遮挡。

考点二 室内消火栓系统的维护管理

1.室内消火栓的维护管理
室内消火栓应每半年至少进行一次全面的检查维修。主要内容如下:
(1)检查消火栓和消防卷盘供水闸阀是否渗漏水,若渗漏水及时更换密封圈。
(2)对消防水枪、水带、消防卷盘及其它进行检查,全部附件应齐全完好,卷盘转动灵活。
(3)检查报警按钮、指示灯及控制线路,应功能正常、无故障。
(4)消火栓箱及箱内装配的部件外观无破损、涂层无脱落,箱门玻璃完好无缺。
(5)对消火栓、供水阀门及消防卷盘等所有转动部位应定期加注润滑油。

2.供水管路的维护管理
室外阀门井中,进水管上的控制阀门应每个季度检查一次,核实其处于全开启状态。系统上所有的控制阀门均应采用铅封或锁链固定在开启或规定的状态。每月应对铅封、锁链进行一次检查,当有破坏或损坏时应及时修理更换。
(1)对管路进行外观检查,若有腐蚀、机械损伤等及时修复。
(2)检查阀门是否漏水及时修复。
(3)室内消火栓设备管路上的阀门为常开阀,平时不得关闭,应检查其开启状态。
(4)检查管路的固定是否牢固,若有松动及时加固。

本章练习题

单项选择题

1.下列不属于室内消火栓给水系统的是( )。
　A.消防给水设施　　　　　　　　B.消防给水管网
　C.室内消火栓设备　　　　　　　D.市政供水管网

2. 下列属于室外消火栓按其进水口连接形式分类的是(   )。
   A. 承插式   B. 地上式   C. 地下式   D. 直接出口式
3. 消火栓箱门的开启不应小于(   )度。
   A. 100   B. 150   C. 160   D. 170
4. 管道支、吊架的安装间距,材料选择,必须严格按照规定要求和施工图纸的规定,接口缝距支吊连接缘不应小于(   )mm,焊缝不得放在墙内。
   A. 30   B. 40   D. 50   D. 60

单项选择题
1. D   2. A   3. C   4. C

第四章 自动喷水灭火系统

本章知识框架

自动喷水灭火系统	系统构成	1.闭式自动喷水灭火系统构成(★☆☆☆☆) 2.开式自动喷水灭火系统(★☆☆☆☆)
	系统组件(设备)安装前检查	1.喷头现场检查(★★★★☆) 2.报警阀组现场检查(★★★★☆) 3.其他组件的现场检查(★★★☆☆)
	系统组件安装调试与检测验收	1.喷头、报警阀组(★★☆☆☆) 2.水流报警装置、系统冲洗、试压(★★☆☆) 3.系统调试、系统竣工验收(★★★☆☆)
	系统维护管理	1.系统巡查(★★☆☆☆) 2.系统周期性检查维护(★★☆☆☆) 3.系统年度检测(★★☆☆☆) 4.系统常见故障分析(★★☆☆☆)

第一节 系统构成

考点 系统构成

1.闭式自动喷水灭火系统构成

闭式自动喷水灭火系统按照系统的用途和组件配置,通常分为湿式系统、干式系统和预作用系统。

2.开式自动喷水灭火系统

开式自动喷水灭火系统按照系统用途和组件配置,通常分为雨淋系统和水幕系统。雨淋报警阀启动装置通常采用电动系统、液动或者气动系统等;电动系统由火灾探测器、电磁阀和联动控制系统组成,液动或者气动系统由充水或者充气的传动管、闭式喷头、压力开关等组成。

第二节 系统组件（设备）安装前检查

考点一 喷头现场检查

（一）检查内容及要求

1.喷头装配性能检查

旋拧喷头顶丝，不得轻易旋开，转动溅水盘，无松动、变形等现象，以确保喷头不被轻易调整、拆卸和重装。

2.喷头外观标志检查

（1）喷头溅水盘或者本体上至少具有型号规格、生产时间、响应时间指数（RTI）以及生产厂商名称（代号）或者商标等永久性标识。

（2）边墙型喷头上有水流方向标识；隐蔽式喷头的盖板上有"不可涂覆"等文字标识。

（3）喷头规格型号的标记由类型特征代号（型号）、性能代号、公称口径和公称动作温度等部分组成，规格型号所示的性能参数要符合设计文件的选型要求。

（4）玻璃球、易熔元件的色标与温标对应且正确。

（5）所有标识均为永久性标识，标识正确且清晰。

3.喷头外观质量检查

（1）喷头外观无加工缺陷、无机械损伤、无明显磕碰伤痕或者损坏；溅水盘无松动、脱落、损坏或者变形等情况。

（2）喷头螺纹密封面无伤痕、毛刺、缺丝或者断丝现象。

4.闭式喷头密封性能试验

（1）密封性能试验的试验压力为3.0MPa，保压时间不少于3min。

（2）试验以喷头无渗漏、无损伤判定为合格。累计2只以及2只以上喷头试验不合格的，不得使用该批喷头。

（3）随机从每批到场喷头中抽取1%，且不少于5只作为试验喷头。当1只喷头试验不合格时，再抽取2%，且不少于10只的到场喷头进行重复试验。

5.质量偏差检查

（1）随机抽取3个喷头，若带有运输护帽的要摘下护帽然后再进行质量偏差检查。

（2）使用天平测量每只喷头的质量。

（3）计算喷头质量与合格检验报告描述的质量偏差，偏差不得超过5%。

（二）检查方法

（1）检查内容的"1.喷头装配性能检查"项采用螺丝刀旋拧喷头顶丝，用手转动溅水盘，目测观察。

（2）检查内容的"2.喷头外观标志检查"项、"3.喷头外观质量检查"项采用目测观察。

（3）检查内容的"4.闭式喷头密封性能试验"项采用专用试验装置（主要由试压泵、压力表、秒表等测试装备组成）进行测试和目测观察。

（4）检查内容的"5.质量偏差检查"项采用精度不低于0.1g的天平测量。

考点二 报警阀组现场检查

（一）报警阀组检查内容及要求

1. 报警阀组外观检查
（1）报警阀组及其附件配备齐全，表面无裂纹，无加工缺陷和机械损伤。
（2）报警阀的商标、规格型号等标志齐全，阀体上有水流指示方向的永久性标识。
（3）报警阀的规格型号符合经消防设计审核合格或者备案的消防设计文件要求。

2. 报警阀结构检查
（1）阀体上设有放水口，放水口的公称直径不小于20mm。
（2）阀体内清洁、无异物堵塞，报警阀阀瓣开启后能够复位。
（3）阀体的阀瓣组件的供水侧，设有在不开启阀门的情况下测试报警装置的测试管路。
（4）干式报警阀组和雨淋报警阀组都设有自动排水阀。

3. 报警阀组操作性能检验
（1）报警阀阀瓣以及操作机构动作灵活、无卡涩现象。
（2）水力警铃传动轴密封性能良好，无渗漏水现象。
（3）水力警铃的铃锤转动灵活、无阻滞现象。

4. 报警阀渗漏试验
测试报警阀密封性，试验压力为额定工作压力的2倍的静水压力，保压时间不小于5min后，阀瓣处无渗漏。

（二）检查方法

（1）检查内容的"1.报警阀的外观检查"项至"3.报警阀组操作性能检查"项采用目测观察全数检查。检查内容的"2.报警阀结构检查"项、"3.报警阀组操作性能检查"项，按照要求进行手动操作检查。
（2）检查内容的"4.报警阀渗漏试验"项按照下列检查步骤组织实施：
①将报警阀组进行组装，安装补偿器及其连接管路，其余组件不作安装，阀瓣组件关闭。
②充水排除阀体内腔、管段内的空气后，对阀体缓慢加压至试验压力并稳压（停止供水）。
③采用堵头堵住各个阀门开口部位（供水管除外），供水侧管段上安装测试用压力表。
④采用秒表计时5min，目测观察有无渗漏、变形。
⑤供水侧管段与试压泵、试验用水源连接，经检查各试验组件装配到位。

考点三 其他组件的现场检查

（一）检查内容

1. 外观检查
外观检查的检查要求：
（1）压力开关、水流指示器、末端试水装置等有清晰的铭牌、安全操作指示标识和产品说明书。
（2）各组件不得有结构松动、明显的加工缺陷，表面不得有明显锈蚀、涂层剥落、起泡、毛刺等缺陷；水流指示器桨片完好无损。
（3）有水流方向的永久性标识；末端试水装置的试水阀上有明显的启闭状态标识。

2.功能检查

(1)水流指示器

水流指示器检查的检查要求:

①检查水流指示器灵敏度,当试验压力为 0.14~1.2MPa,且流量不大于 15.0L/min 时,水流指示器不会报警;但是当流量在 15.0~37.5L/min 之间任一数值上时会报警,而且到达37.5L/min一定会报警。

②具有延迟功能的水流指示器,需要检查桨片动作后报警延迟的时间,要求在 2~90s 范围内,且不可调节。

(2)压力开关

在测试压力开关动作情况时,要检查其常开或者常闭触点通断情况,要求动作可靠且准确。

(3)末端试水装置

末端试水装置检查的检查要求:

①测试末端试水装置密封性能,试验压力要为额定工作压力的 1.1 倍,保压时间为 5min,且末端试水装置试水阀关闭,测试结束时末端试水装置各组件无渗漏。

②末端试水装置手动(电动)操作方式灵活,便于开启,信号反馈装置能够在末端试水装置开启后输出信号,试水阀关闭后,末端试水装置无渗漏。

(二)检查方法

(1)检查内容的"1.外观检查"项采用目测观察。

(2)检查内容的"2.功能检查"项在专用试验装置上测试,目测观察;主要测试设备为试压泵、压力表、流量计、万用表、秒表、24V 直流电源/220V 交流电源等。

第三节 系统组件安装调试与检测验收

考点一 喷头

1.喷头安装及质量检测要求

(1)采用专用扳手安装喷头,严禁利用喷头的框架施拧;喷头的框架、溅水盘产生变形、释放原件损伤的,采用规格、型号相同的喷头进行更换。

(2)喷头安装时,不得对喷头进行拆装、改动,严禁在喷头上附加任何装饰性涂层。

(3)不同类型的喷头按照下列要求安装:

▶ 通用型喷头:根据保护区域结构特点,直立或者下垂安装。

▶ 直立型喷头:连接 DN25mm 短立管或者直接向上直立安装于配水支管上。

▶ 下垂型喷头:连接 DN25mm 的短立管或者直接下垂安装于配水支管上。

▶ 边墙型喷头:根据选定的规格型号,水平安装于顶棚(吊顶)下的边墙上,或者直立向上、下垂安装于顶棚下。

▶ 干式喷头:连接于特殊的短立管上,根据其保护区域结构特征和喷头规格型号,直立向上、下垂或者水平安装于配水支管上,短立管入口处设置密封件,阻止水流在喷头动作前进入立管。

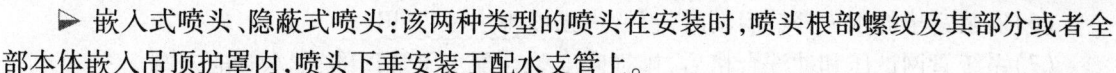

▶ 嵌入式喷头、隐蔽式喷头：该两种类型的喷头在安装时，喷头根部螺纹及其部分或者全部本体嵌入吊顶护罩内，喷头下垂安装于配水支管上。

▶ 齐平式喷头：该喷头在安装时，喷头根部螺纹及其部分本体下垂安装于吊顶内配水支管上，部分或者全部热敏元件随部分喷头本体安装于吊顶下。

注意： 喷头安装在易受机械损伤处，加设喷头防护罩。

（4）当喷头的公称直径小于10mm时，要在系统配水干管、配水管上安装过滤器。

（5）喷头安装在不到顶的隔断附近时，喷头与隔断的水平距离和最小垂直距离符合国家标准《自动喷水灭火系统施工及验收规范》(GB 50261—2005)的规定。

（6）按照消防设计文件要求确定喷头的位置、间距，根据土建工程中吊顶、顶板、门、窗、洞口或者其他障碍物以及仓库的堆垛、货架设置等实际情况，适当调整喷头位置。

（7）当喷头溅水盘高于附近梁底或者高于宽度小于1.2m的通风管道、排管、桥架腹面时，喷头溅水盘高于梁底、通风管道、排管、桥架腹面的最大垂直距离符合国家标准《自动喷水灭火系统施工及验收规范》(GB 50261—2005)的规定。梁、通风管道、排管、桥架宽度大于1.2m时，在其腹面以下部位增设喷头。

2.检测方法

采用目测观察和尺量检查的方法检测；技术检测具体方法和判定标准详见竣工验收中喷头的验收方法和合格判定标准。

考点二　报警阀组

（一）报警阀组安装与技术检测共性要求

1.报警阀组安装要求

（1）按照标准图集或者生产厂家提供的安装图纸进行报警阀阀体及其附属管路的安装。

（2）按照设计图纸中确定的位置安装报警阀组；设计未予明确的，报警阀组安装在便于操作、监控的明显位置。

（3）报警阀组垂直安装在配水干管上，水源控制阀、报警阀组水流标识与系统水流方向一致。报警阀组的安装顺序为先安装水源控制阀、报警阀，再进行报警阀辅助管道的连接。

（4）报警阀组安装在室内时，室内地面增设排水设施。

（5）报警阀阀体底边距室内地面高度为1.2m；侧边与墙的距离不小于0.5m；正面与墙的距离不小于1.2m；报警阀组凸出部位之间的距离不小于0.5m。

2.附件安装要求

（1）压力表安装在报警阀上便于观测的位置而排水管和试验阀要安装在便于操作的位置。

（2）水源控制阀要安装在便于操作的位置，且设有明显的开/闭标识以及可靠的锁定设施。

（3）在报警阀与管网之间的供水干管上，安装由控制阀、检测供水压力、流量用的仪表及排水管道组成的系统流量压力检测装置，其过水能力与系统启动后的过水能力一致；干式报警阀组和雨淋报警阀组安装检测管路时，水流不得进入系统管网的信号控制阀。

（4）水力警铃安装在公共通道或者值班室附近的外墙上，并安装检修、测试用的阀门。

（5）水力警铃和报警阀的连接，采用热镀锌钢管，当镀锌钢管的公称直径为20mm时，其长度不宜大于20m。

(6)安装完毕的水力警铃启动时,警铃声强度不小于70dB。
(7)系统管网试压和冲洗合格后,排气阀安装在配水干管顶部、配水管的末端。

(二)湿式报警阀组安装与技术检测要求

(1)过滤器安装在报警水流管路上,其位置在延迟器前,且便于排渣操作。
(2)报警阀前后的管道能够快速充满水;压力波动时,水力警铃不发生误报警。

(三)干式报警阀组安装及质量检测要求

(1)干式报警阀组要安装在不发生冰冻的场所。
(2)干式报警阀组安装完成后,要向报警阀气室内注入高度为50~100mm的清水。
(3)充气连接管路的接口安装在报警阀气室充注水位以上部位,充气连接管道的直径不得小于15mm;止回阀、截止阀要安装在充气连接管路上。
(4)按照消防设计文件要求安装气源设备,并且符合现行国家工程建设相关技术标准的规定。
(5)加速器安装在靠近报警阀的位置,要设有防止水流进入加速器的保护措施。
(6)报警阀充水一侧和充气一侧、空气压缩机的气泵和储气罐以及加速器等部位分别安装监控用压力表;管网充气压力符合消防设计文件的规定值。
(7)安全排气阀安装在气源与报警阀组之间,且要靠近报警阀组一侧。
(8)低气压预报警装置安装在配水干管一侧。

(四)雨淋报警阀组安装及技术检测要求

(1)雨淋报警阀组可采用电动开启、传动管开启或者手动开启等控制方式,开启控制装置安装在安全可靠的位置,水传动管的安装按照湿式系统的有关要求实施。
(2)按照消防设计文件要求,在便于观测和操作的位置,设置雨淋阀组的观测仪表和操作阀门。
(3)按照消防设计文件要求,确定雨淋阀组手动开启装置的安装位置,以便发生火灾时能安全开启、便于操作。
(4)需要充气的预作用系统的雨淋报警阀组,按照干式报警阀组有关要求进行安装。
(5)压力表安装在雨淋阀的水源一侧。

(五)预作用装置安装与技术检测要求

(1)系统主供水信号蝶阀、雨淋报警阀、湿式报警阀等集中垂直安装在被保护区附近,且最低环境温度不低于4℃的室内,以免低温使隔膜腔内的存水因冰冻而导致系统失灵。
(2)系统放水阀、电磁阀、手动快开阀、水力警铃、补水漏斗等设置部位,设置排水设施,地漏能够将系统出水排入排水管道。
(3)水力警铃按照湿式自动喷水灭火系统的要求进行安装。
(4)将雨淋报警阀上的压力开关、电磁阀、信号蝶阀引出线以及空气维护装上低气压开关、电接点压力表引出线分别与消防控制中心控制线路相接接。
(5)在隔膜雨淋报警阀组的水源侧管道法兰和隔膜雨淋报警阀系统侧出水口处分别放入密封垫,拧紧法兰螺栓,再进行与系统管网连接。在湿式报警阀的平直管段上开孔接管,与由低气压开关、空压机、电接点压力表等空气维持装置相连接。
(6)预作用装置安装完毕后,将雨淋报警阀组的防复位手轮转至防复位锁止位置,手轮上红点对准标牌上的锁止位置,使系统处于伺应状态。

(六)报警阀组检测方法

采用目测观察、尺量以及声级计测量等方法进行检测;其技术检测的具体方法和判定标准详见竣工验收中报警阀组的验收方法和合格判定标准。

考点三 水流报警装置

(一)水流指示器

1.安装与技术检测要求

(1)水流指示器电气元件(部件)竖直安装在水平管道的上侧,要求其动作方向与水流方向要一致。

(2)水流指示器安装后,要求其浆片、膜片动作要灵活,不得与管壁发生碰擦。

(3)在自动喷水灭火系统中若同时使用信号阀和水流指示器控制,要求信号阀安装在水流指示器前的管道上,与水流指示器间的距离不小于300mm。

2.检测方法

(1)安装前,检查管道试压和冲洗记录,对照图纸检查、核对产品规格型号。

(2)目测检查电气元件的安装位置,开启试水阀门放水检查水流指示器的水流方向。

(3)放水检查水流指示器浆片、膜片动作情况,检查有无卡阻、碰擦等情况。

(4)采用卷尺测量控制水流指示器的信号阀与水流指示器的距离。

(二)压力开关

1.安装与技术检测要求

(1)压力开关竖直安装在通往水力警铃的管道上,安装中不得拆装改动。

(2)按照消防设计文件或者厂家提供的安装图纸安装管网上的压力控制装置。

2.检测方法

利用目测的方法,对照图纸检查压力开关的位置以及安装方向。

(三)压力开关、信号阀、水流指示器的引出线

压力开关、信号阀、水流指示器等引出线采用防水套管锁定,采用观察检查进行技术检测。

考点四 系统冲洗、试压

(一)系统试压、冲洗基本要求

(1)经复查,埋地管道的位置及管道基础、支墩等符合设计文件要求。

(2)准备不少于2只的试压用压力表,精度不低于1.5级,量程为试验压力值的1.5~2倍。

(3)隔离或者拆除不能参与试压的设备、仪表、阀门及附件;加设的临时盲板具有突出于法兰的边耳,且有明显标志,并对临时盲板数量、位置进行记录。

(二)水压试验

1.水压试验条件

(1)试验条件如下:

①环境温度应不低于5℃;当低于5℃时,应采取防冻措施,以确保水压试验正常进行。

②系统设计工作压力不大于1.0MPa 的,水压强度试验压力应为设计工作压力的1.5倍,且不

低于 1.4MPa;系统设计工作压力大于 1.0MPa 的,水压强度试验压力应为工作压力加 0.4MPa。

③水压严密性试验压力为系统设计工作压力。

(2)操作方法:试验前需要采用温度计测试环境温度,然后对照消防设计文件核定水压试验压力。

2.水压强度试验要求

(1)试验要求如下:

①水压强度试验的测试点应设在系统管网的最低点。

②当给管网注水时,要将管网内的空气排净,然后缓慢升压。

③达到试验压力后,稳压 30min,管网无泄漏、无变形,且压力降不大于 0.05MPa。

(2)操作方法:采用试压装置进行试验,目测观察管网外观和测压用压力表的压力降。在系统试压过程中若出现泄漏或者超过规定压降时,应停止试压,然后放空管网中试验用水;消除缺陷后,再重新试验。

3.水压严密性试验

(1)试验要求如下:

①水压严密性试验需要在水压强度试验和管网冲洗合格后进行。

②达到试验压力后,稳压 24h,管网无泄漏。

(2)操作方法:采用试压装置进行试验,目测观察管网有无渗漏和测压用压力表压降。在系统试压过程中若出现管网渗漏或者压降较大的,应停止试验,然后放空管网中试验用水;消除缺陷后,重新试验。

(三)气压试验

(1)试验要求:气压严密性试验压力为 0.28MPa,且稳压 24h,压力降不大于 0.01MPa。

(2)操作方法:采用试压装置进行试验,目测观察测压用压力表的压降。系统试压过程中若压降超过规定的数值,应停止试验,然后放空管网中试验气体;消除缺陷后,重新试验。

(四)管网冲洗

当管网试压合格后,应采用生活用水进行冲洗。其冲洗顺序为:**先室外,后室内;先地下,后地上**;室内部分的冲洗按照配水干管、配水管、配水支管的顺序进行。管网冲洗的具体要求和操作方法详见本篇第二章第三节。管网冲洗合格后,需要将管网内的冲洗用水排净,必要时采用压缩空气吹干。

考点五 系统调试

(一)系统调试准备

(1)消防气压给水设备的水位、气压符合消防设计要求。

(2)消防水池、消防水箱已储存设计要求的水量。

(3)湿式喷水灭火系统管网内充满水;干式、预作用喷水灭火系统管网内的气压符合消防设计要求;阀门均无泄漏。

(4)系统供电正常。

(5)与系统配套的火灾自动报警系统调试完毕,处于工作状态。

（二）系统调试要求及功能性检测

1.报警阀组

报警阀组调试前,首先检查报警阀组组件,确保其组件齐全、装配正确,在确认安装符合消防设计要求和消防技术标准规定后,进行调试。报警阀组调试按照湿式报警阀组、干式报警阀组、预作用装置、雨淋报警阀组各自特点进行调试。

2.联动调试及检测

各系统的联动调试内容及检测方法如表4.1所示。

表4.1 各系统的联动调试及检测内容

类别	调试及检测内容	检测方法
湿式系统	系统控制装置设置为"自动"控制方式,启动1只喷头或者开启末端试水装置,流量保持在0.94~1.5L/s,水流指示器、报警阀、压力开关、水力警铃和消防水泵等及时动作,并有相应组件的动作信号反馈到消防联动控制设备。	打开阀门放水,使用流量计、压力表核定流量、压力,目测观察系统动作情况。
干式系统	系统控制装置设置为"自动"控制方式,启动1只喷头或者模拟1只喷头的排气量排气,报警阀、压力开关、水力警铃和消防水泵等及时动作并有相应的组件信号反馈。	采用目测观察进行检查。
预作用系统、雨淋系统、水幕系统	系统控制装置设置为"自动"控制方式,采用专用测试仪表或者其他方式,模拟火灾自动报警系统输入各类火灾探测信号,报警控制器输出声光报警信号,启动自动喷水灭火系统。采用传动管启动的雨淋系统、水幕系统联动试验时,启动1只喷头,雨淋报警阀打开,压力开关动作,消防水泵启动,并有相应组件信号反馈。	采用目测观察进行检查。

考点六 系统竣工验收

（一）管网验收检查

1.验收内容

（1）查验管道材质、管径、接头、连接方式及其防腐、防冻措施。

（2）测量管网排水坡度,检查辅助排水设施设置情况。

（3）检查系统末端试水装置、试水阀、排气阀等设置位置、组件及其设置情况。

（4）检查系统中不同部位安装的报警阀组、闸阀、止回阀、电磁阀、信号阀、水流指示器、减压孔板、节流管、减压阀、柔性接头、排水管、排气阀、泄压阀等组件设置位置、安装情况。

（5）测试干式灭火系统管网容积、系统充水时间不大于1min；测试预作用和雨淋灭火系统管道充水时间,不应大于2min。

（6）检查配水支管、配水管、配水干管的支架、吊架、防晃支架设置情况。

2.验收方法

（1）对照设计文件、出厂合格证明文件等,对验收内容的"（1）"、"（3）"、"（4）"项进行核对,并现场目测观察其设置位置、设置情况。

（2）采用水平尺、卷尺等,对验收内容的"（2）"、"（6）"项进行测量,目测观察其排水设施的排水效果,以及管道支架、吊架、防晃支架设置情况。

(3)通水试验对验收内容的"(5)"项进行验收,采用秒表测量管道充水时间。

3.合格判定标准

(1)经对照检查,管道材质、管径、接头,管道连接方式以及采取的防腐、防冻等措施,符合消防技术标准和消防设计文件要求;报警阀后的管道上未安装其他用途的支管、水龙头。

(2)经对照消防设计文件,系统中的报警阀组、闸阀、止回阀、电磁阀、信号阀、水流指示器、减压孔板、节流管、减压阀、柔性接头、排水管、排气阀、泄压阀等设置位置、组件、安装方式、安装要求等符合要求。

(3)系统中末端试水装置、试水阀、排气阀设置位置、组件等符合消防设计文件要求。

(4)经测量,管道横向安装坡度为0.002~0.005,且坡向排水管;相应的排水措施设置符合规定要求。

(5)经测量,干式灭火系统的管道充水时间不大于1min;预作用和雨淋灭火系统的管道充水时间不大于2min。

(6)经测量,管道支架、吊架、防晃支架,固定方式、设置间距、设置要求等符合消防技术标准规定。

(二)喷头验收检查

1.验收内容

(1)查验喷头设置场所、规格、型号以及公称动作温度、响应时间指数(RTI)等性能参数。

(2)测量喷头安装间距,喷头与楼板、墙、梁等障碍物的距离。

(3)查验特殊使用环境中喷头的保护措施。

(4)查验喷头备用量。

2.验收方法

(1)验收内容的"(1)"、"(2)"项,对照消防设计文件,采用卷尺等测量。

(2)验收内容的"(3)"项,采用目测观察,对现场防护措施进行核查。

(3)验收内容的"(4)"项,对照设计文件、购货清单,对现场备用喷头分类点验。

3.合格判定标准

(1)经核对,喷头设置场所、规格、型号以及公称动作温度、响应时间指数(RTI)等性能参数符合消防设计文件要求。

(2)经点验,各种不同规格的喷头的备用品数量不少于安装喷头总数的1%,且每种备用喷头不少于10个。

(3)有腐蚀性气体的环境、有冰冻危险场所安装的喷头,采取了防腐蚀、防冻等防护措施;有碰撞危险场所的喷头加设有防护罩。

(4)按照距离偏差±15mm进行测量,喷头安装间距,喷头与楼板、墙、梁等障碍物的距离符合消防技术标准和消防设计文件要求。

(三)报警阀组验收检查

1.验收内容

(1)验收前,检查报警阀组及其附件的组成、安装情况,以及报警阀组所处状态。

(2)测试报警阀组及其对系统的自动启动功能。

(3)启动报警阀组检测装置,测试其流量、压力。

2.验收方法

(1)对照消防设计文件或者生产厂家提供的安装图纸,检查报警阀组及其各附件安装位置、结构状态,手动检查供水干管侧和配水干管侧控制阀门、检测装置各个控制阀门的状态。

(2)开启报警阀组检测装置放水阀,采用流量计和系统安装的压力表测试供水干管侧和配水干管侧的流量、压力。

3.合格判定标准

(1)报警阀组及其各附件安装位置正确,各组件、附件结构安装准确;供水干管侧和配水干管侧控制阀门处于完全开启状态,锁定在常开位置;报警阀组试水阀、检测装置放水阀关闭,检测装置其他控制阀门开启,报警阀组处于伺应状态;报警阀组及其附件设置的压力表读数符合设计要求。

(2)经测量,供水干管侧和配水干管侧的流量、压力符合消防技术标准和消防设计文件要求。

(3)经测试,水力警铃喷嘴处压力符合消防设计文件要求,且不小于0.05MPa;距水力警铃3m远处警铃声声强符合设计文件要求,且不小于70dB。

(4)启动报警阀组试水阀或者电磁阀后,供水干管侧、配水干管侧压力表值平衡后,报警阀组以及检测装置的压力开关、延迟器、水力警铃等附件动作准确、可靠;与空气压缩机或者火灾自动报警系统的联动控制准确,符合消防设计文件要求。

(5)消防水泵自动启动,压力开关、电磁阀、排气阀入口电动阀、消防水泵等动作,且相应信号反馈到消防联动控制设备。

第四节 系统维护管理

考点一 系统巡查

(一)巡查内容

(1)报警阀组外观、报警阀组检测装置状态、排水设施状况等。

(2)喷头外观及其周边障碍物、保护面积等。

(3)充气设备、排气装置及其控制装置、火灾探测传动、液(气)动传动及其控制装置、现场手动控制装置等外观、运行状况。

(4)系统末端试水装置、楼层试水阀及其现场环境状态,压力监测情况等。

(5)系统用电设备的电源及其供电情况。

水源以及消防水泵、供(给)水管网及其附件等巡查内容详见本书第三篇第二章第四节。

(二)巡查方法及要求

1.喷头

(1)检查喷头外观有无明显磕碰伤痕或者损坏,有无喷头漏水或者被拆除等情况。

(2)检查保护区域内是否有影响喷头正常使用的吊顶装修,或者新增装饰物、隔断、高大家具以及其他障碍物;若有上述情况的存在,进一步采用目测、尺量等方法,检查喷头保护面积、与障碍物间距等是否发生变化。

(3)观察喷头与保护区域环境是否匹配,判定保护区域使用功能、危险性级别是否发生变更。

2.报警阀组

(1)检查报警阀组是否处于伺应状态,并观察其组件有无漏水等情况。

(2)检查报警阀组的标志牌是否完好和清晰,阀体上有关水流指示的永久性标识是否易于观察,以及是否与水流方向一致。

(3)检查报警阀组设置场所的排水设施有无排水不畅或者积水等情况。

(4)检查报警阀组组件是否齐全,表面有无裂纹、损伤等现象。

(5)检查干式报警阀组、预作用装置的充气设备、排气装置及其控制装置的外观标志有无磨损、模糊等情况,相关设备及其通用阀门是否处于工作状态;控制装置外观有无歪斜翘曲、磨损划痕等情况,其监控信息显示是否准确。

(6)检查预作用装置、雨淋报警阀组的火灾探测传动、液(气)动传动及其控制装置、现场手动控制装置的外观标志有无磨损、模糊等情况,控制装置外观有无歪斜翘曲、磨损划痕等情况,其显示信息是否准确。

3.末端试水装置和试水阀巡查

(1)检查系统(区域)末端试水装置、楼层试水阀的设置位置是否便于操作和观察,有无排水设施。

(2)检查末端试水装置设置是否正确。

(3)检查末端试水装置压力表,能否准确监测系统、保护区域最不利点静压值。

4.系统供电巡查

(1)检查自动喷水灭火系统的消防水泵、稳压泵等用电设备配电控制柜,观察其电压、电流监测是否正常,水泵启动控制和主、备泵切换控制是否设置在"自动"位置。

(2)检查系统监控设备供电是否正常,系统中的电磁阀、模块等用电元器(件)是否通电。

(三)巡查周期

建筑管理使用单位至少每日组织一次系统全面巡查。

考点二 系统周期性检查维护

(一)月检查项目

1.检查项目

下列项目至少每月进行一次检查与维护,具体如表4.2所示。

表4.2 月项目检查

时间	检查项目
月检查项目	(1)电动、内燃机驱动的消防水泵(增压泵)启动运行测试。
	(2)喷头完好状况、备用量及异物清除等检查。
	(3)系统所有阀门状态及其铅封、锁链完好状况检查。
	(4)消防气压给水设备的气压、水位测试;消防水池、消防水箱的水位以及消防用水不被挪用的技术措施检查。
	(5)电磁阀启动测试。
	(6)水流指示器动作、信息反馈试验。
	(7)水泵接合器完好性检查。

2.检查与维护要求

(1)检查内容"(1)"、"(4)"项采用手动启动或者模拟启动试验进行检查,发现异常问题的,要检查消防水泵、电磁阀使用性能以及系统控制设备的控制模式、控制模块状态等。

(2)系统各个控制阀门铅封损坏,或者锁链未固定在规定状态的,及时更换铅封,调整锁链至规定的固定状态;发现阀门有漏水、锈蚀等情形的,更换阀门密封垫,修理或者更换阀门,对锈蚀部位进行除锈处理。

(3)喷头外观及备用数量检查,发现有影响正常使用的情况(如溅水盘损坏、溅水盘上存在影响使用的异物等)的,及时更换喷头,清除喷头上的异物;更换或者安装喷头使用专用扳手。对于备用喷头数不足的,及时按照单位程序采购补充。

(4)检查消防水池、消防水箱以及消防气压给水设备,发现水位不足、气体压力欠压的,查明原因,及时补足消防用水和消防气压给水设备水量、气压。

(5)利用末端试水装置、楼层试水阀对水流指示器进场动作、报警检查试验时,首先检查消防联动控制设备和末端试水装置、楼层试水阀的完好性,符合试验条件的,开启末端试水装置或者试水阀,发现水流指示器在规定时间内不报警的,首先检查水流指示器的控制线路,存在断路、接线不实等情况的,重新接线至正常;之后,检查水流指示器,发现有异物、杂质等卡阻桨片的,及时清除异物、杂质;发现调整螺母与触头未到位的,重新调试到位。

(6)查看消防水泵接合器的接口及其附件,发现闷盖、接口等部件有缺失的,及时采购安装;发现有渗漏的,检查相应部件的密封垫完好性,查找管道、管件因锈蚀、损伤等出现的渗漏。

(二)季度检查项目

1.检查项目

下列项目至少每季度进行一次检查与维护,具体如表4.3所示。

表4.3 季度项目检查

时间	检查项目
季度检查项目	(1)报警阀组的试水阀放水及其启动性能测试。 (2)室外阀门井中的控制阀门开启状况及其使用性能测试。

2.检查与维护要求

(1)分别利用系统末端试水装置、楼层试水阀和报警阀组旁的放水试验阀等测试装置进行放水试验,检查系统启动、报警功能以及出水情况:

①检查消防控制设备、消防水泵控制设备、测试装置的完好性和控制方式,确认设备(装置)完好,控制方式为"自动"状态后,分别进行功能性试验。

②经测试进场,发现报警阀组存在问题的,按照后述各类报警阀组"常见故障分析",查找并及时消除故障。

(2)检查室外阀门井情况,发现阀门井积水、有垃圾或者有杂物的,及时排除积水,清除垃圾、杂物;发现管网中的控制阀门未完全开启或者关闭的,完全开启到位;发现阀门有漏水情况的,按照前述室内阀门的要求查漏、修复、更换、除锈。

(三)年度检查项目

1.检查项目

下列项目至少每年进行一次检查与维护,具体如表4.4所示。

表4.4 年度检查项目

时间	检查项目
年度检查项目	（1）水源供水能力测试。 （2）水泵接合器通水加压测试。 （3）储水设备结构材料检查。 （4）过滤器排渣、完好状态检查。 （5）系统联动测试。

2.检查与维护要求

（1）结合消防部队的灭火救援演练，组织实施水源供水能力测试和水泵接合器通水加压试验，具体试验按照本书第三篇第二章第三节的检查步骤和要求组织实施。

（2）系统联动试验按照验收、检测要求组织实施，可结合年度检测一并组织实施。

（3）检查系统过滤器的使用性能，对滤网进行拆洗，并重新安装到位。

（4）检查消防储水设备结构、材料，对于缺损、锈蚀等情况及时进行修补缺损和重新油漆。

考点三 系统年度检测

（一）喷头

重点检查喷头选型与保护区域的使用功能、危险性等级等匹配情况，核查闭式喷头玻璃泡色标高于保护区域环境最高温度30℃的要求，以及喷头无变形、附着物、悬挂物等影响使用的情况。

（二）报警阀组

1.报警阀组件共性要求检测

（1）检测内容及要求如下：

①检查报警阀组的外观标志，查看其外观标识是否清晰、内容详实，符合产品生产技术标准要求，并注明系统名称和保护区域，压力表显示符合设定值。

②报警阀组的相关组件灵敏可靠；消防控制设备准确接收压力开关动作的反馈信号。

③系统控制阀以及报警管路控制阀要求全部开启，并用锁具固定手轮，还要具有明显的启闭标志；如果采用信号阀的，要求反馈信号正确；测试管路放水阀关闭；报警阀组处于伺应状态。

（2）检测操作步骤如下：

①查看外观标识和压力表状况，查看并记录、核对其压力值。

②检查系统控制阀，查看锁具或者信号阀及其反馈信号；检查报警阀组报警管路、测试管路，查看其控制阀门、放水阀等启闭状态。

③打开报警阀组测试管路放水阀，查看压力开关、水力警铃等动作以及反馈信号的情况。

2.湿式报警阀组

（1）检测内容及要求如下：

①开启末端试水装置，出水压力不低于0.05MPa，水流指示器、湿式报警阀、压力开关动作。

②消防控制设备准确接受并显示水流指示器、压力开关及消防水泵的反馈信号。

③报警阀动作后，测量水力警铃声强，不得低于70dB。

④开启末端试水装置5min内，消防水泵自动启动。

(2)检测操作步骤如下:

①开启系统(区域)末端试水装置前,查看并记录压力表读数;开启末端试水装置,待压力表指针晃动平稳后,查看并记录压力表变化情况。

②查看消防控制设备显示的水流指示器、压力开关和消防水泵的动作情况以及信号反馈情况。

③从末端试水装置开启时计时,测量消防水泵投入运行的时间。

④在距离水力警铃3m处,采用声级计测量水力警铃声强值。

⑤关闭末端试水装置,系统复位,恢复到工作状态。

3.干式报警阀组

(1)检查空气压缩机和气压控制装置状态,保持其正常,压力表显示符合设定值。干式报警阀组功能按照下列要求进行检测:

①开启末端试水装置,报警阀组、压力开关动作,联动启动排气阀入口电动阀和消防水泵,水流指示器报警。

②水力警铃报警,水力警铃声强值不得低于70dB。

③开启末端试水装置1min后,其出水压力不得低于0.05MPa。

④消防控制设备准确显示水流指示器、压力开关、电动阀及消防水泵的反馈信号。

(2)检测操作步骤如下:

①缓慢开启气压控制装置试验阀,小流量排气;空气压缩机启动后,关闭试验阀,查看空气压缩机运行情况、核对其启、停压力。

②开启末端试水装置控制阀,同上查看并记录压力表变化情况。

③查看消防控制设备、排气阀等,检查水流指示器、压力开关、消防水泵、排气阀入口的电动阀等动作及其信号反馈情况,以及排气阀的排气情况。

④从末端试水装置开启时计时,测量末端试水装置水压力达到0.05MPa的时间。

⑤按照湿式报警阀组的要求测量水力警铃声强值。

⑥关闭末端试水装置,系统复位,恢复到工作状态。

4.预作用装置

(1)按照干式报警阀组的要求检查预作用装置的空气压缩机和气压控制装置,其电磁阀的启闭灵敏可靠,反馈信号准确。预作用装置的功能性检测按照下列要求进行:

①模拟火灾探测报警,火灾报警控制器确认火灾后,自动启动预作用装置(雨淋报警阀)、排气阀入口电动阀以及消防水泵;水流指示器、压力开关动作。

②报警阀组动作后,测试水水力警铃声强,不得低于70dB。

③开启末端试水装置,火灾报警控制器确认火灾2min后,其出水压力不低于0.05MPa。

④消防控制设备准确显示电磁阀、电动阀、水流指示器以及消防水泵动作信号,反馈信号准确。

(2)检测操作步骤如下:

①按照干式报警阀组的检测操作步骤,测试预作用装置的空气压缩机和气压控制装置工作情况。

②关闭预作用装置入口的控制阀,消防控制设备输出电磁阀控制信号,查看电磁阀动作情

况,核查反馈信号的准确性。

③按照设计联动逻辑,在同一防护区内模拟2类不同的火灾探测报警信号,查看火灾报警控制器火灾报警、确认以及联动指令发出情况,逐一检查预作用装置(雨淋报警阀)、电磁阀、电动阀、水流指示器、压力开关和消防水泵的动作情况,以及排气阀的排气情况。

④按照湿式报警阀组的要求测量水力警铃声强值。

⑤打开末端试水装置,待火灾控制器确认火灾2min后,读取并记录其压力表数值。

⑥检查火灾报警控制器,对应现场各个组件启动情况,核对其反馈信号以及联动控制逻辑关系。

⑦关闭末端试水装置,系统复位,恢复到工作状态。

5.雨淋报警阀组

(1)检测内容及要求如下:

①检查雨淋报警阀组及其消防水泵的控制方式,具有自动、手动启动控制方式。

②手动操作控制的水幕系统,测试其控制阀,启闭灵活可靠。

③报警信号发出后,检查压力开关动作情况,测量水力警铃声强值,不得低于70dB。

④报警阀组动作后,检查消防控制设备,电磁阀、消防水泵与压力开关反馈信号准确。

⑤并联设置多台雨淋报警阀组的,报警信号发出后,检查其报警阀组及其组件联动情况,联动控制逻辑关系符合消防设计要求。

⑥传动管控制的雨淋报警阀组,传动管泄压后,查看消防水泵、报警阀联动启动情况,动作准确及时。

(2)检测操作步骤如下:

①对于传动管控制的雨淋报警阀组,首先查看并读取其传动管压力表数值,然后核对传动管压力设定值;对于气压传动管,要按照干式系统的检测操作步骤对其供气装置和气压控制装置进行检测。

②分别对现场控制设备和消防控制室的消防控制设备进行检查,并进一步查看雨淋报警阀组的控制方式。

③对于传动管控制的雨淋报警阀组,试验前需要关闭报警阀系统侧的控制阀,然后对传动管进行泄压操作,并逐一查看报警阀、电磁阀、压力开关和消防水泵等动作情况。

④对于火灾探测器控制的雨淋报警阀组,试验前需要关闭报警阀系统侧的控制阀,并在同一防护区内模拟两类不同的火灾探测报警信号,查看火灾报警控制器火灾报警、确认以及联动指令发出情况,逐一检查报警阀、电磁阀、压力开关和消防水泵等动作情况。

⑤当并联设置多台雨淋报警阀时,可以按照"③"或者"④"的步骤,在不同防护区域进行测试,观察各个防护区域对应的雨淋报警阀组及其组件的动作情况。

⑥查看火灾报警控制器,核查现场对应各个组件的启动情况,核对其反馈信号以及联动控制逻辑关系。

⑦手动操作控制的水幕系统,关闭水源控制阀,反复操作现场手动启、闭其系统控制阀。

⑧按照湿式报警阀组的要求测量水力警铃声强值。

⑨系统复位,恢复到工作状态。

（三）水流指示器

1.检测内容及要求

检查水流指示器外观，有无明显标志；信号阀要完全开启，并能准确反馈启闭信号；水流指示器的启动与复位要灵敏、可靠，且反馈信号准确。

2.检测操作步骤

①现场检查水流指示器外观。
②开启末端试水装置、楼层试水阀，查看消防控制设备显示的水流指示器的动作信号。
③关闭末端试水装置、楼层试水阀，查看消防控制设备显示的水流指示器的复位信号。

（四）末端试水装置

1.检测内容及要求

检查末端试水装置的阀门、试水接头、压力表和排水管，要求设置齐全并且无损伤；压力表显示正常，且符合规定要求。

2.检测操作步骤

①现场查看末端试水装置的阀门、压力表、试水接头及排水管等外观。
②关闭末端试水装置，读取并记录其压力表数值。
③开启末端试水装置的控制阀，待压力表指针晃动平稳后，读取并记录压力表数值。
④水泵自动启动5min后，读取并记录压力表数值，并观察其变化情况。
⑤关闭末端试水装置，将系统复位，使其恢复到工作状态。

考点四　系统常见故障分析

（一）湿式报警阀组常见故障分析、处理

1.报警阀组漏水

报警阀组漏水常见故障的分析及处理见表4.5。

表4.5　报警阀组漏水常见故障分析及处理

故障原因分析	故障处理
①排水阀门未完全关闭。	①关紧排水阀门。
②阀瓣密封垫老化或者损坏。	②更换阀瓣密封垫。
③系统侧管道接口渗漏。	③检查系统侧管道接口渗漏点，密封垫老化、损坏的，更换密封垫；密封垫错位的，重新调整密封垫位置；管道接口锈蚀、磨损严重的，更换管道接口相关部件。
④报警管路测试控制阀渗漏。	④更换报警管路测试控制阀。
⑤阀瓣组件与阀座之间因变形或者污垢、杂物阻挡出现不密封状态。	⑤先放水冲洗阀体、阀座，存在污垢、杂物的，经冲洗后，渗漏减少或者停止；否则，关闭进水口侧和系统侧控制阀，卸下阀板，仔细清洁阀板上的杂质；拆卸报警阀阀体，检查阀瓣组件、阀座，存在明显变形、损伤、凹痕的，更换相关部件。

2.报警阀启动后报警管路不排水

报警阀启动后报警管路不排水常见故障的分析及处理见表4.6。

表4.6 报警阀启动后报警管路不排水常见故障的分析及处理

故障原因分析	故障处理
①报警管路控制阀关闭。	①开启报警管路控制阀。
②限流装置过滤网被堵塞。	②卸下限流装置,冲洗干净后重新安装回原位。

3.报警阀报警管路误报警

报警阀报警管路误报警常见故障的分析及处理见表4.7。

表4.7 报警阀报警管路误报警常见故障的分析及处理

故障原因分析	故障处理
①未按照安装图纸安装或者未按照调试要求进行调试。	①按照安装图纸核对报警阀组组件安装情况;重新对报警阀组伺应状态进行调试。
②报警阀组渗漏通过报警管路流出。	②按照故障"1.报警阀组漏水"中的故障原因查找渗漏原因,进行相应处理。
③延迟器下部孔板溢出水孔堵塞,发生报警或者缩短延迟时间。	③延迟器下部孔板溢出水孔堵塞,卸下筒体,拆下孔板进行清洗。

4.水力警铃工作不正常(不响、响度不够、不能持续报警)

水力警铃工作不正常常见故障的分析及处理见表4.8。

表4.8 水力警铃工作不正常常见故障的分析及处理

故障原因分析	故障处理
①产品质量问题或者安装调试不符合要求。	①属于产品质量问题的,更换水力警铃;安装缺少组件或者未按照图纸安装的,重新进行安装调试。
②控制口阻塞或者铃锤机构被卡住。	②拆下喷嘴、叶轮及铃锤组件,进行冲洗,重新装合使叶轮转动灵活。

5.开启测试阀,消防水泵不能正常启动

开启测试阀,消防水泵不能正常启动常见故障的分析及处理见表4.9。

表4.9 开启测试阀,消防水泵不能正常启动常见故障的分析及处理

故障原因分析	故障处理
①压力开关设定值不正确。	①将压力开关内的调压螺母调整到规定值。
②消防联动控制设备中的控制模块损坏。	②逐一检查控制模块,采用其它方式启动消防水泵,核定问题模块,并予以更换。
③水泵控制柜、联动控制设备的控制模式未设定在"自动"状态。	③将控制模式设定为"自动"状态。

(二)预作用装置常见故障分析、处理

1.报警阀漏水

报警阀漏水常见故障的分析及处理见表4.10。

表 4.10　报警阀漏水常见故障的分析及处理

故障原因分析	故障处理
①排水控制阀门未关紧。	①关紧排水控制阀门。
②阀瓣密封垫老化或者损坏。	②更换阀瓣密封垫。
③复位杆未复位或者损坏。	③重新复位,或者更换复位装置。

2.压力表读数不在正常范围

压力表读数不在正常范围常见故障的分析及处理见表 4.11。

表 4.11　压力表读数不在正常范围觉故障的分析及处理

故障原因分析	故障处理
①预作用装置前的供水控制阀未打开。	①完全开启报警阀前的供水控制阀。
②压力表管路堵塞。	②拆卸压力表及其管路,疏通压力表管路。
③预作用装置的报警阀体漏水。	③按照湿式报警阀组渗漏的原因进行检查、分析,查找预作用装置的报警阀体的漏水部位,进行修复或者组件更换。
④压力表管路控制阀未打开或者开启不完全。	④完全开启压力表管路控制阀。

3.系统管道内有积水

系统管道内有积水常见故障的分析及处理见表 4.12。

表 4.12　系统管道内有积水常见故障的分析及处理

故障原因分析	故障处理
复位或者试验后,未将管道内的积水排完。	开启排水控制阀,完全排除系统内积水。

4.传动管喷头被堵塞

传动管喷头被堵塞常见故障的分析及处理见表 4.13。

表 4.13　传动管喷头被堵塞常见故障的分析及处理

故障原因分析	故障处理
①消防用水水质存在问题,如有杂物等。	①对水质进行检测,清理不干净、影响系统正常使用的消防用水。
②管道过滤器不能正常工作。	②检查管道过滤器,清除滤网上的杂质或者更换过滤器。

(三)雨淋报警阀组常见故障分析、处理

1.自动滴水阀漏水

自动滴水阀漏水常见故障的分析及处理见表 4.14。

表 4.14　自动滴水阀漏水常见故障的分析及处理

故障原因分析	故障处理
①产品存在质量问题。	①更换存在问题的产品或者部件。
②安装调试或者平时定期试验、实施灭火后，没有将系统侧管内的余水排尽。	②开启放水控制阀排除系统侧管道内的余水。
③雨淋报警阀隔膜球面中线密封处因施工遗留的杂物、不干净消防用水中的杂质等导致球状密封面<u>不能完全密封</u>。	③启动雨淋报警阀，采用洁净水流冲洗遗留在密封面处的杂质。

2.复位装置不能复位

复位装置不能复位常见故障的分析及处理见表 4.15。

表 4.15　复位装置不能复位常见故障的分析及处理

故障原因分析	故障处理
水质过脏，有细小杂质进入复位装置密封面。	拆下复位装置，用清水冲洗干净后重新安装，调试到位。

3.长期无故报警

长期无故报警常见故障的分析及处理见表 4.16。

表 4.16　长期无故报警常见故障的分析及处理

故障原因分析	故障处理
①未按照安装图纸进行安装调试。	①检查各组件安装情况，按照安装图纸重新进行安装调试。
②误将试验管路控制阀常开。	②关闭试验管路控制阀。

4.系统测试不报警

系统测试不报警常见故障的分析及处理见表 4.17。

表 4.17　系统测试不报警常见故障的分析及处理

故障原因分析	故障处理
①消防用水中的杂质堵塞了报警管道上过滤器的滤网。	①拆下过滤器，用清水将滤网冲洗干净后，重新安装到位。
②水力警铃进水口处喷嘴被堵塞、未配置铃锤或者铃锤卡死。	②检查水力警铃的配件，配齐组件；有杂物卡阻、堵塞的部件进行冲洗后重新装配到位。

5.雨淋报警阀不能进入伺应状态

雨淋报警阀不能进入伺应状态常见故障的分析及处理见表 4.18。

表 4.18 雨淋报警阀不能进入伺应状态常见故障的分析及处理

故障原因分析	故障处理
①复位装置存在问题。	①修复或者更换复位装置。
②未按照安装调试说明书将报警阀组调试到伺应状态(隔膜室控制阀、复位球阀未关闭)。	②按照安装调试说明书将报警阀组调试到伺应状态(开启隔膜室控制阀、复位球阀)。
③消防用水水质存在问题,杂质堵塞了隔膜室管道上的过滤器。	③将供水控制阀关闭,拆下过滤器的滤网,用清水冲洗干净后,重新安装到位。

(四)水流指示器

水流指示器故障表现为打开末端试水装置,达到规定流量时水流指示器不动作,或者关闭末端试水装置后,水力指示器反馈信号仍然显示为动作信号。水流指示器的常见故障分析及处理见表 4.19。

表 4.19 水流指示器常见故障分析及处理

故障原因分析	故障处理
①桨片被管腔内杂物卡阻。	①清除水流指示器管腔内的杂物。
②调整螺母与触头未调试到位。	②将调整螺母与触头调试到位。
③电路接线脱落。	③检查并重新将脱落电路接通。

本章练习题

单项选择题

1. 下列不属于闭式自动喷水灭火系统按照系统的用途和组件配置分类的是(   )。
   A. 湿式系统　　　　B. 干式系统　　　　C. 预作用系统　　　D. 雨淋系统

2. 关于雨淋报警阀不能进入伺应状态的故障原因分析不正确的是(   )。
   A. 复位装置存在问题
   B. 未按照安装调试说明书将报警阀组调试到伺应状态
   C. 消防用水水质存在问题,杂质堵塞了隔膜室管道上的过滤器
   D. 桨片被管腔内杂物卡阻

3. 当压力表读数不在正常范围,进行故障处理不正确的是(   )。
   A. 完全开启报警阀前的供水控制阀
   B. 拆卸压力表及其管路,疏通压力表管路
   C. 完全开启压力表管路控制阀
   D. 将调整螺母与触头调试到位

4. 水泵自动启动(   )min后,读取并记录压力表数值,观察其变化情况。
   A. 4　　　　　　　B. 5　　　　　　　C. 6　　　　　　　D. 10

5. 报警信号发出后,检查压力开关动作情况,测量水力警铃声强值,不得低于(   )dB。
   A. 50　　　　　　　B. 60　　　　　　　C. 70　　　　　　　D. 80

6. 水源供水能力测试至少( )进行一次检查与维护。
   A. 每星期　　　　　B. 每月　　　　　　C. 每季度　　　　　D. 每年
7. 阀体上设有放水口,放水口的公称直径不小于( )mm。
   A. 10　　　　　　　B. 20　　　　　　　C. 30　　　　　　　D. 40
8. 报警阀组凸出部位之间的距离不小于( )m。
   A. 0.5　　　　　　 B. 1　　　　　　　 C. 1.5　　　　　　 D. 2
9. 水力警铃和报警阀的连接,采用热镀锌钢管,当镀锌钢管的公称直径为20mm时,其长度不宜大于( )m。
   A. 5　　　　　　　 B. 10　　　　　　　C. 15　　　　　　　D. 20
10. 充气连接管路的接口安装在报警阀气室充注水位以上部位,充气连接管道的直径不得小于( )mm。
   A. 5　　　　　　　 B. 10　　　　　　　C. 15　　　　　　　D. 20

参考答案

单项选择题

1. D　2. D　3. D　4. B　5. C　6. D　7. B　8. A　9. D　10. C

第五章 水喷雾灭火系统

本章知识框架

	系统构成	系统构成(★☆☆☆☆)
水喷雾灭火系统	系统组件(设备)安装前检查	1.管材、管件、通用阀门及附件的检查内容、要求及方法(★★☆☆☆) 2.其他主要部件检查内容及方法(★☆☆☆☆)
	系统安装调试与检测验收	1.系统主要组件安装(★☆☆☆☆) 2.系统调试(★☆☆☆☆) 3.系统检测与验收(★★☆☆☆)
	系统维护管理	系统维护管理(★☆☆☆☆)

第一节 系统构成

考点 系统构成

水喷雾灭火系统是由水源、供水设备、管道、雨淋阀组、过滤器和水雾喷头等组成,向保护对象喷射水雾灭火或防护冷却的灭火系统。

第二节 系统组件(设备)安装前检查

考点 系统组件(设备)安装前检查

(一)管材、管件、通用阀门及其附件的检查内容、要求及方法

管材、管件、通用阀门及其附件的检查内容、要求及方法与其他水系统相同,这里不再复述。

(二)其他主要部件检查内容及方法

1.喷头外观检查

(1)商标、型号、制造厂及生产日期等标志齐全;喷头的型号、规格等要符合设计要求。

(2)喷头外观无加工缺陷和机械损伤。

(3)喷头螺纹密封面应无伤痕、毛刺、缺丝或断丝现象。

2.阀门及其附件的检查内容及方法

(1)报警阀除应有商标、型号、规格等标志外,还应有水流方向的永久性标志。

(2)阀门的商标、型号、规格等标志应齐全,阀门的型号、规格应符合设计要求。

(3)报警阀和控制阀的阀瓣及操作机构应动作灵活、无卡涩现象,阀体内应清洁、无异物堵塞。

(4)阀门及其附件应配备齐全,不得有加工缺陷和机械损伤。

(5)水力警铃的铃锤应转动灵活、无阻滞现象和传动轴密封性能好,不得有渗漏水现象。

(6)报警阀应进行渗漏试验。试验压力应为额定工作压力的2倍,保压时间不应小于5min。阀瓣处应无渗漏。

第三节 系统安装调试与检测验收

考点一 系统主要组件安装

(一)喷头安装

(1)安装前检查喷头的型号、规格、使用场所应符合设计要求。

(2)喷头安装应在系统试压、冲洗合格后进行。

(3)喷头安装时,不得对喷头进行拆装、改动,并严禁给喷头附加任何装饰性涂层。

(4)喷头安装应使用专用扳手,严禁利用喷头的框架施拧,喷头的框架、溅水盘产生变形或释放原件损伤时,应采用规格、型号相同的喷头更换。

(二)报警阀组安装

(1)报警阀组安装前应对供水管网试压、冲洗合格。报警阀组的安装顺序为:先安装水源控制阀、报警阀,然后进行报警阀辅助管道的连接以及水源控制阀、报警阀与配水干管的连接,且应使水流方向一致。报警阀组安装的位置应符合设计要求;若设计无要求时,宜靠近保护对象附近并便于操作的地点。距室内地面高度宜为1.2m,两侧与墙的距离不应小于0.5m,正面与墙的距离不应小于1.2m;报警阀组凸出部位之间的距离不应小于0.5m。安装报警阀组的室内地面应有排水设施。

(2)报警阀组安装应注意如下几点:

①报警阀组的观测仪表和操作阀门的安装位置应应便于观测和操作。

②报警阀组手动开启装置的安装位置应在发生火灾时能安全开启和便于操作。

③报警阀组可采用电动开启、传动管开启或手动开启,开启控制装置的安装应安全可靠。水传动管的安装应符合湿式系统有关要求。

④压力表应安装在报警阀的水源一侧。

(三)系统的冲洗、试压

1.系统冲洗

(1)管网冲洗宜设临时专用排水管道,其排放应畅通和安全。排水管道的截面面积不得小于被冲洗管道截面面积的60%。

(2)管网冲洗的水流流速及流量不应小于系统设计的水流流速和流量;管网冲洗宜分区、分段进行;水平管网冲洗时,其排水管位置应低于配水支管。

(3)管网冲洗的水流方向应与灭火时管网的水流方向一致。

(4)管网冲洗应连续进行,当出口处水的颜色、透明度与入口处水的颜色、透明度基本一致时,冲洗方可结束。

(5)管网冲洗结束后,应将管网内的水排除干净,必要时可采用压缩空气吹干。

2.系统试压

系统管网安装完毕后进行的强度试验、严密性试验与其他自动喷水灭火系统相同,不再复述。

考点二 系统调试

(1)系统调试应在系统施工完成后进行。

(2)系统调试应具备的条件有:①消防水池、消防水箱已储存设计要求的水量;②系统供电正常;③与系统配套的火灾自动报警系统处于工作状态。

(3)系统调试的方法如下:

①报警阀调试宜利用检测、试验管道进行。自动和手动方式启动的雨淋阀,应在15s之内启动;公称直径大于200mm的报警阀调试时,应在60s之内启动;报警阀调试时,当报警水压为0.05MPa,水力警铃应发出报警铃声。

②水喷雾系统的联动试验,可采用专用测试仪表或其它方式。

③调试过程中,系统排出的水应通过排水设施全部排走。

考点三 系统检测与验收

(一)验收资料查验

系统验收时,施工单位应提供的资料有:①验收申请报告、设计变更通知书、竣工图;②系统施工过程质量管理检查记录;③施工现场质量管理检查记录;④系统质量控制检查资料;⑤工程质量事故处理报告。

(二)各组件检测验收

(1)系统供水水源、消防泵的验收要求与其他水灭火系统相同,这里不复述。

(2)报警阀组的验收内容为:

①报警阀安装地点的常年温度应不小于4℃。

②水力警铃的设置位置应正确。在测试的过程中,水力警铃喷嘴处压力不应小于0.05MPa,且距水力警铃3m,远处警铃声声强不应小于70dB。

③报警阀组的各组件应符合产品标准要求。

④当打开手动试水阀或电磁阀时,报警阀组动作应可靠。

⑤与火灾自动报警系统的联动控制,应符合设计要求。

⑥控制阀均应锁定在常开位置。

(3)管网的验收内容为:

①管网不同部位安装的报警阀组、闸阀、止回阀、电磁阀、柔性接头、排水管、泄压阀等均应符合设计要求。

②系统中的试水装置以及试水阀都应符合设计要求。

③管道的材质、管径、接头、连接方式及采取的防腐、防冻措施,应符合设计规范及设计要求。

④报警阀后的管道上不应安装其它用途的支管或阀门。

⑤管网排水坡度及辅助排水设施,应符合相关规定。

⑥配水支管、配水管、配水干管设置的支架、吊架和防晃支架,应符合相关规定。

(4)喷头的验收内容为:

①喷头安装间距,喷头与障碍物的距离应符合设计要求。

②喷头设置场所、规格、型号等应符合设计要求。

③各种不同规格的喷头均应有一定数量的备用品,其数量**不应小于安装总数的1%**,且每种备用喷头**不应少于10个**。

(5)水泵接合器数量及进水管位置应符合设计要求,消防水泵接合器应进行**充水试验**,且系统最不利点的压力以及流量都应符合设计要求。

(6)系统流量、压力的验收,应通过系统流量压力检测装置进行**放水试验**,系统流量以及压力都应符合设计要求。

第四节 系统维护管理

考点 系统维护管理

(1)水喷雾灭火系统应具有管理、检测、维护规程,并应保证系统处于准工作状态。

(2)维护管理人员应经过消防专业培训,要熟悉水喷雾灭火系统的原理、性能以及操作维护规程。

(3)维护管理人员应每天对水源控制阀和报警阀组进行外观检查,并应保证系统处于无故障状态,若一旦发现故障应及时进行处理。

(4)每周应对消防水泵和备用动力进行一次启动试验。当消防水泵为自动控制启动时,应每周模拟自动控制的条件启动运转一次。电磁阀应每检查并应作启动试验,动作失常时应及时更换。每个季度应对系统所有的试水阀和报警阀旁的放水试验阀进行一次放水试验。每年应对水源的供水能力进行一次测定,应保证消防用水不作它用。

(5)每月应对铅封、锁链进行一次检查,当有破坏或损坏时应及时修理更换。

(6)水喷雾灭火系统发生故障时,在需停水进行修理前,应向主管值班人员报告,在取得维护负责人的同意后,并在其临场监督下,并加强防范措施后方能动工。

(7)寒冷季节,消防储水设备的任何部位均不得结冰。每天应检查设置储水设备的房间,保持室温不低于5℃。

(8)钢板消防水箱和消防气压给水设备的玻璃水位计,两端的角阀在不进行水位观察时应关闭。

(9)消防水泵接合器及附件的维护保养参看第二章第四节内容。

本章练习题

单项选择题

1.下列不属于水喷雾灭火系统组成的是( )。

　　A.供水设备　　　　B.雨淋阀组　　　　C.过滤器　　　　D.通用阀门

2. 每天应检查设置储水设备的房间,保持室温不低于( )℃。
   A. 3　　　　　　B. 5　　　　　　C. 7　　　　　　D. 9
3. ( )应对系统所有的试水阀和报警阀旁的放水试验阀进行一次放水试验,检查系统启动、报警功能以及出水情况是否正常。
   A. 每星期　　　　B. 每月　　　　C. 每季度　　　　D. 每年
4. 各种不同规格的喷头均应有一定数量的备用品,其数量不应小于安装总数的1%,且每种备用喷头不应少于( )个。
   A. 5　　　　　　B. 10　　　　　C. 15　　　　　D. 20

单项选择题
1. D　2. B　3. C　4. B

第六章 细水雾灭火系统

本章知识框架

细水雾灭火系统	系统构成	1.泵组式系统(★☆☆☆☆) 2.瓶组式系统(★☆☆☆☆) 3.开式系统(★★☆☆☆) 4.闭式系统(★★☆☆☆)
	系统组件(设备)安装前检查	1.喷头的进场检查(★★★★☆) 2.阀组的进场检查(★★★★☆) 3.其他组件的进场检查(★★★☆☆)
	系统组件安装调试与检测验收	1.供水设施安装、管道安装(★★☆☆☆) 2.系统主要组件安装(★★☆☆☆) 3.系统冲洗、试压(★★☆☆☆) 4.系统调试与现场功能测试(★★★☆☆) 5.系统验收(★★★★☆)
	系统维护管理	1.系统操作与巡查(★★★☆☆) 2.系统周期性检查维护(★★★☆☆) 3.系统年度检测(★★☆☆☆) 4.系统常见故障分析(★★☆☆☆)

第一节 系统构成

考点 系统构成

1.泵组式系统

泵组式细水雾系统采用柱塞泵、高压离心泵、柴油机泵、气动泵等泵组作为系统的驱动源。系统由细水雾喷头、泵组单元、储水箱、分区控制阀、过滤器、安全阀、泄压调压阀、减压装置、信号反馈装置、控制盘(柜)、管路及附件等部件组成。

2.瓶组式系统

瓶组式系统由细水雾喷头、储水瓶组、储气瓶组、分区控制阀、驱动装置、气体单向阀、安全泄放装置、减压装置、信号反馈装置、控制盘(柜)、集流管、连接管、过滤器、管路及附件等部件组成。

3.开式系统

开式细水雾灭火系统采用开式细水雾喷头,由火灾自动报警系统控制,自动开启分区控制阀和启动供水泵后,向喷头供水。开式系统按照系统的应用方式,可以分为全淹没应用和局部应用两种形式。当采用全淹没应用方式时,微小的雾滴粒径以及较高的喷放压力使得细水雾雾滴能像气体一样具有一定的流动性和弥散性,充满整个空间,并对防护区内的所有保护对象实施保护。

4.闭式系统

闭式细水雾灭火系统是采用闭式细水雾喷头的细水雾灭火系统。闭式系统还可以细分为湿式系统、干式系统和预作用系统。其中,闭式细水雾灭火系统与闭式自动喷水灭火系统相比,除了喷头为细水雾闭式喷头外,其系统组成和工作原理均一致。

第二节 系统组件(设备)安装前检查

考点一 喷头的进场检查

细水雾喷头是由一个或多个微型孔口或喷嘴构成,在额定压力下可以产生细水雾的消防专用喷头。

1.检查内容

(1)喷头标志检查:要求喷头的商标、型号、制造厂及生产日期等标志齐全、清晰。

(2)喷头数量检查:喷头的数量要满足设计要求。

(3)喷头外观检查:①喷头外观无加工缺陷和机械损伤;②喷头螺纹密封面无伤痕、毛刺、缺丝或断丝现象。

2.检查方法

检查内容"(1)喷头标志检查"项至"(3)喷头外观检查"项,采用目测的方法进行观察检查。分别按不同型号规格抽查1%,且不少于5只;少于5只时,全数检查。

考点二 阀组的进场检查

(一)检查内容

1.外观检查

(1)要求各阀门的商标、型号、规格等标志齐全。

(2)要求各阀门及其附件无加工缺陷和机械损伤。

(3)要求控制阀的明显部位有标明水流方向的永久性标志。

2.数量检查

要求各阀门及其附件配备齐全,且型号、规格要符合设计要求。

3.操作性能检查

(1)要求控制阀的阀瓣及操作机构动作灵活且无卡涩现象。

(2)要求阀体内清洁并无异物堵塞。

(二)检查方法

检查内容的"1.外观检查"项、"2.数量检查"项采用目测观察进行检查。检查内容的"3.操作性能检查"项采用专用试验装置进行测试和目测观察检查,主要测试设备有试压泵和压力表等。

考点三 其他组件的进场检验

（一）检查内容

1.储水瓶组、储气瓶组、泵组单元、储水箱、过滤器、安全阀、泄压调压阀、减压装置、信号反馈装置等系统组件的外观检查

(1)无变形及其它机械性损伤。
(2)外露非机械加工表面保护涂层完好。
(3)所有外露口均设有防护堵盖，且密封良好。
(4)各组件铭牌标记清晰、牢固、方向正确。

2.储水瓶组驱动装置动作检查

储气瓶组驱动装置动作灵活且无卡阻现象。

（二）检查方法

检查内容的"1."项采用目测观察检查。检查内容的"2."项按照驱动装置产品使用说明规定的方法进行动作检查。

第三节 系统组件安装调试与检测验收

考点一 供水设施安装

（一）泵组

1.安装条件

安装前，设计单位需要具备如下安装条件：
(1)泵组及其控制柜的安装使用、维护说明书等资料齐全。
(2)经审核准的设计施工图、设计说明书及设计变更等技术文件齐全。
(3)防护区或防护对象及设备间的设置条件与设计文件相符，系统所需的预埋件和预留孔洞等符合设计要求。
(4)待安装的泵组及其控制柜具备符合市场准入制度要求的有效证明文件和产品出厂合格证。
(5)待安装的泵组及其控制柜的规格、型号符合设计要求。
(6)使用的水、电、气等满足现场安装要求。

2.泵组的安装要求

(1)用焊接或螺栓连接的方法直接将泵组安装在泵基础上，或者将泵组用螺栓连接的方式连接到角铁架上。泵组吸水管上的变径处采用偏心大小头连接。
(2)系统采用柱塞泵时，泵组安装后需要充装和检查曲轴箱内的油位。
(3)高压水泵与原动机之间联轴器的型式及安装符合制造商的要求，底座的刚度保证同轴性要求。
(4)控制柜与基座采用不小于直径12mm的螺栓固定，每只柜不少于4只螺栓；控制柜基座的水平度误差不大于±2mm，并做防腐处理及防水措施；做控制柜的上下进出线口时，不破坏控制柜的防护等级。

(5)符合现行国家标准《机械设备安装工程施工及验收通用规范》(GB 50231-2009)和《风机、压缩机、泵安装工程施工及验收规范》(GB 50275-2010)的有关规定。

3.检查方法

采用观察检查,高压泵组启泵检查。

(二)储水箱

1.安装要求

(1)储水箱的安装、固定和支撑要求稳固,且符合制造商使用说明书的相关要求。

(2)安装在便于检查、测试和维护维修的位置。

(3)储水箱所处的环境温度满足制造商使用说明书相关内容的要求。必要时可采用外部加热或冷却装置,以确保温度保持在规定的范围内。

(4)避免暴露于恶劣气象条件、化学的、物理的或是其他形式的损坏条件下。

2.检查方法

尺量和观察检查。

(三)储水瓶组与储气瓶组

1.安装要求

(1)按设计要求确定瓶组的安装位置。

(2)对瓶组的固定支框架进行防腐处理。

(3)确保瓶组的安装、固定和支撑稳固。

(4)瓶组容器上的压力表朝向操作面,安装高度和方向保持一致。

2.检查方法

尺量和观察检查。

考点二 管道安装

(一)管道清洗

1.安装要求

(1)在管道安装之前需要先进行分段清洗。

(2)在管道的安装过程中,要求保证管道内部清洁,不得留有焊渣、焊瘤、氧化皮、杂质或其它异物,并及时封闭施工过程中的开口。

(3)当所有管道安装好之后,需要对整个系统管道进行冲洗。当系统较大时,也可分区进行管道冲洗。

2.检查方法

观察检查,具体管道清洗方法详见本节"系统冲洗、试压"的相关内容。

(二)管道固定

1.安装要求

(1)系统管道采用防晃的金属支/吊架固定在建筑构件上。

(2)根据表6.1给出的最大间距进行支/吊架的安装,并尽量使安装间距均匀。

表 6.1　系统管道支、吊架的最大间距

管道外径(mm)	≤16	20	24	28	32	40	48	60	≥76
最大间距(m)	1.5	1.8	2.0	2.2	2.5	2.8	2.8	3.2	3.8

(3)对支/吊架进行防腐蚀处理,并采取防止与管道发生电化学腐蚀的措施。

(4)支/吊架要求安装牢固,并且能够承受管道充满水时的重量及冲击。

2.检查方法

观察检查和尺量检查。

(三)管道焊接等加工

1.安装要求

(1)管道焊接的坡口形式、加工方法和尺寸等,符合现行国家标准《气焊、焊条电弧焊、气体保护焊和高能束焊的推荐坡口》(GB/T 985.1-2008)的有关规定。

(2)对管道采取导除静电的措施。

(3)管道之间或管道与管接头之间的焊接采用对口焊接。

(4)同排管道法兰的间距不宜小于100mm,以方便拆装为原则。

2.检查方法

观察检查和尺量检查。

(四)管道穿过墙壁、楼板的安装

1.安装要求

(1)在管道穿过墙体、楼板处使用套管;穿过墙体的套管长度不小于该墙体的厚度,穿过楼板的套管长度高出楼地面50mm。

(2)采用防火封堵材料填塞管道与套管间的空隙,保证填塞密实。

2.检查方法

观察检查和尺量检查。

考点三　系统主要组件安装

(一)喷头

1.安装条件

(1)应采用专用扳手进行安装。

(2)喷头安装必须在系统管道试压、吹扫合格后进行。

2.安装要求

(1)安装之前,应根据设计文件逐个核对其生产厂标志、型号、规格以及喷孔方向。

(2)安装时不得对喷头进行拆装、改动,并严禁给喷头附加任何装饰性涂层。

(3)带装饰罩的喷头应紧贴吊顶;不带装饰罩的喷头,其连接管管端螺纹不应露出吊顶。

(4)带有外置式过滤网的喷头,其过滤网不应伸入支干管内。

(5)喷头安装高度、间距,与吊顶、门、窗、洞口或障碍物的距离符合设计的要求。

(6)喷头与管道的连接宜采用端面密封或O型圈密封,不应采用聚四氟乙烯、麻丝、粘结剂等作密封材料。

(7)安装在易受机械损伤处的喷头,应加设喷头保护罩。
3. 检查方法
观察检查和尺量检查。

(二)控制阀组
1. 安装要求
(1)控制阀组的安装应符合《工业金属管道工程施工规范》(GB 50235-2010)的相关规定。
(2)控制阀组的观测仪表和操作阀门的安装位置应符合设计要求,应避免机械、化学或其它损伤,并便于观测、操作、检查和维护。
(3)控制阀组前后管道、瓶组支撑架、电控箱需要固定牢固,不得晃动。
(4)分区控制阀的安装高度宜为1.2~1.6m,操作面与墙或其它设备的距离不应小于0.8m,并应满足操作要求。
(5)分区控制阀开启控制装置的安装应安全可靠。
(6)控制阀组上的启闭标志应便于识别。
2. 检查方法
观察检查、尺量检查和操作阀门检查。

(三)其他组件
1. 安装要求
(1)在管网压力可能超越系统或系统组件最大额定工作压力的情况下,应在适当的位置安装压力调节阀。并且阀门应在系统压力达到95%系统组件最大额定工作压力时开启。
(2)在压力调节阀的两侧、供水设备的压力侧、自动控水阀门的压力侧都应安装压力表。并且压力表的测量范围应为1.5~2倍的系统工作压力。
(3)当供给细水雾灭火系统的压缩气体压力大于系统的设计工作压力时,应安装压缩气体泄压调压阀门。阀门的设定值由制造商设定,且应有防止误操作的措施和正确操作的永久标识。
(4)细水雾系统的控制线路布置、防护,与系统联动的火灾自动报警系统和其它联动控制装置的安装等均应符合国家标准《火灾自动报警系统施工及验收规范》(GB 50166-2007)的规定。
(5)闭式系统试水阀的安装位置应便于检查、试验。
2. 检查方法
观察检查、尺量检查和操作阀门检查。

考点四 系统冲洗、试压

(一)系统管网冲洗、试压和吹扫的基本要求
(1)经复查,埋地管道的位置及管道基础、支吊架等符合设计文件要求。
检查方法:对照图纸,目测观察和尺量检查。
(2)准备不少于2只的试压用压力表,且精度不低于1.5级,量程为试验压力值的1.5~2倍。
(3)试压冲洗方案已获批准。
(4)隔离或者拆除不能参与试压的设备、仪表、阀门及附件;加设的临时盲板具有突出于

法兰的边耳,且有明显标志,并对临时盲板的数量、位置进行记录。

(5)不得使用海水或者含有腐蚀性化学物质的水进行试压试验、管网冲洗,要采用符合设计要求水质的水进行水压试验和管网冲洗。

(6)系统的试压和冲洗参考国家标准《细水雾灭火系统技术规范》(GB 50898-2013)和《工业金属管道工程施工规范》(GB 50235-2010)的相关规定进行。

(二)管网冲洗

管网冲洗通常采用水为介质冲洗顺序为:先室外,后室内;先地下,后地上;室内部分的冲洗按照配水干管、配水管、配水支管的顺序进行。管网冲洗合格后,可将管网内的水排除干净,然后填写冲洗记录。

1.管网冲洗准备

(1)对管道支架、吊架进行检查,必要时采取加固措施。

(2)对系统的仪表采取保护措施。

(3)将管网冲洗所采用的排水管道与排水系统可靠连接,选择截面积不小于被冲洗管道截面积的60%的管道作为排水管道。

2.管网冲洗

(1)冲洗要求如下:

①管网冲洗的水流速度、流量不小于系统设计的流速和流量。

②管网冲洗的水流方向要与灭火时管网的水流方向一致。

③管网冲洗应分区、分段进行;水平管网冲洗时,其排水管位置要低于配水支管。

④管网冲洗要连续进行。出口处水的颜色、透明度与入口处水的颜色、透明度基本一致,用白布检查无杂质,冲洗方可结束。

(2)操作方法:采用最大设计流量,沿灭火时管网内的水流方向分区、分段进行,使用流量计和观察检查。

(三)管网试压

1.水压试验

(1)试验条件如下:

①环境温度不低于5℃;若低于5℃时,应采取相应的防冻措施,以确保水压试验正常进行。

②试验压力为系统工作压力的1.5倍。

③试验用水的水质与管道的冲洗水一致,水中氯离子含量不超过25mg/kg。

(2)试验要求如下:

①试验的测试点设在系统管网的最低点。

②管网注水时,将管网内的空气排净,缓慢升压。

③当压力升至试验压力后,稳压5min,管道无损坏、变形,再将试验压力降至设计压力,稳压120min。

(3)操作方法如下:

在试验前先用温度计测量环境温度,然后对照设计文件核算试压试验压力。试验中,目测观察管网外观和测压用压力表,若压力不降、无渗漏、目测管道无变形则为合格。若系统试压过程中出现泄漏,需要停止试压,然后放空管网中的试验用水;在消除缺陷后,重新试验。

2.气压试验
（1）试验要求如下：
①试验介质为空气或氮气。
②干式和预作用系统的试验压力为 0.28MPa，且稳压 24h，压力降不大于 0.01MPa。
③双流体系统气体管道的试验压力为水压强度试验压力的 0.8 倍。
（2）操作方法如下：
采用试压装置进行试验，目测观察测压用压力表的压降。在系统试压过程中，压降超过规定值的，则停止试验，然后放空管网中的气体；在消除缺陷后，重新试验。

（四）管网吹扫

1.吹扫要求
（1）采用压缩空气或氮气吹扫。
（2）吹扫压力不大于管道的设计压力。
（3）吹扫气体流速不小于 20m/s。

2.操作方法
在管道末端设置贴有白布或涂白漆的靶板，以 5min 内靶板上无锈渣、灰尘、水渍及其它杂物为合格。

考点五　系统调试与现场功能测试

（一）系统调试准备
系统调试需要具备下列条件：
（1）系统调试时所需的检查设备齐全，调试所需仪器、仪表经校验合格并与系统连接和固定。
（2）系统及与系统联动的火灾报警系统或其它装置、电源等均处于准工作状态，现场安全条件符合调试要求。
（3）具备经监理单位批准的调试方案。

（二）系统调试要求
水源、消防水泵及其控制柜的调试和检测详见本篇第二章的相关内容。

1.分区控制阀调试
（1）开式系统分区控制阀：开式系统分区控制阀需要在接到动作指令后立即启动，并发出相应的阀门动作信号。
检查方法：采用自动和手动方式启动分区控制阀，水通过泄放试验阀排出，观察检查。
（2）闭式系统分区控制阀：对于闭式系统，当分区控制阀采用信号阀时，能够反馈阀门的启闭状态和故障信号。
检查方法：采用在试水阀处放水或手动关闭分区控制阀，观察检查。

2.联动试验
（1）开式系统的联动试验内容与要求：进行实际细水雾喷放试验时，采用模拟火灾信号启动系统，检查分区控制阀、泵组或瓶组能否及时动作并发出相应的动作信号，系统的动作信号反馈装置能否及时发出系统启动的反馈信号，相应防护区或保护对象保护面积内的喷头是否喷出细水雾，相应场所入口处的警示灯是否动作。

检查方法:目测观察检查。
(2)闭式系统的联动试验内容与要求:闭式系统的联动试验可利用试水阀放水进行模拟。
检查方法:打开试水阀放水,观察检查。
(3)火灾报警系统联动功能测试:当系统需与火灾自动报警系统联动时,可利用模拟火灾信号进行试验。
检查方法:模拟火灾信号,观察检查。

考点六 系统验收

(一)主要组件的验收

1.储气瓶组和储水瓶组

(1)验收内容与要求如下:

①瓶组的数量、型号、规格、安装位置、固定方式和标志符合设计和安装要求。

②储水容器内水的充装量和储气容器内氮气或压缩空气的储存压力符合设计要求。

③瓶组的机械应急操作处的标志符合设计要求。应急操作装置有铅封的安全销或保护罩。

(2)验收方法如下:

▶ 验收内容"①项"采用对照设计资料和产品说明书等进行观察检查。

▶ 验收内容"②项"采用称重、用液位计或压力计测量。

▶ 验收内容"③项"采用观察检查和测量检查。

2.控制阀组

(1)验收内容与要求如下:

①控制阀的型号、规格、安装位置、固定方式和启闭标志等符合设计和安装要求。

②开式系统分区控制阀组能采用手动和自动方式可靠动作。

③闭式系统分区控制阀组能够采用手动方式可靠动作。

④分区控制阀前后的阀门均处于常开位置。

(2)验收方法如下:

▶ 验收内容"①项",采用对照设计资料和产品说明书等进行观察检查。

▶ 验收内容"②项",采用手动和电动启动分区控制阀,观察检查阀门启闭反馈情况。

▶ 验收内容"③项",将处于常开位置的分区控制阀手动关闭,观察检查。

▶ 验收内容"④项",观察检查。

(二)现场抽样检查及功能性测试

1.模拟联动功能试验

(1)试验要求如下:

①动作信号反馈装置应能正常动作,并应能在动作后启动泵组或开启瓶组及与其联动的相关设备,可正确发出反馈信号。

②开式系统的分区控制阀应能正常开启,并可正确发出反馈信号。

③系统的流量、压力均应符合设计要求。

④泵组或瓶组及其它消防联动控制设备应能正常启动,并应有反馈信号显示。

⑤主、备电源应能在规定时间内正常切换。

(2)检查方法如下:
▶ 试验内容"①、②项和④项",利用模拟信号试验,观察检查。
▶ 试验内容"③项",利用系统流量压力检测装置通过泄放试验,观察检查。
▶ 试验内容"⑤项",模拟主备电源切换,采用秒表计时检查。

2.开式系统冷喷试验
(1)试验要求如下:除符合上文模拟联动功能试验的试验要求以外,冷喷试验的响应时间符合设计要求。
(2)检查方法:自动启动系统,采用秒表等观察检查。

第四节 系统维护管理

考点一 系统操作与巡查

1.巡查内容
(1)系统的主备电源接通情况。
(2)消防泵组、稳压泵外观及工作状态;控制阀等各种阀门的外观及启闭状态。
(3)系统储气瓶、储水瓶、储水箱的外观和工作环境。
(4)释放指示灯、报警控制器、喷头等组件的外观和工作状态。
(5)系统的标志和使用说明等标识状态。
(6)闭式系统末端试水装置的压力值。
(7)系统保护的防护区状况等。

2.巡查方法及要求
(1)检查高压泵组电机有无发热现象;检查稳压泵是否频繁启动;检查水泵控制柜(盘)当控制面板及显示信号状态是否正常;检查泵组连接管道有无渗漏滴水现象;检查主出水阀是否处于打开状态;检查水泵启动控制和主、备泵切换控制是否设置在"自动"位置;其他消防水泵、稳压泵的巡查方法及要求详见本篇第二章相关内容。
(2)检查分区控制阀(组)等各种阀门的标志牌是否完好、清晰;检查分区控制阀上设置的对应于防护区或保护对象的永久性标识是否易于观察;检查阀体上水流指示永久性标志是否易于观察,与水流方向是否一致;检查分区控制阀组的各组件是否齐全,有无损伤,有无漏水等情况;检查各个阀门是否处于常态位置。
(3)检查系统的消防水泵、稳压泵等用电设备配电控制柜,观察其电压、电流监测是否正常;检查系统监控设备供电是否正常,系统中的电磁阀、模块等用电元器件是否通电。
(4)检查释放指示灯、报警控制器等是否处于正常状态;检查喷头外观有无明显磕碰伤痕或者损坏,有无喷头漏水或者被拆除、遮挡等情况。
(5)检查系统防护区的使用性质是否发生变化;检查防护区内是否有影响喷头正常使用的吊顶装修;检查防护区内可燃物的数量及布置形式是否有重大变化。
(6)检查系统手动启动装置和瓶组式系统机械应急操作装置上的标识是否是否正确、清晰、完整,是否处于正确位置,是否与其所保护场所明确对应;检查设置系统的场所及系统手动操作位置处是否设有明显的系统操作说明。

(7)检查储气瓶、储水瓶和储水箱的外观是否无明显磕碰伤痕或损坏;检查储气瓶、储水瓶等的压力显示装置是否状态正常;检查储水箱的液位显示装置等是否正常工作;寒冷和严寒地区检查设置储水设备的房间温度是否低于5℃。

(8)闭式系统末端试水装置的巡查方法及要求详见第四章第四节相关内容。

考点二　系统周期性检查维护

1.月检的内容和要求

(1)检查喷头的外观及备用数量是否符合要求。

(2)检查分区控制阀动作是否正常。

(3)检查储水箱和储水容器的水位及储气容器内的气体压力是否符合设计要求。

(4)检查系统组件的外观是否无碰撞变形及其它机械性损伤。

(5)对于闭式系统,利用试水阀对动作信号反馈情况进行试验,观察其是否正常动作和显示。

(6)检查阀门上的铅封或锁链是否完好,阀门是否处于正确位置。

(7)检查手动操作装置的防护罩、铅封等是否完整无损。

2.季检的内容和要求

(1)通过试验阀对泵组式系统进行1次放水试验,检查泵组启动、主备泵切换及报警联动功能是否正常。

(2)检查瓶组式系统的控制阀动作是否正常。

(3)检查管道和支、吊架是否松动,管道连接件是否变形、老化或有裂纹等现象。

3.年检的内容和要求

(1)定期测定1次系统水源的供水能力。

(2)储水箱每半年换水一次,储水容器内的水按产品制造商的要求定期更换。

(3)对系统组件、管道及管件进行1次全面检查,清洗储水箱、过滤器,并对控制阀后的管道进行吹扫。

(4)进行系统模拟联动功能试验。

4.系统维护管理后续要求

(1)系统检查及模拟试验完毕后把系统所有的阀门恢复工作状态。

(2)把检查和模拟试验的结果与以往的试验结果或竣工验收的试验结果进行比较,查看其是否保持一致。

(3)系统维护检查中发现问题后需要针对具体问题按照规定要求进行处理。例如更换受损的喷头、支吊架、更换阀门密封件;润滑控制阀门杆、清理过滤器等。

考点三　系统年度检测

(一)细水雾喷头

(1)检查喷头选型与保护区域的使用功能是否匹配,闭式喷头玻璃泡色标是否高于防护区环境最高温度30℃的要求。

(2)查看喷头外观有无明显磕碰伤痕或者变形、损坏,有无喷头漏水或者被拆除、遮挡等情况。

(3)查看开式喷头有无喷嘴堵塞情况。

(二)分区控制阀

1.检查内容及要求

(1)要求检查分区控制阀的外观、标志、标识情况,要求符合产品标准和设计规定。

(2)要求测试开式系统分区控制阀的手动/自动控制功能,并能够正常开启和进行信号反馈。

(3)要求检查闭式系统分区控制阀启闭状态,要求分区控制阀常开并具有开关锁定或开关指示功能。

2.检查操作步骤

(1)要查看分区控制阀的外观是否完整无损伤,标志、标识是否清晰,以及是否与其保护的防护区相对应。

(2)对于开式系统,打开分区关闭控制阀后的泄放试验阀,关闭其后的控制阀。

(3)手动关闭开式系统分区控制阀,关闭其后的泄放试验阀,打开其后的控制阀,使系统复位,恢复到工作状态。

(4)对于闭式系统,查看系统分区控制阀是否处于开启状态,查看阀门的启闭标志是否明显,是否用锁具固定;采用信号阀的,在试水阀处放水或手动关闭分区控制阀查看其信号反馈情况是否正确。

(5)采用专用测试仪表或其他方式,对火灾探测器输入模拟火灾信号,查看火灾报警控制器是否在接收到火灾报警信号后及时启动开式系统分区控制阀,并查看泄放试验阀后是否有水流出;并在相应控制设备上查看分区控制阀的动作情况和信号反馈情况。

(6)切断电动阀控制电源模拟应急机械启动,用手摇曲柄打开电动阀,查看开式系统分区控制阀的动作情况等是否与(5)项的内容一致。

(7)按下防护区外的手动按钮查看开式系统分区控制阀是否及时开启,查看泄放试验阀后是否有水流出;并在相应控制设备上查看分区控制阀的动作情况和信号反馈情况。

(三)开式系统联动功能

1.检查内容及要求

可以通过报警联动,来测试开式系统联动控制功能,并进行模拟喷放细水雾试验,进而检查分区控制阀、泵组或瓶组能否及时动作并发出相应的动作信号,以及系统的动作信号反馈装置能否及时发出系统启动的反馈信号,相应防护区或保护对象保护面积内的喷头是否喷出细水雾,相应场所入口处的警示灯是否动作。

2.检查操作步骤

(1)通过专用测试仪表或其他方式,对火灾探测器输入模拟火灾信号,来查看火灾报警控制器是否发出声光报警信号,以及相关的连动控制装置是否发出自动关断指令。

(2)查看分区控制阀、泵组或瓶组的相应动作情况,以及其动作情况在相应控制设备上的显示情况。

(3)查看系统喷雾情况,用秒表测量自火灾报警装置发出报警信号至细水雾喷头喷出细水雾的时间间隔,查看系统是否满足响应时间要求。

(4)查看系统动作信号反馈装置的信号反馈情况和防护区入口处喷雾指示灯等装置的动作情况。

(5)系统复位,恢复到工作状态。

（四）闭式系统联动功能

1.检查内容及要求

通过末端放水的方式来测试闭式系统联动的功能。查看泵组能否及时启动并发出相应的动作信号，以及系统的动作信号反馈装置能否及时发出系统启动的反馈信号。

2.检查操作步骤

（1）开启试水阀，查看并记录压力表数值变化情况。

（2）用秒表测量自试水阀开启至消防水泵投入运行的时间间隔，查看泵组是否及时启动。

（3）查看水泵控制柜和其他控制设备上显示的水泵工作状态。

（4）查看控制设备显示的水流传感器、压力开关的动作情况和信号反馈情况。

（5）当分区控制阀采用信号阀时，查看控制设备显示的阀门的信号反馈情况。

（6）关闭试水阀，然后将系统复位，进而恢复到工作状态。

考点四　系统常见故障分析

（一）泵组常见故障分析与处理

1.泵组连接处有渗漏

（1）故障原因分析：①连接件松动；②连接处O型圈或密封垫损坏；③连接件损坏。

（2）故障处理：①拧紧连接件；②更换O型圈或密封垫；③更换连接件。

2.泵组出口压力低

（1）故障原因分析：①泵组测试阀未关闭；②泵组进线电源反相；③高压泵损坏；④使用流量超出额定值。

（2）故障处理：①关闭泵组测试阀；②更换高压泵；③调整进线电源相序；④在泵组额定值内工作。

3.泵组不启动

（1）故障原因分析：①高压泵接触器未闭合；②联动控制器未执行程序；③泵组停止触点断开；④电源未接通；⑤断水水位保护。

（2）故障处理：①闭合接触器；②检修联动控制器，必要时更换；③闭合泵组停止触点；④接通电源；⑤恢复调节水箱水位。

4.稳压泵频繁启动

（1）故障原因分析：①管道有渗漏；②单向阀密封垫上粘连杂质；③安全泄压阀密封不好；④测试阀未关紧。

（2）故障处理：①管道渗漏点补漏；②清洗单向阀并清洁水箱及管道；③检修安全泄压阀；④完全关闭测试阀。

5.稳压泵规定时间内不能恢复压力

（1）故障原因分析：①管道内残存空气；②稳压泵出口压力低；③管道有渗漏；④高压球阀渗漏；⑤稳压泵损坏。

（2）故障处理：①完全排除管道空气；②调节稳压泵压力调节螺丝；③管道渗漏点补漏；④见下文高压球阀渗漏故障处理方法；⑤更换稳压泵。

（二）储水箱常见故障分析与处理

1.储水箱水质不合格，储水量不足

（1）故障原因分析：①取水来自生活用水，但时间长水中产生滋生物；②进水控制阀误关闭；③进水阀不能进水。

（2）故障处理：①水箱由专业厂商直接提供，不得由施工单位现场加工；②进水控制阀选择带电信号阀；③在水箱底部设置放空阀。

2.调节水箱低液位报警或断水停泵

（1）故障原因分析：①过滤器进水压力低；②进水电磁阀异物堵塞；③过滤器滤芯堵塞。

（2）故障处理：①保证进水压力不低于0.2MPa；②清理进水电磁阀；③清洗或更换滤芯。

（三）分区控制阀常见故障分析与处理

1.分区控制阀不方便操作、误操作

（1）故障原因分析：①为了防止误操作，把控制阀设置在防护区外较高处不便于操作；②设置位置合适时，其他人员误动作。

（2）故障处理：控制阀外设一个有机玻璃箱，并注明"非消防勿动"。

2.瓶组系统分区控制阀手动启动装置无法动作

（1）故障原因分析：瓶组系统采用电磁启动阀作为分区控制阀时，电磁启动阀设有手动紧急启动装置，紧急情况时，将手动保险销拔出，拍击手动按钮，即可使启动阀动作，启动装置喷雾灭火。电磁启动阀检测合格后，动作机构的弹簧已处于压紧待发状态，为防止在安装、调试及运输过程中产生误动作，动作机构多由辅助保险销锁定，在系统投入使用后容易忘记拔出保险销，导致电磁启动阀动作机构无法动作。

（2）故障处理：待系统安装调试完毕投入使用时，必须将辅助保险销拔出，并将此项工作明确写入使用单位的系统运行管理操作、维护规程中。

3.电动阀不动作

（1）故障原因分析：①电源接线接触不良；②阀芯内混入杂质卡死；③超出电源电压允许范围；④电动装置烧毁或短路。

（2）故障处理：①压紧电源接线；②清洗阀芯；③调整电压允许范围内；④更换电动装置。

4.高压球阀渗漏

（1）故障原因分析：①管道内水有杂质割伤密封垫；②O型圈损坏；③手柄紧定六角螺丝松动。

（2）故障处理：①更换密封垫并清洗管道；②更换O型圈；③旋紧紧定六角螺丝。

5.压力开关报警

（1）故障原因分析：①高压球阀渗漏；②高压球阀未关闭到位；③压力开关未复位；④压力开关损坏。

（2）故障处理：①见上文高压球阀渗漏故障处理方法；②用手柄将电动阀关闭至零位；③按下压力开关进行复位；④更换压力开关。

（四）细水雾喷头常见故障分析与处理

1.喷头喷雾不正常

（1）故障原因分析：①管道内有杂质堵塞喷头；②喷头工作压力低。

（2）故障处理：①见下文喷头堵塞解决办法；②保证喷头工作压力不小于其最低设计工作压力。

2.喷头堵塞

（1）故障原因分析：①供水水质不合理，水里带有沙粒、污物等；②喷头所处环境灰尘杂质较多。

（2）故障处理：①在喷头安装前需要将管网吹洗干净，并且每使用过一次后都要清理喷头滤网处的沙粒、污物等；②当调试完毕后可以在喷嘴孔处涂上稠度等级为4~6级，滴点不小于95℃，具有防锈性的润滑脂，或是采取其它防尘措施。

本章练习题

单项选择题

1. 下列不属于泵组式系统构成的是（   ）。
   A. 高压离心泵　　　B. 细水雾喷头　　　C. 泄压调压阀　　　D. 信号反馈装置
2. 关于喷头喷雾不正常的故障原因分析正确的是（   ）。
   A. 管道内有杂质堵塞喷头　　　　　B. 供水水质不合理
   C. 水里带有沙粒、污物　　　　　　D. 喷头所处环境灰尘杂质较多
3. 关于泵组不启动故障处理叙述不正确的是（   ）。
   A. 闭合接触器　　　　　　　　　　B. 闭合泵组停止触点
   C. 检修联动控制器，必要时更换　　　D. 泵组停止触点断开
4. 同排管道法兰的间距不宜小于（   ）mm，以方便拆装为原则。
   A. 50　　　　　B. 100　　　　　C. 150　　　　　D. 160
5. 双流体系统气体管道的试验压力为水压强度试验压力的（   ）倍。
   A. 0.4　　　　　B. 0.5　　　　　C. 0.8　　　　　D. 1

单项选择题

1. A　2. A　3. D　4. B　5. C

第七章 气体灭火系统

本章知识框架

气体灭火系统	系统构成	1. 气体灭火系统的分类(★☆☆☆☆) 2. 气体灭火系统的构成(★☆☆☆☆)
	系统部件、组件(设备)安装前检查	1. 质量控制文件检查(★★★☆☆) 2. 材料到场检验(★★★☆☆) 3. 系统组件(★★★★☆)
	系统组件的安装与调试	1. 安装要求(★☆☆☆☆) 2. 系统调试(★★☆☆☆)
	系统的检测与验收	1. 系统检测(★★★☆☆) 2. 系统验收(★★★☆☆)
	系统维护管理	1. 系统巡查(★★☆☆☆) 2. 系统周期性检查维护(★★★★☆) 3. 系统年度检测(★★★☆☆)

第一节 系统构成

考点一 气体灭火系统的分类

气体灭火系统按防护对象的保护形式可以分为全淹没系统和局部应用系统 2 种形式;按其安装结构形式又可以分为管网灭火系统和无管网柜式灭火装置,在管网灭火系统中又可以分为组合分配灭火系统和单元独立灭火系统;按使用的灭火剂分类可分为二氧化碳灭火系统、卤代烷烃灭火系统和惰性气体灭火系统等。

考点二 气体灭火系统的构成

气体灭火系统一般由灭火剂瓶组、驱动气体瓶组、单向阀、选择阀、减压装置、驱动装置、集流管、连接管、喷嘴、信号反馈装置、安全泄放装置、控制盘、检漏装置、低泄高封阀、管路管件等部件构成。不同的气体灭火系统其结构形式和组件部件也不完全相同,一般的构成部件有:瓶组、容器、喷嘴、容器阀、选择阀、单向阀、连接管、集流管、安全泄放装置、驱动装置、检漏装置、低泄高封阀以及信号反馈装置。

第二节 系统部件、组件（设备）安装前检查

考点一 质量控制文件检查

（一）检查内容

（1）容器阀、选择阀、压力开关、单向阀、报警控制器和检漏装置等系统主要组件经国家消防产品质量监督检验中心检测合格的法定检测报告。

（2）外购的系统组件、零部件及其他设备、材料等的出厂合格证或者质量认证证书。

（二）检查方法及要求

对照到场组件、部件、设备和材料的规格型号，查验、核对其出厂合格证、质量认证证书和法定检测机构的检测合格报告等质量控制文件是否齐全、有效，比对复印件与原件是否一致。

考点二 材料到场检验

（1）管材、管道连接件的品种、规格、性能等符合相应产品标准和设计要求。

（2）管材、管道连接件的规格尺寸、厚度及允许偏差应符合其产品标准和设计要求。

（3）管材、管道连接件的外观质量要符合下列规定：

▶ 镀锌层不得有脱落、破损等缺陷。

▶ 螺纹连接管道连接件不得有缺纹、断纹等现象。

▶ 法兰盘密封面不得有缺损、裂痕。

▶ 密封垫片应完好无划痕。

考点三 系统组件

（一）外观检查

（1）要求组件外露非机械加工表面的保护涂层完好。

（2）要求系统组件无碰撞变形及其他机械性损伤。

（3）要求除组件所有外露接口均设有防护堵、盖，且封闭性良好外，还要求接口螺纹和法兰密封面无损伤。

（4）要求同一规格的灭火剂储存容器，其高度差不宜超过20mm。

（5）要求同一规格的驱动气体储存容器，其高度差不宜超过10mm。

（6）要求铭牌清晰、牢固、方向正确。

（二）组件检查

（1）要求品种、规格、性能等应符合国家现行产品标准和设计要求，而且还要核查产品出厂合格证以及市场准入制度要求的法定机构出具的有效证明文件。

（2）当对设计有复验要求或对质量有疑义时，应进行抽样复验，而且要求复验结果符合国家现行产品标准和设计要求。

（三）灭火剂储存容器内的充装量、充装压力及充装系数、装量系数检查

（1）要求灭火剂储存容器的充装量、充装压力要符合设计要求，且充装系数或装量系数符合设计规范规定。

(2)不同温度下灭火剂的储存压力按相应标准确定。

(四)阀驱动装置检查

(1)机械驱动装置传动灵活,无卡阻现象。

(2)电磁驱动器的电源电压符合系统设计要求。通电检查电磁铁芯,其行程能满足系统启动要求,且动作灵活,无卡阻现象。

(3)气动驱动装置储存容器内气体压力不低于设计压力,且不得超过设计压力的5%,气体驱动管道上的单向阀启闭灵活,无卡阻现象。

第三节 系统组件的安装与调试

考点一 安装要求

(一)灭火剂储存装置安装

(1)储存装置的安装位置要符合设计文件的要求。

(2)储存装置上压力计、液位计、称重显示装置的安装位置便于人员观察和操作。

(3)灭火剂储存装置安装后,泄压装置的泄压方向不应朝向操作面。

(4)储存容器宜涂红色油漆,正面标明设计规定的灭火剂名称和储存容器的编号。

(5)储存容器的支架、框架固定牢靠,并做防腐处理。

(6)连接储存容器与集流管间的单向阀的流向指示箭头应指向介质流动方向。

(7)安装集流管前检查内腔,确保清洁。

(8)集流管上的泄压装置的泄压方向不应朝向操作面。

(9)集流管应固定在支、框架上,支、框架应固定牢靠,并做防腐处理。

(二)选择阀及信号反馈装置的安装

(1)选择阀操作手柄安装在操作面一侧,当安装高度超过1.7m时采取便于操作的措施。

(2)选择阀的流向指示箭头要指向介质流动方向。

(3)选择阀上要设置标明防护区或保护对象名称或编号的永久性标志牌,并应便于观察。

(4)采用螺纹连接的选择阀,其与管网连接处宜采用活接。

(5)信号反馈装置的安装符合设计要求。

(三)阀驱动装置的安装

(1)拉索式机械驱动装置的安装。

(2)安装以重力式机械驱动装置时,应保证重物在下落行程中无阻挡,其下落行程要保证驱动所需距离,且不小于25mm。

(3)电磁驱动装置驱动器的电气连接线要沿固定灭火剂储存容器的支架、框架或墙面固定。

(4)气动驱动装置的安装规定:驱动气瓶的支架、框架或箱体固定牢靠,并做防腐处理;驱动气瓶上有标明驱动介质名称、对应防护区或保护对象名称或编号的永久性标志,并便于观察。

(5)气动驱动装置的管道安装后,要进行气压严密性试验。在试验的过程中,应采用逐步缓慢增加压力的方法,当压力升至试验压力的50%时,如未发现异状或泄漏,则继续按试验压力的10%逐级升压,每级稳压3 min,直至试验压力值。然后保持压力,此时检查若发现管道各处无变形,无泄漏,则视为合格。

(四)灭火剂输送管道的安装

(1)灭火剂输送管道连接要求如下:

①采用法兰连接时,衬垫不得凸入管内,其外边缘宜接近螺栓,不得放双垫或偏垫。连接法兰的螺栓,直径和长度符合标准,拧紧后,凸出螺母的长度不大于螺杆直径的1/2且保有不少于2条外露螺纹。

②采用螺纹连接时,管材宜采用机械切割;螺纹没有缺纹、断纹等现象;螺纹连接的密封材料均匀附着在管道的螺纹部分,拧紧螺纹时,不得将填料挤入管道内;安装后的螺纹根部应有2~3条外露螺纹;连接后,将连接处外部清理干净并做防腐处理。

③已防腐处理的无缝钢管不宜采用焊接连接,与选择阀等个别连接部位需采用法兰焊接连接时,要对被焊接损坏的防腐层进行二次防腐处理。

(2)管道穿越墙壁、楼板处要安装套管。

(3)管道支、吊架的安装规定如下:

①管道固定牢靠,管道支、吊架的最大间距应符合表7.1所示的规定。

表7.1 支、吊架之间最大间距

DN(mm)	15	20	25	32	40	50	65	80	100	150
最大间距(m)	1.5	1.8	2.1	2.4	2.7	3.0	3.4	3.7	4.3	5.2

②公称直径大于或等于50mm的主干管道,垂直方向和水平方向至少各安装1个防晃支架。当管道穿过建筑物楼层时,每层设1个防晃支架。当水平管道改变方向时,增设防晃支架。

③管道末端采用防晃支架固定,支架与末端喷嘴间的距离不大于500mm。

(4)灭火剂输送管道安装完毕后,要进行强度试验和气压严密性试验。

(5)灭火剂输送管道的外表面宜涂红色油漆。在吊顶内、活动地板下等隐蔽场所内的管道上,可涂红色油漆色环,且色环宽度不应小于50mm。要求每个防护区或保护对象的色环宽度要一致,间距应均匀。

(五)喷嘴的安装

(1)喷嘴安装时,要按设计要求逐个核对其型号、规格及喷孔方向。

(2)安装在吊顶下的不带装饰罩的喷嘴,其连接管管端螺纹不能露出吊顶;但是安装在吊顶下的带装饰罩的喷嘴,其装饰罩要紧贴吊顶。

(六)预制灭火系统的安装

(1)热气溶胶灭火装置等预制灭火系统及其控制器、声光报警器的安装位置要符合设计要求,并固定牢靠。

(2)预制灭火系统装置周围空间环境符合设计要求。

(七)控制组件的安装

(1)在防护区内火灾探测器的安装要符合国家标准,即《火灾自动报警系统施工及验收规范》(GB 50166-2007)的规定。

(2)设置在防护区处的手动或自动转换开关要安装在防护区入口且便于操作的部位,安装高度为中心点距地(楼)面1.5m。

(3)手动启动或停止按钮要求要安装在防护区入口且便于操作的部位,安装高度为中心点距地(楼)面1.5m;防护区的声光报警装置安装要符合设计要求,并安装牢固,不倾斜。

(4)气体喷放指示灯宜安装在防护区入口的正上方。

考点二 系统调试

(一)系统调试准备

(1)气体灭火系统调试前要具备完整的技术资料,并符合相关规范的规定。

(2)调试前按规定检查系统组件和材料的型号、规格、数量以及系统安装质量,并及时处理所发现的问题。

(二)系统调试要求

系统调试时,对所有防护区或保护对象按规定进行系统手动、自动模拟启动试验,并合格。

1.模拟启动试验

(1)调试要求:所有防护区或保护对象按规范规定进行模拟喷气试验,并合格。

(2)模拟启动试验方法具体如下:

①手动模拟启动试验按以下方法进行:

按下手动启动按钮,观察相关动作信号及联动设备动作是否正常(如发出声、光报警,启动输出端的负载响应,关闭通风空调、防火阀等)。手动启动使压力信号反馈装置,观察相关防护区门外的气体喷放指示灯是否正常。

②自动模拟启动试验按以下方法进行:

▶将灭火控制器的启动输出端与灭火系统相应防护区驱动装置连接。驱动装置与阀门的动作机构脱离。也可用一个启动电压、电流与驱动装置的启动电压、电流相同的负载代替。

▶人工模拟火警使防护区内任意一个火灾探测器动作,观察单一火警信号输出后,相关报警设备动作是否正常(如警铃、蜂鸣器发出报警声等)。

▶人工模拟火警使该防护区内另一个火灾探测器动作,观察复合火警信号输出后,相关动作信号及联动设备动作是否正常(如发出声、光报警,启动输出端的负载响应,关闭通风空调、防火阀等)。

(3)模拟启动试验结果要求:①延迟时间与设定时间相符,响应时间满足要求;②有关声、光报警信号正确;③联动设备动作正确;④驱动装置动作可靠。

2.模拟喷气试验

(1)调试要求:对所有防护区或保护对象进行模拟喷气试验,并合格。

(2)模拟喷气试验方法具体如下:

①模拟喷气试验的条件如下:

▶IG541混合气体灭火系统及高压二氧化碳灭火系统采用其充装的灭火剂进行模拟喷气试验。试验采用的储存容器数应为选定试验的防护区或保护对象设计用量所需容器总数的5%,且不少于1个。

▶卤代烷灭火系统模拟喷气试验不采用卤代烷灭火剂,宜采用氮气或压缩空气进行。氮气或压缩空气储存容器数不少于灭火剂储存容器数的20%,且不少于1个。
▶ 低压二氧化碳灭火系统采用二氧化碳灭火剂进行模拟喷气试验。试验要选定输送管道最长的防护区或保护对象进行,喷放量不小于设计用量的10%。
▶ 模拟喷气试验宜采用自动启动方式。
② 模拟喷气试验结果应符合如下规定:
▶ 延迟时间与设定时间相符,响应时间满足要求。
▶ 有关声、光报警信号正确。
▶ 有关控制阀门工作正常。
▶ 信号反馈装置动作后,气体防护区门外的气体喷放指示灯工作正常。
▶ 储存容器间内的设备和对应防护区或保护对象的灭火剂输送管道无明显晃动和机械性损坏。
▶ 试验气体能喷入被试防护区内或保护对象上,且能从每个喷嘴喷出。

3.模拟切换操作试验

(1)调试要求:设有灭火剂备用量且储存容器连接在同一集流管上的系统应进行模拟切换操作试验,并合格。

(2)模拟切换操作试验方法有:①按使用说明书的操作方法,将系统使用状态从主用量灭火剂储存容器切换为备用量灭火剂储存容器的使用状态;②按本节方法进行模拟喷气试验。

(3)试验结果符合上述模拟喷气试验结果的规定。

第四节　系统的检测与验收

考点一　系统检测

(一)储瓶装置间

(1)储存装置间门外侧中央贴有"气体灭火储瓶间"的标牌。

(2)管网灭火系统的储存装置宜设在专用储瓶间内,其位置应符合设计文件,如设计无要求,储瓶间宜靠近防护区。

(3)储存装置间内设应急照明,其照度应达到正常工作照度。

(二)高压储存装置

1.直观检查要求

(1)储存容器无明显碰撞变形和机械性损伤缺陷,储存容器表面应涂红色,防腐层完好、均匀,手动操作装置有铅封。

(2)储存装置间的环境温度为 -10~50℃;高压二氧化碳储存装置的环境温度为 0~49℃。

2.安装检查要求

(1)储存容器的规格和数量符合设计文件要求,且同一系统的储存容器的规格、尺寸要一致,其高度差不超过20mm。

(2)储存容器必须固定在支架上,支架与建筑构件固定,要牢固可靠,并做防腐处理;操作面距墙或操作面之间的距离不宜小于1.0m,且不小于储存容器外径的1.5倍。

(3)储存容器表面应标明编号。

(4)容器阀上的压力表无明显机械损伤,在同一系统中的安装方向要一致,其正面朝向操作面。

(5)容器阀和集流管之间采用挠性连接。

(6)灭火剂储存容器的充装量和储存压力符合设计文件,且不超过设计充装量1.5%。

(7)灭火剂总量、每个防护分区的灭火剂量符合设计文件。

3.功能检查要求

储存容器中充装的二氧化碳质量损失大于10%时,二氧化碳灭火系统的检漏装置应正确报警。

(三)低压储存装置

1.直观检查要求

同高压储存装置的直观检查要求。

2.安装检查要求

(1)同高压储存装置的直观检查要求。

(2)低压系统制冷装置的供电要采用消防电源。

(3)储存装置要远离热源,其位置也要便于再充装,且其环境温度宜为-23~49℃。

3.功能检查要求

(1)制冷装置采用自动控制,且设手动操作装置。

(2)低压二氧化碳灭火系统储存装置的报警功能正常,高压报警压力设定值应为2.2MPa,低压报警压力设定值为1.8MPa。

(四)阀驱动装置

(1)除必须外露的部分外,拉索需采用经内外防腐处理的钢管防护。

(2)以重力式机械驱动的装置安装时,应保证重物在下落行程中无阻挡,其下落行程应保证驱动所需距离,且不小于25mm。

(3)电磁驱动装置驱动器的电气连接线应沿支、框架或墙面固定。

(4)驱动气体的种类和充装压力符合设计文件要求。

(5)取驱动气体的储存压力,以0.5MPa/s的升压速率缓慢升压至试验压力,关断试验气源3min内压力降不超过试验压力的10%为合格。

(6)气动管道应用护口式或卡套式连接,连接应紧密;水平管道应采用管卡固定;竖直管道应在其始端和终端设防晃支架或采用管卡固定;管卡的间距不宜大于600mm;转弯处应增设1个管卡。

(五)选择阀及压力讯号器

1.直观检查要求

(1)要求需有出厂合格证及法定机构的有效证明文件。

(2)要求现场选用产品的数量、规格、型号符合设计文件要求。

2.安装检查要求

(1)要求选择阀的安装位置要靠近储存容器,且安装高度宜为1.5~1.7m。

(2)选择阀操作手柄应安装在便于操作的一面,当安装高度超过 1.7m 时应采取便于操作的措施。

(3)要求选择阀上应设置标明防护区或保护对象名称或编号的永久性标志牌,并应便于观察。

(4)要求选择阀上应标有灭火剂流动方向的指示箭头,且箭头方向应与介质流动方向一致。

(六)单向阀

1.直观检查要求

(1)要求有出厂合格证及法定机构的有效证明文件。

(2)要求现场选用产品的数量、规格及型号应符合设计文件要求。

(3)要求组件无碰撞变形或其它机械性损伤,外露的非机械加工表面保护涂层完好,铭牌清晰、牢固,方向正确。

2.安装检查要求

(1)要求单向阀的安装方向应与介质流动方面一致。

(2)要求七氟丙烷、三氟甲烷、高压二氧化碳灭火系统在容器阀和集流管之间的管道上应设液流单向阀,且方向与灭火剂输送方向一致。

(3)气流单向阀在气动管路中的位置及方向必须完全符合设计文件。

(七)泄压装置

1.直观检查要求

(1)要求有出厂合格证及法定机构的有效证明文件。

(2)要求现场选用产品的数量、规格及型号符合设计文件要求。

(3)要求组件无碰撞变形或其它机械性损伤,外露的非机械加工表面保护涂层完好,铭牌清晰、牢固。

2.安装检查要求

(1)要求在储存容器的容器阀和组合分配系统的集流管上,应设安全泄压装置。

(2)要求泄压装置的泄压方向不应朝向操作面。

(3)要求低压二氧化碳灭火系统储存容器上至少应设置 2 套安全泄压装置,低压二氧化碳灭火系统的安全阀应通过专用泄压管接到室外,其泄压动作压力应为$(2.38±0.12)$MPa。

(八)防护区和保护对象

(1)防护区围护结构及门窗的耐火极限均不宜低于 0.50h;吊顶的耐火极限不宜低于 0.25h。防护区围护结构承受内压的允许压强,不宜低于 1200Pa。

(2)防护区应设置泄压口。泄压口宜设在外墙上,并应设在防护区净高的 2/3 以上。

(3)防护区的入口处应设防护区采用的相应气体灭火系统的永久性标志牌;防护区的入口处正上方应设灭火剂喷放指示灯,入口处应设火灾声、光报警器;防护区内应设火灾声报警器,必要时,可增设闪光报警器。

(4)2 个或 2 个以上的防护区采用组合分配系统时,一个组合分配系统所保护的防护区不应超过 8 个。

(5)喷放灭火剂前,防护区内除泄压口外的开口应能自行关闭。

第七章 气体灭火系统

（九）喷嘴

1.直观检查要求

(1)要求有出厂合格证及法定机构的有效证明文件。

(2)要求现场选用产品的数量、规格及型号应符合设计文件的要求。

(3)要求组件无碰撞变形或其它机械性损伤,有型号及规格的永久性标识。

2.安装检查要求

(1)要求安装在吊顶下的不带装饰罩的喷嘴,其连接管端螺纹不应露出吊顶,安装在吊顶下的带装罩喷嘴,其装饰罩应紧贴吊顶；设置在有粉尘、油雾等防护区的喷头,应有防护装置。

(2)要求喷头的安装间距应符合设计文件,喷头的布置应满足喷放后气体灭火剂在防护区内均匀分布的要求。当保护对象属可燃液体时,喷头射流方向不应朝向液体表面。

(3)要求喷头的最大保护高度不宜大于6.5m,最小保护高度不应小于300mm。

（十）预制灭火装置

1.直观检查要求

(1)要求有出厂合格证及法定机构的有效证明文件。

(2)要求一个防护区设置的预制灭火系统,其装置数量不宜超过10台。

2.安装检查要求

(1)要求同一防护区设置多台装置时,其相互间的距离不得大于10m。

(2)要求防护区内设置的预制灭火系统的充压压力不应大于2.5MPa。

3.功能检查要求

当同一防护区内的预制灭火系统的装置多于1台时,必须能同时启动,其动作响应时差不得大于2s。

（十一）操作与控制

1.安装检查

(1)管网灭火系统应设自动控制、手动控制和机械应急操作3种启动方式。预制灭火系统应设自动控制和手动控制2种启动方式。

(2)当灭火设计浓度或实际使用浓度大于无毒性反应浓度的防护区时,应设手动与自动控制的转换装置。

(3)机械应急操作装置应设在储瓶间内或防护区疏散出口门外便于操作的地方,并应设置防止误操作的警示显示与措施。

(4)手动启动或停止按钮应安装在防护区入口便于操作的部位,安装高度应为中心点距地(楼)面1.5m,手动启动或停止按钮处应有防止误操作的警示显示与措施。

2.功能检查

功能检查的具体方法及操作要求请参见第三节"系统组件的安装与调试"中关于"系统调试"的相关要求。

考点二　系统验收

1. 防护区或保护对象与储存装置间的验收检查
（1）要求防护区或保护对象符合设计要求。
（2）要求防护区下列安全设施的设置应符合设计要求。
①防护区的疏散通道、疏散指示标志和应急照明装置的设置要符合设计要求。
②防护区内和入口处的声光报警装置、气体喷放指示灯和入口处的安全标志的设置要符合设计要求。
③无窗或固定窗扇的地上防护区和地下防护区的排气装置的设置要符合设计要求。
④门窗设有密封条的防护区的泄压装置的设置要符合设计要求。
⑤专用的空气呼吸器的设置要符合设计要求。
（3）储存装置间的位置、通道、耐火等级、应急照明装置、火灾报警控制装置及地下储存装置间机械排风装置都应符合设计要求。
（4）火灾报警控制装置及联动设备都应符合设计要求。

2. 设备和灭火剂输送管道验收
（1）灭火剂储存容器的数量、型号及规格，位置与固定方式，油漆和标志，以及灭火剂储存容器的安装质量符合设计要求。
（2）储存容器内的灭火剂充装量和储存压力符合设计要求。
（3）集流管的材料、规格、连接方式、布置及其泄压装置的泄压方向符合设计要求和有关规定。
（4）喷嘴的数量、型号、规格、安装位置和方向，应符合设计要求和喷嘴安装的有关规定。
（5）选择阀及信号反馈装置的数量、型号、规格、位置、标志及其安装质量符合设计要求相关规范的有关规定。
（6）驱动气瓶和选择阀的机械应急手动操作处，均应有标明对应防护区或保护对象名称的永久标志；驱动气瓶的机械应急操作装置均应设安全销并加铅封，现场手动启动按钮应有防护罩。
（7）灭火剂输送管道的布置与连接方式、支架和吊架的位置及间距、穿过建筑构件及其变形缝的处理、各管段和附件的型号规格以及防腐处理和涂刷油漆颜色，应符合设计要求和有关规定。
（8）阀驱动装置的数量、型号、规格和标志，安装位置，气动驱动装置中驱动气瓶的介质名称和充装压力，以及气动驱动装置管道的规格、布置和连接方式符合设计要求有关规定。

3. 系统功能验收
（1）验收时，应进行模拟启动试验，并合格。
（2）验收时，应进行模拟喷气试验，并合格。
（3）验收时，应对设有灭火剂备用量的系统进行模拟切换操作试验，并合格。
（4）验收时，应对主、备用电源进行切换试验，并合格。

第五节　系统维护管理

考点一　系统巡查

1.巡查内容及要求

（1）要求每日应对低压二氧化碳储存装置的运行情况、储存装置间的设备状态进行检查并记录。

（2）要求气体灭火控制器的工作状态要正常,盘面紧急启动按钮保护措施有效,检查主电是否正常,指示灯、显示屏、按钮、标签正常,钥匙、开关等是否在平时正常位置,系统是否在通常设定的安全工作状态（自动或手动,手动是否容许等）。

（3）要求选择阀和驱动装置上标明其工作防护区的永久性铭牌应明显可见,且妥善固定。

（4）要求检查防护区外专用的空气呼吸器或氧气呼吸器是否完好。

（5）要求检查防护区入口处灭火系统防护标志是否设置、完好。

（6）要求制灭火系统、柜式气体灭火装置喷口前2.0m内不得有阻碍气体释放的障碍物。

（7）要求灭火系统的手动控制与应急操作处应有防止误操作的警示显示与措施。

2.巡查方法

通过目测观察的方法,检查系统及其组件外观、阀门启闭状态、用电设备及其控制装置工作状态及压力监测装置（压力表、压力开关）工作情况。

3.巡查周期

建筑管理（使用单位）至少每日组织一次巡查。

考点二　系统周期性检查维护

（一）月检查项目

1.检查项目及其检查周期

下列项目至少每月进行一次维护检查：

（1）对灭火剂储存容器、选择阀、液流单向阀、高压软管、集流管、启动装置、管网与喷嘴、压力信号器、安全泄压阀及检漏报警装置等系统全部组成部件进行外观检查。

（2）火灾探测器表面应保持清洁,应无任何会干扰或影响火灾探测器探测性能的擦伤、油渍及油漆。

（3）驱动控制盘面板上的指示灯应正常,检查各开关位置是否正确,各连线有无松动现象。

（4）气体灭火系统组件的安装位置不得有其他物件阻挡或妨碍其正常工作。

（5）气体灭火系统储存容器内的压力,气动型驱动装置的气动源的压力均不得小于设计压力的90%。

2.检查维护要求

（1）对低压二氧化碳灭火系统储存装置的液位计进行检查,当灭火剂损失达到10%时应及时补充。

（2）高压二氧化碳灭火系统、七氟丙烷管网灭火系统及IG541灭火系统等系统的检查内容及要求应符合以下规定：

①灭火剂和驱动气体储存容器内的压力,不得小于设计储存压力的90%。
②预制灭火系统的设备状态和运行状况应正常。
③灭火剂储存容器及容器阀、单向阀、连接管、集流管、安全泄放装置、选择阀、阀驱动装置、喷嘴、信号反馈装置、检漏装置、减压装置等全部系统组件应无碰撞变形及其他机械性损伤,表面应无锈蚀,保护涂层应完好,铭牌和保护对象标志牌应清晰,手动操作装置的防护罩、铅封和安全标志应完整。

(二)季度检查项目

(1)可燃物的种类、分布情况,防护区的开口情况,都应符合设计规定。
(2)储存装置间的设备、灭火剂输送管道和支/吊架的固定,应无松动。
(3)连接管应无变形、裂纹及老化。
(4)各喷嘴孔口应无堵塞。
(5)要对高压二氧化碳储存容器逐个进行称重检查,灭火剂的净重不得小于设计储存量的90%。
(6)当灭火剂输送管道有损伤与堵塞现象时,应根据相关规范规定的管道强度试验和气密性试验方法的规定进行严密性试验和吹扫。

(三)年度检查要求

(1)撤下1个区启动装置的启动线,进行电控部分的联动试验,应启动正常。
(2)对每个防护区进行一次模拟自动喷气试验。
(3)预制气溶胶灭火装置、自动干粉灭火装置有效期限检查。
(4)主用量灭火剂储存容器切换为备用量灭火剂储存容器的模拟切换操作试验,检查比例为20%(最少一个分区)。
(5)对高压二氧化碳、三氟甲烷储存的容器进行逐个称重检查,灭火剂的净重不得小于设计储存量的90%。
(6)泄漏报警装置报警定量功能试验,检查的钢瓶比例为100%。
(7)当灭火剂输送管道有损伤与堵塞现象时,应按有关规范的规定进行严密性试验和吹扫。

(四)5年后的维护保养工作(由专业维修人员进行)

(1)5年后,每三年应对金属软管(连接管)进行水压强度试验以及气密性试验,当性能合格方能继续使用,如发现老化等不合格现象,应及时进行更换。
(2)5年后,对释放过灭火剂的储瓶、相关阀门等部件进行一次水压强度以及气体密封性试验,试验合格的方可继续使用。

(五)其他

(1)低压二氧化碳灭火剂储存容器的维护管理应按国家现行《压力容器安全技术监察规程》的规定执行。
(2)钢瓶的维护管理应按国家现行《气瓶安全监察规程》的规定执行。
(3)灭火剂输送管道耐压试验周期应按《压力管道安全管理与监察规定》的规定执行。

考点三　系统年度检测

每年度开展的定期功能性检查和测试;建筑使用、管理单位的年度检测可以委托具有资质的消防技术服务单位实施。

本章练习题

单项选择题

1. 下列属于气体灭火系统按防护对象的保护形式分类的是(　　)。
   A. 全淹没系统　　　　　　　　B. 管网灭火系统
   C. 无管网柜式灭火装置　　　　D. 二氧化碳灭火系统

2. 五年后,(　　)应对金属软管(连接管)进行水压强度试验和气密性试验,性能合格方能继续使用,如发现老化现象,应进行更换。
   A. 每半年　　　B. 每一年　　　C. 每两年　　　D. 每三年

3. 下列属于容器阀按密封形式分类的是(　　)。
   A. 活塞密封　　B. 自封式　　　C. 气动启动型　　D. 电磁启动型

4. (　　)应对低压二氧化碳储存装置的运行情况、储存装置间的设备状态进行检查并记录。
   A. 每日　　　　B. 每星期　　　C. 每月　　　　D. 每季度

5. 同一规格的灭火剂储存容器,其高度差不宜超过(　　)mm。
   A. 5　　　　　B. 10　　　　　C. 15　　　　　D. 20

6. 安装以重力式机械驱动装置时,应保证重物在下落行程中无阻挡,其下落行程要保证驱动所需距离,且不小于(　　)mm。
   A. 10　　　　　B. 15　　　　　C. 20　　　　　D. 25

单项选择题
1. A　2. D　3. A　4. A　5. D　6. D

第八章 泡沫灭火系统

本章知识框架

泡沫灭火系统	系统构成	1.按系统产生泡沫的倍数分类(★☆☆☆☆) 2.按系统组件安装方式分类(★☆☆☆☆)
	泡沫液和系统组件(设备)现场检查	1.泡沫液的现场检查(★★★☆☆) 2.系统组件现场检查(★★★☆☆)
	系统组件安装调试与检测验收	1.系统主要组件安装与技术检测(★★☆☆☆) 2.管网及管道安装与技术检测(★★☆☆☆) 3.系统冲洗、试压(★★★☆☆) 4.系统调试(★★★☆☆) 5.消防验收抽样检查及功能性测试(★★★☆☆)
	系统维护管理	1.系统巡查(★★☆☆☆) 2.系统检查与维护(★★★☆☆) 3.系统常见故障分析及处理(★★★☆☆)

第一节 系统构成

考点一 按系统产生泡沫的倍数分类

(一)低倍数泡沫灭火系统

1.储罐区低倍数泡沫灭火系统

(1)液上喷射系统:是指将泡沫产生装置产生的泡沫在导流装置的作用下,从燃烧液体上方施加到燃烧液体表面实现灭火的系统。液上喷射系统是目前国内采用最为广泛的一种形式,适用于各类非水溶性甲、乙、丙类液体储罐和水溶性甲、丙类液体的固定顶或内浮顶储罐。

(2)液下喷射系统:是指将高背压泡沫产生器产生的泡沫通过泡沫喷射管从燃烧液体液面下输送到储罐内,泡沫在初始动能和浮力的作用下浮到燃烧液面实施灭火的系统。

(3)半液下喷射系统:半液下喷射系统是将一轻质软带卷存于液下喷射管上的软管筒内,当使用时,在泡沫压力和浮力的作用下软管漂浮到燃烧表面使泡沫从燃烧表面上释放出来实现灭火的系统。该系统适用于甲、乙、丙类可燃液体固定顶储罐。

2.泡沫-水喷淋系统

泡沫-水喷淋系统是由喷头、报警阀组、水流报警装置(水流指示器或压力开关)等组件,以及管道、泡沫液与水供给设施组成,能在发生火灾时按预定时间与供给强度向防护区依次喷洒泡沫与水的自动灭火系统。

3.泡沫炮系统

泡沫炮系统是一种以泡沫炮为泡沫产生与喷射装置的低倍数泡沫系统,有固定式与移动式之分。

泡沫炮系统作为主要灭火设施或辅助灭火设施适用于以下场所:

(1)直径小于18m的非水溶性液体固定顶储罐。

(2)室外甲、乙、丙类液体流淌火灾。

(3)围堰内的甲、乙、丙类液体流淌火灾。

(4)甲、乙、丙类液体汽车槽车栈台或火车槽车栈台。

(5)飞机库。

(二)中倍数泡沫灭火系统

中倍数泡沫灭火系统可分为全淹没系统、局部应用系统、移动式系统及油罐用中倍数泡沫灭火系统。

(1)全淹没系统:是指由固定式泡沫产生器将泡沫喷放到封闭或被围挡的防护区内,并在规定的时间内达到一定泡沫淹没深度的灭火系统。

特点:和高倍数泡沫相比,中倍数泡沫的发泡倍数低,在泡沫混合液供给流量相同的条件下,单位时间内产生的泡沫体积比高倍数泡沫要小很多。因此,全淹没中倍数泡沫灭火系统一般用于小型场所。

(2)局部应用系统:是指由固定式泡沫产生器直接或通过导泡筒将泡沫喷放到火灾部位的灭火系统。

适用范围:主要适用于四周不完全封闭的A类火灾场所,限定位置的流散B类火灾场所,固定位置面积不大于100m^{2}的流淌B类火灾场所。

(3)移动式系统:移动式中倍数泡沫灭火系统的泡沫产生器可以手提移动,所以适用于发生火灾的部位难以确定的场所。

(4)油罐用中倍数泡沫灭火系统:用于油罐时,其系统组成和低倍数泡沫灭火系统相同,一般选用固定式系统,且采用液上喷射形式。选用中倍数泡沫灭火系统的油罐仅限于丙类固定顶与内浮顶油罐,单罐容量小于10 000m^{3}的甲、乙类固定顶与内浮顶油罐。

(三)高倍数泡沫灭火系统

高倍数泡沫灭火系统可分为全淹没系统、局部应用系统和移动式系统3种类型。

(1)全淹没系统:是指由固定式泡沫产生器将泡沫喷放到封闭或被围挡的防护区内,并在规定的时间内达到一定泡沫淹没深度的灭火系统。

适用范围:特别适用于大面积有限空间内的A类和B类火灾的防护;有些被保护区域可能是不完全封闭空间,但只要被保护对象是用不燃烧体围挡起来,形成可阻止泡沫流失的有限空间即可。围墙或围挡设施的高度应大于该保护区域所需要的高倍数泡沫淹没深度。

(2)局部应用系统:局部应用系统是指由固定式泡沫产生器直接或通过导泡筒将泡沫喷放到火灾部位的灭火系统。

适用范围:对于高倍数系统来说,局部应用系统主要用于四周不完全封闭的A类火灾与B

类火灾场所,也可用于天然气液化站与接收站的集液池或储罐围堰区。

(3)移动式系统:移动式高倍数泡沫灭火系统可由手提式或车载式高倍数泡沫产生器、比例混合器、泡沫液桶(罐)、水带、导泡筒、分水器、供水消防车或手抬机动消防泵等组成。

适用范围:移动式高倍数泡沫灭火系统主要用于发生火灾的部位难以确定或人员难以接近的场所,流淌的 B 类火灾场所,发生火灾时需要排烟、降温或排除有害气体的封闭空间。

考点二　按系统组件安装方式分类

(一)固定式泡沫灭火系统

固定式灭火系统是指消防水源、泡沫消防泵、泡沫比例混合器、泡沫产生器等设备或组件通过固定管道连接起来,永久安装在使用场所,当被保护的储罐发生火灾需要使用时,不需其它临时设备配合的泡沫系统。

适用范围:固定式泡沫系统适用于独立甲、乙、丙类液体储罐库区和机动消防设施不足的企业附属甲、乙、丙类液体储罐区。

(二)半固定式泡沫灭火系统

半固定式泡沫灭火系统是将泡沫产生器或将带控制阀的泡沫管道永久性安装在储罐上,通过固定管道连接并引到防火堤外的安全处,且安装上固定接口,当被保护储罐发生火灾时,用消防水带将泡沫消防车或其它泡沫供给设备与固定接口连接起来,通过泡沫消防车或其它泡沫供给设备向储罐内供给泡沫实施灭火的系统。

适用范围:半固定式泡沫系统适用于机动消防设施较强企业附属甲、乙、丙类可燃液体储罐区。

(三)移动式泡沫灭火系统

移动式泡沫灭火系统是指在被保护对象上未安装固定泡沫产生器或泡沫管道,当发生火灾时,靠泡沫消防车、其它移动泡沫供给设备或有压水源连接出泡沫枪或泡沫炮等装置向被保护对象供给泡沫实施灭火的系统。

适用范围:移动式系统主要用于小型储罐或有可燃液体泄漏的场所。

第二节　泡沫液和系统组件(设备)现场检查

考点一　泡沫液的现场检验

1.检查内容及要求

(1)6%型低倍数泡沫液设计用量大于或等于7.0t。

(2)3%型低倍数泡沫液设计用量大于或等于3.5t。

(3)6%蛋白型中倍数泡沫液最小储备量大于或等于2.5t。

(4)6%合成型中倍数泡沫液最小储备量大于或等于2.0t。

(5)高倍数泡沫液最小储备量大于或等于1.0t。

(6)合同文件规定的需要现场取样送检的泡沫液。

2.检测方法

（1）对于取样留存的泡沫液,进行观察检查和检查市场准入制度要求的有效证明文件及产品出厂合格证即可。

（2）对于需要送检的泡沫液,需要按现行国家标准《泡沫灭火剂》的规定对相关参数进行检测。送检泡沫液主要对其发泡性能和灭火性能进行检测,检测内容主要包括发泡倍数、析液时间、灭火时间和抗烧时间。

考点二　系统组件现场检查

（一）系统组件的外观质量检查

1.检查内容及要求

（1）需要对以下组件进行检查：泡沫产生装置、泡沫比例混合器（装置）、泡沫液储罐、泡沫消防泵、泡沫消火栓、阀门、压力表、管道过滤器、金属软管等。

（2）组件需要满足的要求是：①无变形及其它机械性损伤；②外露非机械加工表面保护涂层完好；③所有外露接口无损伤,堵、盖等保护物包封良好；④消防泵盘车灵活,无阻滞,无异常声音；⑤无保护涂层的机械加工面无锈蚀；⑥铭牌标记清晰、牢固；⑦高倍数泡沫产生器用手转动叶轮灵活；⑧固定式泡沫炮的手动机构无卡阻现象。

2.检测方法

采用观察检查和手动检查。对于组件中的手动机构,如需要转动的部位,要亲自动手操作,看其是否能按满足要求。

（二）系统组件的性能检查

1.检查内容及要求

（1）需要检查的系统组件：泡沫产生装置、泡沫比例混合器（装置）、泡沫液压力储罐、泡沫消防泵、泡沫消火栓、阀门、压力表、管道过滤器、金属软管等。

（2）组件需要满足的要求：系统组件的规格、型号、性能符合现行国家标准《泡沫灭火系统及部件通用技术条件》(GB 20031-2005)和设计要求。

2.检测方法

一般情况下,检查市场准入制度要求的有效证明文件和产品出厂合格证。当组件需要复验时,按现行国家标准《泡沫灭火系统及部件通用技术要求》等相关标准规定的试验方法进行试验。

（三）系统组件的强度和严密性检查

1.检查内容及要求

（1）需要检查的系统组件：泡沫灭火系统对阀门的质量要求较高,为保证系统的施工质量,需要对阀门的强度和严密性进行试验。

（2）需要达到的要求如下：

①强度和严密性试验要采用清水进行,强度试验压力为公称压力的1.5倍；严密性试验压力为公称压力的1.1倍。

②试验压力在试验持续时间内要保持不变,且壳体填料和阀瓣密封面不能有渗漏。

③阀门试压的试验持续时间不能少于表8.1所示的规定。

表8.1 阀门试验持续时间

公称直径DN(mm)	最短试验持续时间(s) 严密性试验 金属密封	严密性试验 非金属密封	强度试验
≤50	15	15	15
65~200	30	15	60
200~450	60	30	180

④试验合格的阀门,要排尽内部积水,并吹干。密封面涂防锈油,关闭阀门,封闭出入口,并作出明显的标记。

2.检测方法

首先将阀门安装在试验管道上,有液流方向要求的阀门,试验管道要安装在阀门的进口;然后管道充满水,排净空气,用试压装置缓慢升压,待达到严密性试验压力后,在最短试验持续时间内,以阀瓣密封面不渗漏为合格;最后将压力升至强度试验压力,在最短试验持续时间内,以壳体填料无渗漏为合格。

第三节 系统组件安装调试与检测验收

考点一 系统主要组件安装与技术检测

(一)泡沫液储罐的安装

1.一般要求

(1)安装要求:安装泡沫液储罐时,泡沫液储罐周围要留有满足检修需要的通道,其宽度不能小于0.7m,且操作面不能小于1.5m;当泡沫液储罐上的控制阀距地面高度大于1.8m时,需要在操作面处设置操作平台或操作凳。

(2)检测方法:用尺测量。

2.常压泡沫液储罐的安装

(1)安装要求如下:

①现场制作的常压钢质泡沫液储罐,泡沫液管道出液口不能高于泡沫液储罐最低液面1m,泡沫液管道吸液口距泡沫液储罐底面不小于0.15m,且最好做成喇叭口形。

②现场制作的常压钢质泡沫液储罐需要进行严密性试验,试验压力为储罐装满水后的静压力,试验时间不能小于30min,目测不能有渗漏。

③现场制作的常压钢质泡沫液储罐内、外表面需要按设计要求进行防腐处理,防腐处理要在严密性试验合格后进行。

④常压泡沫液储罐的安装方式要符合设计要求。

⑤常压钢质泡沫液储罐罐体与支座接触部位的防腐要符合设计要求,当设计无规定时,要按加强防腐层的做法施工。

(2)检测方法:第①项:用尺测量;第②~⑤项:观察检查,其中第②项要检查全部焊缝、焊接接头和连接部位,以无渗漏为合格。对于第③项,当对泡沫液储罐内表面防腐涂料有疑义时,可取样送至具有相应资质的检测单位进行检验。对于第⑤项,必要时可切开防腐层检查。

3.泡沫液压力储罐的安装

(1)安装要求:①安装时,采用地脚螺栓将支架与地面上混凝土浇注的基础牢固固定;②对于设置在露天的泡沫液压力储罐,需要根据环境条件采取防晒、防冻和防腐等措施。

(2)检测方法:观察检查。

(二)泡沫比例混合器(装置)的安装

1.一般要求

(1)安装要求如下:

①安装时,要使泡沫比例混合器(装置)的标注方向与液流方向一致。各种泡沫比例混合器(装置)都有安装方向,在其上有标注,因此安装时不能装反,否则系统将不能灭火。

②泡沫比例混合器(装置)与管道连接处的安装要保证严密,不能有渗漏,否则,影响混合比。

(2)检测方法:采用观察检查。其中第②项主要是在调试时进行观察检查,因为只有管道充液调试时,才能观察到连接处是否有渗漏。

2.环泵式比例混合器的安装

(1)安装要求如下:

①各部位连接顺序:环泵式比例混合器的进口要与水泵的出口管段连接,环泵式比例混合器的出口要与水泵的进口管段连接;环泵式比例混合器的进泡沫液口要与泡沫液储罐上的出液口管段连接。

②环泵式比例混合器安装标高的允许偏差为±10mm。

③为了使环泵式比例混合器出现堵塞或腐蚀损坏时,备用的环泵式比例混合器能立即投入使用,备用的环泵式比例混合器需要并联安装在系统上,并要有明显的标志。

(2)检测方法:第①、③项观察检查,第②项用拉线、尺量检查。

3.压力式比例混合装置的安装

(1)安装要求:①压力式比例混合装置的压力储罐和比例混合器出厂前已经安装固定在一起,因此,压力式比例混合装置要整体安装;②安装时压力式比例混合装置要与基础固定牢固。

(2)检测方法:采用观察检查。

4.平衡式比例混合装置的安装

(1)安装要求如下:

①压力表与平衡式比例混合装置的进口处的距离不大于0.3m。

②分体平衡式比例混合装置的平衡压力流量控制阀和比例混合器是分开设置的,流量调节范围相对要大一些,其平衡压力流量控制阀要竖直安装。

③水力驱动平衡式比例混合装置的泡沫液泵要水平安装,安装尺寸和管道的连接方式需要符合设计要求。

(2)检测方法:尺量和观察检查。

5.管线式比例混合器的安装

(1)安装要求如下:

①管线式比例混合器与环泵比例混合器的工作原理相同,均是利用文丘里管的原理在混合腔内形成负压,在大气压力作用下将容器内的泡沫液吸到腔内与水混合。不同的是管线式比例混合器直接安装在主管线上。管线式比例混合器的工作压力通常在0.7~1.3MPa范围

内,压力损失在进口压力的1/3以上,混合比精度通常较差。

②为减少压力损失,管线式泡沫比例混合器的安装位置要靠近储罐或防护区。

③为保证管线式泡沫比例混合器能够顺利吸入泡沫液,使混合比维持在正常范围内,比例混合器的吸液口与泡沫液储罐或泡沫液桶最低液面的高度差不能大于1.0m。

(2)检测方法:采用尺量检查和观察检查。

(三)阀门的安装

1.安装要求

(1)泡沫混合液管道采用的阀门有手动、电动、气动和液动阀门,后三种多用在大口径管道,或遥控和自动控制上。

(2)具有遥控、自动控制功能的阀门,其安装要符合设计要求;当设置在有爆炸和火灾危险的环境时,要按现行国家标准《电气装置安装工程:爆炸和火灾危险环境电气装置施工及验收规范》(GB 50257-1996)的规定安装。

(3)液下喷射和半液下喷射泡沫灭火系统泡沫管道进储罐处设置的钢质明杆闸阀和止回阀需要水平安装,其止回阀上标注的方向要与泡沫的流动方向一致,否则泡沫不能进入储罐内,将会造成更大的事故。

(4)高倍数泡沫产生器进口端泡沫混合液管道上设置的压力表、管道过滤器、控制阀一般要安装在水平支管上。

(5)泡沫混合液管道上设置的自动排气阀要在系统试压、冲洗合格后立式安装。

(6)连接泡沫产生装置的泡沫混合液管道上的控制阀,要安装在防火堤外压力表接口外侧,并有明显的启闭标志;泡沫混合液管道设置在地上时,控制阀的安装高度一般控制在1.1~1.5m,当环境温度为0℃及以下的地区采用铸铁控制阀时,若管道设置在地上,铸铁控制阀要安装在立管上;若管道埋地或在地沟内设置,铸铁控制阀要安装在阀门井内或地沟内,并需要采取防冻措施。

(7)当储罐区固定式泡沫灭火系统同时又具备半固定系统功能时,需要在防火堤外泡沫混合液管道上安装带控制阀和带闷盖的管牙接口,以便于消防车或其他移动式的消防设备与储罐区固定的泡沫灭火设备相连。

(8)泡沫混合液立管上设置的控制阀,其安装高度一般在1.1~1.5m之间,并需要设置明显的启闭标志。

(9)消防泵的出液管上设置的带控制阀的回流管,需符合设计要求,控制阀的安装高度一般在0.6~1.2m之间。

(10)管道上的放空阀要安装在最低处,以利于最大限度排空管道内的液体。

2.检测方法

其中,安装要求的第(1)、(2)项按相关标准的要求观察检查,其他各项观察和尺量检查。

(四)泡沫消火栓的安装

1.安装要求

(1)一般情况室外管道选用地上式泡沫消火栓或地下式泡沫消火栓;室内管道选用室内泡沫消火栓或消火栓箱。泡沫混合液管道上设置的泡沫消火栓的规格、型号、数量、位置、安装方式和间距要符合设计要求。

（2）地上式泡沫消火栓要垂直安装,地下式泡沫消火栓要安装在消火栓井内的泡沫混合液管道上。

（3）地上式泡沫消火栓的大口径出液口要朝向消防车道,以便于消防车或其他移动式的消防设备吸液口的安装。地上式消火栓上的大口径出液口,在一般情况下不用,而是利用其小口径出液口;只有当需要利用消防车或其他移动方式消防设备灭火时,而且需要从泡沫混合管道上设置的消火栓上取用泡沫混合液时,才使用大口径出液口。

（4）地下式泡沫消火栓要有永久性明显标志,一般在井盖上都有标志,为了安全起见可在明显处设置标志。

（5）地下式消火栓顶部与井盖底面的距离不大于0.4m,且不小于井盖半径,这样做是为了消防人员操作快捷方便,以免下井操作,也避免井盖轧坏损坏消火栓。

（6）室内泡沫消火栓的栓口方向宜向下或与设置泡沫消火栓的墙面成90°,栓口离地面或操作基面的高度一般为1.1m,允许偏差为±20mm,坐标的允许偏差为20mm。

（7）泡沫泵站内或站外附近泡沫混合液管道上设置的泡沫消火栓,要符合设计要求。

2.检测方法

观察检查和尺量检查。

（五）泡沫产生装置的安装

1.低倍数泡沫产生器的安装

（1）安装要求如下:

①液上喷射的泡沫产生器要根据产生器的类型安装,并符合设计要求。液上喷射泡沫产生器有横式和立式2种类型。

②水溶性液体储罐内泡沫溜槽的安装要沿罐壁内侧螺旋下降到距罐底1.0~1.5m处,溜槽与罐底平面夹角一般为30°~45°;泡沫降落槽要垂直安装,其垂直允许偏差为降落槽高度的5‰,且不超过30mm,坐标允许偏差为25mm,标高允许偏差为±20mm。

③液下及半液下喷射的高背压泡沫产生器要水平安装在防火堤外的泡沫混合液管道上。

④在高背压泡沫产生器进口侧设置的压力表接口要竖直安装;其出口侧设置的压力表、背压调节阀和泡沫取样口的安装尺寸要符合设计要求,环境温度为0℃及以下的地区,背压调节阀和泡沫取样口上的控制阀需选用钢质阀门。

⑤液上喷射泡沫产生器或泡沫导流罩沿罐周均匀布置时,其间距偏差一般不大于100mm。

⑥外浮顶储罐泡沫喷射口设置在浮顶上时,泡沫混合液支管要固定在支架上,泡沫喷射口T型管的横管要水平安装,伸入泡沫堰板后要向下倾斜30°~60°。

⑦外浮顶储罐泡沫喷射口设置在罐壁顶部、密封或挡雨板上方或金属挡雨板的下部时,泡沫堰板的高度及与罐壁的间距要符合设计要求。其中,当泡沫喷口设置在罐壁顶部等上方时,泡沫堰板要高出密封0.2m以上,当在金属挡雨板下部时,泡沫堰板的高度不能低于0.3m。泡沫堰板和罐壁之间的距离要大于0.6m。

⑧泡沫堰板的最低部位设置排水孔的数量和尺寸要符合设计要求,并沿泡沫堰板周长均布,其间距偏差不宜大于20mm。其中,排水孔的开孔面积按$1m^2$环形面积$280mm^2$确定,且排水孔高度不大于9mm。

⑨单、双盘式内浮顶储罐泡沫堰板的高度及与罐壁的间距要符合设计要求。泡沫堰板与罐壁的距离要不小于0.55m,泡沫堰板的高度要不小于0.5m。

⑩当一个储罐所需的高背压泡沫产生器并联安装时,需要将其并列固定在支架上,且需符合第③项和第④项的要求。

(2)检测方法:观察检查和尺量检查。

2.中倍数泡沫产生器的安装

(1)安装要求:中倍数泡沫产生器的安装要符合设计要求,安装时不能损坏或随意拆卸附件。

(2)检测方法:用拉线和尺量、观察检查。

3.高倍数泡沫产生器的安装

(1)安装要求如下:

①高倍数泡沫产生器要安装在泡沫淹没深度之上,尽量靠近保护对象,但不能受到爆炸或火焰的影响。同时,安装要保证易于在防护区内形成均匀的泡沫覆盖层。

②高倍数泡沫产生器是由动力驱动风叶转动鼓风,使大量的气流由进气端进入产生器,故在距进气端的一定范围内不能有影响气流进入的遮挡物。一般情况下,要保证距高倍数泡沫产生器的进气端小于或等于0.3m处没有遮挡物。

③在高倍数泡沫产生器的发泡网前小于或等于1.0m处,不能有影响泡沫喷放的障碍物。

④高倍数泡沫产生器要整体安装,不得拆卸。

⑤当泡沫产生器在室外或坑道应用时,还要采取防止风对泡沫产生器和泡沫分布产生影响的措施。

(2)检测方法:尺量检查和观察检查。

4.泡沫喷头的安装

(1)安装要求如下:

①泡沫喷头的规格、型号与选用的泡沫液的种类、泡沫混合液的供给强度和保护面积息息相关,切不可误装,一定要符合设计要求,并且泡沫喷头的安装要在系统试压、冲洗合格后进行。

②泡沫喷头的安装要牢固、规整,安装时不要拆卸或损坏其喷头上的附件。

③顶部安装的泡沫喷头要安装在被保护物的上部,其坐标的允许偏差,室外安装为15mm,室内安装为10mm;标高的允许偏差,室外安装为±15mm,室内安装为±10mm。

④侧向安装的泡沫喷头要安装在被保护物的侧面并对准被保护物体,其距离允许偏差为20mm。

(2)检测方法:观察检查和尺量检查。

5.固定式泡沫炮的安装

(1)安装要求如下:

①固定式泡沫炮的立管要垂直安装,炮口要朝向防护区,并不能有影响泡沫喷射的障碍物。

②安装在炮塔或支架上的泡沫炮要牢固固定。

③电动泡沫炮的控制设备、电源线、控制线的规格、型号及设置位置、敷设方式、接线等要符合设计要求。

(2)检测方法:观察检查。

考点二　管网及管道安装与技术检测

(一)一般要求

1.安装要求

(1)水平管道安装时要注意留有管道坡度,在防火堤内要以3‰的坡度坡向防火堤,在防火堤外应以2‰的坡度坡向放空阀。另外，当出现U形管时要有放空措施。

（2）立管要用管卡固定在支架上，管卡间距不能大于3m，以确保立管的牢固性，使其在受外力作用和自身泡沫混合液冲击时不致于损坏。

（3）埋地管道安装前要做好防腐工作，安装时不能损坏防腐层；埋地管道采用焊接时，焊缝部位要在试压合格后进行防腐处理。

（4）管道安装的允许偏差要符合表8.2的要求。

表8.2 管道安装的允许偏差

项目			允许偏差（mm）
坐标	地上、架空及地沟	室外	25
		室内	15
	泡沫喷淋	室外	15
		室内	10
	埋地		60
标高	地上、架空及地沟	室外	±20
		室内	±15
	泡沫喷淋	室外	±15
		室内	±10
	埋地		±25
水平管道平直度	$DN \leq 100$		2L‰，最大
	$50DN > 100$		3L‰，最大80
立管垂直度			5L‰，最大30
与其他管道成排布置间距			15
与其他管道交叉时外壁或绝热层间距			20

注：L—管段有效长度；DN—管子公称直径。

（5）管道支、吊架安装要平整牢固，管墩的砌筑必须规整，其间距要符合设计要求。

（6）管道穿过防火堤、防火墙、楼板时，需要安装套管。

2.检测方法

其中第（1）、（2）、（3）、（5）、（6）项采用尺量和观察检查。第（4）项坐标用经纬仪或拉线和尺量检查；标高用水准仪或拉线和尺量检查；水平管道平直度用水平仪、直尺、拉线和尺量检查；立管垂直度用吊线和尺量检查；与其他管道成排布置间距及与其他管道交叉时外壁或绝热层间距用尺量检查。

（二）泡沫混合液管道的安装

1.安装要求

（1）当储罐上的泡沫混合液立管与防火堤内地上水平管道或埋地管道用金属软管连接时，不能损坏其编织网。

（2）储罐上泡沫混合液立管下端设置的锈渣清扫口与储罐基础或地面的距离一般为

0.3~0.5m。

(3)当外浮顶储罐的泡沫喷射口设置在浮顶上,且泡沫混合液管道采用的耐压软管从储罐内通过时,耐压软管安装后的运动轨迹不能与浮顶的支撑结构相碰,且与储罐底部伴热管的距离要大于0.5m,以防止耐压软管受热老化。

(4)外浮顶储罐梯子平台上设置的带闷盖的管牙接口,要靠近平台栏杆安装,并高出平台1.0m,其接口要朝向储罐;引至防火堤外设置的相应管牙接口,要面向道路或朝下。

(5)连接泡沫产生装置的泡沫混合液管道上设置的压力表接口要靠近防火堤外侧,并竖直安装。

(6)泡沫产生装置入口处的管道要用管卡固定在支架上,其出口管道在储罐上的开口位置和尺寸要符合设计及产品要求。

(7)泡沫混合液主管道上留出的流量检测仪器安装位置要符合设计要求。

(8)泡沫混合液管道上试验检测口的设置位置和数量要符合设计要求。

2.检测方法

观察和尺量检查。

(三)泡沫管道的安装

1.安装要求

(1)液下喷射泡沫喷射管的长度和泡沫喷射口的安装高度,要符合设计要求。

(2)半固定式系统的泡沫管道,在防火堤外设置的高背压泡沫产生器快装接口要水平安装。

(3)液下喷射泡沫管道上的防油品渗漏设施要安装在止回阀出口或泡沫喷射口处;半液下喷射泡沫管道上防油品渗漏的密封膜要安装在泡沫喷射装置的出口;安装要按设计要求进行,且不能损坏密封膜。

2.检测方法

观察和尺量检查。

(四)泡沫液管道的安装

1.安装要求

泡沫液管道冲洗及放空管道的设置要符合设计要求,当设计无要求时,要设置在泡沫液管道的最低处。

2.检测方法

观察检查。

(五)泡沫喷淋管道的安装

1.安装要求

(1)泡沫喷淋管道支、吊架与泡沫喷头之间的距离不能小于0.3m;与末端泡沫喷头之间的距离不能大于0.5m。

(2)泡沫喷淋分支管上每一直管段、相邻两泡沫喷头之间的管段设置的支/吊架均不能少于1个,且支/吊架的间距不能大于3.6m;当泡沫喷头的设置高度大于10m时,支/吊架的间距不能大于3.2m。

2.检测方法

尺量检查。

考点三 系统冲洗、试压

(一)管道的水压试验

1.试验要求

(1)试验要采用清水进行,试验时,环境温度不能低于5℃,当环境温度低于5℃时,要采取防冻措施。

(2)试验压力为设计压力的1.5倍。

(3)试验前需要将泡沫产生装置、泡沫比例混合器(装置)隔离。

2.检测方法

管道充满水,排净空气,用试压装置缓慢升压,当压力升至试验压力后,稳压10min,管道无损坏、变形,再将试验压力降至设计压力,稳压30min,以压力不降、无渗漏为合格。

(二)管道的冲洗

1.冲洗要求

(1)管道试压合格后,需要用清水冲洗,冲洗合格后,不能再进行影响管内清洁的其它施工。

(2)地上管道在试压、冲洗合格后需要进行涂漆防腐。

2.检测方法

采用最大设计流量进行冲洗,水流速度不低于1.5m/s,以排出水色和透明度与入口水目测一致为合格。

考点四 系统调试

(一)系统组件调试

1.泡沫比例混合器(装置)的调试

(1)调试要求:泡沫比例混合器(装置)的调试需要与系统喷泡沫试验同时进行,其混合比要符合设计要求。

(2)检测方法:用流量计测量;蛋白、氟蛋白等折射指数高的泡沫液可用手持折射仪测量,水成膜、抗溶水成膜等折射指数低的泡沫液可用手持导电度测量仪测量。

2.泡沫产生装置的调试

(1)调试要求如下:

①低倍数(含高背压)泡沫产生器、中倍数泡沫产生器要进行喷水试验,其进口压力要符合设计要求。

②泡沫喷头要进行喷水试验,其防护区内任意四个相邻喷头组成的四边形保护面积内的平均供给强度要不小于设计值。

③固定式泡沫炮要进行喷水试验,其进口压力、射程、射高、仰俯角度、水平回转角度等指标要符合设计要求。

④沫枪要进行喷水试验,其进口压力和射程要符合设计要求。

⑤高倍数泡沫产生器要进行喷水试验,其进口压力的平均值不能小于设计值,每台高倍数泡沫产生器发泡网的喷水状态要正常。

(2)检测方法如下:

第①项:用压力表检查。当对储罐或不允许进行喷水试验的防护区,喷水口可设在靠近储

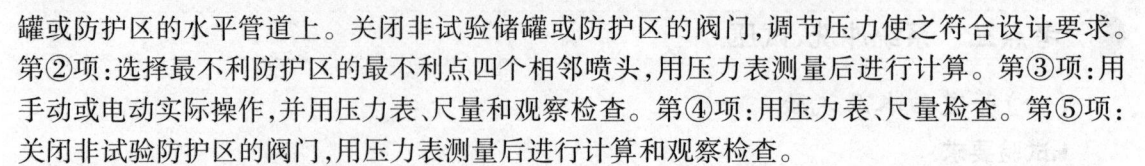

罐或防护区的水平管道上。关闭非试验储罐或防护区的阀门,调节压力使之符合设计要求。第②项:选择最不利防护区的最不利点四个相邻喷头,用压力表测量后进行计算。第③项:用手动或电动实际操作,并用压力表、尺量和观察检查。第④项:用压力表、尺量检查。第⑤项:关闭非试验防护区的阀门,用压力表测量后进行计算和观察检查。

3.泡沫消火栓的调试

(1)调试要求:泡沫消火栓要进行喷水试验,其出口压力要符合设计要求。

(2)检测方法:用压力表测量。

(二)系统功能测试

1.系统喷水试验

(1)试验要求:当为手动灭火系统时,要以手动控制的方式进行一次喷水试验;当为自动灭火系统时,要以手动和自动控制的方式各进行一次喷水试验,并要求其各项性能指标均要达到设计要求。

(2)检测方法:用压力表、流量计、秒表测量。分情况测试,当系统为手动灭火系统时,选择最远的防护区或储罐进行喷水试验;当系统为自动灭火系统时,选择最大和最远二个防护区或储罐分别以手动和自动的方式进行喷水试验。

2.低、中倍数泡沫系统喷泡沫试验

(1)试验要求:低、中倍数泡沫灭火系统喷水试验完毕,将水放空后,进行喷泡沫试验;当为自动灭火系统时,要以自动控制的方式进行;喷射泡沫的时间不小于1min。

(2)检测方法:对于混合比的检测,蛋白、氟蛋白等折射指数高的泡沫液可用手持折射仪测量,而对于水成膜、抗溶水成膜等折射指数低的泡沫液可用手持导电度测量仪测量。

3.高倍数泡沫系统喷泡沫试验

(1)试验要求:高倍数泡沫灭火系统喷水试验完毕,将水放空后,以手动或自动控制的方式对防护区进行喷泡沫试验,喷射泡沫的时间不小于30s,实测泡沫混合液的混合比和泡沫供给速率及自接到火灾模拟信号至开始喷泡沫的时间符合设计要求。

(2)检测方法:①对于混合比的检测,蛋白、氟蛋白等折射指数高的泡沫液可用手持折射仪测量,水成膜、抗溶水成膜等折射指数低的泡沫液可用手持导电度测量仪测量;②泡沫供给速率的检测方法:记录各高倍数泡沫产生器进口端压力表读数,用秒表测量喷射泡沫的时间,然后按制造厂给出的曲线查出对应的发泡量,经计算得出的泡沫供给速率,供给速率不能小于设计要求的最小供给速率;③喷射泡沫的时间和自接到火灾模拟信号至开始喷泡沫的时间,用秒表测量。对于高倍数泡沫系统,所有防护区均需要进行喷泡沫试验。

● 考点五 消防验收抽样检查及功能性测试

(一)系统验收的主要内容

泡沫灭火系统的施工质量验收需要包括下列内容:

(1)系统组件的规格、型号、数量、安装位置及安装质量。

(2)管道及管件的规格、型号、位置、坡向、坡度、连接方式及安装质量。

(3)管道穿防火堤、楼板、防火墙及变形缝的处理。

(4)管道和系统组件的防腐。

(5)固定管道的支、吊架,管墩的位置、间距及牢固程度。

(6)消防泵房、水源及水位指示装置。
(7)动力源、备用动力及电气设备。

(二)系统组件的验收

1.系统水源的验收

(1)验收要求:①室外给水管网的进水管管径及供水能力、消防水池(罐)和消防水箱容量,要符合设计要求;②当采用天然水源作为系统水源时,其水量、水质要符合设计要求,并需要检查枯水期最低水位时确保消防用水的技术措施;③过滤器的设置要符合设计要求。

(2)验收方法:①对照设计资料采用流速计、尺等测量和观察检查;②水质要进行取样检查,一般水质要符合工业用水的要求,确保水源无杂质、无腐蚀性,以防堵塞和腐蚀管道。

2.动力及备用动力系统验收

(1)验收要求:动力源、备用动力及电气设备符合设计要求。

(2)验收方法:进行试验检查,看是否符合要求。

3.消防泵房的验收

(1)验收要求:①消防泵房的建筑防火要求符合相关规范的规定;②消防泵房设置的应急照明、安全出口符合设计要求;③备用电源、自动切换装置的设置符合设计要求。

(2)验收方法:对照图纸观进行察检查。

4.消防水泵的验收

(1)验收要求:①工作泵、备用泵、吸水管、出水管及出水管上的泄压阀、止回阀、信号阀等的规格、型号、数量,要符合设计要求;吸水管、出水管上的控制阀要锁定在常开位置,并有明显标记;②消防水泵的引水方式要符合设计要求;③当自动系统管网中的水压下降到设计最低压力时,稳压泵要能自动启动;④消防水泵在主电源下要能在规定时间内正常启动;⑤自动系统的消防水泵启动控制要处于自动启动位置。

(2)验收方法:第①项:对照设计资料和产品说明书观察检查;第②项:进行观察检查;关掉主电源检查主备电源的切换情况,用秒表等观察检查;第③项:使用压力表,观察检查;第④项:打开消防水泵出水管上的手动测试阀,利用主电源向泵组供电;第⑤项:观察检查。

5.泡沫液储罐的验收

(1)验收要求:①泡沫液储罐的规格、型号及安装质量要符合设计要求;②泡沫液储罐的名铭牌标记要清晰,要标有泡沫液种类、型号、出厂与灌装日期及储量等内容。

(2)验收方法:对照设计资料观察检查。

6.泡沫比例混合器(装置)的验收

(1)验收要求:①泡沫比例混合器(装置)的规格、型号及安装质量要符合设计及安装要求;②混合比应符合设计要求。

(2)验收方法:第①项:对照设计资料和产品说明书观察检查。第②项:采用流量计或电导仪进行测量。

7.泡沫产生装置的验收

(1)验收要求:泡沫产生装置的规格、型号及安装质量要符合设计及安装要求。

(2)验收方法:对照设计资料和产品说明书观察检查。

8.报警阀组的验收

(1)验收要求:①报警阀组的各组件要符合产品标准要求;②水力警铃的设置位置要正

确;③打开系统流量压力检测装置放水阀,测试的流量、压力要符合设计要求;④打开手动试水阀或电磁阀时,雨淋阀组要能可靠动作;⑤控制阀要锁定在常开位置;⑥与空气压缩机或火灾自动报警系统的联动控制,要符合设计要求。

(2)验收方法:第①项:观察检查并核查相关证明材料;第②项:打开阀门放水,使用压力表、声级计和尺量检查;第③项:使用流量计、压力表观察检查;第④、⑤项:观察检查;第⑥项:对照设计资料观察检查。

9.管网的验收

(1)验收要求:①管道的材质与规格、管径、连接方式、安装位置及采取的防冻措施要符合设计要求;②管道穿越防火堤、楼板、防火墙、变形缝时的防火处理要符合设计要求;③管网放空坡度及辅助排水设施,要符合设计要求;④管网上的控制阀、压力信号反馈装置、止回阀、试水阀、泄压阀、排气阀等,其规格和安装位置要符合设计要求;⑤管墩、管道支、吊架的固定方式、间距要符合设计要求。

(2)验收方法:第①项:观察检查和核查相关证明材料;第②项:观察和尺量检查;第③项:水平尺和尺量检查;第④项:观察检查;第⑤项:尺量和观察检查。

10.喷头的验收

(1)验收要求:①喷头的规格、型号要符合设计要求;②喷头的安装位置、安装高度、间距及与梁等障碍物的距离偏差要符合设计要求。

(2)验收方法:第①项:对照设计资料观察检查;第②项:对照图纸尺量检查。

11.水泵接合器的验收

(1)验收要求:水泵接合器的数量及进水管位置要符合设计要求,水泵接合器要进行充水试验,且系统最不利点的压力、流量要符合设计要求。

(2)验收方法:对照设计资料,使用流量计、压力表和观察检查。

(二)系统功能验收

1.低、中倍数泡沫灭火系统喷泡沫试验

(1)试验要求:当泡沫灭火系统为自动灭火系统时,以自动控制的方式进行试验;喷射泡沫的时间不小于1min;实测泡沫混合液的混合比和泡沫混合液的发泡倍数及到达最不利点防护区或储罐的时间和湿式联用系统水与泡沫的转换时间符合设计要求。

(2)检测方法:蛋白、氟蛋白等折射指数高的泡沫液的混合比可用手持折射仪测量,水成膜、抗溶水成膜等折射指数低的泡沫液的混合比可用手持导电度测量仪测量;喷射泡沫的时间和泡沫混合液或泡沫到达最不利点防护区或储罐的时间及湿式系统自喷水至喷泡沫的转换时间,用秒表测量;泡沫混合液的发泡倍数按现行国家标准《泡沫灭火剂》(GB 15308—2006)规定的方法测量。

2.高倍数泡沫灭火系统喷泡沫

(1)试验要求:要以手动或自动控制的方式对防护区进行喷泡沫试验,喷射泡沫的时间不小于30s,实测泡沫混合液的混合比和泡沫供给速率及自接到火灾模拟信号至开始喷泡沫的时间要符合设计要求。

(2)检测方法:蛋白、氟蛋白等折射指数高的泡沫液的混合比可用手持折射仪测量,水成膜、抗溶水成膜等折射指数低的泡沫液的混合比可用手持导电度测量仪测量;泡沫供给速率的检查时,要记录各高倍数泡沫产生器进口端压力表读数,用秒表测量喷射泡沫的时间,然后按制造厂给出的曲线查出对应的发泡量,经计算得出泡沫供给速率不能小于设计要求的最小供给速率;喷射泡沫的时间和自接到火灾模拟信号至开始喷泡沫的时间,用秒表测量。

第四节 系统维护管理

考点一 系统巡查

(1)查看各组件的工作状态。
(2)查看水泵控制柜仪表、指示灯、控制按钮和标识;模拟主泵故障,查看自动切换启动备用泵情况,同时查看仪表及指示灯显示。
(3)查看泡沫喷头外观、泡沫消火栓外观、泡沫炮外观、泡沫产生器外观、泡沫液储罐间环境、泡沫液储罐外观、比例混合器外观、泡沫泵工作状态。
(4)查看相关阀门启闭性能,压力表状态。
(5)查看泡沫液储罐罐体、铭牌及配件。
(6)查看泡沫产生器吸气孔、发泡网及暴露的泡沫喷射口是否有堵塞。

考点二 系统检查与维护

(一)消防泵和备用动力启动试验

每周需要对消防泵和备用动力以手动或自动控制的方式进行一次启动试验,看其是否运转正常,试验时泵可以打回流,也可空转,但空转时运转时间不大于5s,试验后必须将泵和备用动力及有关设备恢复原状。

(二)系统月检要求

(1)对低、中、高倍数泡沫产生器,泡沫喷头,固定式泡沫炮,泡沫比例混合器(装置),泡沫液储罐进行外观检查,各部件要完好无损。
(2)泡沫消火栓和阀门要能自由开启与关闭,不能有锈蚀。
(3)对固定式泡沫炮的回转机构、仰俯机构或电动操作机构进行检查,性能要达到标准的要求。
(4)对储罐上的低、中倍数泡沫混合液立管要清除锈渣。
(5)压力表、管道过滤器、金属软管、管道及管件不能有损伤。
(6)对遥控功能或自动控制设施及操纵机构进行检查,性能要符合设计要求。
(7)动力源和电气设备工作状况要良好。
(8)水源及水位指示装置要正常。

(三)系统年检要求

1.每半年检查要求

每半年除储罐上泡沫混合液立管和液下喷射防火堤内泡沫管道及高倍数泡沫产生器进口端控制阀后的管道外,其余管道需要全部冲洗,清除锈渣。

2.每两年检查要求

(1)对于低倍数泡沫灭火系统中的液上、液下及半液下喷射、泡沫喷淋、固定式泡沫炮和中倍数泡沫灭火系统进行喷泡沫试验,并对系统所有组件、设施、管道及管件进行全面检查。

（2）对于高倍数泡沫灭火系统，可在防护区内进行喷泡沫试验，并对系统所有组件、设施、管道及管件进行全面检查。

（3）系统检查和试验完毕，要对泡沫液泵或泡沫混合液泵、泡沫液管道、泡沫混合液管道、泡沫管道、泡沫比例混合器（装置）、泡沫消火栓、管道过滤器和喷过泡沫的泡沫产生装置等用清水冲洗后放空，复原系统。

考点三 系统常见故障分析及处理

（1）泡沫产生器无法发泡或发泡不正常。

主要原因及解决方法如表 8.3 所示。

表 8.3 泡沫产生器无法发泡或发泡不正常的原因及解决方案

主要原因	解决方案
①泡沫产生器吸气口被异物堵塞。	加强对泡沫产生器的巡检，发现异物及时清理。
②泡沫混合液不满足要求，如泡沫液失效，混合比不满足要求。	加强对泡沫比例混合器（装置）和泡沫液的维护和检测。

（2）比例混合器锈死。

主要原因及解决方案如表 8.4 所示。

表 8.4 比例混合器锈死的主要原因及解决方案

主要原因	解决方案
由于使用后，未及时用清水冲洗，泡沫液长期腐蚀混合器致使锈死。	加强检查，定期拆下保养，系统平时试验完毕后，一定要用清水冲洗干净。

（3）无囊式压力比例混合装置的泡沫液储罐进水。

主要原因及解决方案如表 8.5 所示。

表 8.5 无囊式压力比例混合装置的泡沫液储罐进水的主要原因及解决方案

主要原因	解决方案
储罐进水的控制阀门选型不当或不合格，导致平时出现渗漏。	严格阀门选型，采用合格产品，加强巡检，发现问题及时处理。

（4）囊式压力比例混合装置中因囊破裂而使系统瘫痪。

主要原因及解决方案如表 8.6 所示。

表 8.6 囊式压力比例混合装置中因囊破裂而使系统瘫痪主要原因及解决方案

主要原因	解决方案
①比例混合装置中的囊因老化，承压降低，导致系统运行时发生破裂。	对胶囊加强维护管理，定期更换。
②因胶囊受力设计不合理，灌装泡沫液方法不当而导致囊破裂。	采用合格产品，按正确的方法进行灌装。

（5）平衡式比例混合装置的平衡阀无法工作。

主要原因及解决方案如表 8.7 所示。

表 8.7　平衡式比例混合装置的平衡阀无法工作主要原因及解决方案

主要原因	解决方案
平衡阀的橡胶膜片由于承压过大被损坏。	①选用采用耐压强度高的膜片。 ②平时应加强维护管理。

本章练习题

单项选择题

1. 下列各类非水溶性液体储罐不适用液上喷射系统的是(　　)。
   A. 甲　　　　B. 乙　　　　C. 丙　　　　D. 丁

2. 关于平衡式比例混合装置的平衡阀无法工作的主要原因叙述正确的是(　　)。
   A. 平衡阀的橡胶膜片由于承压过大被损坏
   B. 比例混合装置中的囊因老化,承压降低,导致系统运行时发生破裂
   C. 因胶囊受力设计不合理
   D. 灌装泡沫液方法不当

3. 泡沫喷淋管道支、吊架与泡沫喷头之间的距离不能小于(　　)m。
   A. 0.3　　　B. 0.5　　　C. 0.7　　　D. 0.8

4. 下列不属于手动泡沫炮系统组成的是(　　)。
   A. 泡沫炮　　　　　　　　B. 炮架
   C. 泡沫液储罐　　　　　　D. 控制装置

5. 泡沫液储罐周围要留有满足检修需要的通道,其宽度不能小于(　　)m,且操作面不能小于1.5m。
   A. 0.5　　　B. 0.7　　　C. 1.2　　　D. 1.5

6. 现场制作的常压钢质泡沫液储罐需要进行严密性试验,试验压力为储罐装满水后的静压力,试验时间不能小于(　　)min,目测不能有渗漏。
   A. 15　　　B. 30　　　C. 45　　　D. 60

7. 为了便于观察和准确测量压力值,压力表与平衡式比例混合装置的进口处的距离不大于(　　)m。
   A. 0.3　　　B. 0.5　　　C. 0.7　　　D. 0.9

参考答案

单项选择题

1. D　2. A　3. C　4. D　5. B　6. B　7. A

第九章 干粉灭火系统

本章知识框架

干粉灭火系统	系统构成	1.储气瓶型干粉灭火系统(★☆☆☆☆) 2.储压型干粉灭火系统(★☆☆☆☆) 3.预制干粉灭火系统(★☆☆☆☆) 4.干粉炮灭火系统(★☆☆☆☆)
	系统组件(设备)安装前检查	1.干粉储存容器的现场检查(★☆☆☆☆) 2.气体储瓶、减压阀、选择阀、信号反馈装置、喷头、安全防护装置、压力报警及控制器等的现场检查(★★☆☆☆) 3.阀驱动装置的现场检查(★★☆☆☆)
	系统组件安装调试与检测验收	1.系统组件的安装与技术检测(★★☆☆☆) 2.系统试压和吹扫(★★★☆☆) 3.系统调试与现场功能测试(★★☆☆☆) 4.系统验收(★★★★☆)
	系统维护管理	1.系统巡查(★★☆☆☆) 2.系统周期性检查维护(★★★★☆) 3.系统年度检测(★★★☆☆)

第一节 系统构成

考点 系统构成

1.储气瓶型干粉灭火系统

储气瓶型干粉灭火系统由干粉灭火设备和自动报警、控制2部分组成。

2.储压型干粉灭火系统

储压型干粉灭火系统也称蓄压式系统,该系统设有驱动装置和单独驱动气体储存装置,干粉灭火剂与驱动气体预先混装在同一容器中,量一般较少且输送距离较短。

3.预制干粉灭火系统

预制灭火装置是按一定的应用条件,将干粉储存装置和喷头等部件预先组装起来的成套灭火装置,主要用来保护特定的小型设备或者小空间,既可用于局部保护方式,也可用于全淹没保护方式。

4.干粉炮灭火系统

干粉炮灭火系统属于管网灭火系统,干粉炮是系统的喷放组件,其选用参数主要是射程和流量。按其控制方式分类,有手动干粉炮、电控干粉炮、电-液控干粉炮和电-气控干粉炮等。

第二节 系统组件(设备)安装前检查

考点 系统组件(设备)安装前检查

(一)干粉储存容器的现场检查

干粉储存容器的检查主要有3个方面:外观质量检查、密封面检查和充装量检查。其中,外观质量检查可采用目测观察,检查产品出厂合格证和法定机构出具的有效证明文件等方法进行检查;密封面检查要求所有外露接口均设有防护堵、盖,且封闭良好,接口螺纹和法兰密封面无损伤,可采用目测观察检查;充装量检查要求实际充装量不得小于设计充装量,也不得超过设计充装量的3%,可通过核查产品出厂合格证、灭火剂充装时称重测量等方法检查。

(二)气体储瓶、减压阀、选择阀、信号反馈装置、喷头、安全防护装置、压力报警及控制器等的现场检查

1.检查内容

(1)外观检查的具体内容有:①铭牌清晰、方向正确、牢固;②无碰撞变形及其他机械性损伤;③外露非机械加工表面保护涂层完好;④品种、规格、性能等符合国家现行产品标准和设计标准要求;⑤对同一规格的干粉储存容器和驱动气体储瓶,其高度差不超过20mm;⑥对同一规格的启动气体储瓶,其高度差不超过10mm;⑦驱动气体储瓶容器阀具有手动操作机构;⑧选择阀在明显部位永久性标有介质的流动方向。

(2)密封面检查的具体内容有:①外露接口均设有防护堵、盖,且封闭良好;②接口螺纹和法兰密封面无损伤。

2.检查方法

检查内容"(1)"中的①、②、③、④、⑦、⑧项采用目测观察,核查产品出厂合格证和法定机构出具的有效证明文件等方法进行检查,⑤、⑥项对照设计文件,采用钢尺测量。检查内容"(2)"采用目测观察。

(三)阀驱动装置的现场检查

1.检查内容

(1)外观质量检查的具体内容有:①铭牌清晰、方向正确、牢固;②无碰撞变形及其他机械性损伤;③外露非机械加工表面保护涂层完好;④外露接口均设有防护堵、盖,且封闭良好,接口螺纹和法兰密封面无损伤。

(2)功能检查的具体内容如下:

①电磁驱动器的电源电压符合设计要求。电磁铁芯通电检查后行程能满足系统启动要求,且动作灵活,无卡阻现象。

②启动气体储瓶内压力不低于设计压力,且不超过设计压力的5%,设置在启动气体管道的单向阀启闭灵活,无卡阻现象。

③机械驱动装置传动灵活,无卡阻现象。

2.检查方法

检查内容(1)和(2)中的"①、③"项采用观察检查。检查内容(2)中的"②"项采用观察检查和用压力表测量。

第三节　系统组件安装调试与检测验收

考点一　系统组件的安装与技术检测

(一)干粉储存容器

在安装时,要注意安全防护装置的泄压方向不能朝向操作面;压力显示装置要方便人员观察和操作;阀门便于手动操作。

(二)驱动气体储瓶

驱动气体储瓶在安装前要检查瓶架是否固定牢固并做了防腐处理;检查集流管和驱动气体管道内腔,确保清洁无异物并坚固在瓶架上。

(三)干粉输送管道

干粉输送管道在安装前需清洁管道内部,避免油、水、泥沙或异物存留管道内。

(四)喷头

喷头在安装前,需逐个核对其型号、规格及喷孔方向是否符合设计要求。当安装在吊顶下时,喷头如果没有装饰罩,其连接管管端螺纹不能露出吊顶;如果带有装饰罩,装饰罩需紧贴吊顶安装。另外,喷头在安装时还应设有防护装置,以防灰尘或异物堵塞喷头。

对于储压型系统,当采用全淹没灭火系统时,喷头的最大安装高度不大于7m;当采用局部应用系统时,喷头最大安装高度不大于6m;对于储气瓶型系统,当采用全淹没灭火系统时,喷头的最大安装高度不大于8m;当采用局部应用系统时,喷头最大安装高度不大于7m。

(五)其他组件和管件

1.减压阀

(1)安装要求如下:

①减压阀的流向指示箭头与介质流动方向一致。

②压力显示装置安装在便于人员观察的位置。

(2)检查方法:观察检查。

2.选择阀

(1)安装要求如下:

①在操作面一侧安装选择阀操作手柄,当安装高度超过1.7m时,要采取便于操作的措施。

②选择阀上需设置标明防护区或保护对象名称或编号的永久性标志牌。

③选择阀的流向指示箭头与介质流动方向指向一致。

④选择阀采用螺纹连接时,其与管网连接处采用活接或法兰连接。

(2)检查方法:观察检查。

3.阀驱动装置

(1)安装要求如下:

①对于气动阀驱动装置,启动气体储瓶上需永久性标明对应防护区或保护对象的名称或编号。

②对于拉索式机械阀驱动装置,除必要外露部分外,拉索需采用经内外防腐处理的钢管防护,拉索转弯处采用专用导向滑轮,拉索末端拉手需设在专用的保护盒内,且拉索套管和保护盒固定牢靠。

③对于重力式机械阀驱动装置,需保证重物在下落行程中无阻挡,其下落行程需保证驱动所需距离,且不小于25mm。

(2)检查方法:观察检查和用尺测量。

考点二 系统试压和吹扫

1.系统试压、吹扫的基本要求

(1)经复查,埋地管道的位置及管道基础、支墩等符合设计文件要求。

(2)准备不少于2只的试压用压力表,精度不低于1.5级,量程为试验压力值的1.5~2.0倍。

(3)试压冲洗方案已获批准。

(4)隔离或者拆除不能参与试压的设备、仪表、阀门及附件;加设的临时盲板具有突出于法兰的边耳,且有明显标志,并对临时盲板数量、位置进行记录。

(5)采用生活用水进行水压试验和管网冲洗,不得使用海水或者含有腐蚀性化学物质的水进行试压试验、管网冲洗。

2.水压强度试验

(1)水压强度试验前,用温度计测试环境温度,确保环境温度不低于5℃,如果低于5℃,须采取必要的防冻措施,以确保水压试验正常进行。另外,还应在试验前对照设计文件核算试压试验压力,确保水压强度试验压力为1.5倍系统最大工作压力。

(2)水压强度试验时,其测试点选择在系统管网的最低点。

3.气压强度试验

当水压强度试验条件不具备时,可采用气压强度试验代替。气压强度试验压力取1.15倍系统最大工作压力。在试验前,用加压介质进行预试验,预试验压力为0.2MPa;试验时,逐步缓慢增加压力,当压力升至试验压力的50%时,如未发现异状或泄漏,继续按试验压力的10%逐级升压,每级稳压3min,直至试验压力;保压检查管道各处无变形,无泄漏为合格。气压试验可采用试压装置进行试验,目测观察管网外观和测压用压力表。

4.管网吹扫

干粉输送管道在水压强度试验合格后,在气密性试验前需进行吹扫。管网吹扫可采用压缩空气或氮气;吹扫时,管道末端的气体流速不小于20m/s。可采用白布检查,直至无铁锈、尘土、水渍及其他异物出现。

5.气密性试验

(1)干粉输送管道进行气密性试验时,对干粉输送管道,试验压力为水压强度试验压力的2/3;对气体输送管道,试验压力为气体最高工作储存压力。

(2)进行气密性试验时,应以不大于0.5MPa/s的升压速率缓慢升压至试验压力。关断试验气源3min内压力降不超过试验压力的10%为合格。

考点三　系统调试与现场功能测试

（一）模拟自动启动试验

1.试验方法

（1）将灭火控制器的启动信号输出端与相应的启动驱动装置连接，启动驱动装置与启动阀门的动作机构脱离。对于燃气型预制灭火装置，可以用一个启动电压、电流与燃气发火装置相同的负载，代替启动驱动装置。

（2）人工模拟火警使防护区内任意一个火灾探测器动作。

（3）观察探测器报警信号输出后，防护区的声光报警信号及联动设备动作是否正常。

（4）人工模拟火警使防护区内两个独立的火灾探测器动作。观察灭火控制器火警信号输出后，防护区的声光报警信号及联动设备动作是否正常。

2.判定标准

延时启动时符合设定时间；声光报警信号正常；联动设备动作正确；启动驱动装置（或负载）动作可靠。

（二）模拟手动启动试验

1.试验方法

（1）将灭火控制器的启动信号输出端与相应的启动驱动装置连接，启动驱动装置与启动阀门的动作机构脱离。

（2）分别按下灭火控制器的启动按钮和防护区外的手动启动按钮。观察防护区的声光报警信号及联动设备动作是否正常。

（3）按下手动启动按钮后，在延迟时间内再按下紧急停止按钮，观察灭火控制器启动信号是否终止。

2.判定标准

延时启动时符合设定时间；声光报警信号正常；联动设备动作正确；启动驱动装置（或负载）动作可靠。

（三）模拟喷放试验

1.试验要求

模拟喷放试验采用干粉灭火剂和自动启动方式，干粉用量不少于设计用量的30%；当现场条件不允许喷放干粉灭火剂时，可采用惰性气体。试验时应保证出口压力不低于设计压力。

2.试验方法

（1）启动驱动气体释放至干粉储存容器。

（2）容器内达到设计喷放压力并达到设定延时后，开启释放装置。

在模拟喷放完毕后，还需进行模拟切换试验，将系统的使用状态从主用量干粉储存容器切换为备用量干粉储存容器。

3.判定标准

延时启动时符合设定时间；有关声光报警信号正确；信号反馈装置动作正常；干粉输送管无明显晃动和机械性损坏；干粉或气体能喷入被试防护区内或保护对象上，且能从每个喷头喷出。

（四）干粉炮调试

1.试验要求

（1）采用液（气）压源作动力的干粉炮，其液（气）压源的实测工作压力，需符合产品使用说明书的要求。

（2）系统调试以氮气代替干粉进行联动试验。

（3）电动阀门全部调试。

（4）装有现场手动按钮的干粉炮灭火系统，现场手动按钮所控制的相应联动单元全部调试。

（5）无线遥控装置全部调试。

2.判定要求

（1）有反馈信号的电动阀门反馈信号准确、可靠。

（2）联动试验按设计的每个联动单元进行喷射试验时；其结果符合设计要求。

（3）装有现场手动按钮的干粉炮灭火系统，现场手动按钮按下后，系统按设计要求自动运行，其各项性能指标均达到设计要求。

（4）无线遥控装置的遥控距离符合设计要求；多台无线遥控装置同时使用时，没有相互干扰或被控设备误动作现象。

考点四 系统验收

（一）系统组件验收

1.干粉储存容器

（1）验收内容如下：

①干粉储存容器的数量、型号和规格，位置与固定方式，油漆和标志等。

②干粉灭火剂的类型、干粉充装量和干粉储存容器的安装质量。

（2）验收检查方法：观察或测量检查。

（3）合格判定标准：干粉储存容器的数量、型号和规格、位置与固定方式、油漆和标志、干粉充装量，以及干粉储存容器的安装质量符合设计要求。

2.驱动气体储瓶

（1）验收内容：①驱动气体储瓶的型号、规格和数量；②驱动气体储瓶充装量、充装压力和气体种类。

（2）验收检查方法：验收内容"①项"观察检查；验收内容"②项"观察和称重检查。

（3）合格判定标准：驱动气体储瓶型号、规格和数量以及充装量、充装压力符合设计要求。

3.集流管、驱动气体管道和减压阀

（1）验收内容：①规格、连接方式、布置及其安全防护装置的泄压方向；②集流管内腔清洁度；③支、框架牢固程度及防腐处理程度；④减压阀的流向指示箭头指向；⑤减压阀的压力显示装置安装位置。

（2）验收检查方法：观察或测量检查。

（3）合格判定标准：①集流管、驱动气体管道和减压阀的规格、连接方式、布置符合设计要求；②减压阀的压力显示装置位置便于人员观察；③集流管内腔清洁；④集流管和驱动气体管道固定牢固并做防腐处理；⑤减压阀的流向指示箭头与介质流动方向一致；压力显示装置安装位置便于人员观察。

4.阀驱动装置

（1）验收内容：①阀驱动装置的数量、型号、规格和标志,安装位置；②气动阀驱动装置中启动气体储瓶的介质名称和充装压力,以及启动气体管道的规格、布置和连接方式；③拉索式机械阀驱动装置的安装要求；④气动阀驱动装置的启动气体储瓶是否永久性标明对应防护区或保护对象的名称或编号。

（2）验收方法：观察或测量检查。

（3）合格判定标准：①阀驱动装置的数量、型号、规格和标志、安装位置符合设计要求；②气动阀驱动装置的启动气体储瓶上需永久性标明对应防护区或保护对象的名称或编号。③经检查,拉索式机械阀驱动装置的拉索除必要外露部分外,其他部分采用了经内外防腐处理的钢管防护；拉索转弯处设置有专用导向滑轮；拉索末端拉手设在专用的保护盒内；拉索套管和保护盒已固定牢靠。

5.管道

（1）验收内容：①管道的布置与连接方式；②支架和吊架的位置及间距；③穿过建筑构件及其变形缝的处理；④管道固定牢靠,管道末端采用了防晃支架固定,支架与末端喷头间的距离不大于500mm；⑤管道的外表面红色油漆涂覆。

穿过建筑构件及其变形缝的处理、各管段和附件的型号规格以及防腐处理和油漆颜色符合消防技术标准和设计要求；管道支、吊架的间距要符合表9.1所示的要求。

表9.1 管道支、吊架最大间距

DN(mm)	15	20	25	32	40	50	65	80	100
最大间距(m)	1.5	1.8	2.1	2.4	2.7	3.0	3.4	3.7	4.3

（2）验收方法：观察或测量检查。

（3）合格判定标准：管道的布置与连接方式、支架和吊架的位置及间距、穿过建筑构件及其变形缝的处理、各管段和附件的型号规格以及防腐处理和油漆颜色符合设计要求和安装要求。

6.喷头

（1）验收内容：①喷头的数量、型号、规格、安装位置和方向；②是否设有防止灰尘或异物堵塞的防护装置。

（2）验收方法：观察检查。

（3）合格判定标准：①喷头的数量、型号、规格、安装位置和方向符合相关设计标准和设计要求；②喷头设有防止灰尘或异物堵塞的防护装置。

7.启动气体储瓶和选择阀

（1）验收内容如下：

①启动气体储瓶和选择阀的机械应急手动操作处是否设有标明对应防护区或保护对象名称的永久标志。

②启动气体储瓶和选择阀是否加铅封的安全销,现场手动启动按钮是否有防护罩。

（2）验收方法：观察检查。

（3）合格判定标准如下：

①启动气体储瓶和选择阀的机械应急手动操作处设有标明对应防护区或保护对象名称的

永久标志。

②启动气体储瓶和选择阀加设了铅封的安全销,现场手动启动按钮设有防护罩。

(二)防护区或保护对象及储存间验收

1.验收内容

(1)防护区或保护对象的位置、用途、几何尺寸、开口、通风环境,可燃物种类与数量,防护区封闭结构等。

(2)安全设施(疏散通道、应急照明、标志指示、声光报警、通风排气、安全泄压等应符合有关规定)。

(3)干粉储存装置专用间的位置、通道、耐火等级、应急照明、火灾报警控制电源等。

(4)火灾报警控制系统及联动设备。

2.验收方法

观察检查、功能检查或核对设计要求。

3.合格判定标准

(1)防护区或保护对象的设置条件符合设计要求。

(2)防护区的疏散通道、疏散指示标志和应急照明装置、防护区内和入口处的声光报警装置、入口处的安全标志及干粉灭火剂喷放指示门灯、无窗或固定窗扇的地上防护区和地下防护区的排气装置和门窗设有密封条的防护区的泄压装置符合设计要求。

(3)储存装置间的位置、通道、耐火等级、应急照明装置及地下储存装置间机械排风装置符合设计要求。

(三)系统功能性验收

系统功能验收包括进行模拟启动试验验收、模拟喷放试验验收、和模拟主、备用电源切换试验,其试验方法和判定标准同功能测试相同。

第四节 系统维护管理

考点一 系统巡查

(一)巡查内容

①喷头外观及其周边障碍物等;②驱动气体储瓶、灭火剂储存装置、干粉输送管道、选择阀、阀驱动装置外观;③灭火控制器工作状态;④紧急启/停按钮、释放指示灯外观。

(二)巡查方法及要求

1.巡查方法

采用目测观察的方法,检查系统及其组件外观、阀门启闭状态、用电设备及其控制装置工作状态和压力监测装置(压力表)的工作情况。

2.要求

(1)喷头。①喷头外观无机械损伤,内外表面无污物;②喷头的安装位置和喷孔方向与设计要求一致。

(2)干粉储存容器。无碰撞变形及其他机械性损伤,表面保护涂层完好。

(3)管道。管道及管道附件的外观平整光滑,不能有碰撞、腐蚀。

(4)阀驱动装置。①电磁驱动装置的电气连接线沿固定灭火剂储存容器的支、框架或墙面固定;②电磁铁心动作灵活,无卡阻现象。

(5)选择阀。①选择阀操作手柄安装在操作面一侧且便于操作,高度不超过1.7m;②选择阀上设置标明防护区名称或编号的永久性标志牌,并将标志牌固定在操作手柄附近。

(6)集流管。①是否固定在支、框架上。支、框架是否固定牢靠;②装有泄压装置的集流管,泄压装置的泄压方向是否朝向操作面。

考点二 系统周期性检查维护

(一)日检查内容

1.检查项目及周期

每日至少检查1次的项目:①干粉储存装置外观;②灭火控制器运行情况;③启动气体储瓶和驱动气体储瓶压力。

2.检查内容

(1)干粉储存装置是否固定牢固,标志牌是否清晰等。

(2)启动气体储瓶和驱动气体储瓶压力是否符合设计要求。

(二)月检查内容

1.检查项目及周期

每月至少检查1次的项目:①干粉储存装置部件;②驱动气体储瓶充装量。

2.检查内容

(1)检查干粉储存装置部件是否有碰撞或机械性损伤,防护涂层是否完好;铭牌,标志,铅封应完好。

(2)对二氧化碳驱动气体储瓶逐个进行称重检查。

(三)年度检查内容

1.检查项目及周期

每年至少检查1次的项目:①防护区及干粉储存装置间;②管网,支架及喷放组件;③模拟启动检查。

2.检查内容

(1)防护区的疏散通道、疏散指示标志和应急照明装置、防护区内和入口处的声光报警装置、入口处的安全标志及干粉灭火剂喷放指示门灯、无窗或固定窗扇的地上防护区和地下防护区的排气装置和门窗设有密封条的防护区的泄压装置。

(2)管网,支架及喷放组件的检查内容为:

①干粉储存容器的数量、型号和规格,位置与固定方式,油漆和标志,干粉充装量,以及干粉储存容器的安装质量。

②选择阀及信号反馈装置的数量、型号、规格、位置、标志及其安装质量。

③阀驱动装置的数量、型号、规格和标志,安装位置,气动阀驱动装置中启动气体储瓶的介质名称和充装压力,以及启动气体管道的规格、布置和连接方式。

④灭火控制器及手动、自动转换开关,手动启动、停止按钮,喷放指示灯、声光报警装置等联动设备的设置。

⑤管道的布置与连接方式、支架和吊架的位置及间距、穿过建筑构件及其变形缝的处理、各管段和附件的型号规格以及防腐处理和油漆颜色。

⑥喷头的数量、型号、规格、安装位置和方向。

⑦集流管、驱动气体管道和减压阀的规格、连接方式、布置及其安全防护装置的泄压方向。

考点三　系统年度检测

(一)喷头

1.检测内容及要求

喷头数量、型号、规格、安装位置和方向符合设计文件要求,组件无碰撞变形或其它机械性损伤,有型号、规格的永久性标识。

2.检测步骤

对照设计文件查看喷头外观。

(二)储存装置

1.检测内容及要求

(1)驱动气瓶压力和干粉充装量符合设计要求。

(2)干粉储存容器的数量、型号和规格,位置与固定方式,油漆和标志符合设计要求。

2.检测步骤

(1)查看驱动气瓶压力表状况,并记录其压力值。

(2)对照设计文件查看干粉储存容器外观。

(三)功能性检测

1.检测内容及要求

①模拟干粉喷放功能检测;②模拟自动启动功能检测;③模拟手动启动/紧急停止功能检测;④备用瓶组切换功能检测。

2.检测步骤

(1)选择试验所需的干粉储存容器,并与驱动装置完全连接。

(2)拆除驱动装置的动作机构,接以启动电压相同、电流相同的负载。模拟火警,使防护区内1只探测动作,观察相关设备的动作是否正常(如声、光警报装置);模拟火警,使防护区内另1只探测动作,观察复合火警信号输出后相关设备的动作是否正常;人工使压力讯号器动作,观察放气指示灯是否点亮。

(3)拆除驱动装置的动作机构,接以启动电压相同、电流相同的负载,按下手动启动按钮,观察有关设备动作是否正常;人工使压力讯号器动作,观察放气指示灯是否点亮。重复自动模拟启动试验,在启动喷射延时阶段按下手动紧急停止按钮,观察自动灭火启动信号是否被中止。

(4)按说明书的操作方法,将系统使用状态从主用量灭火剂储存容器切换至备用量灭火剂储存容器的使用状态。

本章练习题

单项选择题

1. 下列不属于干粉炮灭火系统按其控制方式分类的是(　　)。
   A. 手动干粉炮　　　　　　　　　　B. 电控干粉炮
   C. 电－液控干粉炮　　　　　　　　D. 预制干粉灭火系统

2. 对同一规格的干粉储存容器和驱动气体储瓶,其高度差不超过(　　)mm。
   A. 5　　　　　B. 10　　　　　C. 15　　　　　D. 20

3. 管道末端采用防晃支架固定,支架与末端喷头间的距离不大于(　　)mm。
   A. 100　　　　B. 200　　　　C. 500　　　　D. 600

4. 对于重力式机械阀驱动装置,需保证重物在下落行程中无阻挡,其下落行程需保证驱动所需距离,且不小于(　　)mm。
   A. 15　　　　　B. 20　　　　　C. 25　　　　　D. 30

5. 干粉输送管道在水压强度试验合格后,在气密性试验前需进行吹扫。管网吹扫可采用压缩空气或氮气;吹扫时,管道末端的气体流速不小于(　　)m/s。
   A. 10　　　　　B. 15　　　　　C. 20　　　　　D. 30

参考答案

单项选择题

1. D　2. D　3. C　4. C　5. C

第十章 建筑灭火器配置

本章知识框架

建筑灭火器配置	安装设置	1.灭火器及灭火器箱现场检查(★☆☆☆☆) 2.灭火器安装设置(★★☆☆☆)
	竣工验收	1.消防产品质量保证文件合法性及产品一致性验收(★★☆☆☆) 2.灭火器配置验收(★★★☆☆) 3.灭火器安装设置质量验收(★★★☆☆) 4.建筑灭火器配置验收判定标准(★★★★☆)
	维护管理	1.灭火器日常管理(★★☆☆☆) 2.灭火器维修与报废(★★★☆☆)

第一节 安装设置

练一练

考点一 灭火器及灭火器箱现场检查

(一)灭火器及灭火器箱质量保证文件检查

1.检查内容

检查灭火器及其附件、灭火器箱符合市场准入规定的证明文件、出厂合格证、使用和维修说明;核查产品与市场准入文件、消防设计文件的一致性。

2.检查方法

查阅相关资料,与到场的灭火器及其附件、灭火器箱进行一致性核对。

3.合格判定标准

(1)各质量保证文件符合市场准入规定,具有法定消防产品检测机构型式检验合格的检验报告,校核其质量保证文件复印件,与原件一致无误、无涂改。

(2)每具灭火器及其附件均有使用说明书;并有灭火器维修、再充装时阅读生产厂家维修手册的提示。

(3)每具灭火器及其挂钩、托架等附件、灭火器箱、发光标志均有对应的出厂合格证。

(4)到场灭火器箱、灭火器及其配件的类型、规格、数量,以及灭火器的灭火级别等与经消防设计审核、备案检查合格的建设工程消防设计文件要求一致。

(5)到场灭火器、灭火器箱的外观、标志、规格型号、结构部件、材料、性能参数、生产厂名及其厂址等与其型式检验报告相一致。

（二）灭火器箱现场质量检查

1.外观标志检查

（1）检查内容。检查内容主要包括检查灭火器箱标志、铭牌、使用说明标识以及翻盖式灭火器箱开启标识。

（2）检查方法。目测检查外观标志内容，采用直尺测量文字标识尺寸。

（3）合格判定标准如下：

①单体类灭火器箱正面标注有中文"灭火器"和英文"Fire extinguisher"的标识；消火栓箱组合类灭火器分别在消火栓箱、灭火器箱正面标注有中文"消火栓"和英文"Fire hydrant"、"灭火器"和英文"Fire extinguisher"的标识；自救呼吸器组合类灭火器箱正面标注有中文"自救呼吸器"和英文"Respirator for self-rescue"，并在下方标注有中文"灭火器"和英文"Fire extinguisher"的标识；标识字体醒目、均匀、完整。

②灭火器箱正面粘贴发光标识。

③采用直尺测量字体尺寸，不得小于30mm×60mm（宽×高）。

④翻盖式灭火器箱在翻盖上标注有开启方向的表示。

⑤灭火器箱的正面右下角设置耐久性铭牌。

2.灭火器箱外观质量检查

（1）检查内容：检查灭火器箱机械加工质量、配件及零部件安装质量及其公差等。

（2）检查方法：目测检查灭火器箱机械加工质量，采用直尺、游标卡尺等测量零部件装配公差。

（3）合格判定标准如下：

①灭火器箱各表面无凹凸不平，箱体无烧穿、焊瘤、毛刺、铆印，冲压件表面无折皱等明显的机械加工缺陷。

②不耐腐蚀金属材料制造的灭火器箱表面防腐涂层光滑平整，色泽均匀，无留痕、龟裂、气泡、划痕、碰伤、剥落和锈迹等缺陷。

③灭火器箱箱体无歪斜、翘曲等变形，置地型灭火器箱在水平地面上不得有倾斜、摇晃等现象。

④经游标卡尺实测检查，翻盖式灭火器箱箱盖在正面凸出不超过20mm，在侧面不超过45mm，且均不小于15mm。

⑤开门式灭火器箱的箱门关闭到位后，与四周框面平齐，与箱框之间的间隙均匀平直，不影响箱门开启。

3.箱体结构及箱门(盖)开启性能检查

（1）检查内容：检查翻盖式灭火器箱结构、开门式灭火器箱箱门结构及其开启性能。

（2）检查方法：目测检查翻盖式灭火器箱结构、开门式灭火器箱箱门结构和开启性能，在箱门、箱盖垂直方向采用测力计测量其开启力度，采用量角器测力其开启角度。

（3）合格判定标准如下：

①翻盖式灭火器箱正面的上挡板在箱盖打开后能够翻转下落。

②经测力计实测检查，开启力不大于50N；箱门开启角度不小于165°，箱盖开启角度不小于100°。

③灭火器箱箱门、箱盖开启操作轻便灵活，无卡阻。

④开门式灭火器箱箱门设有箱门关紧装置,且无锁具。

(三)灭火器及其附件到场质量检查

1.外观标志检查

(1)检查内容:检查灭火器发光标志、铭牌、永久性钢印标识的内容,警示说明等。

(2)检查方法:在黑暗的环境中目测检查灭火器发光标志,目测检查灭火器铭牌、钢印标识、警示说明等。

(3)合格判定标准如下:

①灭火器上的发光标识,无明显缺陷和损伤,能够在黑暗中显示灭火器位置。

②二氧化碳灭火器在瓶体肩部打制的钢印清晰,排列整齐,钢印标记标注内容齐全。

③灭火器压力指示器表盘有灭火剂适用标识;指示器红区、黄区范围分别标有"再充装""超充装"字样。

④灭火器底圈或者劲圈等不受压位置的水压试验压力和生产日期等永久性钢印标识、钢印打制的生产连续序号等清晰。

⑤推车式灭火器采用旋转式喷射枪的,其枪体上标注有指示开启方法的永久性标识。

⑥经检查,灭火器认证标志、铭牌的主要内容要齐全。

2.外观质量检查

(1)检查内容:检查灭火器及其附件机械加工、外表涂层、贴花等质量。

(2)检查方法:目测检查灭火器及其附件外表涂层、电镀件表面。

(3)合格判定标准如下:

①灭火器筒体及其挂钩、托架等无明显缺陷和机械损伤。

②灭火器及其挂钩、托架等外表涂层色泽均匀,无龟裂、明显流痕、气泡、划痕、碰伤等缺陷;灭火器的电镀件表面无气泡、明显划痕、碰伤等缺陷。

3.结构检查

(1)检查内容:检查灭火器结构以及保险机构、器头(阀门)、压力指示器、喷射软管及喷嘴、推车式灭火器推行机构等装配质量。

(2)检查方法:目测检查灭火器结构及其附件装配质量,采用钢卷尺、直尺等测量其软管、推行装置等部件。

(3)合格判断标准如下:

①灭火器器头外观完好,无破损,且安装有保险装置,保险装置的铅封完好。

②除二氧化碳以外的储压式灭火器装有压力指示器。

③灭火器开启机构灵活、性能可靠,不得倒置开启和使用;提把和压把无机械损伤,即表面不得有毛刺、锐边等影响操作的缺陷。

④二氧化碳灭火器的阀门能够手动开启、自动关闭,且其器头设有保护装置,并要求保护装置要完好有效。

⑤3kg(L)以上充装量的配有喷射软管,手提式灭火器喷射软管的长度(不包括软管两端的接头)不得小于400mm,而推车式则不能小于4m。

⑥手提式灭火器装有间歇式喷射机构。

⑦推车式灭火器的行驶机构完好,推行时无卡阻;灭火器整体(轮子除外)最低位置与地

面之间的间距不小于100mm。

考点二 灭火器安装设置

(一)手提式灭火器安装设置要求

1.灭火器箱的安装

(1)灭火器箱不得被遮挡、上锁或者拴系。

(2)灭火器箱箱门开启方便灵活,开启后不得阻挡人员安全疏散。开门型灭火器箱的箱门开启角度不得小于165°,翻盖型灭火器箱的翻盖开启角度不得小于100°。

(3)嵌墙式灭火器箱的安装高度,按照手提式灭火器顶部与地面距离不大于1.50m,底部与地面距离不小于0.08m的要求确定。

2.灭火器挂钩、托架等附件安装

挂钩、托架安装后,能够承受5倍的手提式灭火器的静载荷,承载5min后,不出现松动、断裂等现象。挂钩、托架的安装高度满足手提式灭火器顶部与地面距离不大于1.50m,底部与地面距离不小于0.08m的要求。

(二)推车式灭火器的设置

推车式灭火器设置在平坦的场地上,不得设置在台阶、坡道等地方,其设置按照消防设计文件和安装说明实施。在没有外力作用下,推车式灭火器不得自行滑动,推车式灭火器的设置和防止自行滑动的固定措施等均不得影响其操作使用和正常行驶移动。

第二节 竣工验收

考点一 消防产品质量保证文件合法性及产品一致性验收

按照本章第一节第一项"灭火器及灭火器箱现场检查"中"(一)"的相关内容、方法和合格判定标准,对灭火器及其附件、灭火器箱的质量保证文件和产品的一致性进行验收检查。

考点二 灭火器配置验收

(一)验收检查的内容

(1)查验灭火器选型及基本配置要求。

(2)查验灭火器配置点设置、灭火器数量及其保护距离。

(二)验收检查方法

(1)灭火器基本配置。

(2)灭火器配置点设置及其保护距离。目测检查灭火器配置点的环境条件和灭火器放置方式,采用卷尺实地测量灭火器配置点之间以及与配置场所最不利点的距离。

(三)合格判定标准

1.灭火器基本配置

(1)通过对照检查,配置单元内的灭火器类型、规格、灭火级别和配置数量要符合消防设计审核、备案检查合格的消防设计文件的要求。

(2)经检查,经备案未确定为检查项目的,其灭火器类型与其场所的火灾种类相匹配;通过计算,其配置单元内灭火器铭牌上的规格、灭火级别和配置数量要符合国家标准,即《建筑灭火器配置设计规范》(GB 50140-2005)的规定;每个配置单元内灭火器数量不少于2具,每个设置点灭火器不多于5具;住宅楼每层公共部位建筑面积超过100m^2的,配置1具1A的手提式灭火器;每增加100m^2,增配1具1A的手提式灭火器。

(3)经核对,同一配置单元配置的不同类型灭火器,其灭火剂类型不属于不相容的灭火剂。

2.灭火器配置点及其保护距离

(1)经目测检查,灭火器配置点设在明显、便于灭火器取用,且不得影响安全疏散的地点。

(2)经实际测量,配置单元内灭火器的保护距离不小于本场所相对应的火灾类别、危险等级的场所的灭火器最大保护距离要求。

考点三 灭火器安装设置质量验收

(一)验收检查的内容

质量验收检查主要包括以下内容:
(1)抽查灭火器及其附件、灭火器箱安装质量。
(2)抽查灭火器及其附件、灭火器箱外观标志和外观质量。

(二)验收检查方法

采用目测观察的方法检查灭火器及其附件、灭火器箱的外观标志、外观质量、结构,采用直尺、卷尺、测力计等通用量具测量相关安装尺寸、承重能力等。

(三)合格判定标准

1.灭火器及其附件、灭火器箱外观标志和外观质量

(1)灭火器箱外观标志和外观质量检查符合本章第一节考点一"灭火器及灭火器箱现场检查"的第二款"灭火器箱现场质量检查"的"合格判定标准"的各项要求。

(2)灭火器外观标志和外观质量检查符合本章第一节考点一"灭火器及灭火器箱现场检查"的第三款"灭火器及其附件到场质量检查"的"合格判定标准"的各项要求。

2.抽查灭火器及其附件、灭火器箱安装质量

灭火器及其附件、灭火器箱安装质量检查符合本章第一节考点二"灭火器安装设置"的各条、款要求进行验收检查。

考点四 建筑灭火器配置验收判定标准

建筑灭火器配置验收按照单栋建筑独立验收,局部验收按照规定要求申报。验收项目缺陷划分为严重缺陷项(A)、重缺陷项(B)和轻缺陷项(C),灭火器配置验收的合格判定条件为:A=0,且B≤1,且B+C≤4;否则,验收评定为不合格。

第三节 维护管理

考点一 灭火器日常管理

(一)巡查

(1)巡查内容:主要包括灭火器配置点状况、灭火器数量、外观、维修标示以及灭火器压力指示器等。

(2)巡查周期:重点单位每天至少巡查1次,其他单位每周至少巡查1次。

(3)巡查要求:①灭火器数量符合安装配置图表要求,并且配置点及灭火器箱上有符合规定要求的发光指示标识;②灭火器数量符合配置安装要求,灭火器压力指示器指向绿区;③灭火器外观无明显损伤和缺陷;④经维修的灭火器其维修标识要符合规定。

(二)检查(测)

1.检查(测)内容

全面检查灭火器配置及外观,其检查内容详见表10.1所示。

表10.1 建筑灭火器检查(测)内容和要求

检查(测)内容		检查(测)要求
配置检查	灭火器配置方式及其附件性能	配置方式符合要求。手提式灭火器的挂钩、托架能够承受规定静载荷,无松动、脱落、断裂和明显变形;灭火器箱未上锁,箱内干燥、清洁;推车式灭火器未出现自行滑动。
	灭火器基本配置要求	灭火器类型、规格、灭火级别和数量符合配置要求;灭火器放置,铭牌朝外,器头向上。
	灭火器配置场所	配置场所的使用性质(可燃物种类、物态等)未发生变化;发生变化的,其灭火器进行了相应调整;特殊场所及室外配置的灭火器,设有防雨、防晒、防潮、防腐蚀等相应防护措施,且完好有效。
	灭火器配置点环境状况	配置点周围无障碍物、遮挡、拴系等影响灭火器使用的状况。
	灭火器维修与报废	符合规定维修条件、期限的已送修,维修标志符合规定;符合报废条件、报废期限的,已采用符合规定的灭火器等效替代。
外观检查	铭牌标志	灭火器铭牌清晰明了,无残缺;其灭火剂、驱动气体的种类、充装压力、总质量、灭火级别、制造厂名和生产日期或维修日期等标志及操作说明齐全、清晰。
	保险装置	保险装置的铅封、销闩等完好有效、未遗失。
	灭火器筒体外观	无明显的损伤(磕伤、划伤)、缺陷、锈蚀(特别是筒底和焊缝)、泄漏。
	喷射软管	完好,无明显龟裂,喷嘴不堵塞。
	压力指示装置	灭火器压力指示器与灭火器类型匹配,指针指向绿区范围内;二氧化碳灭火器和储气瓶式灭火器称重符合要求。
	其他零部件	其他零部件齐全,无松动、脱落或者损伤。
	使用状态	未开启、未喷射使用。

2.检查周期

灭火器的配置、外观等全面检查每月进行1次,候车(机、船)室、歌舞娱乐放映游艺等人员密集的公共场所以及堆场、罐区、石油化工装置区、加油站、锅炉房、地下室等场所配置的灭火器每半月检查1次。

3.检查(测)要求

灭火器的配置、外观等全面检查详见表10.1所示,灭火器检查时进行详细记录,并存档。经检查或者维修后的灭火器按照原配置点位置和配置要求放置。

考点二 灭火器维修与报废

(一)灭火器维修

1.维修手册的主要内容

(1)必要的说明、警告和提示。
(2)灭火器维修企业具备的条件和维修设备的要求、说明。
(3)关键零部件的说明。
(4)灭火器维修建议。
(5)灭火器易损零部件的名称、数量。

说明:对装有压力指示器的灭火器,注明其压力指示器不能作为充装压力时的计量工具;高压气瓶充装作业,强调必须使用调压阀。

2.报修条件及维修年限

使用达到如下年限的灭火器,建筑使用管理单位需要分批次向灭火器维修企业送修。
(1)手提式、推车式水基型灭火器出厂期满3年,首次维修以后每满1年。
(2)手提式、推车式干粉灭火器、洁净气体灭火器、二氧化碳灭火器出厂期满5年;首次维修以后每满2年。

当送修灭火器时,一次送修数量不得超过计算单元配置灭火器总数量的1/4。超出时,需要选择相同类型、相同操作方法的灭火器替代,且其灭火级别不得小于原配置灭火器的灭火级别。

3.维修标识和维修记录

(1)维修标识。每具灭火器维修后,经维修出厂检验合格,维修人员在灭火器筒体上粘贴维修合格证。
(2)维修记录。维修记录主要包括使用单位、制造商名称、出厂时间、型号规格、维修编号、检验项目及检验数据、配件更换情况、维修后总质量、钢瓶序列号、维修人员、检验人员等内容。

(二)灭火器报废

灭火器报废分为4种情形:列入国家颁布的淘汰目录的灭火器;达到报废年限的灭火器;使用中出现严重损伤或者重大缺陷的灭火器;维修时发现存在严重损伤、缺陷的灭火器。

1.列入国家颁布的淘汰目录的灭火器

下列类型的灭火器,有的因灭火器剂具有强腐蚀性、毒性,有的因操作需要倒置,使用时对操作人员具有一定的危险性,已列入国家颁布的淘汰目录,一经发现均予以报废处理:

(1)化学泡沫型灭火器。
(2)酸碱型灭火器。
(3)国家政策明令淘汰的其他类型灭火器。
(4)倒置使用型灭火器。
(5)1211灭火器、1301灭火器。
(6)氯溴甲烷、四氯化碳灭火器。

2.灭火器报废年限

手提式、推车式灭火器出厂时间达到或者超过下列规定期限的,均予以报废处理:
(1)二氧化碳灭火器出厂期满12年。
(2)水基型灭火器出厂期满6年。
(3)干粉灭火器、洁净气体灭火器出厂期满10年。

3.存在严重损伤、缺陷的灭火器

灭火器存在下列情形之一的,予以报废处理:
(1)筒体、器头有锡焊、铜焊或者补缀等修补痕迹的。
(2)被火烧过的。
(3)筒体严重锈蚀(漆皮大面积脱落,锈蚀面积大于筒体总面积的三分之一,表面产生凹坑者)或者连接部位、筒底严重锈蚀的。
(4)筒体存在平底等不合理结构的。
(5)手提式灭火器没有间歇喷射机构的。
(6)筒体明显变形,机械损伤严重的。
(7)器头存在裂纹、无泄压机构等缺陷的。
(8)没有生产厂名称和出厂年月的(包括铭牌脱落,或者铭牌上的生产厂名称模糊不清,或者出厂年月钢印无法识别的)。

(三)灭火器维修步骤及技术要求

1.拆卸

灭火器拆卸过程中,维修人员要严格按照操作规程,采用安全的拆卸方法,采取必要的安全保护措施拆卸灭火器,当确认灭火器内部无压力时,可拆卸器头或者阀门。灭火剂分别倒入相应的废品储罐内另行处理;在清理灭火器内残留的灭火剂时,要防止不同灭火剂的混杂污染。

2.水压试验

(1)试验压力:灭火器筒体和驱动气体储气瓶按照生产企业规定的试验压力进行水压试验。
(2)试验要求:水压试验时不得有泄漏、破裂以及反映结构强度缺陷的可见性变形;二氧化碳灭火器钢瓶的残余变形率不得大于3%。

3.筒体清洗和干燥

经水压试验合格的灭火器筒体,首先对其内部清洗干净。清洗时,不得使用有机溶剂洗涤灭火器的零部件。而后,对所有非水基型灭火器筒体进行内部干燥,以确保空灭火器内部洁净干燥。

4.零部件更换

(1)水压试验合格的筒体,铭牌完整,若有局部漆皮脱落的,需要进行补漆,补漆后要确保漆膜光滑、平整、色泽一致,无气泡、流痕、皱纹等缺陷,涂漆不得覆盖铭牌。

(2)要求更换具有严重损伤、变形、锈蚀等影响使用的缺陷的灭火器压把、提把等金属件;更换存在肉眼可见缺陷的储气瓶式灭火器的顶针。

(3)要求更换变形、变色、老化或者断裂的橡胶、塑料件;更换密封片、密封垫等密封零件,确保符合密封要求。

(4)要求更换具有变形、开裂、损伤等缺陷的喷嘴和喷射软管,并确保防尘盖在灭火剂喷出时能够自行脱落或者击碎。

(5)要求更换具有外表面变形、损伤等缺陷、压力值显示不正常、示值误差不符合规定的压力指示器,并确保更换后的压力指示器与原压力指示器的类型、20℃时工作压力、三色区示值范围一致。

(6)要求更换具有弯折、堵塞、损伤和裂纹等缺陷的灭火器虹吸管、储气瓶式灭火器出气管。

(7)要求更换已损坏的水基型、泡沫型灭火器的滤网。

(8)要求更换水压试验不合格、永久性标识设置不符合规定的储气瓶,并将原储气瓶作报废处理;更换不符合规定要求的二氧化碳灭火器、储气瓶的超压保护装置。

(9)要求更换车用灭火器制造商规定的专用配件。

(10)要求更换已损坏的推车式灭火器的车轮和车架组件的固定单元、喷射软管的固定装置。

5.再充装

(1)再充装所使用的灭火剂为原生产企业提供、推荐的相同型号规格的灭火剂产品。

(2)当二氧化碳灭火器再充装时,不得采用加热法,也不得以压力水为驱动力将二氧化碳灭火剂从储存气瓶中充装到灭火器内。

(3)ABC干粉、BC干粉充装设备分别独立设置,要与充装场地完全分隔开。不同种类干粉不得混合,不得相互污染。

(4)洁净气体灭火器只能按照铭牌上规定的灭火剂和剂量进行再充装。

(5)可再充装型储压式灭火器按照其灭火器铭牌上所规定的充装压力要求进行再充装。在充压时,不得用灭火器压力指示器作为计量器具,并根据环境温度变化调整充装压力。

(6)储压式干粉灭火器和洁净气体灭火器可选用露点低于-55℃的工业用氮气、纯度99.5%以上的二氧化碳、不含水分的压缩空气等作为驱动气体,但要与灭火器铭牌、储气瓶上标识的种类一致。

本章练习题

单项选择题

1.门与框最大间隙不超过(　　)mm。
　A.1.5　　　　　B.2.5　　　　　C.3.5　　　　　D.4.5

2.储压式干粉灭火器和洁净气体灭火器可选用露点低于-55℃的工业用氮气、纯度(　　)%以上的二氧化碳、不含水分的压缩空气等作为驱动气体。
　A.85.5　　　　B.89.5　　　　C.95.5　　　　D.99.5

3.3kg(L)以上充装量的配有喷射软管,经钢卷尺测量,手提式灭火器喷射软管的长度(不包括软管两端的接头)不得小于(　　)mm。
　A.100　　　　B.200　　　　C.400　　　　D.500

4. 关于灭火器的报废年限正确的是( )。
   A. 水基型灭火器出厂期满 6 年
   B. 水基型灭火器出厂期满 10 年
   C. 二氧化碳灭火器出厂期满 6 年
   D. 二氧化碳灭火器出厂期满 10 年
5. 推车式灭火器的行驶机构完好,有足够的通过性能,推行时无卡阻;经直尺实际测量,灭火器整体(轮子除外)最低位置与地面之间的间距不小于( )mm。
   A. 50   B. 100   C. 150   D. 200

单项选择题
1. B 2. D 3. C 4. A 5. B

第十一章 防烟排烟系统

本章知识框架

防烟排烟系统	系统构成	1.系统分类(★☆☆☆☆) 2.系统构成(★☆☆☆☆)
	系统组件(设备)安装前检查	1.质量控制文件检查(★★☆☆☆) 2.现场检验(★★★☆☆)
	系统的安装检测与调试	1.系统的安装与技术检测(★★☆☆☆) 2.系统的调试(★★★☆☆)
	系统验收	1.验收资料查验(★★☆☆☆) 2.观感质量检查(★★☆☆☆) 3.现场抽样检查及功能性测试(★★★★☆) 4.合格判定(★☆☆☆☆)
	系统维护管理	1.系统日常巡查(★★☆☆☆) 2.系统周期性检查维护(★★☆☆☆)

第一节 系统构成

考点一 系统分类

防烟排烟系统按照其控烟机理,分为防烟系统和排烟系统,通常称为防烟设施和排烟设施。防烟设施分为机械加压送风的防烟设施和可开启外窗的自然排烟设施;排烟设施分为机械排烟设施和可开启外窗的自然排烟设施。

考点二 系统构成

(一)防烟系统

1.机械加压送风的防烟设施

(1)加压送风机。一般采用中、低压离心风机、混流风机或轴流风机。加压送风管道采用不燃材料制作。

(2)加压送风口。加压送风口分为自垂百叶式、常开式和常闭式。其中,自垂百叶式平时靠百叶重力自行关闭,加压时自行开启,常用于防烟楼梯间;常开式即普通的固定叶片式百叶风口;常闭式采用手动或电动开启,常用于前室或合用前室。

2.可开启外窗的自然防烟设施

通常指位于防烟楼梯间及其前室、消防电梯前室或合用前室外墙上的洞口或便于人工开启的普通外窗,可开启外窗的开启面积以及开启的便利性都有相应的要求。

(二)排烟系统

1.机械排烟设施

(1)排烟风机。排烟风机与加压送风机的不同之处在于:排烟风机应保证在280℃的环境条件下能连续工作不少于30min。

(2)排烟管道。排烟管道采用不燃材料制作,并应采取隔热防火措施或与可燃物保持不小于150mm的距离。

(3)排烟防火阀。安装在机械排烟系统的管道上,平时呈开启状态,火灾时当排烟管道内温度达到280℃时关闭,并在一定时间内能满足漏烟量和耐火完整性要求,起隔烟阻火作用的阀门。

(4)排烟口。安装在机械排烟系统的风管(风道)侧壁上作为烟气吸入口,平时呈关闭状态并满足允许漏风量要求,火灾或需要排烟时手动或电动打开,起排烟作用的阀门,外加带有装饰口或进行过装饰处理的阀门称为排烟口。

(5)挡烟垂壁。挡烟垂壁是用于分隔防烟分区的装置或设施,可分为固定式或活动式。

2.可开启外窗的自然排烟设施

包括常见的便于人工开启的普通外窗,以及专门为高大空间自然排烟而设置的自动排烟窗。

第二节 系统组件(设备)安装前检查

考点一 质量控制文件检查

(一)检查内容

(1)系统组件、设备、材料的铭牌、标志、出厂产品合格证、消防产品的符合法定市场准入规则。

(2)风机、正压送风口、防火阀、排烟阀等系统主要组件、设备经国家消防产品质量监督检验中心检测合格的法定检测报告。

(二)检查方法及要求

对照到场组件、设备、材料的规格型号,查验、核对其出厂合格证、质量认证证书、法定检测机构的检测合格报告等质量控制文件是否齐全、有效,比对复印件与原件是否一致。

考点二 现场检验

(一)检查内容及要求

1.风管检查

(1)风管的材料品种、规格、厚度都要符合设计要求和国家现行的标准。当采用金属风管且设计无要求时,钢板或镀锌钢板的厚度应符合表11.1所示的规定。

表 11.1 钢板风管板材厚度

风管直径 D 或长边尺寸 b(mm)	送风系统(mm) 圆形风管	送风系统(mm) 矩形风管	排烟系统(mm)
$D(b) \leqslant 320$	0.50	0.50	0.75
$320 < D(b) \leqslant 450$	0.60	0.60	0.75
$450 < D(b) \leqslant 630$	0.75	0.60	0.75
$630 < D(b) \leqslant 1000$	0.75	0.75	1.00
$1000 < D(b) \leqslant 1250$	1.00	1.00	1.00
$1250 < D(b) \leqslant 2000$	1.20	1.00	1.20
$2000 < D(b) \leqslant 4000$	按设计	1.20	按设计

(2)有耐火极限要求的风管的本体、框架与固定材料、密封垫料等必须为不燃材料,材料品种、规格、厚度及耐火极限等应符合设计要求和国家现行标准的规定。

2.风管部件检查规定

(1)要求防烟、排烟系统柔性短管的制作材料必须为不燃材料。

(2)要求排烟防火阀、送风口、排烟阀(口)等符合有关消防产品标准的规定,并且其规格、型号应符合设计要求,手动开启灵活、关闭可靠严密。

(3)要求电动防火阀、送风口和排烟阀(口)的驱动装置,动作应可靠,并且在最大工作压力下工作正常。

3.风机检查要求

要求符合产品标准的规定,排烟风机符合有关消防产品标准的规定,而且其型号、规格应符合设计要求,出口方向正确。

4.活动挡烟垂壁及其电动驱动装置和控制装置检查要求

要求符合有关消防产品标准的规定,且其型号、规格应符合设计要求,动作可靠。

5.自动排烟窗的驱动装置和控制装置检查要求

符合设计要求且动作可靠。

(二)检查方法

测试,观察检查,查验产品的质量合格证明文件、符合国家市场准入要求的检验报告。

第三节 系统的安装检测与调试

考点一 系统的安装与技术检测

(一)风管的安装与检测

1.金属风管的制作和连接

(1)风管采用法兰连接时,风管法兰材料规格按表 11.2 所示的选用,其螺栓孔的间距不得大于 150mm,矩形风管法兰四角处应设有螺孔。

表 11.2　风管法兰及螺栓规格

风管直径 D 或风管长边尺寸 b(mm)	法兰材料规格(mm)	螺栓规格
D(b)≤630	25×3	M6
630<D(b)≤1500	30×3	M8
1500<D(b)≤2500	40×4	M8
2500<D(b)≤4000	50×5	M10

(2)板材应采用咬口连接或铆接,除镀锌钢板及含有复合保护层的钢板外,板厚不得大于1.5mm 的可采用焊接。

(3)风管应以板材连接的密封为主,可辅以密封胶嵌缝或其它方法密封,密封面宜设在风管的正压侧。

(4)排烟风管的隔热层应采用厚度不小于 40mm 的不燃绝热材料(如矿棉、岩棉、硅酸铝等),绝热材料的施工及风管加固、导流片的设置应按国家标准《通风与空调工程施工质量验收规范》(GB 50243-2002)的有关规定执行。

检查方法:尺量、观察检查。

2.非金属风管的制作和连接

(1)非金属风管的材料品种、规格、性能与厚度等应符合设计和现行国家产品标准的规定。

(2)法兰的规格应符合表 11.3 所示的规定,且其螺栓孔的间距不得大于 120mm。

表 11.3　非金属风管法兰规格

风管边长 b(mm)	材料规格(宽×厚)(mm)	连接螺栓
b≤400	30×4	M8
400<b≤1000	40×6	M8
1000<b≤2000	50×8	M10

(3)无机玻璃钢风管的玻璃布,必须无碱或中碱,层数应符合国家标准《通风与空调工程施工质量验收规范》(GB 50243-2002)的规定,风管的表面不得出现泛卤或严重泛霜。

(4)采用套管连接时,套管厚度不小于风管板材的厚度。

检查方法:尺量、观察检查。

3.风管的安装与检测

(1)要求风管的规格、安装位置、标高、走向应符合设计要求,现场风管的安装,不得缩小接口的有效截面。

(2)要求风管接口的连接应严密、牢固,垫片厚度不应小于 3mm,不应凸入管内和法兰外;要求排烟风管法兰垫片应为不燃材料,薄钢板法兰风管应采用螺栓连接。

(3)要求风管与砖、混凝土风道的连接接口,应顺着气流方向插入,并应采取密封措施。

(4)要求风管吊/支架的安装应按国家标准《通风与空调工程施工质量验收规范》(GB 50243-2002)的有关规定执行。

(5)当风管穿越隔墙或楼板时,风管与隔墙之间的空隙,应采用水泥砂浆等不燃材料严密填塞。

(6)要求风管与风机的连接宜采用法兰连接,或采用不燃材料的柔性短管连接。

(7)当风管与风机连接若有转弯处宜加装导流叶片,来保证气流顺畅。

(8)要求吊顶内的排烟管道应采用不燃材料隔热,并应与可燃物保持不小于150mm的距离。
检查方法:核对材料,尺量、观察检查。

4.风道的施工与检测

砖、混凝土风道的灰缝应饱满,内表面水泥砂浆面层应平整、无裂缝,不应漏风、渗水,风道的截面面积、变形缝应符合设计要求。

(二)部件的安装与检测

1.防火阀、排烟防火阀

(1)手动和电动装置应灵活、可靠,且阀门应关闭严密。
(2)安装的方向、位置应正确,阀门顺气流方向关闭,防火分区隔墙两侧的防火阀,距墙端面不应大于200mm。
(3)应设独立的支吊架,当风管采用不燃材料防火隔热时,阀门安装处应有明显标识。
检查方法:尺量、观察及动作检查。

2.送风口、排烟阀(口)

(1)安装位置应符合设计要求,并应固定牢靠,表面平整、不变形,调节灵活。
(2)常闭送风口、排烟阀(口)的手动驱动装置应固定安装在明显可见、距楼地面1.3~1.5m之间且便于操作的位置,预埋套管不得有死弯及瘪陷,手动驱动装置操作应灵活。
(3)排烟口距可燃物或可燃构件的距离不应小于1.5m。
检查方法:尺量、观察及操作检查。

3.挡烟垂壁

(1)要求型号、规格、下垂的长度和安装位置都应符合设计要求。
(2)活动挡烟垂壁的手动操作按钮应固定安装在便于操作、明显可见处距楼地面1.3~1.5m之间。
(3)活动挡烟垂壁与建筑结构(柱或墙)面的缝隙不应大于60mm,若由两块或两块以上的挡烟垂帘组成的连续性挡烟垂壁时,各块之间不应有缝隙,且搭接宽度不应小于100mm。
检查方法:依据设计图核对,尺量、动作检查。

4.排烟窗

(1)排烟窗的安装应牢固、可靠,符合有关门窗施工验收规范要求,并开启、关闭灵活。
(2)排烟窗的型号、规格和安装位置应符合设计要求。
(3)自动排烟窗驱动装置的安装应符合设计和产品技术文件要求,并应灵活、可靠。
(4)手动开启机构或按钮应固定安装在距楼地面1.3~1.5m之间,并便于操作、明显可见。

(三)风机的安装与检测

1.安装与检测要求

(1)风机外壳至墙壁或其它设备的距离不应小于600mm。
(2)风机的型号、规格应符合设计规定。
(3)吊装风机的支吊架应焊接牢固、安装可靠,其结构形式和外形尺寸应符合设计或设备技术文件要求。
(4)应设在混凝土或钢架基础上,并不设减振装置;若排烟系统与通风空调系统共用需要设置减振装置时,不应使用橡胶减振装置。
(5)风机驱动装置的外露部位必须装设防护罩;直通大气的进、出风口必须装设防护网或采取其他安全设施,并应设防雨措施。

2.检查方法

主要的检查方法是依据设计图核对、观察检查。

考点二　系统的调试

(一)单机调试

1.防火阀、排烟防火阀的调试

(1)模拟火灾,相应区域火灾报警后,同一防火区域内阀门应联动关闭。

(2)进行手动关闭、复位试验,阀门动作应灵敏、可靠,关闭应严密。

(3)阀门关闭后应能联动相应的风机停止。

(4)阀门关闭后的状态信号应能反馈到消防控制室。

检查方法:动作检查,观察、记录。

2.送风口、排烟阀(口)的调试

(1)模拟火灾,相应区域火灾报警后,同一防火区域内阀门应联动开启。

(2)进行手动开启、复位试验,阀门动作应灵敏、可靠,远距离控制机构的脱扣钢丝连接应不松弛、不脱落。

(3)阀门开启后应能联动相应的风机启动。

(4)阀门开启后的状态信号应能反馈到消防控制室。

检查方法:动作检查,观察、记录。

3.活动挡烟垂壁的调试

(1)模拟火灾,相应区域火灾报警后,同一防火区域内挡烟垂壁应联动下降到设计高度。

(2)手动操作挡烟垂壁按钮进行开启、复位试验,挡烟垂壁应灵敏、可靠地启动与到位后停止,下降高度符合设计要求。

(3)挡烟垂壁下降到设计高度后应能将状态信号反馈到消防控制室。

检查方法:动作检查,观察、记录。

4.自动排烟窗的调试

(1)模拟火灾,相应区域火灾报警后,同一防火区域内排烟窗应能联动开启。

(2)手动操作排烟窗按钮进行开启、关闭试验,排烟窗动作应灵敏、可靠,完全开启时间应符合设计。

(3)排烟窗完全开启后,状态信号应反馈到消防控制室。

检查方法:动作检查,观察、记录。

5.送风机、排烟风机的调试

(1)核对风机的铭牌值,并测定风机的风量、风压、电流和电压,其结果应与设计相符。

(2)手动开启风机,风机应正常运转2.0h,叶轮旋转方向应正确、运转平稳、无异常振动与声响。

(3)在消防控制室手动控制风机的启动、停止;风机的启动、停止状态信号应能反馈到消防控制室。

检查方法:观察、测定、试运转记录及查阅有关文件。

6.机械加压送风系统的调试

根据设计模式,开启送风机,分别在系统的不同位置打开送风口,测试送风口处的风速,以及楼梯间、前室、合用前室、消防电梯前室、封闭避难层(间)的余压值,是否达到设计要求。

检查方法:观察、测定、试运转记录及查阅有关文件。

7.机械排烟系统的调试

根据设计模式,开启排烟风机和相应的排烟阀(口),测试风机排烟量和排烟阀(口)处的风速达到设计要求;测试机械排烟系统,还要开启补风机和相应的补风口,测试送风口处的风量值和风速应到设计要求。

检查方法:观察、测定、试运转记录及查阅有关文件。

(二)联动调试

1.机械加压送风系统的联动调试

(1)当任何一个常闭送风口开启时,送风机均能联动启动。

(2)与火灾自动报警系统联动调试。当火灾报警后,应启动有关部位的送风口、送风机,启动的送风口、送风机应与设计和规范要求一致,其状态信号能反馈到消防控制室。

检查方法:观察、测定、记录。

2.机械排烟系统的联动调试

(1)当任何一个常闭排烟阀(口)开启时,排烟风机均能联动启动。

(2)有补风要求的机械排烟场所,当火灾报警后,补风系统应启动。

(3)与火灾自动报警系统联动调试。当火灾报警后,机械排烟系统应启动有关部位的排烟阀(口)、排烟风机;启动的排烟阀(口)、排烟风机应与设计和规范要求一致,其状态信号应反馈到消防控制室。

(4)排烟系统与通风、空调系统合用,当火灾报警后,由通风、空调系统转换排烟系统的时间应符合国家标准《通风与空调工程施工质量验收规范》(GB 50243-2002)的规定。

检查方法:观察、测定、记录。

3.自动排烟窗的联动调试

在火灾报警后联动开启到符合要求的位置,其状态信号应反馈到消防控制室。

检查方法:观察、测定、记录。

4.活动挡烟垂壁的调试

在火灾报警后联动下降到设计高度,其状态信号应反馈到消防控制室。

检查方法:观察、测定、记录。

 **第四节 系统验收**

考点一 验收资料查验

1.查验内容

查验内容包括:①竣工验收申请报告及施工图、设计说明书、设计变更通知书和设计审核意见书、竣工图;②主要材料、设备、成品的出厂质量合格证明及进场检(试)验报告;③隐蔽工程检查验收记录以及工程设备、部件、风管(道)系统安装及检验记录;④风管(道)试验记录;⑤设备单机试运转记录;⑥联动调试记录;⑦工程划分表;⑧观感质量综合验收记录及安全和功能检验资料的核查记录。

2.检查方法

查验相关资料、记录。

考点二 观感质量检查

1.检查要求

（1）要求风管表面应平整、无损坏；接管合理，风管的连接以及风管与设备或组件的连接，无明显缺陷。

（2）要求风管、管道的软性接管位置要符合设计要求，接管正确、牢固，自然无强扭变形。

（3）要求风管、部件及管道的支、吊架型式、位置及间距应符合本规范要求。

（4）要求防火及排烟阀、送风及排烟口等关闭严密，动作可靠。

（5）要求风机、电动排烟窗的安装应正确牢固。

2.检查方法

尺量、观察检查。

考点三 现场抽样检查及功能性测试

1.系统设备手动功能验收

（1）送风口、排烟阀（口）应能正常手动开启和复位，阀门关闭严密，动作信号应在消防控制室显示。

（2）送风机、排烟风机应能正常手动启动和停止，状态信号应在消防控制室显示。

（3）活动挡烟垂壁、自动排烟窗应能正常手动开启和复位，动作信号应在消防控制室显示。

2.设备联动功能验收

火灾报警后，根据设计模式，相应系统及部位的送风机启动、送风口开启，排烟风机启动、排烟阀（口）开启，自动排烟窗开启到符合要求的位置，活动挡烟垂壁下降到设计高度，有补风要求的补风机、补风口开启；各部件、设备动作状态信号在消防控制室显示。

检查方法：动作检查。

3.自然通风及自然排烟验收

下列项目布置方式和主要性能参数达到设计和规范要求：

（1）需要排烟的房间可开启外窗的面积。

（2）内走道可开启外窗的面积。

（3）防烟楼梯间及其前室、消防电梯前室、合用前室可开启外窗的面积。

（4）中庭可开启的顶窗和侧窗的面积。

（5）避难层（间）可开启外窗或百叶窗的面积。

检查方法：尺量。

4.机械防烟系统的主要性能参数验收

在验收机械防烟系统的主要性能时，主要的验收检查操作如下：

（1）任选一层模拟火灾，打开送风口，联动启动加压送风机，当封闭楼梯间、防烟楼梯间、前室、合用前室、消防电梯前室及封闭避难层（间）门全闭时，测试该层的防烟楼梯间、前室、合用前室、消防电梯前室及封闭避难层（间）的余压。余压的大概要求有：①从走廊到前室再到楼梯间的余压值应依次呈递增分布；②前室、合用前室、消防电梯前室、封闭避难层（间）与走道之间的压差应符合要求；③封闭楼梯间、防烟楼梯间与走道间压差应符合要求。

（2）打开模拟着火楼层前室、合用前室、消防电梯前室的防火门，对于地上楼梯间，当机械加压送风系统负担层数小于15层时，同时打开模拟着火楼层及其上一层楼梯间的防火门；当机械加压送风系统负担层数大于等于 15 层时,同时打开模拟着火楼层及其上、下一层楼梯间的防火门;对于地下楼梯间,同时打开模拟着火楼层楼梯间的防火门;测试各门洞处的风速不应小于 0.7m/s。

检查方法:动作检查、测定、查阅有关文件、记录。

5.机械排烟系统的主要性能参数验收

在验收机械排烟系统的主要性能时,主要对下列部位的排烟量、排烟口的风速进行检查测试,且要符合如下的设计要求:①内走道排烟量;②需要排烟的房间排烟量;③中庭的排烟量;④地下车库的排烟量。

检查方法:动作检查、测定、查阅有关文件、记录。

6.补风设施的验收

在验收补风设施时,主要测试补风量、补风口的风速且要符合相关的设计要求。

检查方法:动作检查、测定、查阅有关文件、记录。

考点四 合格判定

验收资料完整、观感质量检查合格、现场进行的抽样检查及系统功能性测试合格,可判定为合格。

第五节 系统维护管理

考点一 系统日常巡查

1.系统组(部)件状态要求

(1)防烟排烟系统能否正常使用与系统各组件、配件的日常监控时的现场状态密切相关,机械防烟、排烟系统应始终保持正常运行,不得随意断电或中断。

(2)正常工作状态下,正压送风机、排烟风机、通风空调风机电控柜等受控设备应处于自动控制状态。

(3)消防控制室应能显示系统的手动、自动工作状态及系统内的防烟排烟风机、防火阀、排烟防火阀的动作状态。

2.系统日常巡查要求

(1)查看机械加压送风系统、机械排烟系统控制柜的标志、仪表、指示灯、开关和控制按钮;用按钮启停每台风机,查看仪表及指示灯显示。

(2)查看送风阀、排烟阀、排烟防火阀、电动排烟窗的外观;手动、电动开启,手动复位,动作和信号反馈情况。

(3)查看机械加压送风系统、机械排烟系统风机的外观和标志牌;在控制室远程手动启、停风机,查看运行及信号反馈情况。

考点二 系统周期性检查维护

1.每月检查内容及要求

(1)挡烟垂壁。手动或自动启动、复位试验,有无升降障碍。

(2)排烟窗。手动或自动启动、复位实验,检查有无开关障碍,每月检查供电线路有无老化,双回路自动切换电源功能等。

(3)防烟、排烟风机。手动或自动启动试运转,检查有无锈蚀、螺丝松动。

2.半年检查内容及要求

(1)排烟阀(口)。手动或自动启动、复位试验检查,有无变形、锈蚀及弹簧性能,确认性能可靠。

(2)排烟防火阀。检查内容及要求同(1)。

(3)送风阀(口)。检查内容及要求同(1)。

(4)防火阀。检查内容及要求同(1)。

3.每年检查要求

(1)检查内容及要求:每年对所安装全部防烟排烟系统进行1次联动试验和性能检测,其联动功能和性能参数应符合原设计要求。

(2)检查方法:检查方法可按照第三节"系统的安装检测与调试"中关于"联动调试"的相关要求进行。

本章练习题

单项选择题

1. 下列不属于加压送风口分类的是( )。
   A. 常开式　　　　B. 常闭式　　　　C. 自垂百叶式　　　　D. 半闭式

2. 每年对所安装全部防烟排烟系统进行( )次联动试验和性能检测,其联动功能和性能参数应符合原设计要求。
   A. 1　　　　B. 2　　　　C. 3　　　　D. 4

3. 排烟风机与加压送风机的不同在于:排烟风机应保证在280℃的环境条件下能连续工作不少于( )min。
   A. 15　　　　B. 30　　　　C. 45　　　　D. 60

4. 风机外壳至墙壁或其它设备的距离不应小于( )mm。
   A. 200　　　　B. 300　　　　C. 500　　　　D. 600

5. 测试各门洞处的风速不应小于( )m/s。
   A. 0.5　　　　B. 0.6　　　　C. 0.7　　　　D. 0.8

单项选择题

1.D　2.A　3.B　4.D　5.C

第十二章 消防用电设备的供配电与电气防火

本章知识框架

消防用电设备的供配电与电气防火	消防用电设备供配电系统	1. 供配电系统的设置(★☆☆☆☆) 2. 消防用电设备供电线路的敷设(★☆☆☆☆) 3. 消防用电设备供电线路的防火封堵措施(★★☆☆☆)
	电气防火要求及技术措施	1. 防火的检查内容(★☆☆☆☆) 2. 防火措施的检查(★★★☆☆) 3. 电气装置和设备的维护方法(★★☆☆☆)

第一节　消防用电设备供配电系统

考点一　供配电系统设置

1.配电装置检查

消防用电设备的配电装置,应设置在建筑物的电源进线处或配变电所处,应急电源配电装置要与主电源配电装置分开设置。

2.启动装置检查

当消防用电负荷为一级时,应设置自动启动装置,并在主电源断电后30s内供电;当消防负荷为二级且采用自动启动方式有困难时,可采用手动启动装置。

3.自动切换功能检查

消防水泵、消防电梯、防烟及排烟风机等消防用电设备的两个供电回路,应在最末一级配电箱处进行自动切换。

考点二　消防用电设备供电线路的敷设

(1)采用明敷设、吊顶内敷设或架空地板内敷设时,要穿防火涂料等防火措施的金属导管或封闭式金属线槽保护。

(2)当线路暗敷设时,要穿金属导管或难燃性刚性塑料导管保护,并要敷设在不燃烧结构内,保护层厚度不要小于30mm。

(3)当采用难燃性电缆或有机绝缘耐火电缆时,在电气竖井内或电缆沟内敷设可不穿导管保护,但应采取与非消防用电缆隔离的措施。

211

(4)当采用矿物绝缘电缆时,可直接采用明敷设或在吊顶内敷设。

考点三 消防用电设备供电线路的防火封堵措施

(一)防火封堵的部位检查

消防用电设备供电线路在电缆隧道、电缆桥架、电缆竖井、封闭式母线、线槽安装等处时,在下列情况下应采取防火封堵措施:①穿越不同的防火分区;②沿竖井垂直敷设穿越楼板处;③管线进出竖井处;④电缆隧道、电缆沟、电缆间的隔墙处;⑤穿越建筑物的外墙处;⑥至建筑物的入口处,至配电间、控制室的沟道入口处;⑦电缆引至配电箱、柜或控制屏、台的开孔部位。

(二)防火封堵的检查内容

1.电缆隧道

有人通过的电缆隧道,应在预留孔洞的上部采用膨胀型防火钢板进行加固;预留的孔洞过大时,应采用槽钢或角钢进行加固,将孔洞缩小后方可加装防火封堵系统;防火密封胶直接接触电缆时,封堵材料不得含有腐蚀电缆表皮的化学元素;无机堵料封堵表面光洁、无粉化、硬化、开裂等缺陷;防火涂料表面应光洁、厚度应均匀。

2.电气柜

电气柜孔应采用矿棉板加膨胀型防火堵料组合的防火封堵,先根据需封堵孔洞的大小估算出溶重为160kg/m³以上的矿棉板使用量,并根据电缆数量裁出适当大小的孔;孔洞底部应铺设厚度为50mm的矿棉板,孔隙口及电缆周围应填塞矿棉,并应采用膨胀型防火密封胶进行密实封堵。固定矿棉板、矿棉板与楼板之间应采用弹性防火密封胶封边,防火封堵系统与电缆之间应采用膨胀型防火密封胶封堵,密封胶厚度突出防火封堵系统面不应小于13mm。

3.无机堵料

(1)无机堵料应用于电缆沟、电缆隧道应由室外进入室内处;长距离电缆沟每隔50m处;电缆穿阻火墙应使用防火灰泥加膨胀型防火堵料组合的阻火墙。

(2)采用无机堵料(防火灰泥、或耐火砖)堆砌,其厚度不应小于200mm(根据产品的性能而定);阻火墙内部的电缆周围必须采用不小于13mm的防火密封胶进行包裹,阻火墙底部必须留有两个排水孔洞,排水孔洞处可利用砖块砌筑;阻火墙两侧的电缆周围应采用防火密封胶进行密实分隔包裹,其两侧厚度应大于阻火墙表层13mm,阻火墙外侧电缆用防火涂料涂刷,涂刷长度为1m。

4.电缆竖井

电缆竖井应采用矿棉板加膨胀型防火堵料组合成的膨胀型防火封堵系统,防火封堵系统的耐火极限不应低于楼板的耐火极限;封堵处应采用角钢或槽钢托架进行加固,应能承载检修人员的荷载,角钢或槽钢托架应采用防火涂料处理;封堵垂直段竖井时,在封堵处上方,应使用溶重为160kg/m³以上的矿棉板,并在矿棉板上开好电缆孔,防火封堵系统与竖井之间应采用膨胀型防火密封胶封边,系统与电缆的其他空间之间应采用膨胀型防火密封胶封堵,密封胶厚度突出防火封堵系统面不应小于13mm,贯穿电缆横截面应小于贯穿孔洞的40%。

5.电缆涂料

防火封堵系统两侧电缆应采用电缆涂料,电缆涂料的涂覆位置应在阻火墙两端和电力电缆接头两侧的1~2m长区段;使用燃烧等级为非A级电缆的隧道(沟),在封堵完成后,孔洞两侧电缆涂刷防火涂料长度不应小于1m,干涂层厚度不应小于1mm。使用燃烧等级为非A级电缆的竖井,每层均应封堵。竖井穿楼板时应先在穿楼板处进行封堵,并应无缝隙。在常温条件下或火灾温度达到200℃时,烟雾渗透应小于1CPF(即28.3185L/min)。

第二节　电气防火要求及技术措施

考点一　防火的检查内容

1.平面布置

(1)室外变、配电装置距堆场、可燃液体储罐和甲、乙类厂房库房不应小于25m;距其它建筑物不应小于10m;距液化石油气罐不应小于35m;石油化工装置的变、配电室还应布置在装置的一侧,并位于爆炸危险区范围以外。

(2)户内电压为10kV以上、总油量为60kg以下的充油设备,可安装在两侧有隔板的间隔内;总油量为60~600kg者,应安装在有防爆隔墙的间隔内;总油量为600kg以上者,应安装在单独的防爆间隔内。

2.环境

(1)消除或减少爆炸性混合物。

(2)消除引燃物。

3.保护

爆炸和火灾危险场所内的电气设备的金属外壳应可靠地接地(或接零)。

考点二　防火措施的检查

(一)变、配电装置防火措施的检查

1.变压器保护

(1)变压器应设置短路保护装置,当发生事故时,能及时切断电源。

(2)变压器高压侧还可通过采用过电流继电器来进行短路保护和过载保护。根据变压器运行情况、容量大小、电压等级,还应设置气体保护、差动保护、温度保护、低电压保护、过电压保护等设施。

2.短路防护措施

(1)短路防护电器的遮断容量不应小于其安装位置处的预期短路电流。

(2)被保护回路内任一点发生短路时,防护电器都应在被保护回路的导体温度上升到允许限值前切断电源。

3.防止雷击措施

为防止雷击,在变压器的架空线引入电源侧,应安装避雷器,并设有一定的保护间隙。

4.接地措施

(1)保护接零方式:适用于中性点有良好接地的低压配电系统;统一的保护方式:适用于城市公用电网;保护接地方式:适用于所有农村配电网络。

(2)在中性点不接地的低压配电网络中,采用保护接地。高压电气设备,一般实行保护接地。

5.剩余电流保护装置

(1)在安装带有短路保护的漏电保护器时,必须保证在电弧喷出方向有足够的飞弧距离。

(2)注意剩余电流保护装置的工作条件。在高温、低温、高湿、多尘以及有腐蚀性气体的环境中使用时,应采取必要的辅助保护措施,以防剩余电流保护装置不能正常工作或损坏。

(3)剩余电流保护装置的漏电、过载和短路保护特性均由制造厂调整好,不允许用户自行调节。

6.过电流保护措施

(1)防护电器的额定电流或整定电流不应小于回路的计算负载电流。

(2)防护电器的额定电流或整定电流不应大于回路的允许持续载流量。

(3)保证防护电器有效动作的电流不应大于回路载流量的1.45倍。

(二)低压配电和控制电器防火措施的检查

1.概述

(1)核对控制电器的铭牌和设备,检查设备的接线,对于出现的问题应及时处理。

(2)低压配电与控制电器的导线绝缘应无老化、腐蚀和损伤现象;同一端子上导线连接不应多于2根,且2根导线线径相同,防松垫圈等部件齐全;进出线接线正确;接线应采用铜质或有电镀金属层防锈的螺栓和螺钉连接,连接应牢固,要有防松装置,电连接点应无过热、锈蚀、烧伤、熔焊等痕迹;金属外壳、框架的接零(PEN)或接地(PE),连接可靠;套管、瓷件外部无破损、裂纹痕迹。

(3)低压配电与控制电器安装区域,无渗漏水现象。低压配电与控制电器的灭弧装置应完好无损。电器间绝缘电阻不应小于5MΩ。

2.刀开关

降低接触电阻以防止发热过度。采用电阻率和抗压强度低的材料制造触头。利用弹簧或弹簧垫等,增加触头接触面间的压力。

3.组合开关

应在开关加装能切断三相电源的控制开关及熔断器。

4.断路器

在断路器投入使用前应将各磁铁工作面的防锈油脂抹净,以免影响磁系统的动作;长期未使用的灭弧室,在使用前应先烘一次,以保证良好的绝缘;监听断路器在运行中有无不正常声响。

5.接触器

安装、接线时要防止螺钉、垫片等零件落入接触器内部造成卡住或短路现象;各接点需保证牢固无松动。检查无误后,应进行试验,确认动作可靠后再投入使用。使用前应先在不接通主触头的情况下使吸引线圈通电,分合数次,以检查接触器动作是否确实可靠。针对接触器频繁分、合的工作特点,应每月检查维修一次接触器各部件,紧固各接点,及时更换损坏的零件。

6.启动器

定期检查触头表面状况,若发现触头表面粗糙,应以细锉修整,切忌以砂纸打磨。对于充油式产品的触头,应在油箱外修整,以免油被污染,使其绝缘强度降低。对于手动式减压启动器,当电动机运行时因失电压而停转时,应及时将手柄扳回停止位置,以防电压恢复后电动机自行全压起动,必要时另装一个失电压脱扣器。

7.继电器

（1）继电器要安装在少震、少尘、干燥的场所，现场严禁有易燃、易爆物品存在。安装完毕后必须检查各部分接点是否牢固、触点接触是否良好、有无绝缘损坏等，确认安装无误后方可投入运行。

（2）由于控制继电器的动作十分频繁，因此必须做到每月至少检修2次。

（三）电气线路防火措施的检查

1.预防电气线路短路的措施

预防电气线路短路的措施主要有：①必须严格执行电气装置安装规程和技术管理规程，坚决禁止非电工人员安装、修理；②要根据导线使用的具体环境选用不同类型的导线，正确选择配电方式；③安装线路时，电线之间、电线与建筑构件或树木之间要保持一定距离；④在距地面2m高以内的电线，应用钢管或硬质塑料保护，以防绝缘遭受损坏；⑤在线路上应按规定安装断路器或熔断器，以便在线路发生短路时能及时、可靠地切断电源。

2.预防电气线路过负荷的措施

预防电气线路过负荷的措施主要有：①根据负载情况，选择合适的电线；②严禁滥用铜丝、铁丝代替熔断器的熔丝；③不准乱拉电线和接入过多或功率过大的电气设备；④应根据线路负荷的变化及时更换适宜容量的导线；⑤可根据生产程序和需要，采取排列先后控制使用的方法，把用电时间调开，以使线路不超过负荷。

3.预防电气线路接触电阻过大的措施

预防电气线路接触电阻过大的措施主要有：①导线与导线、导线与电气设备的连接必须牢固可靠；②铜、铝线相接，宜采用铜铝过渡接头，也可采用在铜线接头处搪锡；③通过较大电流的接头，应采用油质或氧焊接头，在连接时加弹力片后拧紧；④要定期检查和检测接头，防止接触电阻增大，对重要的连接接头要加强监视。

4.屋内布线的设置要求

设计安装屋内线路时，要根据使用电气设备的环境特点，正确选择导线类型；明敷绝缘导线要防止绝缘受损引起危险，在使用过程中要经常检查、维修；布线时，导线与导线之间、导线的固定点之间，要保持合适的距离；为防止机械损伤，绝缘导线穿过墙壁或可燃建筑构件时，应穿过砌在墙内的绝缘管，每根管宜只穿一根导线，绝缘管（瓷管）两端的出线口伸出墙面的距离宜不小于10mm，这样可以防止导线与墙壁接触，以免墙壁潮湿而产生漏电等现象；沿烟囱、烟道等发热构件表面敷设导线时，应采用石棉、玻璃丝、瓷珠、瓷管等材料作为绝缘的耐热线。

（四）插座与照明开关

（1）当直接、交流或不同电压等级的插头安装在同一场所时，应有明显的区别，应选用不同结构、不同规格和不可互换的插座，配套的插头应按直流、交流和不同电压等级区别使用。

（2）同一建筑物、构筑物的照明开关应采用同一系列的产品，开关的通断位置一致，操作灵活、接触可靠；插座、照明开关靠近高温物体、可燃物或安装在可燃结构上时，应采取隔热、散热等保护措施。

（3）导线与插座或开关连接处应牢固可靠，螺丝应压紧无松动，面板无松动或破损。在使用Ⅰ类电器的场所，必须设置带有保护线触头的电源插座，并将该触头与保护地线（PE线）连成电气通路。车间及试（实）验室的插座安装高度距地面不小于0.3m；特殊场所暗装的插座高度距地面不小于0.15m。

(4)非临时用电,不宜使用移动式插座。当使用移动式插座时,电源线要采用铜芯电缆或护套软线;具有保护接地线(PE线);禁止放置在可燃物上;禁止串接使用;严禁超容量使用。

(五)照明器具

(1)卤素灯、60W以上的白炽灯等高温照明灯具不应设置在火灾危险性场所。产生腐蚀性气体的蓄电池室等场所应采用密闭型灯具。在有尘埃的场所,应按防尘的保护等级分类选择合适的灯具。重要场所的大型灯具,应安装防玻璃罩破裂后向下飞溅的措施。

(2)库房照明宜采用投光灯采光。

(3)一般不宜将超过60W的白炽灯、卤素灯、荧光高压汞灯等照明灯具(包括镇流器)不应安装在可燃材料和可燃构件上,聚光灯的聚光点不应落在可燃物上。嵌入顶棚内的灯具,灯头引线应采用柔性金属管保护,其保护长度不宜超过1m。

(4)聚光灯、回光灯不应安装在可燃基座上,贴近灯头的引出线应用高温线或瓷套管保护,配线接点必须设在金属接线盒内。

(5)照明灯具与可燃物之间的安全距离应符合表12.1中规定的数值。

表12.1 照明灯具与可燃物之间的安全距离

灯具种类	安全距离
普通灯具	不应小于0.3m
高温灯具(聚光灯、碘钨灯等)	不应小于0.5m
影剧院、礼堂用的面光灯、耳光灯	不应小于0.5m
容量为100~500W的灯具	不应小于0.5m
容量为500~2000W的灯具	不应小于0.7m
容量为2000W以上的灯具	不应小于1.2m

(6)当安全距离不够时,应采取隔热、散热等防火保护措施。

(7)照明灯具上所装的灯泡,不应超过灯具的额定功率。

(8)节日彩灯的检查应符合以下规定:

①建筑物顶部彩灯采用有防雨性能的专用灯具,灯罩要拧紧。

②彩灯连接线路应采用绝缘铜导线,导线截面积应满足载流量要求,且不应小于2.5mm^2,灯头线不应小于1.0mm^2。

③彩灯供电线路应采用橡胶多股铜芯软导线,截面不应小于4.0mm^2,垂直敷设时,对地面的距离不小于3.0m。

④彩灯的电源除统一控制外,每个支路应有单独控制开关和熔断器保护,导线的支持物应安装牢固。

⑤悬挂式彩灯应采用防水吊线灯头,灯头线与干线的连接应牢固绝缘包扎紧密。

(六)电动机

(1)电动机应安装在牢固的机座上,机座周围应有适当的通道,与其它低压带电体、可燃物之间的距离不应小于1.0m,并应保持干燥清洁。电动机外壳接地应牢固可靠、完好无损。

电动机应装设短路保护和接地故障保护，并应根据具体情况分别装设过载保护、断相保护和低电压保护。

（2）电动机控制设备的电气元器件外观应整洁，外壳应无破裂，零部件齐全，各接线端子及紧固件应无缺损、锈蚀等现象；电气元器件的触头应无熔焊粘连变形和严重氧化等痕迹；端子上的所有接线应压接牢固，接触应良好，不应有松动、脱落现象。

（七）电热器具

（1）超过3kW的固定式电热器具应采用单独回路供电，电源线应装设短路、过载及接地故障保护电器；导线和热元件的接线处应紧固，引入线处应采用耐高温的绝缘材料予以保护；电热器具周围0.5m以内不应放置可燃物；电热器具的电源线，装设刀开关和短路保护电器处，其可触及的外露导电部分应接地。

（2）低于3kW以下的可移动式电热器放置在工作台须是不燃材料制作的，电热器应采用专用插座，与周围可燃物应保持0.3m以上的距离，并采用石棉、瓷管等耐高温绝缘套管保护其引出线。

（3）工业用大型电热设备，应设置在一、二级耐火建筑内，小型电热设备应单独设在非燃烧材料的室内，并应采取通风散热、排风和防爆泄压措施；为防止线路过载，最好采用单独的供电线路，供电线路应采用耐火耐热绝缘材料的电线电缆，并装设熔断器等保护装置；应装设有温度、时间等控制和报警装置，并应严格控制运行时间和温度。

（4）小型电热设备和电热器具在使用和管理上，要注意防火安全。

（八）空调器具

（1）空调器具应单独供电，电源线应设置短路、过载保护。空调不要靠近窗帘、门帘等悬挂物，以免卷入电机而使电机发热起火；由于空调不具备防雷功能，雷雨天气时，最好不要使用空调；其电源插头的容量不应大于插座的容量且匹配。

（2）空调器具不应安装在可燃结构上，其设备与周围可燃物的距离不应小于0.3m。

（九）家用电器

（1）电冰箱及电视机等电器不要短时间内连续切断、接通电源；保证电冰箱后部干燥通风，切勿在电冰箱后面塞放可燃物。

（2）电视机应保证良好的通风，若长期不用，尤其在雨季，要每隔一段时间使用几小时，用电视机自身发出的热量来驱散机内的潮气；室外天线或共用天线的避雷器要有良好的接地，雷雨天气时尽量不要使用室外天线。

（3）电热毯第一次使用或长期搁置后再使用，应在有人监视的情况下先通电1h左右，检查是否安全；折叠电热毯不要固定位置；不要在沙发上、席梦思上和钢丝床上使用直线型电热线电热毯，这种电热毯只宜在木板床上使用；避免电热毯与人体接触，不能在电热毯上只铺一层床单，以防人体的揉搓，使电热毯堆集打褶，导致局部过热或电线损坏，发生事故。

考点三 电气装置和设备的维护方法

（1）温度。电气装置和设备在异常情况下必然会出现异常的温度，因此，温度的检测是安全维护一个非常重要的方面。

（2）绝缘电阻。绝缘电阻值反映电气装置和设备的绝缘能力，绝缘电阻值下降，说明绝缘老化,可能会出现过热、短路等故障,容易引起火灾事故。

(3)接地电阻。接地电阻是反映接地系统好坏的一个重要指标,对于防雷、防爆、防静电场所尤为重要。

(4)谐波分量及中性线过载电流。

(5)火花放电。火花放电可以导致火灾的发生,准确掌握火花放电部位是预防电气火灾的前提,用超声波检测仪可以检测出电器设备内部火花放电现象。

本章练习题

单项选择题

1. 每个分支回路所供的设备不要超过( )台,总设计容量不要超过( )kW。
　　A.4、10　　　　B.5、10　　　　C.4、11　　　　D.5、11

2. 空调器具不应安装在可燃结构上,其设备与周围可燃物的距离不应小于( )m。
　　A.0.2　　　　B.0.3　　　　C.0.4　　　　D.0.5

3. 当线路暗敷设时,要穿金属导管或难燃性刚性塑料导管保护,并要敷设在不燃烧结构内,保护层厚度不要小于( )mm。
　　A.10　　　　B.20　　　　C.30　　　　D.40

4. 室外变、配电装置距堆场、可燃液体储罐和甲、乙类厂房库房不应小于( )m。
　　A.10　　　　B.15　　　　C.25　　　　D.35

5. 电器相间绝缘电阻不应小于( )MΩ。
　　A.4　　　　B.5　　　　C.6　　　　D.7

参考答案

单项选择题

1.B　2.B　3.C　4.C　5.B

第十三章
消防应急照明和疏散指示系统

本章知识框架

消防应急照明和疏散指示系统	系统分类与构成	1. 自带电源非集中控制型(★☆☆☆☆) 2. 自带电源集中控制型(★☆☆☆☆) 3. 集中电源非集中控制型(★☆☆☆☆) 4. 集中电源集中控制型(★☆☆☆☆)
	系统安装与调试	1. 系统安装(★★☆☆☆) 2. 系统调试(★★★☆☆)
	系统检测与维护	1. 系统检测(★★★☆☆) 2. 系统维护管理(★★☆☆☆)

 **第一节　系统分类与构成**

● **考点　系统分类与构成**

消防应急照明和疏散指示系统按控制方式可分为非集中控制型系统和集中控制型系统；按应急电源的实现方式可分为自带电源型系统和集中电源型系统。综合以上2种分类方式，可将消防应急照明和疏散指标系统分为以下4种：

①自带电源非集中控制型；②自带电源集中控制型；③集中电源非集中控制型；④集中电源集中控制型。

 **第二节　系统安装与调试**

● **考点一　系统安装**

(一)一般要求

(1)消防应急灯具与供电线路之间不能使用插头连接。

(2)消防应急灯具应安装牢固，消防应急标志灯具周围要保证无遮挡物。

(3)消防应急照明灯具安装时，在正面迎向人员疏散方向，应有防止造成眩光的措施。

(4)消防应急灯具吊装时宜使用金属吊管,吊管上端应固定在建筑物实体或构件上。

(5)消防应急灯具宜安装在不燃烧墙体和不燃烧装修材料上。

(6)作为辅助指示的蓄光型标志牌只能安装在与标志灯具指示方向相同的路线上,但不能代替标志灯具。

(二)系统主要组件安装

1.消防应急标志灯具的安装

(1)安装在地面上时,灯具的所有金属构件应采用耐腐蚀构件或做防腐处理,电源连接和控制线连接应采用密封胶密封,标志灯具表面应与地面平行,与地面高度差不宜大于3mm,与地面接触边缘不宜大于1mm。

(2)低位安装在疏散走道及其转角处时,应安装在距地面(楼面)1m以下的墙上,标志表面应与墙面平行,凸出墙面的部分不应有尖锐角及伸出的固定件。

(3)在顶部安装时,尽量不要吸顶安装,灯具上边与顶棚距离宜大于200mm。

(4)在人员密集的大型室内公共场所的疏散走道和主要疏散线路上设置的保持视觉连续的消防应急标志灯具在安装时,箭头指示方向或导向光流流动方向应与疏散方向一致。

2.消防应急照明灯具的安装

(1)消防应急照明灯具吊装时,要采用金属吊杆或吊链,吊杆或吊链上端应固定在建筑结构件上。

(2)消防应急照明灯具应均匀布置,最好安装在棚顶或距楼地面2m以上的侧面墙上。

(3)消防应急照明灯具在侧面墙上顶部安装时,其底部距地面距离不得低于2m,在距地面1m以下侧面墙上安装时,应采用嵌入式安装,其凸出墙面最大水平距离不应超过20mm,且应保证光线照射在安装灯具的水平线以下;不得安装在地面或1~2m之间侧面墙上。

3.应急照明配电箱和分配电装置的安装

(1)应急照明配电箱和分配电装置落地安装时宜高出地面50mm以上,屏前和屏后的通道最小宽度应符合《低压配电设计规范》(GB 50054-2011)中的规定。

(2)应急照明配电箱和分配电装置安装在墙上时,其底边距地面高度宜为1.3~1.5m,靠近门轴的侧面距墙不应小于0.5m,正面操作距离不应小于1.0m。

4.应急电源盒与配套的安装

(1)吊装时,应采用金属吊杆或吊链,吊杆或吊链上端应固定在建筑结构件上。

(2)安装在吊顶内时,手动试验装置应安装在能够操作的位置,吊顶处应能打开,并在吊顶下表面设有明显的标识。

(3)应急电源盒与灯具间的连接线应采用焊接或压接方式。

5.应急照明集中电源的安装

(1)应急照明集中电源的安装场所应无腐蚀性气体、蒸汽、易燃物及尘土。

(2)应急照明集中电源落地安装时,宜高出地面150mm以上,屏前和屏后的通道应能够满足更换电池的需求。

6.应急照明控制器的安装

(1)应急照明控制器的控制线路要单独穿管。

(2)应急照明控制器应安装牢固,不得倾斜,安装在轻质墙上时,应采取加固措施。

（3）应急照明控制器的主电源要有明显标志，并应直接与消防电源连接，严禁使用电源插头。应急照明控制器与其外接备用电源之间应直接连接。接地应牢固，并应有明显标志。

（4）应急照明控制器在墙上安装时，应急照明控制器的底边距地（楼）面高度为 1.3～1.5m，靠近门或侧墙安装时应保证应急照明控制器门的正常开关，正面操作距离不应小于 1.2m；落地安装时，其底边宜高出地坪 0.1～0.2m。

7.疏散指示标志牌的安装

（1）疏散指示标志牌要安装在疏散走道和主要疏散路线的地面时，其指示的疏散方向应与标志灯具指示方向相同，安装间距不应大于 1.5m。

（2）疏散指示标志牌安装在地面上时，只能采用镶嵌式工艺，其安装后应平整、牢固。

（3）疏散指示标志牌安装固定应牢固，无破损。

8.电线电缆选择与线路敷设

（1）应急照明集中电源的输出支路和集中控制型系统的控制线路在竖井内敷设、且与竖井内的燃烧性能为 B_1 级以下电线电缆之间没有防火分隔时，应选择燃烧性能为 A 级的电线电缆；有防火分隔时，可选择燃烧性能为 B_1 级的电线电缆。

（2）应急照明分配电装置的输出线路和集中控制型系统的控制线路选择燃烧性能为 B_1 级电线电缆时，应穿金属管保护；也可敷设在燃烧性能为同级别的电缆桥架或线槽中；选择燃烧性能为 A 级电线电缆时，可明敷。

（3）地面安装或潮湿场所安装时，灯具的供电线路和控制线路，均应选择耐腐蚀的橡胶电缆，接线处应有防腐蚀和防潮处理。

（4）不同电压等级的线缆不应穿入同一根保护管内，当合用同一线槽时，线槽内应有金属隔板分隔。

（5）系统的配电支线应采用铜芯导线，控制线路应采用多股铜芯导线。

考点二　系统调试

（一）消防应急标志灯具和消防应急照明灯具的调试

（1）采用目测的方法检查消防应急标志灯具安装位置和标志信息上的箭头指示方向是否与实际疏散方向相符。

（2）操作试验按钮或其他试验装置，消防应急灯具应转入应急工作状态。

（3）在黑暗条件下，使照明灯具转入应急状态，用照度计测量地面的最低水平照度，该照度值应符合设计要求。

（4）逐个切断各区域应急照明配电箱或应急照明集中电源的分配电装置，该配电箱或分配电装置供电的消防应急灯具应在 5s 内转入应急工作状态。

（5）断开连续充电 24h 的消防应急灯具电源，使消防应急灯具转入应急工作状态，同时用秒表开始记时；消防应急灯具主电指示灯应处于非点亮状态，应急工作时间应不小于本身标称的应急工作时间。

（6）使顺序闪亮形成导向光流的标志灯具转入应急工作状态，目测其光流导向应与设计的疏散方向相同。

（7）使有语音指示的标志灯具转入应急工作状态，其语音应与设计相符。

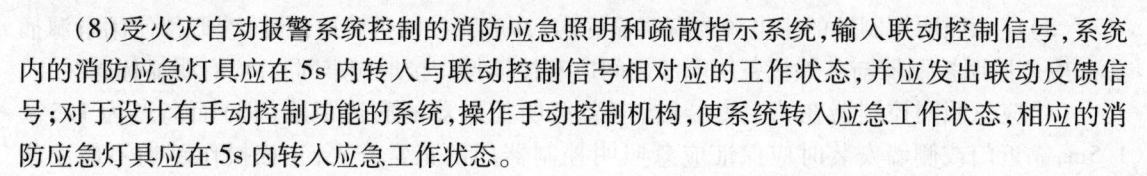

（8）受火灾自动报警系统控制的消防应急照明和疏散指示系统，输入联动控制信号，系统内的消防应急灯具应在5s内转入与联动控制信号相对应的工作状态，并应发出联动反馈信号；对于设计有手动控制功能的系统，操作手动控制机构，使系统转入应急工作状态，相应的消防应急灯具应在5s内转入应急工作状态。

（二）应急照明集中电源的调试

（1）分别操作集中电源使其处于主电工作和应急工作状态下，观察应急照明集中电源的主电电压、电池电压、输出电压和输出电流，主电显示和充电显示灯状态是否与生产企业的说明书相符。

（2）当操作手动应急转换控制机构时，观察应急照明集中电源和该电源供电的所有消防应急灯具要转入应急工作状态的情况。

（3）当断开主电电源时，应急照明集中电源和该电源供电的所有消防应急灯具均应能转入应急工作状态，应急工作时间应不小于本身标称的应急工作时间。

（三）应急照明控制器的调试

（1）检查应急照明控制器的防止非专业人员操作的功能。

（2）操作控制功能，应急照明控制器应能控制任何消防应急灯具从主电工作状态转入应急工作状态，并应有相应的状态指示和消防应急灯具转入应急状态的时间。

（3）断开任一消防应急灯具与应急照明控制器间连线，应急照明控制器应发出声、光故障信号，并显示故障部位，故障存在期间，操作应急照明控制器，应能控制与此故障无关的消防应急灯具转入应急工作状态。

（4）断开应急照明控制器的主电源，使应急照明控制器由备电工作，应急照明控制器在备电工作时各种控制功能应不受影响，备电工作时间不小于应急照明持续时间的3倍，且不小于2h。

（5）关闭应急照明控制器的主程序，系统内的消防应急灯具应能按设计的联动逻辑转入应急工作状态。

（四）系统功能调试

1.非集中控制型系统功能调试

（1）当分别操作集中应急电源的手动转换控制装置和模拟消防联动集中电源型系统的集中应急电源或应急照明分配电装置时，系统应能转入应急工作状态。

（2）当分别操作应急照明分配电装置的转换开关和模拟消防联动集中电源型系统的应急照明分配电装置时，应急照明分配电装置供电的所有消防应急灯具应能转入应急工作状态。

（3）当分别操作自带电源型系统的手动转换装置和模拟消防联动自带电源型系统的应急照明配电箱，系统应能转入应急工作状态。

2.集中控制型系统功能调试

（1）应急照明控制器应能控制并显示系统内所有的消防应急灯具、消防应急电源、应急照明分配电装置及其它附件的工作状态。

（2）模拟消防联动控制信号，应急照明控制器应控制相关消防应急灯具转入应急工作状态。

（3）手动控制消防应急照明控制器，使消防应急灯具转入应急工作状态，相关消防应急灯具应转入应急工作状态。

第三节 系统检测与维护

考点一 系统检测

（一）消防应急标志灯具检测项目

(1)标志灯具的颜色、标志信息应符国家标准《消防应急照明和疏散指示系统》(GB 17945－2010)的要求,指示方向应与设计方向一致。

(2)应急工作时间应不小于其本身标称的应急工作时间。

(3)状态指示灯指示应正常。

(4)使用的电池应与国家有关市场准入制度中的有效证明文件相符。

(5)连续3次操作试验机构,观察标志灯具自动应急转换情况。

（二）消防应急照明灯具检测项目

(1)使用的电池应与有效证明文件相符。

(2)照明灯具的光源及隔热情况应符合要求。

(3)安装区域的最低照度值应符合设计要求。

(4)状态指示灯应正常。

(5)连续3次按试验按钮,标志灯具应能完成自动转换。

(6)应急工作时间应不小于其本身标称的应急工作时间。

(7)光源与电源分开设置的照明灯具安装时,灯具安装位置应有清晰可见的消防应急灯具标示,电源的试验按钮和状态指示灯应可方便操作和观察。

（三）应急照明集中电源检测项目

(1)供电应符合设计要求。

(2)检查安装场所应符合要求。

(3)应急工作时间应不小于其本身标称的应急工作时间。

(4)输出线路、分配电装置、输出电源负载应与设计相符,且不应连接与应急照明和疏散指示无关的负载或插座。

(5)应急照明集中电源应设主电和应急电源状态指示灯,主电状态用绿色,应急状态用红色。

(6)应急照明集中电源应设模拟主电源供电故障的自复式试验按钮(或开关),不应设影响应急功能的开关。

(7)应急照明集中电源应显示主电电压、电池电压、输出电压和输出电流,并应设主电、充电、故障和应急状态指示灯,主电状态用绿色,故障状态用黄色,充电状态和应急状态用红色。

(8)应急照明集中电源应能以手动、自动2种方式转入应急状态,且应设只有专业人员可操作的强制应急启动按钮。

(9)应急照明集中电源每个输出支路均应单独保护,且任一支路故障不应影响其他支路的正常工作。

（四）应急照明控制器检测项目

(1)应急照明控制器应安装在消防控制室或值班室内。

(2)应急照明控制器应能防止非专业人员操作。

(3)应急照明控制器应能控制并显示与其相连的所有消防应急灯具的工作状态,并显示应急启动时间。

(4)应急照明控制器应有主、备用电源的工作状态指示,并能实现主、备用电源的自动转换。且备用电源应能保证应急照明控制器正常工作2h。

(5)应急照明控制器在与其相连的消防应急灯具之间的连接线开路、短路时,应发出声、光故障信号,并指示故障部位。

(6)当应急照明控制器控制应急照明集中电源时,应急照明控制器应能控制并显示应急照明集中电源的工作状态,且在与应急照明集中电源之间连接线开路或短路时,发出声、光故障信号。

(7)应急照明控制器应能对本机及面板上的所有指示灯、显示器、音响器件进行功能检查。

(8)应急照明控制器应能以手动、自动两种方式使与其相连的所有消防应急灯具转入应急状态,且应设强制使所有消防应急灯具转入应急状态的按钮。

(9)当某一支路的消防应急灯具与应急照明控制器连接线开路、短路或接地时,不应影响其他支路的消防应急灯具和应急电源的工作。

(五)标志牌检测项目

标志牌的检测应符合本章第二节相关标志牌安装内容的要求。

(六)系统功能检测项目

1.集中控制型系统的应急控制

(1)应急照明控制器应能接收火灾自动报警系统的火灾报警信号或联动控制信号,并控制相应的消防应急灯具转入应急工作状态。

(2)应急照明控制器的主电源应由消防电源供电;应急照明控制器的备用电源应至少使控制器在主电源中断后工作3h。

(3)自带电源集中控制型系统,应由应急照明控制器控制系统内的应急照明配电箱和相应的消防应急灯具及其它附件实现工作状态转换。

(4)集中电源集中控制型系统,由应急照明控制器控制系统内应急照明集中电源、应急照明分配电装置和相应的消防应急灯具及其它附件实现工作状态转换。

(5)当系统需要根据火灾报警信号联动熄灭安全出口指示标志灯具时,应仅在接收到安全出口处设置的感温火灾探测器的火灾报警信号时,系统才能联动熄灭指示该出口和指向该出口的消防应急标志灯具。

2.非集中控制型系统的应急控制

(1)在未设置火灾自动报警系统的场所中,系统应在正常照明中断后转入应急工作状态。

(2)在设置火灾自动报警系统的场所中,自带电源非集中控制型系统应由火灾自动报警系统联动各应急照明配电箱实现工作状态的转换;集中电源非集中控制型系统应由火灾自动报警系统联动各应急照明集中电源和应急照明分配电装置实现工作状态的转换。

(七)系统供配电检查

1.平面疏散区域供电

(1)平面疏散区域供电应由应急照明总配电柜的主电以树干式或放射式供电,并按防火分区设置应急照明配电箱、应急照明集中电源或应急照明分配电装置;非人员密集场所可在多个防火分区设置一个共用应急照明配电箱,但每个防火分区宜采用单独的应急照明供电回路。

(2)应急照明回路沿电缆管井垂直敷设时,公共建筑应急照明配电箱供电范围不宜超过8层,住宅建筑不宜超过16层。

(3)应急照明配电箱的主电源宜取自于本防火分区的备用照明配电箱;多个防火分区共用一个应急照明配电箱的主电源应取自应急电源干线或备用照明配电箱的供电侧。

(4)大于2000m² 的防火分区应单独设置应急照明配电箱或应急照明分配电装置;小于2000m² 的防火分区可采用专用应急照明回路。

(5)一个应急照明配电箱或应急照明分配电装置所带灯具覆盖的防火分区总面积不宜超过4000m²,地铁隧道内不应超过一个区段的1/2,道路交通隧道内不宜超过500m。

(6)检查应急照明集中电源。

(7)商住楼的商业部分与居住部分应分开,并单独设置应急照明配电箱或应急照明集中电源。

2.垂直疏散区域及其扩展区域的供电

(1)每个垂直疏散通道及其扩展区可按一个独立的防火分区考虑,并应采用垂直配灯方式。

(2)建筑高度超过50m 的每个垂直疏散通道及扩展区宜单独设置应急照明配电箱或应急照明分配电装置。

3.灯具配电回路

(1)AC220V 或 DC216V 灯具的供电回路工作电流不宜大于10A;安全电压灯具的供电回路工作电流不宜大于5A。

(2)应急照明集中电源应经应急照明分配电装置配接消防应急灯具。

(3)应急照明集中电源、应急照明分配电装置及应急照明配电箱的输入及输出配电回路中不应装设剩余电流动作脱扣保护装置。

(4)每个应急供电回路所配接的灯具数量不宜超过64 个。

4.应急照明配电箱及应急照明分配电装置的输出

(1)采用安全电压时的每个回路输出电流不应大于5A。

(2)采用非安全电压时的每个回路输出电流不应大于16A。

(3)输出回路不应超过8 路。

考点二 系统维护管理

系统在日常管理过程中应保持系统连续正常运行,不得随意中断;定期使系统进行自放电,更换应急放电时间小于30min(超高层小于60min)的产品或更换其电池;系统内的产品寿命应符合国家有关标准要求,达到寿命极限的产品应及时更换;当消防应急标志灯具的表面亮度小于15cd/m² 时,应马上进行更换。

1.每月检查消防应急灯具

(1)检查消防应急灯具,如果发出故障信号或不能转入应急工作状态,应及时检查电池电压:①电池电压过低,应及时更换电池;②若光源无法点亮或存在其他问题,应及时通知产品制造商的维护人员进行维修或者更换。

(2)检查应急照明集中电源和应急照明控制器的状态。

2.每季度检查和试验系统的功能

(1)检查消防应急灯具、应急照明集中电源和应急照明控制器的指示状态。

(2)检查应急工作时间。

(3)检查转入应急工作状态的控制功能。

值班人员一旦发现故障,应及时进行维护、更换。除常见的灯具故障外,设备的维修应由专业维修人员负责。常见的故障有:①主电源故障;②备用电源故障;③灯具故障;④回路通信故障;⑤其他故障。

3.每年检查和试验系统的功能

(1)除季检查内容外,还应对电池做容量检测试验。

(2)试验应急功能。

(3)试验自动和手动应急功能,进行与火灾自动报警系统的联动试验。

本章练习题

单项选择题

1.灯具上边与顶棚距离宜大于(　　)mm。
　A.50　　　　B.100　　　　C.200　　　　D.300

2.定期使系统进行自放电,更换应急放电时间小于(　　)min 的产品或更换其电池。
　A.15　　　　B.30　　　　C.45　　　　D.60

3.逐个切断各区域应急照明配电箱或应急照明集中电源的分配电装置,该配电箱或分配电装置供电的消防应急灯具应在(　　)s 内转入应急工作状态。
　A.3　　　　B.4　　　　C.5　　　　D.6

4.采用安全电压时的每个回路输出电流不应大于(　　)A。
　A.4　　　　B.5　　　　C.15　　　　D.16

单项选择题

1.C　2.B　3.C　4.B

第十四章 火灾自动报警系统

本章知识框架

火灾自动报警系统	系统构成	1. 火灾探测报警系统（★☆☆☆） 2. 消防联动控制系统（★☆☆☆） 3. 可燃气体探测报警系统（★☆☆☆） 4. 电气火灾监控系统（★☆☆☆）
	系统安装与调试	1. 布线（★☆☆☆） 2. 系统主要组件安装（★★☆☆） 3. 系统接地要求（★★☆☆） 4. 系统调试要求（★★☆☆）
	系统检测与维护	1. 检测资料查验、系统检测（★★☆☆） 2. 系统现场功能性检测、系统维护管理（★★★☆） 3. 系统常见故障及处理方法（★★☆☆）

 第一节　系统构成

考点　系统构成

1.火灾探测报警系统

火灾探测报警系统由火灾报警控制器、触发器件和火灾警报装置等组成。

2.消防联动控制系统

消防联动控制系统由消防联动控制器、消防控制室图形显示装置、消防电气控制装置、消防电动装置、消防联动模块、消火栓按钮、消防应急广播设备、消防电话等设备和组件组成。

3.可燃气体探测报警系统

可燃气体探测报警系统由可燃气体报警控制器、可燃气体探测器和火灾声光警报器组成。它能够在保护区域内泄露可燃气体的浓度低于爆炸下限的条件下提前报警，从而预防由于可燃气体泄漏引发的火灾和爆炸事故的发生。可燃气体探测报警系统是火灾自动报警系统的独立子系统，属于火灾预警系统。

4.电气火灾监控系统

电气火灾监控系统由电气火灾监控器、电气火灾监控探测器组成。其能在发生电气故障，产生一定电气火灾隐患的条件下发出报警，提醒专业人员排除电气火灾隐患，实现电气火灾的早期预防，避免电气火灾的发生。

第二节 系统安装与调试

考点一 布线

(1)火灾自动报警系统的布线,应符合现行国家标准《建筑电气装置工程施工质量验收规范》(GB 50303—2015)的规定。火灾自动报警系统应单独布线,系统内不同电压等级、不同电流类别的线路,不应布在同一管内或线槽的同一槽孔内。在管内或线槽内的布线,应在建筑抹灰及地面工程结束后进行,管内或线槽内不应有积水及杂物。

(2)导线在管内或线槽内,不应有接头或扭结。

(3)管路超过下列长度时,应在便于接线处装设接线盒:①管子长度每超过30m,无弯曲时;②管子长度每超过20m,有1个弯曲时;③管子长度每超过10m,有2个弯曲时;④管子长度每超过8m,有3个弯曲时。

(4)金属管子入盒,盒外侧应套锁母,内侧应装护口;在吊顶内敷设时,盒的内外侧均应套锁母。塑料管入盒时应采取相应固定措施。

(5)线槽敷设时,应在下列部位设置吊点或支点:①线槽始端、终端及接头处;②距接线盒0.2m处;③线槽转角或分支处;④直线段不大于3m处。

(6)线槽接口应平直、严密,槽盖应齐全、平整、无翘角。

(7)火灾自动报警系统导线敷设后,应用500V兆欧表测量每个回路导线对地的绝缘电阻,且绝缘电阻值不应小于20MΩ。同一工程中的导线,应根据不同用途选择不同颜色加以区分,相同用途的导线颜色应一致。电源线正极应为红色,负极应为蓝色或黑色。

考点二 系统主要组件安装

(一)组件安装前的检查

(1)按设计文件的要求对组件进行检查,组件的型号、规格应符合设计文件的要求。

(2)对组件外观进行检查,组件表面应无明显划痕、毛刺等机械损伤,紧固部位应无松动。

(二)控制器类设备的安装要求

(1)控制类设备在消防控制室内的布置要求如下:

①设备面盘前的操作距离,单列布置时不应小于1.5m,双列布置时不应小于2m。

②设备面盘后的维修距离不宜小于1m。

③设备面盘的排列长度大于4m时,其两端应设置宽度不小于1m的通道。

④在值班人员经常工作的一面,设备面盘至墙的距离不应小于3m。

⑤与建筑其他弱电系统合用的消防控制室内,消防设备应集中设置,并应与其他设备间有明显间隔。

(2)控制类设备采用壁挂方式安装时,其主显示屏高度宜为1.5~1.8m,其靠近门轴的侧面距墙不应小于0.5m,正面操作距离不应小于1.2m;落地安装时,其底边宜高出地(楼)面0.1~0.2m。

(3)控制器应安装牢固,不应倾斜;安装在轻质墙上时,应采取加固措施。

(4)引入控制器的电缆或导线的安装要求如下:
①要求配线应整齐,不宜交叉,并应固定牢靠。
②要求电缆芯线和所配导线的端部,均应标明编号,并与图纸一致,字迹应清晰且不易退色。
③要求端子板的每个接线端,接线不得超过2根,电缆芯和导线,应留有不小于200mm的余量并应绑扎成束。
④要求导线穿管、线槽后,应将管口、槽口封堵。
(5)控制器的主电源应有明显的永久性标志,并应直接与消防电源连接,严禁使用电源插头。控制器与其外接备用电源之间应直接连接。
(6)控制器的接地应牢固,并有明显的永久性标志。

(三)火灾探测器的安装要求

1.点型感烟、感温火灾探测器

(1)探测器至墙壁、梁边的水平距离,不应小于0.5m;探测器周围水平距离0.5m内,不应有遮挡物;探测器至空调送风口最近边的水平距离,不应小于1.5m;至多孔送风顶棚孔口的水平距离,不应小于0.5m。

(2)探测器宜水平安装,当确实需倾斜安装时,倾斜角不应大于45°。

(3)在宽度小于3m的内走道顶棚上安装探测器时,宜居中安装。点型感温火灾探测器的安装间距,不应超过10m;点型感烟火灾探测器的安装间距,不应超过15m。探测器至端墙的距离,不应大于安装间距的一半。

2.线型光束感烟火灾探测器

(1)根据设计文件的要求确定探测器的安装位置,探测器应安装牢固,并不应产生位移。

(2)发射器和接收器(反射式探测器的探测器和反射板)之间的光路上应无遮挡物,并应保证接收器(反射式探测器的探测器)避开日光和人工光源直接照射。

3.缆式线型感温火灾探测器

(1)根据设计文件的要求确定探测器的安装位置及敷设方式。

(2)探测器应采用专用固定装置固定在保护对象上。

(3)探测器应采用连续无接头方式安装,如确需中间接线,必须用专用接线盒连接。

(4)探测器安装敷设时不应硬性折弯、扭转,避免重力挤压冲击,探测器的弯曲半径宜大于0.2m。

4.敷设在顶棚下方的线型感温火灾探测器

探测器至顶棚距离宜为0.1m,探测器的保护半径应符合点型感温火灾探测器的保护半径要求;探测器至墙壁距离宜为1~1.5m。

5.分布式线型光纤感温火灾探测器

(1)根据设计文件的要求确定探测器的安装位置及敷设方式。

(2)感温光纤应采用专用固定装置固定。

(3)感温光纤严禁打结,光纤弯曲时,弯曲半径应大于50mm。

(4)分布式感温光纤穿越相邻的报警区域应设置光缆余量段,隔断两侧应各留不小于8m的余量段;每个光通道始端及末端光纤应各留不小于8m的余量段。

6. 光栅光纤感温火灾探测器

（1）根据设计文件的要求确定探测器的安装位置及敷设方式，信号处理器及感温光纤（缆）的安装位置不应受强光直射。

（2）光栅光纤感温火灾探测器每个光栅的保护面积和保护半径应符合点型感温火灾探测器的保护面积和保护半径要求，光纤光栅感温段的弯曲半径应大于300mm。

7. 管路采样式吸气感烟火灾探测器

（1）根据设计文件和产品使用说明书的要求确定探测器的管路安装位置、敷设方式及采样孔的设置。

（2）采样管应固定牢固，有过梁、空间支架的建筑中，采样管应固定在过梁、空间支架上。

8. 点型火焰探测器和图像型火灾探测器

（1）根据设计文件的要求确定探测器的安装位置；探测器的视场角应覆盖探测区域。

（2）探测器与保护目标之间不应有遮挡物。

（3）应避免光源直接照射探测器的探测窗口；探测器在室外或交通隧道安装时，应有防尘、防水措施。

9. 探测器底座的安装

（1）探测器的底座应安装牢固，与导线连接必须可靠压接或焊接。当采用焊接时，不应使用带腐蚀性的助焊剂。

（2）探测器底座的连接导线，应留有不小于150mm的余量，且在其端部应有明显的永久性标志。探测器底座的穿线孔宜封堵，安装完毕的探测器底座应采取保护措施。

10. 其他事项

探测器报警确认灯应朝向便于人员观察的主要入口方向。探测器在即将调试时方可安装，在调试前应妥善保管并应采取防尘、防潮、防腐蚀措施。

（四）手动火灾报警按钮的安装要求

（1）手动火灾报警按钮的连接导线，应留有不小于150mm的余量，且在其端部应有明显标志。

（2）手动火灾报警按钮，应安装在明显和便于操作的部位。当安装在墙上时，其底边距地（楼）面高度宜为1.3~1.5m。手动火灾报警按钮，应安装牢固，不应倾斜。

（五）消防电气控制装置的安装要求

（1）要求消防电气控制装置在安装前，应进行功能检查，检查结果不合格的装置严禁安装。

（2）要求消防电气控制装置应安装牢固，不应倾斜；当安装在轻质墙上时，应采取加固措施。

（3）要求当消防电气控制装置外接导线的端部时，应有明显的永久性标志。

（六）模块的安装要求

（1）同一报警区域内的模块宜集中安装在金属箱内。

（2）模块的连接导线，应留有不小于150mm的余量，其端部应有明显标志。

（七）消防应急广播扬声器和火灾警报器的安装要求

（1）要求消防应急广播扬声器和火灾警报器宜在报警区域内均匀安装，且要安装应牢固可靠，表面不应有破损。

（2）要求光警报器与消防应急疏散指示标志不宜在同一面墙上，当安装在同一面墙上时，其距离应大于1m。

(八)消防专用电话的安装要求

要求消防专用电话、电话插孔、带电话插孔的手动报警按钮宜安装在明显、便于操作的位置；当在墙面上安装时,其底边距地(楼)面高度宜为1.3~1.5m。

(九)消防设备应急电源的安装要求

(1)要求消防设备应急电源的电池应安装在通风良好地方,当安装在密封环境中时应有通风措施。

(2)要求酸性电池不得安装在带有碱性介质的场所中；碱性电池不得安装在带酸性介质的场所。

(3)要求消防设备应急电源不应安装在有可燃气体的场所。

(十)可燃气体探测器的安装要求

(1)根据设计文件的要求确定可燃气体探测器的安装位置。
(2)在探测器周围应适当留出更换和标定的空间。
(3)在有防爆要求的场所,应按防爆要求施工。
(4)线型可燃气体探测器的发射器和接收器的窗口应避免日光直射,发射器与接收器之间不应有遮挡物。

(十一)电气火灾监控探测器的安装要求

(1)根据设计文件的要求确定电气火灾监控探测器的安装位置,有防爆要求的场所,应按防爆要求施工。

(2)测温式电气火灾监控探测器应采用专用固定装置固定在保护对象上。

(3)剩余电流式探测器负载侧的N线(即穿过探测器的工作零线)不应与其他回路共用,且不能重复接地(即与PE线相连)；探测器周围应适当留出更换和标定的空间。

考点三　系统接地要求

交流供电和36V以上直流供电的消防用电设备的金属外壳应有接地保护,其接地线应与电气保护接地干线(PE)相连接。接地装置施工完毕后,应按规定测量接地电阻,并作记录,接地电阻值应符合设计文件要求。

考点四　系统调试要求

(一)火灾报警控制器

(1)检查自检功能和操作级别。
(2)检查消音和复位功能。
(3)检查屏蔽功能。
(4)检查主、备电源的自动转换功能,并在备电工作状态下重复本条第7款检查。
(5)检查控制器特有的其它功能。
(6)使控制器与探测器之间的连线断路和短路,控制器应在100s内发出故障信号(短路时发出火灾报警信号除外)。

(7)使控制器与备用电源之间的连线断路和短路,控制器应在100s内发出故障信号。

(8)使总线隔离器保护范围内的任一点短路,检查总线隔离器的隔离保护功能。

(9)使任一总线回路上不少于10只的火灾探测器同时处于火灾报警状态,检查控制器的负载功能。

(10)依次将其他回路与火灾报警控制器相连接,重复检查。

(二)点型感烟、感温火灾探测器

(1)采用专用的检测仪器或模拟火灾的方法,逐个检查每只火灾探测器的报警功能,探测器应能发出火灾报警信号。

(2)采用专用的检测仪器、模拟火灾或按下探测器报警测试按键的方法,逐个检查每只家用火灾探测器的报警功能,探测器应能发出声光报警信号,与其连接的互联型探测器应发出声报警信号。

(三)线型感温火灾探测器

(1)在不可恢复的探测器上模拟火警和故障,逐个检查每只火灾探测器的火灾报警和故障报警功能,探测器应能分别发出火灾报警和故障信号。

(2)可恢复的探测器可采用专用检测仪器或模拟火灾的办法使其发出火灾报警信号,并模拟故障,逐个检查每只火灾探测器的火灾报警和故障报警功能,探测器应能分别发出火灾报警和故障信号。

(四)线型光束感烟火灾探测器

(1)逐一调整探测器的光路调节装置,使探测器处于正常监视状态,用减光率为0.9dB的减光片遮挡光路,探测器不应发出火灾报警信号。

(2)用产品生产企业设定减光率(1.0~10.0dB)的减光片遮挡光路,探测器应发出火灾报警信号。

(3)用减光率为11.5dB的减光片遮挡光路,探测器应发出故障信号或火灾报警信号。

(五)管路采样式吸气感烟火灾探测器

逐一在采样管最末端(最不利处)采样孔加入试验烟,采用秒表测量探测器的报警响应时间,探测器或其控制装置应在120s内发出火灾报警信号。

(六)点型火焰探测器和图像型火灾探测器

采用专用检测仪器或模拟火灾的方法逐一在探测器监视区域内最不利处检查探测器的报警功能,探测器应能正确响应。

(七)手动火灾报警按钮

对可恢复的手动火灾报警按钮,施加适当的推力使报警按钮动作,报警按钮应发出火灾报警信号。对不可恢复的手动火灾报警按钮应采用模拟动作的方法使报警按钮动作(当有备用启动零件时,可抽样进行动作试验),报警按钮应发出火灾报警信号。

(八)消防联动控制器

1.调试准备

(1)将消防联动控制器与火灾报警控制器相连。

(2)将消防联动控制器与任一备调回路的输入/输出模块相连。
(3)将备调回路模块与其控制的消防电气控制装置相连。
(4)切断水泵、风机等各受控现场设备的控制连线。

2.调试要求

(1)使消防联动控制器分别处于自动工作和手动工作状态,检查其状态显示,并按现行国家标准《消防联动控制系统》(GB 16806-2006)的有关要求,采用观察、仪表测量等方法逐个对控制器进行功能检查并记录。

(2)接通所有启动后可以恢复的受控现场设备。

(3)使消防联动控制器处于自动状态,按现行国家标准《火灾自动报警系统设计规范》(GB 50116-2013)要求设计的联动逻辑关系进行功能检查。

(4)使消防联动控制器处于手动状态,按现行国家标准《火灾自动报警系统设计规范》(GB 50116-2013)要求设计的联动逻辑关系依次手动启动相应的消防电气控制装置,检查消防联动控制器发出联动控制信号情况、模块动作情况、消防电气控制装置的动作情况、受控现场设备动作情况、接收联动反馈信号(对于启动后不能恢复的受控现场设备,可模拟现场设备启动反馈信号)及各种显示情况。

(5)对于直接用火灾探测器作为触发器件的自动灭火系统除符合本节有关规定,还应按现行国家标准《火灾自动报警系统设计规范》(GB 50116-2013)的规定进行功能检查。

(6)依次将其他备调回路的输入/输出模块及该回路模块控制的消防电气控制装置相连接,切断所有受控现场设备的控制连线,接通电源,重复(1)~(4)项检查。

(九)区域显示器(火灾显示盘)

将区域显示器(火灾显示盘)与火灾报警控制器相连接,按现行国家标准《火灾显示盘通用技术条件》(GB 17429-2011)的有关要求,采用观察、仪表测量等方法逐个对区域显示器(火灾显示盘)进行功能检查并记录。

(十)消防专用电话

按现行国家标准《消防联动控制系统》(GB 16806-2006)的有关要求,采用观察、仪表测量等方法逐个对消防专用电话进行功能检查并记录。

(十一)消防应急广播

(1)按现行国家标准《消防联动控制系统》(GB 16806-2006)的有关要求,采用观察、仪表测量等方法逐个对消防应急广播进行以下功能检查并记录:

①需要检查消防应急广播控制设备的自检功能。

②需要检查消防应急广播控制设备的监听、显示、预设广播信息、通过传声器广播及录音功能。

③需要检查消防应急广播控制设备的主、备电源的自动转换功能。

④使消防应急广播控制设备与扬声器间的广播信息传输线路断路、短路,消防应急广播控制设备应在100s内发出故障信号,并显示出故障部位。

⑤要将所有共用扬声器强行切换至应急广播状态,并对扩音机进行全负荷试验,应急广播的语音应清晰,声压级应满足要求。

(2)每回路任意抽取一个扬声器,使其处于断路状态,其他扬声器的工作状态不应受影响。

(十二)火灾声光警报器

(1)逐一将火灾声光警报器与火灾报警控制器相连,接通电源。操作火灾报警控制器使火灾声光警报器启动,采用仪表测量其声压级,非住宅内使用室内型和室外型火灾声警报器的声信号至少在一个方向上3m处的声压级(A计权)应不小于75dB,且在任意方向上3m处的声压级(A计权)应不大于120dB。

(2)具有2种及以上不同音调的火灾声警报器,其每种音调应有明显区别。

(3)火灾光警报器的光信号在100~500lx环境光线下,25m处应清晰可见。

(十三)传输设备(火灾报警传输设备或用户信息传输装置)

将传输设备与火灾报警控制器相连,接通电源。按现行国家标准《消防联动控制系统》(GB 16806-2006)的有关要求,采用观察、仪表测量等方法逐个对传输设备进行功能检查并记录,传输设备应满足标准要求。

(十四)消防控制室图形显示装置

(1)使消防控制室图形显示装置与控制器及其他消防设备(设施)之间的通讯线路断路、短路,消防控制室图形显示装置应在100s内发出故障信号。

(2)操作显示装置使其显示建筑总平面布局图、各层平面图和系统图,图中应明确标示出报警区域、疏散路线、主要部位,显示各消防设备(设施)的名称、物理位置和状态信息。

(3)使具有多个报警平面图的显示装置处于多报警平面显示状态,各报警平面应能自动和手动查询,并应有总数显示,且应能手动插入使其立即显示首火警相应的报警平面图。

(4)使火灾报警控制器和消防联动控制器分别发出火灾报警信号和联动控制信号,显示装置应在3s内接收,并准确显示相应信号的物理位置,且能优先显示火灾报警信号相对应的界面。

(5)检查消防控制室图形显示装置的信息记录功能。

(6)检查消防控制室图形显示装置的信息传输功能。

(7)检查消音和复位功能。

(8)使火灾报警控制器和消防联动控制器分别发出故障信号,消防控制室图形显示装置应能在100s内显示故障状态信息,然后输入火灾报警信号,显示装置应能立即转入火灾报警平面的显示。

(十五)气体(泡沫)灭火控制器

(1)检查自检功能。

(2)检查主、备电源的自动转换功能。

(3)使气体(泡沫)灭火控制器与声光报警器、驱动部件、现场启动和停止按键(按钮)之间的连接线断路、短路,气体灭火控制器应在100s内发出故障信号。

(4)给气体(泡沫)灭火控制器输入设定的启动控制信号,控制器应有启动输出,并发出声、光启动信号。

(5)输入启动模拟反馈信号,控制器应在10s内接收并显示。

(6)检查消音和复位功能。

(7)使控制器处于自动控制状态,再手动插入操作,手动插入操作应优先。

(8)检查控制器的延时功能,设定的延时时间应符合设计要求。

(9)按设计的联动逻辑关系,使消防联动控制器发出相应的联动控制信号,检查气体(泡沫)灭火控制器的控制输出是否满足设计的逻辑功能要求。

(10)使气体(泡沫)灭火控制器与备用电源之间的连线断路、短路,气体(泡沫)灭火控制器应能在100s内发出故障信号。

(11)检查气体(泡沫)灭火控制器向消防联动控制器输出的启动控制信号、延时信号、启动喷洒控制信号、气体喷洒信号、故障信号、选择阀和瓶头阀动作信息。

(十六)防火卷帘控制器

(1)逐个将防火卷帘控制器与消防联动控制器、火灾探测器、卷门机连接并通电,手动操作防火卷帘控制器的按钮,防火卷帘控制器应能向消防联动控制器发出防火卷帘启、闭和停止的反馈信号。

(2)用于疏散通道的防火卷帘控制器应具有两步关闭的功能,并应向消防联动控制器发出反馈信号。防火卷帘控制器接收到首次火灾报警信号后,应能控制防火卷帘自动关闭到中位处停止;接收到二次报警信号后,应能控制防火卷帘继续关闭至全闭状态。

(3)用于分隔防火分区的防火卷帘控制器在接收到防火分区内任一火灾报警信号后,应能控制防火卷帘到全关闭状态,并应向消防联动控制器发出反馈信号。

(十七)防火门监控器

(1)逐个将防火门监控器与火灾报警控制器、闭门器和释放器连接并通电,手动操作防火门监控器,应能直接控制与其连接的每个释放器的工作状态,并点亮其启动总指示灯、显示释放器的反馈信号。

(2)检查防火门监控器的故障状态总指示灯,使防火门处于半开闭状态时,该指示灯应点亮并发出声光报警信号,采用仪表测量声信号的声压级(正前方1m处),应在65~85dB之间,故障声信号每分钟至少提示1次,每次持续时间应在1~3s之间。

(十八)系统备用电源

按照设计文件的要求核对系统中各种控制装置使用的备用电源容量,电源容量应与设计容量相符。使各备用电源放电终止,再充电48h后断开设备主电源,备用电源至少应保证设备工作8h,且应满足相应的标准及设计要求。

(十九)消防设备应急电源

切断应急电源应急输出时直接启动设备的连线,接通应急电源的主电源。

(二十)可燃气体报警控制器

按现行国家标准《可燃气体报警控制器技术要求及试验方法》(GB 16808-2008)的有关要求,采用观察、仪表测量等方法逐个对可燃气体报警控制器进行功能检查并记录,可燃气体报警控制器应满足标准要求。

(二十一)可燃气体探测器

(1)依次逐个对探测器施加达到响应浓度值的可燃气体标准样气,采用秒表测量、观察方法检查探测器的报警功能,探测器应在30s内响应;撤去可燃气体,探测器应在60s内恢复到正常监视状态。

(2)对于线型可燃气体探测器除按要求检查报警功能外,还应将发射器发出的光全部遮挡,采用秒表测量、观察方法检查探测器的故障报警功能,探测器相应的控制装置应在100s内发出故障信号。

(二十二)电气火灾监控器

按现行国家标准《电气火灾监控设备》(GB 14287.1-2014)的有关要求,采用观察、仪表测量等方法逐个对电气火灾监控器进行功能检查并记录,电气火灾监控器应满足标准要求。

(二十三)电气火灾监控探测器

按现行国家标准《剩余电流式电气火灾监控探测器》(GB 14287.2-2014)的有关要求,采用观察方法逐个对电气火灾监控探测器进行功能检查并记录,电气火灾监控探测器应满足标准要求。

(二十四)其他受控部件

系统内其他受控部件的调试应按相应的国家标准或行业标准进行,在无相应标准时,宜按产品生产企业提供的调试方法分别进行。

(二十五)火灾自动报警系统性能

1.自动喷水灭火系统、水喷雾灭火系统、泵组式细水雾灭火系统的显示要求

(1)要求显示消防水泵电源的工作状态。
(2)要求显示消防水泵的联动反馈信号。
(3)要求显示消防水泵(稳压或增压泵)的启、停状态和故障状态,水流指示器、信号阀、报警阀、压力开关等设备的正常工作状态和动作状态,消防水箱(池)最低水位信息和管网最低压力报警信息。

2.消火栓系统的显示要求

(1)要求显示消防水泵电源的工作状态。
(2)要求显示消防水泵的联动反馈信号。
(3)要求显示消防水泵(稳压或增压泵)的启、停状态和故障状态,消火栓按钮的正常工作状态和动作状态及位置等信息、消防水箱(池)最低水位信息和管网最低压力报警信息。

3.气体灭火系统的显示要求

(1)要求显示系统的手动、自动工作状态及故障状态。
(2)要求显示延时状态信号、紧急停止信号和管网压力信号。
(3)要求显示系统的驱动装置的正常工作状态和动作状态,防护区域中的防火门(窗)、防火阀、通风空调等设备的正常工作状态和动作状态。

4.泡沫灭火系统的显示要求

(1)要求显示消防水泵、泡沫液泵电源的工作状态。
(2)要求显示系统的手动、自动工作状态及故障状态。
(3)要求显示消防水泵和泡沫液泵的联动反馈信号。
(4)要求显示消防水泵、泡沫液泵的启、停状态和故障状态,消防水池(箱)最低水位和泡沫液罐最低液位信息。

5. 干粉灭火系统的显示要求

（1）要求显示系统的手动、自动工作状态及故障状态。

（2）要求显示系统的驱动装置的正常工作状态和动作状态，防护区域中的防火门窗、防火阀、通风空调等设备的正常工作状态和动作状态。

（3）要求显示延时状态信号、紧急停止信号和管网压力信号。

6. 防烟排烟系统的显示要求

（1）要求显示防烟排烟系统风机电源的工作状态。

（2）要求显示防烟排烟系统的手动、自动工作状态及防烟排烟风机的正常工作状态和动作状态。

（3）应显示防烟排烟系统的风机和电动排烟防火阀、电控挡烟垂壁、电动防火阀、常闭送风口、排烟阀（口）、电动排烟窗的联动反馈信号。

7. 防火门及防火卷帘系统的显示要求

（1）要求显示防火门监控器、防火卷帘控制器的工作状态和故障状态等动态信息。

（2）要求显示防火卷帘、常开防火门、人员密集场所中因管理需要平时常闭的疏散门及具有信号反馈功能的防火门的工作状态。

（3）要求显示防火卷帘和常开防火门的联动反馈信号。

8. 电梯的显示要求

（1）要求显示消防电梯电源的工作状态。

（2）要求显示消防电梯的故障状态和停用状态。

（3）要求显示电梯动作的反馈信号及消防电梯运行时所在楼层。

9. 其他显示要求

（1）显示各消防电话的故障状态。

（2）显示消防应急广播的故障状态。

（3）显示受消防联动控制器控制的消防应急照明和疏散指示系统的故障状态和应急工作状态信息。

 第三节 系统检测与维护

■ 考点一　检测资料查验

系统检测时，施工单位应提供以下资料：

(1)需提供施工现场质量管理检查记录。

(2)需提供竣工检测申请报告、设计变更通知书以及竣工图。

(3)需提供火灾自动报警系统施工过程质量管理检查记录。

(4)需提供火灾自动报警系统内各设备的检验报告、合格证及相关材料。

(5)需提供工程质量事故处理报告。

考点二　系统检测

（一）系统检测的内容

系统检测的内容主要包括以下内容：

（1）火灾报警系统装置（包括各种火灾探测器、手动火灾报警按钮、火灾报警控制器和区域显示器等）。

（2）消防联动控制系统（含消防联动控制器、气体（泡沫）灭火控制器、防火卷帘控制器、防火门监控器、消防电气控制装置、消防设备应急电源、消防应急广播控制设备、消防专用电话、传输设备（火灾报警传输设备或用户信息传输装置）、消防控制室图形显示装置、模块、消防电动装置、消火栓按钮等设备）。

（3）电气火灾监控系统装置（包括电气火灾监控探测器和电气火灾监控设备等）。

（4）自动灭火系统控制装置（包括自动喷水、气体、干粉、泡沫等固定灭火系统的控制装置）。

（5）消火栓系统的控制装置；通风空调、防烟排烟及电动防火阀等控制装置。

（6）消防电梯和非消防电梯的回降控制装置。

（7）防火门监控器、防火卷帘控制器。

（8）消防联网通信。

（9）火灾警报装置；消防应急照明和疏散指示控制装置。

（10）电动阀控制装置。

（11）切断非消防电源的控制装置。

（12）系统内的其它消防控制装置。

（13）可燃气体报警探测系统装置（包括可燃气体探测器和可燃气体报警控制器等）。

（二）系统设备检测数量要求

（1）各类消防用电设备主、备电源的自动转换装置，应进行3次转换试验，每次试验均应正常。

（2）火灾报警控制器（含可燃气体报警控制器和电气火灾监控设备）和消防联动控制器应按实际安装数量全部进行功能检验。消防联动控制系统中其他各种用电设备、区域显示器应按以下要求进行功能检验：

①要求各装置的安装位置、型号、数量、类别及安装质量应符合设计要求。

②当实际安装数量在5台以下者，应全部检验。

③当实际安装数量在6~10台者，应抽验5台。

④当实际安装数量超过10台者，要求按实际安装数量30%~50%的比例抽验、但抽验总数不应少于5台。

（3）气体、泡沫、干粉等灭火系统，应在符合国家现行有关系统设计规范的条件下，按实际安装数量的20%~30%的比例抽验以下控制功能：

①自动、手动启动和紧急切断试验1~3次。

②与固定灭火设备联动控制的其它设备动作（包括关闭防火门窗、停止空调风机、关闭防火阀等）试验1~3次。

（4）火灾探测器（含可燃气体探测器和电气火灾监控探测器）和手动火灾报警按钮，应按以下要求进行模拟火灾响应(可燃气体报警、电气故障报警)和故障信号检验：

①要求被检查的火灾探测器的类别、型号、适用场所、安装高度、保护半径、保护面积和探测器的间距等均应符合设计要求。

②当实际安装数量在100只以下者，应抽验20只(每个回路都应抽验)。

③当实际安装数量超过100只，要求每个回路按实际安装数量10%～20%的比例抽验，但抽验总数不应少于20只。

(5)室内消火栓的功能检测应在出水压力符合现行国家有关建筑设计防火规范的条件下，抽验以下控制功能：

①在消防控制室内操作启、停泵1～3次。

②消火栓处操作消火栓启动按钮，按实际安装数量5%～10%的比例抽验。

(6)在检测电动防火门、防火卷帘时，如果是5樘以下的应全部检验，若超过5樘的应按实际安装数量20%的比例抽验，但抽验总数不应小于5樘，并抽验联动控制功能。

(7)自动喷水灭火系统，应在符合现行国家标准《自动喷水灭火系统设计规范》(GB 50084－2011)的条件下，抽验以下控制功能：

①在消防控制室内操作启、停泵1～3次。

②水流指示器、信号阀等按实际安装数量的30%～50%的比例抽验。

③压力开关、电动阀、电磁阀等按实际安装数量全部进行检验。

(8)防烟排烟风机应全部检验，通风空调以及防排烟设备的阀门，应按实际安装数量10%～20%的比例抽验，并抽验联动功能，且应符合以下要求：

①报警联动启动、消防控制室直接启停、现场手动启动联动防烟排烟风机1～3次。

②报警联动开启、消防控制室开启、现场手动开启防排烟阀门1～3次。

③报警联动停、消防控制室远程停通风空调送风1～3次。

(9)电梯应进行1～2次联动返回首层功能检验，其控制功能、信号均应正常。

(10)消防应急广播设备，应按实际安装数量的10%～20%的比例进行下列功能检验：

①要求对扩音机进行全负荷试验。

②要求对所有广播分区进行选区广播，对共用扬声器进行强行切换。

(11)消防专用电话的检验，应符合以下要求：

①需要对消防控制室与所设的消防专用电话分机进行1～3次通话试验。

②电话插孔按实际安装数量10%～20%的比例进行通话试验。

③消防控制室的外线电话与另一部外线电话模拟报警电话进行1～3次通话试验。

(12)消防应急照明和疏散指示系统控制装置应进行1～3次使系统转入应急状态检验，系统中各消防应急照明灯具均应能转入应急状态。

注意：本节各项检验项目中，当有不合格时，应修复或更换，并进行复验。复验时，对有抽验比例要求的，应加倍检验。

(三)系统工程质量检测判定标准

(1)系统内的设备及配件规格型号与设计不符、无国家相关证书和检验报告；系统内的任一控制器和火灾探测器无法发出报警信号，无法实现要求的联动功能，定为A类不合格。

(2)检测前提供资料不符合相关要求的定为 B 类不合格。
(3)除上述两种外,其余不合格项均为 C 类不合格。系统检测合格判定应为:A＝0 且 B≤2 且 B＋C≤检查项的 5％为合格,否则为不合格。

考点三　系统现场功能性检测

1.系统布线检查

系统现场功能性检测前应按现行国家标准《建筑电气工程施工质量验收规范》GB 50303 的规定和布线要求,采用尺量、观察等方法对现场布线进行全数检验。

2.系统设备设计符合性检查

按照设计文件的要求,核对各系统设备的规格、型号、容量、数量。

3.系统设备安装检查

按照各系统设备检测数量要求抽取相应的系统设备,并按照本章各系统设备安装的相关要求,采用对照图纸、尺量、观察等方法对系统设备的安装进行检查。

4.系统设备功能检查

按照各系统设备检测数量要求抽取相应的系统设备,并按照本章各系统设备调试的相关要求,采用对照设计文件、仪表测量、观察等方法对系统设备的功能进行检查。

考点四　系统维护管理

(一)火灾自动报警系统投入使用时应具备文件资料要求

火灾自动报警系统的使用单位应建立下述技术档案,并应有电子备份档案:①系统竣工图及设备的技术资料;②公安消防机构出具的有关法律文书;③系统的操作规程及维护保养管理制度;④系统操作员名册及相应的工作职责;⑤值班记录和使用图表。

(二)系统使用与检查

1.系统季度检查要求

每季度应检查和试验火灾自动报警系统的下列功能,并按要求填写相应的记录。

(1)要求采用专用检测仪器分期分批试验探测器的动作及确认灯显示。
(2)要求对主电源和备用电源进行 1～3 次自动切换试验。
(3)要求用自动或手动检查消防控制设备的控制显示功能。
(4)要求试验火灾警报装置的声光显示。
(5)要求试验水流指示器、压力开关等报警功能、信号显示。

2.系统年度检查要求

每年应检查和试验火灾自动报警系统的下列功能,并按要求填写相应的记录。

(1)应用专用检测仪器对所安装的全部探测器和手动报警装置试验至少 1 次。
(2)对全部电动防火门、防火卷帘的试验至少一次。
(3)对其它有关的消防控制装置进行功能试验。
(4)自动和手动打开排烟阀,关闭电动防火阀和空调系统。
(5)强制切断非消防电源功能试验。

(三)年度检测与维修

(1)点型感烟火灾探测器投入运行 2 年后,应每隔 3 年至少全部清洗一遍;通过采样管采样的吸气式感烟火灾探测器根据使用环境的不同,需要对采样管道进行定期吹洗,最长的时间间隔不应超过一年;探测器的清洗应由有相关资质的机构根据产品生产企业的要求进行。探测器清洗后应做响应阈值及其它必要的功能试验,若合格者方可继续使用,否则严禁重新安装使用,并应将该不合格品返回产品生产企业集中处理,严禁将离子感烟火灾探测器随意丢弃。

(2)不同类型的探测器应有10%且不少于50只的备品。火灾报警系统内的产品寿命应符合国家有关标准要求,达到寿命极限的产品应及时更换。

考点五　系统常见故障及处理方法

(一)常见故障及处理方法

1.火灾探测器常见故障

火灾探测器常见故障现象、原因及排除方法如下:

(1)故障现象:火灾报警控制器发出故障报警,故障指示灯亮,打印机打印探测器故障类型、时间、部位等。

(2)故障原因:①探测器与底座脱落、接触不良;②报警总线与底座接触不良;③报警总线开路或接地性能不良造成短路;④探测器本身损坏;探测器接口板故障。

(3)排除方法:①重新拧紧探测器或增大底座与探测器卡簧的接触面积;②重新压接总线,使之与底座有良好接触;③查出有故障的总线位置,予以更换;④更换探测器;维修或更换接口板。

2.主电源常见故障

主电源常见故障现象、原因及排除方法如下:

(1)故障现象:火灾报警控制器发出故障报警,主电源故障灯亮,打印机打印主电故障、时间。

(2)故障原因:①市电停电;②电源线接触不良;③主电熔断丝熔断等。

(3)排除方法:①连续供停电8h时应关机,主电正常后再开机;②重新接主电源线,或使用烙铁焊接牢固;③更换熔断丝或保险管。

3.备用电源常见故障

备用电源常见故障现象、原因及排除方法如下:

(1)故障现象:火灾报警控制器发出故障报警、备用电源故障灯亮,打印机打印备电故障、时间。

(2)故障原因:①备用电源损坏或电压不足;②备用电池接线接触不良;③熔断丝熔断等。

(3)排除方法:①开机充电24h后,备电仍报故障,更换备用蓄电池;②用烙铁焊接备电的连接线,使备电与主机良好接触;③更换熔断丝或保险管。

4.通讯常见故障

通讯常见故障现象、原因及排除方法如下:

(1)故障现象:火灾报警控制器发出故障报警,通讯故障灯亮,打印机打印通讯故障、时间。

(2)故障原因:①区域报警控制器或火灾显示盘损坏或未通电、开机;②通讯接口板损坏;③通讯线路短路、开路或接地性能不良造成短路。

(3)排除方法:①更换设备,使设备供电正常,开启报警控制器;②检查区域报警控制器与集中报警控制器的通讯线路,若存在开路、短路、接地接触不良等故障,更换线路;③检查区域报警控制器与集中报警控制器的通讯板,若存在故障,维修或更换通讯板;④若因为探测器或模块等设备造成通讯故障,更换或维修相应设备。

(二)重大故障

1.强电串入火灾自动报警及联动控制系统

(1)产生原因:主要是弱电控制模块与被控设备的启动控制柜的接口处,如卷帘、水泵、防排烟风机、防火阀等处发生强电的串入。

(2)排除办法:控制模块与受控设备间增设电气隔离模块。

2.短路或接地故障而引起控制器损坏

(1)产生原因:传输总线与大地、水管、空调管等发生电气连接,从而造成控制器接口板的损坏。

(2)解决办法:按要求做好线路连接和绝缘处理,使设备尽量与水管、空调管隔开,保证设备和线路的绝缘电阻满足设计要求。

(三)火灾自动报警系统误报原因

1.产品质量

产品技术指标达不到要求,稳定性比较差,对使用环境非火灾因素如温度、湿度、灰尘、风速等引起的灵敏度漂移得不到补偿或补偿能力低,对各种干扰及线路分析参数的影响无法自动处理而误报。

2.设备选择和布置不当

①探测器选型不合理;②使用场所性质变化后未及时更换相适应的探测器。

3.环境因素

(1)电磁环境干扰主要表现为:空中电磁波干扰、电源及其它输入输出线上的窄脉冲群、人体静电。

(2)光电感烟探测器安装在可能产生黑烟、大量粉尘、可能产生蒸汽和油雾等场所。

(3)气流可影响烟气的流动线路,对离子感烟探测影响比较大,对光电感烟探测器也有一定影响。

(4)感温探测器布置距高温光源过近、感烟探测器距空调送风口过近、感温探测器安装装在易产生水蒸汽、车库等场所。

4.其他原因

(1)元件老化。一般火灾探测器的使用寿命约10年,而且每3年要求全面清洗。

(2)系统接地被忽略或达不到标准要求、线路绝缘达不到要求、线路接头压接不良或布线不合理、系统开通前对防尘、防潮、防腐措施处理不当。

(3)灰尘和昆虫。据有关统计,60%的误报是因灰尘影响。

(4)探测器损坏。

本章练习题

一、单项选择题

1. 从接线盒、线槽等处引到探测器底座、控制设备、扬声器的线路,当采用金属软管保护时,其长度不应大于( )m。
   A. 1   B. 2   C. 3   D. 4

2. 元件老化,一般火灾探测器使用寿命约10年,每( )年要求全面清洗。
   A. 1   B. 2   C. 3   D. 4

3. 下列不属于主电源常见故障原因的是( )。
   A. 市电停电
   B. 电源线接触不良
   C. 主电熔断丝熔断
   D. 备用电源损坏或电压不足

4. 不同类型的探测器应有10%且不少于( )只的备品。
   A. 25   B. 30   C. 40   D. 50

5. 应用专用检测仪器对所安装的全部探测器和手动报警装置试验至少( )次。
   A. 1   B. 2   C. 3   D. 5

二、多项选择题

1. 火灾自动报警系统的常见故障有( )。
   A. 火灾探测器故障
   B. 通信故障
   C. 主电源故障
   D. 备用电源故障
   E. 短路或接地故障而引起控制器损坏

2. 下列关于控制类设备在消防控制室内的布置要求叙述正确的是( )。
   A. 设备面盘前的操作距离,单列布置时不应小于1.5m,双列布置时不应小于2m
   B. 在值班人员经常工作的一面,设备面盘至墙的距离不应小于5m
   C. 设备面盘后的维修距离不宜小于3m
   D. 设备面盘的排列长度大于4m时,其两端应设置宽度不小于2m的通道
   E. 与建筑其他弱电系统合用的消防控制室内,消防设备应集中设置,并应与其他设备间有明显间隔

参考答案

一、单项选择题
1. B 2. C 3. D 4. D 5. A

二、多项选择题
1. ABCD 2. AE

第十五章 城市消防远程监控系统

本章知识框架

<table>
<tr><td rowspan="8">城市消防远程监控系统</td><td>系统构成</td><td>系统构成(★☆☆☆☆)</td></tr>
<tr><td rowspan="2">系统安装前检查</td><td>1. 系统进场检查(★☆☆☆☆)</td></tr>
<tr><td>2. 系统布线检查(★☆☆☆☆)</td></tr>
<tr><td rowspan="4">系统安装与调试</td><td>1. 质量控制要求(★☆☆☆☆)</td></tr>
<tr><td>2. 组件安装(★★☆☆☆)</td></tr>
<tr><td>3. 系统接地检查(★★☆☆☆)</td></tr>
<tr><td>4. 系统调试(★★★☆☆)</td></tr>
<tr><td rowspan="3">系统检测与维护</td><td>1. 系统检测、系统运行管理(★★★☆☆)</td></tr>
<tr><td></td><td>2. 系统使用与日常检查(★★☆☆☆)</td></tr>
<tr><td></td><td>3. 年度检查与维护保养(★★☆☆☆)</td></tr>
</table>

第一节 系统构成

考点 系统构成

城市消防远程监控系统的组成部分:①用户信息传输装置;②报警传输网络;③监控中心;④火警信息终端。

第二节 系统安装前检查

考点一 系统进场检查

(1)城市消防远程监控系统的用户信息传输装置需要通过国家认证,其产品名称、型号、规格应与检验报告完全一致。

(2)城市消防远程监控系统的设备、材料及配件进入施工现场应有清单、使用说明书、质量合格证明文件、国家法定质检机构的检验报告等文件。

(3)消防远程监控系统的通信服务器软件、报警受理系统、信息查询系统、用户服务系统、火警信息终端等系统应用软件配套提供安装使用维护手册等技术文件、国家相关产品质量监督检验机构出具的检测报告、软件使用授权许可证。

(4)城市消防远程监控系统所用管件的材质、规格、型号要符合设计文件的规定。

(5)城市消防远程监控系统所用缆线的包装完好,绝缘层完整无损,厚度均匀;电缆无压扁、扭曲,耐热、阻燃的电线、电缆外护层有明显标识和制造厂标。

考点二　系统布线检查

(1)在建筑抹灰及地面工程结束后,进行管内或线槽内的系统布线,管内或线槽内积水及杂物要清理干净。

(2)金属管子入盒,盒外侧应套锁母,内侧应装护口;在吊顶内敷设时,盒的内外侧均应套锁母。塑料管入盒应采取相应的固定措施。明敷设各类管路和线槽时,应采用单独的卡具吊装或支撑物固定。吊装线槽或管路的吊杆直径不应小于6mm。线槽接口应平直、严密,槽盖应齐全、平整、无翘角。

(3)同一工程中的导线,要根据不同用途选择不同颜色加以区分,相同用途的导线颜色最好保持一致。电源线正极建议采用红色导线,负极采用蓝色或黑色导线。

第三节　系统安装与调试

考点一　质量控制要求

(1)要求各工序应按施工技术标准进行质量控制,每道工序完成并检查合格后,方可进行下道工序。如果检查不合格,则需要整改。

(2)要求隐蔽工程在隐蔽前进行验收,并形成验收文件。

(3)要求相关各专业工种之间,需要进行交接检验,并经监理工程师签字确认后方可进行下道工序。

(4)要求安装完成后,施工单位应对远程监控系统的安装质量进行全数检查,并按有关专业调试规定进行调试。

考点二　组件安装

(1)用用户信息传输装置在墙上安装时,其底边距地(楼)面高度宜为1.3~1.5m,其靠近门轴的侧面距墙不应小于0.5m,正面操作距离不应小于1.2m;落地安装时,其底边宜高出地(楼)面0.1~0.2m。用户信息传输装置应安装牢固,不应倾斜;安装在轻质墙上时,应采取加固措施。

(2)用户信息传输装置的主电源应有明显标志,并直接与消防电源连接,严禁使用电源插头进行连接。城市消防远程监控系统中监控中心的各类设备根据实际工作环境合理摆放,安装牢固,适宜使用人员的操作,并留有检查、维修的空间。远程监控系统设备和线缆应设明显标识,且标识应正确、清楚。

考点三　系统接地检查

在城市消防远程监控系统中的各设备金属外壳设置接地保护,其接地线应与电气保护接地干线(PE)相连接。接地应牢固并有明显的永久性标志。接地装置施工完毕后,应按规定采用专用测量仪器测量接地电阻,接地电阻应满足设计要求。

考点四 系统调试

（一）调试准备

开展系统调试的前提是系统组件已按设计要求安装完毕,同时联网单位所连接的建筑消防设施也应调试完毕或开通运行。

（二）系统调试

1.用户信息传输装置调试

（1）将用户信息传输装置与建筑消防设施(如火灾自动报警系统、报警按钮、自动触发装置)以及报警传输网络相连,并接通电源。

（2）按现行国家标准《城市消防远程监控系统 第1部分:用户信息传输装置》(GB 26875.1－2011)的有关要求对用户信息传输装置进行功能检查并记录。

2.通信服务器调试

（1）模拟火灾报警,检查通信服务器是否能接收用户信息传输装置发送的火灾报警信息,同时检查火灾报警信息编码规则是否符合现行国家标准《城市消防远程监控系统 第5部分:受理软件功能要求》(GB 26875.5－2011)的要求。

（2）模拟通信链路故障,检查通信服务器与用户信息传输装置、受理座席和其他连接终端设备的通信连接状态的正确性。

（3）模拟火灾报警,检查通信服务器是否将接收的用户信息传输装置发送的火灾报警信息转发至报警受理座席。

（4）检查通信服务器是否具有用户信息传输装置寻址功能。

（5）检查通信服务器软件是否具有自动记录启动时间和退出时间的功能。

（6）检查通信服务器软件是否具有配置、退出等操作权限的功能。

3.报警受理系统调试

（1）模拟火灾报警,检查报警受理系统接收用户信息传输装置发送的火灾报警信息的正确性。

（2）模拟各种建筑消防设施的运行状态变化,检查报警受理系统接收并存储建筑消防设施运行状态信息的完整性,检查对建筑消防设施故障的信息跟踪、记录和查询功能,检查故障报警信息是否能够发送到联网用户的相关人员处。

（3）模拟向用户信息传输装置发送巡检测试指令,检查用户信息传输装置接收巡检测试指令的完整性。

（4）检查报警受理系统接收并显示火灾报警信息的完整性,火灾报警信息应包含:信息接收时间、用户名称、地址、联系人姓名、电话、单位信息、相关系统或部件的类型、状态、用户的地理信息、建筑消防设施的位置信息以及部件在建筑物中的位置信息等。

（5）检查报警受理系统与联网用户进行语音、数据或图像通信功能以及该系统的报警受理的语音和相应时间的记录功能。

（6）检查报警受理系统与发出模拟火灾报警信息的联网用户进行警情核实和确认的功能,并检查城市消防通信指挥中心接收经确认的火灾报警信息的内容完整性。

（7）检查报警信息的历史记录查询功能以及报警受理系统启、停时间的记录和查询功能。

(8)模拟报警受理系统故障,检查声、光提示功能。

(9)检查消防地理信息是否包括城市行政区域、道路、建筑、水源、联网用户、消防站及责任区等地理信息及其属性信息,是否对信息提供编辑、修改、放大、缩小、移动、导航、全屏显示、图层管理等功能。

4.信息查询系统调试

(1)选择联网用户,查询该用户的消防安全管理信息。

(2)选择联网用户,查询该用户的火灾报警信息。

(3)选择联网用户,查询该用户的建筑消防设施运行状态信息。

(4)选择联网用户,查询该用户的日常值班、在岗等信息。

(5)按照日期、单位名称、单位类型、建筑物类型、建筑消防设施类型、信息类型等检索项查询、统计本条第(1)~(4)款的信息。

5.用户管理服务系统调试

(1)选择联网用户,检查该用户登录系统使用权限的正确性。

(2)检查联网用户的消防安全重点单位信息系统数据录入、编辑功能。

(3)模拟火灾报警,查询该用户火灾报警、建筑消防设施运行状态等信息是否与报警受理系统的报警信息相同。

(4)检查建筑消防设施日常管理功能,检查对消防设施日常维护保养情况执行录入、修改、删除、查看等操作是否正常。

(5)检查随机查岗功能,检查联网用户值班人员是否在岗,并检查是否收到在岗应答。

6.火警信息终端调试

(1)模拟火灾报警,由报警受理系统向火警信息终端发送联网用户火灾报警信息,检查火警信息终端的声、光提示情况。

(2)模拟火警信息终端故障,检查声、光报警情况。

(3)进行自检操作,检查自检情况。

(4)检查火警信息终端显示的火灾报警信息完整性。

第四节 系统检测与维护

考点一 系统检测

城市消防远程监控系统检测前,首先对系统相关的文件进行审核检查,主要包括以下几点:

(1)施工现场质量管理检查记录。

(2)施工过程质量检查记录。

(3)系统设计文件、施工技术标准、工程合同、设计变更通知书、竣工图、隐蔽工程验收文件。

(4)竣工验收申请报告。

(5)系统产品的检验报告、合格证及相关材料。

(6)系统设备清单。

（一）系统主要功能测试

（1）接收联网用户的火灾报警信息，向城市消防通信指挥中心或其他接处警中心传送经确认的火灾报警信息。

（2）接收联网用户发送的建筑消防设施运行状态信息。

（3）能根据联网用户发送的建筑消防设施运行状态和消防安全管理信息进行数据实时更新。

（4）具有为公安消防部门提供查询联网用户的火灾报警信息、建筑消防设施运行状态信息及消防安全管理信息的功能。

（5）具有为联网用户提供自身的火灾报警信息、建筑消防设施运行状态信息查询和消防安全管理信息服务等功能。

（二）系统主要性能指标测试

（1）连接3个联网用户，测试监控中心同时接收火灾报警信息的情况。

（2）从用户信息传输装置获取火灾报警信息到监控中心接收显示的响应时间不大于10s。

（3）测试系统各设备的统一时钟管理情况，要求时钟累计误差不超过5s。

（4）监控中心向城市消防通信指挥中心或其他接处警中心转发经确认的火灾报警信息的时间不大于3s。

（5）监控中心与用户信息传输装置之间能够动态设置巡检方式和时间，要求通信巡检周期不大于2h。

城市消防远程监控系统检测完毕后，应填写《城市消防远程监控系统检测记录》。

考点二　系统运行管理

监控中心日常做好如下技术文件的记录，并及时归档、妥善保管：①交接班登记表；②值班日志；③接、处警登记表；④值班人员工作通话录音电子文档；⑤设备运行、巡检及故障记录。

考点三　系统使用与日常检查

（一）用户信息传输装置使用与检查

用户信息传输装置按照以下要求进行定期检测与测试：

（1）每日进行1次自检功能检查。

（2）由火灾自动报警系统等建筑消防设施模拟生成火警，进行火灾报警信息发送试验，每个月试验次数不应少于2次。

（二）通信服务器软件使用与检查

通信服务器软件按照以下要求进行定期检测与测试：

（1）每月检查系统数据库使用情况，必要时对硬盘进行扩充。

（2）每月进行通信服务器软件运行日志整理。

（3）与监控中心报警受理系统的通信测试1次/日。

（4）与设置在城市消防通信指挥中心或其他接处警中心的火警信息终端之间的通信测试1次/日。

（5）实时监测与联网单位用户信息传输装置的通信链路状态，如检测到链路故障，应及时告知报警受理系统，报警受理系统值班人员应及时与联网用户单位值班人员联系，尽快解除链路故障。

（6）与报警受理系统、火警信息终端、用户信息传输装置等其他终端之间时钟检查1次/日。

（三）报警受理系统软件的使用与检查

报警受理系统软件按照以下要求进行定期检测与测试：

（1）要求每月进行报警受理系统软件运行日志整理。

（2）要求与通信服务器软件的通信测试1次/日。

（3）要求与通信服务器软件时钟检查1次/日。

具体的检查内容与顺序如下：

（1）用户信息传输装置模拟报警，检查报警受理系统能否接收、显示、记录及查询用户信息传输装置发送的火灾报警信息、建筑消防设施运行状态信息。

（2）模拟系统故障信息，检查报警受理系统能否接收、显示、记录及查询通信服务器发送的系统告警信息。

（3）用户信息传输装置模拟报警，检查报警受理系统能否收到该报警信息，收到该信息后能否驱动声器件和显示界面发出声信号和显示提示。火灾报警信息声提示信号和显示提示是否明显区别于其他信息，是否显示及处理优先。声信号可以手动消除，当收到新的信息时，声信号是否能再启动。信息受理后，相应声信号、显示提示是否自动消除。

（4）用户信息传输装置模拟报警，检查报警受理系统能否收到该报警信息，受理用户信息传输装置发送的火灾报警、故障状态信息时，是否能显示以下内容：

①是否显示信息接收时间、用户名称、地址、联系人姓名、电话、单位信息、相关系统或部件的类型、状态等信息。

②是否显示该用户信息传输装置发送的不少于5条的同类型历史信息记录。

③是否显示该用户的地理信息、建筑消防设施的位置信息以及部件在建筑物中的位置信息。

（5）用户信息传输装置模拟报警，检查报警受理系统能否对火灾报警信息进行确认和记录归档。

（6）用户信息传输装置模拟手动报警信息，检查报警受理系统能否将信息上报至火警信息终端，信息内容是否包括报警联网用户名称、地址、联系人姓名、电话、建筑物名称，报警点所在建筑物详细位置，监控中心受理员编号或姓名等；能否接收、显示和记录火警信息终端返回的确认时间、指挥中心受理员编号或姓名等信息；通信失败时是否能够告警。

（7）模拟至少10起用户信息传输装置故障信息，检查报警受理系统能否对用户信息传输装置发送的故障状态信息进行核实、记录、查询和统计；能否向联网用户相关人员或相关部门发送经核实的故障信息；能否对故障处理结果进行查询。

（四）信息查询系统软件使用与检查

信息查询系统软件按照以下要求进行定期检测与测试：

（1）每月进行信息查询系统软件运行日志整理。

（2）与监控中心的通信测试1次/日。

（3）与监控中心时钟检查1次/日。

具体的检查内容与顺序如下：

（1）以公安消防部门人员身份登录信息查询系统，检查信息查询系统能否查询所属辖区联网用户的火灾报警信息。

(2)以公安消防部门人员身份登录信息查询系统,检查信息查询系统能否按《消防安全技术实务》第三篇第九章表 9.1 所列内容查询联网用户的建筑消防设施运行状态信息。

(3)以公安消防部门人员身份登录信息查询系统,检查信息查询系统能否查询联网用户的消防安全管理信息。

(4)以公安消防部门人员身份登录信息查询系统,检查信息查询系统能否查询所属辖区联网用户的日常值班、在岗等信息。

(5)以公安消防部门人员身份登录信息查询系统,检查信息查询系统能否对火灾报警信息、建筑消防设施运行状态信息、联网用户的消防安全管理信息、联网用户的日常值班和在岗等信息,按日期、单位名称、单位类型、建筑物类型、建筑消防设施类型、信息类型等检索项进行检索和统计。

(五)用户服务系统软件使用与检查

用户服务系统软件按照以下要求进行定期检测与测试:

(1)要求每月进行用户服务系统软件运行日志整理。

(2)要求与监控中心的通信测试 1 次/日。

(3)要求与监控中心时钟检查 1 次/日。

具体的检查内容与顺序如下:

(1)以联网单位用户身份登录用户服务系统,检查用户服务系统能否查询其自身的火灾报警、建筑消防设施运行状态信息及消防安全管理信息,建筑消防设施运行状态信息是否能够包含《消防安全技术实务》第三篇第九章表 9.1 规定的信息内容。

(2)以联网单位用户身份登录用户服务系统,检查用户服务系统能否对建筑消防设施日常维护保养情况进行管理。

(3)以联网单位用户身份登录用户服务系统,检查用户服务系统能否提供消防安全管理信息的数据录入、编辑服务。

(4)以联网单位消防安全负责人身份登录用户服务系统,检查用户服务系统能否通过随机查岗,实现对值班人员日常值班工作的远程监督。

(5)以不同权限的联网单位用户身份登录用户服务系统,检查用户服务系统能否提供不同用户不同权限的管理。

(6)以联网单位用户身份登录用户服务系统,检查用户服务系统能否提供消防法律法规、消防常识和火灾情况等信息。

(六)火警信息终端软件使用与检查

火警信息终端软件按照以下要求定期检测与测试:

(1)要求每月进行火警信息终端软件运行日志整理。

(2)要求与通信服务器软件的通信测试 1 次/日。

(3)要求与通信服务器软件时钟检查 1 次/日。

具体的检查内容与顺序如下:

(1)用户信息传输装置模拟手动报警信息,经报警受理系统受理确认以后,检查火警信息终端能否接收、显示、记录及查询监控中心报警受理系统发送的火灾报警信息。

(2)用户信息传输装置模拟手动报警信息,经报警受理系统受理确认以后,检查火警信息终端能否收到火灾报警及系统内部故障告警信息,是否能驱动声器件和显示界面发出声信号和显示提示。火灾报警信息声提示信号和显示提示是否明显区别于故障告警信息,且显示及处理优先。声信号是否能手动消除,当收到新的信息时,声信号是否能再启动。信息受理后,相应声信号、显示提示是否能自动消除。

(3)用户信息传输装置模拟手动报警信息,经报警受理系统受理确认以后,检查火警信息终端是否能显示报警联网用户的名称、地址、联系人姓名、电话、建筑物名称、报警点所在建筑物位置、联网用户的地理信息、监控中心受理员编号或姓名、接收时间等信息;经人工确认后,是否能向监控中心反馈确认时间、指挥中心受理员编号或姓名等信息;通信失败时能否告警。

考点四 年度检查与维护保养

用户信息传输装置要求按以下内容定期进行检查和测试:

(1)对用户信息传输装置的主电源和备用电源进行切换试验,每半年的试验次数不少于1次。

(2)每年检测用户信息传输装置的金属外壳与电气保护接地干线(PE)的电气连续性,若发现连接处松动或断路,及时修复。

城市消防远程监控系统投入运行满1年后,每年度对下列内容进行检查:

(1)每半年对通信服务器、报警受理系统、信息查询系统、用户服务系统、火警信息终端等组件进行检查、测试。

(2)每半年检查录音文件的保存情况,必要时清理保存周期超过6个月的录音文件。

(3)每年检查监控系统日志并进行整理备份。

(4)每年检查系统运行及维护记录等文件是否完备。

(5)每年检查系统网络安全性。

(6)每年对监控中心的火灾报警信息、建筑消防设施运行状态信息等记录进行备份,必要时清理保存周期超过1年的备份信息。

(7)每年检查数据库使用情况,必要时对硬盘存储记录进行整理。

本章练习题

单项选择题

1. 城市消防远程监控系统投入运行满1年后,每半年检查录音文件的保存情况,必要时清理保存周期超过( )个月的录音文件。
   A. 3　　　　　　B. 6　　　　　　C. 9　　　　　　D. 12

2. 从接线盒、线槽等处引到用户信息传输装置的线路,当采用金属软管保护时,其长度不应大于( )m。
   A. 1　　　　　　B. 2　　　　　　C. 3　　　　　　D. 4

3. 下列关于引入用户信息传输装置的电缆或导线要求叙述不正确的是( )。
   A. 配线应整齐,不宜交叉,并应固定牢靠
   B. 电缆芯线和所配导线的末部,均应标明编号,并与图纸一致,字迹应清晰且不易退色
   C. 端子板的每个接线端,接线不得超过 3 根
   D. 电缆芯和导线,应留有不小于 300mm 的余量

4. 从用户信息传输装置获取火灾报警信息到监控中心接收显示的响应时间不大于( )s。
   A. 5   B. 8   C. 10   D. 15

选项选择题
1. B 2. B 3. C 4. C

第四部分 消防安全评估方法与技术

第一章 区域消防安全评估方法与技术要求

本章知识框架

区域消防安全评估方法与技术要求	评估方法	1.评估目的及原则(★☆☆☆☆) 2.评估内容及范围(★☆☆☆☆) 3.评估流程及注意事项(★★☆☆☆)
	评估范例	1.火灾风险评估方法(★★★★☆) 2.火灾风险因素识别及选择(★★★☆☆)

第一节 评估方法

练一练

考点一 评估目的及原则

1.评估目的

对区域进行火灾风险评估,是分析区域消防安全状况、查找当前消防工作薄弱环节的有效手段。

根据不同的火灾风险级别,部署相应的消防救援力量,建设消防基础设施,使公众和消防员的生命、财产的预期风险水平与消防安全设施以及火灾和其他应急救援力量的种类和部署达到最佳平衡。

2.评估原则

评估原则包括:系统性原则、实用性原则和可操作性原则。

考点二 评估内容及范围

1.评估内容

(1)提出合理可行的消防安全对策及规划建议。
(2)对评估单元进行定性及定量分级,并结合专家意见建立权重系统。
(3)分析区域范围内可能存在的火灾危险源,合理划分评估单元,建立全面的评估指标体系。
(4)对区域的火灾风险做出客观公正的评估结论。

2.评估范围

整个区域范围内存在火灾危险的社会因素、建筑群和交通路网。

考点三 评估流程及注意事项

一、区域火灾风险评估流程

(一)信息采集

重点收集与区域安全相关的信息,主要包括:①评估区域内人口、经济、交通等概况;②区域内消防重点单位情况;③周边环境情况;④市政消防设施相关资料;⑤火灾事故应急救援预案;⑥消防安全规章制度等。

(二)风险识别

火灾风险源是指能够对目标对象的评估结果产生影响的所有来源。火灾风险源一般分为客观因素和人为因素两类。

1.客观因素

(1)气象因素引起火灾。影响火灾的气象因素主要有大风、降水、高温以及雷击。

(2)电气引起火灾。由各种诱因引发的电气火灾,一直居于各类火灾原因的首位。

(3)易燃易爆物品引起火灾。

2.人为因素

(1)用火不慎引起火灾。用火不慎主要发生在居民住宅中,例如,用易燃液体引火;用液化气、煤气等气体燃料时,因各种原因造成气体泄漏,在房内形成可燃性混合气体,遇明火产生爆炸起火;家庭炒菜时油锅过热起火;夏季驱蚊,蚊香摆放不当或点火生烟时无人看管等。

(2)不安全吸烟引起火灾。吸烟人员常常会出现随便乱扔烟蒂、无意落下烟灰、忘记熄灭烟蒂等不良吸烟行为,一部分可能会导致火灾。

(3)人为纵火。

(三)评估指标体系建立

区域火灾风险评估可选择以下几个层次的指标体系结构:

(1)一级指标。一般情况下,一级指标主要包括:火灾危险源、区域基础信息、消防力水平和社会面防控能力等。

(2)二级指标。一般情况下,二级指标主要包括:客观因素、人为因素、城市公共消防基础设施、灭火救援能力、消防管理、消防宣传教育、灾害抵御能力等。

(3)三级指标。一般情况下,三级指标主要包括:易燃易爆危险品、燃气管网密度、加油加气站密度、电气火灾、用火不慎、放火致灾、吸烟不慎、温度、湿度、风力、雷电、建筑密度、人口密度、经济密度、路网密度、重点保护单位密度、消防通信指挥调度能力、消防车通行能力、消防站建设水平、消防车通道等相关内容。

(四)风险分析与计算

1.风险因素量化及处理

考虑到人的判断的不确定性和个体的认识差异,评分值的设计采用一个分值范围,由参加评估的团队人员,运用集体决策的思想,根据所建立的指标体系,按照对安全有利的情况,越有利得分越高,进行了评分,从而降低不确定性和认识差异对结果准确性的影响。

2.模糊集值统计

对于指标 u_i,专家 p_j 依据其评估标准和对该指标有关情况的了解给出一个特征值区间 $[a_{ij}, b_{ij}]$,由此构成一集值统计系列: $[a_{i1}, b_{i1}], [a_{i2}, b_{i2}], \cdots, [a_{ij}, b_{ij}], \cdots, [a_{mq}, b_{mq}]$,如表 1.1 所示。

表 1.1 评估指标特征值的估计区间

评估专家	评估指标				
	u_1	u_2	... u_i	...	u_m
p_1	$[a_{11},b_{11}]$	$[a_{21},b_{21}]$	$[a_{i1},b_{i1}]$	...	$[a_{m1},b_{m1}]$
p_2	$[a_{12},b_{12}]$	$[a_{21},b_{21}]$	$[a_{i2},b_{i2}]$	...	$[a_{m2},b_{m2}]$
⋮	⋮	⋮	⋮		⋮
p_j	$[a_{1j},b_{1j}]$	$[a_{2j},b_{2j}]$	$[a_{ij},b_{ij}]$	...	$[a_{mj},b_{mj}]$
⋮	⋮	⋮	⋮		⋮
p_q	$[a_{1q},b_{1q}]$	$[a_{2q},b_{2q}]$	$[a_{iq},b_{iq}]$	...	$[a_{mq},b_{mq}]$

则评估指标 u_i 的特征值：

$$x_i = \frac{1}{2}\sum_{j=1}^{q}[b_{ij}^2 - a_{ij}^2] \Big/ \sum_{j=1}^{q}[b_{ij} - a_{ij}]$$

说明：$i=1,2,\cdots,m;j=1,2,\cdots,q$。

3.指标权重确定

目前国内外常用评估指标权重的方法主要有专家打分法、集值统计迭代法、层次分析法、模糊集值统计法等。本课题采用专家打分法确定指标权重，这种方法是分别向若干专家（一般以 10~15 名为宜）咨询并征求意见，来确定各评估指标的权重系数。

设第个专家给出的权重系数为：$(\lambda_{1j},\lambda_{2j},\cdots,\lambda_{ij},\cdots,\lambda_{mj})$

若其平方和误差在其允许误差 ε 范围内，即

$$\max_{1\leq j\leq n}\left[\sum_{i=1}^{m}\left(\lambda_{ij} - \frac{1}{n}\sum_{j=1}^{n}\lambda_{ij}\right)^2\right] \leq \varepsilon，则 \overline{\lambda} = \left(\frac{1}{n}\sum_{j=1}^{n}\lambda_{1j},\cdots,\frac{1}{n}\sum_{j=1}^{n}\lambda_{ij},\cdots,\frac{1}{n}\sum_{j=1}^{n}\lambda_{mj}\right)$$

为满意的权重系数集，否则，对一些偏差大的 λ_i 再征求有关专家意见进行修改，直到满意为止。

4.风险等级判断

根据基本指标的分值范围，可以通过下述公式计算上层指标的风险分值。

$$x_i = \frac{1}{2}\sum_{j=1}^{q}[b_{ij}^2 - a_{ij}^2] \Big/ \sum_{j=1}^{q}[b_{ij} - a_{ij}]$$

说明：$i=1,2,\cdots,m;j=1,2,\cdots,q$。

最终应用线性加权方法计算火灾风险度：

$$R = \sum_{i=1}^{n}W_i \cdot F_i$$

说明：R-上层指标火灾风险；W_i-下层指标权重；F_i-下层指标评估得分。

根据 R 值的大小可以确定评估目标所处的风险等级。

5.风险分级

根据区域火灾防控实际，在设定量化范围的基础上结合公安部 2007 年下发的《关于调整火灾等级标准的通知》中的火灾事故等级分级标准，将火灾风险分为四级，如表 1.2 所示。

表1.2 风险分级量化和特征描述

风险等级	名称	量化范围	风险等级特征描述
Ⅰ级	低风险	[85,100]	几乎不可能发生火灾,火灾风险性低,火灾风险处于可接受的水平,风险控制重在维护和管理。
Ⅱ级	中风险	[65,85]	可能发生一般火灾,火灾风险性中等,火灾风险处于可控制的水平,在适当采取措施后可达到接受水平,风险控制重在局部整改和加强管理。
Ⅲ级	高风险	[25,65]	可能发生较大火灾,火灾风险性较高,火灾风险处于较难控制的水平,应采取措施加强消防基础设施建设和完善消防管理水平。
Ⅳ级	极高风险	[0,25]	可能发生重大或特大火灾,火灾风险性极高,火灾风险处于很难控制的水平,应当采取全面的措施对建筑的设计、主动防火设施进行完善,加强对危险源的管控、增强消防管理和救援力量。

火灾风险分级和火灾等级的对应关系为:
(1)极高风险／特别重大火灾、重大火灾。
①特别重大火灾是指造成30人以上死亡,或者100人以上重伤,或者1亿元以上直接财产损失的火灾。
②重大火灾是指造成10人以上30人以下死亡,或者50人以上100人以下重伤,或者5000万元以上1亿元以下直接财产损失的火灾。
(2)高风险／较大火灾。
较大火灾是指造成3人以上10人以下死亡,或者10人以上50人以下重伤,或者1000万元以上5000万元以下直接财产损失的火灾。
(3)中风险／一般火灾。
一般火灾是指造成3人以下死亡,或者10人以下重伤,或者1000万元以下直接财产损失的火灾。

(五)确定评估结论
根据评估结果,明确指出建筑设计或建筑本身的消防安全状态,提出合理可行的消防安全意见。

(六)风险控制
根据火灾风险分析与计算结果,遵循针对性、技术可行性、经济合理性的原则,按照当前通行的风险规避、风险降低、风险转移以及风险自留等四种风险控制措施,根据当前经济、技术、资源等条件下所能采用的控制措施,提出消除或降低火灾风险的技术措施和管理对策。

二、注意事项

进行区域火灾风险评估时,应注意收集相关消防基础设施建设的情况,如消防站、市政消防水源等。其中,普通消防站不宜大于$7km^2$;设在近郊区的普通消防站不应大于$15km^2$。

第二节　评估范例

考点一　火灾风险评估方法

1.火灾风险评估指标体系
某市城市区域火灾风险评估体系的五大部分:①火灾危险源评估系统;②城市基础信息评

估系统；③消防力量评估系统；④火灾预警评估系统；⑤社会面防控评估系统。

2.火灾风险计算方法

本节采用模糊综合评估、模糊集值统计、专家赋分等方法进行火灾风险评估。评估方法见第一节中风险评估方法阐述。

考点二　火灾风险因素识别及选择

（一）某市历史火灾数据分析

（1）2007~2009年各月发生火灾起数统计，如图1.1所示。

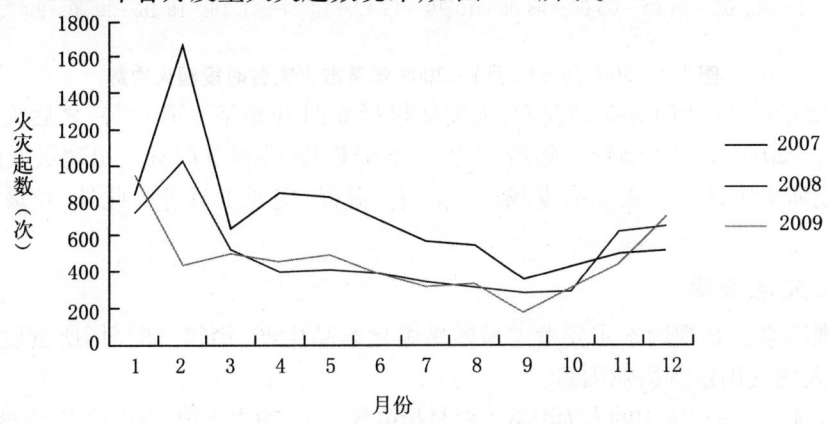

图1.1　2007~2009年某市各月火灾起数统计

由上图可以看出，火灾高发于每年的1、2月份。

（2）起火原因统计，如图1.2所示。

从右图可以看出，2007年至2009年某市发生的火灾主要由电气火灾、用火不慎及吸烟等三种原因诱发的火灾占火灾总数的63%。其他原因引起的火灾数量相对较多，占到13%，而玩火、放火、生产作业等比例则相对较少。

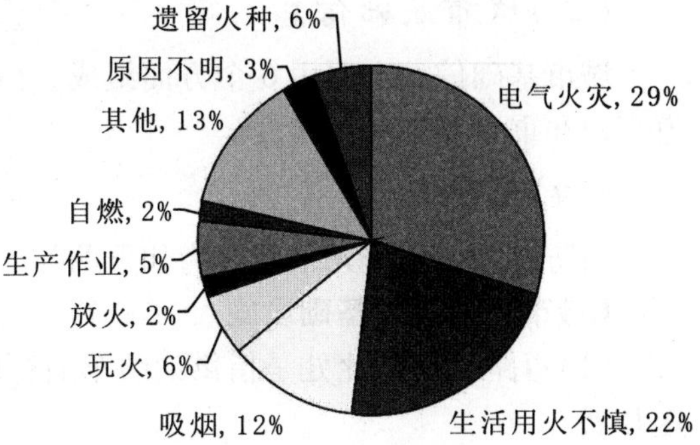

图1.2　2007~2009年某市火灾起火原因统计

（3）致死原因分布如图1.3所示。

从下图可以看出，致死原因最多的是吸烟、放火、和电气火灾。其中用火不慎占11%，该方面应不容忽视。

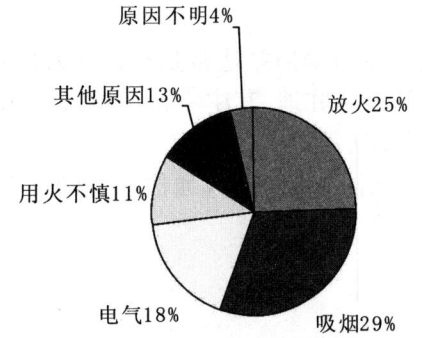

图1.3　2007~2009年某市火灾致死原因分布

(4)各时段火灾起数统计如图 1.4 所示。

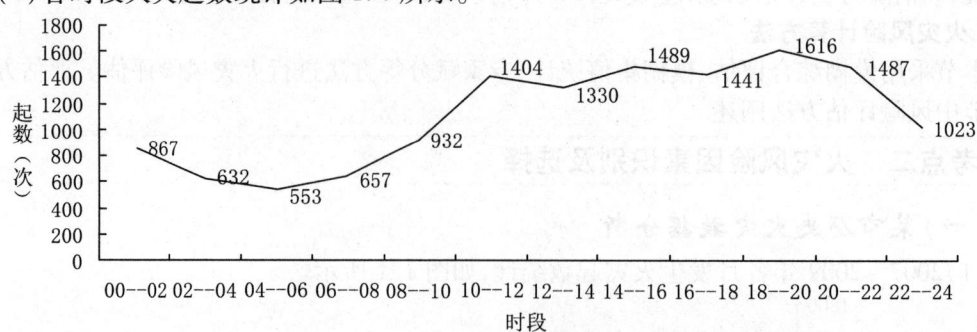

图 1.4　2007(9~12 月)~2009 年某市火灾各时段起火次数

从上图所示的 24 小时分布情况看,火灾从早晨 6 时开始呈上升趋势,之后火灾维持高位平稳上升,18~20 时出现小高峰。随后,火灾呈下降趋势,凌晨 3 时火灾出现最低值。

(5)各场所火灾统计。火灾高发场所为住宅、宿舍、交通工具等。此外,垃圾废弃物着火也不容忽视。

(二)火灾危险源

(1)客观因素。客观因素主要考虑易燃易爆化学品生产、销售、储存场所密度、加油/加气站密度及万人燃气用量等影响因素。

(2)人为因素。在火灾中的人为因素主要是指电气火灾、用火不慎、放火致灾、吸烟不慎等。

(三)城市基础信息

城市基础信息主要由 6 个方面组成,分别为:人口密度、经济密度、建筑密度、路网密度、轨道交通和重点保护单位密度。

(四)消防力量

消防力量评估单元主要分为如下两类。

1.城市公共消防基础设施

(1)道路。道路此处是指供消防车通行的道路。道路通行能力的好坏关乎救援工作的快速开展。

(2)水源。消防水源包括:市政消火栓、人工水源及天然水源等。

2.灭火救援能力

(1)消防装备。主要包括:①万人拥有消防车;②抢险救援器材配备率;③消防队员空气呼吸器配备率

(2)万人拥有消防站。万人拥有消防站通常是指常住人口每万人拥有的消防站(含市辖区内的公安消防队、政府专职消防队驻地,其中不包括单位专职消防队)数量,该数据从城市规模(以人口划分)的角度反映消防站的建设情况。

(3)通讯调度能力。主要包括:①消防无线通信一级网可靠通信,覆盖率;②消防无线通信三级组网通信设备配备率。

(五)火灾预警

1.火灾防控水平

①万人火灾发生率。万人火灾发生率指年度内火灾起数与常住人口的比值,主要反映了

火灾防控水平与人口数量的关系。

②十万人火灾死亡率。十万人火灾死亡率指年度内火灾死亡人数与常住人口的比值,主要反映了火灾防控水平与人口规模的关系。

③亿元GDP火灾损失率。亿元GDP火灾损失率指年度内火灾直接财产损失与GDP的比值,主要反映了火灾防控水平与经济发展水平的关系。

2.火灾预警能力

(1)消防远程监测覆盖率。它是评价城市火灾防控能力的一个重要指标。

(2)建筑自动消防设施运行完好率。建筑自动消防设施运行完好率是指运行完好的建筑自动消防设施占建筑自动消防设施总数的比例。反映了城市及时发现和扑救建筑火灾的基础性保障水平。

3.公众消防安全满意度

公众消防安全满意度是指公众消防安全满意度指公众对所处生活、工作环境的消防安全状况的满意程度。

(六)社会面防控能力

社会防控能力评估单元可分为3个方面,分别为:消防管理、消防宣传教育和保障协作。

1.消防管理

消防管理主要包括:①安全责任制落实情况;②应急预案完善情况;③重大隐患排查整治情况等。

2.消防宣传教育

消防宣传教育主要包括:①社会消防宣传力度;②公众自防自救意识;③消防培训普及程度等方面。

3.保障协作

保障协作主要包括:①多警种联动能力,临时避难区域设置,医疗机构分布及水平等。

本章练习题

单项选择题

1. 下列不属于区域消防安全评估原则的是( )。
   A. 系统性原则   B. 实用性原则   C. 可操作性原则   D. 适度性原则
2. 火灾的风险控制措施不包括( )。
   A. 风险消除   B. 风险降低   C. 风险转移   D. 风险自留
3. 特别重大火灾是指造成( )人以上死亡,或者100人以上重伤,或者1亿元以上直接财产损失的火灾。
   A. 10   B. 20   C. 30   D. 50

参考答案

单项选择题

1. D   2. A   3. C

第二章
建筑火灾风险分析方法与评估要求

本章知识框架

建筑火灾风险分析方法与评估要求	评估方法	1.评估目的(★☆☆☆☆) 2.评估原则及内容(★☆☆☆☆) 3.评估流程、注意事项(★★☆☆☆)
	某体育中心火灾风险评估范例	1.评估目的、建筑概况(★☆☆☆) 2.评估方法的选择、指标体系构建(★★★☆☆) 3.评估标准制定、火灾风险因素识别(★★★☆☆) 4.措施有效性分析(★★★☆) 5.结论及建议(★★☆☆☆)

 第一节　评估方法

考点一　评估目的

1.一般目的评估

一般目的评估主要包括以下几点：

(1)查找、分析和预测建筑及其周围环境存在的各种火灾风险源,以及可能发生火灾事故的严重程度,并确定各风险因素的火灾风险等级。

(2)根据不同风险因素的风险等级,根据自身的经济和运营等承受能力,提出针对性的消防安全对策与措施,为建筑的所有者、使用者提供参考依据,最大限度地消除和降低各项火灾风险。

2.特定目的评估

所谓特定目的的评估,是指建筑的所有者、使用者根据消防法规的要求,必须进行的建筑火灾风险评估。特定目的的评估除了包含一般目的评估内容外,对所有者、使用者的经济和运营承受能力的判定需要与消防主管部门进行协商。对于存在高风险的建筑,消防主管部门有时可以根据情况采取停产、停业、停止运营等强制措施。

考点二　评估原则及内容

1.评估原则

在建立建筑火灾风险评估指标体系时,应遵循的原则包括:①科学性;②系统性;③综合性;④适用性。

2.评估内容

(1)对评估单元进行定性及定量分级,并结合专家意见建立权重系统。

(2)对建筑的火灾风险做出客观、公正的评估结论。
(3)分析建筑内可能存在的火灾危险源,合理划分评估单元,建立全面的评估指标体系。
(4)提出合理可行的消防安全对策及规划建议。

考点三 评估流程

(一)信息采集

在明确火灾风险评估的目的和内容的基础上,收集与建筑安全相关的的各种资料,包括:①建筑的地理位置;②使用功能;③消防设施;④演练与应急救援预案;⑤消防安全规章制度;⑥其他资料。

(二)风险识别

1.影响火灾发生的因素

物质燃烧的三要素为:可燃物、助燃剂(主要是氧气)和火源。火灾是时间和空间上失去控制的燃烧,简单说就是人们不希望出现的燃烧。因此,可以将火灾产生的五要素分为:可燃物、助燃剂、火源、时间和空间。

消防工作的主要对象就是围绕着这五要素进行控制。对于存在生产生活用燃烧的场所,即将燃烧控制在一定的范围内,控制的对象是时间和空间;对于除此之外的任何场所,控制不发生燃烧,控制的对象是燃烧三要素,即控制这三要素同时出现的条件。

2.影响火灾后果的因素

火灾风险表达式中的后果,在不同阶段会有不同的表现形式,通常情况下可分为以下几种情形:

(1)在物质着火后,不考虑各种消防力量的干预作用,只根据物质的物理性质和周边环境条件(如燃烧时间、环境温度、燃料数量以及通风状况等)等自然状态下的发生发展过程,来确定火灾产生的后果。

(2)在物质着火后,考虑建筑物内部自动报警、自动灭火、防火隔烟等筑消防设施的功能,单位内部人员的消防意识、初期火灾扑救能力、组织疏散能力,以及单位内部可能拥有的消防队伍的灭火救援能力,可以根据这些因素的共同作用效率,进而来确定火灾生产的后果。

(3)在物质着火后,除了需要考虑上述两点中的建筑消防设施功能和单位相关人员能力之外,还需要考虑在初期火灾扑救失败之后,外部的消防力量进行干预,投入灭火救援工作,可以根据这些因素共同作用的效率,来确定火灾产生的后果。

3.措施有效性分析

消防安全措施有效性分析一般可以从下列几个方面入手:

(1)防止火灾发生:建筑防火的首要因素是防止火源突破限制引起火灾。建筑中引起火灾的原因主要分为:①电气引起火灾;②易燃易爆物品引起火灾;③气象因素引起火灾;④用火不慎引起火灾;⑤不安全吸烟引起火灾;⑥违章操作引起火灾;⑦人为纵火等。当建筑中存在这些火灾风险因素时,相应的控制措施是否有效需要详细分析。

(2)防止火灾扩散:防止火灾扩散的措施通常都包括在建筑被动防火措施里面,主要措施包括:建筑耐火等级、防火间距、防火分区、防火分隔设施等是否满足设计、使用要求。

(3)初期火灾扑救:当有人在场的情况下,由于火灾会发生刺鼻的气味,人们一般都能及时发现，正确的使用人工报警装置和灭火器材将会发挥重要的作用。

（4）专业队伍扑救：专业队伍包括：经过专业训练的义务消防队、专职消防队和消防部队。建筑物是否具有扑救条件以及专业队伍距离建筑的距离、队伍的消防装备、训练情况、人员配备等因素都需要仔细进行分析。

（5）紧急疏散逃生：安全疏散设施的目的主要是使人能从发生事故的建筑中，迅速撤离到室外或避难层、避难间等安全部位，及时转移室内重要的物资和财产。同时，尽可能地减少火灾造成的人员伤亡与财产损失，也为消防人员提供有利的灭火救援条件等。因此，如何保证安全疏散是十分必要的。

（6）消防安全管理：消防安全管理包括消防安全责任制的落实；消防安全教育、培训；防火巡查、检查；消防值班，消防设施、器材维护管理；火灾隐患整改，灭火和应急疏散预案演练，重点工种人员以及其他员工消防知识的掌握情况，组织、引导在场群众疏散的知识和技能等内容在内的宣传教育和培训等。

（三）评估指标体系建立

建筑火灾风险评估，一般分为二层或三层，每个层次的单元根据需要进一步划分为若干因素，再从火灾发生的可能性和火灾危害等方面分析各因素的火灾危险度，各个组成因素的危险度是进行系统危险分析的基础，在此基础上确定评估对象的火灾风险等级。

（四）风险分析与计算

根据不同层次评估指标的特性，选择合理的评估方法，按照不同的风险因素确定风险概率，根据各风险因素对评估目标的影响程度，进行定量或定性的分析和计算，确定各风险因素的风险等级。

（五）风险等级判断

在经过火灾风险因素识别、建立指标体系、消防安全措施有效性分析等几个步骤之后，对于评估的建筑是否安全，其安全性处于哪个层次，需要得出一个评估结论。根据选用的评估方法的不同，评估结果有的是局部的，有的是整体的，这需要根据评估的具体要求选取适用的评估方法。

（六）风险控制措施

常用的风险控制措施包括风险消除、风险减少及风险转移。

考点四　注意事项

（一）做好与现行技术规范的衔接

随着建筑的建设时间不同，其适用的设计规范也会有所不同，这就导致评估中会遇到一些老旧建筑的指标参数与现行规范不一致的情况。如果按照建设时参照的技术规范，这些指标参数是满足消防安全要求的。但是如果参照现行规范，则有可能不满足消防安全要求。当出现这种情况时，应做好与现行技术规范的衔接，涉及的指标参数要参照现行的技术规范进行评估。

（二）确认特殊设计建筑的边界条件

一些建筑由于规范未能完全涵盖，或者由于采用新技术、新材料，或者由于使用功能的特殊要求导致不能完全按照现行规范进行建筑消防设计，而是采用性能化消防设计的方法对这些建筑进行特殊设计。但是这种合规的特殊设计必须满足一定的条件,即特殊设计时选用的参数始终保持与设计时的一致。如果建筑在投入使用后其中的参数发生了变化,则会对该建筑的消防安全造成不利影响。对这些建筑进行评估时,需要确认特殊设计的边界条件的发生变化情况。

 第二节　某体育中心火灾风险评估范例

考点一　评估目的

评估的目的如下:
①建设方、使用者和消防管理部门能够较为准确地了解其火灾危险性。
②掌握评估对象的主、被动防火能力以及外部灭火救援能力。
③尽可能地消除和降低赛事和活动中存在的各项火灾风险。

考点二　建筑概况

(一)地理位置

体育中心位于大型公园的中心位置,南面有一处庙遗址和规划绿地,北面隔路临近另一体育馆,东西两侧为城市道路。

(二)建筑功能

(1)体育中心赛时具有游泳、跳水、水球、花样游泳比赛等竞赛场地。
(2)在平时,具有集专业体育训练/竞赛、全民健身、商业、娱乐、办公等于一体的多功能要求。

(三)建筑设计

体育中心建筑面积为 87 283m^2,建筑基底为 177m × 177m 的正方形,其中包括约 120m(长)×115m(宽)×28m(高)的比赛大厅,约 140m(长)×40m(宽)×28m(高)的嬉水大厅等大规模竞赛、热身及娱乐空间。

体育中心的结构体系由上部的空间网架钢结构和下部的钢筋混凝土结构组成。结构体系的内外两个表面均以乙烯－四氟乙烯透明膜作为外围护材料。

考点三　评估方法的选择

体育中心属于大型的重要性建筑,需要兼顾消防保卫的动态性、立体性和综合性,且需要获得统一的最终评估结果。模糊综合评估法考虑了系统间各因素的相互作用,评估结果动态地反映了整体安全性,符合对火灾风险结果动态性的要求,运用模糊综合评估方法具有更好地适用性。因此,本范例采用模糊综合评估方法进行评估。对于具体的风险因素,为了获得更为精确的数据,提高评估结果的准确度,根据需要采用模拟实验、现场实验以及计算机模拟演算进行进一步的分析计算。

考点四　指标体系构建

(1)一级指标。一级指标主要包括:火灾危险源、建筑防火特性、内部消防管理和消防保卫力量。

(2) 二级指标。二级指标的主要内容包括客观因素、人为因素、建筑特性、被动防火措施、主动防火措施、支援力量和消防团队。

(3) 三级指标。三级指标的主要内容包括：电气火灾、易燃易爆危险品、周边环境、气象因素、用火不慎、防火致灾、吸烟不慎、火灾荷载、建筑高度、建筑用途、建筑面积、人员荷载、内装修、消防扑救条件、防火间距、防火分隔、防火分区、疏散通道、耐火等级、消防给水等相关内容。

考点五 评估标准制定

（一）评分标准

火灾危险源的客观因素评分标准如表2.1所示；火灾危险源的人为因素评分标准如表2.2所示；建筑防火性能评分标准（建筑特性）如表2.3所示；建筑防火性能评分标准（消防设施）如表2.4所示；内部消防管道评分标准如表2.5所示。

表2.1 火灾危险源评分标准（客观因素）

指标	权重			评分标准	
电气火灾	0.4	电线	0.3	使用年限0~3年	0~3
				使用年限3~8年	3~7
				使用年限>8年	7~10
		用电设备	0.4	最大使用载荷与设计载荷比值0~0.8	0~3
				最大使用载荷与设计载荷比值0.8~1	3~7
				最大使用载荷与设计载荷比值>1	7~10
		防护	0.3	有漏电保护	0
				无漏电保护	10
易燃易爆危险品	0.4	锅炉房	0.3	与周边建筑间距合理，操作间与附属间可燃物数量少	0~2.5
				与周边建筑间距较近，操作间与附属间可燃物数量较少	2.5~5
				与周边建筑间距合理，操作间与附属间可燃物数量较多	5~7.5
				与周边建筑间距较近，操作间与附属间可燃物数量较多	7.5~10
		发电机房	0.4	油箱存储量≤8h，油箱容积≤1m³	0~2.5
				油箱存储量>8h，油箱容积≤1m³	2.5~5
				油箱存储量≤8h，油箱容积>1m³	5~7.5
				油箱存储量>8h，油箱容积>1m³	7.5~10
		其它化学品	0.3	无	0~3
				有，但不超标	3~7
				有，而且超标	7~10

续表

指标	权重	评分标准	
周边环境	0.1	无较大火灾危险性的建筑,无临时建筑,无可燃绿化带	0~2.5
		无较大火灾危险性的建筑,无临时建筑,有可燃绿化带	2.5~5
		无有较大火灾危险性的建筑,有临时建筑	5~7.5
		有较大火灾危险性的建筑	7.5~10
气象因素	0.1	体育场,有避雷设施	0~2.5
		体育馆,有避雷设置	2.5~5
		体育场,无避雷设施	5~7.5
		体育馆,无避雷设置	7.5~10

表2.2 火灾危险源评分标准(人为因素)

指标	权重	评分标准			
用火不慎	0.5	燃气	0.25	使用不经常,用量少	0~2.5
				使用不经常,用量大	2.5~5
				使用经常,用量少	5~7.5
				使用经常,用量多	7.5~10
		电气	0.25	使用不经常,电气少	0~2.5
				使用不经常,电气多	2.5~5
				使用经常,电气少	5~7.5
				使用经常,电气多	7.5~10
用火不慎	0.5	明火	0.25	使用不经常,明火多	0~2.5
				使用不经常,明火少	2.5~5
				使用经常,明火少	5~7.5
				使用经常,电气多	7.5~10
		人员素质	0.25	经过岗前培训,有上岗证	0~2.5
				经过岗前培训,无上岗证	2.5~5
				未经过岗前培训,有上岗证	5~7.5
				未经过岗前培训,无上岗证	7.5~10
放火纵火	0.2	监控系统	0.4	完善且先进	0~3.5
				数量足够但水平一般	3.5~7
				有缺陷	7~10

续表

指标	权重	评分标准			
放火纵火	0.2	人员素质	0.2	高	0~3.5
				中	3.5~7
				低	7~10
		安检制度	0.4	健全	0
				不健全	10
吸烟不慎	0.3	场馆内不许吸烟			0~2.5
		允许吸烟,有专用吸烟区,有人巡视			2.5~5
		允许吸烟,有专用吸烟区,无人巡视			5~7.5
		允许吸烟,无专用吸烟区			7.5~10

表2.3 建筑防火性能评分标准(建筑特性)

指标	权重	评分标准	分值
公共区火灾载荷	0.1	无危害(全部不燃材料)	0~2
		可燃荷载≤30MJ/m²	2~4
		可燃荷载大于30MJ/m²,可燃荷载≤80MJ/m²	4~6
		可燃荷载大于80MJ/m²,可燃荷载≤240MJ/m²	6~8
		可燃荷载≤240MJ/m²	8~10
建筑用途	0.1	比赛项目对抗性一般、观众人数较少	0~2.5
		比赛项目对抗性一般、观众人数较多	2.5~5
		比赛项目对抗性较高、观众人数较少	5~7.5
		比赛项目对抗性较高、观众人数较多	7.5~10
防火间距	0.1	最小防火间距>30m	0~2
		最小防火间距位于20~30m间	2~4
		最小防火间距位于10~20m间	4~6
		最小防火间距位于6~10m间	6~8
		最小防火间距<6m	8~10
耐火等级	0.1	建筑耐火等级为1级,全部构件均达到1级	0~2
		建筑耐火等级为1级,部分构件降级使用	2~4
		建筑耐火等级为2级,全部构件均达到2级	4~6
		建筑耐火等级为2级,部分构件降级使用	6~8
		建筑耐火等级低于2级	8~10

续表

指标	权重	评分标准	
建筑高度	0.1	观众可到达的最大高度<10m	0~2.5
		观众可到达的最大高度位于10~20m间	2.5~5
		观众可到达的最大高度位于15~20m间	5~7.5
		观众可到达的最大高度>20m	7.5~10
建筑面积	0.05	≤50000	0~2
		50000~100000m²	2~4
		100000~150000m²	4~6
		150000~200000m²	6~8
		>200000m²	8~10
人员荷载	0.2	观众人数<20000	0~2
		观众人数位于20000~40000人间	2~4
		观众人数位于40000~60000人间	4~6
		观众人数位于60000~80000人间	6~8
		观众人数>80000	8~10
防火分区	0.05	最大防火分区面积<2500m²	0~2.5
		最大防火分区面积位于2500~5000m²间	2.5~5
		最大防火分区面积位于5000~10000m²间	5~7.5
		最大防火分区面积>10000m²	7.5~10
消防扑救条件	0.1	有穿越建筑的消防车道和良好的消防扑救面	0~2.5
		有环形消防车道,有良好的消防扑救面	2.5~5
		有环形消防车道,扑救面条件较差	5~7.5
		无消防车辆可以接近的扑救面	7.5~10
内装修	0.1	无危害(全部采用不燃材料)	0~2
		全部区域采用不燃或难燃材料	2~4
		用火区全部采用不燃或难燃材料,其他大部分区域采用采用不燃或难燃材料	4~6
		有少部分区域采用了可燃材料,大部分区域采用不燃材料	6~8
		大部分区域采用可燃材料	8~10

表 2.4 建筑防火性能评分标准(消防设施)

指标	权重	评分标准		
消防给水	0.15		有消防水池容量大,补水水源可靠,公共区有 2 股水柱覆盖	0~2.5
			有消防水池,大部分公共区有 2 股水柱覆盖	2.5~5
			无消防水池,管网基本合理	5~7.5
			其他情形	7.5~10
防排烟系统	0.15		大空间具有良好的机械排烟系统(换气次数、补风方式、排烟口位置)	0~2.5
			大空间具有基本的机械排烟系统	2.5~5
			大空间具有良好的自然排烟系统(排烟口面积比、防风措施、是否联动)	5~7.5
			大空间具有基本的自然排烟系统	7.5~10
火灾自动报警系统	0.15		有报警,有视频监控,有人值守	0~2.5
			有报警,无视频监控,有人值守	2.5~5
			有报警,无视频监控,无人值守	5~7.5
			无报警	7.5~10
自动灭火系统	0.1		有自动喷淋(快速响应喷头),大空间有智能灭火装置	0~2.5
			有自动喷淋(标准响应喷头),大空间有智能灭火装置	2.5~5
			有自动喷淋(快速响应喷头),大空间无智能灭火装置	5~7.5
			其他情形	7.5~10
灭火器	0.15		按严重危险级标准配置,布局合理	0~2
			按中危险级标准配置,布局合理	3~5
			按轻危险级标准配置,布局合理	5~7
			其他情形	8~10
防火分隔设置	0.1		全部采用防火墙和防火门	0~2.5
			部分采用特级防火卷帘	2.5~5
			部分采用普通防火卷帘并设置水喷淋冷却防护	5~7.5
			部分采用普通防火卷帘未设置水喷淋冷却防护	7.5~10
疏散通道	0.2	疏散宽度 0.3	百人宽度指标≥1m	0~2.5
			百人宽度指标≥0.7 或 <1m	2.5~5
			百人宽度指标≥0.5m 或 <1m	5~7.5
			百人宽度指标≤0.3m	7.5~10
		疏散路径 0.3	路径简洁,步行距离≤30m	0~2.5
			路径简洁,步行距离>30m,且≤60m	2.5~5
			路径复杂	5~7.5
			路径曲折且步行距离>60m	7.5~10
		疏散防护 0.2	有符合规范防排烟措施,防火门功能正常	0~2.5
			有符合规范防排烟措施,防火门有轻微缺陷	2.5~5
			有符合规范防排烟措施,防火门有缺陷	5~7.5
			无防排烟措施,或防排烟措施有缺陷	7.5~10
		诱导系统 0.2	设置有高、低位结合灯光疏散指示,连续性好	0~2.5
			设置有高、低位结合灯光疏散指示,连续性一般	2.5~5
			设置高位灯光疏散指示,结合低位非灯光疏散指示	5~7.5
			其他情形	7.5~10

第二章 建筑火灾风险分析方法与评估要求

表2.5 内部消防管理评分标准

指标	权重	评分标准	
消防设施检查与维护	0.2	配备专业消防设施维护人员,长期维护	0~2.5
		未配备消防设施维护人员,有定期检查维护计划且落实较好	2.5~5
		未配备消防设施维护人员,有定期检查维护计划,但落实有部分缺陷	5~7.5
		未配备消防设施维护人员且无定期检查维护计划	7.5~10
消防安全责任制	0.2	责任制明确落实,业主非常重视	0~2.5
		责任制落实情况较好,业主较重视	2.5~5
		责任制部分未落实,业主选择性重视	5~7.5
		责任制大部分未落实,业主不重视	7.5~10
消防应急预案	0.1	有科学合理、详尽细致、可操作性强的应急预案	0~2.5
		有较为科学合理、详尽细致、可操作性强的应急预案	2.5~5
		有较为科学合理的应急预案,尚有部分缺陷	5~7.5
		未建立消防应急预案	7.5~10
消防培训与演练	0.2	有定期人员培训和预案演练计划,落实好	0~2.5
		有定期人员培训和预案演练计划,落实较好	2.5~5
		有定期人员培训和预案演练计划,落实有部分缺陷	5~7.5
		未进行培训,也未定期演练	7.5~10
隐患整改落实	0.1	业主非常重视,对消防局的隐患整改意见逐条完全落实	0~2.5
		业主较重视,对消防局的隐患整改意见大部分落实	2.5~5
		业主重视,对消防局的隐患整改意见小部分落实	5~7.5
		业主不重视,对消防局的隐患整改意见完全未落实	7.5~10
消防管理组织机构	0.2	建立了健全的消防管理组织机构	0~2.5
		建立了较为健全的消防管理组织机构	2.5~5
		建立了消防管理组织机构,尚有部分缺陷	5~7.5
		未建立专门的消防管理组织机构	7.5~10

（二）风险等级划分

风险等级量化和特征描述如表2.6所示。

表2.6 风险等级量化和特征描述

风险等级	名称	量化范围	风险等级特征描述
Ⅰ级	低风险	(85,100]	几乎不会发生火灾,火灾风险性低,火灾风险处于可接受的水平,风险控制重在维护和管理。

续表

风险等级	名称	量化范围	风险等级特征描述
Ⅱ级	中风险	(65,85]	可能发生一般火灾,火灾风险中等,火灾风险处于可控制的水平,在适当采取措施后可达到接受水平,风险控制重在局部整改和加强管理。
Ⅲ级	高风险	(25,65]	可能发生较大火灾,火灾风险性较高,火灾风险处于较难控制的水平,应采取措施加强消防基础设施和消防管理水平。
Ⅳ级	极高风险	[0,25]	可能发生重大或特大火灾,火灾风险性极高,火灾风险处于很难控制的水平,应当采取全面的措施对建筑的主动防火、危险源防控、消防管理和救援力量全面加强。

考点六 火灾风险因素识别

1.电气火灾

根据以往的经验,电气火灾的发生大多数与电气设备运行的时间较长有关系。由于体育中心的赛时运行时间仅为3个月,运行时间有限,大部分诱发和导致电气火灾发生的原因,都可以通过产品质量控制、电气防火设计、定期电气检修以及遵守操作规程等措施加以消除,而且4月份已经在开始对场馆进行电气检测,因此从整体上来说,引起电气火灾的概率很低。

2.易燃易爆危险品

体育中心的贵宾操作间使用燃气,存在厨房内燃气泄漏的可能性。但是体育中心是新建场馆,厨房的燃气连接管件均为全新件,不存在老化问题,另外厨房使用时间一般小于4h,因此,如果在施工和安装之中,没有造成连接管件的损坏,则使用期间漏气产生爆炸起火的概率很低。

另外,体育中心柴油发电机房均为独立布置,油箱存储量为2h,容量为$1m^3$,电气线路敷设良好。如果运营单位严格遵守操作规程,避免在发电机房动火和金属撞击,并严禁在发电机房吸烟等不安全行为,则赛时出现柴油爆炸起火的概率很低。

3.周边环境

体育中心附近无火灾危险性高的建筑;在场馆内有工作区,场馆外有传播车;室外有临时消防站、物流区(食品、桌椅储藏、注册房间)、交通指挥室。结构为彩钢板(岩棉),耐火等级B_1,帐篷为阻燃材料。

赛事在公园中心区的公共区内将搭建199个临时设施,并且使用的材料有可能为易燃、可燃材料。为了解决临时设施消防设计审批的依据问题,消防主管部门组织相关专家进行了认真细致的研究,结合临时设施的特点,在现有国家规范的基础上对这些临时设施在防火分区、耐火等级、防火间距等方面作了调整,适当放宽了设计条件。

4.气象因素

一般来讲,影响火灾的气象因素主要有高温、大风、降水以及雷击。

5.用火不慎

由于体育中心使用了燃气厨房,因此就有可能出现用火不慎起火。几个主要起火因素主要是由人的不安全行为或失误造成的。如果届时能够做好工作人员的消防培训,增强消防意识,掌握火灾预防知识,加上赛事运行时间相对较短,人员固定,厨房安装有可燃气体报警装置,若一旦出现燃气泄漏,就会及时发现,因此厨房出现爆炸起火的概率也很低。

6.放火致灾

(1)关于吸烟火种。

在允许部分人员在场馆内吸烟并携带火种(例如打火机、打火纸等)的情况下,如果这些许可人群中混入了蓄意破坏人员,则能够轻易利用合法的吸烟火种作为放火或破坏其它消防设施(包括其它设施)正常运行的工具,引发混乱,对赛事造成恶劣的影响。

(2)关于易燃易爆危险物品。

易燃易爆危险品,是中心区大安检范围内检查的重点。但是作为易燃易爆物品之一的汽油,则可以随着机动车进入中心区,如果这里面混入了蓄意破坏人员,他们则可以从机动车内获得汽油,从而作为纵火的武器,或者直接点燃机动车进行纵火。另外,倘若体育中心未设有独立的安检设施,破坏人员就可以将汽油带入场馆内,这样,在无需明火的情况下,就可以通过其它途径引燃汽油,引发混乱,严重影响赛事的正常运行和人身安全。

7.吸烟不慎

体育中心禁止观众在场馆内吸烟。但是,在调研中我们发现,在许多地方对于运动员、技术官员、嘉宾和官员是不受禁烟规定限制的,另外,由于场馆内的垃圾箱均为纸制,属于易燃品。如果将燃着的烟蒂扔进纸制垃圾箱,不但能够引燃垃圾,甚至有可能直接引燃垃圾箱,从而引起火灾,但是吸烟造成的影响范围有限,基本上不会影响赛事和活动的正常运行。

考点七 措施有效性分析

(一)建筑防火性能

1.建筑特性

建筑特性在建筑状况评估单元中所占比重为0.26,其主要由公共区火灾荷载、建筑用途、建筑高度(层数)、建筑面积、人员荷载以及内部装修等6部分组成。

2.被动防火措施

被动防火措施在建筑状况评估单元中所占比重为0.32,其主要包括以下6部分。

(1)防火间距。体育中心防火间距大于30m,满足规范要求。

(2)防火分区。国家游泳中心比赛厅防火分区面积为25000m²,经过消防性能化设计与专家论证,可以保证消防安全的需要。

(3)防火分隔。体育中心的比赛区、休息区和贵宾用房大部分采用防火墙和防火门,部分采用特级防火卷帘,安全系数较高。

(4)耐火等级。体育中心耐火等级为1级,部分构件降级使用,满足规范要求。

(5)扑救条件。建筑的消防扑救条件可根据消防通道和消防扑救面的实际情况进行衡量。体育中心无穿越建筑消防通道,有环形消防车道和3部消防电梯,100%可作为消防扑救面,消防扑救条件良好。

(6)疏散通道。体育中心百人宽度指标0.7~1m/百人,共有28个疏散口,疏散电梯为防烟设计;最远疏散路径60m,疏散指示间距20m,疏散条件良好。

3.主动防火措施

主动防火措施在建筑状况评估单元中所占比重为0.42,其主要包括:防排烟系统、消防给水、火灾自动报警系统、灭火器材配置、自动灭火系统和疏散诱导系统等6部分。

(二)内部消防管理

(1)消防安全责任制。体育中心有消防责任制和奖惩制度,各自任务划分明确,职责划分清晰。

(2)消防设施维护。体育中心所有设备维护周期为6个月,故障处理时间为1天之内,部分设备可自寻检。

(3)消防培训与演练。体育中心制定了人员培训和演练计划,目前为止已实际演练一次,演练效果良好。

(4)消防应急预案。体育中心目前已制定火灾应急预案和人员疏散预案。

(5)消防管理组织机构。体育中心设消防经理1名,消防主管3名,消防助理4名,消防队员14名。组织架构较为完善,人员配备到位。

(6)隐患整改落实。依据国家有关消防规范和标准,体育中心在正式投入使用前进行了火灾自动报警系统、消防供水系统、消火栓系统、自动喷水灭火系统、气体灭火系统、防排烟系统、防火卷帘、防火门等消防设施和系统检测,对发现的消防隐患已全部清除。

(三)消防保卫力量

根据体育中心实际情况,其消防保卫力量可分为两部分,分别为支援力量和消防团队。

(1)支援力量。支援力量是指体育中心所处辖区的消防救援力量,包括普通中队、特勤中队、指挥机关和到达时间。

(2)消防团队。消防团队是指体育中心自身配备消防团队的力量,包括人员实力、消防装备、通信能力、预案完善以及临时消防站。

考点八 结论及建议

(一)评估结论

通过采用集值统计法可以计算得出四级指标的最终得分以及利用加权平均法求得各上级指标的得分。通过对上述各项风险指标的逐级求和,可以计算得到体育中心火灾风险的最后得分为84.92。按照火灾风险分级表,体育中心整体火灾风险属于第Ⅱ级,为中风险。

(二)对策、措施及建议

为了降低体育中心整体火灾风险(即提高火灾风险评估值),从火灾危险源控制的角度出发,提出以下建议。

1.人为纵火火灾风险的控制

(1)加强对打火机、火柴等火种的检测与控制,防止该类物品带入场馆。

(2)加强对停车场的巡查,防止或快速处置利用机动车燃油进行纵火事件。

(3)在场馆的入口或地下停车场进入场馆的入口处设置可燃气体检测仪,防止车用燃料被带入场馆。

2.电气火灾风险的控制

(1)赛事活动主办单位在现场布置国旗、彩旗、条幅等可燃物时,应避免将该类可燃物布置在高温照明灯具的正下方,并且要与高温照明灯具及其它高温设备保持足够的安全距离,避免因长时间烘烤或灯具爆裂而引起火灾。

(2)赛事活动主办方需要提前估算最大临时用电量,并就活动表演的电线线路、设备布置可能存在的火灾风险问题与消防部门进行沟通。

3.易燃易爆物品火灾风险的控制

(1)场馆运行团队应加强对燃气使用的安全检查,督促燃气使用人员落实操作规程和岗位职责。

(2)燃气使用单位对场馆内燃气使用人员进行全员安全培训和教育,并持证上岗,制定燃气使用的操作规程和燃气使用人员的岗位职责。

(3)使用单位应在赛事活动期间指派专人在易燃易爆物品的存储使用场所值守,做好防护措施,防止高温条件下油品大量挥发。指派的专人应具有岗位资格证书。

4.焰火燃放火灾风险的控制

(1)焰火燃放团队指派专人接受灭火培训,在燃放期间携带灭火器在指定位置进行值守,确保及时扑救焰火燃放出现意外时第一时间扑救初期火灾。

(2)焰火燃放团队应按照相关论证确定的焰火、礼花尺寸进行燃放。

(3)场馆运行团队应组织人员对各场馆燃放阵地范围内的树叶、废纸等可燃杂物进行清理。

5.临时设施火灾风险的控制

临时设施火灾风险的控制主要有如下几点:①消防监督人员加强巡查,及时督促责任单位消除各种隐患。灭火救援人员做好相关的准备工作;②责任单位严格落实逐级责任制,做到定岗定人,并定时对岗位情况进行检查;③责任单位制定完善的用火用电管理操作规程,加强对相关人员的培训。

6.气象因素火灾风险的控制

场馆运行团队在恶劣天气情况下,如大风、高温、雷雨、暴雨等,应加强场馆责任区域内电气设施和易燃可燃物的检查和维护管理,及时发现和上报可能引发火灾的险情和隐患。

7.用火火灾风险的控制

(1)在赛事中必须用火时,场馆主任应履行用火安全审批手续,并清理用火现场周围的可燃物,然后用阻燃材料进行分隔,并派专人进行现场看护。

(2)场馆运行单位应保持厨房内消防设施完好有效,妥善制定好厨房工作人员的班组计划,防止工作人员疲劳作业,做好上岗人员的消防安全教育工作,杜绝不安全行为,同时严禁非工作人员进入厨房区用电用火。

8.关于吸烟火灾风险的控制

(1)外事单位预先做好对各国技术官员、运动员、贵宾以及相关工作人员的禁烟宣传,劝阻其在场馆内的吸烟行为。

(2)消防监督人员、志愿者及相关安保人员对其责任区域内禁烟区进行观察与劝阻。

(3)场馆运行单位在允许吸烟区域设立专用吸烟区,在纸制垃圾箱附近显著位置张贴不安全行为致灾的宣传说明。

9.机动车火灾风险的控制

机动车火灾风险的控制主要有:①严格要求机动车按规定配备灭火器,驾驶员必须熟练掌握灭火器的使用方法;②禁止车主个人在地下停车场进行车辆维修,车辆故障时请交管部门将车辆拖出中心区再进行维修,或者在地下停车场建立临时的专用维修区。

10.物流仓库火灾风险的控制

责任单位应加强场馆责任区域内的仓库、物流区域的安全管理,除值守人员以外,禁止其他无关人员进入仓库,严禁人员在仓库内住宿。

本章练习题

单项选择题

1. 下列不属于建立建筑火灾风险评估指标体系应遵循的原则的是(　　)。
   A.科学性　　　　　　　　　　　B.系统性
   C.综合性　　　　　　　　　　　D.独特性

2. 下列不属于物质燃烧三要素的是(　　)。
   A.可燃物　　　　　　　　　　　B.助燃剂
   C.火源　　　　　　　　　　　　D.时间

3. 火灾控制的首要任务是(　　)。
   A.可燃物控制　　　　　　　　　B.阻燃物控制
   C.火源控制　　　　　　　　　　D.时间控制

4. 下列不属于风险控制措施的是(　　)。
   A.风险消除　　　　　　　　　　B.风险减少
   C.风险转移　　　　　　　　　　D.风险自留

5. (　　)在建筑的使用过程中,经常会出现需要在有可燃物的附近进行用火、电焊等存在引起火灾可能性的情况,这时候既不能消除火源,也不能清除可燃物。为了减少火灾风险,需要采取降低可燃物的存放数量或者安排适当的人员看管等措施。
   A.风险消除　　　　　　　　　　B.风险减少
   C.风险转移　　　　　　　　　　D.风险自留

单项选择题
1.D　2.D　3.C　4.D　5.B

第三章
建筑消防性能化设计方法与技术要求

本章知识框架

建筑消防性能化设计方法与技术要求	消防性能化设计的适应范围	1. 概述(★☆☆☆☆) 2. 设计范围(★☆☆☆☆)
	建筑消防性能化设计的基本程序与设计步骤	1. 基本程序(★★★☆☆) 2. 设计步骤(★★☆☆☆)
	资料收集与安全目标设定	1. 资料收集(★☆☆☆☆) 2. 设定安全目标(★★★☆☆)
	软件选取	1. 火灾模拟(★☆☆☆☆) 2. 疏散模拟(★☆☆☆☆) 3. 模型评价(★☆☆☆☆)
	火灾场景和疏散场景设定	1. 火灾场景确定的原则(★☆☆☆☆) 2. 确定火灾场景的方法(★☆☆☆☆) 3. 火灾场景设计(★★☆☆☆) 4. 疏散场景确定(★★☆☆☆)
	计算分析及结果运用	1. 用于分析计算结果的判定准则(★☆☆☆☆) 2. 计算结果分析(★☆☆☆☆) 3. 计算结果应用(★☆☆☆☆)
	性能化防火设计文件编制	1. 建筑基本情况及性能化设计的内容(★☆☆☆☆) 2. 分析目的及安全目标、性能判定标准、火灾场景设计(★★☆☆☆) 3. 所采用的分析方法及其所基于的假设(★☆☆☆☆) 4. 计算分析与评估、不确定性分析、结论与总结(★☆☆☆☆) 5. 参考文献及设计单位和人员资质说明(★☆☆☆☆)

第一节　消防性能化设计的适应范围

考点一　概述

消防性能化设计主要是针对建筑物的消防安全进行合理化设计。具体设计内容如下：
①针对特定的建筑对象建立消防安全目标和消防安全问题的解决方案。
②采用被广泛认可或被验证为可靠的分析工具和方法对建筑对象的火灾场景进行确定性和随机性定量分析，以判断不同解决方案所体现的消防安全性能是否满足消防安全目标，从而达到合理的消防安全设计目的。

考点二　设计范围

1.适用范围

目前，具有下列情形之一的工程项目，可对其全部或部分进行消防性能化设计：
①超出现行国家消防技术标准适用范围的。
②按照现行国家消防技术标准进行防火分隔、防烟与排烟、安全疏散、建筑构件耐火等设计时，难以满足工程项目特殊使用功能的。

2.禁止范围

下列情况不应采用性能化设计评估方法：
①国家法律法规和现行国家消防技术标准强制性条文规定的。
②国家现行消防技术标准已有明确规定，且无特殊使用功能的建筑。
③居住建筑。
④甲、乙类厂房、甲、乙类仓库，可燃液体、气体储存设施及其他易燃、易爆工程或场所。
⑤医疗建筑、教学建筑、幼儿园、托儿所、老年人建筑、歌舞娱乐游艺场所。
⑥室内净高小于8m的丙、丁、戊类厂房和丙、丁、戊类仓库。

第二节　建筑消防性能化设计的基本程序与设计步骤

考点一　基本程序

建筑物消防性能化设计的基本程序如下：
(1)确定建筑物的使用功能和用途、建筑设计的适用标准。
(2)确定需要采用性能化设计方法进行设计的问题。
(3)确定建筑物的消防安全总体目标。
(4)进行性能化防火试设计和评估验证。
(5)修改、完善设计并进一步评估验证确定是否满足所确定的消防安全目标。
(6)编制设计说明与分析报告，提交审查与批准。

项目	内容
建筑物消防性能化试设计一般程序	(1)确定建筑设计的总目标或消防安全水平及其子目标。 (2)确定需要分析的具体问题及其性能判定标准。 (3)建立火灾场景,设定合理的火灾和确定分析方法。 (4)进行消防性能化设计与计算分析。 (5)选择和确定最终设计(方案)。
建筑物消防性能化设计与计算分析	(1)针对设定的性能化分析目标,确定相应的定量判定标准。 (2)合理设定火灾。 (3)分析和评价建筑物的结构特征、性能和防火分区。 (4)分析和评价人员的特征、特性以及建筑物和人员的安全疏散性能。 (5)计算预测火灾的蔓延特性。 (6)计算预测烟气的流动特性。 (7)分析和验证结构的耐火性能。 (8)分析和评价火灾探测与报警系统、自动灭火系统、防排烟系统等消防系统的可行性与可靠性。 (9)评估建筑物的火灾风险,综合分析性能化设计过程中的不确定性因素及其处理。
建筑物的消防安全总目标	(1)减小火灾发生的可能性。 (2)尽可能减少火灾对周围环境的污染。 (3)在火灾条件下,保证建筑物内使用人员以及救援人员的人身安全。 (4)减少由于火灾而造成商业运营、生产过程的中断。 (5)建筑物的结构不会因火灾作用而受到严重破坏或发生垮塌,或虽有局部垮塌,但不会发生连续垮塌而影响建筑物结构的整体稳定性。 (6)保证建筑物内财产的安全。 (7)建筑物发生火灾后,不会引燃其相邻建筑物。

建筑物的消防安全总目标设计时应根据实际情况在上述 7 个目标中确定一个或者两个目标作为主要目标,并列出其他目标的先后次序。确定建筑物的消防安全性能目标时,应首先将消防安全总目标进一步转化为可量化的性能目标,主要包括:火灾后果的影响、人员伤亡和财产损失、温度以及燃烧产物的扩散等。

常见的性能判定标准主要分为以下几点:

(1)生命安全标准。包括热效应、毒性、和能见度等。

(2)非生命安全标准。包括热效应、火灾蔓延、烟气损害、防火分隔物受损和结构的完整性和对暴露于火灾中财产所造成的危害等。

性能判定标准是一系列在设计前把各个明确的性能目标转化成用确定性工程数值或概率表示的参数。这些参数包括:①构件和材料的温度;②气体温度;③碳氧血红蛋白(COHb)含量;④能见度以及热暴露水平。

考点二 设计步骤

性能化设计过程可分成若干个过程,其步骤主要包括以下几点:

1.确定工程范围

性能化设计的第一步就是要确定工程的范围及相关的参数。

2.确定总体目标

概括地说,消防安全应达到的总体目标应该是:保护生命、保护财产、保护使用功能、保护环境不受火灾的有害影响。

3.确定设计目标

(1)视为合格的规定。这包括如何采用材料、构件、设计因素和设计方法的示例,如果采用了,其结果就满足性能要求。

(2)替代方案。如果能证明某设计方案能够达到相关的性能要求,或者与视为合格的规定等效,那么对于与上述"视为合格的规定"不同的设计方案,仍可以被批准为合格。

4.制订试设计方案

5.设定火灾场景

(1)火灾场景是对某特定火灾从引燃或者从设定的燃烧到火灾增长到最高峰以及火灾所造成的破坏的描述。

(2)火灾场景的建立应包括概率因素和确定性因素;其中包括:建筑的平面布局;火灾荷载及分布状态;火灾可能发生的位置;室内人员的分布与状态;火灾可能发生时的环境因素等。

(3)设计火灾是对某一特定火灾场景的工程描述,可以用一些参数如热释放速率、火灾增长速率、物质分解物、物质分解率等或者其他与火灾有关的可以计量或计算的参数来表现其特征。概括设计火灾特征的最常用方法是采用火灾增长曲线。

6.选择工程方法

7.评估试设计

在该步骤中,应提出多个消防安全设计方案,并按照规范的规定进行评估,以确定最佳的设计方案。

评估过程是一个不断反复的过程。在评估不同的方案时,清楚地了解该方案是否达到了设计目标是很重要的。

设计目标是一个指标。它实质上是性能指标能够容忍的最大火灾尺寸,这可以用最大热释放速率描述其特征。在所有消防安全工程方法中,下述的一些基本因素总是在性能化设计评估中被充分考虑:起火和发展、烟气蔓延和控制、火灾蔓延和控制、火灾探测和灭火、通知居住者和组织安全疏散、消防部门的接警和现场救助。

8.选定最终设计方案

9.完成报告,编写设计文件

分析和设计报告是性能化设计能否被批准的关键因素。其报告内容主要为:①工程的基本信息;②分析或设计目标:制订此目标的理由;③设计方法(基本原理)陈述:所采用的方法,为什么采用,做出了什么假设,采用了什么工具和理念;④性能评估指标;⑤火灾场景的选择和设计火灾;⑥设计方案的描述;⑦消防安全管理;⑧参考的资料、数据。

第三节 资料收集与安全目标设定

考点一 资料收集

建筑设计包括两方面的内容,即对建筑空间的研究以及对构成建筑空间的建筑实体的研

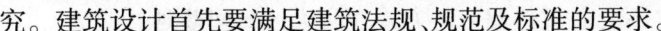

究。建筑设计首先要满足建筑法规、规范及标准的要求。

设计资料包括建筑设计说明、建筑总平面图、消防设计专篇、建筑主要楼层平面图、建筑主要立面图和剖面图。此外还包括结构、各设备专业的相关图纸等。

考点二 设定安全目标

建筑的防火设计可分解为三个构成部分，即建筑被动防火系统、建筑主动防火系统和安全疏散系统。

一、被动防火系统

（一）建筑结构

建筑结构防火设计在建筑防火设计中的作用举足轻重。这是因为：

①良好的结构耐火性能能为人员的安全疏散提供宝贵的疏散时间，特别是在高层和大空间建筑中以及有行动受限人员的建筑内，如医院、老年人建筑、幼儿园等。

②为消防队员在建筑内所有人员撤出后进入建筑内实施灭火提供生命安全保证。

建筑结构性能化设计的设计目标、功能目标和性能目标如下：

1. 设计目标

在火灾作用下，建筑结构应能在合理的消防投入基础上，保持足够的完整性能、隔热性能或承载力，或同时保持其中两个或三个性能。

2. 功能目标

（1）不会因构件的破坏而危及建筑内部人员的疏散安全和灭火救援人员的安全。

（2）建筑构件能避免因其在火灾中发生变形或破坏而导致建筑结构的严重破坏或失去承载力。

（3）预防因构件破坏而加剧火灾或导致火灾蔓延至其它防火区域或相邻建筑物。

（4）避免结构在火灾中因变形、垮塌而难以修复或影响重要功能的使用、减少灾后结构的修复费用和难度，缩短结构功能的恢复期。

3. 性能要求

（1）建筑物中各构件的耐火性能应具有合理的关系。

（2）建筑承重构件在火灾作用下，应具有足够的承载力。

（3）建筑构件在火灾作用下的变形不应超过允许变形值。

（4）建筑构件的耐火性能应与构件的功能、建筑的功能与用途、建筑内的预计火灾荷载、火灾强度及其持续时间、建筑高度与体量以及建筑内外的消防设施相适应。

（5）建筑分隔构件的燃烧性能和耐火极限在设计所需时间内应能防止火灾和烟气的蔓延。

（6）建筑结构所提供的安全水平应与现行国家标准的规定等效。

（二）防火分隔

根据相关试验，可燃物品被引燃所需的最小热流为 $10kW/m^2$。火灾的辐射热为 $10kW/m^2$ 时，约相当于烟气层的温度达到 360~400℃ 时的状态。因此一般将 360℃ 作为火灾在防火区域间蔓延的极限温度，即烟气层温度大于该值时，火灾将通过热辐射在防火区域间进行蔓延；

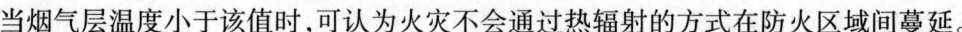

当烟气层温度小于该值时,可认为火灾不会通过热辐射的方式在防火区域间蔓延。
防火分区性能化设计的设计目标、功能目标和性能要求如下:

1.设计目标

防火分区划分应能有效降低火灾危害,可将火灾的财产损失控制在可接受的范围之内。

2.功能目标

观众厅内采取的防火隔断措施,应能将建筑火灾控制在设定的防火空间内,而不会经水平方向和竖向向其他区域蔓延。

3.性能要求

(1)建筑承重构件在火灾作用下,应具有足够的承载力。

(2)建筑物中各构件的耐火性能应具有合理的关系。

(3)建筑构件在火灾作用下的变形不应超过允许变形值。

(4)建筑构件的耐火性能应与构件的功能、建筑的功能与用途、建筑内的预计火灾荷载、火灾强度及其持续时间、建筑高度与体量以及建筑内外的消防设施相适应。

(5)建筑分隔构件的燃烧性能和耐火极限在设计所需时间内应能防止火灾和烟气的蔓延。

(6)建筑结构所提供的安全水平应与现行国家标准的规定等效。

(三)防火间距

防火间距设置的基本原则是:

①根据火灾的辐射热对相邻建筑的影响,一般不考虑飞火、风速等因素。

②保证消防扑救的需要。需根据建筑高度、消防车的型号尺寸,确定操作场地的大小。

③在满足防止火灾蔓延及消防车作业需要的前提下,考虑节约用地。

建筑物间防火间距的设计目标、功能目标和性能要求如下:

1.设计目标

建筑与相邻建筑、设施的防火间距应满足安全要求。

2.功能目标

(1)防火间距应能有效防止建筑间的火灾蔓延。

(2)建筑周围应具有满足消防车展开灭火救援的条件。

3.性能要求

(1)建筑与相邻建筑、设施之间的防火间距应根据建筑的耐火等级、外墙防火构造以及相邻外墙的防火措施、灭火救援以及设施性质等因素进行确定。

(2)工业与民用建筑与城市地下交通隧道、地下人行道及其他地下建筑之间应采取防止火灾蔓延的有效措施。

(3)建筑周围应设置消防车道或满足消防车通行与停靠、折转的平坦空地。消防车道的净空高度和净宽度以及地面承压应满足消防车通行的需要。

(4)大型工业或民用建筑周围应设置环形消防车道或其他满足消防车灭火救援的场地。

(5)供消防车停留和作业的道路与建筑物的距离应满足消防展开和救援的要求。

二、主动防火系统

建筑主动防火系统的作用主要是通过检测火灾信号并发出相应的警报和联动启动相关建

筑消防设施,为人员疏散和灭火救援提供较安全的环境,扑灭或控制不同性状的火灾,减少火灾危害。

(一)自动灭火系统

建筑内自动灭火系统设计的原则是对建筑重点部位、重点场所进行重点防护。其中,重点场所一般包括:火灾荷载大、火灾危险性高的场所、可能因火灾而导致人员疏散困难的场所和可能因火灾导致重大损失的场所。自动灭火系统的设置主要用于建筑中不能中断防火保护的场所免受火灾危害或减轻其危害程度,其设计目标、功能目标和性能要求为:

1.设计目标

为建筑中不能中断防火保护的场所提供灭火措施,使其免受火灾危害或减轻其危害程度。

2.功能目标

建筑内设置的自动灭火系统应能够及时扑灭和控制建筑内的初期火灾,防止火灾蔓延和造成较大损失。

3.性能要求

(1)对于火灾报警系统识别火灾并联动的灭火系统,应有能保证系统及时启动的火灾探测控制系统。

(2)对于自动喷水灭火系统、细水雾灭火系统和水喷雾灭火系统等需要消防水泵供水的灭火系统,其电源应满足系统连续运行及其动作需要。

(3)建筑内设置的自动灭火系统应根据设置场所的用途、火灾危险性、火灾特性、环境温度和系统的性价比等比较后再确定。

(4)灭火系统的灭火剂应适用于扑救设置场所的火灾类型,且对保护对象的次生危害较小。

(5)灭火系统的类型应与火灾发展特性、建筑空间特性相适应,并在设置场所的环境温度下能安全、可靠运行和有效灭火。

(二)排烟系统

1.设计目标

建筑内设置的排烟系统应能保证人员安全疏散与避难。

2.功能目标

建筑内设置的排烟系统应能及时排除火灾产生的烟气,避免或限制火焰和烟气向无火区域的蔓延,确保建筑物内人员的顺利疏散和安全避难,并为消防救援创造有利条件。

3.性能要求

(1)排烟设施方式应与建筑的室内高度、结构形式、空间大小、火灾荷载、烟羽流形式及产烟量大小、室内外气象条件等条件相适应。

(2)设置机械排烟设施的场所应结合建筑内部的结构形式和功能分区划分防烟分区。防烟分区及其分隔物应保证火灾烟气能在一定时间内有效蓄积和排出。

(3)排烟设施应具有保证其在火灾时正常动作的技术措施。

(4)排烟系统的排烟量或排烟口的面积能够将烟气控制在设计的室内高度以上,而不会不受控制地蔓延。

(5)机械排烟系统的室外风口布置,应能有效防止从室内排出的烟气再次被吸入。

（6）排烟口的布置应能有效避免烟气因冷却而影响排烟效果，与附近安全出口、可燃构件或可燃物的距离应能防止出现高温烟气遮挡安全出口或引燃附近可燃物的现象。

（7）排烟风机应能保证在任一排烟口或排烟阀开启时自行启动，并应在高温下和该场所所需排烟时间内具有稳定的工作性能。

（8）在地上密闭场所中设置机械排烟系统时，应同时设置补风系统，补风量应能有利于排烟系统的排烟。

（三）火灾自动报警系统

火灾报警系统的设计目标、功能目标和性能要求为：

1.设计目标

为人员及早提供火灾信息，避免火灾扩大和人员疏散延迟而导致更大的伤亡和经济损失。

2.功能目标

（1）火灾时，及时向使用人员发出报警信号，使人员能采取必要的合理措施，提高人员疏散的安全性和火灾扑救的有效性。

（2）火灾时，及时联动防止火灾蔓延和排除烟气或阻止烟气进入安全区域的相关设施。

3.性能要求

（1）建筑应根据其实际用途、预期的火灾特性和建筑空间特性，发生火灾后的危害等因素设置合适的报警设施。

（2）火灾报警系统发出的警报能使人员清楚地识别火灾信号，并采取相应的行动。

（3）火灾报警系统能可靠、准确地识别火灾信号并联动相应的消防设施。

（4）火灾报警装置应与保护对象的火灾危险性、火灾特性和空间高度、大小及环境条件相适应。

三、安全疏散

进行人员安全疏散设计，大致应经历如下过程：

①估算室内每个房间应疏散的人数。

②根据实际情况确定"假定起火点"。

③对各个"假定起火点"分别规划起火后避难者的避难路线。

④分析避难人员在每条疏散路线上的流动情况。

⑤分析高温烟气在每条疏散路线上的流动情况，如明确高温烟气的前端沿疏散路线流动的时间、发生滞留地点的烟气浓度随时间的变化规律。

⑥对第④第⑤阶段分析的情况进行比较、核对，研究人员避难的安全可靠度。

⑦根据第⑥阶段的分析结果，如确定属于危险的范围，则要对安全疏散设施进行技术调整，如增加安全出口的数量和宽度、设置防排烟设施等，然后重新按上述程序反复研究避难设计方案，直至选择最佳方案。

对安全疏散的设计目标、功能目标和性能目标做如下要求：

1.设计目标

建筑内应具有足够的安全疏散设施来保证疏散人员的生命安全。

2.功能目标

安全疏散设施应确保发生火灾时，建筑内的人员在规定时间内能够安全疏散至室外安全区域。

3.性能目标

（1）要有足够的安全出口供人员安全疏散,且每个房间均应有与该房间使用人数相适应的疏散出口。

（2）安全出口宽度应与建筑内使用人数相适应,并考虑不同用途建筑中疏散人流的宽度和疏散速度,避免人员疏散过程中在安全出口发生拥挤、堵塞等情况。

（3）建筑内的疏散应急照明与疏散指示标志均应与其所在场所相适应。

（4）安全疏散距离应与建筑内的人员行动能力相适应,确保人员疏散所用时间满足安全疏散所允许的限度。

（5）疏散设施应满足相应的防火要求,不会使人员在疏散过程中受到火灾烟气或热的危害。

四、消防救援

建筑设计必须考虑如何将建筑内的人员疏散至安全区域。消防救援的设计目标、功能目标和性能目标的要求如下：

1.设计目标

消防救援设计应能为消防队员消防救援作业提供有利条件,消防车道、救援场地和救援窗口以及室外消防设施应能满足消防队员救援作业的要求。

2.功能目标

（1）消防车登高操作场地应能满足消防车停靠、火场供水、灭火和救援需要。

（2）消防救援窗口应能满足消防队员进入建筑物的要求。

（3）建筑物应设置保障消防车安全、快速通行的消防车道。

3.性能要求

（1）消防车道之间或与城市道路之间应能相互贯通联系。

（2）消防车登高操作场地的尺寸、间距以及距建筑物的距离应满足消防车展开和安全操作的要求。

（3）消防车道的净宽度和净空高度应大于通行消防车的宽度和高度。

（4）消防车道的耐压强度应大于消防车满载时的轮压。

（5）消防车道的转弯半径应满足消防车安全转弯的要求。

（6）消防救援窗口的尺寸和间距及可进入性满足救援要求。它要满足如下要求：

①每层设置可供消防救援人员进入的窗口。

②窗口的玻璃易于破碎,并设置可在室外识别的明显标志。

③窗口的净高度和净宽度均不应小于1.0m,下沿距室内地面不大于1.2m。

④窗口间距不大于20m且每个防火分区不少于2个,设置位置与消防车登高操作场地相对应。

第四节　软件选取

考点一　火灾模拟

1. 概述

目前用于火灾模拟的 CFD 模型主要有：FDS、PHOENICS、FLUENT 等。其中，FDS 是专门针对火灾模拟而开发的 CFD 软件，简单易用。因此，在火灾模拟中应用最为广泛。而 PHOENICS 和 FLUENT 是计算流体力学的通用软件，主要将其用于火灾模拟需要有较强的流体力学背景。因此，应用较少。

2. 选取

一般情况下，建议选择火灾专用软件，除非在专用软件无法模拟的情况下才选择通用软件。

火灾发展具有确定性和随机性的特点，火灾试验的影响因素较多，在选择确认试验时，应尽量选择可重复性强的试验，并应注重采用不同火灾场景下的火灾试验对其进行确认研究，以便更好地检验模型的可信度。

考点二　疏散模拟

（一）概述

建筑防火设计的主要目标之一是确保人身安全。评价指标包括建筑的安全出口、疏散楼梯的宽度、疏散距离是否满足建筑内使用人员的疏散需要，人员的疏散所需时间是否大于火灾条件下的可用疏散时间。

人员疏散时间为火灾探测报警时间、人员预动时间与人员疏散运动时间之和。在计算疏散运动时间时，通常采用 1.5～2 的安全系数来考虑设计计算中的不确定性因素。

（二）疏散模型分类

人员疏散计算方法主要有两种：水力疏散模型和人员行为模型。

1. 水力疏散模型

水力疏散模型是最常用的方法，它通过将人在疏散通道内的走动模拟为水在管道内的流动来进行计算。

水力疏散模型通常对人员疏散过程作如下保守假设：

①疏散人员具有相同的特征，并且都具有足够的身体条件疏散到安全地点。

②疏散人员是清醒的，在疏散开始的时刻一起井然有序地进行疏散，且人员在疏散过程中不会中途返回选择其它疏散路径。

③在疏散过程中，人流的流量与疏散通道的宽度成正比分配，即从某一出口疏散的人数按其宽度占出口总宽度的比例进行分配。

④人员从各个疏散门扇疏散且所有人的疏散速度一致，保持不变。

2. 人员行为模型

人员行为模型模拟人在火灾中的行为，综合考虑了人与人、人与建筑物以及人与环境之间的相互作用。在选用模型时一定要结合有待解决的实际问题与模型的适用性来进行选择。

（1）一般分类。疏散模型在处理疏散的一般问题时，均采用了三种不同基本方法：优化法、模拟法和风险评估法。

（2）建筑空间的表示。根据对空间划分的精细程度，常将模型中的空间划分分为两种方法：精细网络法和粗糙网络法。

（3）人群分析。各类疏散模型在对人员进行分析时，采用了两种方法：个体分析法和群体分析法。

（4）行为分析。人员在逃生时的决策过程是复杂的，疏散模型根据模拟人员决策过程时所采用的分析方法，分为以下几类：无行为准则模型、函数模拟行为模型、复杂行为模型、基于行为准则的模型以及基于人工智能的模型。

3.人员行为特性

火灾是具有突发性的意外事件，伴有火焰、浓烟、强烈的热辐射、噪音和有毒气体，常在短时间内给人以毁灭性的伤害。身处火场的人们往往需要承受巨大的心理压力，从而表现出各种各样的异常行为。

4.软件介绍

（1）STEPS。该模型建立目的是模拟在正常或紧急情况下，人员在不同类型建筑物中的疏散情况。网格单元的默认尺寸是 $0.5m \times 0.5m$。

（2）Simulex。该模型是一个能够模拟人群从复杂建筑物中疏散的模型。该模型采用一个连续的空间体系，各层的平面图和楼梯都划分成一个个 $0.2m \times 0.2m$ 的块或网格。

（3）SGEM。建立该空间网格疏散模型的目的是利用CAD平面图，生成复杂建筑的疏散图案，比较得出最佳疏散设计路线。每个网格的大小是 $0.4m \times 0.4m$，一个人占据一个网格。此外，同一时间内一个人只能占据一个网格单元。

（4）buildingEXODUS。该模型可用于模拟疏散大量被很多障碍围困的人。其由 airEXODUS、buildingEXODUS、maritimeIEXODUS、railEXODUS、vrEXODUS 五个部分组成。

5.软件选取

一般情况下当建筑的结构简单、布局规则、疏散路径容易辨别、建筑的功能较为单一是人员密度较大时，适合采用水力模型来进行人员疏散的计算，而其他情况则适于来用人员行为模型。

考点三　模型评价

（一）计算模型的适用性

针对计算模型的适用性问题，不仅要从计算结果来考虑，还要从模型的自身假设来分析。由于计算软件为了能模拟更多的问题，往往采用普适性的算法，对于有些根本不满足计算模型理论的场景，计算结果也可能会与实验结果偏差不大，这样的结果是假象，是不能轻易相信的，且也不能说明类似这样的场景就可以采用这样的方法来计算。计算模型理论都不满足，根本就不允许采用这样的模型来计算。

（二）计算的收敛性

在数值方法中，需要对连续性的数学模型进行离散化然后再求解，也就是用一个离散的数值模型来近似模拟。时间和空间都要离散化。一个连续性的数学模型有很多不同的离散方法,形成很多不同的离散模型。为了获得一个好的近似解,要求离散模型能够模拟连续模型的性质和行为。这就要求离散方法采用高阶精度的格式,同时要保证其不会带来计算结果的非物理振荡,能更好地收敛于真实解。但对于非定常模拟来说,则要求每一计算时间步内的结果也要收敛,且要达到能接受的计算精度。

(三)网格尺度的合理性

1. 网格独立性

没有网格独立性的模拟,无法评判也没有必要评判计算结果的正确与否。在考虑网格的独立性问题时,原则上将网格划分得越小,通过网格离散的ODE(常微分)方程越逼近连续性模型的PDE(偏微分)方程,即计算精度越高,计算的结果越逼近真实值。

2. 网格经济性

尽管加密网格,可以得到逼近真实值的计算计算结果,但加密也加重计算资源的负担,大大增加了计算时间。因此,采用能满足该精度的最粗网格,也可以采用局部加密度技术,在高密度梯度区(如火源)、壁面附近等加密网格,在低密度梯度区或影响相对小的区域加粗网格。

(四)时间步长的合理性

在求解微分方程时,必须注意时间步长的选择。在开展火灾数值模拟计算时,需要在花费和精度之间找寻一个平衡点。建议开展时间步的收敛性研究,有可能会由于时间步大小,影响到火灾场温度等参数的偏差。但一般在满足CFL条件下,时间步的影响相对较小。

(五)计算区域选择的合理性

计算区域大小的选择问题,实质是边界条件问题。在计算中,无法针对指定的边界给出合适的边界条件,而做的"无奈"之举。

第五节 火灾场景和疏散场景设定

考点一 火灾场景确定的原则

(1)在设计火灾时,应分析和确定建筑物的以下基本情况:
①建筑物内的可燃物;②建筑的结构、布局;③建筑物的自救能力与外部救援力量。
(2)在进行建筑物内可燃物的分析时应着重分析以下因素:
①潜在的引火源;②可燃物的种类及其燃烧性能;③可燃物的分布情况;④可燃物的火灾荷载密度。
(3)在分析建筑的结构布局时应着重考虑以下因素:
①起火房间的外形尺寸和内部空间情况。
②起火房间的通风口形状及分布、开启状态。
③房间与相邻房间、相邻楼层及疏散通道的相互关系。
④房间的围护结构构件和材料的燃烧性能、力学性能、隔热性能、毒性性能及发烟性能。
(4)分析和确定建筑物在发生火灾时的自救能力与外部救援力量时应着重考虑以下因素:
①建筑物的消防供水情况和建筑物室内外的消火栓灭火系统。
②建筑内部的自动喷水灭火系统和其他自动灭火系统(包括各种气体灭火系统、干粉灭

火系统等)的类型与设置场所。

③火灾报警系统的类型与设置场所。

④消防队的技术装备、到达火场的时间和灭火控火能力。

⑤烟气控制系统的设置情况。

(5)在确定火灾发展模型时,应至少考虑下列参数:

①初始可燃物对相邻可燃物的引燃特征值和蔓延过程;②多个可燃物同时燃烧时热释放速率的叠加关系;③火灾的发展时间和火灾达到轰燃所需时间;④灭火系统和消防队对火灾发展的控制能力;⑤通风情况对火灾发展的影响因子;⑥烟气控制系统对火灾发展蔓延的影响因子;⑦火灾发展对建筑构件的热作用。

考点二　确定火灾场景的方法

确定火灾场景可采用下述方法:故障类型和影响分析、故障分析、如果-怎么办分析、相关统计数据、工程核查表、危害指数、危害和操作性研究、初步危害分析、故障树分析、事件树分析、原因后果分析和可靠性分析等。

考点三　火灾场景设计

(一)火灾危险源辨识

设计火灾场景,首先应进行火灾危险源的辨识。分析建筑物里可能面临的火灾风险主要来自哪些方面。分析可燃物的种类、火灾荷载的密度、可燃物的燃烧特征等。

(二)火灾增长

火灾在点燃后热释放速率将不断增加,热释放速率增加的快慢与可燃物的性质、数量、摆放方式、通风条件等有关。

原则上,在设计火灾增长曲线时可采用以下几种方法:①可燃物实际的燃烧实验数据;②类似可燃物实际的燃烧实验数据;③根据类似的可燃物燃烧实验数据推导出的预测算法;④基于物质的燃烧特性的计算方法;⑤火灾蔓延与发展数学模型。在性能化设计中,如果能够获得所分析可燃物的实际燃烧实验数据,那么利用该实验数据进行火灾增长曲线的设计是最好的选择。

实际设计中我们常常采用这一种称为"t平方火"的火灾增长模型对实际火灾进行模拟。火灾的增长规律可用下面的方程描述:

$$\dot{Q} = \alpha t^2$$

说明:式中 $\dot{Q}$ — 热释放速率,kW;α — 火灾增长系数,kW/s^2;t — 时间,s。

t平方火的增长速度一般分为慢速、中速、快速、超快速4种类型,如图3.1所示,其火灾增长系数如表3.1所示。

实际火灾中,热释放速率的变化是个非常复杂的过程,上述设计的火灾增长曲线只是与实际火灾相似,为了使得设计的火灾曲线能够反映实际火灾的特性,应作适当的保守的考虑,如选择较快的增长速度,或较大的热释放速率等。

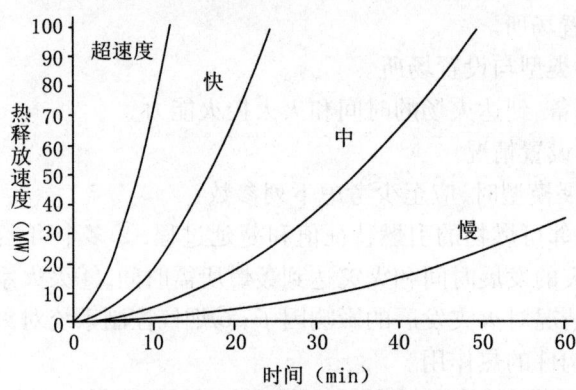

图 3.1　四种 t 平方火增长曲线

表 3.1　四种标准 t 平方火

增长类型	火灾增长系（kW/s²）	达到 1MW 的时间（s）	典型可燃材料
慢速	0.00293	600	厚重的木制品
中速	0.01172	300	棉与聚酯纤维弹簧床垫、木制办公桌
快速	0.0469	150	装满东西的邮袋、塑料泡沫、叠放的木架
超快速	0.1876	75	油池火、易燃的装饰家具、轻质的窗帘

（三）设定火灾

火灾规模是性能化设计中的重要参数，工程上通常参考以下三种方法来综合确定火灾的规模。

1.喷淋启动确定火灾规模

对于安装自动喷水灭火系统的区域，其火灾发展通常将受到自动喷水灭火系统的控制。自动喷水灭火系统控制下的火灾规模可以使用 DETACT 分析软件进行预测。考虑到同一类型喷头之间 RTI 值的差异，在采用上述方法预测火灾规模时建议取最大的 RTI 值。例如，ES-FR 喷头取 $28(m \cdot s)^{0.5}$，快速响应喷头取 $50(m \cdot s)^{0.5}$，普通喷头取 $350(m \cdot s)^{0.5}$。

2.相关设计规范或指南

有关商业建筑的火灾规模参见表 3.2 所示。

表 3.2　热释放量

建筑类别	热释放量 Q（MW）
设有喷淋的商场	5
设有喷淋的办公室、客房	1.5
设有喷淋的公共场所	2.5
设有喷淋的汽车车库	2.5
设有喷淋的超市、仓库	4
设有喷淋的中庭	1
无喷淋的办公室、客房	6

续表

建筑类别	热释放量 Q(MW)
无喷淋的汽车车库	3
无喷淋的中庭	4
无喷淋的公共场所	8
无喷淋的超市、仓库	20

注：设有快速响应喷头的场所可按本表减小40%。

3.根据燃烧实验数据确定

根据物品的实际燃烧实验数据来确定最大热释放速率是最直接和最准确的方法，一些物品的最大热释放速率可以通过一些科技文献或火灾试验数据库得到。

4.根据轰燃条件确定

轰燃是火灾从初期的增长阶段向充分发展阶段转变的一个相对短暂的过程。发生轰燃时室内的大部分物品开始剧烈燃烧，可以认为此时的火灾的功率，即热释放速率，达到最大值。

室内火灾发生轰燃时的临界热释放速率可以用下面的公式表示：

$$Q_{fo} = 7.8A_T + 378A_vH_v^{1/2}$$

说明：Q_{fo}—房间达到轰燃所需的临界火灾功率，kW；A_T—房间内扣除开口后的总表面积，m^2；A_v—开口的面积，m^2；H_v—开口的高度，m。

由于上述结果是以一个面积为$16m^2$大小的房间内的火灾实验数据得出的，因此对于小房间的情况预测结果能够比较好地反映实际情况，而对于较大的房间上述公式可能会有较大的误差。另外有一些学者通过木材和聚亚安酯(polyurethane)实验得出轰燃时的平均热释放速率为：

$$Q_{fo} = 1260A_vH_v^{1/2}$$

说明：Q_{fo}—房间达到轰燃所需的临界火灾功率，kW；A_v—开口的面积，m^2；H_v—开口的高度，m。

这里$A_vH_v^{1/2}$称为通风因子，是分析室内火灾发展的重要参数。在通风因子的一定范围内，可燃物的燃烧速率主要由进入燃烧区域的空气流量决定，这种燃烧状况称为通风控制。

对于木质纤维物质的燃烧，可用下面的条件判断燃烧的状态：

通风控制： $$\frac{\rho g^{1/2}A_vH_v^{1/2}}{A_F} < 0.235$$

燃料控制： $$\frac{\rho g^{1/2}A_vH_v^{1/2}}{A_F} > 0.29$$

说明：式中A_F—可燃物燃烧的表面积，m^2。

5.燃料控制型火灾的计算方法

对于燃料控制型火灾，即火灾的燃烧速度由燃料的性质和数量决定时，如果知道燃料燃烧时单位面积的热释放速率，那么可以根据火灾发生时的燃烧面积乘以该燃料单位面积的热释放速率得到最大的热释放速率，表3.3所示的是NFPA92B中提供的部分物质单位地面面积热释放速率。如果不能确定具体的可燃物及其单位地面面积的热释放速率，也可根据建筑物的使用性质和相关的统计数据,来预测火灾的规模。

表3.3 NFPA92B中提供的单位地面面积热释放速率

物质	每平方英尺面积的热释放速率(kW)
堆叠起1.5ft高的木架	125
堆叠起5ft高的木架	350
堆叠起10ft高的木架	600
堆叠起16ft高的木架	900
堆叠起5ft装满东西的邮袋	35
甲醇	65
汽油	290
煤油	290
柴油	175

考点四 疏散场景确定

(一)疏散过程

疏散是伴随着新的冲动的产生和在行动过程中采取新的决定的一个连续的过程。在某种程度上一种简化过程的方法就是从工程学的角度将疏散过程分为三个阶段:①察觉(外部刺激);②行为和反应(行为举止);③运动(行动)。

此时,人员的信息处理过程如图3.2所示。

(二)安全疏散标准

疏散时间($RSET$)包括疏散开始时间(t_{start})和疏散行动时间(t_{action})两部分。疏散时间预测将采用以下方法:

$$RSET = t_{start} + t_{action}$$

1. 疏散开始时间(t_{start})

疏散开始时间即从起火到开始疏散的时间。疏散开始时间(t_{start})可分为探测时间(t_d)、报警时间(t_a)和人员的疏散预动时间(t_{pre})。

$$t_{start} = t_d + t_a + t_{pre}$$

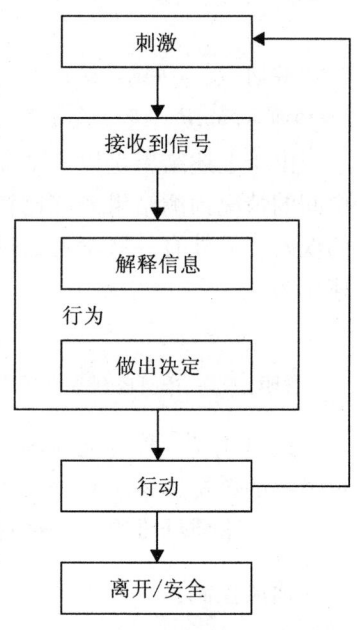

图3.2 人员的信息处理过程

说明:t_d是指火灾发生、发展将触发火灾探测与报警装置而发出报警信号,使人们意识到有异常情况发生,或者人员通过本身的味觉、嗅觉及视觉系统察觉到火灾征兆的时间。t_a是指从探测器动作或报警开始至警报系统启动的时间。

t_{pre}是指人员的疏散预动时间为人员从接到火灾警报之后到疏散行动开始之前的这段时间间隔,包括识别时间(t_{rec})和反应时间(t_{res})。

$$t_{pre} = t_{rec} + t_{res}$$

说明：t_{rec}是指从火灾报警或信号发出后到人员还未开始反应的这一时间段。当人员接受到火灾信息并开始作出反应时，识别阶段即结束。

t_{res}是指从人员识别报警或信号并开始做出反应至开始直接朝出口方向疏散之间的时间。与识别阶段类似，反应阶段的时间长短也与建筑空间的环境状况有密切关系，从数秒钟到数分钟不等。

2. 疏散行动时间（t_{action}）

疏散行动时间（t_{action}）是指从疏散开始至疏散到安全地点的时间，它由疏散动态模拟模型得到。疏散行动时间的预测是基于建筑中人员在疏散过程中是有序进行，不发生恐慌为前提的。图3.3所示的为火灾发展与人员疏散过程的关系图。

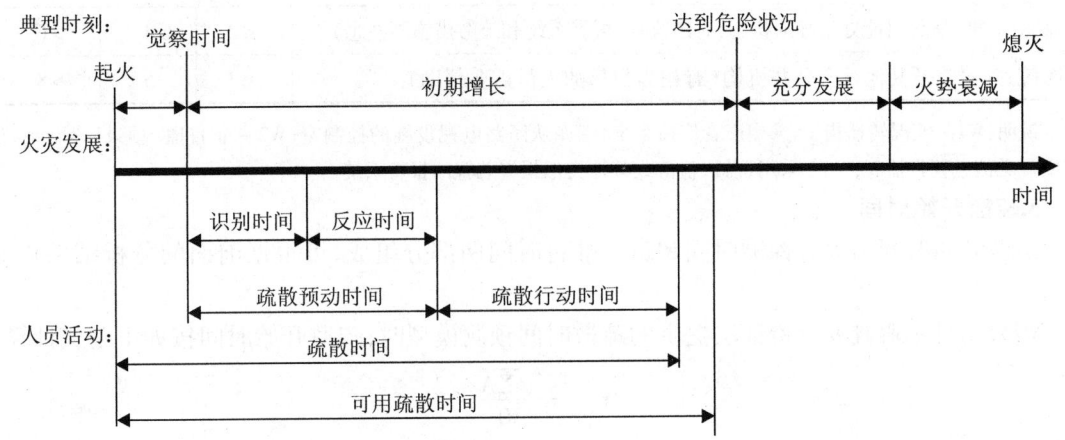

图3.3　火灾发展与人员疏散过程关系

考虑到疏散过程中存在的某些不确定性因素，需要在分析中考虑一定的安全余量以进一步提高建筑物的疏散安全水平。

（三）疏散相关参数计算

1.火灾探测时间

在计算火灾探测时间时可以通过计算火灾中烟气的减光度、温度或火焰长度等特性参数来预测火灾探测时间。

2.疏散准备时间

发生火灾时，通知人们疏散的方式不同、建筑物的功能和室内环境不同，人们得到发生火灾的消息并准备疏散的时间也不同。BSDD240中提供了预测火灾确认时间的经验数据，可供分析时参考，如表3.4所示。

表3.4 各种用途的建筑物采用不同报警系统时的人员识别时间统计结果

建筑物用途及特性	人员响应时间(min) 报警系统类型 W1	W2	W3
办公楼、商业或工业厂房、学校(居民处于清醒状态,对建筑物、报警系统和疏散措施熟悉)	<1	3	>4
商店、展览馆、博物馆、休闲中心等(居民处于清醒状态,对建筑物、报警系统和疏散措施不熟悉)	<2	3	>6
旅馆或寄宿学校(居民可能处于睡眠状态,但对建筑物、报警系统和疏散措施熟悉)	<2	4	>5
旅馆、公寓(居民可能处于睡眠状态,对建筑物、报警系统和疏散措施不熟悉)	<2	4	>6
医院、疗养院及其他社会公共机构(有相当数量的人员需要帮助)	<3	5	>8

说明:W1－实况转播指示,采用声音广播系统,例如从闭路电视设施的控制室;W2－非直播(预录)声音系统、和/或视觉信息警告播放;W3－采用警铃、警笛或其他类似报警装置的报警系统。

3. 疏散开始时间

疏散开始时间由火灾探测时间和疏散准备时间两部分组成,可根据前面的分析结果相加得到。

当采用日本避难安全检证法提供的疏散时间预测模型时,疏散开始时间按如下公式计算:

$$t_{start} = \frac{\sqrt{\Sigma A}}{30}$$

说明:t_{start}－疏散开始时间,min;A－为火灾区域建筑面积,m^2。

(四)人员数量

下面是在商业建筑人员疏散分析中经常采用的确定疏散人数的方法。由NFPA101提供的人员密度数据如表3.5所示。

表3.5 NFPA101 人员密度

场合	人员密度 m^2/人
商务区/办公室区(层)	9.3
游泳池(水面区域)	4.6
游泳池(池岸区域)	2.8
食堂/餐厅	1.25
有设备的健身房	4.6
室内溜冰场	4.6

日本《避难安全检证法》提供的人员密度数据如表3.6所示。

表 3.6　日本《避难安全检证法》中人员密度

场合	人员密度 m²/人
办公室、会议室	8
餐饮场所	1.5
自由活动/通行区域	2

（五）人员行进速度

人员行进速度与人员密度、年龄和灵活性有关。研究表明,人员密度和行进速度之间存在如下的关系：

$$V = K(1 - 0.266D)$$

说明：V—人员行进速度,m/min；D—人员密度（不小于0.5）,人/m²；K—系数,对于水平通道$K = 84.0$,对于楼梯台阶$K = 51.8(G/R)^{1/2}$,G 与 R 分别表示踏步的宽度和高度。

Simulex 疏散模型中默认的人员行进速度分男人、女人、儿童和长者四种,其步行速度如表 3.7 所示。

表 3.7　人员步行速度及类型比例

人员种类	正常速度 m/s	速度分布
男人	1.35	正态分布 ±0.2m/s
女人	1.15	正态分布 ±0.2m/s
儿童	0.9	正态分布 ±0.1m/s
长者	0.8	正态分布 ±0.1m/s

（六）流动系数

流动系数(specific flow)是指人员密度与对应的人流速度的乘积,即单位时间内通过单位宽度的人流数量。

流动系数反映了单位宽度的通行能力。其表达式如下：

$$F = V \times D$$

说明：F—流动系数,（人/min）/m；V—人员行进速度,m/min；D—人员密度,人/m²。

对大多数通道来说,通道宽度是指通道的两侧墙壁之间的宽度。但是大量的火灾演练实验表明人群的流动依赖于通道的有效宽度而不是实际宽度,也就是说在人群和侧墙之间存在一个"边界层"。表 3.8 给出了典型通道的边界层厚度。在工程计算中应从实际通道宽度中减去边界层的厚度,采用得到的有效宽度进行计算。

表 3.8　通道的边界层厚度

类型	减少的宽度指标
楼梯间的墙	15cm
扶手栏杆	9cm

续表

类型	减少的宽度指标
剧院座椅	0cm
走廊的墙	20cm
其它的障碍物	10cm
宽通道处的墙	<46cm
门	15cm

(七)安全裕度

考虑到危险来临时间和疏散行动时间分析中存在的不确定性,需要增加一个安全余量。当危险来临时间分析与疏散时间分析中,计算参数选取为相对保守值时,安全裕度可以取小一些,否则,安全裕度应取较大值。安全裕度可取为0～1倍的疏散行动时间。对于商业建筑来说,由于人员类型复杂,对周围的环境和疏散路线并不都十分熟悉,所以在考虑安全裕度的选择时,取值建议不应小于0.5倍的疏散行动时间。

第六节 计算分析及结果运用

考点一 用于分析计算结果的判定准则

1.人员生命安全判定准则

通常情况下人员疏散安全判据指标如表3.9所示。

表3.9 人员疏散安全判据指标

项目	人体可耐受的极限
能见度	当热烟层降到2m以下时,对于大空间其能见度,临界指标为10m。
使用者在烟气中疏散的温度	2m以上空间内的烟气平均温度不大于180℃;当热烟层降到2m以下时,持续30min的临界温度为60℃。
烟气的毒性	一般认为在可接受的能见度的范围内,毒性都很低,不会对人员疏散造成影响,一般情况下,CO判定指标为2500mg/L。

2.防止火灾蔓延扩大判定准则

为减少火灾时财产损失和降低对工作运营的影响,消防设计主要是通过采用一系列消防安全措施控制火灾的大面积蔓延扩大来实现的。在性能化的分析中,通常采用辐射热分析方法来分析火灾蔓延情况。

3.钢结构防火保护判定准则

(1)在规定的结构耐火极限时间内,结构或构件的承载力 R_d 应不小于各种作用所产生的组合效应 S_m,即 $R_d \geq S_m$。

(2)在各种作用效应组合下,结构或构件的耐火时间 t_d 应不小于规定的结构或构件的耐火极限 t_m,即 $t_d \geq t_m$。

(3)火灾下,结构极限状态时的临界温度 T_d 应不小于在规定的耐火时间内结构所经历的最高温度 T_m,即 $T_d \geq T_m$。

上述三个要求本质上是等效的,进行结构抗火设计时,满足其一即可。

考点二　计算结果分析

1.烟气模拟分析

(1)烟气模拟分析首先需要在软件中输入计算参数,一般火灾模拟需要输入的参数主要有:①模型场景物理模型;②边界条件;③定义火源;④定义消防系统。

(2)烟气模拟分析可以得到烟气运动规律和模拟空间的环境参数指标,经常用到的参数包括:①烟气的温度;②烟气的能见度;③烟气的毒性;④气体流速;⑤辐射强度。

2.疏散模拟分析

(1)疏散模拟分析需要首先在软件中输入计算参数,一般疏散模拟需要输入的参数包括:①人员疏散空间模型;②人员特性;③流出系数;④边界层宽度。

(2)人员疏散分析可以得到人员疏散的状态,可得到的结果包括:①人员疏散行动时间;②最小行走路径;③疏散出口拥堵情况;④出口利用的有效性。

考点三　计算结果应用

计算结果可以用于判定所设置的安全目标是否可以实现,如下以人员安全疏散为例进行说明。

建筑的使用者撤离到安全地带所花的时间(RSET)小于火势发展到超出人体耐受极限的时间(ASET),则表明达到人员生命安全的要求。即保证安全疏散的判定准则为:

$$RSET + T_s < ASET$$

> 说明:RSET-疏散所需要的时间;ASET-开始出现人体不可忍受情况的时间,也称可用疏散时间或危险来临时间;T_s-安全裕度,即防火设计为疏散人员所提供的安全余量。

下面以地下机械停车库为案例进行分析。

1.烟气流动模拟分析

停车库采取机械排烟方式。车库内不划分防烟分区。机械排烟量按6次换气/h确定并考虑1.5倍的安全余量,所需机械排烟量不应小于 $7.5 \times 10^4 \text{m}^3/\text{h}$。采取机械补风方式,低位补风量不应小于排烟量的1/2。

2.人员疏散模拟分析

对于发生火灾的封闭房间,则可采用《日本避难安全检证法》提供的房间疏散开始时间量化计算方法,其计算方法如下:

$$t_{start} = \frac{\sqrt{\sum A_{floor}}}{30}$$

A_{floor} 为建筑面积,本工程单层房间面积 493m^2,计算得到疏散开始时间为45s,考虑一定安全系数,取60s。利用 Pathfinder 软件模拟疏散行动时间。

第七节 性能化防火设计文件编制

考点一 建筑基本情况及性能化设计的内容

(一)建筑基本情况

1.工程介绍

工程介绍应对项目的建筑概况、区域位置、总平面设计、建筑设计等方面进行说明,主要由设计院提供。该部分内容可配有相关的总平面图,效果图,建筑平、立、剖图样等。

2.消防设计

消防设计主要包括该项目常规的消防设计说明,主要根据设计院提供的消防设计专篇进行撰写。该部分内容可配防火分区图纸以及其他相关的消防图样。

(二)性能化设计的内容

1.主要消防安全问题

对项目存在的消防问题进行汇总,其主要的消防设计难题和问题可按表3.10所示整理。

表3.10 本工程主要消防设计难题和问题

序号	消防设计问题		规范要求
1	防火分区问题	购物中心内步行街区域(即中庭及回廊组成的交通空间)总面积超过4万m^2,难以按照规范进行防火分区划分。	《建筑设计防火规范》(GB 50016-2014)中的相关规定
2	人员疏散问题	部分楼梯间在首层不能直接对外,且其出口距直通室外的安全出口大于15m。	《建筑设计防火规范》(GB 50016-2014)中的相关规定
		各层均有距安全出口直线距离超出37.5m的问题。	《建筑设计防火规范》(GB 50016-2001)对商业疏散宽度进行了规定

2.性能化设计评估范围及内容

通过对项目消防问题的总结,以解决不满足规范的消防问题为目的,制定相应的性能化设计评估范围及内容,对于可应用现行相关规范展开设计的区域应遵照现行规范执行。

3.性能化设计评估原则

对于项目存在的特殊消防设计问题,将本着安全适用、技术先进的原则,采用合理的消防设计理念和方法,通过对消防设计方案的分析和安全评估,使得制定的解决方案能更好的满足本项目的消防安全要求,并最大限度地满足业主商业功能需求。

考点二 分析目的及安全目标

(一)分析目的

消防设计的目的为:防止火灾发生,及时发现火情,通过适当的报警系统及时发布火灾警报;有组织、有计划地将楼内人员撤出,采取正确方法扑灭火或控制大火,将商业损失控制在一定范围之内。

（二）分析目的安全目标

在确定项目的消防安全目标时，需要结合项目消防设计遇到的问题和难题。主要安全目标主要包括以下几点：

①为使用者提供安全保障。
②将火灾控制在一定范围，尽量减少财产损失。
③为消防人员提供消防条件并保障其生命安全。
④尽量减少对运营的干扰。
⑤保证结构的安全。

考点三　性能判定标准（即性能指标）

人员疏散安全判定准则和防止火灾蔓延扩大判定准则可参见本章第六节内容。

考点四　火灾场景设计

火灾场景设计要说明选择该火灾场景的依据和方法，并对每一个火灾场景进行讨论，进而列出最终需要分析的典型火灾场景。火灾场景如表3.11所示。

表3.11　火灾场景设置一览表

位置编号	火灾位置	自动灭火系统	排烟系统	最大火灾规模(MW)
A	商业步行街	有效	有效	2.2
B	商业步行街	有效	有效	2.2
C	商业步行街	有效	有效	2.2

考点五　所采用的分析方法及其所基于的假设

（一）疏散设计分析方法

1.疏散行动时间预测分析方法

疏散行动时间是指从疏散开始至疏散结束的时间。疏散行动时间预测模型主要有水力模型和行为模型两种。本项目以行为模型来预测疏散行动时间，采用模拟分析工具Pathfinder进行计算。

2.疏散设计分析主要参数确定

（1）有效流出系数和人员行进速度，如表3.12所示。

表3.12　有效流出系数和人员行进速度数据表

疏散设施	拥挤状态	《SFPE消防工程手册》			日本避难安全检证法	
		密度	速度	流出系数	速度	流出系数
		人/m²	m/min	(人/min)/m	m/min	(人/min)/m
楼梯	最小	0.5	45.7	16.4	27(上) 36(下)	60(楼梯有足够容量时，其他情况应通过计算获得)
	中等	1.1	36.6	45.9		
	最优	2.0	29.0	59.1		
	大	3.2	12.2	39.4		

续表

疏散设施	拥挤状态	《SFPE消防工程手册》 密度 人/m²	速度 m/min	流出系数 (人/min)/m	日本避难安全检证法 速度 m/min	流出系数 (人/min)/m
走廊	最小	0.5	77.2	39.4	60（一般）	80（走廊有足够容量时，其他情况应通过计算获得）
走廊	中等	1.1	61.0	65.6	60（一般）	80（走廊有足够容量时，其他情况应通过计算获得）
走廊	最优	2.2	36.6	78.7	60（一般）	80（走廊有足够容量时，其他情况应通过计算获得）
走廊	大	3.2	18.3	59.1	60（一般）	80（走廊有足够容量时，其他情况应通过计算获得）
对外出口	—	—	—	—	60（一般）	90

（2）疏散路径有效宽度确定，各疏散路线边界层宽度如表3.13所示。

表3.13 边界层宽度

疏散路线因素	边界层(mm)
楼梯梯级的墙壁（面）	15
栏杆、扶手	9
走道、斜坡墙	20
障碍物	10
宽阔的场所、过道	46
门、拱门	15

（3）人数确定方法。分析所使用的疏散人数应根据不同建筑场所功能不同，分别按密度或座位数进行计算。

（二）烟控系统设计与分析

1.烟气层临界高度

防排烟设计应使烟气层维持在距离有人地面至少1.8m以上的高度，对于高大空间，临界高度应根据下式进行计算确定。

$$z' = 1.6 + 0.1(H - h)$$

说明：z'—烟气层距离疏散人员所在地面的临界高度(m)；H—空间顶棚距离火源位置的高度(m)；h—疏散地面高于火源位置的高度(m)。

2.火焰高度、烟气生成量及烟羽流轴线温度分析

本项目采用NFPA 92B和NFPA 204中提供的有关轴对称烟羽流的分析方法进行计算。

考点六 计算分析与评估

1.烟气模拟分析与评估

烟气模拟分析与评估部分应主要包括每个火灾场景3的防排烟系统设计的情况介绍，计算参数的设置，温度、能见度等参数在关键时间点的模拟结果以及计算结果小结。各区域危险来临时间(ASET)可以表格形式汇总，如表3.14所示。

第三章 建筑消防性能化设计方法与技术要求

表 3.14 火灾危险来临时间分析

序号	场景编号	假设条件		楼层	ASET(s)
1	A	排烟有效	自动灭火有效	一层步行街	>1800
				二层步行街	>1800
2	B	排烟有效	自动灭火有效	一层步行街	>1800
				二层步行街	>1800
3	C	排烟有效	自动灭火有效	一层步行街	>1800
				二层步行街	>1800

2.疏散模拟分析与评估

疏散模拟分析与评估部分应主要包括对应每个火灾场景设计的疏散场景、每个场景的疏散策略、疏散模拟在关键时间点的人员分布示意图以及计算结果小结。各区域疏散时间（$RSET$）可以表格形式汇总，如表 3.15 所示。

表 3.15 人员疏散时间分析结果汇总表

区域	疏散路径	开始时间(s)	行动时间(s)	REST(s)
首层区域	首层人员直接疏散到室外	270	293	710
二层区域	二层店铺人员离开着火店铺	63	95	206
	中庭人员离开本层步行街区域	270	547	1091
	本层所有人员全部疏散至楼梯间	270	559	1109
	所有人员疏散到室外	270	665	1268

注：行动时间计入所需疏散时间时考虑 1.5 倍安全系数。

3.计算结果与性能判定标准的比较

将各火灾场景的危险来临时间（$ASET$）与相对应的疏散场景下人员疏散时间（$RSET$）进行对比，判定人员疏散的安全性。可采用表 3.16 表示。

表 3.16 人员疏散安全判定结果

序号	场景编号	火灾位置	监测位置	AEST(s)	REST(s)	是否满足安全要求
1	A	步行街(中庭)底部	一层步行街	>1800	1121	是
			二层步行街	>1800	1091	是
2	B	步行街(中庭)底部	一层步行街	>1800	1121	是
			二层步行街	>1800	1091	是
3	C	步行街(中庭)底部	一层步行街	>1800	1121	是
			二层步行街	>1800	1091	是

考点七 不确定性分析

1.疏散过程中的人员不确定性分析

采用行为模型来计算人员的疏散时间时，其假设为：疏散人员都具有足够的身体条件自行疏散到安全地点,人员疏散行走同时且井然有序,这与实际发生火灾时的情况有一定差距。因此,本报告在计算疏散行动时间时考虑了一定的安全系数(安全系数=1.5),以弥补这些不确定性因素所带来的影响。

2.火灾蔓延的不确定性分析

火灾蔓延区域和面积的大小不仅受众多不确定因素的影响,而且火灾蔓延的全过程机理尚未完全研究透彻,目前还缺乏准确预测火灾蔓延的数学模型,火灾模拟计算所需参数还不丰富。基于上述原因,为了使消防设计更加安全,一般采取较保守的分析方法,如考虑了最不利的起火位置和引燃条件,确定最大火灾热释放速率和排烟量时均考虑了1.5倍的安全系数。

考点八　结论与总结

(1)模拟结果总结。对各场景下烟气及疏散模拟结果进行分析,并得出结论。

(2)消防策略总结。针对项目存在的消防问题提出相应的解决措施,对采取的消防策略进行总结。

(3)注意事项及建议。对实施消防策略时设计方、管理方应注意的内容进行说明,并提出相应的建议。

考点九　参考文献及设计单位和人员资质说明

1.参考文献

参考文献应包括主要的设计规范,相关技术文献等技术资料。

2.专家评议

由于设计过程中存在许多非规范化的内容,如性能指标的确定、火灾场景的设计、一些边界条件的设定等等,同时也为了保证设计过程的正确性,减少设计中可能出现的失误,一般有必要对设计报告进行第三方的复核或再评估,最终还需要组织专家论证会,对性能化设计报告与复核报告进行论证,接受专家的评审和质疑,最后以论证会上形成的专家组意见作为调整性能化设计与评估报告与设计方案的依据。

3.深化调整设计报告

性能化消防设计一般开始于建筑设计的方案设计与初步设计阶段。在初步设计中,有些条件和参数是不明确或未知的,这些信息可能只有在后续的施工设计阶段才能确定下来,而这些条件或参数却是性能化设计所需要的。此外,性能优化设计中提出的假设和边界条件,在施工设计阶段也可能会被改变。

4.性能化消防设计的实体验证

为了加强对进行了性能化消防设计工程的消防监督管理,在性能化设计开展较多的一些城市,已陆续在工程消防验收过程中增加了实体验证实验的工作步骤,对性能化设计设计方案进行综合验证。

本章练习题

一、单项选择题

1. 室内净高小于( )m 的丙、丁、戊类厂房和丙、丁、戊类仓库不应采用性能化设计评估方法。
   A. 5.0　　　　　B. 8.0　　　　　C. 10.0　　　　　D. 15.0

2. 下列不属于建筑的防火设计三个构成部分的是( )。
   A. 建筑被动防火系统　　　　　B. 建筑主动防火系统
   C. 安全疏散系统　　　　　　　D. 防火分隔

3. 关于消防救援窗口的尺寸和间距及可进入性满足救援要求叙述正确的是( )。
   A. 每两层设置可供消防救援人员进入的窗口
   B. 窗口的净高度和净宽度均不小于1.0m
   C. 窗口下沿距室内地面不大于1.5m
   D. 窗口间距不大于30m 且每个防火分区不少于3个

4. 考虑安全裕度的选择时,取值建议不应小于( )倍的疏散行动时间。
   A. 0.1　　　　　B. 0.5　　　　　C. 1　　　　　D. 2

5. 当人员密度小于( )人/m² 时,人群在水平地面上的行进速度可达70m/min 并且不会发生拥挤,下楼梯的速度可达51~63m/min。
   A. 0.5　　　　　B. 1　　　　　C. 1.5　　　　　D. 2

二、多项选择题

1. 下列属于安全疏散系统的是( )。
   A. 疏散楼梯　　　B. 安全出口　　　C. 疏散出口
   D. 避难逃生设施　E. 应急照明与标识

2. 疏散时间包括( )。
   A. 疏散开始时间　　　　　　B. 疏散行动时间
   C. 疏散探测时间　　　　　　D. 疏散准备时间
   E. 疏散结束时间

3. 一般情况下,消防设计的目的在于( )。
   A. 防止火灾发生　　　　　　　　　B. 及时发现火情
   C. 通过适当的报警系统及时发布火灾警报　D. 有组织、有计划地将楼内人员撤出
   E. 将商业损失控制在一定范围之内

参考答案

一、单项选择题
1. B　2. D　3. B　4. B　5. A

二、多项选择题
1. ABCDE　2. AE　3. ABCDE

第五部分 消防安全管理

第一章 消防安全管理概述

本章知识框架

消防安全管理概述	消防安全管理的发展	1.火的危害(★☆☆☆☆) 2.消防安全管理的发展(★☆☆☆☆)
	消防安全管理的性质和特性	1.消防安全管理的自然属性(★★☆☆☆) 2.消防安全管理的社会属性(★★☆☆☆) 3.消防安全管理的特征(★★★☆☆)
	消防安全管理的要素	1.消防安全管理的主体(★★☆☆☆) 2.消防安全管理的对象(★★☆☆☆) 3.消防安全管理的依据(★★★☆☆) 4.消防安全管理的原则(★★★☆☆) 5.消防安全管理的方法(★★★☆☆) 6.消防安全管理的目标(★★★☆☆)

第一节 消防安全管理的发展

考点 消防安全管理的发展

1.火的危害

商代人看到火在屋门内燃烧将整个房屋烧毁造成灾害,由此产生了"灾"字的象形文字。经过大量的事件和实践证明,火既可以服从于人们的意志、造福于人类,也会违背人们的意愿,给人类带来极大的灾难。

2.消防安全管理的发展

我国消防管理的发展,大致经历了古代消防安全管理阶段、近代消防安全管理阶段和现代消防安全管理等三个阶段。

第二节 消防安全管理的性质和特性

考点 消防安全管理的性质和特性

1.消防安全管理的自然属性

消防安全管理活动是人类同火灾这种自然灾害作斗争的活动,这是消防安全管理的自然属性。

2.消防安全管理的社会属性

消防安全管理的社会属性表现为消防安全管理活动是一种管理社会的活动。

3.消防安全管理的特征

消防安全管理活动同其他管理活动相比较,大致有以下特征:全方位性、全天候性、全过程性、全员性、强制性。

第三节 消防安全管理的要素

考点一 消防安全管理的主体

(1)政府。消防安全管理是政府社会管理和公共服务的重要内容,是社会稳定经济发展的重要保证。

(2)部门。政府有关部门对消防工作齐抓共管,这是消防工作的社会化属性决定。《消防法》在明确公安机关及其消防机构职责的同时,还规定了安全监督、建设、工商、质监、教育、人力资源等部门应当依据相关法律法规和政策规定,依法履行相应的消防安全管理职责。

(3)单位。单位是社会的基本单元,也是社会消防安全管理的基本单元。

(4)个人。公民个人是消防工作的基础,是各项消防安全管理工作的重要参与者和监督者。

考点二 消防安全管理的对象

(1)人。"人"即消防安全管理系统中被管理的人员。

(2)物。"物"即消防安全管理的建筑设施、机器设备、物质材料、能源等。"物"应该是严格控制的消防安全管理对象,也是消防技术标准所要调整和需要规范的对象。

(3)财。"财"即开展消防安全管理的经费开支。主要包括正常消防安全管理活动的经费开支,以及必要的经济奖励等。

(4)事务。"事务"即消防安全管理活动的工作任务、职责、指标等。

(5)信息。"信息"即开展消防安全管理活动的文件、资料、数据、消息等。应充分利用系统中的安全信息流,发挥它们在消防安全管理中的作用。

(6)时间。"时间"即消防安全管理活动的工作顺序、程序、时限、效率等。

考点三 消防安全管理的依据

1.法律政策依据

(1)法律。由全国人大及其常委会批准或颁布。

(2)行政法规。由国务院批准或颁布。

(3)地方性法规。由省、自治区、直辖市、省会、自治区首府、国务院批准的较大市的人大及其常委会批准或颁布。

(4)部门规章。由国务院各部、委、局批准或颁布。

(5)政府规章。由省、自治区、直辖市、省会、自治区首府、国务院批准的较大市的人民政府批准或颁布。

(6)消防技术规范。在消防安全管理活动中,凡是涉及消防技术的管理活动,均应以有关消防技术的国家标准或本地的消防技术规范为管理依据。

2.规章制度依据

为了将消防安全责任制和岗位消防安全责任制落到实处,社会单位开展和实施消防安全管理活动时,应当制定适合自身单位实际情况的各项规章制度。

考点四　消防安全管理的原则

消防安全管理原则主要内容包括:①谁主管谁负责原则;②依靠群众的原则;③依法管理的原则;④科学管理的原则;⑤综合治理的原则。

考点五　消防安全管理的方法

(一)基本方法

基本方法主要包括:①行政方法;②法律方法;③行为激励方法;④咨询顾问方法;⑤经济奖励方法;⑥宣传教育方法;⑦舆论监督方法。

(二)技术方法

1.安全检查表分析方法

该方法主要是指将消防安全管理的全部内容按照一定的分类划分为若干个子项,然后对各子项进行分析,并结合有关规定以及经验,查出容易发生火灾的各种危险因素,并将这些危险因素确定为所需检查项目,编制成表后备在安全检查时使用。

2.因果分析方法

该方法主要指用因果分析图分析各种问题产生的原因和由此原因可能导致后果的一种管理方法。

3.事故树分析方法

该方法主要是一种从结果到原因描绘火灾事故发生的树形模型图。应当包括3项内容:①系统可能发生的火灾事故,即终端事件;②系统内部有的或潜在的危险因素;③系统可能发生的火灾事故与各种危险因素之间的逻辑因果关系。

考点六　消防安全管理的目标

消防安全管理的过程就是从选择最佳消防安全目标开始到实现最佳消防安全目标的过程。其最佳目标就是要在一定的条件下,通过消防安全管理活动将火灾发生的危险性和火灾造成的危害性降为最小程度。

本章练习题

单项选择题

1. 下列不属于我国消防安全管理发展阶段的是( )。
   A. 原始时代消防安全管理阶段　　B. 古代消防安全管理阶段
   C. 近代消防安全管理阶段　　　　D. 现代消防安全管理阶段

2. 下列不属于消防安全管理的方法基本方法的是( )。
   A. 行为激励方法　　　　　　　　B. 行政方法
   C. 法律方法　　　　　　　　　　D. 因果分析法

3. 下列不属于消防安全管理的原则的是( )。
   A. 谁主管谁负责原则　　　　　　B. 依法管理原则
   C. 科学管理原则　　　　　　　　D. 依靠领导的原则

4. 下列不属于消防安全管理的特征的是( )。
   A. 全方位性　　　　　　　　　　B. 全天候性
   C. 全过程性　　　　　　　　　　D. 自愿性

5. 我国消防工作的原则表述错误的是( )。
   A. 政府统一领导　　　　　　　　B. 单位全面负责
   C. 群众强制参与　　　　　　　　D. 部门依法监督

单项选择题

1. A　2. D　3. D　4. D　5. C

第二章
社会单位消防安全管理

本章知识框架

社会单位消防安全管理	消防安全重点单位	1.消防安全重点单位的界定标准(★★☆☆☆) 2.消防安全重点单位的界定程序(★★☆☆☆)
	消防安全组织和职责	1.消防安全组织(★★☆☆☆) 2.消防安全职责(★★★☆☆)
	消防安全制度和落实	1.消防安全制度的种类和主要内容(★★★★☆) 2.单位消防安全制度的落实(★★★☆☆)
	消防安全重点部位的确定和管理	1.消防安全重点部位定义(★★★☆☆) 2.消防安全重点部位的确定(★★★★☆) 3.消防安全重点部位的管理(★★★★☆)
	火灾隐患及重大火灾隐患的判定	1.火灾隐患、重大火灾隐患(★★★☆☆) 2.重大火灾隐患判定步骤(★★★☆☆) 3.火灾隐患整改(★★★☆☆)
	消防档案	1.消防档案的作用(★☆☆☆☆) 2.消防档案的内容(★★★☆☆) 3.消防档案的管理(★★★☆☆)

 **第 一 节** 消防安全重点单位

考点一 消防安全重点单位的界定标准

1.商场(市场)、宾馆(饭店)、体育场(馆)、会堂、公共娱乐场所等公众聚集场所

(1)建筑面积在1000m²(含,下同)以上且经营可燃商品的商场(商店、市场)。

(2)客房数在50间以上的(旅馆、饭店)。

(3)公共的体育场(馆)、会堂。

(4)建筑面积在200m²以上的公共娱乐场所。

通常所说的公共娱乐场所,主要包括如下几种:

①具有娱乐功能的夜总会、音乐茶座和餐饮场所。

②舞厅、卡拉OK等歌舞娱乐场所。
③影剧院、录像厅、礼堂等演出、放映场所。
④保龄球馆、旱冰场、桑拿浴室等营业性健身、休闲场所。
⑤游艺、游乐场所。

2.医院、养老院和寄宿制的学校、托儿所、幼儿园

(1)住院床位在50张以上的医院。
(2)老人住宿床位在50张以上的养老院。
(3)幼儿住宿床位在50张以上的托儿所、幼儿园。
(4)学生住宿床位在100张以上的学校。

3.国家机关

(1)县级以上的党委、人大、政府、政协。
(2)人民检察院、人民法院。
(3)中央和国务院各部委。
(4)共青团中央、全国总工会、全国妇联的办事机关。

4.广播、电视和邮政、通信枢纽

(1)广播电台、电视台。
(2)城镇的邮政和通信枢纽单位。

5.客运车站、码头、民用机场

(1)候车厅、候船厅的建筑面积在500m²以上的客运车站和客运码头。
(2)民用机场。

6.公共图书馆、展览馆、博物馆、档案馆以及具有火灾危险性的文物保护单位

(1)具有火灾危险性的县级以上文物保护单位。
(2)博物馆、档案馆。
(3)建筑面积在2000m²以上的公共图书馆、展览馆。

7.发电厂(站)和电网经营企业

8.易燃易爆化学物品的生产、充装、储存、供应、销售单位

(1)生产易燃易爆化学物品的工厂。
(2)易燃易爆化学物品的专业运输单位。
(3)易燃易爆气体和液体的灌装站、调压站。
(4)储存易燃易爆化学物品的专用仓库(堆场、储罐场所)。
(5)经营易燃易爆化学物品的化工商店(其界定标准,以及其他需要界定的易燃易爆化学物品性质的单位及其标准,由省级公安机关消防机构根据实际情况确定)。
(6)营业性汽车加油站、加气站,液化石油气供应站(换瓶站)。

9.劳动密集型生产、加工企业

生产车间员工在100人以上的服装、鞋帽、玩具等劳动密集型企业。

10.重要的科研单位

界定标准由省级公安机关消防机构根据实际情况确定。

11. 高层公共建筑、地下铁道、地下观光隧道，粮、棉、木材、百货等物资仓库和堆场，重点工程的施工现场

（1）国家和省级等重点工程的施工现场。

（2）高层公共建筑的办公楼（写字楼）、公寓楼等。

（3）城市地下铁道、地下观光隧道等地下公共建筑和城市重要的交通隧道。

（4）总储量在500吨以上的棉库。

（5）总储量在10000 m^3 以上的木材堆场。

（6）总储存价值在1000万元以上的可燃物品仓库、堆场。

（7）国家储备粮库、总储备量在10000吨以上的其他粮库。

12. 其他发生火灾可能性较大以及一旦发生火灾可能造成人身重大伤亡或者财产重大损失的单位

具体的界定标准由省级公安机关消防机构根据实际情况确定。

考点二　消防安全重点单位的界定程序

1.申报

单位申报时应注意如下几点：

（1）符合消防安全重点单位界定标准，并且不在同一地点有隶属关系的单位，不论是否具备独立法人资格，都应单独向所在地公安机关消防机构申报备案；在同一地点有隶属关系的单位，其下属单位如具备法人资格，应当独立申报备案。

（2）个体工商户如果符合企业登记标准且经营规模符合消防安全重点单位界定标准的，应当向当地公安机关消防机构备案。

（3）重点工程的施工现场符合消防安全重点单位界定标准的，要由施工单位负责申报备案。

（4）同一栋建筑物中各自独立的产权单位或者使用单位，符合重点单位界定标准的，由各个单位分别独立申报备案；建筑物本身符合消防安全重点单位界定标准的，该建筑物产权单位也要独立申报备案。

2.核定

当公安机关消防机构接到申报后，就会对申报备案单位的情况进行核实确定，并按照分级管理的原则，对确定的消防安全重点单位进行登记造册。

3.告知

对已确定的消防安全重点单位，公安机关消防机构将采用《消防安全重点单位告知书》的形式,告知消防安全重点单位要落实本单位消防安全主体责任,相关人员和部门(消防安全责任人、管理人以及消防安全管理归口部门)要切实履行消防安全工作职责,做好本单位消防安全管理工作。

4.公告

公安机关消防机构于每年的第一季度对本辖区消防安全重点单位进行核查调整,以公安机关文件上报本级人民政府,并通过报刊、电视、互联网网站等媒体将本地区的消防安全重点单位向全社会公告。

第二节　消防安全组织和职责

考点一　消防安全组织

(一)消防安全组织组成

成立消防安全组织的目的:贯彻"预防为主、防消结合"的消防工作方针,制定科学合理的、行之有效的各种消防安全管理制度和措施,落实消防安全自我管理、自我检查、自我整改、自我负责的机制,做好火灾事故和风险的防范,确保本单位消防安全。

消防安全组织包括:消防安全委员会或消防工作领导小组、消防安全归口管理部门和其他部门组成。大型的企业或多产权单位应成立消防安全委员会。

(二)消防安全组织职责

1.消防安全委员会或消防工作领导小组职责

(1)认真贯彻执行《中华人民共和国消防法》和国家、行业、地方政府等有关消防管理行政法规、技术规范。

(2)督促、指导消防归口管理部门和其他部门加强消防基础档案材料和消防设施建设,落实逐级防火责任制,推动消防管理科学化、技术化、法制化、规范化。

(3)起草下发本单位有关消防文件,制订有关消防规定、制度,组织、策划重大消防活动。

(4)组织对本单位专(兼)职消防管理人员的业务培训,指导、鼓励本单位职工积极参加消防活动,推动开展消防知识、技能培训。

(5)负责组织对重点部位消防应急预案的制订、演练、完善工作,以工作实际,统一有关消防工作标准。

(6)组织对重大火灾隐患的认定和整改工作。

(7)组织防火检查和重点时期的抽查工作。

(8)支持、配合公安机关消防机构的日常消防管理监督工作,协助火灾事故的调查、处理以及公安机关消防机构交办的其他工作。

2.消防安全归口管理部门职责

(1)依照公安机关消防机构布置的工作,结合单位实际情况,研究和制定计划并贯彻实施。定期或不定期向单位主管领导和领导小组及公安机关消防机构汇报工作情况。

（2）推行逐级防火责任制和岗位防火责任制，贯彻执行国家消防法规和单位的各项规章制度。

（3）协助领导和有关部门处理单位系统发生的火灾事故，详细登记每起火灾事故，定期分析单位消防工作形势。

（4）积极参加消防部门组织的各项安全工作会议，并做好记录，会后向单位消防安全责任人、管理人汇报有关情况。

（5）负责处理单位消防安全委员会或消防工作领导小组和主管领导交办的日常工作，发现违反消防规定的行为，及时提出纠正意见，如未采纳，可向单位消防安全委员会、消防工作领导小组或向当地公安机关消防机构报告。

（6）负责消防器材分布管理、检查、保管维修及使用。

（7）进行经常性的消防教育，普及消防常识，组织和训练专职（志愿）消防队。

（8）经常深入单位内部进行防火检查，协助各部门搞好火灾隐患整改工作。

（9）严格用火、用电管理，执行审批动火申请制度，安排专人现场进行监督和指导，跟班作业。

（10）建立健全消防档案。

3.其他部门消防安全职责

（1）明确本部门及所有岗位人员的消防工作职责，真正承担起与部门、岗位相适应的消防安全责任，做到分工合理、责任分明、各司其职、各尽其责。

（2）下级部门对上级部门负责，上级部门要与直属下级部门按照职责签订《消防安全责任书》和《消防安全管理承诺书》。

（3）负责监督、检查和落实与本部门工作有关的消防安全制度的执行和落实。

（4）应当配合消防安全管理归口部门、专（兼）职消防人员实施本部门职责范围内的每日防火巡查、每月防火检查等消防安全工作，并在相关的检查记录内签字，及时落实火灾隐患整改措施及防范措施等。

（5）积极组织本部门职工参加消防知识教育和灭火应急疏散演练，提高消防安全意识。

（6）应指定责任心强、工作能力高的人员为本部门的消防安全工作人员，负责保管和检查属于本部门管辖范围内的各种消防设施，发生故障后，及时向本部门消防安全责任人和消防安全归口管理部门汇报，协调解决相关事宜。

（7）在发生火灾或其他突发情况时，按照灭火应急疏散预案所做的规定和分工，履行职责。

考点二　消防安全职责

（一）单位消防安全职责

1.管理职责

（1）《消防法》第二条规定"实行消防安全责任制"。要落实这一基本制度在单位具体表现在:落实消防安全责任制,制定本单位的消防安全制度、消防安全操作规程,制定灭火和应急疏散预案。对单位来讲,只有建立单位内部自上而下的消防安全工作责任"链条",才能确保单位消防安全责任环环相扣、层层落实。

(2)按照国家标准、行业标准配置消防设施、器材,设置消防安全标志,并定期组织检验、维修,确保完好有效:①单位都应按照规范国家标准和行业标准配置消防设施和器材,设置消防安全标志;②单位应定期组织对消防设施、器材和标志能否发挥预防火灾和在火灾中发挥扑灭初期火灾、控制火灾蔓延以及保护人员疏散等作用,关键在日常的检查和维修保养,保证完好有效。

(3)对建筑消防设施每年应至少进行一次全面检测,确保完好有效,检测记录应当完整准确,存档备查。

(4)组织防火检查,及时消除火灾隐患;单位对检查中发现的火灾隐患,要及时消除,在火灾隐患未消除之前,单位应当落实防范措施,确保消防安全。

(5)保障疏散通道、安全出口、消防车通道畅通,保证防火防烟分区、防火间距符合消防技术标准。

(6)组织进行有针对性的消防演练;单位应当按照预案进行实际的操作演练,增强单位有关人员的消防安全意识,熟悉消防设施、器材的位置和使用方法,同时也有利于及时发现问题,完善预案。

(7)法律、法规规定的其他消防安全职责。

2.组织火灾扑救和配合火灾调查的职责

(1)任何单位都应当无偿为报火警提供便利,不得阻拦报警。单位应当为公安机关消防机构抢救人员、扑救火灾提供便利条件。

(2)发生火灾时,单位应当立即实施灭火和应急疏散预案,务必做到及时报警,及时疏散人员。

(3)火灾扑灭后,发生火灾的单位和相关人员应当按照公安机关消防机构的要求保护现场,接受事故调查,要如实提供火灾有关的情况,协助公安机关消防机构调查火灾原因,核定火灾损失,查明火灾责任。

(4)未经公安机关消防机构同意,不得擅自清理火灾现场。

3.按照国家法律法规规定完善消防行政许可或者备案的职责

作为工程项目建设的总负责方,单位应当承担依法向公安机关消防机构申请建设工程消防设计审核、消防验收或者备案,并接受监督检查,以合同约定设计、施工、工程监理单位执行消防法律法规和国家工程消防技术标准的责任。

对于公众聚集场所,在投入使用、营业前,建设单位或者使用单位应当向场所所在地的县级以上地方人民政府公安机关消防机构申请消防安全检查。须检查合格后,方可使用或者开业。

4.消防安全重点单位职责

消防安全重点单位职责如下：

(1)建立消防档案,确定消防安全重点部位,设置防火标志,实行严格管理。

(2)确定消防安全管理人,组织实施本单位的消防安全管理工作。

(3)对职工进行岗前消防安全培训,定期组织消防安全培训和消防演练;每半年进行一次演练,并不断完善预案。

(4)实行每日防火巡查,并建立巡查记录。

(二)各类人员职责

1.消防安全责任人职责

消防安全责任人应履行如下职责：

(1)要为本单位的消防安全提供必要的经费和组织保障。

(2)确定逐级消防安全责任,批准实施消防安全制度和保障消防安全的操作规程。

(3)要贯彻执行消防法规,保障单位消防安全符合规定,掌握本单位的消防安全情况。

(4)要组织防火检查,督促落实火灾隐患整改,并及时处理涉及消防安全的重大问题。

(5)要组织制定符合本单位实际情况的灭火和应急疏散预案,并实施演练。

(6)将消防工作与本单位的生产、科研、经营、管理等活动统筹安排,批准实施年度消防工作计划。

(7)根据消防法规的规定建立专职消防队、志愿消防队。

2.消防安全管理人职责

消防安全管理人应当履行的消防安全责任如下：

(1)拟定年度消防工作计划,组织实施日常消防安全管理工作。

(2)拟定消防安全工作的资金投入和组织保障方案。

(3)组织制订消防安全制度和保障消防安全的操作规程并检查督促其落实。

(4)组织实施防火检查和火灾隐患整改工作。

(5)组织实施对本单位消防设施、灭火器材和消防安全标志的维护保养,确保其完好有效,确保疏散通道和安全出口畅通。

(6)组织管理专职消防队和志愿消防队。

(7)要在员工中组织开展消防知识、技能的宣传教育和培训,组织灭火和应急疏散预案的实施和演练。

(8)需要完成单位消防安全责任人委托的其他消防安全管理工作。消防安全管理人应当定期向消防安全责任人报告消防安全情况,并及时报告涉及消防安全的重大问题。对于一些未确定消防安全管理人的单位,规定的消防安全管理工作应由单位消防安全责任人负责实施。

3.专(兼)职消防管理人员职责

专(兼)职消防管理人员应履行的消防安全责任如下：

(1)需要掌握消防法律法规,了解本单位消防安全状况,并及时向上级报告。

(2)需要提请确定消防安全重点单位,提出落实消防安全管理措施的建议。

(3)需要实施日常防火检查、巡查,及时发现火灾隐患,并落实火灾隐患整改措施。

(4)管理、维护消防设施、灭火器材和消防安全标志。

(5)需要组织开展消防宣传,对全体员工进行教育培训。

(6)编制灭火和应急疏散预案,并组织演练。

(7)记录有关消防工作的开展情况,完善消防档案。

(8)完成其他消防安全管理工作。

4.自动消防系统的操作人员职责

自动消防系统的操作人员应履行的职责如下:

(1)自动消防系统的操作人员必须持证上岗,掌握自动消防系统的功能及操作规程。

(2)需要每日测试主要消防设施的功能,发现故障后应在24小时内排除,不能排除的应逐级上报。

(3)要核实、确认报警信息,及时排除误报和一般故障。

(4)当发生火灾时,要按照灭火和应急疏散预案,及时报警和启动相关消防设施。

5.部门消防安全责任人职责

(1)组织实施本部门的消防安全管理工作计划。

(2)根据本部门的实际情况开展消防安全教育与培训,制订消防安全管理制度,落实消防安全措施。

(3)要按照规定实施消防安全巡查和定期检查,管理消防安全重点部位,维护管辖范围的消防设施。

(4)要及时发现和消除火灾隐患,若不能消除的,应采取相应措施并及时向消防安全管理人报告。

(5)当发现火灾时,及时报警,并组织人员疏散和初期火灾扑救。

6.志愿消防队员职责

志愿消防队员应当履行的消防安全责任如下:

(1)志愿消防队员要熟悉本单位灭火与应急疏散预案以及本人在志愿消防队中的职责分工。

(2)志愿消防队员要参加消防业务培训及灭火和应急疏散演练,了解消防知识,掌握灭火与疏散技能,会使用灭火器材及消防设施。

(3)志愿消防队员做好本部门、本岗位日常防火安全工作,宣传消防安全常识,督促他人共同遵守,开展群众性自防自救工作。

(4)当发生火灾时须立即赶赴现场,服从现场指挥,积极参加扑救火灾、人员疏散、救助伤员、保护现场等工作。

7.一般员工职责

（1）对于单位的一般员工来讲，需要明确各自的消防安全责任，认真执行本单位的消防安全制度和消防安全操作规程。维护消防安全、预防火灾。

（2）要保护消防设施和器材，保障消防通道畅通。

（3）当发现火灾时，应及时报警。

（4）参加有组织的灭火工作。

（5）接受单位组织的消防安全培训，做到懂火灾的危险性和预防火灾措施、懂火灾扑救方法、懂火灾现场逃生方法；会报火警、会使用灭火器材和扑救初起火灾、会逃生自救。

（6）公共场所的现场工作人员，在发生火灾后应当立即组织、引导在场群众安全疏散。

第三节 消防安全制度和落实

考点一 消防安全制度的种类和主要内容

1.消防安全责任制

消防安全责任制是单位消防安全管理制度中最根本的制度。消防安全责任制主要内容包括如下几点：

（1）规定消防安全委员会（或消防安全领导小组）领导机构及其责任人的消防安全职责。

（2）规定消防安全归口管理部门和消防安全管理人的消防安全职责。

（3）规定单位下属部门和岗位消防安全责任人以及安全员的职责。

（4）规定单位义务消防队和专职消防队的领导和成员的职责。

（5）规定全体职工在各自工作岗位上的消防安全职责。

2.消防安全教育、培训制度

消防安全教育、培训制度主要包括：①确定消防安全教育、培训责任部门、责任人；②确定消防安全教育的对象（包括特殊工种及新员工）、培训形式、培训内容、培训要求及培训组织程序；③确定消防安全教育的频次，考核办法、情况记录等要点。

3.防火检查、巡查制度

防火检查、巡查制度主要包括：①确定防火检查、巡查责任部门和责任人，防火检查的时间、频次和方法；②确定防火检查和防火巡查的内容；③确定检查部位、内容和方法；④确定处理火灾隐患和报告程序、防范措施，防火检查记录管理等要点。

4.消防安全疏散设施管理制度

（1）确定消防安全疏散设施管理责任部门、责任人和日常管理方法。

（2）确定隐患整改程序及惩戒措施。

（3）确定安全疏散部位、设施检测和管理要求，情况记录等要点。

5.消防设施器材维护管理制度

(1)确定消防设施器材维护保养的责任部门、责任人和管理方法。

(2)制订消防设施维护保养和维修检查的要求。

(3)制订每日检查、月(季)度试验检查和年度检查内容和方法。

(4)确定检查记录管理,定期建筑消防设施维护保养报告备案等要点。

6.消防(控制室)值班制度

(1)确定消防控制室责任部门、责任人以及操作人员的职责。

(2)确定执行值班操作人员岗位资格、消防控制设备操作规程、值班制度、突发事件处置程序、报告程序、工作交接等要点。

7.火灾隐患整改制度

(1)确定火灾隐患整改的责任部门、责任人。

(2)确定火灾隐患、火灾隐患整改期间安全防范措施,火灾整改的期限、程序,整改合格的标准,所需经费保障等要点。

8.用火、用电安全管理制度

用火用电安全管理制度主要包括:①确定安全用电管理责任部门、责任人;②确定定期检查制度;③确定用火、用电审批范围、程序和要求;④操作人员的岗位资格及其职责要求;⑤违规惩处措施等要点。

9.灭火和应急疏散预案演练制度

主要包括如下几点:

(1)确定单位灭火和应急疏散预案的编制和演练的责任部门和责任人。

(2)确定预案制定、修改、审批程序。

(3)确定演练范围、演练频次、演练程序、注意事项、演练情况记录、演练后的总结和自评、预案修订等要点。

10.易燃易爆危险物品和场所防火防爆管理制度

主要包括如下几点:

(1)确定易燃易爆危险物品和场所防火防爆管理责任部门和责任人。

(2)明确危险物品的储存方法和储存的数量。

(3)确定防火措施和灭火方法。

(4)确定危险物品的入口登记、使用与出库审批登记、特殊环境安全防范等要点。

11.专职(志愿)消防队的组织管理制度

主要包括如下几点:

(1)确定专职(志愿)消防队的人员组成。

(2)明确专职(志愿)消防队员调整、补充归口管理。

(3)明确培训内容、频次、实施方法和要求。

(4)确定组织演练考核方法及明确奖惩措施等要点。

12.燃气和电气设备的检查和管理(包括防雷、防静电)制度

主要包括如下几点：

(1)确定燃气和电气设备的检查和管理的责任部门和责任人。

(2)确定消防安全工作考评和奖惩内容及频次。

(3)确定电气设备检查、燃气管理检查的内容、方法、频次。

(4)记录检查中发现的隐患，落实整改措施等要点。

13.消防安全工作考评和奖惩制度

主要包括：确定消防安全工作考评和奖惩实施的责任部门和责任人，确定考评目标、频次、考评内容(执行规章制度和操作规程的情况、履行岗位职责的情况等)，考评方法、奖励和惩戒的具体行为等要点。

考点二 单位消防安全制度的落实

1.确定消防安全责任

全面落实单位的消防安全主体责任，是提高单位消防安全管理能力和水平的根本。首先，单位必须深入推进和落实消防安全责任制，按照消防安全组织要求，明确各级、各部门的消防安全责任人，对本级、本部门的消防安全负责，对下级消防安全工作进行指导、督促，层层落实消防安全责任。

2.定期进行消防安全检查、巡查,消除火灾隐患

(1)社会单位实行逐级防火检查制度和火灾隐患整改责任制。单位定期组织开展防火检查、防火巡查，及时发现并消除火灾隐患；消防安全责任人对火灾隐患整改负总责。

(2)社会单位消防安全责任人、消防安全管理人应对本单位落实消防安全制度和消防安全管理措施、执行消防安全操作规程等情况，每月至少组织一次防火检查；员工每天班前、班后进行本岗位防火检查，及时发现火灾隐患。社会单位内设部门负责人应对本部门落实消防安全制度和消防安全管理措施、执行消防安全操作规程等情况每周至少开展一次防火检查。

(3)社会单位及其内设部门组织开展防火检查。

(4)社会单位应对消防安全重点部位每日至少进行一次防火巡查；公众聚集场所在营业期间的防火巡查至少每2小时一次，营业结束时应当对营业现场进行检查，消除遗留火种；公众聚集场所、医院、养老院、寄宿制的学校、托儿所、幼儿园夜间防火巡查应不少于两次。

(5)社会单位组织开展防火巡查应包括下列内容：①用火、用电有无违章情况；②安全出口、疏散通道是否畅通，有无堵塞、锁闭情况；③消防器材、消防安全标志完好情况；④重点部位人员在岗在位情况；⑤常闭式防火门是否处于关闭状态、防火卷帘下是否堆放物品等情况。

(6)员工应履行本岗位消防安全职责，遵守消防安全制度和消防安全操作规程，熟悉本岗位火灾危险性，掌握火灾防范措施，进行防火检查，及时发现本岗位的火灾隐患。

员工班前、班后防火检查应包括下列内容：①用火、用电有无违章情况；②安全出口、疏散通道是否畅通,有无堵塞、锁闭情况;③消防器材、消防安全标志完好情况;④场所有无遗留火种。

(7)发现的火灾隐患应当立即改正;对不能立即改正的,发现人应当向消防工作归口管理职能部门或消防安全管理人报告,按程序整改并做好记录。

(8)火灾隐患整改责任人和部门应当按照整改方案要求,落实整改措施,并加强整改期间的安全防范,确保消防安全。火灾隐患整改完毕后,消防安全管理人应当组织验收,并将验收结果报告消防安全责任人。

3.组织消防安全知识宣传教育培训

(1)社会单位应当确定专(兼)职消防宣传教育培训人员,这些人员应当经过专业培训,具备宣传教育培训能力。

(2)社会单位消防安全责任人、消防安全管理人和员工通过消防安全教育培训应掌握以下内容:①消防法律法规、消防安全制度、消防安全操作规程等;②本单位、本岗位的火灾危险性和防火措施;③消防设施、灭火器材的性能、使用方法和操作规程;④报火警、扑救初期火灾、应急疏散和自救逃生的知识、技能;⑤本单位安全疏散路线,引导人员疏散的程序和方法;⑥灭火和应急疏散预案的内容、操作程序。

(3)单位应当购置或制作书籍、报刊、杂志等消防宣传教育培训资料,悬挂或张贴消防宣传标语,利用展板、专栏、广播、电视、网络等形式开展消防宣传教育培训。

(4)员工上岗、转岗前,应经过消防安全培训合格;在岗人员每半年进行一次消防安全教育培训。

4.开展灭火和疏散逃生演练

(1)消防安全责任人、管理人应当熟悉本单位灭火力量和扑救初期火灾的组织指挥程序。

(2)员工发现火灾应当立即呼救,起火部位现场员工应当于1分钟内形成灭火第一战斗力量,在第一时间内采取如下措施:

①灭火器材、设施附近的员工利用现场灭火器、消火栓等器材、设施灭火。

②电话或火灾报警按钮附近的员工打"119"电话报警、报告消防控制室或单位值班人员。

③安全出口或通道附近的员工负责引导人员疏散。

(3)火灾确认后,单位应当于3分钟内形成灭火第二战斗力量,及时采取如下措施:

①通讯联络组按照灭火和应急预案要求通知预案涉及的员工赶赴火场,向消防队报警,向火场指挥员报告火灾情况,将火场指挥员的指令下达有关员工。

②灭火行动组根据火灾情况利用本单位的消防器材、设施扑救火灾。

③疏散引导组按分工组织引导现场人员疏散。

④安全救护组负责协助抢救、护送受伤人员。

⑤现场警戒组阻止无关人员进入火场,维持火场秩序。

(4)人员密集场所应在主要出入口设置"消防安全责任告知书"和"消防安全承诺书",在显著位置和每个楼层提示场所的火灾危险性,安全出口、疏散通道位置及逃生路线,消防器材的位置和使用方法。

(5)人员密集场所员工在火灾发生时应当通过喊话、广播等方式稳定火场人员情绪,消除恐慌心理,积极引导群众采取正确的逃生方法,向安全出口、疏散楼梯、避难层(间)、楼顶等安全地点疏散逃生,并防止拥堵踩踏。

(6)社会单位消防安全责任人、消防安全管理人和员工应当熟悉本单位疏散逃生路线以及引导人员疏散程序,掌握避难逃生设施使用方法,具备火场自救逃生的基本技能。

(7)火灾发生后,员工应当迅速判明危险地点和安全地点,立即按照疏散逃生的基本要领和方法组织引导疏散逃生。

(8)发生火灾时,应当按照以下顺序通知人员疏散:

①二层及以上的楼房发生火灾,应先通知着火层及其相邻的上下层。

②首层发生火灾,应先通知本层、二层及地下各层。

③地下室发生火灾,应先通知地下各层及首层。

④婴幼儿和老、弱、病、残人员应当优先疏散。

5.建立健全消防档案

消防档案包括消防安全基本情况和消防安全管理情况。具体内容详见本章第六节。

6.消防安全重点单位"三项"报告备案制度

(1)消防安全管理人员报告备案。消防安全重点单位依法确定的消防安全责任人、消防安全管理人、专(兼)职消防管理员、消防控制室值班操作人员等,自确定或变更之日起5个工作日内,向当地公安机关消防机构报告备案,确保消防安全工作有人抓、有人管。

(2)消防设施维护保养报告备案。设有建筑消防设施的消防安全重点单位,应当对建筑消防设施进行日常维护保养,并每年至少进行一次功能检测,不具备维护保养和检测能力的消防安全重点单位应委托具有资质的机构进行维护保养和检测。提供消防设施维护保养和检测的技术服务机构,必须具有相应等级的资质,确保建筑消防设施正常运行,并自签订维护保养合同之日起5个工作日内向当地公安机关消防机构报告备案。

(3)消防安全自我评估报告备案。评估情况应自评估完成之日起5个工作日内向当地公安机关消防机构报告备案,并向社会公开。

第四节 消防安全重点部位的确定和管理

考点一 消防安全重点部位定义

"消防安全重点部位是指容易发生火灾,一旦发生火灾可能严重危及人身和财产安全,以及对消防安全有重大影响的部位。单位应当确定消防安全重点部位,设置明确的防火标志,实行严格管理",《机关、团体、企业、事业单位消防安全管理规定》(公安部令第61号)第十九条规定。

考点二　消防安全重点部位的确定

确定消防安全重点部位通常可以从以下几个方面来考虑：
(1)容易发生火灾的部位。
(2)发生火灾后对消防安全有重大影响的部位。
(3)性质重要、发生事故影响全局的部位。
(4)财产集中的部位。
(5)人员集中的部位。

由此可见，不仅要根据火灾危险源的辨识来确定，还应根据本单位的实际，即物品存储的多少、价值的大小、人员集中量及隐患的存在和火灾的危险程度等情况而定。

考点三　消防安全重点部位的管理

1.制度管理

首先，在单位的防火安全制度中，明确消防重点部位。使职工都能了解消防重点部位的火灾危险性以及应遵守的有关规定。同时，根据各消防重点部位的性质、特点和火灾危险性，制订相应的防火安全制度，采取必要的防火措施上墙公布，并落实到班组及个人，做到明确职责、层层落实、加强管理、各司其职、实行消防管理制度化。

2.立牌管理

为了突出重点，明确责任，严格管理，每个消防重点部位都必须设立"消防重点部位"指示牌、禁止烟火警告牌和消防安全管理牌，做到"消防重点部位明确、禁止烟火明确"（即二明确）和"防火负责人落实、义务消防员落实、防火安全制度落实、消防器材落实、灭火预案落实"（即五落实），实行消防工作规范化。

3.教育管理

首先，从制度中明确消防重点部位职工为消防重点工种工人。然后，本着"抓重点、顾一般"的原则，加强对重点部位职工的消防教育，提高其自防自救的能力。通过一系列的教育，基本能使重点部位职工达到"三懂四会"，实行消防知识群众化。

4.档案管理

防火档案的建立必须在进行调查、统计、核实的基础上加以认真填写，并不断加以完善，消防重点部位的档案管理做到"四个一"即：
(1)一制度：消防重点部位防火安全制度。
(2)一表：重点部位工作人员登记表。
(3)一图：消防重点部位基本情况照片成册图。
(4)一计划：消防重点部位灭火施救计划。

5.日常管理

防火检查可采取"六查、六结合"的方法，可收到较好的效果。

(1)"六查"即:单位组织每月查;所属部门每周查;班组每天查;专职消防员巡回查;部门之间互抽查;节日期间重点查。

(2)"六结合"即:检查与宣传相结合;检查与整改相结合;检查与复查相结合;检查与记录相结合;检查与考核相结合;检查与奖惩相结合。

6.应急备战管理

单位可根据各重点部位生产、储存、使用物品的性质、火灾特点及危险程度,相应配置消防设施,落实专人负责,确保随时可用。同时,各重点部位应制订灭火预案,组织管理人员及义务消防员结合实际开展灭火演练,做到"四熟练"即:①会熟练使用灭火器材;②会熟练报告火警;③会熟练疏散群众;④会熟练扑灭初起火灾。

第五节　火灾隐患及重大火灾隐患的判定

考点一　火灾隐患

《消防监督检查规定》(公安部第120号令)规定具有下列情形之一的,确定为火灾隐患:

(1)影响人员安全疏散或者灭火救援行动,不能立即改正的。

(2)消防设施未保持完好有效,影响防火灭火功能的。

(3)擅自改变防火分区,容易导致火势蔓延、扩大的。

(4)在人员密集场所违反消防安全规定,使用、储存易燃易爆危险品,不能立即改正的。

(5)不符合城市消防安全布局要求,影响公共安全的。

(6)其他可能增加火灾实质危险性或者危害性的情形。

单位通过以下方面的检查,排查火灾隐患:

(1)消防法律、法规、规章、制度的贯彻执行情况。

(2)消防安全责任制、消防安全制度、消防安全操作规程建立及落实情况。

(3)单位员工消防安全教育培训情况。

(4)单位灭火和应急疏散预案制定及演练情况。

(5)建筑之间防火间距、消防通道、建筑安全出口、疏散通道、防火分区设置情况。

(6)消火栓状况,火灾自动报警、自动灭火和防排烟系统等自动消防设施运行,灭火器材配置等情况。

(7)电气线路敷设以及电气设备运行情况。

(8)建筑室内装修装饰材料防火性能情况。

(9)生产、储存、经营易燃易爆化学物品的单位场所设置位置情况。

(10)三合一场所人员住宿与生产、储存、经营部分实行防火分隔,安全出口、疏散通道设置,消火栓、自动消防设施运行,电气线路敷设及电气设备运行等情况。

(11)新建、改建、扩建工程消防设计审核、消防验收情况。

(12)销售和使用领域的消防产品的质量情况。

考点二 重大火灾隐患

重大火灾隐患是指,违反消防法律法规,可能导致火灾发生或火灾危害增大,并由此可能造成特大火灾事故后果和严重社会影响的各类潜在不安全因素。

(一)下列任一种情况可不判定为重大火灾隐患

(1)可以立即整改的。

(2)因国家标准修订引起的(法律法规有明确规定的除外)。

(3)对重大火灾隐患依法进行了消防技术论证,并已采取相应技术措施的。

(4)发生火灾不足以导致火灾事故或严重社会影响的。

(二)重大火灾隐患直接判定

符合下列情况之一的,可以直接判定重大火灾隐患。

(1)生产、储存和装卸易燃易爆化学物品的工厂、仓库和专用车站、码头、储罐区,未设置在城市的边缘或相对独立的安全地带。

(2)甲、乙类厂房设置在建筑的地下、半地下室。

(3)甲、乙类厂房与人员密集场所或住宅、宿舍混合设置在同一建筑内。

(4)公共娱乐场所、商店、地下人员密集场所的安全出口、楼梯间的设置形式及数量不符合规定。

(5)旅馆、公共娱乐场所、商店、地下人员密集场所未按规定设置自动喷水灭火系统或火灾自动报警系统。

(6)易燃可燃液体、可燃气体储罐(区)未按规定设置固定灭火、冷却设施。

(三)重大火灾隐患的判定要素

1.总平面布置

(1)未按规定设置消防车道或消防车道被堵塞、占用。

(2)建筑之间的既有防火间距被占用。

(3)城市建成区内的液化石油气加气站、加油加气合建站的储量达到或超过 GB 50156 对一级站的规定。

(4)丙类厂房或丙类仓库与集体宿舍混合设置在同一建筑内。

(5)托儿所、幼儿园的儿童用房及儿童游乐厅等儿童活动场所,老年人建筑,医院、疗养院的住院部分等与其他建筑合建时,所在楼层位置不符合规定。

(6)地下车站的站厅乘客疏散区、站台及疏散通道内设置商业经营活动场所。

2.防火分隔

(1)擅自改变原有防火分区,造成防火分区面积超过规定的50%。

(2)防火门、防火卷帘等防火分隔设施损坏的数量超过该防火分区防火分隔设施数量的

50%。

(3)丙、丁、戊类厂房内有火灾爆炸危险的部位未采取防火防爆措施,或这些措施不能满足防止火灾蔓延的要求。

3.安全疏散及灭火救援

(1)擅自改变建筑内的避难走道、避难间、避难层与其他区域的防火分隔设施,或避难走道、避难间、避难层被占用、堵塞而无法正常使用。

(2)建筑物的安全出口数量不符合规定,或被封堵。

(3)按规定应设置独立的安全出口、疏散楼梯而未设置。

(4)商店营业厅内的疏散距离超过规定距离的25%。

(5)高层建筑和地下建筑未按规定设置疏散指示标志、应急照明,或损坏率超过30%;其他建筑未按规定设置疏散指示标志、应急照明,或损坏率超过50%。

(6)设置人员密集场所的高层建筑的封闭楼梯间、防烟楼梯间门的损坏率超过20%,其他建筑的封闭楼梯间、防烟楼梯间门的损坏率超过50%。

(7)民用建筑内疏散走道、疏散楼梯间、前室室内的装修材料燃烧性能低于B_1级。

(8)人员密集场所的疏散走道、楼梯间、疏散门或安全出口设置栅栏、卷帘门。

(9)除旅馆、公共娱乐场所、商店、地下人员密集场所的其他场所,其安全出口、楼梯间(的设置形式及数量不符合规定。

(10)设有人员密集场所的建筑既有外窗被封堵或被广告牌等遮挡,影响逃生和灭火救援。

(11)高层建筑的举高消防车作业场地被占用,影响消防扑救作业。

(12)一类高层民用建筑的消防电梯无法正常运行。

4.消防给水及灭火设施

(1)未按规定设置消防水源。

(2)未按规定设置室外消防给水设施,或已设置但不能正常使用。

(3)未按规定设置室内消火栓系统,或已设置但不能正常使用。

(4)除旅馆、公共娱乐场所、商店、地下人员密集场所等以外的其他场所未按规定设置自动喷水灭火系统。

(5)未按规定设置除自动喷水灭火系统外的其他固定灭火设施。

(6)已设置的自动喷水灭火系统或其他固定灭火设施不能正常使用或运行。

5.防烟排烟设施

人员密集场所未按规定设置防烟排烟设施,或已设置但不能正常使用或运行。

6.消防电源

(1)消防用电设备未按规定采用专用的供电回路。

(2)未按规定设置消防用电设备末端自动切换装置,或已设置但不能正常工作。

7.火灾自动报警系统

(1)除旅馆、公共娱乐场所、商店、地下人员密集场所规定外的其他场所未按规定设置火灾自动报警系统。

(2)火灾自动报警系统处于故障状态,不能恢复正常运行。

(3)自动消防设施不能正常联动控制。

8.其他

(1)违反规定在可燃材料或可燃构件上直接敷设电气线路或安装电气设备。

(2)易燃易爆化学物品场所未按规定设置防雷、防静电设施,或防雷、防静电设施失效。

(3)易燃易爆化学物品或有粉尘爆炸危险的场所未按规定设置防爆电气设备,或防爆电气设备失效。

(4)违反规定在公共场所使用可燃材料装修。

(四)综合判定规则

(1)人员密集场所存在重大火灾隐患的判定要素中,"安全疏散及灭火救援"中的①~⑨项;未按规定设置防烟排烟设施,或已设置但不能正常使用或运行;违反规定在公共场所使用可燃材料装修;存在上述要素2条(含,下同)以上,判定为重大火灾隐患。

(2)易燃易爆化学物品场所存在重大火灾隐患的判定要素中,"总平面布置"中的①~④项;"消防给水及灭火设施"中的⑤、⑥项规定,存在上述要素2条以上,判定为重大火灾隐患。

(3)人员密集场所、易燃易爆化学物品场所、重要场所存在重大火灾隐患判定要素中任意3条以上,判定为重大火灾隐患。

(4)其他场所存在重大火灾隐患的判定要素中任意4条以上,判定为重大火灾隐患。

考点三　重大火灾隐患判定步骤

单位应按以下步骤判定是否存在重大火灾隐患:

(1)确定建筑或场所类别。

(2)确定该建筑或场所是否存在综合判定要素的情形及其数量。

(3)符合直接判定、综合判定规定判定为重大火灾隐患的,单位应及时上报辖区公安机关消防机构。

考点四　火灾隐患整改

单位对存在的火灾隐患,应当及时予以消除。对不能当场改正的火灾隐患,应当根据本单位的管理分工,及时将存在的火灾隐患向单位的消防安全管理人或者消防安全责任人报告,提出整改方案。消防安全管理人或者消防安全责任人应当确定整改的措施、期限以及负责整改的部门、人员,并落实整改资金。在火灾隐患未消除之前,单位应当落实防范措施,保障消防安全。

火灾隐患整改完毕,负责整改的部门或者人员应当将整改情况记录报送消防安全责任人或者消防安全管理人签字确认后存档备查。对于涉及城市规划布局而不能自身解决的重大大灾隐患,以及机关、团体、事业单位确无能力解决的重大火灾隐患,单位应当提出解决方案并及时向其上级主管部门或者当地人民政府报告。对公安消防机构责令限期改正的火灾隐患,单位应当在规定的期限内改正并写出火灾隐患整改复函,报送公安消防机构。

第六节 消防档案

考点一 消防档案的作用

1.消防档案概述

(1)消防档案记载着单位的基本情况和有关消防安全管理的各种文献、资料,便于单位领导、有关部门、公安机关消防机构以及与消防安全管理工作有关人员熟悉情况,为领导决策和日常工作服务,是消防安全重点单位的"户口簿"。

(2)在日常工作中,可以把消防档案与现场检查结合起来,作为上级机关、主管单位、公安机关消防机构考核单位开展消防安全管理工作的重要依据;发生火灾时,可以为调查火灾原因,分清事故责任、处理责任者提供佐证材料。

(3)此外,消防档案还可以为研究防火、灭火材料、修改消防技术规范、修订消防操作规程等工作提供第一手资料。

2.消防档案作用

消防档案是单位检查相关岗位人员履行消防安全职责的实施情况,评判专(兼)职消防(防火)管理人员业务水平、工作能力的一种凭据,有利于强化单位消防安全管理工作的责任意识,推动单位的消防安全管理工作朝着规范化、制度化的方向发展。

考点二 消防档案的内容

消防档案包括 2 个主要的内容,即消防安全基本情况和消防安全管理情况,并附有必要的图表。其中,消防安全基本情况是消防档案主要内容,它包含了重点单位与消防安全有关的内容,是单位自身实行规范化消防安全管理的基本要求,是单位落实消防安全责任制的具体体现。

(1)消防安全基本情况的内容是:单位基本概况和消防安全重点部位情况;建筑物或者场所施工,使用或者开业前的消防设计审核、消防验收以及消防安全检查的文件、资料;消防管理组织机构和各级消防安全责任人;消防安全制度;消防设施、灭火器材情况;专职消防队、义务消防人员及其消防装备配备情况;与消防安全有关的重点工种人员情况;新增消防产品、防火材料的合格证明材料;灭火和应急疏散预案。

(2)消防安全管理情况主要包括如下 2 项内容:①公安机关消防机构依法填写制作的各类法律文书;②有关的工作记录。

考点三　消防档案的管理

1.消防档案由消防安全重点单位统一保管、备查

消防档案实行集中统一管理,对消防安全重点单位是非常必要的。消防档案应由单位确定或设立的专门机构来统一集中保管、备查,不得由承办机构或个人分散保存,这样才能更大限度地发挥档案的作用。

2.消防档案要完整和安全

消防档案的完整和安全,才能给档案工作提供必要的物质基础。

维护消防档案的完整,有2个方面的含义:①从数量上要保证档案的齐全,使应该集中和实际保存的档案不能残缺不全;②从质量上要维护档案的有机联系和历史真迹,不能人为地割裂分散,或者零乱堆放,更不能涂改勾划,使档案失真。

3.消防档案分类

消防档案分类采取"同其所同,异其所异"的方法,把档案分成若干个类,类与类之间有一定的联系,有一定的层次和顺序,前后一致。这样有利于档案立卷和案卷的排列和编目,为管理和利用提供条件。

4.消防档案检索

检索,就是把消防档案的内容和形态特征著录下来,存储在检索工具中,根据消防安全管理的利用需要,及时地把有关档案查找出来,供利用或者使用。

5.消防档案销毁

为了精练档案材料,突出工作重点,应定期有目的、有计划、有标准地将档案进行清理。有用的材料,归纳综合,继续留存;确已失去保存价值需要销毁的材料,应按国家文书档案管理规定进清理,以免档案材料臃肿庞杂,鱼目混珠,影响管理和利用。

本章练习题

一、单项选择题

1. 建筑面积在( )m² 以上的公共娱乐场所属于消防重点单位。
   A. 50　　　　　B. 100　　　　　C. 200　　　　　D. 300

2. 公众聚集场所在营业期间的防火巡查至少每( )小时一次,营业结束时应当对营业现场进行检查,消除遗留火种。
   A. 1　　　　　B. 2　　　　　C. 3　　　　　D. 4

3. 消防设施维护保养报告备案,应自签订维护保养合同之日起( )个工作日内向当地公安机关消防机构报告备案。
   A. 5　　　　　B. 10　　　　　C. 15　　　　　D. 20

4. 应急备战管理是贯彻( )方针的一个具体内容,也是及时扑救初期火灾、减少损失的重要手段。

A. 预防为主　　　B. 安全第一　　　C. 防消结合　　　D. 综合治理

二、多项选择题

1. 下列属于消防安全制度的种类和主要内容的是(　　)。

   A. 消防安全责任制

   B. 消防安全教育、培训制度

   C. 防火检查、巡查制度

   D. 消防安全疏散设施管理制度

   E. 消防设施器材维护管理制度

2. 下列属于消防安全责任人职责的是(　　)。

   A. 贯彻执行消防法规,保障单位消防安全符合规定,掌握本单位的消防安全情况

   B. 将消防工作与本单位的生产、科研、经营、管理等活动统筹安排,批准实施年度消防工作计划

   C. 为本单位的消防安全提供必要的经费和组织保障

   D. 确定逐级消防安全责任,批准实施消防安全制度和保障消防安全的操作规程

   E. 组织防火检查,督促落实火灾隐患整改,及时处理涉及消防安全的重大问题

一、单项选择题

1. C　2. B　3. A　4. C

二、多项选择题

1. ABCDE　2. ABCDE

第三章 社会单位消防宣传与教育培训

本章知识框架

社会单位消防宣传与教育培训	消防宣传与教育培训概述	1. 消防宣传与教育培训的概念(★☆☆☆) 2. 消防宣传与教育培训工作的意义(★☆☆☆) 3. 消防宣传与教育培训的要求(★☆☆☆) 4. 消防宣传与教育培训的原则和目标(★★☆☆)
	消防宣传与教育培训的主要内容和形式	1. 消防宣传的主要内容和形式(★★★☆☆) 2. 消防教育培训的主要内容和形式(★★★☆☆)
	典型社会单位的消防宣传与教育培训	1. 宾馆、饭店(★★☆☆) 2. 仓储物流单位(★★☆☆) 3. 公共娱乐场所(★★★☆) 4. 商场、市场(★★☆☆) 5. 医院、养老院、福利院、幼儿园(★★☆☆) 6. 易燃易爆场所(★★☆☆)

第一节 消防宣传与教育培训概述

考点一 消防宣传与教育培训的概念

消防宣传与消防教育培训两者之间既有联系,又有区别,具体如下:

①**联系**:消防宣传和消防教育培训的原则和目标相同,都是通过一定的形式和手段帮助人们提高消防安全意识,掌握基本的消防常识,掌握基本的防灭火技能。

②**区别**:消防宣传的对象是各种年龄层次的人民群众,在效果方面注重长期性,在内容上侧重于人民群众消防意识的提高和对基本消防常识的传播;消防教育培训的对象主要是特定的群体,在效果方面注重实效性,在内容上侧重于对消防技能的培训。

考点二 消防宣传与教育培训工作的意义

通过广泛宣传和不懈教育,动员督促全社会各行业、各部门、各单位以及每个社会成员积极接受消防教育并参加消防培训,深入了解和掌握基本的消防安全知识和自救逃生技能,共同维护公共消防安全,才能真正提升全社会防控火灾能力。

考点三 消防宣传与教育培训的要求

《消防法》明确了政府、各职能部门和机关、团体、企业、事业消防宣传与教育培训工作职责;《社会消防安全教育培训规定》(公安部令第109号),明确了各相关职能部门应当履行的职责,细化了各类单位教育培训的内容及要求,提出了落实教育培训的奖惩制约措施;《国务院关于加强和改进消防工作的意见》(国发〔2011〕46号),就新形势下扎实做好消防宣传与教育培训工作提出了意见和要求。

考点四 消防宣传与教育培训的原则和目标

1.消防宣传与教育培训的原则

按照"政府统一领导、部门依法监管、单位全面负责、公民积极参与"的原则,实行消防安全宣传教育培训责任制。

2.消防宣传与教育培训的目标

通过开展消防宣传与教育培训活动,可以让公民树立"全民消防,生命至上"理念,激发他们关注消防安全、学习消防知识、参与消防工作的积极性和主动性,并不断提升全民消防安全素质,夯实公共消防安全基础,减少火灾危害,进而创造良好的消防安全环境。

第二节 消防宣传与教育培训的主要内容和形式

考点一 消防宣传的主要内容和形式

1.家庭、社区消防安全宣传的主要内容和形式

(1)家庭安全宣传主要为:安全用火、用电、用气、用油和火灾报警、初起火灾扑救、逃生自救常识,经常查找、消除家庭火灾隐患;教育未成年人不玩火;教育家庭成员自觉遵守消防安全管理规定;提倡家庭制定应急疏散预案并进行演练。

(2)社区居民委员会、住宅小区业主委员会应建立消防安全宣传教育制度;发动社区老年协会、物业管理公司职工、消防志愿者、义务消防队员参与消防安全宣传教育工作;为每栋住宅指定专兼职消防宣传员,绘制、张贴住宅楼疏散逃生示意图,开展楼内消防巡查,确保疏散通道畅通、防火门常闭、消防设施器材和标志标识完好。

(3)社区居民委员会、住宅小区业主委员会应在社区、住宅小区因地制宜设置消防宣传牌(栏)、橱窗等,并适时更新内容;小区楼宇电视、户外显示屏、广播等应经常播放消防安全常识。

(4)街道办事处、乡镇政府等应引导城镇居民家庭和有条件的农村家庭配备必要的消防器材,其他农村家庭应储备灭火用水、沙土,配备简易灭火器材,并掌握正确的使用方法。

(5)街道办事处、乡镇政府等应将家庭消防安全宣传教育工作纳入"平安社区""文明社区""五好文明家庭"等创建、评定内容。

2.农村消防安全宣传的主要内容和形式

(1)引导村民开展消防安全隐患自查、自改行动;教育村民掌握火灾报警、初起火灾扑救和逃生自救的方法。

(2)农忙时节、火灾多发季节以及节庆、民俗活动期间,乡镇、村应集中开展有针对性的消防安全宣传活动。

(3)制定完善消防安全宣传教育工作制度和村民防火公约,明确职责任务;指导村民建立健全自治联防制度,轮流进行消防安全提示和巡查,及时发现、消除火灾隐患。

(4)乡镇政府应在农村集市、场镇等场所设置消防宣传栏(牌)、橱窗等,并及时更新内容;举办群众喜闻乐见的消防文艺演出;督促乡镇企业开展消防安全宣传工作。

（5）乡镇、村应设专兼职消防宣传员，鼓励农村基干民兵、村镇干部和村民加入义务消防队、消防志愿者队伍，与弱势群体人员结成帮扶对子，上门宣传消防安全知识、查找隐患，遇险时协助逃生自救。

3.人员密集场所消防安全宣传的主要内容和形式

（1）在文化娱乐场所、商场市场、宾馆饭店以及大型活动现场应通过电子显示屏、广播或主持人提示等形式向顾客告知安全出口位置和消防安全注意事项。

（2）在公共交通工具的候车（机、船）场所、站台等应在醒目位置设置消防安全提示，宣传消防安全常识；电子显示屏、车（机、船）载视频和广播系统应经常播放消防安全知识。

（3）在人员密集场所的安全出口、疏散通道和消防设施等位置应设置消防安全提示；结合本场所情况，向顾客提示场所火灾危险性、疏散出口和路线、灭火和逃生设备器材位置及使用方法。

4.单位消防安全宣传的主要内容和形式

（1）单位应建立本单位消防安全宣传教育制度，健全机构，落实人员，明确责任，定期组织开展消防安全宣传活动。

（2）单位应设置消防宣传阵地，配备消防安全宣传教育资料，经常开展消防安全宣传教育活动；单位广播、闭路电视、电子屏幕、局域网等应经常宣传消防安全知识。

（3）单位应制定灭火和应急疏散预案，张贴逃生疏散路线图。消防安全重点单位至少每半年、其他单位至少每年组织一次灭火、逃生疏散演练。

5.学校消防安全宣传的主要内容和形式

（1）学校应利用"全国中小学生安全教育日""防灾减灾日""科技活动周""119消防日"等集中开展消防宣传活动。

（2）校园电视、广播、网站、报刊、电子显示屏、板报等，应经常播、刊、发消防安全内容，每月不少于一次；有条件的学校应建立消防安全宣传教育场所，配置必要的消防设备、宣传资料。

（3）学校教室、行政办公楼、宿舍及图书馆、实验室、餐厅、礼堂等，应在醒目位置设置疏散逃生标志等消防安全提示。

（4）学校应落实相关学科课程中消防安全教育内容，针对不同年龄段学生分类开展消防安全宣传；每学年组织师生开展疏散逃生演练、消防知识竞赛、消防趣味运动会等活动；有条件的学校应组织学生在校期间至少参观一次消防科普教育场馆。

（5）小学、初级中学每学年应布置一次由学生与家长共同完成的消防安全家庭作业；普通高中、中等职业学校、高等学校应鼓励学生参加消防安全志愿服务活动，将学生参与消防安全活动纳入校外社会实践、志愿活动考核体系，每名学生在校期间参加消防安全志愿活动应不少于4h。

考点二　消防教育培训的主要内容和形式

1.单位消防安全教育培训的主要内容和形式

单位应按照下列规定对职工进行消防安全教育培训：

（1）对新上岗和进入新岗位的职工进行上岗前消防教育培训。

（2）对在岗的职工每年至少进行一次消防教育培训。

（3）消防安全重点单位每半年至少组织一次、其他单位每年至少组织一次灭火和应急疏散演练。

（4）单位应定期开展全员消防教育培训，落实从业人员上岗前消防安全培训制度。单位对职工的消防教育培训应当将本单位的火灾危险性、防火灭火措施、消防设施及灭火器材的操作使用方法、人员疏散逃生知识等作为培训的重点。

2.学校消防安全教育培训的主要内容和形式

学校应按照下列要求开展消防教育培训工作：

(1)开学初、放寒(暑)假前、学生军训期间，应对学生普遍开展专题消防教育培训。

(2)对寄宿学生要经常开展安全用火用电教育培训和应急疏散演练。

(3)将消防安全知识纳入教学培训内容。

(4)结合不同课程实验课的特点和要求，对学生进行有针对性的消防教育培训。

(5)组织学生到当地消防站参观体验。

(6)每学年至少组织学生开展一次应急疏散演练。

3.社区居民委员会、村民委员会消防教育培训的主要内容和形式

(1)在火灾多发季节、农业收获季节、重大节日和乡村民俗活动期间，有针对性地开展防火和灭火技能的消防教育培训。社区居民委员会、村民委员会应当确定至少一名专(兼)职消防安全员，具体负责消防安全宣传教育工作。

(2)通过文化活动站、学习室等场所，对居民、村民开展经常性防火和灭火技能的消防安全宣传教育。

(3)组织志愿消防队、治安联防队和灾害信息员、保安人员等开展防火和灭火技能的消防教育培训。

第三节　典型社会单位的消防宣传与教育培训

考点一　宾馆、饭店

(一)消防宣传

(1)员工上岗、转岗前要经过岗前消防安全培训合格；对在岗人员至少每半年进行一次消防安全教育。

(2)确定专兼职消防宣传教育人员，经过专业培训，具备宣传教育能力。

(3)在大堂、餐厅等悬挂或张贴消防宣传标语，开展消防宣传教育，在顾客须知、服务指南上宣传消防知识，在客房电视节目中插播消防宣传字幕或画面。

(4)在主要出入口设置"消防安全告知书"和"消防安全承诺书"，在客房内应设置醒目的"请勿卧床吸烟"提示牌，在不间断电源插口处提示"不间断电源，离开时请拔下用电器具"，客房内的垃圾桶、烟灰缸上提示"请不要乱扔烟头"，在房卡取电插口处提示"离开时请取出房卡断电"。

(5)在场所显著位置和每个楼层提示场所的火灾危险性，疏散通道、安全出口位置及逃生路线，提示消防器材的位置和使用方法。

(二)教育培训

1.岗位员工消防安全职责及消防培训

有无遗留火种，是否切断电源；疏散通道、安全出口是否畅通；顾客有无携带易燃易爆危险品；消火栓、灭火器、逃生器材、消防安全标志完好情况；燃油、燃气管道、阀门有无破损、泄露；下班后燃油、燃气阀门是否关闭；灶台、油烟罩和烟道清理是否及时；班后是否切断电源，火源是否妥善处理;消火栓、灭火器、灭火毯、消防安全标志是否完好。

2.宾馆饭店及其内设部门消防安全职责及消防培训

用火、用电、用油、用气是否违章;新建、改建、扩建及装修工程是否违章;疏散通道、安全出口和消防车通道是否畅通;安全疏散指示标志、应急照明设置及是否完好;员工消防知识是否掌握;消防(控制室)值班情况、消防控制设备运行情况及相关记录;燃油、燃气等易燃易爆危险品的使用是否符合有关国家消防技术标准要求;防火巡查、火灾隐患的整改以及防范措施是否落实;厨房、灶间烟道每季度是否清洗;消防水源情况,灭火器材配置及是否完好,室内外消火栓、水泵接合器有无损坏、埋压、遮挡、圈占等影响使用情况;灭火和应急疏散预案演练情况。

3.组织客人疏散能力培训

熟悉本单位疏散逃生路线以及引导人员疏散程序,掌握避难逃生设施使用方法,具备火场自救逃生的基本技能。

4.消防控制室发现及处置初期火灾培训

内部发生火灾后,单位内部启动应急预案,消防控制室启动消防设施并远程组织施救措施,各救援小组应急处置工作职责等。

考点二 仓储物流单位

1.消防宣传

(1)员工上岗、转岗前,应经过岗前消防安全培训合格;对在岗人员至少每半年进行一次消防安全教育。

(2)确定专兼职消防宣传教育人员,经过专业培训,具备宣传教育能力。

(3)悬挂或张贴消防宣传标语,开展消防宣传教育,例如,利用板报、展板、专栏等形式。

2.教育培训

(1)仓储物流单位及其内设部门组织开展消防培训。

(2)单位内部开展防火巡查培训。

(3)岗位消防安全职责及消防培训。

(4)动用明火现场监督培训。

(5)消防控制室发现及处置初期火灾培训。

考点三 公共娱乐场所

1.消防宣传

(1)应确定专兼职消防宣传教育人员,并经过专业培训,需要具备宣传教育能力。

(2)应悬挂或张贴消防宣传标语,开展消防宣传教育,例如,利用展板、专栏、广播、电视、网络等形式。卡拉OK厅应利用点歌间隙通过影像资料宣传消防知识。

(3)员工上岗、转岗前,应经过岗前消防安全培训合格;对在岗人员至少每半年进行一次消防安全教育培训。

(4)主要出入口应设置"消防安全告知书"和"消防安全承诺书"。在每个楼层、每个房间设置"严禁燃放焰火、严禁违规使用明火、严禁乱扔烟头、严禁堵塞占用消防通道、严禁锁闭安全出口、严禁使用大功率电器"等消防安全提示牌。

(5)场所显著位置和每个楼层提示场所的火灾危险性,疏散通道、安全出口位置及逃生路线,消防器材的位置和使用方法。

2.教育培训

(1)组织开展防火检查培训。

(2)组织开展防火巡查培训。

(3)岗位开展防火检查培训。

(4)消防控制室发现及处置初期火灾培训。

(5)组织客人疏散培训。

考点四　商场、市场

1.消防宣传

(1)员工上岗、转岗前,临时替岗人员应经过岗前消防安全培训合格;对在岗人员每半年至少进行一次消防安全教育。

(2)应确定专兼职消防宣传教育人员,经过专业培训,具备宣传教育能力。

(3)应悬挂或张贴消防宣传标语,在商品广告中植入消防知识,开展消防宣传教育,例如,利用展板、专栏、电视、电子显示屏等形式。结合自身经营理念和企业文化,在营业厅设置固定的消防宣传标牌。

(4)应利用点名、例会、交接班等时间进行消防安全教育,讲评消防工作。

2.教育培训

(1)商场市场及其内设部门组织开展防火检查培训。

(2)开展防火巡查培训。

(3)岗位防火检查培训。

(4)消防控制室发现及处置初期火灾培训。

(5)组织客人疏散培训。

考点五　医院、养老院、福利院、幼儿园

1.消防宣传

(1)员工上岗、转岗前,应经消防安全培训合格;对在岗人员每半年进行一次消防安全教育。

(2)应确定专兼职消防宣传教育人员,经过专业培训,在单位内部定期开展消防宣传教育。

(3)应悬挂或张贴消防宣传标语,提示场所的火灾危险性,开展消防宣传教育,例如,利用展板、专栏、广播、电视、电子显示屏等形式。

(4)幼儿园应利用儿歌、游戏、绘画、参观消防站等形式对幼儿开展消防安全常识教育;养老院服务人员提醒老人安全用火用电。

(5)医院、养老院、福利院主要出入口应设置"消防安全告知书"和"消防安全承诺书",每个楼层显著位置和宿舍、病房门后应设置安全疏散指示图,幼儿园设置"消防安全承诺书"。

(6)在场所显著位置和每个楼层提示场所的火灾危险性,疏散通道、安全出口位置及逃生路线,消防器材的位置和使用方法。

2.教育培训

(1)养老院、福利院、幼儿园及其内设部门组织开展防火检查培训。

(2)养老院、福利院、幼儿园组织开展防火巡查培训。

(3)岗位防火检查培训。

(4)消防控制室发现及处置初期火灾培训。

考点六　易燃易爆场所

1. 消防宣传

(1) 应确定专兼职消防宣传教育培训人员,经过专业培训,具备宣传教育培训能力。

(2) 应利用展板、专栏、广播、电视、网络等开展消防宣传教育。

2. 教育培训

(1) 易燃易爆场所及其内设部门、车间开展防火检查培训。

(2) 巡查培训。

(3) 班前、班后岗位防火检查培训。

(4) 动用明火培训。

(5) 消防控制室发现及处置初期火灾培训。

本章练习题

多项选择题

1. 下列属于消防宣传与教育培训的原则的是(　　)。
   A. 政府统一领导　　　　　　　B. 部门依法监管
   C. 单位全面负责　　　　　　　D. 公民积极参与
   E. 全民消防生命至上

2. 关于仓储物流单位消防宣传表述正确的是(　　)。
   A. 确定专兼职消防宣传教育人员,经过专业培训,具备宣传教育能力
   B. 悬挂或张贴消防宣传标语,利用板报、展板、专栏等形式开展消防宣传教育
   C. 员工上岗、转岗前,应经过岗前消防安全培训合格
   D. 对在岗人员至少每半年进行一次消防安全教育
   E. 动用明火现场监督培训

3. 下列属于宾馆中组织客人疏散能力培训内容的是(　　)。
   A. 熟悉本单位疏散逃生路线以及引导人员疏散程序
   B. 掌握避难逃生设施使用方法
   C. 内部发生火灾后,单位内部启动应急预案
   D. 防火巡查、火灾隐患的整改以及防范措施是否落实
   E. 有无遗留火种是否切断电源

4. 公共娱乐场所的主要出入口应设置(　　)。
   A. 严禁燃放焰火　　　　　　　B. 严禁违规使用
   C. 严禁乱扔烟头　　　　　　　D. 消防安全告知书
   E. 消防安全承诺书

参考答案

多项选择题

1. ABCD　2. ABCD　3. AB　4. DE

第四章
应急预案编制与演练

本章知识框架

应急预案编制与演练	应急预案概述	1.编制应急预案的目的(★☆☆☆☆) 2.编制应急预案的意义(★☆☆☆☆)
	应急预案编制	1.应急预案的编制依据(★★☆☆☆) 2.应急预案的编制范围(★★☆☆☆) 3.应急预案的分类(★★★★☆) 4.应急预案制定的程序(★★★★☆) 5.应急预案的编制内容(★★★★☆)
	应急预案演练	1.应急预案演练目的(★★★★☆) 2.应急预案演练原则(★★★★☆) 3.应急预案演练分类(★★★★☆) 4.应急预案演练规划(★★★☆☆) 5.应急预案演练准备(★★★☆☆) 6.应急预案演练实施(★★★☆☆) 7.应急预案演练评估与总结(★★★☆☆)

第一节 应急预案概述

考点 编制应急预案的目的及意义

(一)编制应急预案的目的

为了规范安全生产事故灾难的应急管理和应急响应程序,及时有效地实施应急救援工作,合理调动、分配单位内部员工组成的灭火救援力量,最大限度地减少人员伤亡,降低财产损失,维护人民群众的生命安全和社会稳定。

(二)编制应急预案的意义

1.有利于掌握科学施救的主动权

(1)通过制定应急预案,有助于单位员工熟悉本单位内部情况,有助于把握本单位可能发生的火灾特点、规律。

(2)通过制定应急预案,有助于提升单位内部快速处置火灾能力,一旦发生火情,可以第一时间按照计划实施组织指挥,赢取时间,控制火势,疏散人群,减少损失。

2.有利于促进单位内部相互熟悉

在制订应急预案过程中,经常性深入本单位内部,了解各方面的情况,不仅使应急预案的制订人员和单位内部员工掌握到第一手资料,同时,较好的促进了对单位周边和单位内部的交通情况、消防水源情况,单位内部的建筑情况等一系列情况的熟悉。

3.有利于增强演练的针对性

依据应急预案在进行演练工作时,单位内部员工在进行情况熟悉的过程中,可以发现新的情况和新的问题。面对出现的新情况新问题,为确保安全,同时为提高单位内部的灭火救援能力,单位内部员工就要对其进行深入的情况研究,依据新问题新情况的危险特性,研究制定出较科学的处置对策。

第二节 应急预案编制

考点一 应急预案的编制依据

应急预案的编制依据主要包括如下3类:

(1)法规制度依据:包括消防法律法规规章、涉及消防安全的相关法律规定和本单位消防安全制度。

(2)客观依据:包括单位的基本情况、消防安全重点部位情况等。

(3)主观依据:包括员工的变化程度、消防安全素质和防火灭火技能等。

考点二 应急预案的编制范围

应急预案的编制的范围主要包括:消防安全重点单位、在建重点工程、其他需要制定应急预案的单位或场所。

一般单位可参照本节内容制定应急预案,并可根据单位内部实际情况予以适当调整。

考点三 应急预案的分类

根据火灾类型,应急预案大致划分以下6类:

(1)高层建筑类:针对具有一定规模(建筑规模由社会单位根据实际情况确定)的高层建(构)筑物,在可能发生的火灾、爆炸等灾害事故情况下所编制的应急预案。

(2)多层建筑类:针对具有一定规模(建筑规模由社会单位根据实际情况确定)的多层建(构)筑物,在可能发生的火灾、爆炸等灾害事故情况下所编制的应急预案。

(3)地下建筑类:针对具有一定规模(建筑规模由社会单位根据实际情况确定)的地下建(构)筑物,在可能发生的火灾、爆炸等灾害事故情况下所编制的应急预案。

(4)化工类:针对生产与储存具有一定爆炸危险性的化工产品单位,在可能发生的爆炸、燃烧、有毒、其他泄漏等灾害事故情况下所编制的应急预案。

(5)一般的工矿企业类:针对具有一定规模(建筑规模由社会单位根据实际情况确定)的工矿企业建(构)筑物,在可能发生的火灾、爆炸等灾害事故情况下所编制的应急预案。

(6)其他类:针对以上五类以外的单位,在可能发生各种火灾事故的情况下,根据其规律与特点所编制的应急预案。

考点四　应急预案制定的程序

1.明确范围，明确重点部位

各单位应结合本单位的实际情况，然后确定范围，进而明确重点保卫对象或者部位。

2.调查研究，收集资料

为使所制定的应急预案符合客观实际，应进行大量细致的调查研究工作，要正确分析、预测单位内部发生火灾的可能性和各种险情，并制定出相应的火灾扑救和应急救援对策。由此可见，制定应急预案，是一项细致复杂的工作。

3.科学计算，确定人员力量和器材装备

可以通过计算，确定现场灭火和疏散人员所需要的人员力量、保障的器材装备和物资等方面的数量，为完成灭火救援应急任务提供基本依据。

4.确定灭火救援应急行动意图

根据灾情，对灭火救援应急行动的目标、任务、手段、措施等进行总体策划和构思。其主要内容有：作战行动的目标与任务、战术与技术措施、人员部署与力量安排等。

5.严格审核，不断充实完善

应急预案实行逐级审核制度。审核的重点应当侧重于情况设定、处置对策、人员安排部署、战术措施、技术方法、后勤保障等内容。

考点五　应急预案的编制内容

应急预案的基本内容应包括：单位的基本情况、应急组织机构、火情预想、报警和接警处置程序、扑救初期火灾的程序和措施、应急疏散的组织程序和措施、通信联络、安全防护救护的程序和措施、灭火和应急疏散计划图、注意事项等。

第三节　应急预案演练

考点一　应急预案演练目的

应急预案演练的目的主要包括以下5个方面：

（1）检验预案：通过开展应急预案演练，查找应急预案中存在的问题，进而完善应急预案，提高应急预案的实用性和可操作性。

（2）完善准备：通过开展应急预案演练，检查对突发火灾事故所需应急队伍、物资、装备、技术等方面的准备情况，发现不足及时予以调整补充，做好应急准备工作。

（3）锻炼队伍：通过开展应急预案演练，增强演练组织单位、参与单位和人员等对应急预案的熟悉程度，提高其应急处置能力。

（4）磨合机制：通过开展应急预案演练，进一步明确相关单位和人员的职责任务，理顺工作关系，完善应急机制。

（5）科普宣教：通过开展应急预案演练，普及应急知识，提高公众风险防范意识和自救互救等灾害应对能力。

考点二　应急预案演练原则

应急预案演练的原则包括以下四个方面:
(1)结合实际,合理定位。
(2)着眼实战,讲求实效。
(3)精心组织,确保安全。
(4)统筹规划,厉行节约。

考点三　应急预案演练分类

按组织形式、演练内容、演练目的与作用等不同分类方法划分,应急预案演练可分为不同种类。具体划分方法如下:
(1)按组织形式划分,应急预案演练分为桌面演练和实战演练。
(2)按演练内容划分,应急预案演练可分为单项演练和综合演练。
(3)按演练目的与作用划分,应急预案演练可分为检验性演练、示范性演练和研究性演练。

考点四　应急预案演练规划

按照有关法律法规的要求,消防安全重点单位应当每半年开展一次灭火和应急疏散预案的演练,其他单位应当每年开展一次灭火和应急疏散预案的演练。

1.演练领导小组

演练领导小组负责应急演练活动全过程的组织领导,审批决定演练的重大事项。演练领导小组组长一般由演练组织单位或其上级单位的负责人担任;副组长一般由演练组织单位或主要协办单位负责人担任;小组其他成员一般由各演练参与单位相关负责人担任。在演练实施阶段,演练领导小组组长、副组长通常分别担任演练总指挥、副总指挥。

2.策划部

策划部负责应急演练策划、演练方案设计、演练实施的组织协调、演练评估总结等工作。策划部设总策划、副总策划,下设文案组、协调组、控制组、宣传组等。

3.保障部

保障部负责调集演练所需物资装备,购置和制作演练模型、道具、场景,准备演练场地,维持演练现场秩序,保障运输车辆,保障人员生活和安全保卫等。其成员一般是演练组织单位及参与单位后勤、财务、办公等部门人员,常称为后勤保障人员。

4.评估组

评估组负责设计演练评估方案和编写演练评估报告,对演练准备、组织、实施及其安全事项等进行全过程、全方位评估,及时向演练领导小组、策划部和保障部提出意见、建议。其成员一般是应急管理专家、具有一定演练评估经验和突发火灾事故应急处置经验专业人员,常称为演练评估人员。评估组可由上级或专业部门组织,也可由演练组织单位自行组织。

5.参演队伍和人员

参演人员包括:应急预案规定的有关应急管理部门(单位)工作人员、各类专兼职应急救援队伍以及志愿者队伍等。参演人员承担具体演练任务,针对模拟火灾事故场景作出应急响应行动。

考点五　应急预案演练准备

(一) 制定演练计划

演练计划的主要内容包括如下几点：

(1) 确定演练目的，明确举办应急演练的原因、演练要解决的问题和期望达到的效果等。

(2) 分析演练需求，在对事先设定火灾事件故风险及应急预案进行认真分析的基础上，确定需调整的演练人员、需锻炼的技能、需检验的设备、需完善的应急处置流程和需进一步明确的职责等。

(3) 确定演练范围，根据演练需求、经费、资源和时间等条件的限制，确定演练事件类型、等级、地域、参演机构及人数、演练方式等。演练需求和演练范围往往互为影响。

(4) 安排演练准备与实施的日程计划。包括各种演练文件编写与审定的期限、物资器材准备的期限、演练实施的日期等。

(5) 编制演练经费预算，明确演练经费筹措渠道。

(二) 设计演练方案

1. 确定演练目标

演练目标是需完成的主要演练任务及其达到的效果，一般说明"由谁在什么条件下完成什么任务，依据什么标准，取得什么效果"。演练目标应简单、具体、可量化、可实现。一次演练一般有若干项演练目标，每项演练目标都要在演练方案中有相应的事件和演练活动予以实现，并在演练评估中有相应的评估项目判断该目标的实现情况。

2. 设计演练情景与实施步骤

演练情景要为演练活动提供初始条件，还要通过一系列的情景事件引导演练活动继续，直至演练完成。演练情景包括演练场景概述和演练场景清单。

3. 设计评估标准与方法

演练评估是通过观察、体验和记录演练活动，比较演练实际效果与目标之间的差异，总结演练成效和不足的过程。演练评估应以演练目标为基础。每项演练目标都要设计合理的评估项目方法、标准。

4. 编写演练方案文件

演练方案文件是指导演练实施的详细工作文件。根据演练类别和规模的不同，演练方案可以编为一个或多个文件。编为多个文件时可包括演练人员手册、演练控制指南、演练评估指南、演练宣传方案、演练脚本等，分别发给相关人员。对涉密应急预案的演练或不宜公开的演练内容，还要制订保密措施。

5. 演练方案评审

对综合性较强、风险较大的应急演练，评估组要对文案组制订的演练方案进行评审，确保演练方案科学可行，以确保应急演练工作的顺利进行。

(三) 演练动员与培训

(1) 在演练开始前要进行演练动员和培训，确保所有演练参与人员掌握演练规则、演练情景和各自在演练中的任务。

(2) 所有演练参与人员都要经过应急基本知识、演练基本概念、演练现场规则等方面的培训。

(3)对控制人员要进行岗位职责、演练过程控制和管理等方面的培训;对评估人员要进行岗位职责、演练评估方法、工具使用等方面的培训;对参演人员要进行应急预案、应急技能及个体防护装备使用等方面的培训。

(四)应急演练保障

应急预案演练保障主要包括:人员保障、经费保障、场地保障、物资和器材保障、通信保障、安全保障。

考点六　应急预案演练实施

应急预案的演练一般包括以下3个步骤:

1.演练启动

演练正式启动前一般要举行简短仪式,由演练总指挥宣布演练开始并启动演练活动。

2.演练执行

(1)演练指挥与行动。演练总指挥负责演练实施全过程的指挥控制。当演练总指挥不兼任总策划旧地,一般由总指挥授权总策划对演练过程进行控制。

(2)演练过程控制。总策划负责按演练方案控制演练过程。主要包括:①桌面演练过程控制;②实战演练过程控制。

(3)演练解说。在演练实施过程中,演练组织单位可以安排专人对演练过程进行解说。解说内容一般包括演练背景描述、进程讲解、案例介绍、环境渲染等。

(4)演练记录。演练实施过程中,一般要安排专门人员,采用文字、照片和音像等手段记录演练过程。

(5)演练宣传报道。演练宣传组按照演练宣传方案作好演练宣传报道工作。

3.演练结束与终止

演练完毕,由总策划发出结束信号,演练总指挥宣布演练结束。演练实施过程中出现下列情况,经演练领导小组决定,由演练总指挥按照事先规定的程序和指令终止演练:

(1)出现特殊或意外情况,短时间内不能妥善处理或解决时,可提前终止演练。

(2)出现真实突发事件,需要参演人员参与应急处置时,要终止演练,使参演人员迅速回归其工作岗位,履行应急处置职责。

考点七　应急预案演练评估与总结

1.演练评估

(1)演练评估是在全面分析演练记录及相关资料的基础上,对比参演人员表现与演练目标要求,对演练活动及其组织过程作出客观评价,并编写演练评估报告的过程。

(2)演练评估的方式包括:组织评估会议、填写演练评价表和对参演人员进行访谈等,也可以要求参演单位提供自我评估总材料。

(3)演练评估报告的主要内容一般包括:演练执行情况、预案的合理性与可操作性、应急指挥人员的指挥协调能力、参演人员的处置能力、演练所用设备装备的适用性、演练目标的实现情况、演练的成本效益分析、对完善预案的建议等。

2.演练总结

演练总结可分为现场总结和事后总结。

3.成果运用

对演练暴露出来的问题,演练单位应当及时采取措施予以改进,包括修改完善应急预案。有针对性地加强应急人员的教育和培训、对应急物资装备有计划地更新等,并建立改进任务表,按规定时间对改进情况进行监督检查。

4.文件归档与备案

(1)演练组织单位在演练结束后应将演练计划、演练方案、演练评估报告、演练总结报告等资料归档保存。

(2)对于由上级有关部门布置或参与组织的演练,或者法律、法规、规章要求备案的演练,演练组织单位应当将相应资料报有关部门备案。

5.考核与奖惩

演练组织单位要注重对演练参与单位及人员进行考核。对在演练中表现突出的单位及个人,可给予表彰和奖励;对不按要求参加演练,或影响演练正常开展的,可给予相应批评。

本章练习题

单项选择题

1. 下列不属于应急预案的编制依据的是( )。
   A. 法规制度依据　　　　　　　　B. 客观依据
   C. 主观依据　　　　　　　　　　D. 自然变化依据

2. 下列属于应急预案的编制依据中的客观依据的是( )。
   A. 消防安全重点部位情况　　　　B. 员工的变化程度
   C. 消防安全素质　　　　　　　　D. 防火灭火技能

3. 下列不属于应急预案演练准备工作中应制定演练计划的内容的是( )。
   A. 分析演练需求　　　　　　　　B. 确定演练范围
   C. 设计评估标准与方法　　　　　D. 编制演练经费预算

4. 下列不属于应急预案分类的是( )。
   A. 多层建筑类　　B. 低层建筑类　　C. 地下建筑类　　D. 化工类

5. 下列不属于策划部的是( )。
   A. 文案组　　　　B. 协调组　　　　C. 控制组　　　　D. 广告组

6. 下列不属于应急预案演练按演练目的与作用划分的是( )。
   A. 检验性演练　　　　　　　　　B. 示范性演练
   C. 研究性演练　　　　　　　　　D. 综合演练

单项选择题

1. D　2. A　3. C　4. B　5. D　6. D

第五章 施工消防安全管理

本章知识框架

施工消防安全管理	施工现场的火灾风险及管理职责	1. 施工现场的火灾危险性(★☆☆☆☆) 2. 施工现场常见的火灾成因(★☆☆☆☆) 3. 施工现场管理职责(★☆☆☆☆)
	施工现场总平面布局	1. 总平面布置的原则(★★★☆☆) 2. 防火间距(★★☆☆☆) 3. 临时消防车通道(★★☆☆☆)
	施工现场内建筑的防火要求	1. 施工现场内建筑的设置原则(★★★☆☆) 2. 临时用房防火要求(★★☆☆☆) 3. 在建工程防火要求(★★☆☆☆)
	施工现场临时消防设施设置	1. 临时消防设施设置原则(★★★☆☆) 2. 灭火器设置、临时消防给水系统设置(★★☆☆☆) 3. 临时应急照明设置(★★☆☆☆)
	施工现场的消防安全管理	1. 施工现场消防安全管理内容(★★★★☆) 2. 可燃物及易燃易爆危险品管理(★★★★☆) 3. 用火、用电、用气管理(★★★★☆) 4. 其他施工管理(★★★☆☆)

 **第一节 施工现场的火灾风险及管理职责**

考点一 施工现场的火灾危险性

常见施工现场的火灾危险性有如下几点：

(1)易燃、可燃材料多。

(2)临建设施多,防火标准低。

(3)动火作业多。

(4)临时电气线路多。

(5)施工临时员工多,流动性强,素质参差不齐。

(6)既有建筑进行扩建、改建火灾危险性大。

(7)隔音、保温材料用量大。

(8)现场管理及施工过程受外部环境影响大。

341

考点二 施工现场常见的火灾成因

1.焊接、切割

电焊引发火灾的主要原因有以下几点：

（1）产生的高温因热传导引燃其他房间或部位的可燃物。

（2）金属火花飞溅引燃周围可燃物。

（3）焊接导线与电焊机、焊钳连接接头处理不当，松动打火。

（4）焊接导线（焊把线）选择不当，截面过小，使用过程中超负荷使绝缘损坏造成短路打火。

（5）焊接导线受压、磨损造成短路或铺设不当、接触高温物体或打卷使用造成涡流，过热失去绝缘短路打火。

（6）电焊回路线（搭铁线或接零线）使用、铺设不当或乱搭乱接，在焊接作业时产生电火花或接头过热引燃易燃、可燃物。

（7）电焊回路线与电器设备或电网零线相连，电焊时大电流通过，将保护零线或电网零线烧断。

2.电器、电路

漏电电流的热效应是引起火灾的起火源，漏电电流的电阻性发热和击穿性电弧作用，常常会引燃其作用点处的可燃物造成火灾。施工现场漏电的原因主要是电气安装不当、电气设备装备不当、线路缺乏维修保养而使绝缘老化，或长期受到雨水、腐蚀气体的侵蚀、机械损伤等。

3.用火不慎、遗留火种

施工人员的生活设施如烹饪、取暖、照明设备等使用不慎，或因吸烟乱丢烟头引燃周围可燃物起火。

考点三 施工现场管理职责

施工现场的消防安全管理应由施工单位负责。施工现场实行施工总承包的，由总承包单位负责。

①总承包单位应对施工现场防火实施统一管理，并对施工现场总平面布局、现场防火、临时消防设施、防火管理等进行总体规划、统筹安排，确保施工现场防火管理落到实处。

②分包单位应向总承包单位负责，并应服从总承包单位的管理，同时应承担国家法律、法规规定的消防责任和义务。监理单位应对施工现场的消防安全管理实施监理。

施工单位应根据建设项目规模、现场消防安全管理的重点，在施工现场建立消防安全管理组织机构及义务消防组织，并应确定消防安全负责人和消防安全管理人，同时应落实相关人员的消防安全管理责任。

第二节 施工现场总平面布局

考点一 总平面布置的原则

（一）明确总平面布局内容

下列临时用房和临时设施应纳入施工现场总平面布局：

(1)施工现场的出入口、围墙、围挡。
(2)施工现场内的临时道路。
(3)给水管网或管路,以及配电线路敷设或架设的走向、高度。
(4)施工现场办公用房、宿舍、发电机房、配电房、可燃材料库房、易燃易爆危险品库房、可燃材料堆场及其加工场、固定动火作业场等。
(5)临时消防车道、消防救援场地和消防水源。

(二)重点区域的布置原则

1.施工现场设置出入口的基本原则

施工现场出入口的设置应满足消防车通行的要求,并宜布置在不同方向,其数量不宜少于2个。当确有困难只能设置1个出入口时,应在施工现场内设置满足消防车通行的环形道路。

2.固定动火作业场的布置原则

①固定动火作业场应布置在可燃材料堆场及其加工场、易燃易爆危险品库房等全年最小频率风向的上风侧。

②宜布置在临时办公用房、宿舍、可燃材料库房、在建工程等全年最小频率风向的上风侧。

3.危险品库房的布置原则

易燃易爆危险品库房应远离明火作业区、人员密集区和建筑物相对集中区。可燃材料堆场及其加工场、易燃易爆危险品库房不应布置在架空电力线下。

考点二 防火间距

保持临时用房、临时设施与在建工程的防火间距是防止施工现场火灾相互蔓延的关键。

1.临建用房与在建工程的防火间距

(1)人员住宿、可燃材料及易燃易爆危险品储存等场所严禁设置于在建工程内。
(2)易燃易爆危险品库房与在建工程应保持足够的防火间距。
(3)可燃材料堆场及其加工场、固定动火作业场与在建工程的防火间距不应小于10m。
(4)其它临时用房、临时设施与在建工程的防火间距不应小于6m。

2.临建用房间的防火间距

(1)施工现场主要临时用房、临时设施的防火间距不应小于表5.1所示的规定。

表5.1 施工现场主要临时用房、临时设施的防火间距(m)

名称	办公用房、宿舍	发电机房、变配电房	可燃材料库房	厨房操作间、锅炉房	可燃材料堆场及其加工场	固定动火作业场	易燃易爆危险品库房
办公用房、宿舍	4	4	5	5	7	7	10
发电机房、变配电房	4	4	5	5	7	7	10
可燃材料库房	5	5	5	5	7	7	10

续表

名称	办公用房、宿舍	发电机房、变配电房	可燃材料库房	厨房操作间、锅炉房	可燃材料堆场及其加工场	固定动火作业场	易燃易爆危险品库房
厨房操作间、锅炉房	5	5	5	5	7	7	10
可燃材料堆场及其加工场	7	7	7	7	7	10	10
固定动火作业场	7	7	7	7	10	10	12
易燃易爆危险品库房	10	10	10	10	10	12	12

(2) 当办公用房、宿舍成组布置时,其防火间距可适当减小,但应符合以下要求:

①每组临时用房的栋数不应超过10栋,组与组之间的防火间距不应小于8m。

②组内临时用房之间的防火间距不应小于3.5m;当建筑构件燃烧性能等级为A级时,其防火间距可减少到3m。

考点三 临时消防车道

(一)临时消防车道设置要求

(1) 施工现场内应设置临时消防车道,不宜小于5m,且不宜大于40m。

(2) 施工现场周边道路满足消防车通行及灭火救援要求时,施工现场内可不设置临时消防车道。

(3) 临时消防车道的净宽度和净空高度均不应小于4m。

(4) 临时消防车道宜为环形,如设置环形车道确有困难,应在消防车道尽端设置尺寸不小于12m×12m的回车场。

(5) 临时消防车道路基、路面及其下部设施应能承受消防车通行压力及工作荷载。

(6) 临时消防车道的右侧应设置消防车行进路线指示标识。

(二)临时消防救援场地的设置

1. 需设临时消防救援场地的施工现场

(1) 建筑工程单体占地面积大于3000m^{2}的在建工程。

(2) 建筑高度大于24m的在建工程。

(3) 超过10栋,且为成组布置的临时用房。

2. 临时消防救援场地的设置要求

(1) 场地宽度应满足消防车正常操作要求且不应小于6m,与在建工程外脚手架的净距不宜小于2m,且不宜超过6m。

(2) 临时消防救援场地应在在建工程装饰装修阶段设置。

(3) 临时消防救援场地应设置在成组布置的临时用房场地的长边一侧及在建工程的长边一侧。

第三节　施工现场内建筑的防火要求

考点一　施工现场内建筑的设置原则

1.临时用房的防火设置原则

整个临时用房的防火设置应根据其使用性质及火灾危险性等情况进行确定。①是不同危险性的临时用房应采取防火分隔措施,可以在一定程度上延迟火灾蔓延,为临时用房使用人员赢得宝贵的疏散时间;②是需考虑人员疏散的设置,对人员疏散距离、疏散走道宽度、疏散楼梯等疏散指标应满足规范要求。

2.在建工程的防火设置原则

在建工程内应尽量设置能够保证现场施工人员安全疏散的通道,同时在建工程还应根据施工性质、建筑高度、建筑规模及结构特点等情况进行相应的防火设置。

考点二　临时用房防火要求

1.宿舍、办公用房的防火要求

(1)建筑构件的燃烧性能等级应为 A 级。当临时用房是金属夹芯板时,其芯材的燃烧性能等级应为 A 级。

(2)建筑层数不应超过 3 层,每层建筑面积不应大于 300m²。

(3)建筑层数为 3 层或每层建筑面积大于 200m² 时,应设置不少于 2 部疏散楼梯,房间疏散门至疏散楼梯的最大距离不应大于 25m。

(4)单面布置用房时,疏散走道的净宽度不应小于 1.0m;双面布置用房时,疏散走道的净宽度不应小于 1.5m。

(5)疏散楼梯的净宽度不应小于疏散走道的净宽度。

(6)宿舍房间的建筑面积不应大于 30m²,其它房间的建筑面积不宜大于 100m²。

(7)房间内任一点至最近疏散门的距离不应大于 15m,房门的净宽度不应小于 0.8m,房间建筑面积超过 50m² 时,房门的净宽度不应小于 1.2m。

(8)隔墙应从楼地面基层隔断至顶板基层底面。

2.特殊用房的防火要求

(1)建筑构件的燃烧性能等级应为 A 级。

(2)建筑层数应为 1 层,建筑面积不应大于 200m²;可燃材料、易燃易爆物品存放库房应分别布置在不同的临时用房内,每栋临时用房的面积均不应超过 200m²。

(3)可燃材料库房应采用不燃材料将其分隔成若干间库房。单个房间的建筑面积不应超过 30m²,易燃易爆危险品库房单个房间的建筑面积不应超过 20m²。

(4)房间内任一点至最近疏散门的距离不应大于 10m,房门的净宽度不应小于 0.8m。

3.组合建造功能用房的防火要求

一般应满足如下要求:

(1)宿舍、办公用房不应与厨房操作间、锅炉房、变配电房等组合建造。

(2)会议室宜与办公用房可组合建造;文化娱乐室、培训室与办公用房或宿舍可组合建造;餐厅与办公用房或宿舍可组合建造。

(3)发电机房、变配电房可组合建造;厨房操作间、锅炉房可组合建造;餐厅与厨房操作间可组合建造。

(4)现场办公用房、宿舍不宜组合建造。例如现场办公用房与宿舍的规模不大,两者的建筑面积之和不超过300m^2,可组合建造。

(5)施工现场人员较为密集的如会议室、文化娱乐室、培训室、餐厅等房间应设置在临时用房的第一层,其疏散门应向疏散方向开启。

考点三 在建工程防火要求

(一)临时疏散通道的防火要求

在建工程作业场所临时疏散通道的设置应符合下列规定:

(1)在建工程作业场所的临时疏散通道应采用不燃、难燃材料建造并与在建工程结构施工同步设置,临时疏散通道应具备与疏散要求相匹配的耐火性能,其耐火极限不应低于0.50h。

(2)临时疏散通道为坡道时,且坡度大于25度时,应修建楼梯或台阶踏步或设置防滑条。

(3)临时疏散通道应具备与疏散要求相匹配的通行能力。设置在地面上的临时疏散通道,其净宽度不应小于1.5m;利用在建工程施工完毕的水平结构、楼梯作临时疏散通道,其净宽度不应小于1.0m;用于疏散的爬梯及设置在脚手架上的临时疏散通道,其净宽度不应小于0.6m。

(4)临时疏散通道如搭设在脚手架上,脚手架作为疏散通道的支撑结构,其承载力和耐火性能应满足相关要求。进行脚手架刚度、强度、稳定性验算时,应考虑人员疏散荷载。

(5)临时疏散通道应具备与疏散要求相匹配的承载能力。

(6)临时疏散通道应保证疏散人员安全,侧面如为临空面,必须沿临空面设置高度不小于1.2m的防护栏杆。

(7)临时疏散通道应保证人员有序疏散,应设置明显的疏散指示标识及应急照明设施。

(二)既有建筑进行扩建、改建施工的防火要求

既有建筑进行扩建、改建施工时,必须明确划分施工区和非施工区。施工区不得营业、使用和居住;非施工区继续营业、使用和居住时,应符合下列要求:

(1)非施工区内的消防设施应完好和有效,疏散通道应保持畅通,并应落实日常值班及消防安全管理制度。

(2)施工单位应向居住和使用者进行消防宣传教育、告知建筑消防设施、疏散通道的位置及使用方法,同时应组织进行疏散演练。

(3)施工区和非施工区之间应采用不开设门、窗、洞口的耐火极限不低于3.0h的不燃烧体隔墙进行防火分隔。

(4)施工区的消防安全应配有专人值守,发生火情应能立即处置。

(5)外脚手架搭设不应影响安全疏散、消防车正常通行及灭火救援操作。

(三)其他防火要求

1.外脚手架、支模架

为保护施工人员免受火灾伤害,外脚手架、支模架的架体宜采用不燃或难燃材料搭设,其中,高层建筑和既有建筑改造工程的外脚手架、支模架的架体应采用不燃材料搭设。

2.安全网

下列安全防护网应采用阻燃型安全防护网:

(1)高层建筑外脚手架的安全防护网。
(2)既有建筑外墙改造时,其外脚手架的安全防护网。
(3)临时疏散通道的安全防护网。

3.疏散指示标志

为了帮助作业人员在紧急、慌乱时刻迅速找到疏散通道,便于人员有序疏散,作业场所应设置明显的疏散指示标志,其指示方向应指向最近的临时疏散通道入口。

4.安全疏散示意图

在建工程施工期间,一般可视条件较差,因此作业层的醒目位置应设置安全疏散示意图。

第四节 施工现场临时消防设施设置

考点一 临时消防设施设置原则

1.同步设置原则

临时消防设施应与在建工程的施工同步设置。对于房屋建筑工程,新近施工的楼层,因混凝土强度等原因,可能出现模板及支模架不能及时拆除,临时消防设施的设置难以及时跟进,与主体结构工程施工进度的存在3层左右的差距,所以房屋建筑工程中,临时消防设施的设置与在建工程主体结构施工进度的差距不应超过3层。

2.合理设置原则

基于经济和务实考虑,在建工程的永久性消防设施或经过保护和处理能够满足如临时消防给水系统等临时消防设施的设置要求,应合理利用已具备使用条件的消防设施兼作施工现场的临时消防设施;当永久性消防设施无法满足使用要求时,应增设临时消防设施,并应满足相应设施的设置要求。

3.其他设置原则

(1)地铁工程、隧道工程以及较深的地下工程的施工作业场所条件较差,一旦发生火灾后,不仅消防救援相当困难,施工作业人员也难以疏散,一方面应尽量将临时消防给水引入,另一方面地下工程的施工作业场所宜配备防毒面具。

(2)临时消防给水系统的储水池、消火栓泵、室内消防竖管及水泵接合器等,应设有醒目标识。

考点二 灭火器设置

1.设置场所

下列场所应配置灭火器:
(1)动火作业场所。
(2)厨房操作间、锅炉房、发电机房、变配电房、设备用房、办公用房、宿舍等临时用房。
(3)易燃易爆危险品存放及使用场所。
(4)可燃材料存放、加工及使用场所。
(5)其他具有火灾危险的场所。

2.设置要求

施工现场灭火器配置应符合下列规定:

(1)灭火器的最低配置标准应符合规定。

(2)灭火器的配置数量应按照《建筑灭火器配置设计规范》(GB 50140-2005)经计算确定,且每个场所的灭火器数量不应少于2具。

(3)施工现场的某些场所,既可能发生固体火灾,也可能发生液体或气体或电气火灾,在选配灭火器时,应选用能扑灭多类火灾的灭火器。灭火器的类型应与配备场所可能发生的火灾类型相匹配。

(4)灭火器的最大保护距离应符合规定。

考点三 临时消防给水系统设置

(一)临时消防用水要求

1.消防水源

(1)消防水源是设置临时消防给水系统的基本条件,要求施工现场或其附近应设置稳定、可靠的水源,并应能满足施工现场临时消防用水的需要。

(2)消防水源可采用市政给水管网或天然水源。

2.消防用水量

(1)施工现场的临时消防用水量应包含临时室外消防用水量和临时室内消防用水量的总合,消防水源应满足临时消防用水量的要求。其中,临时消防用水量应为临时室外消防用水量与临时室内消防用水量之和。

(2)临时室外消防用水量应按临时用房和在建工程的临时室外消防用水量的较大者确定,施工现场火灾次数可按同时发生1次确定。

(二)临时室外消防给水系统设置要求

1.设置条件

(1)施工现场的大小不同,所带来的火灾危险性也各有大小,应综合考虑施工现场在建工程及临时用房的规模,来选择设置施工现场的临时室外给水系统。

(2)临时用房建筑面积之和大于1000m^2或在建工程单体体积大于10000m^3时,应设置临时室外消防给水系统。当施工现场处于市政消火栓150m保护范围内且市政消火栓的数量满足室外消防用水量要求时,可不设置临时室外消防给水系统。

2.室外消防用水量

室外消防用水量包括:①临时用房的临时室外消防用水量;②在建工程的临时室外消防用水量。

3.设置要求

施工现场临时室外消防给水系统的设置应符合下列要求:

(1)考虑给水系统的需要与施工系统的实际情况,一般临时给水管网宜布置成环状。

(2)临时室外消防给水干管的管径应依据施工现场临时消防用水量和干管内水流计算速度进行计算确定,且最小管径不应小于$DN100$。

(3)室外消火栓应沿在建工程、临时用房及可燃材料堆场及其加工场均匀布置,距在建工程、临时用房及可燃材料堆场及其加工场的外边线不应小于5m。

(4)室外消火栓的间距不应大于120m。

(5)室外消火栓的最大保护半径不应大于150m。

(三)临时室内消防给水系统设置要求

1.设置条件

施工现场除设置室外消防给水系统外,对于一些建筑高度较高或体量较大的在建工程,也需设置室内消防给水系统,便于在建工程发生火灾后,现场施工人员能够在第一时间实施处置,也便于消防人员到达火灾现场后,通过内攻的方式对在建工程进行火灾扑救。通过综合考虑,要求建筑高度大于24m或单体体积超过30 000m^{2}的在建工程,应设置临时室内消防给水系统。

2.室内消防用水量

在建工程的临时室内消防用水量不应小于表5.2所示的规定。

表5.2 在建工程的临时室内消防用水量

建筑高度、在建工程体积(单体)	火灾延续时间/h	消火栓用水量/(L/s)	每支消防水枪最小流量/(L/s)
24＜建筑高度≤50m 或 30000m^3＜体积≤5000m^3	1	10	5
建筑高度＞50m 或体积＞50000m^3	1	15	5

3.设置要求

(1)管网设置要求如下:

①消防竖管的设置位置应便于消防人员操作,其数量不应少于2根,当结构封顶时,应将消防竖管设置成环状。

②消防竖管的管径应根据在建工程临时消防用水量、竖管内水流计算速度进行计算确定,且不应小于 DN100。

(2)水泵接合器设置要求如下:

要求设置室内消防给水系统的在建工程,应设消防水泵接合器。消防水泵接合器应设置在室外便于消防车取水的部位,与室外消火栓或消防水池取水口的距离宜为15～40m。

(3)室内消火栓快速接口及消防软管接口应符合以下要求:①在建工程的室内消火栓接口及软管接口应设置在位置明显且易于操作的部位;②消火栓接口的前端应设置截止阀;③消火栓接口或软管接口的间距,多层建筑不大于50m,高层建筑不大于30m。

(4)消防水带、水枪及软管的配置要求:要求在建工程结构施工完毕的每层楼梯处,应设置消防水枪、水带及软管,且每个设置点不应少于2套。

(5)中转水池及加压水泵的配置要求如下:

①对于在建高层建筑来说,消防水源的给水压力一般不能满足灭火要求,而需要二次或多次加压来保证供水。为实现在建高层建筑的临时消防给水,可在其底层或首层设置储水池并配备加压水泵。

②对于建筑高度超过100m的在建工程,还需在楼层上增设楼层中转水池和加压水泵,进行分段加压、分段给水。为保证中转水池无补水的最不利情况下,其水量可满足两支消防水枪(进水口径50mm,喷嘴口径19mm)同时工作不少于15min要求,楼层中转水池的有效容积不应少于10m^3。

③上下两个楼层中转水池的高差越大,对水泵扬程、给水管的材质及接头质量等方面的要求越高,相应的投入费用也就越高。因此,要求上下两个中转水池的高差不宜超过100m。

（四）其他设置要求

（1）临时消防给水系统的给水压力应满足消防水枪充实水柱长度不小于10m的要求；当给水压力不能满足要求时，应设置消火栓泵，消火栓泵不应少于2台，且应互为备用；消火栓泵宜设置自动启动装置。

（2）对于建筑高度超过10m，但小于24m，且体积不足30000m^3的在建工程，可不设置室内临时消防给水系统。

（3）当外部消防水源不能满足施工现场的临时消防用水量要求时，应在施工现场设置临时储水池。

（4）施工现场临时消防给水系统应与施工现场生产、生活给水系统合并设置，但应设置将生产、生活用水转为消防用水的应急阀门。应急阀门不应超过2个，且应设置在易于操作的场所，并设置明显标识。

（5）严寒和寒冷地区的现场临时消防给水系统，应采取防冻措施。

考点四 临时应急照明设置

1.临时应急照明设置场所

施工现场的下列场所应配备临时应急照明：①自备发电机房及变、配电房；②水泵房；③无天然采光的作业场所及疏散通道；④高度超过100m的在建工程的室内疏散通道；⑤发生火灾时仍需坚持工作的其他场所。

2.临时应急照明设置要求

（1）作业场所应急照明的照度不应低于正常工作所需照度的90%，疏散通道的照度值不应小于0.5lx。

（2）临时消防应急照明灯具宜选用自备电源的应急照明灯具，自备电源的连续供电时间不应小于60min。

第五节 施工现场的消防安全管理

考点一 施工现场消防安全管理内容

1.消防安全管理制度

施工单位应针对施工现场可能导致火灾发生的施工作业及其他活动，制订消防安全管理制度。消防安全管理制度应包括下列主要内容：

（1）消防安全教育与培训制度。

（2）可燃及易燃易爆危险品管理制度。

（3）用火、用电、用气管理制度。

（4）消防安全检查制度。

（5）应急预案演练制度。

2.防火技术方案

防火技术方案应包括以下主要内容：

（1）施工现场重大火灾危险源辨识。

（2）施工现场防火技术措施，即施工人员在具有火灾危险的场所进行施工作业或实施具有火灾危险的工序时,在"人、机、料、环、法"等方面应采取的防火技术措施。
(3)临时消防设施、临时疏散设施配备,并应具体明确以下相关内容:
①明确配置灭火器的场所、选配灭火器的类型和数量及最小灭火级别。
②确定消防水源,临时消防给水管网的管径、敷设线路、给水工作压力及消防水池、水泵、消火栓等设施的位置、规格、数量等。
③明确设置应急照明的场所、应急照明灯具的类型、数量、安装位置等。
④在建工程永久性消防设施临时投入使用的安排及说明。
⑤明确安全疏散的线路(位置)、疏散设施搭设的方法及要求等。
(4)临时消防设施和消防警示标识布置图。

3.施工现场灭火及应急疏散预案

灭火及应急疏散预案应包括下列主要内容:
(1)应急灭火处置机构及各级人员应急处置职责。
(2)报警、接警处置的程序和通讯联络的方式。
(3)扑救初起火灾的程序和措施。
(4)应急疏散及救援的程序和措施。

4.消防安全教育与培训

防火安全教育和培训应包括下列内容:
(1)施工现场临时消防设施的性能及使用、维护方法。
(2)施工现场消防安全管理制度、防火技术方案、灭火及应急疏散预案的主要内容。
(3)扑灭初起火灾及自救逃生的知识和技能。
(4)报火警、接警的程序和方法。

5.消防安全技术交底

消防安全技术交底应包括下列主要内容:
(1)施工过程中可能发生火灾的部位或环节。
(2)施工过程应采取的防火措施及应配备的临时消防设施。
(3)初起火灾的扑救方法及注意事项。
(4)逃生方法及路线。

6.消防安全检查

消防安全检查应包括下列主要内容:
(1)可燃物及易燃易爆危险品的管理是否落实。
(2)动火作业的防火措施是否落实。
(3)用火、用电、用气是否存在违章操作,电、气焊及保温防水施工是否执行操作规程。
(4)临时消防设施是否完好有效。
(5)临时消防车道及临时疏散设施是否畅通。

7.消防管理档案

施工现场防火安全管理档案包括以下文件和记录:
(1)施工单位组建施工现场防火安全管理机构及聘任现场防火管理人员的文件。
(2)施工现场防火应急预案及其审批记录。
(3)施工现场防火安全教育和培训记录。
(4)施工现场防火安全管理制度及其审批记录。

(5)施工现场防火安全管理方案及其审批记录。
(6)施工现场防火安全技术交底记录。
(7)施工现场消防设备、设施、器材台帐及更换、增减记录。
(8)施工现场灭火和应急疏散演练记录。
(9)施工现场消防设备、设施、器材验收记录。
(10)施工现场防火安全检查记录(含防火巡查记录、定期检查记录、专项检查记录、季节性检查记录、防火安全问题或隐患整改通知单、问题或隐患整改回复单、问题或隐患整改复查记录)。
(11)施工现场火灾事故记录及火灾事故调查报告。
(12)施工现场防火工作考评和奖惩记录。

考点二 可燃物及易燃易爆危险品管理

可燃材料及易燃易爆危险品应按计划限量进场。进场后,可燃材料宜存放于库房内,如露天存放时,应分类成垛堆放,垛高不应超过2m,单垛体积不应超过50m³,垛与垛之间的最小间距不应小于2m,且应采用不燃或难燃材料覆盖;易燃易爆危险品应分类专库储存,库房内通风良好,并设置禁火标志。室内使用油漆及其有机溶剂、乙二胺、冷底子油或其他可燃、易燃易爆危险品的物资作业时,这些易燃易爆危险品如果在空气中达到一定浓度,极易遇明火发生爆炸,因此,应保持良好通风,作业场所严禁明火,并应避免产生静电。

考点三 用火、用电、用气管理

(一)用火管理

1.动火作业管理

(1)施工现场动火作业前,应由动火作业人提出动火作业申请。动火作业申请至少应包含动火作业的人员、内容、部位或场所、时间、作业环境及灭火救援措施等内容。
(2)动火操作人员应按照相关规定,具有相应资格,并持证上岗作业。
(3)动火许可证的签发人收到动火申请后,应前往现场查验并确认动火作业的防火措施落实后,方可签发动火许可证。
(4)施工作业安排时,宜将动火作业安排在使用可燃建筑材料的施工作业前进行。确需在使用可燃建筑材料的施工作业之后进行动火作业,应采取可靠的防火措施。
(5)焊接、切割、烘烤或加热等动火作业前,应对作业现场的可燃物进行清理;作业现场及其附近无法移走的可燃物,应采用不燃材料对其覆盖或隔离。
(6)严禁在裸露的可燃材料上直接进行动火作业。
(7)五级(含五级)以上风力时,应停止焊接、切割等室外动火作业。
(8)焊接、切割、烘烤或加热等动火作业,应配备灭火器材,并设动火监护人进行现场监护,每个动火作业点均应设置一个监护人。
(9)动火作业后,应对现场进行检查,确认无火灾危险后,动火操作人员方可离开。

2.其他用火管理

(1)施工现场存放和使用易燃易爆物品的场所(如油漆间、液化气间等),严禁明火。
(2)冬季风大物燥,施工现场采用明火取暖极易引起火灾,因此,施工现场不应采用明火取暖。
(3)厨房操作间炉灶使用完毕后,应将炉火熄灭,排油烟机及油烟管道应定期清理油垢。

（二）用电管理

为保证施工现场消防安全，避免因上述用电原因引发施工现场火灾，施工现场用电，应符合下列要求：

（1）施工现场的发电、变电、输电、配电、用电的设备、电器、线路及相应的保护装置等供用电设施的设计、施工、运行、维护应符合现行国家标准《建设工程施工现场供用电安全规范》（GB 50194—2014）的要求。

（2）电气设备特别是易产生高热的设备，应与可燃、易燃易爆和腐蚀性物品保持一定的安全距离。

（3）电气线路应具有相应的绝缘强度和机械强度，严禁使用绝缘老化或失去绝缘性能的电气线路，严禁在电气线路上悬挂物品。破损、烧焦的插座、插头应及时更换。

（4）电气设备不应超负荷运行或带故障使用。

（5）有爆炸和火灾危险的场所，按危险场所等级选用相应的电气设备。

（6）配电屏上每个电气回路应设置漏电保护器、过载保护器，距配电屏2m范围内不应堆放可燃物，5m范围内不应设置可能产生较多易燃、易爆气体、粉尘的作业区。

（7）可燃材料库房不应使用高热灯具，易燃易爆危险品库房内应使用防爆灯具。

（8）普通灯具与易燃物距离不宜小于300mm；聚光灯、碘钨灯等高热灯具与易燃物距离不宜小于500mm。

（9）禁止私自改装现场供用电设施，现场供用电设施的改装应经具有相应资质的电气工程师批准，并由具有相应资质的电工实施。

（10）应定期对电气设备和线路的运行及维护情况进行检查。

（三）用气管理

施工现场用气，应符合以下要求：

（1）储装气体的罐瓶及其附件应合格、完好和有效；严禁使用减压器及其他附件缺损的氧气瓶，严禁使用乙炔专用减压器、回火防止器及其他附件缺损的乙炔瓶。

（2）气瓶运输、存放、使用时，应符合下列规定：

①燃气储装瓶罐应设置防静电装置。

②严禁碰撞、敲打、抛掷、滚动气瓶。

③气瓶应保持直立状态，并采取防倾倒措施，乙炔瓶严禁横躺卧放。

④气瓶应远离火源，距火源距离不应小于10m，并应采取避免高温和防止暴晒的措施。

（3）气瓶应分类储存，库房内通风良好；空瓶和实瓶同库存放时，应分开放置，两者间距不应小于1.5m。

（4）气瓶使用时，应符合以下规定：

①使用前，应检查气瓶及气瓶附件的完好性，检查连接气路的气密性，并采取避免气体泄漏的措施，严禁使用已老化的橡皮气管。

②氧气瓶与乙炔瓶的工作间距不应小于5m，气瓶与明火作业点的距离不应小于10m。

③氧气瓶内剩余气体的压力不应小于0.1MPa。

④冬季使用气瓶，如气瓶的瓶阀、减压器等发生冻结，严禁用火烘烤或用铁器敲击瓶阀，禁止猛拧减压器的调节螺丝。

⑤气瓶用后，应及时归库。

考点四　其他施工管理

1.设置防火标识

施工现场的临时发电机房、变配电房、易燃易爆危险品存放库房和使用场所、可燃材料堆场及其加工场、宿舍等重点防火部位或区域，应在醒目位置设置防火警示标识。施工现场严禁吸烟，应设置禁烟标识。

2.做好临时消防设施维护

（1）临时消防车道、临时疏散通道、安全出口应保持畅通，不得遮挡、挪动疏散指示标识，不得挪用消防设施。

（2）施工现场尚未完工前，临时消防设施及临时疏散设施不应被拆除，并应确保其有效使用。

（3）施工现场的临时消防设施受外部环境、交叉作业影响，易失效或损坏或丢失，施工单位应做好施工现场临时消防设施的日常维护工作，对已失效、损坏或丢失的消防设施，应及时更换、修复或补充。

本章练习题

单项选择题

1. 施工现场出入口的设置应满足消防车通行的要求，并宜布置在不同方向，其数量不宜少于（　　）个。
   A.1　　　　　　B.2　　　　　　C.3　　　　　　D.4

2. 氧气瓶与乙炔瓶的工作间距不应小于（　　）m。
   A.4　　　　　　B.5　　　　　　C.8　　　　　　D.10

3. 可燃材料及易燃易爆危险品应按计划限量进场。应分类成垛堆放，垛高不应超过2m，单垛体积不应超过（　　）m³。
   A.20　　　　　B.30　　　　　C.40　　　　　D.50

4. 临时消防应急照明灯具宜选用自备电源的应急照明灯具，自备电源的连续供电时间不应小于（　　）min。
   A.30　　　　　B.60　　　　　C.90　　　　　D.120

5. 普通灯具与易燃物距离不宜小于（　　）mm。
   A.100　　　　B.200　　　　C.300　　　　D.500

6. 对于建筑高度超过（　　）m的在建工程，还需在楼层上增设楼层中转水池和加压水泵，进行分段加压，分段给水。
   A.50　　　　　B.100　　　　C.150　　　　D.200

7. 设置在地面上的临时疏散通道，其净宽度不应小于（　　）m。
   A.0.5　　　　B.1　　　　　C.1.5　　　　D.2

参考答案

单项选择题

1.B　2.B　3.D　4.B　5.C　6.B　7.C

第六章 大型群众性活动消防安全管理

本章知识框架

大型群众性活动消防安全管理	概述	1.大型群众性活动的主要特点及火灾因素(★☆☆☆☆) 2.重大活动消防安全保卫工作(★★☆☆☆)
	大型群众性活动消防安全管理要求	1.大型群众性活动消防安全责任(★★★☆☆) 2.大型群众性活动消防安全工作指导思想(★★★☆☆) 3.大型群众性活动消防安全管理工作原则(★★★☆☆) 4.大型群众性活动消防安全管理组织体系(★★★☆☆) 5.大型群众性活动消防安全管理工作职责(★★★☆☆) 6.大型群众性活动消防安全管理的档案管理(★★★☆☆)
	大型群众性活动消防工作实施	1.大型群众性活动消防安全管理的实施(★★☆☆☆) 2.大型群众性活动消防安全管理的工作内容(★★☆☆☆)

 第一节 概述

考点一 大型群众性活动的主要特点及火灾因素

1.大型群众性活动的主要特点

大型群众性活动具有规模大、临时性和协调难等特点。

2.大型群众性活动的火灾因素

大型群众性活动的火灾因素有如下几点：

(1)电气引起火灾。

(2)明火管理不善引起火灾。

(3)吸烟不慎引起火灾。

(4)放烟花引起火灾。

考点二 重大活动消防安全保卫工作

1.重大活动的活动特点

重大活动的活动特点包括：①活动场所复杂；②活动筹备期长；③社会影响力大；④参与人数众多；⑤多种活动交织。

2.重大活动消防安保工作原则

重大活动消防安保工作原则包括:①坚持预防为主的原则;②坚持依法管理的原则;③坚持群众参与的原则。

第二节 大型群众性活动消防安全管理要求

考点一 大型群众性活动消防安全责任

大型群众性活动的承办者对其承办活动的安全负责,承办者的主要负责人为大型群众性活动的安全责任人。

考点二 大型群众性活动消防安全工作指导思想

大型群众性活动的举办应坚持"预防为主,防消结合"的方针,围绕"少发生,力争不发生大的火灾事故;一旦发生火灾,要全力将火灾损失降到最低,实现少死人、力争不死人"的目标,重点管控,整体防控,确保大型群众性活动现场不发生群死群伤火灾事故,为大型群众性活动的顺利举行和构建和谐社会创造良好的消防安全环境。

考点三 大型群众性活动消防安全管理工作原则

大型群众性活动消防安全保卫工作必须坚持五个原则,分别为:①以人为本,减少火灾;②居安思危,预防为主;③统一领导,分级负责;④依法申报,加强监管;⑤快速反应,协同应对。

考点四 大型群众性活动消防安全管理组织体系

举办大型群众性活动的单位,应结合本单位实际和活动需要,成立由单位消防安全责任人(法定代表人或主要领导)任组长、消防安全管理人及单位副职领导(专、兼职)为副组长、各部门领导为成员的消防安全保卫工作领导小组,统一指挥协调大型群众性活动的消防安全保卫工作。领导小组应设灭火行动组、通讯保障组、疏散引导组、安全防护救护组和防火巡查组。

考点五 大型群众性活动消防安全管理工作职责

1.承办单位消防安全责任人

承办单位消防安全责任人作为大型群众性活动消防安全保卫工作领导小组组长,是大型群众性活动消防安全工作的第一责任人,必须履行以下消防安全职责:

(1)贯彻依法向当地公安消防机构申报重大节庆活动举办的消防安全检查手续,在取得合格手续的前提下方可举办。

(2)将消防工作与承办的大型群众性活动统筹安排,批准实施大型群众性活动消防安全工作方案。

(3)执行消防法规,保障承办活动消防安全符合规定,掌握活动的消防安全情况。

(4)为大型群众性活动的消防安全提供必要的经费和组织保障。

(5)确定逐级消防安全责任,批准实施消防安全制度和保障消防安全的操作规程。

(6)组织防火巡查、防火检查,督促落实火灾隐患整改,及时处理涉及消防安全的重大问题。

(7)根据消防法规的规定建立义务消防队。

(8)组织制定符合大型群众性活动实际的灭火和应急疏散预案,并实施演练。

2.承办单位消防安全管理人

(1)拟订大型群众性活动消防安全工作方案,组织实施大型群众性活动的消防安全管理工作。

(2)组织制订消防安全制度和保障消防安全的操作规程并检查督促其落实。

(3)拟订消防安全工作的资金投入和组织保障方案。

(4)组织实施对承办活动所需的消防设施、灭火器材和消防安全标志进行检查,确保其完好有效,确保疏散通道和安全出口畅通。

(5)对参加活动的演职、服务、保障等人员进行消防知识、技能的宣传教育和培训,组织灭火和应急疏散预案的实施和演练。

(6)组织实施防火巡查、防火检查和火灾隐患整改工作。

(7)组织管理义务消防队。

(8)单位消防安全责任人委托的其他消防安全管理工作。

(9)协调活动场地所属单位做好相关消防安全工作。

消防安全管理人应当定期向消防安全责任人报告消防安全情况,及时报告涉及消防安全的重大问题。未确定消防安全管理人的,消防安全管理工作由单位消防安全责任人负责实施。

3.活动场地产权单位

活动场地的产权单位应当向大型群众性活动的承办单位提供符合消防安全要求的建筑物、场所和场地。对于承包、租赁或者委托经营、管理时,当事人在订立的合同中依照有关规定明确各方的消防安全责任;消防车通道、涉及公共消防安全的疏散设施和其他建筑消防设施应当由产权单位或者委托管理的单位统一管理。

4.灭火行动组

灭火行动组履行以下工作职责:

(1)对举办活动场地及相关设施组织消防安全检查,督促相关职能部门整改火灾隐患,确保活动举办安全。

(2)结合活动举办实际,制定灭火和应急疏散预案,并报请领导小组审批后实施。

(3)实施灭火和应急疏散预案的演练,对预案存在的不合理的地方进行调整,确保预案贴近实战。

(4)组织力量在活动举办现场利用现有消防装备实施消防安全保卫,确保第一时间处置火灾事故或突发性事件。

(5)发生火灾事故时,组织人员对现场进行保护,协助当地公安机关进行事故调查。

(6)对发生的火灾事故进行分析,吸取教训,积累经验,为今后的活动举办提供强有力的安全保障。

5.通迅保障组

通迅保障组履行以下工作职责:

(1)建立通迅平台有条件的单位可利用无线通迅平台,无条件的单位将领导小组各级领导及成员的联系方式汇编成册,建立通信联络平台。

(2)保证第一时间内将领导小组长的各项指令第一时间内传达到每一个参战单位和人员,实现上下通迅畅通无阻。

(3)与当地公安消防机构保持紧密联系,确保第一时间向公安消防机构报警,争取灭火救援时间,最大限度地减少人员伤亡和财产损失。

6.疏散引导组

疏散引导组履行以下工作职责：

（1）掌握活动举办场所各安全通道、出口位置，了解安全通道、出口畅通情况。

（2）在关键部位，设置工作人员，确保通道、出口畅通。

（3）在发生火灾或突发事件的第一时间，引导参加活动的人员从最近的安全通道、安全出口疏散，确保参加活动人员生命安全。

7.安全防护救护组

组长由一名副职领导担任。成员由相关部门及全体人员组成。履行以下工作职责：

（1）做好可能发生的事件的前期预防，做到心中有数。

（2）聘请医疗机构的专业人员备齐相应的医疗设备和急救药品到活动现场，做好应对突发事件的准备工作。

（3）一旦发生突发事件，确保第一时间到场处置，确保人身安全。

8.防火巡查组

组长由一名副职领导担任，成员由组织具有专业消防知识和技能的巡查人员组成。履行以下工作职责：

（1）巡查活动现场消防设施是否完好有效。

（2）巡视活动现场安全出口、疏散通道是否畅通。

（3）巡查活动消防重点部位的运行状况、工作人员在岗情况。

（4）巡查活动过程中用火用电情况。

（5）巡查活动过程中的其他消防不安全因素。

（6）纠正巡查过程中的消防违章行为。

（7）及时向活动的消防安全管理人报告巡查情况。

考点六　大型群众性活动消防安全管理的档案管理

1.消防安全基本情况

（1）活动基本概况和活动消防安全重点部位情况。

（2）活动场所符合消防安全条件的相关文件。

（3）活动消防管理组织机构和各级消防安全责任人。

（4）活动消防安全工作方案、消防安全制度。

（5）消防设施、灭火器材情况。

（6）现场防火巡查力量、义务消防队等力量部署及消防装备配备情况。

（7）与活动消防安全有关的重点工作人员情况。

（8）临时搭建的活动设施的耐火性能检测情况。

（9）灭火和应急疏散预案。

2.消防安全管理情况

（1）活动前公安消防机构进行消防安全检查的文件或资料，以及落实整改意见的情况。

（2）活动所需消防设备设施的配备、运行情况。

（3）防火检查、巡查记录。

（4）消防安全培训记录。

（5）灭火和应急疏散预案的演练记录。

(6)火灾情况记录。
(7)消防奖惩情况记录。

第三节 大型群众性活动消防工作实施

考点一 大型群众性活动消防安全管理的实施

1.前期筹备阶段

在前期筹备阶段,大型群众性活动承办单位应:依法办理举办大型群众性活动的各类许可事项,对活动场所、场地的消防安全情况进行收集整理,特别是要对活动场所和场地是否进行消防设计审核、消防验收等情况进行调研;同场地的产权单位签订包括消防安全责任划分在内的相关协议。不应使用未经消防验收的场所、场地举办大型群众性活动。

2.集中审批阶段

(1)领导小组对各项消防安全工作方案以及各小组的组成人员进行全面复核,确保工作方案贴合现场保卫工作实际、各职能小组结构合理,形成最强的战斗集体。
(2)对制定的灭火和应急疏散预案进行审定,确保灭火和应急疏散预案合理有效。
(3)对灭火和应急疏散预案组织实施实战演练,及时调整预案,确保预案更切合实际。
(4)对活动搭建的临时设施进行全面检查,强化过程管理,确保施工期间的消防安全。
(5)在活动举办前,对活动所需的用电线路进行全电力负荷测试,确保用电安全。

3.现场保卫阶段

根据先期制定的预案,现场保卫主要分为活动现场保卫和外围流动保卫两个方面,其中现场保卫包括现场防火监督保卫和现场灭火保卫两种。

考点二 大型群众性活动消防安全管理的工作内容

1.防火巡查

防火巡查的内容应该包括以下几点:
(1)及时纠正违章行为。
(2)妥善处置火灾危险,无法当场处置的,应当立即报告。
(3)发现初起火灾应当立即报警并及时扑救。防火巡查应当填写巡查记录,巡查人员及其主管人员应当在巡查记录上签名。

2.防火检查

防火检查的内容应当包括如下几点:
(1)公安消防机构所提意见的整改情况以及防范措施的落实情况。
(2)安全疏散通道、疏散指示标志、应急照明和安全出口情况。
(3)消防安全标志的设置情况和完好、有效情况。
(4)重点操作人员以及其他人员消防知识的掌握情况。
(5)易燃易爆危险物品和场所防火防爆措施的落实情况以及其他重要物资的防火安全情况。
(6)灭火器材配置及有效情况。
(7)用电设备运行情况。

(8)消防车通道、消防水源情况。
(9)消防安全重点部位的管理情况。
(10)防火巡查情况。
(11)其他需要检查的内容。
防火检查应当填写检查记录。检查人员和被检查部门负责人应当在检查记录上签名。

3.灭火和应急疏散预案

大型群众性活动的承办单位制定的灭火和应急疏散预案应当包括下列内容：
(1)组织机构。组织机构主要包括：灭火行动组、通信联络组、疏散引导组、安全防护救护组。
(2)报警和接警处置程序。
(3)扑救初起火灾的程序和措施。
(4)应急疏散的组织程序和措施。
(5)通信联络、安全防护救护的程序和措施。

承办单位应当按照灭火和应急疏散预案，在活动举办前至少进行一次演练，并结合实际，不断完善预案。消防演练时,应当设置明显标识并事先告知演练范围内的人员。

本章练习题

单项选择题

1.《大型群众性活动安全管理条例》规定的大型群众性活动即法人或者其他组织面向社会公众举办的每场次预计参加人数达到(　　)人以上的活动。
   A.500　　　　　B.1000　　　　　C.2000　　　　　D.3000

2.下列不属于大型群众性活动的主要特点的是(　　)。
   A.规模大　　　　　　　　　　　B.临时性
   C.协调难　　　　　　　　　　　D.集中性

3.大型群众性活动应当在活动前(　　)小时内进行防火检查。
   A.5　　　　　　B.8　　　　　　C.10　　　　　　D.12

4.大型群众性活动应当组织具有专业消防知识和技能的巡查人员在活动举办前(　　)h进行一次防火检查。
   A.0.5　　　　　B.1　　　　　　C.1.5　　　　　　D.2

5.大型群众性活动的消防安全管理实施不包括(　　)阶段。
   A.前期准备　　　　　　　　　　B.现场保卫
   C.后期总结　　　　　　　　　　D.集中审批

单项选择题
1.B　2.D　3.D　4.D　5.C

注册消防工程师资格考试辅导教材

消防安全案例分析

XIAOFANG ANQUAN ANLI FENXI

注册消防工程师资格考试辅导教材编写组 编

图书在版编目（CIP）数据

消防安全案例分析 /《注册消防工程师资格考试辅导教材》编写组编. -- 北京：企业管理出版社，2016.6
注册消防工程师资格考试辅导教材
ISBN 978-7-5164-1290-9

Ⅰ. ①消… Ⅱ. ①注… Ⅲ. ①消防－安全管理－案例－资格考试－自学参考资料 Ⅳ. ①TU998.1

中国版本图书馆 CIP 数据核字(2016)第 128080 号

书　　名：	注册消防工程师资格考试辅导教材：消防安全案例分析
作　　者：	《注册消防工程师资格考试辅导教材》编写组
责任编辑：	程静涵
书　　号：	ISBN 978-7-5164-1290-9
出版发行：	企业管理出版社
地　　址：	北京市海淀区紫竹院南路 17 号　　邮编：100048
网　　址：	http://www.emph.cn
电　　话：	总编室（010）68701719　发行部（010）68701816　编辑部（010）68701638
电子信箱：	80147@sina.com
印　　刷：	北京铭传印刷有限公司
经　　销：	新华书店
规　　格：	185 毫米×260 毫米　　16 开本　　7 印张　　170 千字
版　　次：	2016 年 6 月 第 1 版　2016 年 6 月第 1 次印刷
定　　价：	110.00（全两册）

版权所有　　翻印必究　·　印装有误　　负责调换

前言

  2012年9月中华人民共和国人力资源和社会保障部、公安部联合公布了《注册消防工程师资格考试实施办法》，2015年8月，公安部消防局发布了2015年233号文件，初步确认注册消防工程师考试时间。至此，注册消防工程师考试正式拉开了帷幕。

  为了适应注册消防工程师资格考试的需要，我们组织专家老师多次研讨，根据考试大纲，结合最新规范，精心编写了这套辅导教材。本套教材为考生提供了最具概括性、目标性和专业性的考点知识讲解，从而帮助考生缩短学习时间，提高复习效率。

  本套教材共分为三册，分别为《消防安全技术实务》《消防安全技术综合能力》和《消防安全案例分析》。其中，《消防安全技术综合能力》和《消防安全案例分析》可以作为注册消防工程师二级考试用书。

  在本书编写过程中，我们得到了很多在消防领域从事一线工作的消防工作者以及该领域专业老师的支持，在此表示衷心的感谢！虽然编写组成员精益求精，但是由于水平有限，书中难免有错漏和不足之处，恳请广大读者批评指正。

目录

第一章　建筑防火案例分析 ……………………………………………… 1

第一节　木器厂房防火案例分析 ……………………………………………… 1
第二节　毛皮制品仓库防火案例分析 ………………………………………… 4
第三节　歌舞厅防火案例分析 ………………………………………………… 5
第四节　购物中心防火案例分析 ……………………………………………… 8
第五节　体育馆建筑防火案例分析 …………………………………………… 10
第六节　餐饮建筑防火案例分析 ……………………………………………… 12
第七节　高层旅馆建筑防火案例分析 ………………………………………… 13
第八节　超高层办公楼建筑防火案例分析 …………………………………… 14
第九节　高层病房楼建筑防火案例分析 ……………………………………… 16
第十节　设置商业服务网点的高层住宅建筑防火案例分析 ………………… 18
第十一节　高层综合楼防火案例分析 ………………………………………… 20
第十二节　地下人防电影院建筑防火案例分析 ……………………………… 24
第十三节　地下汽车库建筑防火案例分析 …………………………………… 26
第十四节　汽车加油站防火案例分析 ………………………………………… 27
第十五节　甲醇合成厂房防火案例分析 ……………………………………… 29
第十六节　可燃液体储罐区防火案例分析 …………………………………… 31

第二章　消防设施应用案例分析 ………………………………………… 33

第一节　多层歌舞娱乐放映游艺场所建筑消防设施配置案例分析 ………… 34
第二节　丙类厂房建筑消防设施配置案例分析 ……………………………… 36
第三节　多层丙类仓库建筑消防设施配置案例分析 ………………………… 37
第四节　地下汽车库消防设施配置案例分析 ………………………………… 39
第五节　一类高层综合楼建筑消防设施配置案例分析 ……………………… 41
第六节　一类高层商住楼建筑消防设施配置案例分析 ……………………… 43
第七节　高度超过 100m 的综合楼建筑消防设施配置案例分析 …………… 45
第八节　二类高层旅馆建筑消防设施配置案例分析 ………………………… 49
第九节　甲、乙、丙类液体储罐区消防设施配置案例分析 ………………… 50
第十节　大型多层展览建筑消防设施配置案例分析 ………………………… 51
第十一节　室内消火栓系统检测与验收案例分析 …………………………… 54
第十二节　自动喷水灭火系统的检测与维保案例分析 ……………………… 55
第十三节　气体灭火设施检测与验收案例分析 ……………………………… 55

第十四节	泡沫灭火设施检测与验收案例分析	57
第十五节	防烟和排烟设施检测与验收案例分析	58
第十六节	消防应急照明和疏散指示标志检测与验收案例分析	60
第十七节	灭火器及其配置验收案例分析	62
第十八节	火灾自动报警设施检测与验收案例分析	64
第十九节	室内消火栓系统、自动喷水灭火系统检查与维护保养案例分析	66
第二十节	自动喷水灭火系统检查与维护保养案例分析	67
第二十一节	泡沫灭火设施检查与维护保养案例分析	67
第二十二节	防烟和排烟设施检查与维护保养案例分析	68
第二十三节	火灾自动报警设施检查与维护保养案例分析	68
第二十四节	消防应急照明和疏散指示标志检查与维护保养案例分析	70
第二十五节	灭火器配置验收与检查案例分析	71

❖第三章　消防安全评估案例分析　72

第一节	大型商业综合体消防性能化设计评估案例分析	72
第二节	大型会展建筑消防性能化设计评估案例分析	75
第三节	大型交通枢纽消防性能化设计评估案例分析	76
第四节	大型地下空间消防性能化设计评估案例分析	78
第五节	大型广电文化建筑消防性能化设计评估案例分析	79
第六节	历史文化街区消防安全评估案例分析	81
第七节	古建筑保护区消防安全评估案例分析	82
第八节	城乡一体化消防安全评估案例分析	84
第九节	乡消防安全评估案例分析	85

❖第四章　消防安全管理案例分析　87

第一节	消防安全组织、制度案例分析	87
第二节	建设工程施工现场消防安全管理案例分析	88
第三节	高层民用建筑消防安全管理案例分析	89
第四节	地下空间消防安全管理分析	92
第五节	易燃易爆生产、储运单位消防安全管理案例分析	93
第六节	消防档案管理案例分析	96
第七节	消防灭火疏散演练案例分析	97

❖第五章　火灾案例分析　98

第一节	上海"11·15"胶州路高层公寓大楼火灾案例分析	98
第二节	沈阳皇朝万鑫大厦"2·3"火灾案例分析	99
第三节	"7·16"大连中石油保税区油库火灾案例分析	100
第四节	福州市长乐拉丁酒吧"1·31"火灾案例分析	100
第五节	吉林省吉林市吉林商业大厦重大火灾案例分析	102
第六节	北京市丰台区玉泉营环岛家具城火灾案例分析	102
第七节	北京市隆福商业大厦火灾案例分析	104
第八节	青岛市调理食品厂"11·5"火灾案例分析	105
第九节	广东省某市一处小作坊火灾案例分析	106

第一章
建筑防火案例分析

本章知识框架

建筑防火案例分析	木器厂房防火案例分析
	毛皮制品仓库防火案例分析
	歌舞厅防火案例分析
	购物中心防火案例分析
	体育馆建筑防火案例分析
	餐饮建筑防火案例分析
	高层旅馆建筑防火案例分析
	超高层办公楼建筑防火案例分析
	高层病房楼建筑防火案例分析
	设置商业服务网点的高层住宅建筑防火案例分析
	高层综合楼防火案例分析
	地下人防电影院建筑防火案例分析
	地下汽车库建筑防火案例分析
	汽车加油站防火案例分析
	甲醇合成厂房防火案例分析
	可燃液体储罐区防火案例分析

 第一节　木器厂房防火案例分析
情景描述

一、核心知识点和规范

1.厂房和仓库分类

同一座厂房(仓库)或厂房(仓库)的任一防火分区内有不同火灾危险性生产时,该厂房(仓库)或防火分区内的生产火灾危险性分类应按火灾危险性较大的部分确定。当火灾危险性较大的生产部分占本层或本防火分区面积的比例小于5%时,可按火灾危险性较小的部分确定。

各厂房和仓库的分类

厂房(仓库)名称	建筑概况	生产或储存物品的火灾危险性特征	生产或储存物品的火灾危险性类别	按建筑层数和高度分类
木器厂房	2层10m	生产中使用可燃固体	丙类	多层厂房
电子厂房	2层10m	生产中使用可燃固体	丙类	多层厂房
面粉碾磨厂房	6层25m	生产中产生能与空气形成爆炸性混合物的浮游状态的粉尘	乙类	高层厂房
酚醛泡沫塑料加工厂房	3层12m	常温下使用和加工难燃烧物质的热压成型生产	丁类	多层厂房
食用油仓库	5层20m	储存闪点大于60℃的液体	丙类1项	多层仓库

注:生产的火灾危险性分类要分析整个生产过程中的每个环节引起火灾的可能性。

2.厂房耐火等级和层数

依据《建筑设计防火规范》(GB 50016－2014)的相关规定,单、多层丙类厂房的耐火等级不应低于三级。使用或产生丙类液体的厂房的耐火等级不应低于二级;但当其为建筑面积不大于500m² 的单层丙类厂房时,可采用三级耐火等级的建筑。一、二级耐火等级丙类厂房的最多允许层数不限,三级耐火等级丙类厂房的最多允许层数不应超过2层。

3.防火间距和消防车道

项目	内容
防火间距	依据《建筑设计防火规范》(GB 50016－2014)的相关规定,木器厂房与面粉碾磨厂房、食用油仓库、电子厂房及酚醛泡沫塑料加工厂房之间的防火间距分别不应小于13m、10m、10m 及12m
消防车道	依据《建筑设计防火规范》(GB 50016－2014)的相关规定,木器厂房的占地面积大于3000m²,其应设置环形消防车道;确有困难时,应沿建筑物的两个长边设置消防车道。消防车道的净宽度和净空高度均不应小于4m。消防半径应满足消防车转弯的要求。消防车道靠建筑外墙一侧的边缘距离建筑外墙不宜小于5m。供消防车停留的空地,其坡度不宜大于8%。消防车道与厂房之间不应设置妨碍消防车作业的障碍物。环形消防车道至少应有两处与其他车道连通。尽头式消防车道应设置回车道或回车场,回车场的面积不应小于12m×12m,供重型消防车使用时,不宜小于18m×18m。消防车道路面及其下面的管道和暗沟等应能承受大型消防车的压力。消防车道可利用交通道路,但应满足消防车通行与停靠的要求

4.丙类厂房内办公室、休息室及中间仓库布置

依据《建筑设计防火规范》(GB 50016－2014)的相关规定,木器厂房内设置办公室、休息室时,其办公室、休息室应采用耐火极限不低于2.50h的防火隔墙和不低于1.00h的楼板与其他部位分隔,并应至少设置1个独立的安全出口,如隔墙上需要开设相互连通的门时,应采用乙级防火门。

设置甲类中间仓库时,其中间仓库储量不宜超过1昼夜的需要量并应靠外墙布置,还应采用防火墙和耐火极限不低于1.50h的不燃烧体楼板与其他部位分隔。

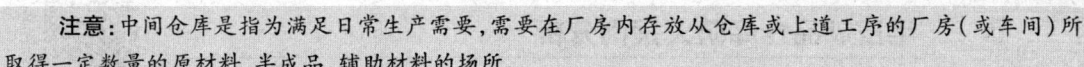

注意： 中间仓库是指为满足日常生产需要，需要在厂房内存放从仓库或上道工序的厂房（或车间）所取得一定数量的原材料、半成品、辅助材料的场所。

5. 构造防火

依据《建筑设计防火规范》（GB 50016—2014）的相关规定，附设在木器厂房内的消防水泵房、消防控制室、固定灭火系统的设备室和通风空气调节机房等，应采用耐火极限不低于2.00h的隔墙和1.50h的楼板与其他部位隔开；除消防水泵房隔墙上的门应采用甲级防火门外，其他隔墙上的门均应采用乙级防火门。

6. 防火分区

依据《建筑设计防火规范》（GB 50016—2014）的相关规定，木器厂房地上每个防火分区的最大允许建筑面积均不应大于4000m²；厂房内设置自动灭火系统时，每个防火分区的最大允许建筑面积可按上述规定增加1倍；厂房内局部设置自动灭火系统时，其防火分区增加面积可按该局部面积的1倍计算。

7. 安全疏散

依据《建筑设计防火规范》（GB 50016—2014）的相关规定，木器厂房每个防火分区、一个防火分区的每个楼层的安全出口不应少于2个；但当丙类厂房每层建筑面积不大于250m²，且同一时间的作业人数不超过20人时可设置1个安全出口。木器厂房的安全出口应分散布置，相邻2个安全出口最近边缘之间的水平距离不应小于5m。厂房内疏散楼梯的最小净宽度不宜小于1.10m，疏散走道的最小净宽度不宜小于1.40m，门的最小净宽度不宜小于0.90m；首层外门的总净宽度应按该层或该层以上人数最多的一层计算，且该门的最小净宽度不应小于1.20m。该厂房应设置封闭楼梯间或室外楼梯；但因其封闭楼梯间不能天然采光和自然通风，故按防烟楼梯间的要求设置。该厂房内任一点到最近安全出口的距离不应大于60m；厂房的疏散门应向疏散方向开启，并应采用平开门，不应采用推拉门、卷帘门、吊门、转门。

注意： 安全出口是指供人员安全疏散用的楼梯间、室外楼梯的出入口或直通室内外安全区域的出口。

二、巩固与提高

某耐火等级为三级的丙类木器厂房，受选址条件所限，与该厂的一栋已建耐火等级三级的多层办公楼之间的防火间距仅为12m。

(1) 通常情况下，两者之间的防火间距不应小于多少米？

(2) 如防火间距不足，请说出三条解决措施。

【参考答案】

(1) 通常情况下，木器厂房与多层办公楼之间的防火间距不应小于14m。

(2) ①降低拟建厂房的生产火灾危险性，将生产火灾危险性类别降至戊类后，该厂房与多层办公楼之间的最小防火间距为8m；②提高拟建厂房的耐火等级，使其耐火等级不低于二级后，该木器厂房与多层办公楼之间的最小防火间距为12m；③对已建办公楼进行结构改造，提高其耐火等级，使其耐火等级不低于二级后，该木器厂房与多层办公楼之间的最小防火间距为12m。

第二节　毛皮制品仓库防火案例分析

一、核心知识点和规范

1. 仓库和厂房分类

仓库和厂房分类

仓库（厂房）名称	建筑概况	储存物品或生产的火灾危险性特征	储存物品或生产的火灾危险性类别	按建筑层数和高度分类
毛皮制品仓库	3/1 层 18m	储存可燃固体	丙类 2 项	多层仓库
甲醇合成厂房	1 层 3.90m	生产中产生闪点小于 28℃ 的液体	甲类	单层厂房
玻璃制品仓库	7 层 28m	储存不燃烧物品	戊类	高层仓库
润滑油仓库	5 层 20m	储存闪点大于 60℃ 的液体	丙类 1 项	多层仓库
水泥刨花板仓库	3 层 12m	储存难燃烧物品	丁类	多层仓库

2. 耐火等级与构造防火

依据《建筑设计防火规范》(GB 50016-2014)的相关规定，丙类仓库的耐火等级不应低于三级，仓库中的防火分区之间必须采用防火墙分隔，其防火墙的耐火极限不应低于 4.00h。一、二级耐火等级仓库的上人平屋顶，其屋面板的耐火极限分别不应低于 1.50h 和 1.00h。

3. 仓库的最大允许占地面积和每个防火分区的最大允许建筑面积

毛皮制品仓库的最大允许占地面积不应大于 $4800m^2$，地上部分每个防火分区的最大允许建筑面积不应大于 $1200m^2$，地下室每个防火分区的最大允许建筑面积不应大于 $300m^2$；仓库内设置自动灭火系统时，每座仓库最大允许占地面积和每个防火分区最大允许建筑面积可按上述规定增加 1 倍。

4. 防火间距

依据《建筑设计防火规范》(GB 50016-2014)的相关规定，毛皮制品仓库与甲醇合成厂房、玻璃制品仓库、润滑油仓库和水泥刨花板仓库之间的防火间距分别不应小于 12m、13m、10m 及 12m。

5. 消防车道

依据《建筑设计防火规范》(GB 50016-2014)的相关规定，毛皮制品仓库的占地面积大于 $1500m^2$，其应设置环形消防车道；确有困难时，应沿建筑物的两个长边设置消防车道。消防车道的净宽度和净空高度均不应小于 4m。转弯半径应满足消防车转变的要求。消防车道靠建筑外墙一侧的边缘距离建筑外墙不宜小于 5m。供消防车停留的空地，其坡度不宜大于 8%。消防车道与仓库之间不应设置妨碍消防车作业的障碍物。环形消防车道至少应有两处与其他

第一章 建筑防火案例分析

车道连通。尽头式消防车道应设置回车道或回车场,回车场的面积不应小于 12m×12m;供大型消防车使用时,不宜小于 18m×18m。消防车道路面及其下面的管道和暗沟等应能承受大型消防车的压力。

6. 丙类仓库内办公室、休息室布置

依据《建筑设计防火规范》(GB 50016-2014)的相关规定,毛皮制品仓库内设置的办公室、休息室,应采用耐火极限不低于 2.50h 的防火隔墙和 1.00h 的楼板与库房隔开,并应设置独立的安全出口。

7. 安全疏散

依据《建筑设计防火规范》(GB 50016-2014)的相关规定,该毛皮制品仓库的安全出口不应少于 2 个且应分散布置;每个防火分区、一个防火分区的每个楼层,其相邻 2 个安全出口最近边缘之间的水平距离不应小于 5m;每个防火分区通向疏散走道、楼梯或室外的出口不宜少于 2 个,当一座仓库的占地面积不大于 300m² 时,可设置 1 个安全出口。仓库内每个防火分区通向疏散走道、楼梯或室外的出口不宜少于 2 个,当防火分区的建筑面积不大于 100m² 时,可设置 1 个出口。通向疏散走道或楼梯的门应为乙级防火门;疏散用门应为向疏散方向开启的平开门,首层靠墙的外侧可设推拉门或卷帘门;仓库内垂直运输物品的提升设施应设置在井壁的耐火极限不低于 2.00h 的井筒内,提升设施通向仓库入口上的门应采用乙级防火门或防火卷帘。

二、巩固与提高

某单层堆垛储物仓库,二级耐火等级,占地面积 2500m²,储存物质为成品罐装饮料,储物高度为 3m,其可燃包装重量超过物品本身重量 1/4。仓库内设有自动喷水灭火系统,划分成一个防火分区。

(1)该仓库储存物品的火灾危险性类别为哪一类?
(2)该仓库防火分区划分是否恰当?为什么?

【参考答案】

(1)该仓库储存物品的火灾危险性类别为丙类 2 项。
(2)该仓库防火分区划分恰当。该仓库为二级耐火等级的丙类 2 项单层仓库,其防火分区最大允许建筑面积为 1500m²;设有自动喷水灭火系统后,其防火分区最大允许建筑面积为 3000m²。因此,可以划分为一个防火分区。

第三节　歌舞厅防火案例分析

一、核心知识点和规范

1. 平面布置

依据《建筑设计防火规范》(GB 50016-2014)的相关规定,该歌舞厅宜设置在商业中心首层、地上二、三层的靠外墙部位,不宜布置在袋形走道的两侧或尽端;当必须布置在袋形走道的两侧或尽端时,其最远房间的疏散门至最近安全出口的距离不应大于 9m。

2. 安全疏散

依据《建筑设计防火规范》(GB 50016-2014)的相关规定,商业中心地上建筑层数超过 2

层时,其地上部分的疏散楼梯应采用封闭楼梯间(包括首层扩大封闭楼梯间)或室外疏散楼梯;商业中心地下室仅为1层,且其地下室内地面与室外出入口地坪高差不大于10m时,其地下室应设置封闭楼梯间。另外,歌舞厅的安全疏散应符合以下规定:

(1)歌舞厅内各房间疏散门的数量应经计算确定,且不应少于2个,该房间相邻2个疏散门最近边缘之间的水平距离不应小于5m;但建筑面积不大于50m²的地上房间和建筑面积不大于50m²且经常停留人数不超过15人的地下房间,均可设置1个疏散门。

(2)歌舞厅内位于两个安全出口之间的直接通向疏散走道的房间疏散门至最近安全出口的最大距离为25m;位于袋形走道两侧或尽端的直接通向疏散走道的房间疏散门至最近安全出口的距离,及房间内任一点到该房间直接通向疏散走道的疏散门的距离,均不应大于9m;建筑内全部设置自动喷水灭火系统时,其安全疏散距离可按上述规定增加25%。

(3)歌舞厅首层应设置直通室外的安全出口或在首层采用扩大封闭楼梯间;也可将直通室外的安全出口设置在离楼梯间不大于15m处。

(4)歌舞厅内疏散走道、安全出口、疏散楼梯以及房间疏散门的各自总宽度应经计算确定。安全出口、房间疏散门的净宽度不应小于0.90m,疏散走道和疏散楼梯的净宽度不应小于1.10m。

(5)歌舞厅内人员密集的公共场所的疏散门不应设置门槛,其净宽度不应小于1.40m,且紧靠门口内外各1.40m范围内不应设置踏步。

(6)歌舞厅的疏散人数应按所在场所的建筑面积0.50人/m²计算确定。

(7)歌舞厅各层的疏散走道、安全出口、疏散楼梯以及房间疏散门的各自总宽度,均应按其通过人数每100人不小于1m计算确定。

(8)歌舞厅不宜在窗口、阳台等部位设置金属栅栏,当必须设置时,应有从内部易于开启的装置。窗口、阳台等部位宜设置辅助疏散逃生设施。

(9)歌舞厅疏散用的楼梯间应能天然采光和自然通风,并宜靠外墙设置;不应设置烧水间、可燃材料储藏室、垃圾道;不应有影响疏散的凸出物或其他障碍物;不应敷设可燃气体或甲、乙、丙类液体管道。

(10)歌舞厅的封闭楼梯间,除应符合疏散用的楼梯间的规定外,尚应符合下列规定:

①封闭楼梯间的首层可将走道和门厅等包括在楼梯间内,形成扩大的封闭楼梯间,但应采用乙级防火门等措施与其他走道和房间隔开。

②除楼梯间的门之外,楼梯间的内墙上不应开设其他门窗洞口。

③通向楼梯间的门应采用乙级防火门,并应向疏散方向开启。

④当不能天然采光和自然通风时,应按防烟楼梯间的要求设置。

(11)歌舞厅如设置室外楼梯,则其栏杆扶手的高度不应小于1.10m;楼梯的净宽度不应小于0.90m,倾斜角度不应大于45°;楼梯段和平台均应采取不燃材料制作,平台的耐火极限不应低于1.00h,楼梯段的耐火极限不应低于0.25h;通向室外楼梯的门宜采用乙级防火门,并应向室外开启;除疏散门外,其楼梯周围2m内的墙面上不应设置其他门窗洞口,疏散门不应正对楼梯段。

(12)歌舞厅如设置防烟楼梯间,除应符合疏散用的楼梯间的规定外,尚应符合下列规定:

①当不能天然采光和自然通风时,楼梯间应按《建筑设计防火规范》的规定设置防烟或排

烟设施、消防应急照明设施。

②在楼梯间入口处应设置防烟前室、开敞式阳台或凹廊等。

③前室的使用面积不应小于6m²。

④疏散走道通向前室以及前室通向楼梯间的门应采用乙级防火门。

⑤除楼梯间门和前室门外,防烟楼梯间及其前室的内墙上不应开设其他门窗洞口。

⑥楼梯间的首层可将走道和门厅等包括在楼梯间前室内,形成扩大的防烟前室,但应采用乙级防火门等措施与其他走道和房间隔开。

(13)地下室与地上层的共用楼梯间,在首层应采用耐火极限不低于2.00h的不燃烧体隔墙和乙级防火门将地下、半地下部分与地上部分的连通部位完全隔开,并应有明显标志。

(14)楼梯间的首层应设置直通室外的安全出口或在首层采用扩大封闭楼梯间。当层数不超过4层时,可将直通室外的安全出口设置在离楼梯间小于等于15m处。

3.室内装修

(1)当顶棚或墙面表面局部采用多孔或泡沫状塑料时,其厚度不应大于15mm,且面积不得超过该房间顶棚或墙面积的10%。

(2)封闭楼梯间、防烟楼梯间及其前室的顶棚、墙面和地面均应采用A级装修材料。消防水泵房、排烟机房、固定灭火系统钢瓶间、配电室、变压器室、通风和空调机房等,其内部所有装修均应采用A级装修材料。

(3)建筑物内设有上下层相连通的中庭、走马廊、开敞楼梯、自动扶梯时,其连通部位的顶棚、墙面应采用A级装修材料,其他部位应采用不低于B_1级的装修材料。

(4)建筑内部的配电箱不应直接安装在低于B_1级的装修材料上。

(5)照明灯具的高温部位,当靠近非A级装修材料时,应采取隔热、散热等防火保护措施。灯饰所用材料的燃烧性能等级不应低于B_1级。

(6)不宜设置采用B_3级装饰材料制成的壁挂、雕塑、模型、标本,当需要设置时,不应靠近火源或热源。

(7)地上建筑的水平疏散走道和安全出口的门厅,其顶棚装饰材料应采用A级装修材料,其他部位应采用不低于B_1级的装修材料。

(8)地下民用建筑的疏散走道和安全出口的门厅,其顶棚、墙面和地面的装修材料应采用A级装修材料。

(9)建筑内部消火栓的门不应被装饰物遮掩,消火栓门四周的装修材料颜色应与消火栓门的颜色有明显区别。

(10)地上四层厅、室内装修的顶棚材料应采用A级装修材料,其他部位应采用不低于B_1级的装修材料;地下一层厅、室内装修的顶棚、墙面材料应采用A级装修材料,其他部位应采用不低于B_1级的装修材料。

(11)因内部装修的空间内装有自动喷水灭火系统和火灾自动报警系统,故首层至地上三层厅、室内装修的顶棚材料应采用不低于B_1级的装修材料,其他装修材料的燃烧性能等级可不限制。

(12)除地下建筑外,无窗房间的内部装修材料的燃烧性能等级,除A级外,应在上述规定的基础上提高一级。

二、巩固与提高

当歌舞娱乐游艺放映场所必须设置在建筑的地上一、二、三以外的其他楼层时,尚应符合哪些规定?

【参考答案】

(1)不应布置在地下二层及其以下,应当布置在地下一层时,地下一层地面与室外出入口地坪的高差不应大于10m。

(2)一个厅、室的建筑面积不应大于200m²,并应采用耐火极限不低于2.00h的不燃烧体隔墙和不低于1.00h的不燃烧体楼板与其他部位隔开,厅、室的疏散门应设置乙级防火门。

(3)应按《建筑设计防火规范》(GB 50016-2014)设置防烟与排烟设施。

第四节 购物中心防火案例分析

一、核心知识点和规范

1.建筑分类

依据《建筑设计防火规范》(GB 50016-2014)的相关规定,建筑高度不超过24m的公共建筑为单、多层公共建筑。

2.防火间距

依据《建筑设计防火规范》(GB 50016-2014)的相关规定,大型购物中心与周边建筑物之间的防火间距不应小于下表的规定:

大型购物中心与周边建、构筑之间的防火间距(m)

建构筑物名称、建筑类别和耐火等级	住宅楼(多层居住建筑、耐火等级二级)	办公楼(多层公共建筑、耐火等级三级)	茶楼(多层公共建筑、耐火等级四级)	10kV箱式变压器	室外停车场 耐火等级一、二级	室外停车场 耐火等级三级	室外停车场 耐火等级四级
大型购物中心(多层公共建筑,耐火等级一级)	6	7	9	3	6	8	10

3.防火分区

依据《建筑设计防火规范》(GB 50016-2014)的相关规定,大型购物中心的防火分区划分应符合下列规定:

(1)建筑地上各层防火分区的最大允许建筑面积均不应大于2500m²,地下一层设备用房防火分区的最大允许建筑面积均不应大于1000m²,其他地下一层用房的防火分区的最大允许建筑面积不应大于500m²;建筑内设置自动灭火系统时,该防火分区的最大允许建筑面积可按上述规定增加1倍;局部设置时,增加面积可按该局部面积的1倍计算。

(2)当建筑仅在首层设置商店营业厅时,符合按《建筑设计防火规范》的规定设置有自动喷水灭火系统、排烟设施和火灾自动报警系统,且其内部装修设计符合现行国家标准《建筑内部装修设计防火规范》的有关规定的条件时,其每个防火分区的最大允许建筑面积不应大于10000m²。

(3)建筑地下商店营业厅,不应经营和储存火灾危险性为甲、乙类储存物品属性的商品;应设置防烟与排烟设施;当设有火灾自动报警系统和自动灭火系统,其营业厅每个防火分区的最大允许建筑面积可增加到2000m²。

(4)当建筑地下商店营业厅总建筑面积大于20000m²时,应采用不开设门窗洞口的防火墙分隔。

4.安全疏散

(1)安全出口应分散布置。每个防火分区、一个防火分区的每个楼层,其相邻2个安全出口最近边缘之间的水平距离不应小于5m。

(2)每个防火分区、一个防火分区内的每个楼层,其安全出口的数量应经计算确定,且不应少于2个。地下一层每个防火分区可利用防火墙上1个通向相邻分区的防火门作为第二安全出口,但必须有1个直通室外的安全出口。

(3)地上建筑层数超过2层时,其地上部分的疏散楼梯应采用封闭楼梯间或室外疏散楼梯;地下室仅为1层时,其地下室内地面与室外出入口地坪高差不大于10m,故其地下室应设置封闭楼梯间。

(4)楼梯间的首层应设置直通室外的安全出口或在首层采用扩大封闭楼梯间。

(5)商店营业厅室内任何一点至最近安全出口的直线距离不宜大于30m,建筑物内全部设置自动喷水灭火系统时,其安全疏散距离可按上述规定增加25%。

(6)建筑中的疏散走道、安全出口、疏散楼梯以及房间疏散门的各自总宽度应经计算确定。安全出口、房间疏散门的净宽度不应小于0.90m,疏散走道和疏散楼梯的净宽度不应小于1.10m。商店营业厅的疏散门不应设置门槛,其净宽度不应小于1.40m,且紧靠门口内外各1.40m范围内不应设置踏步。

(7)建筑的室外疏散小巷的净宽度不应小于3m,并应直接通向宽敞地带。

(8)地下一层设备用房及物业管理用房区域的疏散走道、安全出口、疏散楼梯以及房间疏散门的各自总宽度,应按其通过人数每100人不小于0.75m计算确定;地下一层及地上各层商店营业厅的疏散走道、安全出口、疏散楼梯以及房间疏散门的各自总宽度,均应按其通过人数每100人不小于1m计算确定。

(9)商店的疏散人数应按每层营业厅建筑面积乘以下表规定的人员密度系数计算。对于建材商店、家具和灯饰展示建筑,其人员密度可按下表规定值的30%确定。商店营业厅的人员密度(人/m²)如下表所示:

商店营业厅人员密度

楼层位置	地下第二层	地下第一层	地上第一、二层	地上第三层	地上第四层及以上各层
人员密度	0.56	0.60	0.43~0.60	0.39~0.54	0.30~0.42

(10)不宜在窗口、阳台等部位设置金属栅栏,当必须设置时,应有从内部易于开启的装置。窗口、阳台等部位宜设置辅助疏散逃生设施。

(11)疏散用的楼梯间应能天然采光和自然通风,并宜靠外墙设置;不应设置烧水间、可燃材料储藏室、垃圾道;不应有影响疏散的凸出物或其他障碍物;不应敷设可燃气体或甲、乙、丙类液体管道。如封闭楼梯间不能天然采光和自然通风,则应按防烟楼梯间的要求设置。

(12)地下室与地上层的共用楼梯间,在首层应采用耐火极限不低于2.00h的不燃烧体隔墙和乙级防火门将地下、半地下部分与地上部分的连通部位完全隔开,并应有明显标志。

（13）自动扶梯和电梯不应作为安全疏散设施。

（14）客、货电梯宜设置独立的电梯间,不宜直接设置在营业厅、多功能厅等场所内。

二、巩固与提高

用于防火分隔的下沉式广场等室外开敞空间,应符合哪些规定?

【参考答案】

（1）不同防火分区通向下沉式广场等室外开敞空间的开口最近边缘之间的水平距离不应小于13m。室外开敞空间除用于人员疏散外不得用于其他商业或可能导致火灾蔓延的用途,其中用于疏散的净面积不应小于169m^2。

（2）下沉式广场等室外开敞空间内应设置不少于1部直通地面的疏散楼梯。

（3）确需设置防风雨棚时,防风雨棚不应完全封闭,四周开口部位应均匀布置,开口的面积不应小于室外开敞空间地面面积的25%,开口高度不应小于1.0m;开口设置百叶时,百叶的有效排烟面积可按百叶通风口面积的60%计算。

第五节 体育馆建筑防火案例分析

一、核心知识点和规范

1.体育建筑等级和耐火等级

体育建筑等级分为特级、甲级、乙级、丙级四级,除特级体育建筑的耐火等级应为一级外,其他体育建筑的耐火等级均不应低于二级。主要用途为举办地区性比赛的体育馆,依据《体育建筑设计规范》(JGJ 31-2003)的相关规定,该体育馆的建筑等级应为乙级,其耐火等级不应低于二级。

2.消防车道

（1）根据《体育建筑设计规范》(JGJ 31-2003)的相关规定,体育建筑周围消防车道应环通;当因各种原因消防车不能按规定靠近建筑物时,应采取下列措施之一满足对火灾扑救的需要:

①消防车在平台下部空间靠近建筑主体。

②消防车直接开入建筑内部。

③消防车到达平台上部以接近建筑主体。

④平台上部设消火栓。

（2）依据《建筑设计防火规范》(GB 50016-2014)的相关规定,超过3000个座位的体育馆宜设置环形消防车道。消防车道的净宽度和净空高度均不应小于4m。供消防车停留的空地,其坡度不宜大于3%。环形消防车道至少应有两处与其它车道连通。尽头式消防车道应设置回车道或回车场,回车场的面积不应小于12m×12m;供大型消防车使用时,不宜小于18m×18m。

3.防火分区

（1）体育建筑的防火分区尤其是比赛大厅,训练厅和观众休息厅等大空间处应结合建筑布局、功能分区和使用要求加以划分。

（2）体育馆的比赛场地和观众看台之间无法进行分隔,因此可以做为一个防火分区考虑,而观众休息厅和周边赛事用房可做为另一个防火分区考虑,这样既考虑了体育建筑空间的特殊性,又可以避免观众厅防火分区面积的无限扩大。

(3)一、二级耐火等级体育馆地上建筑防火分区的最大允许建筑面积为 2500m²;建筑内设置自动灭火系统时,该防火分区的最大允许建筑面积可按上述规定增加 1 倍;局部设置时,增加面积可按该局部面积的 1 倍计算。体育馆观众厅的防火分区最大允许建筑面积可适当放宽。

4.安全疏散

(1)体育馆的观众厅,其疏散门的数量应经计算确定,且不应少于 2 个,每个疏散门的平均疏散人数不宜超过 400～700 人。

(2)人员密集的公共场所、观众厅的疏散门不应设置门槛,其净宽度不应小于 1.40m,且紧靠门口内外各 1.40m 范围内不应设置踏步。

(3)体育馆的疏散走道、疏散楼梯、疏散门、安全出口的各自总宽度,应根据其通过人数和疏散净宽度指标计算确定。

5.室内装修

根据《体育建筑设计规范》(JGJ 31 – 2003)的相关规定,体育馆比赛、训练部位的室内墙面装修和顶棚(包括吸声、隔热和保温处理),应采用不燃烧体材料。固定座位应采用烟密度指数 50 以下的难燃材料制作,地面可采用不低于难燃等级的材料制作。

二、巩固与提高

体育馆的疏散走道、疏散楼梯、疏散门、安全出口的各自总宽度,应符合哪些规定?

【参考答案】

(1)体育馆观众厅内疏散走道的净宽度应按每 100 人不小于 0.60m 的净宽度计算,且不应小于 1m;边走道的净宽度不宜小于 0.80m。在布置疏散走道时,横走道之间的座位排数不宜超过 20 排;纵走道之间的座位数,每排不宜超过 26 个;前后排座椅的排距不小于 0.90m 时,可增加 1 倍,但不得超过 50 个;仅一侧有纵走道时,座位数应减少一半。

(2)体育馆观众厅外疏散走道的净宽度不应小于 1.10m。

(3)有等场需要的入场们不应作为观众厅的疏散门。

(4)体育馆供观众疏散的所有内门、外门、楼梯和走道的各自总宽度应按下表的规定计算。

体育馆每 100 人所需最小疏散净宽度   单位:m

观众厅座位数档次/座		3000～5000	5001～10000	10001～20000
疏散部位	门和走道	平坡地面	0.43	0.37	0.32
		阶梯地面	0.50	0.43	0.37
	楼梯		0.50	0.43	0.37

(5)疏散楼梯的踏步深度不应小于 0.28m,踏步高度不应大于 0.16m,楼梯最小宽度不得小于 1.20m,转折楼梯平台深度不应小楼梯宽度,直跑楼梯的中间平台深度不应小于 1.20m。

(6)疏散用门应采用平开门,不应采用推拉门、卷帘门、吊门、转门。人员密集场所平时需要控制人员随意出入的疏散用门,应保证火灾时不需要使用钥匙等任何工具即易于从内部打开,并应在显著位置设置标志和使用提示。

(7)疏散楼梯和疏散走道上的阶梯不宜采用螺旋楼梯和扇形踏步。当必须采用时,踏步上下两级所形成的平面角度不应大于10°,且每级扶手25cm处的踏步深度不应小于22cm。

第六节 餐饮建筑防火案例分析

一、核心知识点和规范

1.建筑分类

依据《建筑设计防火规范》(GB 50016-2014)的相关规定,建筑高度不超过24m的大型餐饮建筑应为多层公共建筑。

2.耐火等级

大型餐饮建筑应为重要公共建筑,根据《建筑设计防火规范》的规定,餐饮建筑地下室的耐火等级应为一级;地上建筑的耐火等级不应低于二级。

3.防火分区

依据《建筑设计防火规范》(GB 50016-2014)的相关规定,餐饮建筑地下一层防火分区的最大允许建筑面积不应大于500m²,地上各层防火分区的最大允许建筑面积不应大于2500m²。建筑内设置自动灭火系统时,该防火分区的最大允许建筑面积可按上述规定增加1倍;局部设置时,增加面积可按该局部面积的1倍计算。

4.中庭

(1)房间与中庭相通的开口部位应设置能自行关闭的甲级防火门窗。

(2)餐饮建筑内设置中庭,依据《建筑设计防火规范》(GB 50016-2014)的相关规定,其防火分区面积应按上下层相连通的面积叠加计算。

5.平面布置

(1)当布置在地下一层时,地下一层地面与室外出入口地坪的高差不应大于10m。

(2)每个厅、室的建筑面积均不应大于200m²,并均应采用耐火极限不低于2.00h的不燃烧体隔墙和1.00h的不燃烧体楼板与其他部位隔开;每个厅、室的疏散门均应设置乙级防火门。

(3)依据《建筑设计防火规范》(GB 50016-2014)的相关规定,设置防烟与排烟设施。

6.燃气厨房及燃气管井

(1)可燃气体管道严禁穿过防火墙。

(2)燃气厨房应符合下列要求:

①应采用耐火极限不低于2.00h的不燃烧体隔墙与其他部位隔开,隔墙上的门窗应为乙级防火门窗。

②燃气引入管应设手动快速切断阀和紧急自动切断阀;紧急自动切断阀停电时必须处于关闭状态(常开型)。

③燃气炊具应有熄火保护装置。

④厨房应设置燃气浓度检测报警器,并由管理室集中监视和控制。

⑤宜设烟气一氧化碳浓度检测报警器。

⑥燃气管道净高不宜小于2.2m。

⑦应有固定的防爆照明设备。

⑧应设置独立的机械送排风系统;其送、排风系统应采用防爆型的通风设备,当送风机设置在单独隔开的通风机房内且送风干管上设置了止回阀门时,可采用普通型的通风设备。

(3)燃气管井应符合下列要求：
①燃气管井应独立设置，其井壁应为耐火极限不低于1.00h的不燃烧体，井壁上的检查门应采用丙级防火门。
②燃气管井应在每层楼板处采用不低于楼板耐火极限的不燃烧体或防火封堵材料封堵。
③燃气管井与房间、走道等相连通的孔洞应采用防火封堵材料封堵。
④竖井内的燃气管道尽量不设或少设阀门等附件；竖井内的燃气管道的最高压力<u>不得大于0.2MPa</u>；燃气管道应涂黄色防腐识别漆。
⑤每隔4~5层设一燃气浓度检测报警器，上、下两个报警器的高度差<u>不应大于20m</u>。

二、巩固与提高

餐饮建筑防火对室内装修有何要求？
【参考答案】
依据《建筑内部装修设计防火规范（2001年版）》（GB 50222-1995）的相关规定，建筑物内设有上下层相连通的中庭、走马廊、开敞楼梯、自动扶梯时，其连通部位的顶棚、墙面应采用A级装修材料，其他部位应采用不低于B_1级的装修材料。建筑物内的厨房，其顶棚、墙面、地面均应采用A级装修材料。

第七节 高层旅馆建筑防火案例分析

一、核心知识点和规范

1. 建筑分类

依据依据《建筑设计防火规范》（GB 50016-2014）的相关规定，建筑高度超过50m的旅馆应为一类高层公共建筑。

2. 安全疏散

(1) 每个防火分区的安全出口不应少于2个。
(2) 安全出口应分散布置，两个安全出口之间的距离<u>不应小于5m</u>。
(3) 位于两个安全出口之间的房间门至最近的外部出口或楼梯间的最大距离为30m，位于袋形走道两侧或尽端的房间门至最近的外部出口或楼梯间的最大距离为<u>15m</u>。
(4) 会议室、健身房、咖啡厅和餐厅的宴会厅，其室内任何一点至最近的疏散出口的直线距离，不宜超过30m；其他房间内最远一点至房门的直线距离不宜超过15m。
(5) 符合下列条件之一的房间可设置一个疏散门：
①位于两个安全出口之间的房间，建筑面积不大于120m^2。
②位于走道尽端的房间，建筑面积小于50m^2且疏散门的净宽度不小于0.9m。
③由房间内任一点至疏散门的直线距离不大于15m、建筑面积不大于200m^2且疏散门的净宽度不小于1.4m。
④建筑面积不大于200m^2的地下或半地下设备间；建筑面积不大于50m^2且经常停留人数不超过15人的其他地下或半地下房间。
(6) 内走道的净宽，应按通过人数每100人不小于1m计算；首层疏散外门的总宽度，应按人数最多的一层每100人不小于1m计算。
(7) 除首层外，疏散楼梯间及其前室的门的净宽应按通过人数每100人不小于1m计算，但最小净宽不应小于0.90m。

（8）公共疏散门均应向疏散方向开启，且不应采用侧拉门、吊门和转门。

（9）直通室外的安全出口上方，应设置宽度不小于1m的防火挑檐。

（10）应设防烟楼梯间。防烟楼梯间的设置应符合下列规定：

①楼梯间入口处应设前室、阳台或凹廊。

②前室的面积不应小于$6m^2$，与消防电梯间合用前室的面积不应小于$10m^2$。

③前室和楼梯间的门均应为乙级防火门，并应向疏散方向开启。

④楼梯间及防烟前室的内墙上，除开设通向公共走道的疏散门外，不应开设其他门、窗、洞口。

⑤楼梯间及防烟楼梯间前室内不应敷设可燃气体管道和甲、乙、丙类液体管道，并不应有影响疏散的突出物。

（11）地下室与地上层的共用楼梯间，应在首层与地下或半地下层的出入口处，设置耐火极限不低于2.00h的隔墙和乙级的防火门隔开，并应有明显标志。

（12）每层疏散楼梯总宽度应按其通过人数每100人不小于1m计算，各层人数不相等时，其总宽度可分段计算，下层疏散楼梯总宽度应按其上层人数最多的一层计算。疏散楼梯的最小净宽不应小于1.20m。

（13）通向屋顶的疏散楼梯不宜少于2座，且不应穿越其他房间，通向屋顶的门应向屋顶方向开启。

（14）室外楼梯可作为辅助的防烟楼梯，其最小净宽不应小于0.90m。当倾斜角度不大于45°，栏杆扶手的高度不小于1.10m时，室外楼梯宽度可计入疏散楼梯总宽度内。室外楼梯和每层出口处平台，应采用不燃材料制作。平台的耐火极限不应低于1.00h。在楼梯周围2m内的墙面上，除设疏散门外，不应开设其他门、窗、洞口。疏散门应采用乙级防火门、且不应正对梯段。

（15）疏散楼梯和走道上的阶梯不应采用螺旋楼梯和扇形踏步，但踏步上下两级所形成的平面角不超过10°，且每级离扶手0.25m处的踏步宽度超过0.22m时，可不受此限。

二、巩固与提高

高层宾馆首层疏散外门和走道的净宽度，有哪些规定？

【参考答案】

场所	每个外门的净宽度（m）	走道净宽度（m）	
		单面布房	双面布房
宾馆	1.20	1.30	1.40

第八节 超高层办公楼建筑防火案例分析

一、核心知识点和规范

1.建筑分类

建筑高度大于50m的塔楼的建筑分类应为一类高层公共建筑。

2.避难层

（1）第一个避难层（间）的楼地面至灭火救援场地地面的高度不应大于50m，两个避难层（间）之间的高度不宜大于50m。

（2）通向避难层的防烟楼梯应在避难层分隔、同层错位或上下层断开。在避难层（间）进入楼梯间入口处和疏散楼梯通向避难层（间）的出口处，应设置明显的指示标志。

(3)避难层的净面积应能满足设计避难人员避难的要求,并宜按 5 人/m³ 计算。

(4)避难层可兼作设备层,但设备管道宜集中布置,其中的易燃、可燃液体或气体管道应集中布置,设备管道区应采用耐火极限不低于 3.00h 的防火墙与避难区分隔。管道井和设备间应采用耐火极限不低于 2.00h 的防火隔墙与避难区分隔,管道井和设备间的门不应直接开向避难区;确需直接开向避难区时,与避难层区出入口的距离不应小于 5m,且应采用甲级防火门。避难间内不应设置易燃、可燃液体或气体管道,不应开设除外窗、疏散门之外的其他开口。

(5)避难层应设消防电梯出口。

(6)避难层应设消防专线电话,并应设有消火栓和消防卷盘。

(7)应设置直接对外的可开启窗口或独立的机械防烟设施,外窗应采用乙级防火窗。

(8)避难层应设有应急广播和应急照明,其供电时间不应小于 1.5h,照度不应低于 3.0lx。

(9)避难层顶棚、墙面、地面均应采用 A 级装修材料。

3.消防电梯

依据《建筑设计防火规范》(GB 50016-2014)的相关规定,一类高层公共建筑应设消防电梯。高层建筑消防电梯的设置数量应符合下列规定:当每层建筑面积不大于 1500m² 时,应设 1 台;当大于 1500m² 但不大于 4500m² 时,应设 2 台;当大于 4500m² 时,应设 3 台;消防电梯可与客梯或工作电梯兼用,但应符合消防电梯的要求。

4.屋顶直升机停机坪

依据《建筑设计防火规范》(GB 50016-2014)的相关规定,塔楼宜设置屋顶直升机停机坪或供直升机救助的设施,并应符合下列规定:

(1)设在屋顶平台上的停机坪,距设备机房、电梯机房、水箱间、共用天线等突出物的距离,不应小于 5m。

(2)出口不应少于两个,每个出口宽度不宜小于 0.90m。

(3)在停机坪的适当位置应设置消火栓。

(4)停机坪四周应设置航空障碍灯,并应设置应急照明。

二、巩固与提高

消防电梯的设置位置应便于接近和进入,其安全性应符合哪些规定?

【参考答案】

(1)消防电梯宜分别设置在不同的防火区内,且每个防火分区不应少于 1 台。相邻两个防火分区可共用 1 台消防电梯。

(2)消防电梯间应设前室,其面积:公共建筑不应小于 6m²。当与防烟楼梯间合用前室时,其面积:公共建筑不应小于 12m²。

(3)消防电梯间前室宜靠外墙设置,在首层应设置直通室外的出口或经过长度不超过 30m 的通道通向室外。

(4)消防电梯间前室的门,应采用乙级防火门,不应设置防火卷帘。

(5)消防电梯的载重量质量不应小于 800kg。

(6)消防电梯井、机房与相邻其他电梯井、机房之间,应采用的耐火极限不低于 2.00h 的不燃烧体隔墙隔开,当在隔墙上开门时,应设甲级防火门。

(7)消防电梯的行驶速度,应按从首层到顶层的运行时间不超过 60s 计算确定。

(8)消防电梯轿厢的内装修应采用不燃烧体材料;动力与控制电缆、电线应采取防水措施。

(9)消防电梯轿厢内应设专用电话,并应在首层设供消防队员专用的操作按钮。

(10)消防电梯间前室门口宜设置挡水设施。消防电梯的井底应设排水设施,排水容量不应小于 $2m^3$,排水泵的排水量不应小于 $10L/s$。

第九节 高层病房楼建筑防火案例分析

一、核心知识点和规范

1. 建筑分类

依据《建筑设计防火规范》(GB 50016-2014)的相关规定,建筑高度大于24m的非单层医疗建筑应为一类高层公共建筑。

2. 构造防火

(1)依据《建筑设计防火规范》(GB 50016-2014)的相关规定,病房楼防火墙、防火隔墙、防火挑檐等建筑构件的防火构造应符合下表的规定。

防火墙、防火隔墙、防火挑檐等建筑构件的防火构造要求

名称	防火构造要求
防火墙、防火隔墙、防火挑檐的设置部位、形式、耐火极限和燃烧性能	(1)防火墙的燃烧性能应为不燃烧体,耐火极限不应低于3.00h,不宜设在U、L形等建筑的内转角处。 (2)防火隔墙应砌至梁板底部,且不宜留有缝隙,燃烧性能应为不燃烧体;其中,楼梯间墙和电梯井墙、疏散走道两侧隔墙、房间隔墙的耐火极限分别不应低于2.00h、1.00h和0.75h。 (3)直通室外的安全出口上方应设置宽度不小于1m的防火挑檐。锅炉房外墙上外窗的上方应设置宽度不小于1m的不燃烧体防火挑檐。
可燃物品库房、设备房等特殊部位的防火分隔	(1)燃油锅炉房与其他部位之间应采用耐火极限不低于2.00h不燃烧体隔墙和1.50h楼板隔开,储油间应采用防火墙与锅炉间隔开。 (2)柴油发电机房应采用耐火极限不低于2.00h隔墙和1.50h楼板与其他部位隔开,储油间应采用防火墙与发电机间隔开。 (3)消防控制室、自动灭火系统的设备室、通风、空调机房,应采用耐火极限不低于2.00h隔墙和1.50h楼板与其他部位隔开。 (4)地下室存放可燃物平均重量超过$30kg/m^2$的房间隔墙耐火极限不应低于2.00h。
防火分隔所采用的防火玻璃、防火门、窗、防火卷帘等建筑构件、消防产品的耐火性能	应符合相关材料(产品)的技术标准要求。

续表

名称	防火构造要求
防火墙、防火隔墙开有门、窗、洞口时所采取的替代防火分隔措施	(1)燃油锅炉房在隔墙上开门、窗时,应设置耐火极限不低于甲级的防火门、窗;储油间与锅炉间之间的防火墙上开门时,应设置甲级防火门。 (2)柴油发电机房的门应采用甲级防火门;当储油间与发电机间必须在防火墙上开门时,应设置能自动关闭的甲级防火门。 (3)自动灭火系统设备室、通风、空调机房开向建筑内的门应采用甲级防火门。 (4)地下室内存放可燃物平均重量超过30kg/m²的房间的门应采用甲级防火门。 (5)防火墙不宜设在U、L形等高层建筑的内转角处。当设在转角附近时,内转角两侧墙上的门、窗、洞口之间最近边缘的水平距离不应小于4m;当相邻一侧装有固定乙级防火窗时,距离可不限。 (6)紧靠防火墙两侧门、窗、洞口之间最近边缘的水平距离不应小于2m;当水平间距小于2m时,应设置固定乙级防火门、窗。 (7)防火墙上不应开设门、窗、洞口,当必须开设时,应设置能自行关闭的甲级防火门、窗。 (8)在设置防火墙确有困难的场所,可采用防火卷帘作防火分区分隔。当采用包括背火面温升作耐火极限判定条件的防火卷帘时,其耐火极限不低于3h;当采用不包括背火面温升作耐火极限判定条件的防火卷帘时,其卷帘两侧应设独立的闭式自动喷水系统保护,系统喷水延续时间不应小于3h。
穿过防火墙、隔墙、楼板的管道设置	(1)楼内输送可燃气体和甲、乙、丙类液体的管道,严禁穿过防火墙;其他管道不宜穿过防火墙,当必须穿过时,应采用不燃烧材料将其周围的空隙填塞密实;穿防火墙处的管道保温材料,应采用不燃烧材料。 (2)管道穿过隔墙、楼板时,应采用不燃烧材料将其周围的缝隙填塞密实。

(2)依据《建筑设计防火规范》(GB 50016-2014)的相关规定,病房楼内井道的防火构造应符合下列规定:

①电梯井应独立设置,井内严禁敷设可燃气体和甲、乙、丙类液体管道,并不应敷设与电梯无关的电缆、电线等。电梯井井壁除开设电梯门洞和通气孔洞外,不应开设其他洞口。电梯门不应采用栅栏门。

②电缆井、管道井、排烟道、排气道、垃圾道等竖向管道井,应分别独立设置;其井壁应为耐火极限不低于1.00h的不燃烧体;井壁上的检查门应采用丙级防火门。

③电缆井、管道井应每隔2~3层在楼板处用相当于楼板耐火极限的不燃烧体作防火分隔,电缆井、管道井与房间、走道等相连通的孔洞,其空隙应采用不燃烧材料填塞密实。

④垃圾道宜靠外墙设置,不应设在楼梯间内;垃圾道的排气口应直接开向室外;垃圾斗宜设在垃圾道前室内,该前室应采用丙级防火门;垃圾斗应采用不燃烧材料制作,并能自行关闭。

(3)依据《建筑设计防火规范》(GB 50016-2014)的相关规定,该病房楼屋顶和变形缝的防火构造应符合下列规定:

①屋顶采用金属承重结构时,其吊顶、望板、保温材料等均应采用不燃烧材料,屋顶金属承重构件应采用外包敷不燃烧材料或喷涂防火涂料等措施,使其耐火极限不应小于1.50h,或设置自动喷水灭火系统。

②中庭屋顶承重构件采用金属结构时,应采取外包敷不燃烧材料、喷涂防火涂料等措施,

其耐火极限不应小于1h,或设置自动喷水灭火系统。

③变形缝构造基层应采用不燃烧材料。电缆、可燃气体管道和甲、乙、丙类液体管道,不应敷设在变形缝内。当其穿过变形缝时,应在穿过处加设不燃烧材料套管,并应采用不燃烧材料将套管空隙填塞密实。

(4)依据《建筑设计防火规范》(GB 50016－2014)的相关规定,病房楼建筑幕墙、中庭的防火构造应符合下表的规定。

建筑幕墙、中庭的防火构造要求

名称	防火构造要求
建筑幕墙	(1)窗槛墙、窗间墙的填充材料应采用不燃烧材料。当外墙采用耐火极限不低于1h的不燃烧体时,其墙内填充材料可采用难燃烧材料。 (2)无窗槛墙或窗槛墙高度小于0.80m的建筑幕墙,应在每层楼板外沿设置耐火极限不低于1h、高度不低于0.80m的不燃烧体裙墙或防火玻璃裙墙。 (3)建筑幕墙与每层楼板、隔墙处的缝隙,应采用防火封堵材料封堵。
中庭	中庭防火分区面积按上、下层连通的面积叠加计算后超过一个防火分区面积时:房间与中庭回廊相通的门、窗,应设自行关闭的甲级防火门、窗;与中庭相通的过厅、通道等,应设甲级防火门或耐火极限大于3.00h的防火卷帘分隔。

二、巩固与提高

设在疏散走道上的防火卷帘应在防火卷帘的两侧设置启闭装置,并应有哪些功能?

【参考答案】

(1)自动。

(2)手动。

(3)机械控制。

(4)断电后由易熔合金控制下降。

第十节 设置商业服务网点的高层住宅建筑防火案例分析

一、核心知识点和规范

1.建筑类别和耐火等级

商业服务网点是指住宅底部(地上)设置的百货店、副食店、粮店、邮政所、储蓄所、理发店等小型商业服务用房。该用房层数不超过二层、建筑面积不超过300m^2,采用耐火极限大于1.50h的楼板和耐火极限大于2.00h且不开门窗洞口的隔墙与住宅和其他用房完全分隔,该用房和住宅的疏散楼梯和安全出口应分别独立设置。

依据《建筑设计防火规范》(GB 50016－2014)的规定,建筑高度大于54m的住宅建筑(包括设置商业服务网点的住宅建筑),应为一类高层住宅建筑,其耐火等级为一级。建筑高度大于27m,但不大于54m的住宅建筑属于二类高层住宅建筑,其耐火等级不应低于二级,且其地下室的耐火等级不应低于一级。

2.建筑构件的燃烧性能和耐火极限

依据《建筑设计防火规范》(GB 50016－2014)和《汽车库、修车库、停车场设计防火规范》(GB 50067－2014)的相关规定,住宅建筑建筑构件的燃烧性能和耐火极限不应低于下表的规定。

建筑构件的燃烧性能和耐火极限

构件名称	燃烧性能和耐火极限(h)
防火墙	不燃烧体 3.00
承重墙、楼梯间的墙、电梯井的墙、住宅分户墙	不燃烧体 2.00
非承重外墙、疏散走道两侧的隔墙	不燃烧体 1.00
房间隔墙	不燃烧体 0.75
柱	不燃烧体 3.00
梁	不燃烧体 2.00
楼板、疏散楼梯、屋顶承重构件	不燃烧体 1.50
吊顶	不燃烧体 0.25

注：(1)属于商业服务网点的小型商业服务用房与住宅和其他用房之间隔墙的耐火极限均应大于2.00h。
(2)地下二层汽车库与地下一层之间楼板的耐火极限不应低于2.00h。

3.防火分区

依据《建筑设计防火规范》(GB 50016－2014)和《汽车库、修车库、停车场设计防火规范》(GB 50067－2014)的相关规定，住宅建筑内应采用防火墙等划分防火分区，每个防火分区允许最大建筑面积，不应超过下表的规定。

每个防火分区的允许最大建筑面积

建筑部位	每个防火分区建筑面积(m^2)
地上部分	1500
地下一层	500(设备用房1000)
地下汽车库	2000

注：(1)地上部分和地下一层设有自动灭火系统的防火分区，其允许最大建筑面积可按本表增加1倍；当局部设置自动灭火系统时，增加面积可按局部面积的1倍计算。
(2)设置自动灭火系统的汽车库，其每个防火分区的最大允许建筑面积不应大于本表规定的2倍。

4.安全疏散

(1)该住宅建筑为塔式高层建筑，其居住部分的两座疏散楼梯宜独立设置，当确有困难时，可设置剪刀楼梯。

(2)居住部分的户门不应直接开向前室，当确有困难时，部分开向前室的户门均应为乙级防火门。

(3)居住部分的安全出口应分散布置，两个安全出口之间的距离不应小于5m。

(4)居住部分的住宅户门或其他房间门至最近的楼梯间的最大距离：当位于两个安全出口之间时，不应大于40m；当位于袋形走道两侧或尽端时，不应大于20m。

(5)居住部分房间内最远一点至房门的直线距离不宜超过20m。

(6)居住部分内走道的总净宽度，应按通过人数每100人不小于1m计算；首层疏散外门的总宽度，应按人数最多的一层每100人不小于1m计算。居住部分单面布房疏散走道的净宽不应小于1.20m，双面布房疏散走道的净宽不应小于1.30m；首层每个疏散外门的净宽均不应小于1.10m。

(7)居住部分疏散楼梯间及其前室的门的总净宽度应按通过人数每100人不小于1m计算,但最小净宽不应小于0.90m;单面布置房间的住宅,其走道出垛处的最小净宽不应小于0.90m。

(8)直通室外的安全出口上方应设置宽度不小于1m的防火挑檐。

(9)防烟楼梯间的设置应符合下列规定:

①楼梯间入口处应设前室、阳台或凹廊。

②前室的面积不应小于4.50m², 与消防电梯间合用前室的面积不应小于6m²。

③前室和楼梯间的门均应为乙级防火门,并应向疏散方向开启。

(10)除楼梯间和前室的出入口、楼梯间和前室内设置的正压送风口和住宅建筑的楼梯间前室外防烟楼梯间和前室的墙上,不应开设其他门、窗、洞口。

(11)防烟楼梯间及其前室禁止穿过或设置可燃气体管道。

(12)通向屋顶的疏散楼梯不宜少于两座,且不应穿越其他房间,通向屋顶的门应向屋顶方向开启。

(13)地下室与地上层的共用楼梯间,应在首层与地下层的出入口处,设置耐火极限不低于2h的隔墙和乙级的防火门隔开,并应有明显标志。

(14)居住部分每层疏散楼梯总净宽度应按其通过人数每100人不小于1m计算,各层人数不相等时,其总净宽度可分段计算,下层疏散楼梯总宽度应按其上层人数最多的一层计算。疏散楼梯的最小净宽不应小于1.10m。

二、巩固与提高

某单元式住宅,地上19层,建筑高度59m,总建筑面积15000m²,首层设有商业服务网点,地上二层及以上层为住宅。

(1)该建筑疏散楼梯的最小净宽度应为多少?

(2)该建筑应采用何种形式的疏散楼梯间?

【参考答案】

(1)该建筑疏散楼梯间的最小净宽度应为1.10m。

(2)该建筑应采用防烟楼梯间。

第十一节 高层综合楼防火案例分析

一、核心知识点和规范

1.建筑类别和耐火等级

依据《建筑设计防火规范》(GB 50016-2014)的相关规定,如果综合楼的建筑高度超过50m,其建筑分类应为一类高层公共建筑;该综合楼地下室的耐火等级应为一级,主楼的耐火等级应为一级,裙房的耐火等级要根据与主体建筑是否有防火墙来区别。

2.总平面布局

(1)不宜布置在火灾危险性为甲、乙类厂(库)房,甲、乙、丙类液体和可燃气体储罐以及可燃材料堆场附近。

(2)综合楼与周边建筑之间的防火间距,不应小于下表的规定。

第一章 建筑防火案例分析

综合楼与周边建筑之间的防火间距(m)

建筑名称	多层商店建筑（耐火等级二级）	高层办公建筑（耐火等级一级）	高层住宅建筑（耐火等级一级）	多层餐饮建筑（耐火等级三级）	地上中压燃气调压站（耐火等级二级）
综合楼主楼	9	13	13	11	12
综合楼裙房	6	9	9	7	12

3.防火分区

综合楼内的商业营业厅、展览厅，当设有火灾自动报警系统和自动灭火系统，且采用不燃烧或难燃烧材料装修时，地上部分防火分区的允许最大建筑面积为4000m^2；地下部分防火分区的允许最大建筑面积为2000m^2。其他部分防火分区的允许最大建筑面积，不应超过下表的规定。

防火分区的允许最大建筑面积

防火分区类别	每个防火分区建筑面积/m^2
综合楼主楼地上部分的会议厅、多功能厅、办公室、儿童游乐厅、门厅、咖啡厅、自助餐厅	1500
综合楼裙房的地上部分	2500
综合楼地下室管理用房和消防控制室等设备用房	1000
综合楼地下部分的普通汽车库	2000
综合楼地下部分的复式汽车库	1300
综合楼地下室人防层储存可燃固体的库房	300

4.特殊房间设置

依据《建筑设计防火规范》(GB 50016－2014)的相关规定，合理确定该综合楼消防控制室、消防水泵房、燃气锅炉房、柴油发电机房、儿童游乐厅、会议厅、多功能厅、自动灭火系统的设备室、通风、空调机房和地下商场营业厅的设置楼层或部位及防火分隔等情况。其设置要求应符合下表的规定。

特殊房间的设置要求

灭火救援设备房间或其他特殊房间名称	规范要求
消防控制室	宜设在首层或地下一层，且应采用耐火极限不低于2.00h的隔墙和不低于1.50h的楼板与其他部位隔开，并应设直通室外的安全出口。
消防水泵室	应采用耐火极限不低于2.00h的隔墙和不低于1.50h的楼板与其他部位隔开。 消防水泵房的设置应符合下列规定： (1)单独建造的消防水泵房，其耐火等级不应低于二级。 (2)附设在建筑内的消防水泵房，不应设置在地下地下三层及以下或室内地面与室外出入口地坪高差大于10m的地下楼层。 (3)疏散门应直通室外或安全出口。

续表

灭火救援设备房间或 其他特殊房间名称	规范要求
自动灭火系统的设备室、通风、空调机房	应采用耐火极限不低于2.00h的隔墙、不低于1.50h的楼板和甲级防火墙与其他部位隔开。
燃气锅炉房	不应布置在人员密集场所的上一层、下一层或贴邻，并应符合下列规定： (1)燃气锅炉房应布置在建筑物的首层或地下一层的靠外墙部位，但常（负）压燃气锅炉可设置在地下二层；当常（负）压燃气锅炉房距安全出口的距离大于6m时，可设置在屋顶上。采用相对密度（与空气密度的比值）大于等于0.75的可燃气体作燃料的锅炉，不得设置在建筑物的地下室或半地下室。 (2)锅炉房的门均应直通室外或直通安全出口；外墙上的门、窗等开口部位的上方应设置宽度不小于1m的不燃烧体防火挑檐或高度不小于1.20m的窗槛墙。 (3)锅炉房与其他部位之间应采用耐火极限不低于2.00h的不燃烧体隔墙和不低于1.50h的楼板隔开。在隔墙和楼板上不应开设洞口；当必须在隔墙上开门窗时，应设置耐火极限不低于1.50h的防火门窗。 (4)锅炉房的容量应符合现行国家标准《锅炉房设计规范》的规定。 (5)应设置与锅炉、变压器、电容器和多油开关等的容量及建筑规模相适应的灭火设施。 (6)燃气锅炉房应设置独立的通风系统。采用燃气作燃料时，通风换气能力不小于6次/h，事故通风换气次数不小于12次/h。
柴油发电机	(1)可布置在建筑物的首层或地下一、二层。 (2)柴油的闪点不应小于60℃。 (3)应采用耐火极限不低于2.00h的防火隔墙和不低于1.50h的楼板与其他部位隔开，门应采用甲级防火门。 (4)机房内应设置储油间，其总储量不应超过$1m^3$的需要量，且储油间应采用防火隔墙与发电机间隔开；当必须在防火隔墙上开门时，应设置能自动关闭的甲级防火门。 (5)应设置火灾报警装置。 (6)建筑内其他部位设置自动喷水灭火系统时，柴油发电机房应设置自动喷水灭火系统。
会议厅、多功能厅	建筑内的会议厅、多功能厅等人员密集的场所，应布置在首层、二层或三层；当必须设在其他楼层时，除《建筑设计防火规范》另有规定，尚应符合下列规定： (1)一个厅、室的疏散门不应少于2个，且建筑面积不宜超过$400m^2$。 (2)应设置火灾自动报警系统和自动喷水灭火系统等自动灭火系统。 (3)幕布的燃烧性能不应低于B_1级。
儿童游乐厅	儿童游乐厅应设置在首层、二层或三层，并应设置单独出入口。

续表

灭火救援设备房间或 其他特殊房间名称	规范要求
地下商场营业厅	(1)营业厅不宜设在地下三层及三层以下。 (2)不应经营和储存火灾危险性为甲、乙类储存物品属性的商品。 (3)应设火灾自动报警系统和自动喷水灭火系统。 (4)当商品总建筑面积大于20000m²时,应采用防火隔墙进行分割,且防火墙上不得开设门、窗、洞口。 (5)应设防烟、排烟设施。 (6)疏散走道和其他主要疏散路线的地面或靠近地面的墙面上,应设置发光疏散指示标志。

5.消防车道

为保证利用消防车道实施灭火救援的有效性和可接近性,根据建筑规模及其总体布局情况、当地消防车辆配置和预期发展情况,综合楼应合理确定消防车道的设置形式以及消防车道的净宽、净高、坡度、转弯半径和承载能力等情况。依据《建筑设计防火规范》(GB 50016 – 2014)的相关规定,综合楼的消防车道应符合下列规定:

(1)高层建筑的周围,应设环形消防车道。当设环形车道有困难时,可沿高层建筑的两个长边设置消防车道,当建筑的沿街长度超过150m或总长度超过220m时,应在适中位置设置穿过建筑的消防车道。有封闭内院或天井的高层建筑沿街时,应设置连通街道和内院的人行通道(可利用楼梯间),其距离不宜超过80m。

(2)高层建筑的内院或天井,当其短边长度超过24m时,宜设有进入内院或天井的消防车道。

(3)消防车道的宽度不应小于4m。消防车道距高层建筑外墙宜大于5m,消防车道上空4m以下范围内不应有障碍物。

(4)尽头式消防车道应设有回车道或回车场,回车场不宜小于15m×15m。大型消防车的回车场不宜小于18m×18m。消防车道下的管道和暗沟等,应能承受消防车辆的压力。

(5)穿过高层建筑的消防车道,其净宽和净空高度均不应小于4m。

(6)消防车道与高层建筑之间,不应设置妨碍登高消防车操作的树木、架空管线等。

(7)转弯半径应满足消防车转弯的要求。

6.消防登高作业面

依据《建筑设计防火规范》(GB 50016 – 2014)的相关规定,综合楼的底边至少有一个长边或周边长度的1/4 且不小于一个长边长度,不应布置高度大于5m、进深大于4m的裙房,且在此范围内必须设有直通室外的楼梯或直通楼梯间的出口。

二、巩固与提高

设置在该综合楼内的柴油发电机,其燃料供给管道应符合哪些规定?

【参考答案】

(1)应在进入建筑物前和设备间内设置自动和手动切断阀。

(2)储油间的油箱应密闭,且应设置通向室外的通气管,通气管应设置带阻火器的呼吸阀。油箱的下部应设置防止油品流散的设施。

(3)燃料供给管道的敷设应符合现行国家标准《城镇燃气设计规范》(GB 50028—2006)的规定。

第十二节 地下人防电影院建筑防火案例分析

一、核心知识点和规范

1.防火分区

(1)防火分区应在各安全出口处的防火门范围内划分。

(2)水泵房、污水泵房、水池、厕所、盥洗间等无可燃物的房间,其面积可不计入防火分区的面积之内。

(3)防火分区的划分宜与防护单元相结合。

(4)每个防火分区的允许最大建筑面积,除电影院观众厅外,不应大于500m²。当设置有自动灭火系统时,允许最大建筑面积可增加1倍;局部设置时,增加的面积可按该局部面积的1倍计算。

(5)电影院观众厅的防火分区允许最大建筑面积不应大于1000m²。当设置有火灾自动报警系统和自动灭火系统时,其允许最大建筑面积也不得增加。

2.构造防火

(1)电影院的观众厅与舞台之间的墙,耐火极限不应低于2.50h;电影院放映室(卷片室)应采用耐火极限不低于1.00h的隔墙与其他部位隔开,观察窗和放映孔应设置阻火闸门。

(2)防火门的设置应符合下列规定:

①位于防火分区分隔处安全出口的门应为甲级防火门;当使用功能上确实需要采用防火卷帘分隔时,应在其旁设置与相邻防火分区的疏散走道相通的甲级防火门。

②公共场所的疏散门应向疏散方向开启,并在关闭后能从任何一侧手动开启。

③公共场所人员频繁出入的防火门,应采用能在火灾时自动关闭的常开式防火门;平时需要控制人员随意出入的防火门,应设置火灾时不需使用钥匙等任何工具即能从内部易于打开的常闭防火门,并应在明显位置设置标识和使用提示;其他部位的防火门,宜选用常闭的防火门。

④用防护门、防护密闭门、密闭门代替甲级防火门时,其耐火性能应符合甲级防火门的要求且不得用于平战结合公共场所的安全出口处。

⑤常开的防火门应具有信号反馈的功能。

3.安全疏散

项目	要求
安全出口	每个防火分区的安全出口数量不应少于2个。当有2个或2个以上防火分区相邻,且将相邻防火分区之间防火墙上设置的防火门作为安全出口时,防火分区安全出口应符合下列规定: ①防火分区建筑面积不大于1000m²的场所,设置直通室外的疏散楼梯间的安全出口个数不得少于1个。 ②在一个防火分区内,设置直通室外的疏散楼梯间的安全出口宽度之和,不宜小于《人民防空工程设计防火规范》(GB 50098-2009)规定的安全出口总宽度的70%。

续表

项目	要求
疏散出口	房间建筑面积不大于50m²,且经常停留人数不超过15人时,可设置一个疏散出口。
安全出口方向	每个防火分区的安全出口,宜按不同方向分散设置;当受条件限制需要同方向设置时,两个安全出口最近边缘之间的水平距离不应小于5m。
安全疏散距离	①房间内最远点至该房间门的距离不应大于15m。 ②房间门至最近安全出口的最大距离应为40m。 ③观众厅室内任意一点到最近安全出口的直线距离不宜大于30m;当该防火分区设置有自动喷水灭火系统时,疏散距离可增加25%。
疏散宽度的计算和最小净宽度	①每个防火分区安全出口的总宽度,应按该防火分区设计容纳总人数乘以疏散宽度指标计算确定。由于该地下人防电影院室内地面与室外出入口地坪高差均小于10m,所以其疏散宽度指标应为每100人不小于0.75m;但因其中的观众厅人员密集,故观众厅的疏散宽度指标应为每100人不小于1m。 ②该地下人防电影院的安全出口和疏散楼梯净宽均不应小于1.40m,单面布置房间的疏散走道净宽不应小于1.50m,双面布置房间的疏散走道净宽不应小于1.60m。
电影院观众厅的疏散走道、疏散出口	①厅内的疏散走道净宽应按通过人数每100人不小于0.80m计算,且不宜小于1m,边走道的净宽不应小于0.80m。 ②厅的疏散出口和厅外疏散走道的总宽度,平坡地面应分别按通过人数每100人不小于0.65m计算,阶梯地面应分别按通过人数每100人不小于0.80m计算;疏散出口和疏散走道的净宽均不应小于1.40m。 ③观众厅座位的布置,横走道之间的排数不宜大于20排,纵走道之间每排座位不宜大于22个;当前后排座位的排距不小于0.90m时,每排座位可为44个;只一侧有纵走道时,其座位数应减半。 ④观众厅每个疏散出口的疏散人数平均不应大于250人。 ⑤观众厅的疏散门,宜采用推闩式外开门。
公共疏散出口	公共疏散出口处内、外1.40m范围内不应设置踏步,门必须向疏散方向开启,且不应设置门槛。
疏散走道、疏散楼梯	疏散走道、疏散楼梯,不应有影响疏散的突出物;疏散走道应减少曲折,走道内不宜设置门槛、阶梯;疏散楼梯的阶梯不宜采用螺旋梯和扇形踏步,但踏步上下两级所形成的平面角小于10°,且每级离扶手0.25m处的踏步宽度大于0.22m时,可不受此限。
封闭楼梯间	该人防工程设有电影院,地下建筑层数为两层,且地下二层的室内地面与室外出入口地坪高差不大于10m,故应设置封闭楼梯间。

二、巩固与提高

人防工程内用防火墙划分防火区确有困难时,可以采用防火卷帘分割,此时应符合哪些规定?
【参考答案】
(1)当防火分隔部位的宽度不大于30m时,防火卷帘的宽度不应大于10m;当防火分隔部位的宽度大于30m时,防火卷帘的宽度不应大于防火分隔部位宽度的1/3,且不应大于20m。
(2)防火卷帘的耐火极限不应低于3.00h;当防火卷帘的耐火极限符合现行国家标准《门

和卷帘的耐火实验方法》(GB/T7633-2008)有关背火面升温的判定条件时,可不设置自动喷水灭火系统保护;当防火卷帘的耐火极限符合现行国家标准《门和卷帘的耐火实验方法》(GB/T7633-2008)有关背火面辐射热的判定条件时,应设置自动喷水灭火系统保护;自动喷水灭火系统的设计应符合国家标准《自动喷水灭火系统设置规范》(GB 50084)的有关规定,但其火灾延续时间不应小于3.00h。

(3)防火卷帘应具有防烟性能,与楼板、梁和墙、柱之间的空隙应采用防火封堵材料封堵。

(4)在火灾时能自动降落的防火卷帘,应具有信号反馈的功能。

第十三节 地下汽车库建筑防火案例分析

一、核心知识点和规范

1.建筑分类和耐火等级

依据《汽车库、修车库、停车场设计防火规范》(GB 50067-2014)的相关规定,汽车库的分类应根据停车(车位)数量和总建筑面积确定,情景描述中的汽车库应为Ⅰ类地下汽车库,其耐火等级应为一级。

2.防火分区

依据《汽车库、修车库、停车场设计防火规范》(GB 50067-2014)的相关规定,汽车库内设有自动灭火系统时,其地下一、二层防火分区的最大允许建筑面积应为4000m²,地下三层防火分区的最大允许建筑面积应为2600m²。

3.构造防火

(1)自动灭火系统的设备室、消防水泵房应采用防火隔墙和耐火极限不低于1.50h不燃烧体楼板与相邻部位分隔。

(2)防火墙或防火隔墙上不宜开设门、窗、洞口,当必须开设时,应设置甲级防火门、窗或耐火极限不低于3.00h的防火卷帘。

(3)电梯井、管道井、电缆井和楼梯间应分开设置。管道井、电缆井的井壁应采用耐火极限不低于1.00h的不燃烧体。电梯井的井壁应采用耐火极限不低于2.00h的不燃烧体。电缆井、管道井应每隔2~3层在楼板处采用不低于楼板耐火极限的不燃烧体作防火分隔,井壁上的检查门应采用丙级防火门。

(4)地下汽车库内的汽车坡道两侧应用防火墙与停车区隔开,坡道的出入口应采用水幕、防火卷帘或设置甲级防火门等措施与停车区隔开。当汽车库和汽车坡道上均设有自动灭火系统时,可不受此限。

4.安全疏散

依据《汽车库、修车库、停车场设计防火规范》(GB 50067-2014)的相关规定,汽车库的安全疏散应符合以下要求:

(1)汽车库的人员安全出口和汽车疏散出口应分开设置。

(2)汽车库内每个防火分区的人员安全出口不应少于2个。

(3)汽车库的室内疏散楼梯应设置封闭楼梯间,疏散楼梯的宽度不应小于1.10m。

(4)汽车库内设有自动灭火系统,故其室内任一点至最近人员安全出口的疏散距离不应大于60m。

(5)汽车库的汽车疏散出口总数不应少于2个。
(6)汽车疏散坡道的宽度,单车道不应小于3m,双车道不宜小于5.5m。
(7)两个汽车疏散出口之间的间距不应小于10m;两个汽车坡道毗邻设置时应采用防火隔墙隔开。

二、巩固与提高

若汽车库的汽车疏散出口设置1个,应符合哪些条件?
【参考答案】
当符合Ⅳ类汽车库、汽车疏散坡道为双车道的Ⅲ类地上汽车库以及汽车疏散坡道为双车道的停车数少于100辆的地下汽车库的条件之一时,汽车库的汽车疏散出口可设置1个。

第十四节 汽车加油站防火案例分析

一、核心知识点和规范

1.加油站等级

依据《汽车加油加气站设计与施工规范》(GB 50167—2012)的相关规定,柴油罐容积可折半计入油罐总容积,加油站的油罐总容积大于90m³且不大于150m³,单罐容积均不大于50m³时,其等级划分应为二级加油站。

2.站址选择

依据《汽车加油加气站设计与施工规范》(GB 50167—2012)的相关规定,加油站宜靠近城市道路,不宜选在城市干道的交叉路口附近;加油站内汽油设备与站外建(构)筑物的安全间距不应小于下表的规定。

加油站内汽油设备与站外建(构)筑物的安全间距(m)

站外建(构)筑物	站内汽油设备					
	埋地油罐			加油机、通气管管口		
	无油气回收系统	有卸油油气回收系统	有卸油和加油油气回收系统	无油气回收系统	有卸油油气回收系统	有卸油和加油油气回收系统
某幼儿园建筑 (重要公共建筑物)	50	40	35	50	40	35
某住宅楼 (一类保护物)	20	16	14	16	13	11
某办公楼 (二类保护物)	16	13	11	12	9.50	8.50
某商场 (三类保护物)	12	9.50	8.50	10	8	7
城市主干路	8	6.50	5.50	6	5	5

注:(1)一、二级耐火等级民用建筑物面向加油站一侧的墙为无门窗洞口的实体墙时,油罐、加油机和通气管管口与该民用建筑物的距离,不应低于本表规定的安全间距的70%,并不得小于6m。
(2)幼儿园有围墙者,安全间距应从围墙中心线算起。

加油站内柴油设备与站外建(构)筑物的安全间距(m)

站外建(构)筑物	站内柴油设备	
	二级站埋地油罐	加油机、通气管管口
某幼儿园建筑(重要公共建筑物)	25	25
某住宅楼(一类保护物)	6	6
某办公楼(二类保护物)	6	6
某商场(三类保护物)	6	6
城市主干路	3	3

注：幼儿园有围墙者，安全间距应从围墙中心线算起。

3.站内平面布置

（1）车辆入口和出口应分开设置。

（2）站内车道宽度应按车辆类型确定，单车道宽度不应小于4m，双车道宽度不应小于6m；站内的道路转弯半径应按行驶车型确定，且不宜小于9m；站内的道路坡度不应大于8%，且宜坡向站外；加油作业区内的停车位和道路路面不应采用沥青路面。

（3）站内的爆炸危险区域不应超出站区围墙和可用地界线。

（4）加油作业区是指加油站内布置油卸车设施、储油设施、加油机、通气管、可燃液体罐车卸车停车位等设备的区域。该区域的边界线为设备爆炸危险区域边界线加3m，对柴油设备为设备外缘加3m。

（5）加油站的工艺设备与站外建(构)筑物之间，宜设置高度不低于2.20m的不燃烧体实体围墙。当加油站的工艺设备与站外建(构)筑物之间的距离大于安全间距的1.50倍，且大于25m时，可设置非实体围墙。面向车辆入口和出口道路的一侧可设非实体围墙或不设围墙。

（6）站内设施之间的防火距离，不应小于下表的规定。

站内设施之间的防火距离(m)

设施名称	汽油罐	柴油罐	汽油通气管管口	柴油通气管管口	加油机	站房	站区围墙
汽油罐	0.5	0.5	–	–	–	4	3
柴油罐	0.5	0.5	–	–	–	3	2
汽油通气管管口	–	–	–	–	–	4	3
柴油通气管管口	–	–	–	–	–	3.5	2
加油机	–	–	–	–	–	5	

4.加油站内爆炸危险区域

（1）埋地卧式汽油储罐内部油品表面以上的空间应划分为0区。

（2）汽油加油机壳体内部空间应划分为1区。埋地卧式汽油储罐的人孔（阀）井内部空间，以其通气管管口为中心，半径为0.75m的球形空间和以其密闭卸油口为中心，半径为0.50m的球形空间，应划分为1区。

（3）以汽油加油机中心线为中心线，以半径为3m的地面区域为底面和以加油机顶部以上0.15m处半径为1.50m的平面为顶面的圆台形空间，应划分为2区。距埋地卧式汽油储罐的人孔（阀）井外边缘1.50m以内，自地面算起1m高的圆柱形空间；以其通气管管口为中心，半径为2m的球形空间和以其密闭卸油口为中心，半径为1.50m的球形并延至地面的空间；应划分为 2 区。

5.加油工艺及设施

(1)加油站的汽油罐和柴油罐(撬装式加油装置所配置的防火防爆油罐除外)应埋地设置,严禁设在室内或地下室内。

(2)储油罐应采用卧式油罐。

(3)加油机不得设置在室内。

(4)油罐车卸油必须采用密闭卸油方式。

(5)进油管应伸至罐内距罐底 50~100mm 处。进油立管的底端应为 45°斜管口或 T 形管口。进油管管壁上不得有与油罐气相空间相通的开口。

(6)汽油罐与柴油罐的通气管应分开设置。通气管管口高出地面的高度不应小于 4m。沿建(构)筑物的墙(柱)向上敷设的通气管,其管口应高出建筑物的顶面 1.50m 及以上。通气管管口应设置阻火器。当加油站采用油气回收系统时,汽油罐的通气管管口除应装设阻火器外,尚应装设呼吸阀。通气管的公称直径不应小于 50mm。

6.站房和罩棚

(1)加油作业区内的站房及其他附属建筑物的耐火等级不应低于二级。当罩棚顶棚的承重构件为钢结构时,其耐火极限可为 0.25h,顶棚其他部分不得采用燃烧体建造。

(2)汽车加油场地宜设罩棚,罩棚应采用不燃材料建造;进站口无限高措施时,罩棚的净空高度不应小于 4.50m;进站口有限高措施时,罩棚的净空高度不应小于限高高度。罩棚遮盖加油机的平面投影距离不宜小于 2m。

(3)站房是指用于加油站管理、经营和提供其他便利性服务的建筑物。站房可由办公室、值班室、营业室、控制室、变配电间、卫生间和便利店等组成。当站房的一部分位于加油作业区内时,该站房的建筑面积不宜超过 300m²,且该站房内不得有明火设备。

(4)站房当耐火等级不低于二级、建筑层数不大于 3 层且第二层和第三层的人数之和不超过 100 人时,可以设置 1 部疏散楼梯。站房疏散走道、疏散楼梯的净宽度不应小于 1.10m,安全出口、房间疏散门的净宽度不应小于 0.90m。

二、巩固与提高

有一座一级加油站,按规范汽油埋地储罐与一类民用建筑保护物的防火距离为 25m。现有一加油站在总平布置时,汽油埋地储罐与一类保护物的距离最多只能控制在 21m。问需采取什么措施?

【参考答案】

(1)设置卸油油气回收系统。

(2)同时设置卸油和加油加气回收系统。

第十五节 甲醇合成厂房防火案例分析

一、核心知识点和规范

1.厂房类别、耐火等级和层数

依据《建筑设计防火规范》(GB 50016-2014)的相关规定,甲醇合成厂房生产时产生甲醇,其火灾危险性特征为闪点小于28℃的液体,该厂房生产的火灾危险性类别应为甲类。甲类厂房的耐火等级不应低于二级,最多允许层数除生产必须采用多层者外,宜采用单层。

2.防火间距

依据《建筑设计防火规范》(GB 50016-2014)的相关规定,甲醇合成厂房与其他厂房、仓库、民用建筑之间的防火间距不应小于下表的规定。

甲醇合成厂房与其他厂房、仓库、民用建筑之间的防火间距

名称	甲类厂房	单层、多层乙类厂房(仓库)	单层、多层丙、丁、戊类厂房(仓库) 耐火等级			高层厂房(仓库)	民用建筑 耐火等级		
			一、二级	三级	四级		一、二级	三级	四级
甲类厂房	12	12	12	14	16	13	25		

3.平面布置、防火分区面积和安全疏散

项目	内容
平面布置	依据《建筑设计防火规范》(GB 50016-2014)的相关规定,厂房内严禁设置员工宿舍;办公室、休息室等不应设置在厂房内,当必须与厂房贴邻建造时,其耐火等级不应低于二级,并应采用耐火极限不低于3h的不燃烧体防爆墙隔开和设置独立的安全出口。
防火分区面积	依据《建筑设计防火规范》(GB 50016-2014)的相关规定,耐火等级为一级的单层厂房,根据《建筑设计防火规范》的规定,该厂房防火分区的最大允许建筑面积应为4000m²。
安全疏散	依据《建筑设计防火规范》(GB 50016-2014)的相关规定,厂房的安全出口应分散布置,其相邻2个安全出口最近边缘之间的水平距离不应小于5m。厂房内任一点到最近安全出口的距离均不应大于30m。厂房首层外门的总净宽度应按该层人数不小于0.60m/百人计算,且所有外门的最小净宽度均不应小于1.20m。

4.防爆泄压

(1)甲醇合成厂房宜独立设置,并宜采用敞开或半敞开式,承重结构宜采用钢筋混凝土或钢框架、排架结构。

(2)甲醇合成厂房应设置泄压设施。

(3)甲醇合成厂房的泄压面积宜按公式$A=10CV^{2/3}$计算(式中A为泄压面积,m²;V为厂房的容积,m³;C为厂房容积为1000m³时的泄压比,甲醇的泄压比应为大于等于0.11m²/m³)。

(4)因甲醇(常态下为液体)挥发的蒸气较空气重,故甲醇合成厂房应采用不发火花地面;采用绝缘材料作地面整体面层时,应采取防静电措施;厂房内不宜设置地沟,必须设置时,其盖板应严密,地沟应采取防止可燃蒸气在地沟积聚的有效措施,且与相邻厂房连通处应采用防火材料密封。

(5)甲醇合成厂房的管、沟不应和相邻厂房的管、沟相通,厂房的下水道应设置隔油设施。

二、巩固与提高

甲类厂房与其他厂房、民用建筑等之间的防火间距符合《建筑设计防火规范》(GB 50016-2014)规定的有哪些?

【参考答案】
(1)与重要的公共建筑之间的防火间距不应小于50m。
(2)与明火和散发火花地点之间的防火间距不应小于30m。
(3)与民用建筑之间的防火间距不应小于25m。
(4)与架空电力线的最小水平距离不应小于杆高的1.5倍。
(5)与甲类厂房之间的防火间距不应小于12m。

第十六节 可燃液体储罐区防火案例分析

一、核心知识点和规范

1.可燃液体火灾危险性分类

依据《建筑设计防火规范》(GB 50016-2014)的相关规定,汽油的火灾危险性特征为闪点小于28℃的液体,属于甲类液体;重油的火灾危险性特征为闪点不小于60℃的液体,属于丙类液体。

2.可燃液体储罐区选址

依据《建筑设计防火规范》(GB 50016-2014)的相关规定,甲、丙类液体储罐区应设置在城市(区域)的边缘或相对独立的安全地带,并宜设置在城市(区域)全年最小频率风向的上风侧。甲、丙类液体储罐(区)宜布置在地势较低的地带。当布置在地势较高的地带时,应采取安全防护设施。甲、丙类液体储罐区应与装卸区、辅助生产区及办公区分开布置。

3.防火间距

甲、丙类液体储罐区与室外变电站、锅炉房、架空电力线、厂外道路、厂外铁路线,及储罐之间的防火间距应符合以下要求:

各类液体储罐区的防火间距

类别	防火间距
甲、丙类液体储罐与室外变电站、锅炉房	(1)当甲类液体和丙类液体储罐布置在同一储罐区时,其总储量可按1m³甲类液体相当于5m³丙类液体折算。 (2)储罐区的储罐与室外变电站的防火间距不应小于50m。 (3)储罐区的储罐与锅炉房(明火或散发火花低点)的防火间距,应按甲类液体固定顶储罐区与四级耐火等级建筑的防火间距的规定增加25%确定,即不应小于50m。
甲、丙类液体储罐与架空电力线	(1)甲类液体储罐与架空电力线的最近水平距离不应小于电杆(塔)高度的1.50倍,丙类液体储罐与架空电力线的最近水平距离不应小于电杆(塔)高度的1.20倍。 (2)3#汽油储罐、1#重油储罐与北侧架空电力线的最近水平距离分别不应小于22.50m、18m。
甲、丙类液体储罐与厂外铁路线中心线、厂外道路路边	甲类液体储罐与厂外铁路线中心线、厂外道路路边的防火间距分别不应小于35m、20m,丙类液体储罐与厂外铁路线中心线、厂外道路路边的防火间距分别不应小于30m、15m。
甲类液体浮顶储罐之间	甲类液体浮顶储罐之间的防火间距不应小于相邻较大立式储罐直径的0.40倍,该储罐区3#和4#、4#和5#内浮顶汽油储罐之间的防火间距均不应小于4.80m。

31

续表

类别	防火间距
丙类液体地上式固定顶储罐之间	丙类液体地上式固定顶罐之间的防火间距不应小于相邻较大立式储罐直径的0.40倍,该储罐区1#和2#地上式立式固定顶重油储罐之间的防火间距不应小于9.60m。
不同液体、不同形式储罐之间	(1)不同液体、不同形式储罐之间的防火间距,不应小于关于甲、乙、丙类液体储罐之间防火间距规定的较大值。 (2)储罐区1#地上式立式固定顶重油储罐和3#内浮顶汽油储罐,2#地上式立式固定顶重油储罐和5#内浮顶汽油储罐之间的防火间距不应小于9.60m。

4.可燃液体储罐区防止液体流淌措施

(1)储罐区的每个防火堤内,宜布置火灾危险性类别相同或相近的储罐。

(2)沸溢性液体储罐与非沸溢性液体储罐不应布置在同一防火堤内。

(3)甲、丙类液体的地上式储罐或储罐组,其四周应设置不燃烧体防火堤。防火堤的设置应符合下列规定:

①防火堤内的储罐布置不宜超过2排,单罐容量小于等于1000m^3且闪点大于120℃的液体储罐不宜超过4排。

②防火堤的有效容量不应小于其中最大储罐的容量。对于浮顶罐,防火堤的有效容量可为其中最大储罐容量的一半。

③防火堤内侧基脚线至立式储罐外壁的水平距离不应小于罐壁高度的一半。

④防火堤的设计高度应比计算高度高出0.20m,且其高度应为1.00~2.20m,并应在防火堤的适当位置设置灭火时便于消防队员进出防火堤的踏步。

⑤沸溢性液体地上式储罐,每个储罐应设置一个防火堤或防火隔堤。

⑥含油污水排水管应在防火堤的出口处设置水封设施,雨水排水管应设置阀门等封闭、隔离装置。

二、巩固与提高

根据防火堤的设置应符合的规定,分析案例中的防火堤设置是否符合要求?

【参考答案】

现状,1#和2#地上式立式固定顶重油储罐的四周均分别设置不燃烧体防火堤(堤宽均为1m),3#、4#和5#内浮顶汽油储罐的四周共设置一个不燃烧体防火堤(堤宽均为1m)。1#和2#储罐防火堤的计算高度均不应小于2713÷(39×40)≈1.74(m),其设计高度均不应小于1.94m;现状,1#和2#储罐防火堤的高度均为2.10m,符合要求。3#、4#和5#储罐合用防火堤的计算高度均不应小于800÷2÷(79×34)≈0.15(m),其设计高度均不应小于0.35m;现状,除与1#和2#储罐相邻一侧防火堤高度均为2.10m外,其他部分防火堤高度均为1m,符合要求。现状,防火堤内侧基脚线至立式储罐外壁的水平距离均大于罐壁高度的一半;防火堤均在适当位置设置灭火时便于消防队员进出防火堤的踏步;含油污水排水管均在防火堤的出口处设置水封设施,雨水排水管均设置阀门等封闭、隔离装置;均符合要求。

第二章
消防设施应用案例分析

本章知识框架

消防设施应用案例分析	多层歌舞娱乐放映游艺场所建筑消防设施配置案例分析
	丙类厂房建筑消防设施配置案例分析
	多层丙类仓库建筑消防设施配置案例分析
	地下汽车库消防设施配置案例分析
	一类高层综合楼建筑消防设施配置案例分析
	一类高层商住楼建筑消防设施配置案例分析
	高度超过100m的综合楼建筑消防设施配置案例分析
	二类高层旅馆建筑消防设施配置案例分析
	甲、乙、丙类液体储罐区消防设施配置案例分析
	大型多层展览建筑消防设施配置案例分析
	室内消火栓系统检测与验收案例分析
	自动喷水灭火系统的检测与维保案例分析
	气体灭火设施检测与验收案例分析
	泡沫灭火设施检测与验收案例分析
	防烟和排烟设施检测与验收案例分析
	消防应急照明和疏散指示标志检测与验收案例分析
	灭火器及其配置验收案例分析
	火灾自动报警设施检测与验收案例分析
	室内消火栓系统、自动喷水灭火系统检查与维护保养案例分析
	自动喷水灭火系统检查与维护保养案例分析
	泡沫灭火设施检查与维护保养案例分析
	防烟和排烟设施检查与维护保养案例分析
	火灾自动报警设施检查与维护保养案例分析
	消防应急照明和疏散指示标志检查与维护保养案例分析
	灭火器配置验收与检查案例分析

第一节 多层歌舞娱乐放映游艺场所建筑消防设施配置案例分析

一、核心知识点和规范

1. 室外消火栓

依据《消防给水及消火栓系统技术规范》(GB 50974—2014)的规定,民用建筑应设室外消火栓。民用建筑体积在5000~20000 m³时,其室外消防用水量不应小于25L/s。当室外消防用水量大于20L/s时,应将消防给水管道布置成环状,且向环状管网供水的输水管不应少于2条。室外消防给水当采用低压给水系统时,室外消火栓栓口处的水压从室外设计地面算起不应小于0.10MPa。

2. 室内消火栓

建筑体积大于10000m²,根据《消防给水及消火栓系统技术规范》的规定,应设DN65的室内消火栓,其消防用水量应根据水枪充实水柱长度和同时使用水枪数量经计算确定,且不应小于30L/s,同时使用水枪不少于6只。消防水枪充实水柱长度不应小于7m,室内消火栓的布置应保证每一个防火分区同层有2支消防水枪充实水柱同时到达任何部位。

消火栓应布置在位置明显易于操作的部位,栓口离地面高度宜为1.10m,其出水方向宜向下或与设置消火栓的墙面成90°角,消火栓消防水带长度不宜大于25m。

3. 自动喷水灭火系统

依据《建筑设计防火规范》(GB 50016—2014)的规定,设置在地上一至三层且每层建筑面积大于300m²的歌舞娱乐放映游艺场所应设自动灭火系统。依据《自动喷水灭火系统设计规范(2005年版)》(GB 50084—2001),该场所环境温度大于4℃,且不高于70℃,应采用湿式自动喷水灭火系统。系统设置场所火灾危险等级应为中危险级Ⅰ级,其喷水强度不应小于6L/(min·m²),作用面积不应小于160m²。

4. 消防水池和消防水泵房

符合下列规定之一时,应设置消防水池:

(1)当生产、生活用水量达到最大时,市政给水管网或引入管不能满足室内、外消防用水量时。

(2)当采用一路消防供水或只有一条引入管,且室外消火栓设计流量大于20L/s或建筑高度大于50m时。

(3)当市政消防给水设计流量小于建筑的消防给水设计流量时。

当室外给水管网能保证室外消防用水量时,消防水池的有效容量应满足在火灾延续时间内室内消防用水量的要求。当室外给水管网不能保证室外消防用水量时,消防水池的有效容量应满足在火灾延续时间内室内消防用水量与室外消防用水量不足部分之和的要求。消防水泵房应有不少于两条的出水管直接与消防给水管网连接。当其中一条出水管关闭时,其余的出水管应仍能通过全部用水量。

消防水泵应设置备用泵,其性能应于工作泵性能一致,但下列情况除外:

(1)除建筑高度超过50m的其他建筑室外消防给水设计流量小于等于25L/s时。

(2)室内消防给水设计流量小于等于10L/s时。

当建筑物内同时设置室内消火栓系统、自动喷水灭火系统、水喷雾灭火系统、泡沫灭火系统或固定消防泡沫灭火系统时,其室内消防用水量应按需要同时开启的上述系统用水量之和计算;当上述多种消防系统需要同时开启时,室内消火栓用水量可减少50%,但不得小于10L/s。因此,计算上述消防用水总量时,室内消火栓系统用水量可减少至 10L/s。

5.防排烟系统

依据《建筑设计防火规范》(GB 50016-2014)的规定,夜总会建筑面积大于 $100m^2$ 的房间和长度大于 20m 的内走道应设机械排烟系统。每个防烟分区内设一个排烟口,并应保证至防烟分区内最远点的距离不大于 30m。根据《建筑设计防火规范》(GB 50016—2014)规定,排烟风机排烟量还应考虑 10%~20% 的漏风量。

6.火灾自动报警系统

依据《建筑设计防火规范》(GB 50016-2014)的规定,歌舞娱乐放映游艺场所应设置火灾自动报警系统。

7.灭火器

按《建筑设计防火规范》(GB 50016-2014)的规定,除住宅外的民用建筑,均应按《建筑灭火器配置设计规范》的规定配置灭火器,住宅也宜配置灭火器。夜总会灭火器配置场所的危险等级为严重危险级,火灾种类为A类火灾。A类火灾场所严重危险级的手提灭火器最大保护距离为 15m。

8.应急照明和疏散指示标志

项目	要求
建筑内消防应急照明灯具的照度	(1)疏散走道的地面最低水平照度不应低于 1.00lx。 (2)人员密集场所内的地面最低水平照度不应低于 3.00lx。 (3)楼梯间内的地面最低水平照度不应低于 5lx。 (4)消防控制室、消防水泵房、自备发电机房、配电室、防烟与排烟机房以及发生火灾时仍需正常工作的其它房间的消防应急照明,仍应保证正常照明的照度。
疏散走道和在安全出口、人员密集场所的疏散门的正上方设置灯光疏散指示标志	(1)安全出口和疏散门的正上方应采用"安全出口"作为指示标志。 (2)沿疏散走道设置的灯光疏散指示标志,应设置在疏散走道及其转角处距地面高度 1m 以下的墙面上,且灯光疏散指示标志间距不应大于 20m;对于袋形走道,不应大于 10m;在走道转角区,不应大于 1m,其指示标识应符合现行国家标准《消防安全标志》(GB 13495-1992)的有关规定。歌舞娱乐放映游艺场所应在其内疏散走道和主要疏散路线的地面上增设能保持视觉连续的灯光疏散指示标志或蓄光疏散指示标志。

二、巩固与提高

歌舞娱乐放映游艺场所建筑消防设施配置要点?

【参考答案】

(1)应配置室外消火栓给水系统。

(2)应配置室内消火栓给水系统,层数不超过 5 层或体积不大于 $10000m^3$ 的可不设。

(3)应配置自动喷水灭火系统,层数在地上一至三层且任一层建筑面积不大于 $300m^2$ 的地上歌舞娱乐放映游艺场所可不设。

(4)应配置火灾自动报警系统。

(5)应配置排烟系统,单层数在地上一至三层且房间面积不大于 $200m^2$ 的可不设。

(6)应配置安全疏散设施。

(7)应配置建筑灭火器。

第二节　丙类厂房建筑消防设施配置案例分析

一、核心知识点和规范

1. 室外消火栓

依据《消防给水及消火栓系统技术规范》(GB 50974—2014)的规定,丙类厂房体积为5000~20000 m³时,其室外消防用水量不应小于25L/s。当室外消防用水量大于15L/s时,应将消防给水管道布置成环状,且向环状管网供水的输水管不应少于2条。当室外消火栓采用低压给水系统时,室外消火栓栓口处的水压从室外设计地面算起不应小于0.10MPa。

2. 室内消火栓

依据《建筑设计防火规范》(GB 50016—2014)的规定,占地面积大于300m²的厂房应设DN65的室内消火栓。建筑高度小于或等于24m且建筑体积大于5000m³的丙类厂房的室内消火栓设计流量不应小于20L/s,同时使用消防水枪数不应少于4支。室内消火栓的布置应保证每一个防火分区同层有2支水枪充实水柱同时到达任何部位。消火栓应布置在位置明显易于操作的部位,栓口离地面高度宜为1.10m,其出水方向宜向下或与设置消火栓的墙面成90°角,消火栓水带长度不宜大于25m。

3. 自动喷水灭火系统

依据《建筑设计防火规范》(GB 50016—2014)的规定,占地面积大于1500m²或总建筑面积大于3000m²的单层制衣厂房应设自动灭火系统。采用自动喷水灭火系统时,依据《自动喷水灭火系统设计规范(2005年版)》(GB 50084—2001),该厂房自动喷水灭火系统设置场所火灾危险等级应为中危险级Ⅱ级,其喷水强度不应小于8L/(min·m²),作用面积不应小于160m²。

4. 消防水泵的水压和水量

若建筑室内、外消火栓系统共用消火栓泵一台,备用泵一台,其流量应为室内、外栓用水量之和。自动喷水灭火系统设喷洒工作泵一台,备用泵一台。消防水池容量V =(室外消防用水量+室内消防用水量)×火灾延续时间+自动喷水灭火系统用水量×自动喷水灭火系统火灾延续时间。建筑物内同时设置室内消火栓系统、自动喷水灭火系统、水喷雾灭火系统、泡沫灭火系统或固定消防炮灭火系统时,其室内消防用水量应按需要同时开启的上述系统用水量之和计算;当上述多种消防系统需要同时开启时,室内消火栓用水量可减少50%,但不得小于10L/s。

5. 防排烟系统

依据《建筑设计防火规范》(GB 50016—2014)的规定,下列场所应设置排烟设施:①丙类厂房中建筑面积大于300m²且经常有人停留或可燃物较多的地上房间,人员、可燃物较多的丙类厂房;②建筑面积大于5000m²的丁类生产车间;③占地面积大于1000m²的丙类仓库;④高度大于32m的高层厂房(仓库)长度大于20m的疏散走道,以及其他厂房长度大于40m的疏散走道。

该厂房四周外墙上共设50樘3m×2m的窗,符合自然排烟条件,排烟窗总面积S = 3m×2m×50 = 300m²,排烟面积占占地面积的百分数 = 300m²/2000m²×100% = 15%,大于规定2%~5%的要求。

第二章 消防设施应用案例分析

6.火灾自动报警系统

依据《建筑设计防火规范》(GB 50016—2014)的规定,任一层建筑面积大于1500m² 或总建筑面积大于3000m² 的制衣厂房应设火灾自动报警系统。

7.安全疏散设施

依据《建筑设计防火规范》(GB 50016—2014)的规定,丙类厂房应在安全出口或疏散门的正上方设置灯光疏散指示标志,并应采用"安全出口"作为指示标志。

8.灭火器

按《建筑设计防火规范》(GB 50016—2014)的规定,丙类厂房灭火器配置场所的危险等级为<u>中危险级</u>,火灾种类为<u>A类火灾</u>。A类火灾场所中危险级的手提式灭火器最大保护距离为<u>20m</u>。

二、巩固与提高

任一层建筑面积大于1500m² 或总建筑面积大于3000m² 的多层制衣厂房建筑消防设施配置要点?

【参考答案】

(1)应配置室外消火栓给水系统。

(2)应配置室内消火栓给水系统。

(3)应配置自动喷水灭火系统。

(4)应配置火灾自动报警系统。

(5)应配置防排烟系统。

(6)应配置安全疏散设施。

(7)应配置建筑灭火器。

第三节 多层丙类仓库建筑消防设施配置案例分析

一、核心知识点和规范

1.室外消火栓

根据《建筑设计防火规范》(GB 50016—2014)的规定,多层丙类仓库应设室外消火栓给水系统。室外消火栓用水量按同一时间内的火灾次数和一次灭火水量确定,仓库体积为75000m³,大于50000m³,其消防用水量不应小于45L/s,每个室外消火栓流量为10~15 L/s,应设5个或5个以上室外消火栓,室外消火栓管网应为环状管网。

2.室内消火栓

根据《建筑设计防火规范》(GB 50016—2014)的规定,占地面积大于300m² 的仓库需设计 DN65 的室内消火栓系统。室内消火栓给水管道用阀门分为若干独立段,检修时关闭的消火栓给水管道不应超过一条。多层丙类仓库高度小于24m,体积大于5000m³ 时,消防用水量<u>不应小于20 L/s</u>,同时使用消防水枪数量<u>不应少于4支</u>。

3.自动喷水灭火系统

根据《建筑设计防火规范》(GB 50016—2014)的规定,每座占地面积大于1000m² 的棉、毛、丝、麻、化纤、毛皮及其制品的仓库应设置自动喷水灭火系统。依据《自动喷水灭火系统设计规范(2005年版)》(GB 50084-2001)的规定,堆垛储物仓库自动喷水灭火系统应为湿式系统,火灾危险等级为仓库危险级Ⅱ级,喷水强度不小于$16L/(min·m^2)$,作用面积$200m^2$。

4.消防水泵和消防水池

室内消火栓、室外消火栓和自动喷水灭火系统分别各设2台消防水泵,一用一备。根据《建筑设计防火规范》(GB 50016-2014)的规定,消防水池容量应大于室内、外消火栓用水量和自动喷水灭火系统用水量之和,即大于$978m^3$(见下表)。消防水池容积大于$500m^3$时,应分设成两个能独立使用的消防水池。甲、乙、丙类仓库火灾延续时间按3h计算,丁、戊类仓库按2h计算。

消防水池容积

系统名称	消防用水量(L/s)	火灾延续时间(h)	消防储水量(m^3)
室外消火栓	45	3	486
室内消火栓	20	3	108
自动喷淋	53.30	2	384
合计	—	—	978

5.火灾自动报警系统

根据《建筑设计防火规范》(GB 50016-2014)的规定,每座占地面积大于$1000m^3$的棉、毛、丝、麻、化纤及其织物的库房应安装火灾自动报警系统。根据《火灾自动报警系统设计规范》(GB 50116-1998)的规定,丙类物品库房为二级火灾自动报警系统保护对象。火灾自动报警系统应设有自动和手动两种触发装置。区域报警系统,宜用于二级保护对象;集中报警系统,宜用于一级和二级保护对象。该仓库为二级保护对象,采用区域报警系统和点型感烟式探测器。设有火灾自动报警系统和自动灭火系统或设有火灾自动报警系统和机械防排烟设施的建筑,应设置消防控制室。

6.防排烟设施

根据《建筑设计防火规范》(GB 50016-2014)的规定,占地面积大于$1000m^2$的丙类仓库应设置防排烟设施。仓库用结构梁划分防烟分区,每分区面积小于$500m^2$,并设置有金属管道的机械排烟设施。排烟风机担负两个以上防烟分区排烟,其排烟量不应小于$120m^3/(h·m^2)$×$500m^2$(最大防烟分区面积)=$60000m^3/h$,设置排烟风机其排烟量还应考虑10%~20%的漏风量。疏散用的封闭楼梯间靠外墙设置,采用自然通风和采光。

7.建筑灭火器配置

根据《建筑设计防火规范》(GB 50016-2014)的规定,除住宅外的民用建筑、仓库(仓库)、储罐、堆场应设置灭火器。根据《建筑灭火器配置设计规范》(GB 50140-2005)的规定,多层丙类仓库的灭火器配置危险等级为中危险级,火灾种类为A类,应至少配置4kg ABC 干粉灭火器40个($N=Q/2A=(KS/U)/2A$)。灭火器设置点的位置和数量应根据灭火器的最大保护距离确定,并应保证最不利点至少在1具灭火器的保护范围内。

8.应急照明和疏散指示标志

根据《建筑设计防火规范》(GB 50016-2014)的规定,除建筑高度小于27m的住宅建筑外,丙类仓库的封闭楼梯间、防烟楼梯间及其前室、消防电梯间的前室或合用前室和消防控制室、消防水泵房、自备发电机房、配电室、防烟与排烟机房以及发生火灾时仍需正常工作的其它房间及建筑面积超过$100m^2$的地下、半地下公共活动房间应设置消防应急照明灯具并应符合下列规定:

(1)疏散走道的地面最低水平照度不应低于1.0lx。
(2)楼梯间内的地面最低水平照度不应低于5.0lx。
(3)对于人员密集场所避难层(间),不应低于3.0lx。

消防控制室、消防水泵房、自备发电机房、配电室、防烟与排烟机房以及发生火灾时仍需正常工作的其它房间的消防应急照明,仍应保证正常照明的照度。

消防应急照明灯具宜设置在墙面的上部、顶棚上或出口的顶部。

二、巩固与提高

自动喷水灭火系统主要有几种类型?预作用自动喷水灭火系统适用于什么场所?

【参考答案】

自动喷水灭火系统主要有:湿式系统、干式系统、预作用系统、雨淋系统和水幕系统。

预作用自动喷水灭火系统适用于不允许有水渍损失的建筑物、构筑物(如不允许出现勿喷的重要建筑物内的重要档案、资料、图书及珍贵文物储藏室等)。

第四节 地下汽车库消防设施配置案例分析

一、核心知识点和规范

1. 地下汽车库的类别

根据《汽车库、修车库、停车场设计防火规范》规定,停车数量在51～150辆,且2000m² < 总建筑面积≤5000m² 时其防火分类为Ⅲ类。

2. 室外消防给水系统

停车数超过5辆的车库应设消防给水系统。地下汽车库应设室外消火栓给水系统,其室外消防用水量应按消防用水量最大的一座汽车库计算,Ⅲ类车库不应小于15L/s。室外消火栓的保护半径不应超过150m,在市政消火栓保护半径150m及以内的地下汽车库,可不设置室外消火栓。

3. 室内消防给水系统

汽车库、修车库应设室内消防给水系统。Ⅰ、Ⅱ、Ⅲ类汽车库的室内消防用水量不应小于10 L/s,且应保证相邻两个消火栓的消防水枪充实水柱同时达到室内任何部位。消火栓口径应为65mm,消防水枪口径应为19mm。室内消火栓保护半径不应超过25m,同层相邻室内消火栓的间距不应大于50m。室内消火栓应设在明显易于取用的地点,栓口离地面高度宜为1.10m,其出水方向宜与设置消火栓的墙面相垂直。地下汽车库应设消防水泵接合器,其数量应按室内消防用水量计算确定,每个水泵接合器的流量应按10～15 L/s计算。

4. 自动喷水灭火系统

停车数超过10辆的地下汽车库应设置自动喷水灭火系统。Ⅲ类地下车库自动喷水灭火系统的火灾危险等级为中危险级Ⅱ级,喷水强度为8L/(min·m²),作用面积为160m²。消防用水量应依据《自动喷水灭火系统设计规范(2005年版)(GB 50084-2001)规定,并根据喷头布置情况经计算确定。

5. 消防供水方式

消防供水方式有市政给水管道、消防水池和天然水源等消防供水方式。消防用总水量应按室内、外消防用水量之和计算。车库内设有消火栓、自动喷水、泡沫等灭火系统时,其室内消防用水量应按需要同时开启的灭火系统用水量之和计算。消防给水管网应布置成环状(当室外消防用水量小于等于15L/s时,室内消火栓不超过10个时可布置成枝状),向环状管网输水的进水管不应少于两条。消防管道均应采用阀门分段,每段内停止使用的消火栓数量不应超过5个。设置临时高压消防给水系统的地下汽车库,应设屋顶消防水箱,其水箱容量应能储存10min的室内消防用水量,当计算消防用水量超过18m³时仍可按18m³确定。

6.消防水池

消防水池容量应满足2h火灾延续时间内室内外消防用水量总量的要求,但自动喷水灭火系统可按火灾延续时间1h计算,泡沫灭火系统可按火灾延续时间0.50h计算;当室外给水管网能确保连续补水时,消防水池的有效容量可减去火灾延续时间内连续补充的水量。消防水池的补水时间不宜超过48h,保护半径不宜大于150m。供消防车取水的消防水池应设取水口或取水井,其水深应保证消防车的消防水泵吸水高度不得超过6m。消防用水与其他用水共用的水池,应采取保证消防用水不作它用的技术措施。寒冷地区的消防水池应采取防冻措施。

7.火灾报警系统

Ⅰ类汽车库、修车库;Ⅱ类地下汽车库、修车库;Ⅲ类高层汽车库、修车库;机械式汽车库以及采用汽车专用升降机作汽车疏散出口的汽车库应设置火灾自动报警系统。

8.机械排烟系统

面积超过1000m²的地下汽车库应设置机械排烟系统。排烟风机的排烟量应按换气次数不小于6次/h计算确定。每个防烟分区排烟风机的排烟量不应小于3000m³/h且每个防烟分区应设置排烟口,排烟口宜设在顶棚或靠近顶棚的墙面上;排烟口距该防烟分区内最远点的水平距离不应超过30m。

9.应急照明和疏散指示标志

地下汽车库内应设火灾应急照明和疏散指示标志。火灾应急照明和疏散指示标志,可采用蓄电池作备用电源,但其连续供电时间不应少于30min。火灾应急照明灯宜设在墙面或顶棚上,其地面最低照度不应低于1.0lx。疏散指示标志宜设在疏散出口的顶部或疏散通道及其转角处,且距地面高度1m以下的墙面上。通道上的指示标志,其间距不宜大于20m。

10.建筑灭火器

地下汽车库应配置建筑灭火器。灭火器配置场所火灾种类为B类,危险等级为中危险级。手提式灭火器保护半径为12m,推车式灭火器保护半径为24m。单具灭火器最小配置灭火级别为55B,单位灭火级别最大保护面积为1m²/B。地下汽车库灭火器配置计算应按计算单元进行,计算单元的最小需配灭火级别按公式$Q = KS/U$计算。

二、巩固与提高

某独立设置的地下汽车库,位于地下1层,层高3.30m,建筑面积2300m²,停车数为99辆,问:

(1)该汽车库防火分类?
(2)该汽车库至少应设置哪些消防设施?
(3)该汽车库室内外消防用水量分别不应小于多少L/s?

【参考答案】

(1)该地下汽车库属于Ⅲ类汽车库。
(2)作为Ⅲ类汽车库,应至少设置室外消火栓系统、室内消火栓系统、自动喷水灭火系统、机械排烟系统、火灾应急照明和疏散指示标志、建筑灭火器等消防设施。
(3)因为该地下汽车库为Ⅲ类汽车库,室外消防用水量不应小于15L/s,室内消防用水量不应小于10L/s。

第五节 一类高层综合楼建筑消防设施配置案例分析

一、核心知识点和规范

1.建筑分类

建筑高度超过50m的建筑为一类高层建筑。综合楼是指由2种及2种以上用途的楼层组成的公共建筑,使用性质超过2种的为一类高层综合楼。

2.室外消火栓给水系统

高层建筑必须设置室内、外消火栓系统。室外消火栓的数量应经计算确定,每个消火栓的用水量应为10~15 L/s。室外消火栓应沿高层建筑四周均匀布置,消火栓距高层建筑外墙的距离不宜小于5m,并不宜大于40m,距路边的距离不宜大于2m。室外消防给水管道应布置成环状,其进水管不宜少于两条,当其中一条进水管发生故障时,其余进水管应仍能保证全部用水量。通常DN300市政供水管能提供180 L/s的水量。

3.室内消火栓给水系统

高层综合楼应设室内消火栓给水系统。室内消火栓采用临时高压给水系统,消火栓水量为40 L/s,室内消火栓给水管道布置成环状,并在各层均设置室内消火栓。消火栓设在走道、楼梯附近等明显易于取用的地点,消火栓的间距保证同层任何部位有两个消火栓的消防水枪充实水柱同时到达;消防水枪充实水柱不小于10m。消防栓的间距应由计算确定,高层建筑不大于30m,裙房不大于50m。消火栓栓口距地面高度为1.10m,栓口出水方向宜向下或与设置消火栓的墙面相垂直;消火栓栓口的出水压力大于0.70MPa时,应采取减压措施;消火栓应采用同一型号规格,消火栓的栓口直径应为65mm,消防水带长度不应超过25m,消防水枪喷嘴口径不应小于19mm,临时高压给水系统的每个消火栓处应设直接启动消防水泵的按钮。消防电梯间前室设消火栓;高层建筑的屋顶设一个装有压力显示装置的检查用消火栓。高层一类建筑的商业楼、综合楼等,应设消防卷盘,可结合室内消火栓系统设置,其用水量可不计入消防用水总量。

4.自动喷水灭火系统、消防用水和火灾自动报警系统

项目	内容
自动喷水灭火系统	(1)高层综合楼应设自动喷水灭火系统。高层民用综合楼建筑火灾危险等级为中危险级Ⅰ级,但其地下车库火灾危险等级为中危险级Ⅱ级,故该建筑自动喷水灭火系统设计流量按照中危险级Ⅱ级确定,其喷水强度不应小于8L/(min·m^2),作用面积不应小于160m^2。 (2)喷头选用流量系数K=80,公称动作温度高于环境最高温度30℃,即68℃的红色喷头,厨房区域选取93℃的绿色喷头。 (3)每个湿式报警阀控制喷头数不超过800只。 (4)在设置自动喷水灭火系统的报警阀组时,应注意每个报警阀组供水的最高与最低位置喷头,其高程差不宜大于50m。

续表

项目	内容
消防用水	高层建筑的消防用水总量应按室内、外消防用水量之和计算;高层建筑内设有消火栓、自动喷水、水幕及泡沫等灭火系统时,其室内消防用水量应按需要同时开启的灭火系统用水量之和计算。消防水泵房内分别设置室内消火栓泵和喷洒泵各两台,当市政给水环形干管允许直接吸水时,消防水泵可直接从室外给水管网吸水。直接吸水时,消防水泵扬程计算应考虑室外给水管网的最低水压,并以室外给水管网的最高水压校核水泵的工作情况。市政给水管道和进水管不能满足消防用水量或者市政给水管道为枝状或只有一条进水管时,则应设消防水池。
火灾自动报警系统	建筑高度建筑高度不超过100m的高层公共建筑,火灾自动报警系统保护对象公级为一级。系统采用控制中心报警系统,设一台集中火灾报警控制器和十三台区域显示器及图形显示装置、消防联运控制器、火灾应急广播等。消防控制室设在一层,并设有直通室外的安全出口。除车库、厨房等场所选用感温探测器外,商场、餐厅、机房、走道、娱乐场所等均选用感烟探测器,但上述场所中属于大空间等特殊场所的应特殊考虑。

5. 防排烟系统

（1）防烟。

除建筑高度超过50m的一类公共建筑和建筑高度超过100m的居住建筑外,靠外墙的防烟楼梯间及其前室、消防电梯间前室和合用前室,宜采用自然排烟方式。建筑高度超过50m的一类公共建筑的防烟楼梯间及其前室、消防电梯间前室和合用前室均应设机械防烟系统。机械防烟采用机械加压送风防烟方式,机械加压送风机的全压,除计算最不利环管道压头损失外,还应有余压,其余压值应满足防烟楼梯间为40Pa至50Pa、前室、合用前室、消防电梯间前室为25Pa至30Pa。楼梯间宜每隔二至三层设一个加压送风口,前室的加压送风口应每层设置。

（2）排烟。

下列场所应设置排烟系统:①民用建筑内长度大于20m的疏散走道;②公共建筑内建筑面积大于100m²且经常有人停留的地上房间;③公共建筑丙建筑面积大于300m²且可燃物较多的地上房间或者一个房间建筑面积超50m²且经常有人停留或可燃物较多的地下室;④中庭。

6. 应急照明和疏散指示标志

除建筑高度小于27m的住宅建筑外,民用建筑、厂房和丙类仓库的下列部位应设置应急照明:楼梯间、防烟楼梯间前室、消防电梯间及其前室、合用前室;配电室、消防控制室、消防水泵房、防烟排烟机房、电话总机房以及发生火灾时仍需坚持工作的其它房间和观众厅、展览厅、多功能厅、餐厅和商业营业厅等人员密集的场所及公共建筑内的疏散走道。疏散用的应急照明的照度,其地面最低照度不应低于1.0lx;消防控制室、消防水泵房、防烟排烟机房、配电室和自备发电机房、电话总机房以及发生火灾时仍需坚持工作的其它房间的应急照明照度,应保证正常照明的照度。

高层建筑的疏散走道和安全出口处应设灯光疏散指示标志,并宜设在墙面上或顶棚上。安全出口标志宜设在出口的顶部;疏散走道的标志宜设在疏散走道及其转角处距地面1m以下的墙面上。走道疏散标志灯的间距不应大于20m。

第二章 消防设施应用案例分析

7.建筑灭火器

根据《建筑灭火器配置设计规范》(GB 50140-2005)规定,综合楼各层均应配置建筑灭火器;民用建筑灭火器配置场所的危险等级为严重危险级,地上商业综合楼火灾种类为 A 类火灾,地下汽车库火灾种类为 B 类火灾,应配置 ABC 型干粉灭火器。根据计算公式 $Q = K \times S/U$,计算单元中的最小需配灭火级别,再根据计算公式 $Q_e = Q/N$ 计算出每个灭火器设置点的最小需配灭火级别,来确定每个设置点灭火器的类型、规格与数量。灭火器设置点的位置和数量应根据灭火器最大保护距离确定。

8.消防电梯

一类高层公共建筑应设置消防电梯;每个防火分区至少应设置一部消防电梯。消防电梯载重量不应小于 800kg 行驶速度从首层到顶层的运行时间不应超过 60s;消防电梯内应设专用电话,并应在首层设供消防队员专用的操作按钮;消防电梯井底应设排水设施,排水井容量不应小于 2m²,排水泵的排水量不应小于 10 L/s。

二、巩固与提高

某电信楼,共 34 层,建筑高度 106m,火灾自动报警系统采用总线制方式布线,其传输线路采用铜芯绝缘导线沿桥架明敷。

(1)该建筑火灾自动报警系统保护对象的分级为哪一级?应采用何种火灾自动报警系统形式?

(2)线路敷设方式是否恰当?为什么?

(3)设置了火灾警报装置后是否还应设置火灾应急广播装置?

【参考答案】

(1)为特级保护对象。由于该建筑有 34 层,高 106m,因此应采用控制中心报警系统。

(2)不恰当。火灾自动报警系统采用总线制方式布线时,控制、通信、警报信号与报警信号在同一总线回路上传输,当线路明敷时,应采用金属管或金属线槽保护,并应在金属管或金属线槽上采取防火保护措施或采用经阻燃处理的电缆,可不穿金属管,敷设在电缆竖井或吊顶内有防火保护措施的封闭式线槽内。

(3)应设置火灾应急广播。控制中心报警系统必须设置火灾应急广播。

第六节 一类高层商住楼建筑消防设施配置案例分析

一、核心知识点和规范

1.室外消火栓给水系统

高层建筑必须设置室外消火栓给水系统。一类高层商住楼,其室外消防用水量不应小于 40 L/s。室外消火栓的数量应经计算确定,每个室外消火栓的用水量为 10~15 L/s,应设 3~4 个室外消火栓。室外消火栓给水管网应布置成环状,其进水管不宜少于两条。室外消火栓应沿高层建筑均匀布置,建筑消防扑救面一侧的室外消火栓数量不宜少于 2 个,室外消火栓距高层建筑外墙的距离不宜小于 5m,与被保护对象的距离不应大于 150m。

2.室内消火栓给水系统

高层建筑必须设置室内消火栓给水系统。建筑高度大于50m的商住楼室内消火栓用水量不应小于40 L/s,消防管网应布置成环状。商住楼的住宅部分和裙房商场地下车库的各层均应设置室内消火栓,消火栓的间距保证同层任何部分有两个消火栓的水枪充实水柱同时到达,且消火栓的水枪充实水柱应按13m计算;因该建筑采用临时高压给水系统,在屋顶应设置储水量不小于36m³的高位水箱。

3.自动喷水灭火系统

商住楼的裙房商场和地下二层汽车库,除不宜用水扑救的部位外,均应设置自动喷水灭火系统。商住楼的商场和车库自动喷水灭火系统设置场所火灾危险等级均为中危险级Ⅱ级,设计喷水强度不应低于8 L/(min·m²),作用面积不小于160m²。洒水喷头应选用流量系数K=80的标准喷头,每个报警阀组控制的标准喷头数不应超过800个,并应在最不利点喷头处,设置末端试水装置。

4.消防水泵房

商住楼采用临时高压消防给水系统,消防水泵房设在地下二层,其出口直通室外。消防水泵房内设置消火栓泵三台(两用一备),喷淋泵三台(两用一备)。消火栓系统分高、低两个区,用减压阀进行分区。消火栓系统和喷淋系统在室外各设了三个地下式消防水泵接合器。室外消防用水量设计由市政给水管网直接供给,消防水池容量 = 室内消火栓用水量 × 火灾延续时间 + 自动喷水灭火用水量 × 火灾延续时间。消防水池总容量大于500m³时,应分成两个独立使用的消防水池。

5.火灾自动报警系统

商住楼地下一层至地上四层商场部分和地下二层汽车库应设置火灾自动报警系统。商场和车库火灾自动报警系统保护对象分级均为一级,系统采用控制中心报警系统。除地下车库和厨房选用感温探测器外,商场等其他部位均选用感烟探测器。消防控制室设在该建筑的首层,采用耐火极限不低于2h的隔墙和耐火极限不低于1.50h的楼板与其它部位隔开,并设直通室外的安全出口。

6.防排烟系统

除建筑高度超过50m的一类公共建筑和建筑高度超过100m居住建筑外,靠外墙的防烟楼梯间及其前室、消防电梯间前室和合用前室,宜采用自然排烟方式。防烟楼梯间前室、消防电梯间前室可开启外窗面积不应小于2m²,合用前室不应小于3m²。靠外墙的防烟楼梯间每五层内可开启外窗总面积之和不应小于2m²。商场部分面积超过100m²,经常有人停留和可燃物较多且设固定窗,应设置机械排烟设施,排烟口应设在顶棚上或靠近顶棚的墙面上,且与附近安全出口沿走道方向相邻边缘之间的最小水平距离不应小于1.50m,设在顶棚上的排烟口,距可燃构件或可燃物的距离不应小于1m,排烟口平时关闭,并应设置有手动和自动开启装置。防烟分区内的排烟口距最远点的水平距离不应超过30m。在排烟支管上应设有当烟气温度超过280℃时能自行关闭的排烟防火阀。根据《汽车库、修车库、停车场设计防火规范》(GB 50067—2014)规定,建筑地下车库因其建筑面积超过2000m²时,应设机械排烟系统。每个防烟分区的建筑面积不宜超过2000m²,排烟口距该防烟分区内最远点的水平距离不应超过30m。排烟风机的排烟量应按换气次数不小于6次/h计算确定。每个防烟分区排烟风机的排烟量不应小于30000m³/h。

7.建筑灭火器

根据《建筑灭火器配置设计规范》(GB 50140-2005)规定,商住楼的商场和住宅的公共活动部位(建筑面积大于 100m²)及地下汽车库应配置建筑灭火器。灭火器配置场所的火灾种类和危险等级:地下车库为B类火灾,严重危险级;商场为A类火灾,严重危险级;住宅公共活动部位为A类火灾,轻危险级。商住楼住宅部分宜配置建筑灭火器,其公共活动部位建筑面积大于 100m² 时,应配备 1 具 1A 的手提灭火器,每增加 100m² 时,增配 1 具 1A 的手提灭火器。

8.应急照明和疏散指示标志

高层建筑的下列部位应设置应急照明:楼梯间、防烟楼梯间前室、消防电梯间及其前室、合用前室,其地面最低水平照度不应低于 5.0lx;配电室、消防控制室、消防水泵房、防烟排烟机房、电话总机房以及发生火灾时仍需坚持工作的其它房间和商业营业厅等人员密集的场所及公共建筑内的疏散走道。疏散走道的应急照明的照度,其地面最低照度不应低于 1.0lx;消防控制室、消防水泵房、防烟排烟机房、配电室和自备发电机房、电话总机房以及发生火灾时仍需坚持工作的其它房间的应急照明照度,应保证正常照明的照度。

高层建筑的疏散走道和安全出口处应设灯光疏散指示标志,并宜设在墙面上或顶棚上。安全出口标志宜设在出口的顶部;疏散走道的标志宜设在疏散走道及其转角处距地面1m以下的墙面上。走道疏散标志灯的间距不应大于20m。

9.消防电梯

高层商住楼建筑应设置消防电梯;每个防火分区至少设置一部消防电梯。消防电梯载重量不应小于 800kg,行驶速度从首层到顶层的运行时间不应超过60s;消防电梯内应设专用电话,并应在首层设供消防队员专用的操作按钮;消防电梯井底应设排水设施,排水井容量不应小于 2m²,排水泵的排水量不应小于 10L/s。

二、巩固与提高

消防电梯设置要点有哪些?

【参考答案】

(1)消防电梯的数量应依据规范按每层建筑面积确定,并宜设在不同的防火分区内。

(2)消防电梯间应设前室,宜靠外墙设置,面积符合规范要求。

(3)电梯前室的门应用乙级防火门或有停滞功能的防火卷帘,电梯井及机房的围护结构应符合规范要求。

(4)消防电梯轿厢内应设专用电话,首层应设消防队员专用操作按钮;消防电梯井底应设排水设施;高层民用建筑电梯前室门口还宜设挡水设施;轿厢内装修应采用不燃材料,动力与控制电缆应采用不燃烧材料。

(5)消防电梯载重量不应小于800kg;行驶速度应按从首层到顶层不超过60s确定。

第七节 高度超过100m的综合楼建筑消防设施配置案例分析

一、核心知识点和规范

1.室外消火栓给水系统

一类高层综合楼,其室外消防用水量不应小于 40 L/s。室外消火栓的数量应经计算确定,每个室外消火栓的用水量为10~15 L/s,应设 4~5 个室外消火栓。DN300 室外消防给水管网布置成环状,不同方向两条进水管引入。室外消火栓应沿高层建筑四周环形消防通道均匀布置,建筑消防扑救面一侧的室外消火栓数量不宜少于2个,室外消火栓距高层建筑外墙的距离不宜小于5m,与被保护对象的距离不应大于150m。

2. 室内消火栓给水系统

高层建筑室内消火栓给水系统采用临时高压给水系统,串联供水方式,其用水量为40L/s。室内消防给水管道布置成环状,引入管为两根,当其中一根发生故障时,其余的进水管或引入管应能保证消防用水量和水压的要求。室内消火栓布置,除无可燃物的设备层外,其他各层均应设置室内消火栓,并符合以下规定:

(1)消火栓应设在走道、楼梯附近等明显易于取用的地点,消火栓的间距应保证同层任何部位有两个消火栓的水枪充实水柱同时到达。

(2)消火栓的水枪充实水柱应通过水力计算确定,且不应小于13m。

(3)消火栓的间距不应大于30m;消火栓栓口离地面高度宜为1.10m,栓口出水方向宜向下或与设置消火栓的墙面相垂直;消火栓栓口的出水压力不应大于0.50MPa,当出水压力大于0.70MPa时,应采取减压措施。

(4)消火栓应采用同一型号规格,消火栓的栓口直径应为65mm,水带长度不应超过25m,水枪喷嘴口径不应小于19mm 临时高压给水系统的每个消火栓处应设直接启动消防水泵的按钮,并应设有保护按钮的设施。

(5)消防电梯间前室应设消火栓;高层建筑的屋顶应设一个装有压力显示装置的检查用的消火栓。

建筑高度超过100m的高层建筑,应设消防卷盘,其用水量可不计入消防用水总量。

3. 自动喷水灭火系统

一类高层公共建筑,除游泳池、溜冰场、不宜用水保护或灭火的场所外均应设自动喷水灭火系统。另根据《汽车库、修车库、停车场设计防火规范》(GB 50067-2014)规定,停车数超过10辆的地下汽车库应设置自动喷水灭火系统。根据《自动喷水灭火系统设计规范》规定,综合楼自动喷水灭火系统设置场所火灾危险等级商场和地下车库均为中危险级Ⅱ级,办公部分为中危险级Ⅰ级,系统按中危险级Ⅱ级设计。设计喷水强度不应低于8 L/(min·m^2),作用面积不小于160m^2。消防用水量依据《自动喷水灭火系统设计规范》规定,并根据喷头布置情况经计算确定。洒水喷头应选用流量系数K=80的标准喷头,每个报警阀组控制的标准喷头数不应超过800个,并应在最不利点喷头处,设置末端试水装置。

4. 水喷雾灭火系统

可燃油油浸电力变压器、充可燃油的高压电容器和多油开关室宜设水喷雾或气体灭火系统。《水喷雾灭火系统设计规范》(GB 50219-1995)规定,水喷雾灭火系统可用于扑救固体火灾和闪点大于60℃的液体火灾及电气火灾。变压器室、开关室和柴油发电机室及其储油间的系统设计喷雾强度不应小于20L/(min·m^2),持续喷雾时间,变压器室、开关室不应小于0.4h;柴油发电机室及其储油间不应小于0.5h。系统应选择水喷雾喷头,工作压力不应小于0.35MPa。消防用水量取决于被保护对象表面积大小。

5. 消防水池

计算消防水池容量时,其火灾延续时间应按3h计算,其中自动喷水灭火系统可按火灾延续时间1h计算。消防水池的总容量超过500m^{3}时,应分成两个能独立使用的消防水池。该建筑应设高位消防水箱,储水量不应小于100m^3;高位消防水箱的设置高度应保证最不利点消火栓静水压力,因该工程建筑高度超过100m,最不利点消火栓静水压力不应低于0.15MPa,否则应设增压设施。室内消火栓给水系统和自动喷水灭火系统应设水泵接合器,每个水泵接合器的流量应按10~15 L/s计算。

6.气体灭火系统

一类高层建筑采用七氟丙烷全淹没灭火系统,组合分配形式,设计压力为4.20MPa,设计浓度为8%,喷放时间不大于8s,浸渍时间不小于5min。系统采用自动控制、手动控制和机械应急操作三种启动方式。

7.火灾自动报警系统

建筑高度超过100m高层建筑,除游泳池、溜冰场、卫生间外均设置火灾自动报警系统。根据《火灾自动报警系统设计规范》(GB 50116-1998)规定,火灾自动报警系统保护对象分级为特级,系统形式应为控制中心报警系统。消防控制中心应有消防联动控制功能,并能接收和显示消防应急广播系统、应急照明和疏散指示系统、防排烟系统、防火门及卷帘系统、消火栓系统、各类灭火系统、消防通讯系统、电梯等消防系统和设备的动态信息。

8.防排烟系统

(1)机械防烟。

根据《高层民用建筑防火规范(2005年版)》(GB 50045-1995)规定,一类高层建筑的防烟楼梯间及其前室、消防电梯间前室和合用前室、避难层(间)应设置独立的机械加压送风的防烟系统,其机械加压送风量应由计算确定,或按规范规定的数值确定。当计算值和规范数值不一致时,应按两者中较大值确定。机械加压送风机的全压,除计算最不利环管道压头损失外,还应有余压,其余压值应满足防烟楼梯间为40~50Pa,前室、合用前室、消防电梯间前室为25~30Pa。楼梯间宜每隔二至三层设一个加压送风口,前室的加压送风口应每层设一个。层数超过三十二层的高层建筑,其送风系统和送风量应分段设计。机械加压送风机可采用轴流风机或中、低压离心风机,风机位置应根据供电条件、风量分配均衡、新风入口不受火、烟威胁等因素确定。

(2)机械排烟。

根据《高层民用建筑设计防火规范(2005年版)》(GB 50045-1995)的要求,一类高层建筑的内走道、商场、车库和面积超过100m²地上房间及各房间总面积超过200m²或一个房间面积超过50m²的地下室,应设置机械排烟设施。排烟风机的风量,担负一个防烟分区排烟或净空高度大于6m的不划防烟分区的房间时,应按每平方米面积不小于60m³/h计算(单台风机最小排烟量不应小于7200m³/h);担负两个或两个以上防烟分区排烟时,应按最大防烟分区面积每平方米不小于120m³/h计算。一类高层建筑中地下车库排烟风机的排烟量按《汽车库、修车库、停车场设计防火规范》(GB 50067-2014)的要求,按换气次数不小于6次/h计算确定。设置机械排烟的地下室,应同时设置送风系统,且送风量不宜小于排烟量的50%。超高层建筑封闭避难层(间)的机械加压送风量应按避难层净面积每平方米不小于30m³/h计算。

9.应急照明和疏散指示标志

根据《高层民用建筑设计防火规范》规定,一类高层建筑内楼梯间、防烟楼梯间前室、消防电梯间及其前室、合用前室,其地面最低水平照度不应低于5.0lx;配电室、消防控制室、消防水泵房、防烟排烟机房、电话总机房以及发生火灾时仍需坚持工作的其它房间;观众厅、展览厅、多功能厅、餐厅和商业营业厅等人员密集的场所以及疏散走道应设置应急照明。疏散走道的应急照明,其地面最低照度不应低于1.0lx;消防控制室、消防水泵房、防烟排烟机房、配电室和自备发电机房、电话总机房以及发生火灾时仍需坚持工作的其它房间的应急照明,仍应保证正常照明的照度。

一类高层建筑的疏散走道和安全出口处均应设置灯光疏散指示标志。疏散应急照明灯均设在墙面上或顶棚上;安全出口标志均设在出口的顶部;疏散走道的指示标志均设在疏散走道及其转角处距地面1.00m以下的墙面上;走道疏散标志灯的间距均不大于20m;应急照明灯和灯光疏散指示标志,应设玻璃或其它不燃烧材料制作的保护罩。应急照明和疏散指示标志,可采用蓄电池作备用电源,且连续供电时间不应少于20min。

10. 消防电梯

一类高层建筑每层建筑面积不大于4000m²时,应设2个防火分区,且每个防火分区应设不少于1台消防电梯。消防电梯可与客梯或工作电梯兼用,但应符合下列要求:

(1)消防电梯宜分别设在不同的防火分区内。

(2)消防电梯间应设前室,其面积:居住建筑不应小于4.50m²;公共建筑不应小于6m²。当与防烟楼梯间合用前室时,其面积:居住建筑不应小于6m²;公共建筑不应小于10m²。

(3)消防电梯间前室宜靠外墙设置,在首层应设直通室外的出口或经过长度不超过30m的通道通向室外。

(4)消防电梯间前室的门,应采用乙级防火门或具有停滞功能的防火卷帘。

(5)消防电梯的载重量不应小于800kg。

(6)消防电梯井、机房与相邻其它电梯井、机房之间,应采用耐火极限不低于2.00h的隔墙隔开,当在隔墙上开门时,应设甲级防火门。

(7)消防电梯的行驶速度,应按从首层到顶层的运行时间不超过60s计算确定。

(8)消防电梯轿厢的内装修应采用不燃烧材料。

(9)动力与控制电缆、电线应采取防水措施。

(10)消防电梯轿厢内应设专用电话;并应在首层设供消防队员专用的操作按钮。

(11)消防电梯间前室门口宜设挡水设施。消防电梯的井底应设排水设施,排水井容量不应小于2m³,排水泵的排水量不应小于10L/s。

11. 建筑灭火器

建筑灭火器配置场所危险等级为严重危险级。其中商场、酒店、办公楼部分火灾种类为A类火灾;车库、变(配)电室、多油断路器室、柴油发电机及其储油间的火灾种类为B类火灾。因此,建筑内各层均配备ABC干粉灭火器,在变(配)电室、多油断路器室、柴油发电机室增配二氧化碳灭火器。

二、巩固与提高

手动火灾报警按钮的设置要点有哪些?

【参考答案】

(1)每个防火分区应至少布置一只手动火灾报警按钮。

(2)从一个防火分区内的任何位置到最邻近的一个手动火灾报警按钮的距离不应大于30m。

(3)手动火灾报警按扭宜设置在公共活动场所的出入口处。

(4)动火灾报警按扭宜设置在明显和便于操作的部位,当安装在墙上时,其底边距地高度宜为1.30~1.50m,且应有明显的标志。

第八节 二类高层旅馆建筑消防设施配置案例分析

一、核心知识点和规范

1. 建筑分类

建筑高度小于50m，使用功能为客房和餐饮服务，层数为8层，根据《高层民用建筑设计防火规范》规定，该类建筑为二类高层公共建筑。

2. 室外消火栓给水系统

二类高层公共建筑的室外消防给水由市政给水管网供给，市政管网应为环状给水管网，进水引入管不应少于两条。室外消火栓消防用水量和数量应经计算确定，且不应小于40L/s，室外消火栓不应少于两个。每个室外消火栓用水量应为10～15L/s，距路边的距离不大于2m，距高层旅馆外墙的距离不应小于5m，且不应大于40m。

3. 室内消火栓给水系统

高层建筑必须设置室内消火栓给水系统，其消防用水量不应小于20L/s。室内消火栓消防竖管的布置，应保证同层相邻两个消火栓的水枪的充实水柱同时达到被保护范围内的任何部位。每根消防竖管的直径应按通过的流量经计算确定，但不应小于100mm。室内消火栓管道应成环状，向环状供水的进水管或引入管不应小于两根。管网采用阀门分成若干独立段，并保证检修管道时关闭停用的竖管不超过一根，竖管超过四根时，可关闭不相邻的两根。消火栓设置在走道、楼梯附近等明显易于取用的地点。消火栓的消防水枪充实水柱应通过水力计算确定，建筑高度不超过100m的高层建筑充实水柱长度不小于10m。室内消火栓采用临时高压给水系统，每个消火栓处应设直接启动消防水泵的按钮，并在屋顶设有容量不小于18m³高位消防水箱。在消防水泵房设置两台消火栓泵，一用一备。

4. 自动喷水灭火系统

根据《自动喷水灭火系统设计规范（2005年版）》（GB 50084-2001）规定，二类高层公共建筑的公共活动用房、走道、办公室和旅馆的客房、自动扶梯底部、可燃物品仓库等部位应设自动喷水灭火系统。该建筑设置场所火灾危险等级划分为中危险级Ⅰ级。建筑物的净空高度小于8m，设计喷水强度为6L/(min·m²)，作用面积为160m²，系统最不利点的压力按不低于0.10MPa确定。场所属于环境温度不低于4℃，且不高于70℃的场所，自动喷水灭火系统采用湿式系统。

5. 建筑灭火器

根据《高层民用建筑设计防火规范》和《建筑灭火器配置设计规范》（GB 50140-2005）规定，二类高层旅馆各层均应配置建筑灭火器。灭火器配置场所火灾种类为A类，危险等级为严重危险级。

6. 应急照明和疏散指示标志

根据《高层民用建筑设计防火规范》规定，二类高层旅馆内楼梯间、防烟楼梯间前室、消防电梯间及其前室、合用前室，其地面最低水平照度不应低于5.0lx；配电室、消防控制室、消防水泵房、防烟排烟机房、电话总机房以及发生火灾时仍需坚持工作的其它房间；多功能厅、餐厅和商业营业厅等人员密集的场所以及疏散走道应设置应急照明。疏散走道的应急照明，其地面最低照度不应低于1.0lx；消防控制室、消防水泵房、防烟排烟机房、配电室和自备发电机房、电话总机房以及发生火灾时仍需坚持工作的其它房间的应急照明,仍应保证正常照明的照度。

根据《高层民用建筑设计防火规范》规定,二类高层旅馆的疏散走道和安全出口处均应设置灯光疏散指示标志。疏散应急照明灯均设在墙面上或顶棚上;安全出口标志均设在出口的顶部;疏散走道的指示标志均设在疏散走道及其转角处距地面1m以下的墙面上;走道疏散标志灯的间距均不大于20m;应急照明灯和灯光疏散指示标志,应设玻璃或其它不燃烧材料制作的保护罩。应急照明和疏散指示标志,可采用蓄电池作备用电源,且连续供电时间不应少于30min。

二、巩固与提高

二类高层公共建筑哪些部位应设自动喷水灭火系统?

【参考答案】

公共活动用房、走道、办公室和旅馆的客房,自动扶梯底部,可燃物品库房。

第九节 甲、乙、丙类液体储罐区消防设施配置案例分析

一、核心知识点和规范

1. 火灾危险性分类

根据《建筑设计防火规范》(GB 50016-2014)规定,正丙醇、乙醇、异丙醇储罐储存物品闪点小于28℃,火灾危险性分类为甲类;正丁醇、环己酮储罐储存物品闪点大于等于28℃,但小于60℃,火灾危险性分类为乙类;乙二醇、二甘醇、丙二醇和轻柴油储罐储存物品闪点大于等于60℃,火灾危险性分类为丙类。

2. 室外消火栓

甲、乙、丙类液体储罐区应设室外消火栓给水系统,其消防用水量应按需水量最大的一座储罐计算。储罐区消防给水系统采用独立的稳高压消防给水系统,压力为0.70~1.20MPa。消防给水管道为环状布置,其进水管不少于两条,并用阀门分成若干独立管段,每段消火栓的数量不超过5个;消火栓选用地上式消火栓,间距不超过60m,沿罐区四周道路边设置。

3. 泡沫灭火系统

储罐储存物品为水溶性物质时,发生火灾需用抗溶性泡沫液灭火。考虑到目前我国泡沫消防车内装备的泡沫液大多为普通泡沫液,不适合扑救水溶性物质发生的火灾。因此,该储罐区灭火使用抗溶性泡沫液,采用固定的液上喷射泡沫灭火系统。其灭火用水量应按罐区内最大罐泡沫灭火系统、泡沫炮和泡沫管枪灭火所需的灭火用水量之和确定,并应按现行国家标准《泡沫灭火系统设计规范》(GB 50151-2010)、《固定消防炮灭火系统设计规范》(GB 50338-2003)的相关规定计算。泡沫混合液供给强度不应小于12L/(min·m²)。泡沫灭火系统由泡沫产生器、泡沫比例混合器、泡沫液储罐和泡沫泵及供水设施组成。储存水溶性可燃液储罐不能应用液下喷射泡沫灭火系统灭火。一个储罐组(区)内有水溶性和非水溶性可燃液体的储罐,其泡沫灭火系统的泡沫液应选用抗溶性泡沫液。

4. 水喷淋冷却系统

甲、乙、丙类液体储罐区设置固定的水喷淋冷却系统,其冷却用水量应按储罐区一次灭火最大需水量计算。距着火罐罐壁1.50倍直径范围内的相邻罐均应进行冷却。冷却水供给强度为0.50L/(s·m),起火罐按储罐周长计算,相邻储罐按罐周长一半计算。当相邻储罐超过4个时,冷却水量可按4个计算。水喷淋冷却系统由水幕喷头、雨淋阀组和供水设施组成。

5.消防用水量、消防水泵和消防应急照明

项目	要求
消防用水量	甲、乙、丙类液体储罐（区）室外消防用水量应按灭火用水量和冷却用水量之和计算。消防用水可由城市给水管网、天然水源或消防水池供给，利用天然水源时，其保证率宜为90%～97%，且应设置可靠的取水设施。
消防水泵	消防水泵应采用自灌式引水系统。每台消防水泵应有独立的吸水管；两台以上成组布置时，其吸水管不应少于两条，当其中一条检修时，其余吸水管应能确保吸取全部消防用水量。消防水泵应设柴油机驱动泵作为备用泵，柴油机的油料储备量应能满足机组连续运转6h以上的要求。
消防应急照明	消防水泵房及其配电室设消防应急照明，采用蓄电池作备用电源，其连续供电时间不应少于30min。

6.火灾自动报警系统

根据《建筑设计防火规范》（GB 50016－2014）和《石油化工企业设计防火规范》（GB 50160—2008）的规定，甲、乙、丙类液体储罐（区）应设置可燃气体浓度报警等火灾自动报警系统和火灾报警电话，并应在罐组四周道路边设置手动火灾报警按钮，其间距不宜大于100m。

7.建筑灭火器

根据《建筑灭火器配置设计规范》（GB 50140－2005）规定，甲、乙、丙类液体储罐（区）应配置建筑灭火器。灭火器配置场所火灾种类为B类，闪点小于60℃的可燃液体危险等级为严重危险级；闪点大于或等于60℃的液体为中危险级。应配置泡沫灭火器或干粉灭火器，灭火器配置设计的计算单元应按储罐的占地面积计算。

二、巩固与提高

某储罐区设有2个固定顶储罐，单罐容积10000m^2，直径36m，储存物质为乙醇。问：

（1）设置泡沫灭火系统时是否可以选用液下喷射泡沫灭火系统？为什么？

（2）应选择何种泡沫液？

（3）如果将泡沫炮和泡沫枪作为上述储罐的主要灭火设施是否符合要求？为什么？

【参考答案】

（1）采用液下喷射泡沫灭火系统是不可以的。因为水溶性甲、乙、丙类液体的固定顶罐，应选用液上喷射泡沫灭火系统或半液下喷射泡沫灭火系统。

（2）选择抗溶性泡沫液。

（3）不符合。水溶性液体的立式储罐，不应用泡沫炮作为主要灭火设施。直径大于9m，高度大于7m的固定顶储罐，不应用泡沫枪作为主要灭火设施。

第十节　大型多层展览建筑消防设施配置案例分析

一、核心知识点和规范

1.室外消火栓给水系统

依据《建筑设计防火规范》（GB 50016－2014）规定，一、二级耐火等级民用建筑体积大于

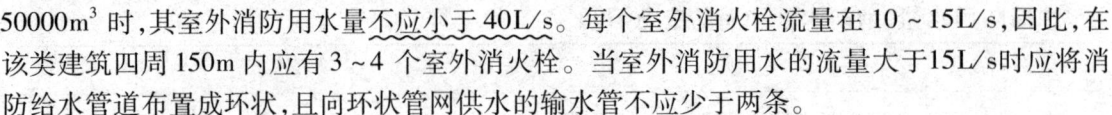

50000m³时，其室外消防用水量<u>不应小于40L/s</u>。每个室外消火栓流量在10~15L/s，因此，在该类建筑四周150m内应有3~4个室外消火栓。当室外消防用水的流量大于15L/s时应将消防给水管道布置成环状，且向环状管网供水的输水管不应少于两条。

2. 室内消火栓给水系统

依据《建筑设计防火规范》（GB 50016-2014）的规定，体积大于5000m³的展览建筑应设DN65的室内消火栓，其消防水量应根据消防水枪充实水柱长度和同时使用水枪数量经计算确定，且<u>不应小于20L/s</u>。同时使用消防水枪<u>不少于4只</u>，每根消防竖管最小流量不应小于15L/s。室内消火栓超过10个且室外消防栓设计流量<u>不大于20L/s</u>时（但建筑高度超过50m的住宅除外），其消防给水管道应连成枝状。当其中一条进水管发生事故时，其余的进水管应仍能供应全部消防用水量；体积大于25000m³的展览建筑，消防水枪的充实水柱不应小于13m；室内消火栓应设置在位置明显且易于操作的部位。栓口离地面或操作基面高度宜为1.10m，其出水方向宜向下或与设置消火栓的墙面成90°角；室内消火栓的布置应保证每一个防火分区同层有两支消防水枪的充实水柱同时到达任何部位。

3. 自动喷水灭火系统

依据《建筑设计防火规范》（GB 50016-2014）的规定，任一楼层建筑面积<u>大于1500m²</u>或<u>总建筑面积大于3000m²</u>的展览建筑应设自动喷水灭火系统。根据《自动喷水灭火系统设计规范（2005年版）》（GB 50084-2001）规定，展览馆建筑环境温度<u>不低于4℃且不高于70℃</u>的应采用湿式系统。自动喷水灭火系统设置场所火灾危险等级为中危险级 I 级，喷水强度 6L/(min·m²)，作用面积 160m²。<u>系统最不利点喷头的压力按不低于0.10MPa设计</u>。

4. 消防水池与消防泵房

根据《建筑设计防火规范》（GB 50016-2014）规定，当生产、生活用水量达到最大，市政给水管道和进水管或天然水源不能满足消防用水量时，应设置消防水池。当室外给水管网能保证室外消防用水量时，消防水池的有效容量应满足在火灾延续时间内室内消防用水量的要求。当室外给水管网不能保证室外消防用水量时，消防水池的有效容量应满足在火灾延续时间内室内消防用水量与室外消防用水量不足部分之和的要求。容量大于500m³的消防水池，应分设成两个能独立使用的消防水池。设置临时高压给水系统的建筑物应设置消防水箱。消防水箱应储存10min的消防用水量。消防水泵房应有不少于两条的出水管直接与消防给水管网连接。当其中一条出水管关闭时，其余的出水管应仍能通过全部用水量。出水管上应设置试验和检查用的压力表和DN65的放水阀门。当存在超压可能时，出水管上应设置防超压设施。

5. 气体灭火系统

大、中型博物馆内的珍品库、藏品库和特殊重要设备室及通讯机房等部位，应设置自动灭火系统，且宜采用气体灭火系统。根据《气体灭火系统设计规范》（GB 50370-2005）的规定，大、中型博物馆内采用七氟丙烷全淹没灭火系统，组合分配形式，设计压力为4.20MPa，设计浓度为8%，喷放时间不大于8s，浸渍时间不小于5min。系统采用自动控制、手动控制和机械应急操作三种启动方式。

6. 火灾自动报警系统

根据《建筑设计防火规范》（GB 50016-2014）规定，任一层建筑面积大于1500m²或总建筑面积大于3000m²的展览建筑应设置火灾自动报警系统。依据《火灾自动报警系统设计规范》（GB 50116-1998）规定，系统保护对象分级为<u>一级</u>，设计时采用控制<u>中心报警系统</u>。对展厅、办公、会议、文博书店、茶座、贵宾接待厅等场所,应选择感烟探测器。每个防火分区至少设置一个手动火灾报警按钮和消防对讲电话插口及声光报警装置。火灾报警按钮至所在防火分区边缘的距离不应大于30m。在消防控制室内除应设置集中火灾报警控制器及其联动控制设备外,还应设置应急广播和消防专用直通对讲电话总机,消防水泵房、备用发电机房、配变电室、主要通风和空调机房、排烟机房、消防电梯机房及其他与消防联动控制有关的且经常有人值班的机房等场所设有消防专用电话分机。

7. 防排烟系统

根据《建筑设计防火规范》(GB 50016－2014)规定,展览建筑中的中庭、公共建筑内建筑面积大于300m^2的地上房间、建筑内长度大于20m的疏散走道及地下或半地下歌舞娱乐放映游艺场所等应设置排烟设施。每个防烟分区的建筑面积不宜超过500m^2,防烟分区不应跨越防火分区。展厅、办公、会议、书店、茶座等场所,利用靠外墙上的可开启外窗进行自然排烟,排烟窗的面积应占地面面积的2%~5%。中庭体积大于17000m^3,其机械排烟换气次数不应小于4次/h,且排烟量不应小于102000m^3/h。走道、地下室等不能利用外墙窗进行自然排烟的场所,应设机械排烟设施,其排烟风机的风量,担负一个防烟分区排烟或净空高度大于6m的不划防烟分区的房间时,应按面积每平方米不小于60m^3/h计算(单台风机最小排烟量不应小于7200m^3/h);担负两个或两个以上防烟分区排烟时,应按最大防烟分区面积每平方米不小于120m^3/h计算。另外,该建筑中不能直接自然采光和自然通风的封闭楼梯间,应按防烟楼梯间设计,其楼梯间及其前室应设置防烟设施。

8. 应急照明和疏散指示标志

根据《建筑设计防火规范》(GB 50016－2014)规定,超过400m^2的展览厅及其疏散走道、封闭楼梯间、地下房间和消防控制室、消防水泵房、自备发电机房、配电室、防烟与排烟机房以及发生火灾时仍需正常工作的其它房间应设置消防应急照明。消防应急照明灯具的照度:疏散走道的地面最低水平照度<u>不应低于1.0lx</u>;人员密集场所内的地面最低水平照度<u>不应低于3.0lx</u>;楼梯间内的地面最低水平照度<u>不应低于5.0lx</u>;消防控制室、消防水泵房、自备发电机房、配电室、防烟与排烟机房以及发生火灾时仍需正常工作的其它房间的消防应急照明,仍应保证正常照明的照度。

该展览馆应沿疏散走道和在安全出口、人员密集场所的疏散门的正上方设置灯光疏散指示标志,并应符合下列规定:

(1)安全出口和疏散门的正上方应采用"安全出口"作为指示标志。

(2)沿疏散走道设置的灯光疏散指示标志,应设置在疏散走道及其转角处距地面高度1m以下的墙面上,且灯光疏散指示标志间距不应大于20m;对于袋形走道,不应大于10m;在走道转角区,不应大于1m,其指示标识应符合现行国家标准《消防安全标志》(GB 3495－1992)的有关规定。

(3)总建筑面积<u>超过8000m^2</u>的展览建筑在疏散走道和主要疏散路线的地面上增设能保持视觉连续的灯光疏散指示标志或蓄光疏散指示标志。

9. 建筑灭火器

按《建筑设计防火规范》(GB 50016－2014)规定,除住宅外的民用建筑,均应按《建筑灭火器配置设计规范》(GB 50140－2005)的规定配置灭火器。展览馆灭火器配置场所的危险等级为严重危险级,火灾种类为A类火灾,配置ABC型干粉灭火器。根据计算公式$Q = KS/U$,计算单元中的最小需配灭火级别,再根据计算公式 $Q_e = Q/N$,计算出每个灭火器设置点的最小需配灭火级别,并确定每个设置点灭火器的类型、规格与数量。灭火器设置点的位置和数量应根据灭火器最大保护距离确定。

二、巩固与提高

某综合楼,地下1层,地上4层,高度23.8m,总建筑面积14000m²,地下1层为车库,停车位120辆,1至3层为展览厅,4层为办公室,设有自动灭火系统。

问:(1)室内消火栓充实水柱长度应为多少米?

(2)什么情况下通风、空气调节系统的风管可以不采用不燃材料?

【参考答案】

(1)消火栓充实水柱长度不应小于13m。

(2)当风管按防火分区设置且设置了防烟防火阀时,可采用燃烧产物毒性较小且烟密度等级小于等于25的难燃材料。

第十一节  室内消火栓系统检测与验收案例分析

一、核心知识点和规范

(1)应按《建筑设计防火规范》(GB 50016 - 2014)设计消火栓给水系统。

(2)当室内消火栓数超过10个且室外消火栓给水系统流量大于15L/s时,室内消火栓给水系统管网应成枝状,消防泵房应有不少于2条出水管直接和环网的不同管段相连,当其中一条损坏时,其余的出水管应能通过全部水量。

(3)水泵出水管上应设试验检查用的压力表和DN65的放水阀门,供定期测试消防水泵的流量和压力,消防水泵进出水管上应设阀门和压力表。

(4)室内消火栓竖管直径不应小于DN100,室内消火栓直径不应小于DN65。

(5)室内消防给水管网应采用阀门分成若干独立段,多层民用建筑的管网阀门的布置应保证检修管道时关闭的竖管不超过1根。

(6)应在屋面层设室内消火栓,因该层有局部功能用房,并应另设一个屋顶消火栓。

(7)在火灾发生后消防泵供水不应进入高位消防水箱。

(8)消防用水和其他用水合用水箱时应采取消防用水不作他用的技术措施。

(9)消火栓按钮的性能应符合《建筑设计防火规范》(GB 50016 - 2014)和《消防联动控制系统》(GB 16806 - 2006)的要求。

二、巩固与提高

消防泵吸水管安装的基本要求是有哪些?

【参考答案】

消防泵吸水管安装的基本要求是吸水管水平管段上不应有气囊和漏气现象、吸水管上应设有明显启闭标志的阀门、吸水管上应设真空压力表以及吸水管及其阀门的公称管径不应小于消防泵入口直径。

第十二节 自动喷水灭火系统的检测与维保案例分析

一、核心知识点

(1) 装设通透性顶棚的场所,喷头应布置在顶板下,应采用<u>直立型喷头</u>。

(2) 集热挡水板应为正方形或圆形金属板,其平面面积不宜小于 $0.12m^2$,周围弯边的下沿,宜与喷头的溅水盘平齐。

(3) 每个报警阀组控制的最不利点喷头处,应设末端试水装置,其他防火分区、楼层均应设直径为 25mm 的试水阀。末端试水装置和试水阀应便宜操作,且应有足够排水能力的排水设施。

(4) 末端试水装置应由试水阀、压力表以及试水接头组成。试水接头出水口的流量系数,应等同于同楼层或防火分区内的最小流量系数喷头。末端试水装置的出水,应采取孔口出流的方式排入排水管道。

(5) 湿式报警阀的喷头选择应符合规定。

(6) 湿式报警阀的上下腔压力表的规格、型号、表径和量程应一致。

(7) 报警阀组的安装应在供水管网试压、冲洗合格后进行。安装时要先安装水源控制阀、报警阀,然后进行报警阀辅助管道的连接。水源控制阀、报警阀与配水干管的连接,应使水流方向一致。报警阀组安装的位置应符合设计要求;当设计无要求时,报警阀组应安装在便于操作的明显位置,距室内地面高度为 1.2m;两侧与墙的距离不应小于 0.5m;正面与墙的距离不应小于 1.2m;报警阀组凸出部位之间的距离不应小于 0.5m。安装报警阀组的室内地面应有排水设施。

二、巩固与提高

湿式报警阀的喷头选择应符合哪些规定?

【参考答案】

(1) 不做吊顶的场所,当配水支管布置在梁下时,应采用直立型喷头。

(2) 吊顶下布置的喷头,应采用下垂型喷头或吊顶型喷头。

(3) 顶板为水平面的轻危险级、中危险级Ⅰ级居室和办公室,可采用边墙型喷头。

(4) 自动喷头—泡沫联用型系统应采用洒水喷头。

(5) 宜受碰撞的部位,应采用带保护罩的喷头或吊顶型喷头。

第十三节 气体灭火设施检测与验收案例分析

一、核心知识点和规范

根据《气体灭火系统施工及验收规范》(GB 50263-2007)的规定,检测内容包括:灭火剂输送管道、管道连接件的品种、规格、性能;灭火剂输送管道、管道连接件的外观质量等材料检查;灭火剂储存容器及容器阀、单向阀、连接管、集流管、选择阀、安全泄放装置、阀驱动装置、喷嘴、信号反馈装置、检漏装置、减压装置等系统组件的外观质量等系统组件检查。

根据《气体灭火系统施工及验收规范》(GB 50263-2007),气体灭火系统具体检测内容见下表。

气体灭火系统检测内容

	检测项目	检测要求
储瓶间设备	1.灭火剂贮存容器	
	(1)外观质量	无变形、缺陷;手动操作装置有铅封。
	(2)规格	同一系统规格要一致,高度差不大于10mm。
	(3)储存容器上的压力表	符合图纸设计要求。
	(4)设备编号	标明设计规定的灭火剂名称和编号。
	(5)储存容器的记录	永久,包括编号、充装量、充装压力、充装日期。
	(6)充装压力	不小于相应温度下的储存压力,不大于储存压力5%。
	2.储瓶间温度	0℃~49℃。
	3.储瓶间相对湿度	不大于85%RH。
	4.储瓶间照明灯光照度	不小于150lx。
	5.集流管	
	(1)外观质量	焊接,内外镀锌;外表涂红漆。
	(2)泄压装置	泄压口方向不得朝向操作面和人员通道。
	6.高压软管和单向阀	
	(1)外观质量	无缺损、碰撞损伤;标志齐全。
	(2)安装方向	与灭火剂流动方向一致。
	7.选择阀	
	(1)外观质量	无碰撞变形及机械性损伤,有永久性标牌。
	(2)防护区标志	阀上应有明显的防护区名称或编号的永久性标牌。
	8.气体驱动装置	
	(1)外观质量	无碰撞变形及机械性损伤,手启有完整铅封。
	(2)名称与编号	标明驱动介质名称和对应防护区名称的编号。
防护区	1.防护区门窗	门窗材质符合要求。
	2.防护区开口设置	设置自动关闭装置。
	3.泄压口设置	设在外墙上,距防护区地面净高2/3以上(IG541密度与空气基本相同,泄压口安装高度没有限制,设计规范仅提出七氟丙烷的设置高度)。
	4.安全要求	有人防护区内应有紧急切断自控手动装置;区内设声报,入口处设光报和防护标志;疏散通道与出口处设事故照明和疏散指示标志。
	5.自动控制启动条件	接到两个独立火灾信号才能启动。

续表

检测项目		检测要求
系统功能试验	1. 启动方式	管网式：自动、手动和机械应急操作3种，无管网式：自动和手动2种。
	2. 感烟火灾探测器	功能正确。
	3. 感温火灾探测器	功能正确。
	4. 模拟自动喷气试验	功能正确。
	5. 模拟手动喷气试验	功能正确。
	6. 紧急启动试验	功能正确。
	7. 紧急阻断功能	具备。
	8. 延时启动量	0s~30s。
	9. 喷洒指示、声、光报警	具备。

二、注意事项

（1）气体灭火系统防护区应有保证人员在30s内疏散完毕的通道和出口。

（2）防护区的门应向疏散方向开启，并能自行关闭；用于疏散的门必须能从防护区内打开。

（3）灭火后的防护区应通风换气，地下防护区和无窗或设固定窗扇的地上防护区，应设置机械排风装置，排风口宜设在防护区的下部并应直通室外。通信机房、电子计算机房等场所的通风换气次数应不小于5次/h。

（4）经过有爆炸危险和变电、配电场所的系统管网，以及布设在以上场所的金属箱体等，应设防静电接地。

（5）管网灭火系统应设自动控制、手动控制和机械应急操作3种启动方式。预制灭火系统应设自动控制和手动控制2种启动方式。

（6）灭火系统的手动控制与应急操作应有防止误操作的警示显示与措施。

三、巩固与提高

气体灭火系统的功能验收一般包括哪些步骤？

【参考答案】

系统模拟启动试验、模拟喷气试验、对设有灭火剂备用量的系统进行模拟切换操作试验、主备电源进行切换试验。

第十四节 泡沫灭火设施检测与验收案例分析

一、核心知识点和规范

1. 水成膜泡沫液

原油是属于非水溶性甲、乙、丙类液体，当采用液上喷射时可选用水成膜泡沫液，但抗烧水平不应低于C级。

2. 泡沫液的进场检验的要求

泡沫液的进场检验要根据系统用量做不同的处理，一般情况下需要封样留存，当用量超过一定数值时,就需要送样检测。

规范要求对属于下列情况之一的泡沫液,应由监理工程师组织现场取样,送至具备相应资质的检查单位进行检测,其结果应符合国家现行有关产品标准和设计要求:

(1)6%型低倍数泡沫液设计用量大于或等于7t。
(2)3%型低倍数泡沫液设计用量大于或等于3.50t。
(3)6%蛋白型中倍数泡沫液最小储备量大于或等于2.50t。
(4)6%合成型中倍数泡沫液最小储备量大于或等于2t。
(5)高倍数泡沫液最小储备量大于或等于1t。
(6)合同文件规定现场取样送检的泡沫液

3.泡沫比例混合装置的调试

泡沫比例混合装置是保证泡沫混合液按预定比例混合的重要设备,是泡沫灭火器的核心设备之一,对泡沫比例混合装置进行调试,且调试应与系统喷泡沫实验同时进行,这样才能实测混合比。测量混合比的规范有3种方法:第一种是使用流量计测量;第二种是折射指数法;第三种是利用导电度法进行测量。目前,第三种方法应用最广。

4.泡沫灭火系统检测的基本要求和方法

储罐区低倍数泡沫灭火系统,按规范要求,系统调试时首先要进行喷水试验,当为手动灭火系统时,应以手动控制的方式进行一次喷水试验;当为自动灭火系统时,应以手动和自动控制的方式各进行一次喷水试验,其各项性能指标均应达到设计要求。

喷水实验的目的是检查泵能否及时、准确启动,阀门的启闭是否灵活、准确,管道是否通畅无阻,到达泡沫产生装置处的管道压力是否满足设计要求,泡沫比例混合装置的进、出口压力是否符合设计要求。

二、巩固与提高

简述应如何储罐区低倍泡沫灭火系统进行功能验收。

【参考答案】

储罐区低倍数泡沫灭火系统,功能验收时应进行喷泡沫试验,试验应满足

(1)应选择最远端储罐(即5号罐)进行试验。
(2)应以自动控制的方式进行喷泡沫试验,喷射泡沫的时间不宜小于1min。
(3)喷泡沫时应测量比例混合装置的混合比,因本工程所用的泡沫液为3%水成膜泡沫液,因此混合比应为3.0%~3.9%。
(4)应对发泡倍数进行测量,发泡倍数不宜低于5倍。
(5)应对系统自开启消防泵至泡沫混合液输送至5号罐的时间进行测量,该时间不应大于5min。

第十五节 防烟和排烟设施检测与验收案例分析

一、核心知识点和规范

1.防排烟设施的部位

检查设置防排烟设施的部位有没有按照相关规定。根据《高层民用建筑设计防火规范(2005年版)》(GB 50045-1995)的相关规定,某些部位是必须安装机械加压送风防烟设备

的,其中包括封闭避难层、采用自然排烟措施的防烟楼梯间但不具备自然排烟条件的前室、不具备自然排烟条件的防烟楼梯间以及消防电梯前室或合用前室等部位。

2.检查系统的设置

检查系统的设置是否恰当,如正压送风和机械排烟两大系统。通常而言,高于32层的高层建筑的防烟楼梯间和合用前室与避难层都要设置分段送风系统,当必须要共用一个系统的时候,一定要在通向合用前室的支风管上设置压差自动调节装置。

3.检查风机选型

检查风机选型是否符合要求。首先,当负担两个以上防烟分区时,应按最大防烟分区面积每平方米不小于120m^2/h 计算;其次,当排烟风机负担一个防烟分区时,应按该防烟分区面积每平方米不小于60m^2/h 计算;最后,中庭体积小于17000m^3 时,其排烟量按其体积的6次/h换气计算;如果中庭体积大于17000m^3 时,其排烟量按其体积的4次/h换气计算;但最小排烟量不应小于102000m^3/h。根据计算值的大小,可选择离心风机、排烟轴流风机,也可选择自带电源的专用排烟风机。

4.检查送风口或排烟口的安装位置

正压送风口的设置位置起到关键性的作用,一般防烟楼梯间的送风口需要每隔二至三层设置,前室的送风口就必须层层设置,不能有任何遗漏;其次就是每个送风口的面积大小一定要按照标准来进行正确的设置,千万不可以凭感觉而定。

5.测试排烟防烟设施的功能

测试排烟防烟设施的功能是否完备,包括正压送风及机械排烟两大系统,缺一不可。风机配电要满足要求,在最末一级配电箱处必须设置自动切换装置;风机在消防控制室必须有一对一的启动按钮,一旦发生火灾,就可以使加压送风机立即启动;送风口(常开加压送风口除外)设置手动和自动开启装置,有与感烟探测器连锁的自动开启装置或消防控制中心远距离控制的开启装置;防烟楼梯间、前室、合用前室、消防电梯前室、封闭避难层(间)的余压值是否符合《高层民用建筑设计防火规范(2005年版)》(GB 50045-1995)与《建筑设计防火规范》(GB 50016—2006)的规定。在排烟支管和排烟风机的机房入口处是否设有当烟气温度超过280℃能自行关闭的排烟防火阀;当任一排烟口或排烟阀开启时,排烟风机是否能自行启动;排烟口平时是否能关闭,是否设置手动和自动开户装置,是否有与感烟探测器连锁的自动开启装置或消防控制中心远距离控制的开启装置。

6.加压送风机的设置

一般情况下,加压送风机是否设置在不受建筑物内火灾影响的送风机房内,最好设置在系统底部,且加压送风系统的管道上不应装设防火阀。其次净空高度超过12m的室内中庭,竖向的排烟口是否按2~3层设一排烟口或者分段设置;排烟风机是否设置在该排烟系统最高排烟口的上部,不能采用将上层烟气引向下层的风道的布置方式;最后送风口的风速不宜大于7m/s,排烟口的风速不宜大于10m/s;用镀锌金属风道时,风速不应超过20m/s,当采用混凝土砌块或石棉板等其他非金属材料风道时,风速不应超过15m/s。防排烟风机明敷的配电线路是否符合防火性能要求。

二、注意事项

(1)如果必须要在楼梯间的适当位置设置压力传感器,控制加压送风机出口处的旁通泄压阀,就要调整楼梯间的余压值。

(2)人民防空工程避难走道的前室,防烟楼梯间及其前室或合用前室的机械加压送风系统宜分别独立设置,当需要共用系统时,应在支管上设置压差自动调节装置。避难走道的前室的机械加压送风量应按前室入口门洞风速不小于1.20m/s计算确定。

(3)当地上和地下部分在同一位置的防烟楼梯间需设置机械加压送风时,加压送风系统宜分别设置。当合用一个风道时,风量应叠加,且均应满足地上,地下加压送风系统的要求。

(4)采用机械加压送风的场所不应设置百叶窗,不宜设置可开启外窗,系统加压送风量应计算窗缝的漏风量。

(5)当前室的加压送风口为常开型时,其前室应采用带启闭信号的常闭防火门,并应在加压送风机的压出段上设置防回流装置或电动调节阀。

(6)机械加压送风口不宜设置在被门挡住的部位。

(7)防烟楼梯间的加压送风口一般采用自垂百叶式或常开百叶式风口,并应在加压风机压出段上设置防回流装置或电动调节阀。

(8)如果剪刀楼梯间可合用一个风道,其风量按两楼梯间风量计算,送风口应分别设置,塔式住宅设置一个前室的剪刀楼梯应分别设置加压送风系统。

(9)防烟楼梯间和合用前室的机械加压送风系统宜分别独立设置。

(10)当建筑层数超过32层或建筑高度大于100m时,一般情况下其送风系统及送风量必须分段设计。

三、巩固与提高

为什么高层建筑防烟楼梯间及其前室不能设机械排烟系统?

【参考答案】

(1)高层建筑楼梯间是高层建筑中由楼底通向楼顶的典型的竖井,高层建筑内发生火灾时,由于建筑物内所产生的"烟囱效应",起火房间燃烧生成的高温烟气,沿着疏散通道,直奔楼梯间,于是有可能把楼梯间变成大楼的烟囱。

(2)如果在防烟楼梯间及其前室再设机械排烟系统,无异于进一步强化了楼梯间的"烟囱效应",为保证疏散通道的安全,人们向楼梯间及其前室或与电梯间的合用前室采用机械送风。

第十六节 消防应急照明和疏散指示标志检测与验收案例分析

一、核心知识点和规范

1.文件和资料审查

(1)检查图样和设备技术资料等文件是否齐全。

(2)采用比对的方法,检查系统中各类产品的名称、型号、规格、使用的电池是否与市场准入制度要求的有效证明文件一致。

(3)检查施工记录和系统调试记录,保证系统处于正常工作状态。

2.现场安装及供电、布线检查

(1)消防应急灯具与供电线路之间不能使用插头连接,安装后不影响人员通行,灯具周围无遮挡物,吊装时吊管上端固定牢固。

(2)带有疏散方向指示箭头的消防应急标志灯具在安装时应保证箭头方向与疏散方向相同,指示出口的消防应急标志灯具要固定在坚固的墙上或顶棚下。

(3)作为辅助指示的蓄光型标志牌安装在与标志灯具指示方向相同的路线上,但不能代替标志灯具。

(4)消防应急照明灯具由进线总配电箱内一路专用回路供电。

(5)分散设置的集中电源的正常供电回路应取自本防火分区的(备用)应急照明配电箱,分配电装置应急回路由应急照明集中电源供电。

3.功能测试

项目	内容
消防应急标志灯具测试	(1)灯具正常工作时,光源应保持常亮且无故障。 (2)检查灯具的疏散标志指示方向与实际疏散方向要保持一致。 (3)操作试验按钮,使标志灯具处于应急工作状态,记录应急工作时间,该时间应不小于灯具本身标称的应急工作时间。 (4)操作试验按钮,启动具有语音功能的安全出口标志灯,语音应满足灯具说明书要求。
消防应急照明灯具测试	(1)观察灯具是否处于正常工作状态且无故障。 (2)检查光源与电源分开设置的照明灯具,电源的试验按钮和状态指示灯可方便操作和观察。 (3)操作试验按钮,使照明灯具处于应急工作状态,记录应急工作时间,该时间应不小于灯具本身标称的应急工作时间。 (4)安装区域的最低照度值要符合设计要求。 (5)照明灯具的光源与隔热情况应符合要求。
应急照明配电箱测试	(1)观察配电箱的工作状态指示灯,确认配电箱处于正常工作状态。 (2)切断配电箱的供电输出,检查所连接的灯具的应急转换情况。
系统功能测试	模拟消防联动控制信号联动应急照明配电箱,检查应急灯具的应急工作状态。

4.检测验收结论判定

(1)功能测试抽样比例、数量。灯具总数超过5台时,功能测试数量按实际安装数量10%的比例抽取,应急照明配电箱全数检查,联动功能试验进行1~2次。

(2)功能测试抽样方法。采用分区、分楼层随机抽样的方法。

(3)评定规则。文件及资料审查应全部满足要求;现场安装及布线、供电检查应符合要求;如有不合格项,允许施工单位现场或限期整改;功能测试项目检验应满足要求,如有不合格项,允许施工单位现场或限期整改,并对不合格项进行复检。

以上全部合格,判定系统合格。

二、注意事项

(1)设置消防安全疏散指示时,应优先采用消防应急标志灯具。

(2)应急转换时间。系统应急转换时间不能大于5s,高危险区域系统的应急转换时间不能大于0.25s。

(3)照度应符合下列规定:

①疏散通道照明区域的宽度应不小于通道宽度的1/2,照明区域内地面中心线水平照度不应低于1lx,照明区域边缘的水平照度不应低于0.50lx。

②楼梯间内的地面中心线水平照度不应低于5lx。

③疏散区域内中心线的地面水平照度的最大值与最小值之比不应大于40:1。
④避难场所和人员密集场所内的地面最低水平照度不应低于1lx。
（4）线路敷设应符合下列规定：
①集中电源系统的配电干线在竖井外敷设时,应满足:阻燃导线应穿金属管或经阻燃处理的硬质塑料管保护;敷设在保护层厚度不小于30mm 不燃烧体内;阻燃电缆应在防火线槽或防火桥架内敷设;矿物绝缘电缆或 A 级防火电缆可在桥架内敷设。
②集中电源系统的配电支线应采用阻燃导线,竖井外敷设时穿金属管保护或敷设在防火线槽内。

三、巩固与提高

某体育场馆,安装自带电源非集中控制型消防应急照明及疏散指示系统,请简述如何对系统功能进行检验、测试。

【参考答案】
(1)观察消防应急灯具的工作状态指示灯,所有灯具应该全部处于正常工作状态。
(2)检查消防应急标志灯具,疏散标志指示方向与实际疏散方向要保持一致。
(3)模拟消防联动控制信号联动应急照明配电箱,测试相关消防应急灯具和应急照明配电箱转入应急工作状态的情况。
(4)测试应急工作时间要满足要求。

第十七节　灭火器及其配置验收案例分析

一、核心知识点和规范

1.灭火器及灭火器箱的标志要求

类别	标志要求
灭火器	该建筑配置的灭火器为磷酸铵盐(ABC)干粉灭火器,其标志要求为: (1)灭火器应粘贴发光标志,无明显缺陷和损伤,能够在黑暗中显示灭火器位置。 (2)灭火器认证标志、铭牌的主要内容齐全,包括灭火器名称、型号和灭火剂种类,灭火级别和灭火种类,使用温度,驱动气体名称和数量(压力),制造企业名称,使用方法,再充装说明和日常维护说明等。 (3)灭火器底圈或者颈圈等不受压位置的水压试验压力和生产日期等永久性钢印标志、钢印打制的生产连续序号等清晰。 (4)2006年及2006年后生产的灭火器压力指示器表盘有灭火剂适用标示,干粉灭火剂为"F",指示器中的红区、黄区范围分别标有"再充装""超充装"字样。 (5)贴画端正平服、不脱落,不缺边少字,无明显皱褶、气泡等。
灭火器箱	该建筑中采用的灭火器箱为单体类置地型单开门式灭火器箱,其标志要求为: (1)箱体正面标注中文"灭火器"和英文"Fire extinguisher",字体尺寸(宽×高)不得小于30mm×60mm,并且字体要醒目、均匀、完整。 (2)灭火器箱的正面右下角设置耐久性铭牌,铭牌内容包括产品名称、型号规格、注册商标或者生产厂家名称、生产厂址、生产日期或者产品批次、执行标准等。

2.灭火器的外观质量与结构要求

项目	要求
外观质量	(1)灭火器筒体及其零部件无明显缺陷和机械损伤。 (2)灭火器外表涂层色泽均匀,无龟裂、明显流痕、气泡、划痕、碰伤等缺陷;灭火器电镀件表面无气泡、明显划痕、碰伤等缺陷。
结构要求	(1)灭火器开启机构灵活,不得倒置开启和使用;提把和压把表面不得有毛刺,锐边等影响操作的缺陷。 (2)灭火器器头(阀门)装有保险装置,保险装置的铅封完好。 (3)压力指示器指针在绿色区域范围内;压力指示器20℃时显示的工作压力值与灭火器标志上标注的20℃的充装压力相同。 (4)3kg(L)以上充装量的手提式灭火器应配有喷射软管和间歇喷射机构。

3.灭火器箱的外观质量与结构及开启性能要求

项目	要求
外观质量	(1)灭火器箱各表面无明显加工缺陷、机械损伤,箱体无歪斜、翘曲等变形,放置在水平地面上无倾斜、摇晃等现象。 (2)箱门关闭到位后,应与四周框面平齐,与箱框之间的间隙均匀平直,不影响箱门开启。
结构及开启性能	(1)开门式灭火器箱箱门应设有箱门关紧装置,且无锁具。 (2)灭火器箱箱门开启操作轻便灵活,无卡阻。 (3)经测力计试测检查,开启力不大于50N;箱门开启角度不小于160°。

4.灭火器配置中的部分设置要求

该建筑为中危险级 A 类火灾场所(或还含有 E 类火灾场所),其部分设置要求如下:

(1)每个灭火器配置计算单元内的灭火器设置点最大保护距离为20m。

(2)配置的每具手提式灭火器的灭火级别要大于等于3A。

(3)设置点要设置在明显、便于取用、且不得影响安全疏散的地点。

(4)手提式灭火器设置在灭火器箱内,灭火器箱不得被遮挡、拴系。

(5)有视线障碍的灭火器设置点,在醒目部位设置指示灭火器位置的发光标志。

二、巩固与提高

请分析案例中灭火器配置存在哪些问题。

【参考答案】

(1)灭火器设置点到保护区域最不利点的距离,多处会超过 20m,因此灭火器设置点数量不够,至少设置 2 个设置点。

(2)灭火器箱箱体正面未标注英文"Fire Extinguisher"字样。

(3)灭火器的正面右下角未设置任何铭牌。

(4)灭火器颈圈仅有灭火器生成连续序号,水压试验压力和生产日期印制在贴画上,未打制永久性钢印。

(5)灭火器箱设置在办公室外柱子旁,从外侧不能看到灭火器箱,属于视线障碍的设置点,但其附近未设置任何指示灭灯器位置的发光标志。

(6)灭火器压力指示器指针在黄色区域范围内。

第十八节 火灾自动报警设施检测与验收案例分析

一、核心知识点和规范

1. 点型感烟探测器检测

采用发烟装置向探测器施放烟气,查看探测器报警确认灯和火灾报警控制器的火警信号显示。探测器应启动报警确认灯,并在手动复位前予以保持。

2. 点型感温探测器检测

使用热源加热探测器,查看探测器报警确认灯和火灾报警控制器火警信号显示。探测器应启动报警确认灯,并在手动复位前予以保持。

3. 手动火灾报警按钮检测

手动按下按钮,应向报警控制器输出火警信号,同时启动按钮的报警确认灯。

4. 火灾报警控制器检测

触发自检键,对面板上所有的指示灯、显示器和音响器件进行功能自检。切断主电源,查看备用直流电源自动投入和主、备电源的状态显示情况。模拟探测器、手动报警按钮断路故障,查看故障显示。断路故障报警期间,模拟火灾报警,控制器应在1min内发出火灾报警信号,再使其他探测器发出火灾报警信号,控制器能再次报警。

5. 消防联动控制器检测

操作自检键,对面板上所有的指示灯、显示器和音响器件进行功能自检。切断主电源,备用电源应自动投入使用,并能正确显示主、备电源的状态。消防联动控制设备与输入/输出模块间的连线发生断路、短路时,应能在100s内发出与火灾报警信号有明显区别的声、光故障信号。

6. 火灾自动报警系统验收主要内容

(1)测试火灾探测报警系统功能。

(2)测试消防联动控制系统功能。

7. 火灾自动报警系统验收要求

(1)主、备电源转换试验进行1~3次。

(2)控制器全部检验。

(3)火灾探测器和手动报警按钮超过100只时,抽验比例为10%~20%;消火栓按钮抽验比例为5%~10%。

8. 火灾报警控制器安装验收要求

(1)用尺测量控制器靠近门轴的侧面距墙不应小于0.5m,正面操作距离不应小于1.2m;主电源要直接与消防电源连接,严禁使用电源插头。

(2)对火灾报警控制器进行功能检查。包括:检查自检功能和操作级别;测试每个回路的断路和短路,控制器应在100s内发出故障信号;在故障状态下,使任一非故障部位的探测器发出火灾报警信号,控制器应在1min内发出火灾报警信号;使任一总线回路上不少于10只的火灾探测器同时处于火灾报警状态。

9.点型火灾探测器安装验收要求

探测器至墙壁、梁边的水平距离不应小于0.5m;周围水平距离0.5m内不应有遮挡物;探测器至空调送风口不应小于1.5m;点型感温探测器安装间距不应超过10m;点型感烟探测器的安装间距不应超过15m。探测器倾斜安装不应大于45°。采用专用的检测仪器或模拟火灾的方法,检查火灾探测器的报警功能。

10.火灾自动报警系统验收判定标准

(1)系统内的设备及配件无国家相关证书和检验报告;系统内的任一控制器和火灾探测器无法发出报警信号,无法实现要求的联动功能,定为A类不合格。

(2)验收前提供资料不符合要求的定为B类不合格。

(3)其余不合格项均为C类不合格。

(4)系统验收合格判定应为:A=0、B≤2,且B+C≤检查项的5%为合格,否则为不合格。

二、注意事项

(1)火灾自动报警系统的主要设备应是通过国家认证(认可)的产品。产品名称、型号、规格应与检验报告一致。

(2)火灾自动报警系统应单独布线,系统内不同电压等级、不同电流类别的线路,不应布在同一管内或线槽的同一槽孔内。

(3)火灾自动报警系统验收过程中,应对照图样观察检查系统内各设备和组件的规格、型号、容量、数量,应符合设计要求。

(4)抽样时应选择有代表性、作用不同、位置不同的设备。

三、巩固与提高

简述火灾自动报警系统工程质量验收检验项目划分、判定合格标准以及和复验要求。

【参考答案】

(1)合格标准是:A=0,B≤2,且(B+C)≤(全部检查项数)×5%。

(2)检验项目划分:

各类项目划分

A类检验项目	B类检验项目	C类检验项目
(1)系统内设备及配件的规格型号与设计不符的。 (2)系统内设备及配件无国家相关证书和检验报告的。 (3)任一器件或设备无法发出报警信号的。 (4)任一器件或设备无法实现联动的。	施工单位提供的竣工资料不符合要求的(共五项内容)。	除A类、B类检验项目外的其它检验项目均为C类检验项目。

(3)复验规定:当A类、B类、C类检验项目中有任一项不合格时,应修复或更换后提交复验,复验时对有抽验比例要求的,按不合格项加倍抽验。

第十九节 室内消火栓系统、自动喷水灭火系统检查与维护保养案例分析

一、核心知识点

1. 室内消火栓的选用

室内消火栓的选用应符合下列要求：

（1）室内消火栓应符合《室内消火栓》的有关规定。

（2）消防水枪应符合《消防水枪》的有关规定。

（3）消防水带应采用内衬里的消防水带，每根水带的长度不应超过25m，SN25的消火栓应配置消防软管，软管内径不应小于Φ19mm。

（4）消火栓、消防水带和水枪的匹配宜符合下列规定：当消火栓的出水流量为5L/s时，SN65的消火栓配Φ16mm的消防水枪和Φ65mm的衬胶消防水带；SN25消防软管卷盘胶管的内径宜采用Φ19mm或Φ25mm，并配有Φ6mm的消防水枪。

（5）旋转栓其内部构造合理，转动部件选材恰当，并保证旋转可靠无卡塞和漏水现象。

（6）减压稳压消火栓其内部构造合理，活动部件选材恰当，并应保证可靠无堵塞现象，且减压稳压消火栓在各种供水工况下应保证出水口压力。

2. 消防水泵接合器

消防水泵接合器宜分散布置，并应设置在室外便于消防车接近和使用的地点。消防水泵接合器上部墙面不宜是玻璃窗或玻璃幕墙等易破碎材料，当必须在该位置设置水泵接合器时，其上部应设置有效遮挡保护措施。

3. 区分标志

当室内消火栓系统和自动喷水灭火系统等不同系统或不同消防分区的消防水泵接合器设置在一起时，应有明显的标志加以区分。

二、注意事项

（1）视频中的案例由于未采取相序监测和控制技术，因此，消防水泵控制上不涉及电气控制上更深层次的问题。

（2）视频中的案例中不涉及安装方面的问题。

三、巩固与提高

检查室内消火栓箱时对箱门的重点检查内容有哪些？

【参考答案】

（1）消火栓箱应有明显标志，箱门不应被装饰物遮挡。

（2）箱门的颜色应和四周的装修材料颜色有明显区别。

（3）箱门应保证在没有钥匙的情况下能应急打开，箱门开启时开启角度应符合要求。

第二十节 自动喷水灭火系统检查与维护保养案例分析

一、核心知识点
（1）消防泵自灌式吸水的基本概念和要求。
（2）消防泵出水管上 DN65 试验放水装置的正确设置。

二、注意事项
（1）消防水池的储水有效容积必须是在自灌式吸水的条件下消防泵能够取用的那部份水体容积。
（2）消防泵出水管上 DN65 试验放水装置的设置必须满足对消防泵性能的测试要求。

三、巩固与提高
在现场按方案对消防水泵进行试验时，应做哪些安全准备工作？
【参考答案】
（1）通知消防控制中心。
（2）将泵电气控制柜、联动控制柜的相关控制按钮置于手动状态。

第二十一节 泡沫灭火设施检查与维护保养案例分析

一、核心知识点

1. 消防泵和备用动力的启动试验

每周应对消防泵和备用动力进行一次启动试验。消防泵是指消防水泵、泡沫液泵和泡沫混合液泵。泡沫液泵只能输送泡沫液，目前只有在选择平衡式比例混合装置时采用；泡沫混合液泵只有在采用环泵式比例混合器时，才输送泡沫混合液。消防泵和备用动力是泡沫灭火系统关键设备之一，直接影响系统的运行。因此，每周应对消防泵和备用动力以手动或自动控制的方式进行一次启动试验，看其是否运转正常，试验时泵可以打回流，也可空转，但空转时运转时间不应大于5s。试验后应将消防泵和备用动力及有关设备恢复原状。试验应由经过专门培训合格的人员操作，试验结果应按要求填写系统周检记录。

2. 系统喷泡沫试验

固定顶储罐的液上喷射泡沫灭火系统，按照规范要求，每两年要对系统进行检查和试验。检查是指对系统所有的组件、设施（包括配电和供水设施）、管道及管件进行全面检查。试验是指要进行喷泡沫试验，原则上，喷泡沫试验要按系统验收时的功能验收要求进行试验，但考虑到低倍数泡沫灭火系统喷射泡沫试验涉及的问题较多，又不能直接向储罐内喷射泡沫，为了避免拆卸有关管道和泡沫产生器，建设单位可结合本单位的实际情况进行试验。例如利用泡沫混合液管道上的泡沫消火栓，接上消防水带、泡沫枪进行试验。另外，利用储罐检修的机会，经批准可选择某个储罐进行试验。

二、注意事项
（1）本案例在检查试验中不涉及联动可靠性和联动方式问题。
（2）本案例在检查试验中不考虑油库收发油作业交叉问题。

三、巩固与提高
本案例的年（月）检程序中遗漏了什么重要检查项目？

【参考答案】

泡沫灭火系统在调试前应对系统的所有组件、设施、管道及管件进行全面检查;这是调试的基本要求,特别是罐区防火堤内的泡沫混合液立管及其组件应对其进行检查和清渣,检查金属软管有无损伤。清渣时用木锤敲打管壁,让锈渣脱落,打开立管底部的盲板或阀门,让锈渣排出,清扫完毕使系统复原。因为防火堤内的管道、设备一般不参与试验,不能进行冲洗,如不事前检查,容易漏检。

第二十二节 防烟和排烟设施检查与维护保养案例分析

情景描述

一、核心知识点
(1)火灾时防排烟系统的联动控制方式和控制要求。
(2)风机的维护和安全防护措施及要求。

二、注意事项
(1)本案例不要求检测系统风量及其他指标。
(2)本案例的合用前室正压送风口采用常闭式,合用前室门采用常开防火门。
(3)本案例的联动控制系统能够保证系统的控制显示功能符合要求。
(4)本案例的系统工作参数均符合设计要求。

三、巩固与提高
简述编制消防设施维修保养方案的主要依据有哪些?
【参考答案】

编制消防设施维修保养方案,建立维保制度和维保规程,都需要针对维保对象的具体情况,做到有的放矢,因此编制者必须掌握维护保养对象的全部真实现状,所以应以施工单位的竣工验收资料为依据,而不能以设计图为依据,因为施工中有许多技术变更,原设计图与现状已面目全非了,但施工单位的竣工验收资料中一定有竣工图,它能反映系统的最终面貌,竣工资料中还有产品说明书和质量合格证明,对了解设备性能很有帮助,只有认真地弄清现场情况,才能制定出符合实际的维保方案。

在审查了竣工资料后,应分专业进行现场踏勘,仔细了解现场系统现状,周围环境条件,业主的消防管理现状,才能做到情况明了,才能编制出针对性强,整体性好,操作性好的维保方案。

第二十三节 火灾自动报警设施检查与维护保养案例分析

情景描述

一、核心知识点
1.火灾自动报警系统日常检查
(1)检查火灾探测器、手动火灾报警按钮、消火栓按钮、输入模块、输出模块等组件的外观及运行状态。
(2)检查火灾报警控制器、火灾显示盘、消防控制室图形显示装置运行状况。
(3)检查消防联动控制器外观及运行状况。
(4)检查声光报警器外观。

(5)检查系统接地装置外观及牢固性。
(6)检查消防控制室的工作环境。

2.火灾自动报警系统维护保养
(1)每季度应对火灾自动报警系统的下列功能进行检查和试验,并填写相应的记录。
①采用专用检测仪器分期分批试验火灾探测器的报警情况及火警确认灯状态进行试验。
②对声光报警器的声光报警功能进行试验。
③对水流指示器、压力开关等组件的动作性能进行试验。
④对火灾报警控制器的主电源和备用电源进行1~3次自动切换试验。
⑤手动状态下,检查自动喷水灭火系统、消火栓系统、加压风口电动控制装置、风机、防火卷帘等控制设备的控制和显示功能。
⑥检查消防电梯的迫降功能。
⑦抽取不小于总数25%的消防电话和电话插孔在消防控制室进行对讲通话试验。
(2)每年对火灾自动报警系统下列功能进行检查和试验,并填写相应的记录。
①采用专用检测仪器对所安装的全部火灾探测器和手动报警按钮进行至少1次试验。
②自动状态下,检查自动喷水灭火系统、消火栓系统、加压风口电动控制装置、风机、防火卷帘等控制设备的控制和显示功能。
③对全部消防电话的通话进行至少一次试验。
④对自动和手动强制切断非消防电源功能进行试验。
(3)点型感烟火灾探测器应根据产品说明书的要求定期清洗、标定,产品说明书没有明确要求的,应每两年清洗、标定一次。
(4)检查消防水池水位监管情况,模拟低水位报警试验。
(5)按产品说明书的要求对系统内的蓄电池进行维护保养。
(6)对经检查测试确定已不能正常使用的火灾探测器等设备应及时更换。

二、注意事项
(1)火灾自动报警系统应保持连续正常运行,不得随意中断。
(2)探测器的清洗应由有相关资质的机构根据产品生产企业的要求进行。
(3)感烟火灾探测器清洗后应做响应阈值及其他必要的功能试验。合格者方可继续使用。不合格的探测器严禁重新安装使用,并应将该不合格品返回产品生产企业集中处理,严禁将离子感烟火灾探测器随意丢弃。
(4)不同类型的探测器应有总数量10%的备品。

三、巩固与提高
简述案例中每季度应对火灾自动报警系统的哪些功能进行检查和试验?
【参考答案】
(1)采用专用检查仪器分批分期对探测器的动作及确认灯显示进行试验。
(2)对火灾警报装置的声光显示进行试验。
(3)对水流指示器、压力开关等报警功能、信号显示进行试验。
(4)对主电源和备用电源进行1~3次自动切换试验。
(5)手动状态下,检查自动喷水灭火系统、消火栓系统、加压风口电动控制装置、风机、防火卷帘等控制设备的控制和显示功能。
(6)检查消防电梯的迫降功能。
(7)抽取不小于总数25%的消防电话和电话插孔在消防控制室进行对讲通话试验。

第二十四节 消防应急照明和疏散指示标志检查与维护保养案例分析

一、核心知识点

项目	内容
文件和资料管理	系统正式启用后,应保管好下述文件资料: (1)系统竣工图及设备的技术资料。 (2)系统的操作规程及维护保养管理制度。 (3)系统操作员名册及相应的工作职责。 (4)值班记录、日常检查记录、维护保养记录和相关使用图表。
日常检查	(1)系统保持连续正常运行,不得随意中断。 (2)检查消防应急灯具外观结构是否有破损。 (3)检查消防应急标志灯具的工作状态,一旦发现光源熄灭、疏散指示方向更改或故障指示灯点亮,应立即进行维修或更换。 (4)检查消防应急照明灯具的工作状态,如果故障指示灯点亮,应立即进行维修或更换。 (5)检查应急照明配电箱是否有故障。 (6)记录检查情况。
定期维护保养	每季度对消防应急照明和疏散指示系统的下列功能进行检查和试验,并按要求填写相应的记录: (1)检查消防应急灯具、应急照明配电箱的工作状态。 (2)模拟消防联动控制信号联动应急照明配电箱,检查系统转入应急工作状态的控制功能。 (3)检查灯具的应急工作时间。
结果处理	如果系统全部功能正常,不存在故障,则填好《定期维护保养记录表》并存档。如发现系统存在问题和故障,相关人员还要应填写《故障维修记录表》,并向单位消防安全管理人报告。单位消防安全管理人应立即组织维修。当场有条件维修解决的当场维修解决;当场没有条件维修解决的,尽可能在24h内维修解决。需要由供应商或者厂家提供零配件或协助维修解决的,若不影响系统主要功能的,可在7个工作日内解决。故障排除后经单位消防安全管理人员检查确认。维修情况应记入故障维修记录表并存档。

二、注意事项

(1)应急照明应急转换时间。系统应急转换时间不应大于5s,高危险区域使用的系统的应急转换时间不应大于0.25s。

(2)消防应急照明和疏散指示系统的定期应急放电时间不能少于30min,否则需要更换产品。

(3)消防应急灯具供电的回路中严禁设置可关断灯具充电及关断灯具应急状态的开关装置、插座及其他负载。

三、巩固与提高

某超市,共三层,安装自带电源非集中控制型消防应急照明和疏散指示系统,请简述如何进行消防应急照明灯具检查?

【参考答案】

(1)检查消防应急灯具的工作状态指示灯,查看灯具是否有故障。

(2)检查消防应急标志灯具的疏散标志指示方向是否与实际疏散方向一致。

(3)模拟消防联动控制信号,使灯具转入应急工作状态。

(4)记录灯具应急工作时间,不小于灯具本身标称的应急工作时间。
(5)检查安装区域的最低照度是否符合设计要求。

第二十五节　灭火器配置验收与检查案例分析

一、核心知识点

项目	内容
灭火器配置验收的部分要求	以 A 类火灾为主的严重危险级场所,其灭火器的配置要注意如下一些要求: (1)在同一灭火器配置单元内,采用不同类型灭火器时,其灭火剂应能相容。磷酸铵盐干粉灭火剂与碳酸氢钠干粉灭火剂不相容。 (2)A 类火灾场所应选择水型灭火器、磷酸铵盐(ABC)干粉灭火器、泡沫灭火器或卤代烷灭火器。碳酸氢钠干粉灭火器不能用于 A 类火灾场所。 另外,A 类火灾场所灭火器的最低配置基准中规定,严重危险级的单具灭火器最小配置灭火级别为 3A。 (3)灭火器箱不应被遮挡、上锁或拴系。 (4)手提式灭火器顶部离地面高度不应大于 1.50 m,底部离地面高度不宜小于 0.08m。 (5)推车式灭火器的最大保护距离是手提式灭火器的两倍。
配置灭火器的检查	(1)灭火器的配置、外观等应按规范的要求每月进行一次检查。 (2)候车(机、船)室、歌舞娱乐放映游艺等人员密集的公共场所,堆场、罐区、石油化工装置区、加油站、锅炉房、地下室等场所配置的灭火器,应按规范的要求每半月进行一次检查。 (3)储压式灭火器的压力指示器指针应指示在绿区范围内。
灭火器的送修	(1)存在机械损伤、明显锈蚀、灭火剂泄露、被开启使用过或符合其他维修条件的灭火器应及时送灭火器生产企业或专业维修单位进行维修。 (2)灭火器的维修期限:水基型灭火器为出厂期满 3 年,首次维修以后每满 1 年;干粉灭火器、二氧化碳灭火器和洁净气体灭火器为出厂期满 5 年,首次维修以后每满 2 年。
灭火器的报废	(1)干粉灭火器出厂时间达到或超过 10 年报废期限时应报废。 (2)水基型灭火器出厂时间满 6 年时应报废。 (3)二氧化碳灭火器出厂时间满 12 年时应报废。

二、巩固与提高

请分别指出本案例中灭火器配置存在的问题。

【参考答案】

(1)在同一灭火器配置单元内,采用了磷酸铵盐(ABC)干粉灭火器或碳酸氢钠(BC)干粉灭火器这两种灭火剂不相容的灭火器。

(2)在 A 类火灾场所配置了不能扑灭 A 类火灾的碳酸氢钠(BC)干粉灭火器。

(3)MFZ/ABC4 手提式磷酸铵盐(ABC)干粉灭火器的 A 类灭火级别为 2A,达不到 A 类火灾场所灭火器的最低配置基准中规定的严重危险级的单具灭火器最小配置灭火级别为 3A 的要求。

(4)现场的灭火器压力指示器指针处于红区范围内。

(5)干粉灭火器出厂时间已超过 10 年报废期限,应予以报废。

(6)维保单位把维修合格证贴在铭牌上,难以识别灭火器的型号规格。

第三章 消防安全评估案例分析

本章知识框架

消防安全评估案例分析	大型商业综合体消防性能化设计评估案例分析
	大型会展建筑消防性能化设计评估案例分析
	大型交通枢纽消防性能化设计评估案例分析
	大型地下空间消防性能化设计评估案例分析
	大型广电文化建筑消防性能化设计评估案例分析
	历史文化街区消防安全评估案例分析
	古建筑保护区消防安全评估案例分析
	城乡一体化消防安全评估案例分析
	乡消防安全评估案例分析

第一节  大型商业综合体消防性能化设计评估案例分析  情景描述

一、核心知识点

1."建设工程消防性能化设计评估"的意义

"建设工程消防性能化设计评估",是指根据建设工程使用功能和消防安全要求,运用消防安全工程学原理,采用先进适用的计算分析工具和方法,为建设工程消防设计提供设计参数、方案,或对建设工程消防设计方案进行综合分析评估,完成相关技术文件的工作过程。

2.性能化设计评估的适用范围

项目	内容
可采用性能化设计评估方法	(1)超出现行国家消防技术标准适用范围的。 (2)按照现行国家消防技术标准进行防火分隔、防烟排烟、安全疏散、建筑构件耐火等设计时,难以满足工程项目特殊使用功能的。
不应采用性能化设计评估方法	(1)国家法律法规和现行国家消防技术标准有严禁规定的。 (2)现行国家消防技术标准已有明确规定,且工程项目无特殊使用功能的。

3.从事性能化设计评估工作的单位应具备的条件

(1)具有独立法人资格,有固定的办公地点,注册资金不少于100万。
(2)法定代表人具有大学本科以上学历、高级技术职称。

(3) 具有高级技术职称的专业人员不少于 8 人,其中性能化设计评估专业技术人员不少于 4 人,建筑防火、消防给水、防烟排烟、消防电气专业技术人员各不少于 1 人。

(4) 专业技术人员具有大学本科及以上学历,且从事本专业工作经历不少于 5 年。

(5) 专业技术人员不同时在两家及以上从事性能化设计评估的单位聘用。

(6) 具有满足性能化设计评估需要的计算软件及计算设备。

(7) 不从事影响性能化设计评估工作公正性的业务。

4. 建筑物性能化消防设计的基本程序

(1) 确定建筑物的使用功能和用途、建筑设计的适用标准。

(2) 确定需要采用性能化设计方法进行设计的问题。

(3) 确定建筑物的消防安全总体目标。

(4) 进行性能化消防试设计和评估验证。

(5) 修改、完善设计并进一步评估验证,确定是否满足所确定的消防安全目标。

(6) 编制设计说明与分析报告,提交审查与批准。

5. 火灾场景的确定

火灾场景的设计,应当考虑如下内容:

(1) 火灾场景的确定应根据最不利的原则确定,选择火灾风险较大的火灾场景作为设定火灾场景。

(2) 火灾场景必须能描述火灾引燃、增长和受控火灾的特征以及烟气和火势蔓延的可能途径、设置在建筑室内、外的所有灭火设施的作用、每一个火灾场景的可能后果。

(3) 在设计火灾场景时,应确定设定火源在建筑物内的位置及起火房间的空间几何特征。

(4) 疏散场景的选择应考虑建筑的功能及其内部的设备情况、人员类型等因素,反映可能的火灾场景和影响人员疏散过程的人员条件及环境条件。

(5) 确定可能火灾场景可采用下述方法:故障类型和影响分析、故障分析、如果－怎么办分析、相关统计数据、工程核查表、危害指数、危害和操作性研究、初步危害分析、故障树分析、事件树分析、原因后果分析和可靠性分析等。

6. 建筑物内的初起火灾增长的确定方法

对于建筑物内的初起火灾增长,可根据建筑物内的空间特征和可燃物特性采用下述方法之一确定:

(1) 试验火灾模型。

(2) t^2 火灾模型。

(3) MRFC 火灾模型。

(4) 按叠加原理确定火灾增长的模型。

上述几种方法中,t^2 火灾模型是性能化设计评估中最常采用的描述火灾增长的方法。

t^2 火灾模型描述火灾过程中火源热释放速率随时间的变化过程。当不考虑火灾的初期点燃过程时,可用下式表示:

$$Q = \alpha t^2$$

说明:Q 为火源热释放速率(kW);α 为火灾发展系数(kW/s^2),$\alpha = Q_0/t_0^2$;t 为火灾的发展时间(s);t_0 为火源热释放速率 $Q_0 = 1$MW 时所需要的时间(s)。

根据火灾发展系数 α,火灾发展阶段可分为极快、快速、中速和慢速四种类型。

7.确定针对性的消防措施

餐饮、商店等商业设施通过有顶棚的步行街连接,且步行街两侧的建筑利用步行街进行安全疏散,消防性能化设计评估针对室内步行街采取以下相应消防措施:

(1)步行街两侧建筑的耐火等级不应低于二级。

(2)步行街两侧建筑相对面的距离不应小于相应的防火间距要求且不应小于9m,长度不宜大于300m。

(3)相邻商铺之间应设置耐火极限不低于2.00h的防火隔墙,每间商铺的建筑面积不宜大于300m²。

(4)面向步行街一侧宜采用耐火极限不应低于1.00h的实体墙;当采用其他分隔设施时,商铺之间隔墙两侧的开口或非实体墙之间应设置宽度不小于1m、耐火极限不低于1.00h的实体墙。门、窗应采用乙级防火门、窗,或可采用耐火极限不低于1.00h的C类防火玻璃门、窗。当步行街为多层结构时,每层面向步行街一侧应设置防止火灾竖向蔓延的措施,当设置回廊或挑檐时,其出挑宽度不应小于1.50m。各层楼面在步行街部位的开口面积不应小于步行街地面面积的37%,且开口宜均匀布置。

(5)步行街的顶棚应采用不燃烧或难燃材料,承重结构的耐火极限不应低于1.00h。步行街内不应布置可燃物。

(6)疏散楼梯应靠外墙设置并直通室外,确有困难时,在首层可直接通至步行街;商铺的疏散门可直接通至步行街。步行街内任一点到达最近室外安全地点的步行距离不应大于60m。步行街两侧建筑二层及以上各层商铺的疏散门至该层最近疏散楼梯口或其他安全出口的直线距离不应大于37.5m。

(7)步行街顶棚下檐距地面的高度不应小于6m,顶棚应设置自然排烟设施,且自然排烟口的有效面积不应小于其地面面积的25%。

(8)步行街内沿两侧的商铺外每隔30m应设置DN65的消火栓,并应配备消防软管卷盘。步行街两侧的商铺内应设置自动喷水灭火系统和火灾自动报警系统,每层回廊应设置自动喷水灭火系统;步行街宜设置自动跟踪定位射流灭火系统。

(9)步行街内应设置消防应急照明、疏散指示标志和消防应急广播系统。

二、巩固与提高

请简述针对本项目室内步行街防火分区面积扩大、借用室内步行街进行疏散的消防问题,应当采取何种消防措施解决存在的消防问题?

【参考答案】

(1)解决防火分区面积超大问题。

①剥离危险源,将步行街室两侧商铺分隔为面积不超过300m²精品店,面向步行街一侧采用耐火极限不应低于1.00h维护结构分隔。

②室内步行街不应布置可燃物,采用不燃或难燃材料。

③室内步行街设置有效的排烟措施、自动灭火措施。

(2)解决安全疏散问题。

①室内步行街应采取有效的排烟措施,如采用自然排烟,则自然排烟口的有效面积不应小于其地面面积的20%,如采用机械排烟,则排烟量应当经过数值模拟分析。

②通过步行街到达最近室外安全地点的步行距离不应大于60m。

③通过数值模拟确定人员疏散所需时间小于危险来临时间。

第二节 大型会展建筑消防性能化设计评估案例分析

一、核心知识点

1.性能化设计评估的管理流程

(1)建设单位提交申请材料。

(2)工程项目管辖地公安消防机构初审核。对经初审同意的,书面报送省级公安消防机构。省级公安消防机构作出是否同意进行性能化设计评估的复函。

(3)建设单位委托符合条件的性能化设计评估单位进行性能化设计评估。

(4)建设单位、设计单位、性能化设计评估单位和公安消防机构共同研究确定消防安全目标及性能判据。

(5)对于性质重要的工程项目的性能化设计评估,可根据需要由另一家性能化设计评估单位进行复核评估。

(6)性能化设计评估工作完成后,建设单位提交申请召开论证会的材料。

(7)工程项目管辖地公安消防机构初审。对经初审同意的,书面报送省级公安消防机构。

(8)省级公安消防机构作出是否组织专家论证的决定,如同意则由省级公安消防机构会同同级建设行政主管部门组织召开专家论证会。

(9)当专家组认为设计方案存在需进一步研究解决的关键问题或专家意见存在较大分歧时,应作进一步研究,修改完善后,由省级公安消防机构再次组织专家论证。

(10)专家论证会组织单位应将专家组论证意见形成专家论证会议纪要,并印发有关单位。

2.建筑物的消防安全总目标

(1)减小火灾发生的可能性。

(2)在火灾条件下,保证建筑物内使用人员以及救援人员的人身安全。

(3)建筑物的结构不会因火灾作用而受到严重破坏或发生垮塌,或虽有局部垮塌,但不会发生连续垮塌而影响建筑物结构的整体稳定性。

(4)减少由于火灾而造成商业运营、生产过程的中断。

(5)保证建筑物内财产的安全。

(6)建筑物发生火灾后,不会引燃其相邻建筑物。

(7)尽可能减少火灾对周围环境的污染。

3.火灾场景的确定原则

火灾场景的确定应根据最不利的原则确定,选择火灾风险较大的火灾场景作为设定火灾场景。

火灾风险较大的火灾场景一般为最有可能发生,但火灾危害不一定是最大的火灾场景;或者火灾危害大,但发生的可能性较小的火灾场景。

4.不同类型建筑的火灾荷载密度确定

火灾载荷密度是指单位建筑面积上的火灾荷载。火灾荷载密度是可以比较准确地衡量建筑物室内所容纳可燃物数量多少的一个参数,是研究火灾全面发展阶段性状的基本要素。在建筑物发生火灾时,火灾荷载密度直接决定火灾持续时间的长短和室内温度的变化情况。建筑物内的可燃物可分为固定可燃物和容载可燃物两类。固定可燃物的数量很容易通过建筑物的设计图样准确地求得。

二、注意事项

展览厅内展位如连续布置,一旦发生火灾,火灾将蔓延迅速。因此,应当合理布置展位,形成顺畅的疏散通道。展览厅的有利条件是空间高、储烟能力大,人员疏散受火灾烟气影响较小。登录大厅作为人员集散的场所,不利条件是人数多,有利条件是可燃物分散摆放、空间开敞、净高大、疏散出口清晰,人员疏散较为有利。

三、巩固与提高

结合该大型会展建筑的特点,请确定该类建筑消防性能化设计评估的消防安全总目标,并确定两个主要目标。

【参考答案】

(1)作为人员聚集场所和会展类建筑,主要目标是建筑结构安全、保护保护人员的生命安全、保证建筑物内财产的安全同时为消防救援提供有利的条件。

(2)次要目标避免引燃相邻建筑物、减小火灾发生的可能性、减少商业运营中断、减少火灾对环境的污染。

第三节 大型交通枢纽消防性能化设计评估案例分析

一、核心知识点和规范

1.可燃物的状况及火灾荷载密度

可燃物的状况主要考虑可燃物的形状、分布、堆积密度、高度及湿度等。建筑物内的火灾荷载密度用室内单位地板面积的燃烧热值表示,见下列公式:

$$q_f = \frac{\Sigma G_i H_i}{A}$$

说明:q_f——火灾荷载密度(MJ/m^2);G_i——某种可燃物的质量(kg);H_i——某种可燃物单位质量的发热量(MJ/kg);A——火灾范围的地板面积(m^2)。

一个空间内的火灾荷载密度也可以参考同类型建筑内火灾荷载密度的统计数据确定,在进行此类统计时,应该至少对5个典型建筑取样。

2.防止火灾辐射蔓延

造成火灾蔓延的因素很多,如飞火、热对流、热辐射等。在性能化的分析中,是在一定的设定火灾规模下通过控制可燃物间距,或在一定间距条件下控制火灾的规模等方式来防止火灾的蔓延。性能化分析中通常采用辐射热分析方法,来分析火灾蔓延情况。火灾发生时,火源对周围将产生热辐射和热对流。火源周围的可燃物在热辐射和热对流的作用下温度会逐渐升高,当达到其点燃温度时可能会发生燃烧,导致火灾的蔓延。

一般假设点火源的辐射能量是在火源中心位置释放出来的,热辐射强度见下列公式。

$$q'' = \frac{Q}{12\pi \cdot R^2}$$

说明:q''——热辐射强度,即辐射热流值(kW/m^2);Q——火源热释放速率(kW/m^2);R——火源中心至受接受辐射面的水平距离。

对于面火源,其热辐射强度可见下列公式。

$$q'' = \varepsilon \cdot \sigma \cdot T^4$$

说明:q''——热辐射强度,即辐射热流值(kW/m^2);ε——辐射率;σ——史蒂芬-波耳兹曼常数,为$5.67 \times 10^{-8} kW/(m^2 \cdot K^4)$;$T$——热力学温度。

3.在性能化设计评估中,对高大空间中的高火灾荷载区域所采取的措施

措施	内容
防火单元	(1)对于公共空间内设置的高火灾荷载、人员流动小、无独立疏散条件的区域应采用防火单元的处理方式,即采用耐火极限不低于2.00h的不燃烧体防火隔墙和耐火极限不低于1.50h的不燃烧体屋顶与其他空间进行防火分隔,在隔墙上的开设门窗时,应采用甲级防火门、窗。 (2)"防火单元"的设计方法是解决大空间难以进行物理防火分隔的有效手段。
防火舱	(1)对于站房内设置的为旅客服务的无明火作业的餐饮、商业零售网点、商务候车等场所,可采用"防火舱"的处理方式,以确保将火灾影响限制在局部范围内,最大限度地避免危及生命安全、财产安全和运营安全的事件发生,以实现大空间开敞布局的需要。 (2)所谓"防火舱"是指由坚实的有足够耐火极限的不燃围护结构(要求围护结构耐火极限不小于1.00h)构成,覆盖在整个火灾载荷相对较高的区域之上。顶棚下要求安装火灾自动报警系统、自动喷水灭火系统和排烟装置。这样,既可快速抑制火灾,又可防止烟雾蔓延到大空间。防火舱可分为开放式防火舱和封闭式防火舱两种形式。 (3)开放式防火舱是指其四周围护结构可局部开敞,要求储烟舱高度不小于1m,其内部必须设置机械排烟系统,以控制火灾烟气向大空间的蔓延。软度候车区可采用"开放舱"概念设计。 (4)封闭式防火舱是指四周围护结构为全封闭的,或一边局部敞开且局部敞开处应设置防火卷帘或防火门。要求四周围护结构耐火极限均不应小于1.00h,对于防火卷帘,当探测器发出火警时防火卷帘应分两步下降关闭,保证舱内人员的及时疏散。
燃料岛	"燃料岛"是指在开放大空间内设置的没有顶棚的小型陈列和零售服务设施,这些设施被要求控制在$6 \sim 20m^2$之内,火灾规模一般为$3 \sim 5MW$。燃料岛之间应保持足够的防火安全间距,一般不小于9m。

二、巩固与提高

简述交通枢纽大空间内的办公用房、设备用房、商铺、餐厅、商务候车厅、小型零售柜台、咨询台等应采用何种防火分隔措施,以防止火灾蔓延?

【参考答案】

(1)对大空间内办公室、设备用房、既有商业设施等,应设置为防火单元,采用耐火极限不低于2h的不燃烧体防火隔墙和1.50h的不燃烧体屋顶与其他空间进行防火分隔,在隔墙上的开设门窗时,应采用甲级防火门窗。

(2)对商铺、餐厅、商务候车厅等,应设置为防火舱,围护结构耐火极限不小于1.00h。

(3)对小型零售柜台、咨询台等,当其面积在$6 \sim 20m^2$之内时,可设置为"燃料岛",与周围可燃物之间应当保持不小于9m的防火间距。

第四节 大型地下空间消防性能化设计评估案例分析

一、核心知识点

1. 人员的耐受性指标的选取

人员的耐受性指标,是计算危险来临时间时应考虑火灾时建筑物内影响人员安全疏散的因素,包括烟气层高度、热辐射、对流热、烟气毒性和能见度。

各因素应按以下要求确定:

(1) 在疏散过程中,烟气层应始终保持在人群头部以上一定高度,人在疏散时不必要从烟气中穿过或受到热烟气流的辐射热威胁。

(2) 人体对烟气层等火灾环境的辐射热的耐受极限为 2.50kW/m²,即相当于上部烟气层的温度约为 180~200℃。

(3) 高温空气中的水分含量对人体的耐受能力有显著影响。人体可以短时间承受 100℃ 环境的对流热,当温度低于 60℃(水分饱和)时可以耐受大于 30min。

(4) 火灾中的热分解产物及其浓度与分布因燃烧材料、建筑空间特性和火灾规模等不同而有所区别。

(5) 能见度的定量标准应根据建筑内的空间高度和面积大小确定。对于小空间,能见度指标取 5m;对于大空间,能见度指标取 10m。

2. 烟控系统的设计及其量化指标

项目	内容
烟控系统的主要设计目标	(1) 为人员疏散提供一个相对安全的区域,保证在疏散过程中不会受到火灾产生的烟气的伤害。 (2) 为消防救援提供一个救援和展开灭火作业的安全通道和区域,免受火灾的影响。 (3) 及时排除火灾中产生的大量热量,减少对建筑结构的损伤。
排烟量计算	在性能化的烟控系统设计中,排烟量一般采用以下三种方法之一进行计算: (1) 排烟量大于火灾时产生的烟气量。 (2) 排烟量等于火灾时产生的烟气量,且烟层的高度要大于一个临界高度,即保证人员安全的高度。 (3) 排烟量小于火灾时产生的烟气量,但是烟层的高度下降到临界高度时,人员已经疏散完毕。

由于排烟系统的目的是防止人员受到火灾烟气的影响,因此排烟系统设计应使烟层维持在距离地面一定的高度以上,这个高度又称为临界烟层高度。临界烟层的计算见下列公式。

$$H_d = 1.6 + 0.1(H_c - h)$$

说明:H_d 烟层距离疏散地面的临界高度;H_c 为空间顶棚距离火源位置的高度;h 为疏散地面高于火源位置的高度。

3. 性能化设计评估对室内步行街排烟的要求

步行街顶棚设置自然排烟设施,自然排烟口的有效面积不应小于其地面面积的 25%。

4.性能化设计评估对用于防火分隔的下沉广场的要求

（1）不同防火分区通向下沉式广场等室外开敞空间的安全出口，其最近边缘之间的水平距离不应小于13m。室外开敞空间除用于人员疏散外不得用于其他商业或可能导致火灾蔓延的用途，其中用于疏散的净面积不应小于169m²。

（2）下沉式广场等室外开敞空间内应设置不少于1部直通地面的疏散楼梯。当连接下沉广场的防火分区需利用下沉广场进行疏散时，疏散楼梯的总净宽度不应小于任一防火分区通向室外开敞空间的设计疏散总净宽度。

（3）确需设置防风雨棚时，防风雨棚不应完全封闭，四周开口部位应均匀布置，开口的面积不应小于室外开敞空间地面面积的25%，开口高度不应小于1m；开口设置百叶时，百叶的有效排烟面积可按百叶通风口面积的60%计算。

二、注意事项

项目	内容
快速通道区域	为了提高通道使用的便利性，局部设置一些简易商业设施，单个店铺的面积不超过80m²。商业设施的设置增加了通道区域的火灾危险性，因此虽然不划分防火分区，但是为了减少通道区内的火灾荷载，应限制店铺的面积，如将店铺面积控制在整个通道面积的6%以内。另外，还应按照规范要求设计防排烟系统，自动探测报警及喷淋灭火等消防设施。
步行街区域	步行街作为地下商业区域重要的疏散路径，应确保其在火灾时的安全性。因此，为了减少步行街通道的火灾危险性，通道区域仅作为人流交通场所，不作为商业用途场所。
商业区域	地下商业的主要火灾危险来源于步行街两侧的营业厅、餐饮区、电影院等。这些不同经营类型的商业区域之间应进行有效的防火分隔。为了安全疏散，连接楼梯间的疏散走道应采用耐火极限不小于1.00h的实体墙进行分隔。作为人员疏散的主要出口的下沉广场，应设置不少于1个直通地坪的疏散楼梯，总净宽度不应小于相邻最大防火分区通向下沉广场等室外开敞空间的计算疏散总净宽度。

三、巩固与提高

请简述人员安全疏散计算分析的定量判定标准。

【参考答案】

人员安全疏散计算分析的定量判定标准为空间内的火灾环境应同时满足以下两个条件：
（1）2m以上空间内的烟气平均温度不大于180℃。
（2）2m以下空间内的烟气温度不超过50℃且可视度不小于10m。

第五节 大型广电文化建筑消防性能化设计评估案例分析

一、核心知识点

1.人员疏散时间（RSET）组成

人员疏散时间由火灾报警时间、人员疏散预动时间和人员从开始疏散到到达安全地点的行动时间三部分组成，见下列公式。

$$\text{RSET} = T_d + T_{pre} + k \times T_t$$

说明：T_d 为火灾报警时间；T_{pre} 为人员疏散预动时间；T_t 为人员疏散行动时间；k 为安全系数，一般取1.50~2，采用水力模型计算时的安全系数取值宜比采用人员行为模型计算时的安全系数取值要大。

2.疏散通道的有效宽度

大量的火灾演练实验表明，人群的流动依赖于通道的有效宽度而不是通道实际宽度，也就是说在人群和侧墙之间存在一个边界层。在工程计算中，应从实际通道宽度中减去边界层的厚度，采用得到的有效宽度进行计算。典型通道的边界层宽度如下表所示。

典型通道的边界层宽度

类型	减少的宽度指标/cm
楼梯间的墙	15
扶手栏杆	9
剧院座椅	0
走廊的墙	20
其他的障碍物	10
宽通道处的墙	46
门	15

疏散走道或出口的净宽度应按下列要求计算：

（1）对于走廊或过道，为从一侧墙到另一侧墙之间的距离。

（2）对于楼梯间，为踏步两扶手间的宽度。

（3）对于门扇，为门在其开启状态时的实际通道宽度。

（4）对于布置固定座位的通道，为沿走道布置的座位之间的距离或两排座位中间最狭窄处之间的距离。

二、巩固与提高

根据分析，当自动喷水灭火系统失效，机械排烟系统均有效时，当音乐厅发生火灾，建筑内的人员不能够在危险来临之前通过疏散楼梯或相邻防火分区疏散到安全区域。而音乐厅的消防安全既是相对的，又是一个完整的系统总体性能的反映。为此，请对本工程的消防安全设计及业主提出相应的消防安全管理建议。

【参考答案】

（1）加强火灾危险源管理，音乐厅内严禁吸烟，并注意电气设备的安装和使用，定期对电气设备进行维护。

（2）保证疏散通道的畅通，禁止在疏散通道上堆放可燃物等杂物。疏散出口在疏散过程中起着至关重要的作用，应加强日常的消防管理，从而确保发生火灾时建筑内人员能够安全疏散。

（3）建立完善的疏散诱导系统，在各层疏散出口应设置明显的疏散指示标志，保证疏散路线上的应急照明有足够的照度。

（4）应对消防设施进行定期的检测，加强其维护、保养，以保证火灾时消防设施的可靠性和有效性。

(5)制订灭火和应急疏散预案,定期对建筑内的使用人员进行消防培训和疏散演习,使他们能在火灾情况下迅速、准确地找到出口,并协助其他人员安全撤离。

第六节 历史文化街区消防安全评估案例分析

一、火灾风险性分析

街区内的文物古建筑大多为明、清两代的建筑,其中80%为土木结构,火灾荷载大,耐火等级低;古建筑周边与商业街毗邻,由于是历史文化老街,街道较为弯曲狭窄,不利于大型消防车进入。古建筑如文庙、学政考棚内的部分地区供奉有神灵牌位,常年有香客上香。古建筑内管理制度有待完善,用火用电行为需要进一步规范。

二、火灾风险评估概念

火灾风险评估是对目标对象可能面临的火灾风险、被保护对象的脆弱性、控制措施的有效性、后果严重度以及上述各因素综合作用下的消防安全状况进行评估的过程。

三、火灾风险评估指标体系

该街区的火灾风险评估指标体系见下图。

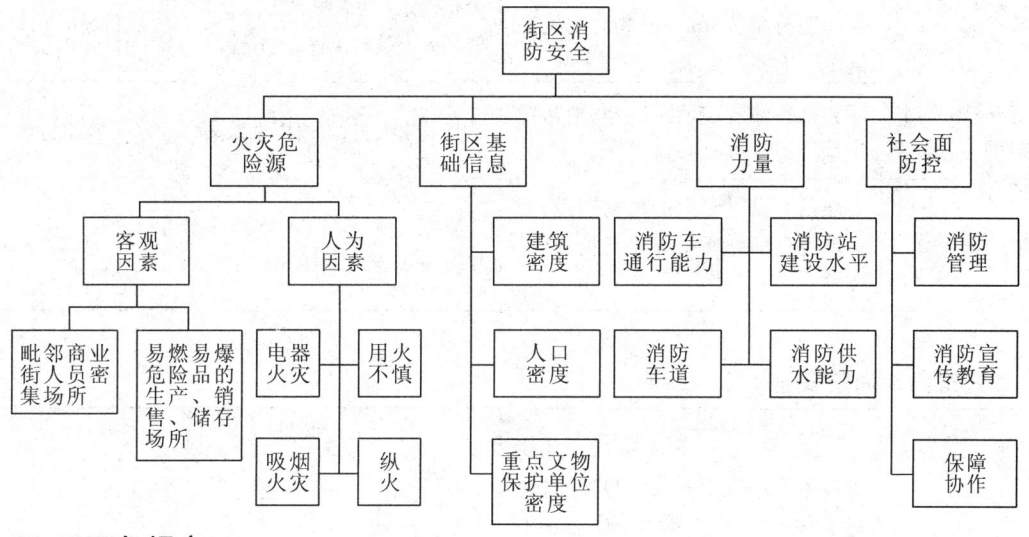

四、巩固与提高

2013年6月10日,某消防大队监督员张某对一家位于地下一层的夜总会进行错时检查时发现该夜总会一个安全出口被锁闭,自动喷水灭火系统因管道破损而被停用。张某填写了《消防监督检查记录》,然后要求单位第二天早上去大队接受处理。

(1)该大队的执法行为是否合法?存在哪些问题?

(2)该夜总会自动喷水灭火系统需要15天的时间才能够修复,大队应当采取什么措施?

【参考答案】

(1)不合法:监督员张某1人执法,且未下发《责令改正通知书》。

(2)因该场所自动灭火系统已经不具备灭火功能且不能立即修复,大队应当依法对该场所实施临时查封。

第七节　古建筑保护区消防安全评估案例分析

一、消防安全评估方法

采取建立寺庙消防安全系统，划分为建筑物间的消防安全单元、建筑内消防安全单元，再依次划分若干因素并逐个评估分析，对各个因素的评估结论分为"合格""基本合格"和"不合格"三类。总体评价中各因素合格和基本合格率达到80%以上，单位消防安全评估为合格；合格和基本合格率在60%~80%时，评估为基本合格；合格和基本合格率为60%以下时，评估为不合格。

二、评估分析

1.建筑物间的消防安全

项目	内容	火灾危险性分析	评估结论
耐火等级与防火间距	寺庙主体建筑、拉康、僧舍、厨房均为四级耐火等级建筑。寺庙主体建筑与拉康、僧舍、厨房之间的防火间距分别为4m、8m、3m，均无法满足防火间距要求。	寺庙主体建筑东侧有一栋拉康、北侧有一栋僧舍、西侧有一栋厨房，建筑分布密集，建筑耐火等级低，不排除外来火灾蔓延至寺庙的危险。	不合格
室外消防给水系统	寺庙远离县城，未建设市政消防给水系统。	一旦发生火灾，灭火用水无法满足。	不合格
消防车通道	寺庙没有设置专门的消防通道，但是消防车辆可环绕寺庙行使，路况较差。	一旦发生火灾，消防车辆基本可以靠近开展灭火救援工作。	基本合格

2.建筑内部消防安全

项目	内容	火灾危险性分析	评估结论
防火分区和可燃易燃物	寺庙主体建筑总面积为1170m²，超过了防火分区的最大允许面积不大于600m²的规定，且未做防火分隔处理。寺庙建筑结构为石木结构，各殿堂、僧舍存在大量帐幔、经幡、唐卡、哈达等可燃易燃物品，火灾荷载大。	一旦发生火灾，极易引燃周围物品，又没有可靠的防火分隔，火灾蔓延迅速。	不合格
室内消防给水系统	寺庙内未建设室内消防给水系统。	寺庙内局部发生火灾，无法启用室内消防给水系统，不能及时扑救，易造成火灾蔓延扩大。	不合格

续表

项目	内容	火灾危险性分析	评估结论
灭火器材	寺庙内每个重点部位内配备有灭火器、消防砂、土碱等灭火器材,经检查,灭火器材完好有效,且符合《建筑灭火器配置设计规范》的要求。	在及时发现初起火灾的情况下,现有灭火器材能够有效控制并扑灭火灾。	合格
安全疏散	寺庙主体建筑、拉康、僧舍、厨房均只有一个直通室外的安全出口,且诵经大殿、经书殿和杂物间出口处还有三阶以上的踏步。	在紧急状况下,极易出现出口拥挤,将会造成疏散不畅和群体性踩踏事件。	不合格
电气设备	(1)殿堂和僧舍电气线路老化严重,未做穿管保护处理。 (2)许多配电装置(如插座、开关、闸刀、负载配电箱等)存在老化和损坏现象。 (3)开关、插座和照明灯具靠近可燃物且未做隔热、散热等防火保护处理。	不排除因线路和设备老化,造成线路接触不良、短路、过载引发火灾事故的可能。	不合格
人为因素	内现有僧众30余人,前来寺庙的游客和朝佛人员日平均有600余人。	(1)虽然辖区消防机构开展了多次消防安全宣传培训工作,但是部分僧众的消防安全意识仍然不高,不能排除用电用火疏忽引发火灾的可能。 (2)游客对寺庙仪式活动和内部结构不了解,不排除引发火灾事故的可能。 (3)朝佛人员消防安全意识淡薄,不排除在供奉酥油灯或焚香时因操作不当或疏忽而造成火灾事故的可能。	不合格
单位消防安全"四个能力"建设和消防安全"网格化"管理	寺庙已完成消防安全"四个能力"建设,成立了由10个僧人组成的义务消防队,并有70%以上的僧人通过了消防安全"四个能力"建设测试;寺庙正在开展消防安全"网格化"管理建设,并将寺庙内的各殿堂、僧舍、厨房的消防安全管理落实到责任人。	经过开展消防安全"四个能力"建设和消防安全"网格化"管理,寺庙自身可完成轻度火灾隐患的排查和整治,初起火灾的扑救以及相关消防安全管理工作,有效地提升了寺庙自身的火灾防控能力。	基本合格

3.总体评价结论

综合对上述10项的评估结论,其中有7项不合格,占总数的70%,即合格和基本合格率为30%,总体评估为不合格。

三、评估意见

(1)加强规划控制,完善基础设施。
(2)完善防雷系统,防止雷电火灾。
(3)做好建筑构件、可燃织物阻燃性处理。
(4)尽可能解决消防车通道和防火分隔。
(5)选择合理的消防设施。

四、巩固与提高

某寺庙内部采用大量木质材料建筑构件,且悬挂有许多帐幔、经幡、唐卡、哈达等可燃易燃物品,其内部的电气线路及电器装置的安装应注意哪些事项?

【参考答案】

(1)寺庙配电线路敷设在可燃物闷顶内时,应采取穿金属管等防火保护措施;敷设在有可燃物的吊顶内时,宜采取穿金属管、采用封闭式金属线槽或难燃材料的塑料管等防火保护措施。

(2)开关、插座和照明灯具靠近帐幔、经幡、唐卡、哈达等可燃易燃物时,应采取隔热、散热等防火保护措施。

(3)卤钨灯和额定功率不小于100W的白炽灯泡的吸顶灯、槽灯、嵌入式灯,其引入线应采用瓷管、矿棉等不燃材料作隔热保护。

(4)超过60W的白炽灯、卤钨灯、高压钠灯、金属卤灯光源、荧光高压汞灯(包括电感镇流器)等不应直接安装在可燃装修材料或可燃构件上。

 城乡一体化消防安全评估案例分析

一、核心知识点和规范

(1)《中华人民共和国消防法》规定:地方各级人民政府应当将包括消防安全布局、消防站、消防供水、消防通信、消防车道、消防装备等内容的消防规划纳入城乡规划,并负责组织实施。城乡消防安全布局不符合消防安全要求的,应当调整、完善;公共消防设施、消防装备不足或者不适应实际需要的,应当增建、改建、配置或者进行技术改造。

(2)《中华人民共和国消防法》规定:生产、储存、装卸易燃易爆危险品的工厂、仓库和专用车站、码头的设置,应当符合消防技术标准。易燃易爆气体和液体的充装站、供应站、调压站,应当设置在符合消防安全要求的位置,并符合防火防爆要求。

(3)《危险化学品安全管理条例》规定:国家对危险化学品的生产、储存实行统筹规划、合理布局。国务院工业和信息化主管部门以及国务院其他有关部门依据各自职责,负责危险化学品生产、储存的行业规划和布局。地方人民政府组织编制城乡规划,应当根据本地区的实际情况,按照确保安全的原则,规划适当区域专门用于危险化学品的生产、储存。

(4)《城镇消防站布局与技术装备配备标准》规定:消防站应选择在责任区的适中位置。

消防站应设置在交通方便,利于消防车迅速出动的地点。消防站边界距小学校、医院、幼儿园、托儿所、影剧院、集市等人员密集的公共建筑和场所不应小于50m。在生产、贮存易燃易爆物品和有害气体的地区,消防站应设置在常年主导风向的上风或侧风方向,其边界距液化石油气罐区、煤气站、氧气站等单位不宜小于200m。

二、注意事项

(1)消防站应根据责任区类别和扑救火灾的需要,确定站级,配备消防车(艇)、通讯设备和其他技术装备。

(2)城市消防站应从责任区的火灾危险性出发,根据重点单位、工商企业、人口密度、建筑状况以及交通道路、水源、地形等情况设置。消防站的责任区面积应符合:普通消防站不宜大于7km²,设在近郊区的普通消防站不应大于15km²。

(3)每个消防站必须配备有线和无线通讯设备。

三、巩固与提高

某市拟新建消防站,新消防站的选址有何要求?

【参考答案】

根据《城镇消防站布局与技术装备配备标准》的有关规定,新消防站的选址应符合以下要求:

(1)新消防站的选址消防站应选择在责任区的适中位置。

(2)新消防站的选址消防站应设置在交通方便,利于消防车迅速出动的地点。

(3)新消防站的选址消防站边界距小学校、医院、幼儿园、托儿所、影剧院、集市等人员密集的公共建筑和场所,不应小于50m。在旧城区执行上述规定确有困难时,其距离可适当减小。

(4)新消防站的选址在生产、储存易燃易爆物品和有害气体的地区,消防站应设置在常年主导风向的上风或侧风方向,其边界距液化石油气罐区、煤气站、氧气站等单位不宜小于200m。

第九节 乡消防安全评估案例分析

一、评估分析

(1)该乡房屋大多是瓦木结构、砖木结构,耐火等级普遍为三至四级,加上村民习惯把生产、生活资料及农副产品存放在房屋内,大量的柴火、杂物堆放在墙根,增大了火灾荷载。

(2)村寨房屋布局密集,无防火分隔。户与户之间屋檐紧紧相连,无防火间距,火灾容易蔓延。

(3)村民防火意识薄弱,用火随意性大。

(4)村寨用电线路为20世纪70~80年代安装,导线横截面小且直接敷设在房屋木结构上。随着村寨家庭电器的逐年增多,出现私自乱接电线、电器、违反操作规程致使原有电气线路长时间超负荷运行,从而导致火灾事故的发生。

(5)许多村寨都建在半山腰和山顶,远离水源,人畜饮水困难,保证消防水源更难;灭火器材普遍缺乏,也比较简陋,难以组织有效自救;地处偏僻、交通不便、信息不畅通、外部救援力量难以迅速赶到,错过了控制初起火灾的最佳时机,致使火灾大面积蔓延。

二、评估意见

(1) 实施"电改"。消除电气火灾隐患,降低电气火灾发生率。

(2) 实施"灶改"。消除用火不安全因素,降低生活用火成灾率。

(3) 实施"水改"。增强村寨自救能力,提高火灾扑救成功率。

(4) 实施"寨改"。把大寨分割为小寨,控制火灾发生规模。

(5) 加强管理,构建长效管理体系。

(6) 纳入规划。消防站、消防给水、消防车通道和消防通信等公共设施,应纳入乡经济和社会发展总体规划。

三、注意事项

(1) 各级人民政府应当组织开展经常性的消防宣传教育,提高公民的消防安全意识。村民委员会应当确定消防安全管理人,组织制定防火安全公约,进行防火安全检查。

(2) 农村的消防规划应根据其区划类别,分别纳入镇总体规划、镇详细规划、乡规划和村庄规划,并应与其他基础设施统一规划同步实施。

四、巩固与提高

根据《农村防火规范》的规定,室外消防给水管道和室外消火栓的设置应符合哪些要求?

【参考答案】

(1) 当村庄在消防站(点)的保护范围内时,室外消火栓栓口的压力不应低于 0.1MPa;当村庄不在消防站(点)保护范围内时,室外消火栓应满足其保护半径内建筑最不利点灭火的压力和流量的要求。

(2) 消防给水管道的管径不宜小于 100mm。

(3) 消防给水管道的埋设深度应根据气候条件、外部荷载、管材性能等因素确定。

(4) 室外消火栓间距不宜大于 120m;三、四级耐火等级建筑较多的农村,室外消火栓间距不宜大于 60m。

(5) 寒冷地区的室外消火栓应采取防冻措施,或采用地下消火栓、消防水鹤或将室外消火栓设在室内。

(6) 室外消火栓应沿道路设置,并宜靠近十字路口,与房屋外墙距离不宜小于 2m。

第四章 消防安全管理案例分析

本章知识框架

消防安全管理案例分析	消防安全组织、制度案例分析
	建设工程施工现场消防安全管理案例分析
	高层民用建筑消防安全管理案例分析
	地下空间消防安全管理案例分析
	易燃易爆生产、储运单位消防安全管理案例分析
	消防档案管理案例分析
	消防灭火疏散演练案例分析

第一节 消防安全组织、制度案例分析

情景描述

一、核心知识点和规范

1.单位专职消防队设置

依据《中华人民共和国消防法》第三十九条生产、储存易燃易爆危险品的大型企业应建立单位专职消防队的规定,该单位建立了专职消防队。消防人员编制按《企业事业单位专职消防组织条例》规定,每台消防车设战斗员不少于5人,4台车20人,再加上正副队长、指导员、驾驶员、通讯员等30人满足要求,但是企业专职消防人员需要倒班工作,人员明显不够。

2.义务消防组织

依据《机关、团体、企业、事业单位消防安全管理规定》第二十三条规定,储备油库应建立义务消防队,配备相应的消防装备、器材,并组织开展消防业务学习和灭火技能训练,提高预防和扑救火灾的能力。该单位在各重点要害部位建立了义务消防组织,并在灭火预案中明确了灭火行动组、通讯联络组、疏散引导组、安全防护救护组的职责。

3.设置或者确定消防工作的归口管理职能部门,并确定专职的消防安全管理人员和消防安全管理部门

依据《机关、团体、企业、事业单位消防安全管理规定》,该储备油库属消防安全重点单位,应当设置或者确定消防工作的归口管理职能部门,并确定专职的消防安全管理人员;该单位安全环保部属于消防安全工作归口管理职能部门,在分管消防安全工作的油库副主任(消防安全管理人)的领导下开展工作,并对法定代表人油库主任即消防安全责任人负责。

4. 建立消防安全管理制度和保障消防安全的操作规程

(1)消防安全教育和培训制度。

(2)油库防火巡查制度。

(3)消防安全检查和火灾隐患整改责任制度。

(4)消防值班制度。

(5)消防设施、器材维护、保养管理制度。

(6)动火、用电安全管理制度。

(7)专职和义务消防队的组织管理和灭火执勤制度。

(8)灭火和应急疏散预案演习、演练制度。

(9)防雷、防静电和电气设备的检查、检测和管理制度。

(10)消防安全工作考评和奖惩制度。

符合《机关、团体、企业、事业单位消防安全规定》的单位应建立建全包括消防安全教育、培训;防火巡查、检查;安全疏散设施管理;消防(控制室)值班;消防设施、器材维护管理;火灾隐患整改;用火、用电安全管理;易燃易爆危险物品和场所防火防爆;专职和义务消防队的组织管理;灭火和应急疏散预案演练;燃气和电气设备的检查和管理(包括防雷、防静电);消防安全工作考评和奖惩等必要的消防安全管理制度和保障消防安全的操作规程。

二、注意事项

消防安全制度的制定要遵守"预防为主,防消结合"的消防工作方针,结合单位消防工作实际,有的放矢、全面细致、不留死角地认真制定。

三、巩固与提高

单位消防安全制度主要包括哪些内容?

【参考答案】

应包括消防安全教育、培训;防火巡查、检查;安全疏散设施管理;消防(控制室)值班;消防设施、器材维护管理;火灾隐患整改;用火、用电安全管理;易燃易爆危险物品和场所防火防爆;专职和义务消防队的组织管理;灭火和应急疏散预案演练;燃气和电气设备的检查和管理(包括防雷、防静电);消防安全工作考评和奖惩等消防安全内容。

第二节 建设工程施工现场消防安全管理案例分析

一、核心知识点

施工现场的消防安全管理人员应在施工人员进场时向施工人员进行消防安全教育和培训,施工现场的施工管理人员应在施工作业前向作业人员进行消防安全技术交底,施工现场的消防安全负责人应在施工过程中定期组织消防安全管理人员对施工现场的消防安全进行检查。施工单位应依据灭火及应急疏散预案,定期开展灭火及应急疏散的演练。

二、注意事项

(1)施工现场出入口的设置应满足消防车通行的要求,并宜布置在不同方向,其数量不宜少于2个。当确有困难只能设置1个出入口时,应在施工现场内设置满足消防车通行的环形道路。

（2）可燃材料堆场及其加工厂、易燃易爆危险品库房不应布置在架空电力线下。

（3）临时用房和在建工程应采取可靠的防火分隔和安全疏散等防火技术措施。

（4）厨房、办公用房不应与厨房操作间、配电房等组合建造。

（5）会议室、文化娱乐室等人员密集的房间应设置在临时用房的第一层，其疏散门应向疏散方向开启。

（6）施工现场的消火栓泵应采用专用消防配电线路。专用消防配电线路应自施工现场总配电箱的总断路器上端接入。

（7）临时消防设施应与在建工程的施工同步设置。房屋建筑工程中，临时消防设施的设置与在建工程主体结构的施工进度的差距不应超过3层。

（8）工程监理单位应对施工现场的消防安全管理进行监理。

三、巩固与提高

某市某办公综合楼施工现场，施工现场灭火及应急疏散预案应由哪家单位负责编制？灭火及应急疏散预案应包括哪些主要内容？

【参考答案】

（1）应由施工单位负责编制。

（2）应包括下列主要内容：①应急灭火处置机构及各级人员应急处置职责；②报警、接警处置的程序和通讯联络的方式；③扑救初起火灾的程序和措施；④应急疏散及救援的程序和措施。

第三节　高层民用建筑消防安全管理案例分析

一、核心知识点

1.重大火灾隐患的直接判定

符合下列情况之一的，可以直接判定为重大火灾隐患：

（1）生成、储存和装卸易燃易爆化学物品的工厂、仓库和专用车站、码头、储罐区，未设置在城市的边缘或相对独立的安全地带。

（2）甲、乙类厂房设置在建筑的地下、半地下室。

（3）甲、乙类厂房与人员密集场所或住宅、所示混合设置在同一建筑内。

（4）公共娱乐场所、商店、地下人员密集场所的安全出口、楼梯间的设置形式及数量不符合规定。

（5）旅馆、公共娱乐场所、商店、地下人员密集场所未按规定设置自动喷水灭火系统或火灾自动报警系统。

（6）易燃可燃液体、可燃气体储罐（区）未按规定设置规定灭火、冷却设施。

2.重大火灾隐患的判定要素

项目	内容
总平面布置	(1)未按规定设置消防车道或消防车道被堵塞、占用。 (2)建筑之间的既有防火间距被占用。 (3)城市建成区内的液化石油气加气站、加油加气合建站的储量达到或超过 GB 50156 对一级站的规定。 (4)丙类厂房或丙类仓库与集体宿舍混合设置在同一建筑内。 (5)托儿所、幼儿园的儿童用房及儿童游乐厅等儿童活动场所,老年人建筑、医院、疗养院的住院部分等与其他建筑合建时,所在楼层位置不符合规定。 (6)地下车站的站厅乘客疏散区、站台及疏散通道内设置商业经营活动场所。
防火分隔	(1)擅自改变原有防火分区,造成防火分区面积超过规定的 50%。 (2)防火门、防火卷帘等防火分隔设施损坏的数量超过该防火分区防火分隔设施数量的 50%。 (3)丙、丁、戊类厂房内有火灾爆炸危险的部位未采取防火防爆措施,或这些措施不能满足防止火灾蔓延的要求。
安全疏散及灭火救援	(1)擅自改变建筑内的避难走道、避难间、避难层与其他区域的防火分隔设施,或避难走道、避难间、避难层被占用、堵塞而无法正常使用。 (2)建筑物的安全出口数量不符合规定,或被封堵。 (3)按规定应设置独立的安全出口、疏散楼梯而未设置。 (4)商店营业同内的疏散距离超过规定距离的 25%。 (5)高层建筑和地下建筑未按规定设置疏散指示标志、应急照明,或损坏率超过 30%;其他建筑未按规定设置疏散指示标志、应急照明,或损坏率超过 50%。 (6)设置人员密集场所的高层建筑的封闭楼梯间、防烟楼梯间门的损坏率超过 20%,其他建筑的封闭楼梯间、防烟楼梯间门的损坏率超过 50%。 (7)民用建筑内疏散走道,疏散楼梯间、前室室内的装修材料燃烧性能低于 B_1 级。 (8)人员密集场所的疏散走道、楼梯间、疏散门或安全出口设置栅栏、卷帘门。 (9)除旅馆、公共娱乐场所、商店、地下人员密集场所的其他场所,其安全出口、楼梯间的设置形式及数量不符合规定。 (10)设有人员密集场所的建筑既有外窗被封堵或被广告牌等遮挡,影响逃生或灭火救援。 (11)高层建筑的举高消防车作业场地被占用,影响消防扑救作业。 (12)一类高层民用建筑的消防电梯无法正常运行。
消防给水及灭火设施	(1)未按规定设置消防水源。 (2)未按规定设置室外消防给水设施,或已设置但不能正常使用。 (3)未按规定设置室内消火栓系统,或已设置但不能正常使用。 (4)除旅馆、公共娱乐场所、商店、地下人员密集场所等以外的其他场所未按规定设置自动喷水灭火系统。 (5)未按规定设置除自动喷水灭火系统外的其他固定灭火设施。 (6)已设置的自动喷水灭火系统或其他固定灭火设施不能正常使用或运行。

续表

项目	内容
防烟排烟设施	人员密集场所未按规定设置防烟排烟设施,或已设置但不能正常使用或运行。
火灾自动报警系统	(1)除旅馆、公共娱乐场所、商店、地下人员密集场所等以外的其他场所未按规定设置火灾自动报警系统。 (2)火灾自动报警系统处于故障状态,不能恢复正常运行。 (3)自动消防设施不能正常联动控制。
其他	(1)违反规定在可燃材料或可燃构件上直接敷设电气线路或安装电气设备。 (2)易燃易爆化学物品场所未按规定设置防雷、防静电设施,或防雷、防静电设施失效。 (3)易燃易爆化学物品或有粉尘爆炸危险的场所未按规定设置防爆电气设备,或防爆电气设备失效。 (4)违反规定在公共场所使用可燃材料装修。

3.火灾隐患的综合判定

人员密集场所,存在建筑物的安全出口数量不符合规定或被封堵;高层建筑和地下建筑未按规定设置疏散指示标志、应急照明或损坏率超过30%;民用建筑内疏散走道、疏散楼梯间、前室室内的装修材料的燃烧性能低于B_1级;人员密集场所内的疏散走道、楼梯间、疏散门或安全出口处设置栅栏、卷帘门的,应判定为重大火灾隐患。

未按规定设置室内消火栓系统,或已设置但不能正常使用;消防用电设备未按规定采用专用的供电回路;违反规定,在公共场所使用可燃材料进行装修的,可综合判定为重大火灾隐患。

二、巩固与提高

目前,多产权高层民用建筑的消防安全管理主要存在哪些问题?请你谈谈你打算如何解决这些问题。

【参考答案】

(1)存在的主要问题有:

①消防主体责任不落实,消防管理组织不到位。

②消防设施欠缺或运行状况不佳。

③消防设施无法完好有效运行。

④业主消防安全意识不强,物管部门消防安全管理能力薄弱。

⑤大量使用高分子装修材料及可燃外保温材料。

(2)主要对策:

①明确消防安全主体责任,为高层民用建筑消防安全管理提供有力的组织保障。

②强化消防审核、验收、监理、灭火演练等环节,为高层民用建筑消防安全管理提供保障。

③落实消防设施维护保养经费来源。

④常态化消防安全意识及培训工作。

⑤强化内外装修、装饰材料监管,为高层民用建筑消防安全管理提供源头保障。

第四节　地下空间消防安全管理案例分析

一、核心知识点

1.消防设计审核和消防验收

鉴于该购物广场的建筑面积和使用功能,根据《中华人民共和国消防法》《建设工程消防监督管理规定》的规定,判定该项目应报公安机关消防机构进行消防设计审核和消防验收,该项目需经开业前消防安全检查合格后方可投入使用。

2.消防安全重点部位的明确。

鉴于该购物广场的建筑规模和使用性质,该购物广场应被确定为消防安全重点单位。

（1）该单位应明确法人代表为消防安全责任人。

（2）明确消防安全管理人和消防工作的归口管理职能部门。

（3）建立义务消防队。

（4）建立消防安全管理档案。

（5）制定全年消防工作计划,明确全年的消防工作目标、任务和管理措施并落实消防工作经费。

（6）制定消防安全管理制度和操作规程。

（7）明确各级各岗位的消防安全职责。

（8）开展防火巡查和防火检查,及时消除火灾隐患。

（9）落实消防设施、器材的维护、保养措施,与具有资质的消防设施维保单位签订消防设施维保合约,每年进行1次的消防设施的全面检测。

（10）明确消防重点部位,加强重点部位的消防安全管理。

（11）制定消防应急预案,并定期组织演练。

（12）定期开展对本单位人员的消防培训教育,提高员工的消防安全意识。

（13）加强对建筑消防设施、器材的管理,确保消防设施、器材完好有效。

（14）将建筑消防设施纳入防火巡查内容,将建筑消防设施每月至少进行1次单项检查和保养。

（15）在地下商店施行严格的易燃易爆危险品及用火管理。

（16）对新员工进行上岗前消防安全培训。

二、注意事项

（1）总建筑面积大于$10000m^2$的商场、市场应经消防设计审核和验收,公众聚集场所开业前应经消防安全检查合格。

（2）发生火灾可能性较大以及发生火灾可能造成重大人身伤亡或者财产损失的单位应被确定为消防安全重点单位,法人单位的法定代表人或者非法人单位的<u>主要负责人</u>是单位的消防安全责任人;各单位可以根据需要确定本单位的消防安全管理人。

（3）实行承包、租赁或者委托经营、管理时,产权单位应当提供符合消防安全要求的建筑物,当事人在订立的合同中依照有关规定明确各方的消防安全责任;消防车道、涉及公共消防安全的疏散设施和其他建筑消防设施应当由产权单位或者委托管理的单位统一管理。对于有两个以上产权单位和使用单位的建筑物,各产权单位、使用单位对消防车通道、涉及公共消防安全的疏散设施和其他建筑消防设施应当明确管理责任,可以委托统一管理。

(4)建筑消防设施的管理应当明确主管部门和相关人员的责任,建立完善的管理制度,建筑消防设施每年至少进行一次全面检测。

(5)消防安全重点单位应履行下列消防安全职责:

①确定消防安全管理人,组织实施本单位的消防安全管理工作。

②建立消防档案,确定消防安全重点部位,设置防火标志,实行严格管理。

③实行每日防火巡查,并建立巡查记录。

④对职工进行岗前消防安全培训,定期组织消防安全培训和消防演练。

⑤落实消防安全责任制,制定本单位的消防安全制度、消防安全操作规程,制定灭火和应急疏散预案。

⑥按照国家标准、行业标准配置消防设施、器材,设置消防安全标志,定期组织检验、维修,确保设施、器材完好有效。

⑦对建筑消防设施每年至少进行一次全面检测,确保完好有效,检测记录应当完整、准确并存档备查。

⑧保障疏散通道、安全出口、消防车通道畅通,保证防火防烟分区、防火间距符合消防技术标准。

⑨组织防火检查,及时消除火灾隐患。

⑩组织进行有针对性的消防演练。

三、巩固与提高

地下空间火灾的主要特点是什么?

【参考答案】

地下空间火灾的主要特点是起火点隐蔽、烟雾浓、久聚不散、灭火剂选择难、疏散困难,易造成人员伤亡以及灭火救援困难。

第五节 易燃易爆生产、储运单位消防安全管理案例分析

一、核心知识点和规范

1.建立健全消防组织,明确各级消防安全责任

依据《中华人民共和国消防法》和《机关、团体、企业、事业单位消防安全管理规定》,该企业为消防安全重点单位,其确定了由公司董事长兼总经理为消防安全责任人,分管生产的副总经理为消防安全管理人,安环部为消防安全工作归口管理部门。确定厂内和厂外储油罐区、液化石油气储罐区、厂内所有甲乙类生产装置或厂房、变(配)电站、易燃可燃材料仓库等为消防安全重点部位。该企业在厂内和厂外油库分别建立了专职消防队,在各车间和各岗位建立了义务消防队,确定了各级消防安全责任人和消防安全管理人。

2.建立健全各项消防安全制度和保障消防安全的操作规程

依据《机关、团体、企业、事业单位消防安全管理规定》第十八条规定,结合石油化工企业的特点,该企业建立健全了包括:消防安全教育、培训;防火巡查、检查;消防值班;消防设施、器材维护管理;火灾隐患整改;用火、用电安全管理;易燃易爆危险物品和场所的防火防爆;专职和义务消防队的组织管理;灭火和应急疏散预案演练;燃气和电气设备的检查和管理(包括防雷和防静电);消防安全工作考评和奖惩等各项消防安全制度和保障消防安全的操作规程,并公布执行。

3.消防检查与巡查

项目	检查要求	内容	结果处理
消防巡查	消防安全重点单位依据《机关、团体、企业、事业单位消防安全管理规定》应当进行每日防火巡查,并确定巡查的人员、内容、部位和频次	(1)用火、用电有无违章情况。 (2)安全出口、疏散通道是否畅通,安全疏散指示标志、应急照明是否完好。 (3)消防设施、器材和消防安全标志是否在位、完整。 (4)常闭式防火门是否处于关闭状态,防火卷帘下是否堆放物品影响使用。 (5)消防安全重点部位的人员在岗情况及其他消防安全情况。	防火巡查人员应当及时纠正违章行为,妥善处置火灾危险,如有无法当场处置的,应当立即报告。发现初起火灾应当立即报警并及时扑救。防火巡查应当填写巡查记录,巡查人员及其主管人员应当在巡查记录上签名。
消防检查	该企业依据《机关、团体、企业、事业单位消防安全管理规定》每月至少进行一次防火检查。	(1)火灾隐患的整改情况以及防范措施的落实情况。 (2)安全疏散通道、疏散指示标志、应急照明和安全出口情况。 (3)消防车道、消防水源情况。 (4)灭火器材配置及有效情况。 (5)用火、用电有无违章情况。 (6)重点工种人员以及其他员工消防知识的掌握情况。 (7)消防安全重点部位的管理情况。 (8)易燃易爆危险物品和场所防火防爆措施的落实情况以及其他重要物资的防火安全情况。 (9)消防(控制室)值班情况和设施运行的情况记录。 (10)防火巡查情况。 (11)消防安全标志的设置是否完好、有效及其他需要检查的内容。	防火检查应当填写检查记录。检查人员和被检查部门负责人应当在检查记录上签名。

4.火灾隐患整改

防火检查与巡查发现的火灾隐患应及时予以消除。

项目	内容
应当当场改正的火灾隐患	发现下列火灾隐患应当当场改正： (1)违章进入生产、储存易燃易爆危险物品场所的。 (2)违章使用明火作业或者在具有火灾、爆炸危险的场所吸烟、使用明火等违反禁令的。 (3)将安全出口上锁、遮挡或者占用、堆放物品影响疏散通道畅通的。 (4)消火栓等消防设施或灭火器材被遮挡，影响使用或者被挪作他用的。 (5)常闭式防火门处于开启状态，防火卷帘下堆放物品影响其使用的。 (6)消防设施管理、值班人员和防火巡查人员脱岗的。 (7)违章关闭消防设施、切断消防电源的以及其他可以当场改正的行为。
限期改正的火灾隐患	对不能当场改正的火灾隐患，应提出整改方案，确定整改的措施、期限以及负责整改的部门、人员，并落实整改资金。在火灾隐患未消除之前，应当落实防范措施，保障消防安全。不能确保消防安全，随时可能引发火灾或者一旦发生火灾将严重危及人身安全的，应当对危险部位停产、停业整改。
重大火灾隐患	违反消防法律法规，可能导致火灾发生或火灾危害增大，并由此可能造成特大火灾事故后果和严重社会影响的各类潜在不安全因素应被确定为重大火灾隐患。对于因涉及城市规划布局以致企业不能自身解决的重大火灾隐患，应当提出解决方案并及时向其上级主管部门或者当地政府报告。

5.消防安全宣传教育与培训

该企业每年对员工(包括新上岗和进入新岗位的员工)至少进行一次包括有关消防法规、消防安全制度和保障消防安全的操作规程，本单位的火灾危险性和防火措施，有关消防设施的性能、灭火器材的使用方法，报火警、扑救初起火灾以及自救逃生的知识和技能的消防安全培训，保障员工具有相应的消防常识和逃生自救能力。经常通过张贴图画、广播、闭路电视等向员工宣传防火、灭火、疏散逃生等常识。

6.灭火、应急疏散预案和演练

企业应根据《中华人民共和国消防法》的规定，制定灭火和应急疏散预案，其内容包括组织机构(灭火行动组、通讯联络组、疏散引导组、安全防护救护组)、报警和接警处置程序、应急疏散的组织程序和措施、扑救初起火灾的程序和措施以及通讯联络、安全防护救护的程序及措施，而且至少每半年组织一次演练，不断提高员工及时报警、扑灭初起火灾和自救逃生的能力。

7.消防档案及奖惩

企业应根据《中华人民共和国消防法》和《机关、团体、企业、事业单位消防安全管理规定》的规定，建立健全消防档案，其内容应包括消防安全基本情况和消防安全管理情况；还应将消防安全工作纳入内部检查、考核、评比内容，对在消防安全工作中成绩突出的部门(班组)和个人应给予表彰奖励，对未履行消防安全职责或者违反单位消防安全制度的，依照企业有关规定对责任人员给予行政纪律处分或做其他处理。

二、注意事项

(1)法人单位的法定代表人或者非法人单位的主要负责人是单位的消防安全责任人，对本单位的消防安全工作全面负责。单位可以根据需要确定本单位的消防安全管理人。消防安全管理人对单位的消防安全责任人负责，实施、组织和落实消防安全管理工作。消防安全管理人应当定期向消防安全责任人报告消防安全情况,及时报告涉及消防安全的重大问题。

未确定消防安全管理人的单位,消防安全管理工作由单位消防安全责任人负责实施。

(2)易燃易爆生产、储运单位动用明火和散发火花作业必须实行严格的消防安全管理,禁止在具有火灾、爆炸危险的场所使用明火。因施工或检修需要进行明火作业的,动火部门和人员应当按照用火管理制度办理审批手续并落实现场监护人,在确认无火灾、爆炸危险后方可动火作业。动火作业人员应当遵守消防安全规定,并落实相应的消防安全措施。易燃易爆危险物品和场所应有具体的防火防爆措施,电焊、气焊、电工等特殊工种人员必须持证上岗。

第六节 消防档案管理案例分析

一、核心知识点和规范

(1)依据《机关、团体、企业、事业单位消防安全管理规定》第四十一条规定,消防安全重点单位应当建立健全消防档案。

(2)依据《机关、团体、企业、事业单位消防安全管理规定》第四十一条、第四十二条和第四十三条规定,消防档案应当包括消防安全基本情况和消防安全管理情况。消防档案应当详实,全面反映单位消防工作的基本情况,并附有必要的图表,根据情况变化及时更新。

项目	内容
消防安全基本情况	单位基本概况和消防安全重点部位情况;建筑物或者场所施工、使用或者开业前的消防设计审核、消防验收以及消防安全检查的有关文件、资料;消防管理组织机构和各级消防安全责任人;消防安全制度;消防设施、灭火器材情况;专职消防队和义务消防队的人员及其消防装备配备情况;与消防安全有关的重点工种人员情况;新增消防产品、防火材料的合格证明材料;灭火和应急疏散预案。
消防安全管理情况	公安消防机构填发的各种法律文书;消防设施定期检查记录、自动消防设施全面检查测试的报告以及维修保养的记录;火灾隐患及其整改情况记录;防火检查、巡查记录;有关燃气、电气设备检测(包括防雷、防静电)等记录资料;消防安全培训记录;灭火和应急疏散预案的演练记录;火灾情况记录;消防奖惩情况记录。

二、注意事项

(1)单位应当对消防档案统一保管、备查。

(2)对于消防档案的消防安全管理情况中的消防设施定期检查记录、自动消防设施全面检查测试的报告以及维修保养的记录、火灾隐患及其整改情况记录、防火检查和巡查记录、有关燃气及电气设备检测(包括防雷、防静电)等记录资料记录,应当记明检查的人员、时间、部位内容、发现的火灾隐患以及处理措施等;消防安全培训记录应当记明培训的时间、参加人员、内容等;在灭火和应急疏散预案的演练记录中,应当记明演练的时间、地点、内容、参加部门以及人员等。

第七节　消防灭火疏散演练案例分析

一、案例说明

由于本案例涉及内容较多,本节主要分析以下内容:
(1)消防安全重点单位制定的灭火和应急疏散预案的内容。
(2)消防安全重点单位灭火和应急疏散预案的演练。

二、核心知识点和规范

(1)消防安全重点单位制定的灭火和应急疏散预案应当包括下列内容:
①组织机构,包括:灭火行动组、通讯联络组、疏散引导组、安全防护救护组。
②报警和接警处置程序。
③应急疏散的组织程序和措施。
④扑救初起火灾的程序和措施。
⑤通信联络、安全防护救护的程序和措施。

(2)消防安全重点单位应当按照灭火和应急疏散预案,至少每半年进行一次演练,并结合实际不断完善预案。其他单位应当结合本单位实际,参照制定相应的应急方案,至少每年组织一次演练。

三、注意事项

(1)消防灭火疏散演练预案应根据人员调整及时调整。消防演练时,应当设置明显标志并事先告知演练范围内的人员。
(2)消防安全重点单位制定的灭火和应急疏散预案的内容。
(3)消防安全重点单位灭火和应急疏散预案的演练。

第五章
火灾案例分析

本章知识框架

火灾案例分析	上海"11·15"胶州路高层公寓大楼火灾案例分析
	沈阳皇朝万鑫大厦"2·3"火灾案例分析
	"7·16"大连中石油保税区油库火灾案例分析
	福州市长乐拉丁酒吧"1·31"火灾案例分析
	吉林省吉林市吉林商业大厦重大火灾案例分析
	北京市丰台区玉泉营环岛家具城火灾案例分析
	北京市隆福商业大厦火灾案例分析
	青岛市调理食品厂"11·5"火灾案例分析
	广东省某市一处小作坊火灾案例分析

第一节 上海"11·15"胶州路高层公寓大楼火灾案例分析

情景描述

一、火灾成因分析及主要教训

项目	内容
起火直接原因	上海迪姆物业管理有限公司雇佣无证电焊工人吴××、王××违章电焊作业引燃聚氨酯泡沫碎块、碎屑引发火灾。
事故的间接原因	(1)建设单位、投标企业、招标代理机构相互串通、虚假招标、转包和违法分包。 (2)工程项目施工组织管理混乱。 (3)设计企业、监理机构工作失职。 (4)市、区两级建设主管部门对工程项目监督管理缺失。 (5)静安区公安消防机构对工程项目监督检查不到位。 (6)静安区政府对工程项目组织实施工作领导不力。
主要教训	(1)建筑外墙保温工程不应使用燃烧性能为B_3级易燃外墙保温材料。 (2)施工现场消防安全管理漏洞多,使用无证电焊工违法施工,且缺乏有效的安全监管。 (3)关于外墙保温系统的安全技术标准和法律法规亟待完善和补充。

二、违反消防法规及标准情况

(1)改造工程使用的外墙保温材料不符合建设部、公安部《民用建筑外墙保温系统及外墙装饰防火暂行规定》。规定要求建筑高度大于 60m、小于 100m 的非幕墙式住宅建筑,其墙体外保温材料的燃烧性能不应低于 B_2 级,该工程喷涂的聚氨酯泡沫保温材料燃烧性能是 B_3 级,属易燃材料。

(2)使用无证电焊工违法施工。《消防法》第二十一条规定,禁止在具有火灾、爆炸危险的场所吸烟、使用明火。因施工等特殊情况需要使用明火作业的,应当按照规定事先办理审批手续,采取相应的消防安全措施;作业人员应当遵守消防安全规定。进行电焊、气焊等具有火灾危险作业的人员和自动消防系统的操作人员,必须持证上岗,并遵守消防安全操作规程。该工程电焊工是负责搭建脚手架公司人员,从社会上从事电焊作业的包工头处雇用,无电焊作业人员资格证;电焊动火作业时未办理相应的动火审批手续、也未采取相应安全防护措施,特别是在未涂抹防护层的聚氨酯泡体保温材料部位进行电焊,严重违反操作规定。

第二节 沈阳皇朝万鑫大厦"2·3"火灾案例分析

一、火灾成因分析及主要教训

项目	内容
火灾原因	经调查,2011 年 2 月 3 日 0 时,沈阳皇朝万鑫国际大厦 A 座住宿人员李某、冯某某等二人,在位于沈阳皇朝万鑫国际大厦 B 座室外南侧停车场西南角处(与 B 座南墙距离 10.80m,与西南角距离 16m),燃放两箱烟花,引燃 B 座 11 层 1109 房间南侧室外平台地面塑料草坪,塑料草坪被引燃后,引燃铝塑板结合处可燃胶条、泡沫棒、挤塑板,火势迅速蔓延、扩大,致使建筑外窗破碎,引燃室内可燃物,形成大面积立体燃烧。
主要教训	(1)建筑外墙或幕墙使用铝塑板和保温材料的燃烧性能低。 (2)外保温系统未做防火封堵、防护层等防火保护措施。 (3)A 座与 B 座之间的防火间距不足。

二、违反消防法规及标准情况

(1)建筑外墙保温材料易燃且未做防火封堵、防护层等防火保护措施。建筑的保温材料的燃烧性能较低。建筑幕墙与每层楼板、隔墙处的缝隙,未按《高层民用建筑设计防火规范(2005 年版)》(GB 20045－1995)的要求采用防火封堵材料进行封堵。A 座和 B 座除地上 11 层窗户下方保温材料表面设置了薄抹灰防护层外,其他区域外墙保温材料表面未设置防护层。

(2)A 座与 B 座之间的防火间距不足。A 座在使用甲级防火窗后,与 B 座之间的防火间距缩减至 6.50m,按照《高层民用建筑设计防火规范(2005 年版)》(GB 20045－1995)是符合规定的,但设计时没有考虑到建筑外墙采用了厚达 60mm 和 80mm 的聚苯乙烯保温材料。火灾发生后,在大面积的外墙燃烧时产生的大量飞火和通过窗口发射出的高强度辐射热的作用下,A 座外墙的幕墙保温系统被引燃。

第三节 "7·16"大连中石油保税区油库火灾案例分析

一、火灾成因分析及主要教训

项目	内容
事故的直接原因	中石油国际事业有限公司(中国联合石油有限责任公司)下属的大连中石油国际储运有限公司同意、中油燃料油股份有限公司委托上海祥诚公司使用天津辉盛达公司生产的含有强氧化剂过氧化氢的"脱硫化氢剂",违规在原油库输油管道上进行加注"脱硫化氢剂"作业,并在油轮停止卸油的情况下继续加注,造成"脱硫化氢剂"在输油管道内局部富集,发生强氧化反应,导致输油管道发生爆炸,引发火灾和原油泄漏。
事故的间接原因	上海祥诚公司违规承揽加剂业务;天津辉盛达公司违法生产"脱硫化氢剂",并隐瞒其危险特性;中国石油国际事业有限公司(中国联合石油有限责任公司)及其下属公司安全生产管理制度不健全,未认真执行承包商施工作业安全审核制度;中油燃料油股份有限公司未经安全审核就签订原油硫化氢脱除处理服务协议;中石油大连石化分公司及其下属石油储运公司未提出硫化氢脱除作业存在安全隐患的意见;中国石油天然气集团公司和中国石油天然气股份有限公司对下属企业的安全生产工作监督检查不到位;大连市安全监管局对大连中石油国际储运有限公司的安全生产工作监管检查不到位。
主要教训	一是在油库内违章加注"脱硫化氢剂";二是危险化学品管理不严;三是防火堤外没有防止流淌火的技术措施;四是灭火应急救援力量不足。

二、违反消防法规及标准情况

《机关、团体、企业、事业单位消防安全管理规定》第二十二条规定,"单位应当遵守国家有关规定,对易燃易爆危险物品的生产、使用、储存、销售、运输或者销毁实行严格的消防安全管理"。"7·16"事故经济损失和社会影响重大,周边海域受到严重污染,教训极为深刻。充分暴露出中国石油天然气集团公司在大连所属部分企业在危险化学品管理中存在管理不严的严重问题。

第四节 福州市长乐拉丁酒吧"1·31"火灾案例分析

一、火灾成因分析及主要教训

项目	内容
起火直接原因	顾客在酒吧内违法燃放烟花,引燃顶棚聚氨酯泡沫吸音材料,引发火灾。
火灾成因分析	(1)燃烧速度快。现场监控录像资料显示,该起火灾从起火到顶棚、墙面吸音棉猛烈燃烧的时间仅64s。 (2)燃烧产生大量有毒气体。该酒吧在顶棚和四周墙体大量敷设聚氨酯泡沫作为吸音材料。经天津火灾物证鉴定中心鉴定,聚氨酯泡沫氧指数17、燃点212℃、水平燃烧速率20.80mm/s,引燃后短时间内即形成轰燃,热解烟气主要成分为氰化氢、一氧化碳和丙烯醛等剧毒物质。火灾中15名死亡人员均为中毒窒息死亡。 (3)酒吧空间密闭。酒吧除前后两个门外,没有窗户,火灾产生的热量和烟气无法散发。

续表

项目	内容
主要教训	(1)在人员密集的娱乐场所内大量使用易燃有毒的有机高分子吸音材料。 (2)在室内燃放烟花。 (3)火灾发生初期,没有及时逃生。

二、违反消防法规及标准情况

1. 建筑防火措施不到位

(1)酒吧在顶棚和四周墙体大量使用易燃有毒的聚氨酯泡沫作为吸音材料,不符合《建筑内部装修设计防火规范(2001年版)》(GB 50222-1995)规定。装修改造时将窗户进行封闭,导致火灾发生后产生大量有毒烟气无法排出,短时间内充满整个空间,致使15人逃生不及中毒身亡。

(2)酒吧安全疏散条件不符合《建筑设计防火规范》的规定。场所内违章设置环形阁楼,首层通往阁楼的楼梯坡度较陡,不符合有关技术规范要求;场所内走道无序摆放桌椅,占用疏散通道,疏散出口设置屏风,遮挡安全出口,安全疏散门未向外开启。

2. 消防安全管理不到位

(1)经营者明知酒吧属娱乐场所,未按《中华人民共和国消防法》规定,依法取得法定许可的情况下,擅自违法营业。

(2)酒吧原设计为办公室和车库,擅自变更为酒吧;违法在住宅区设置娱乐场所;在出口处采用易燃的聚苯乙烯泡沫违章搭建遮雨棚,场所高温浓烟向外排放时引燃了易燃的聚苯乙烯泡沫,高温熔渣掉落在向室外疏散的顾客身上,造成二次受伤。同时,也影响火灾施救和火场排烟。

(3)酒吧顾客消防安全意识十分淡薄。酒吧顾客无视有关法律法规的安全规定和烟花上"禁止在室内燃放"的安全警示,在酒吧内违法燃放烟花;酒吧顾客进入公共场所未能先观察了解场所的疏散出口。从现场监控录像资料分析,火灾发生后,绝大部分顾客从酒吧东侧的正大门逃生,而忽视了酒吧西南角的另一个安全出口;部分顾客在火灾发生初期,没有及时逃生,在场内观望或收拾个人物品,甚至仍然进行娱乐,在火势已较大的情况下才开始逃生,贻误了最佳的逃生时机。

(4)酒吧经营者消防安全责任不落实。该场所没有落实安全生产经营单位主体责任,安全管理混乱,为招揽顾客,酒吧经营者不仅对消费者在酒吧内燃放烟花不予制止,还赠送烟花供消费者在酒吧中燃放。同时,场所超员营业。当晚酒吧内共有顾客近百名,众多人员拥挤在封闭的有限空间内,致使场所内发生险情时无法顺利展开疏散。

(5)社会消防教育宣传工作薄弱。火灾发生当晚酒吧的顾客多为17岁至30岁左右的在校学生和受过高等教育的大学毕业生;火灾中死亡和受伤人员也多为在校学生和受过高等教育的大学毕业生;同时燃放烟花的6名人员均为受过高等教育的大学毕业生。这些人员无视有关法律规定和安全警示,或是放任经营者允许消费者违法燃放烟花,或是自己违法在酒吧中燃放烟花;火灾发生后,不是及时逃生,而是观望、娱乐或者收拾物品,显示出消防宣传教育工作,特别是学校消防宣传教育存在重大薄弱环节,全社会消防宣传教育工作亟待加强。

第五节 吉林省吉林市吉林商业大厦重大火灾案例分析

一、火灾成因分析及主要教训

项目	内容
火灾原因	经现场勘验、调查访问和对火灾痕迹物证的鉴定,调查组综合分析认定这起火灾的起火原因系吉林商业大厦一层二区精品店仓库顶部的电气线路短路所致。
主要教训	(1)报警不及时,贻误了灭火和楼内人员自救逃生的最佳时机。 (2)火灾发生后,电工关闭全部电源(含消防电源),导致消防设施启动后又停止动作。 (3)消防控制室人员未按消防控制室应急程序处置火灾事故。 (4)单位员工和群众逃生自救意识差。 (5)建筑外墙被封堵导致灭火困难。 (6)起火部位处于扶梯附近,发生火灾后产生烟囱效应,致使火灾迅速蔓延。

二、违反消防法规及标准情况

(1)起火部位自动喷水灭火系统未发挥应有作用。火灾发生时,一层二区起火部位上方自动喷水灭火系统管网进水阀门关闭,致使火灾发生后消防设施未能发挥应有作用,未能在第一时间扑灭和控制火灾。

(2)电工误操作导致自动消防设施"瘫痪"。火灾发生时,建筑自动消防设施已经正常启动,但由于单位电工在发现火灾时,将消防电源在内的所有电源全部切断,导致建筑消防设施未能发挥作用。

(3)单位消防责任制不落实。经调查,商厦管理部门重效益、轻安全,没有根据实际制定消防安全管理制度,消防管理混乱,无人组织防火巡查,无人落实安全隐患的整改,无人对员工进行必要的消防安全培训,消防安全管理工作处于无人管理、无人负责的情况。

第六节 北京市丰台区玉泉营环岛家具城火灾案例分析

一、火灾成因分析及主要教训

项目	内容
起火直接原因	经现场勘查、人员调查和技术检测、鉴定,火灾原因是由于玉泉营环岛建材城(北厅)内的电铃线圈过热,引燃裹在线圈外部的牛皮纸、塑料布、后盖及底座,掉落在沙发上所至。

续表

项目	内容
主要教训	玉泉营环岛家具城分期建设的工程在施工前均未依法向当地消防监督机构申报进行建筑防火设计审核,致使其在建筑的耐火等级、防火分区、消防设施、消防水源等诸多方面存在隐患,以至于在火灾发生时,火势蔓延迅速。 建筑结构耐火等级不够,起火在不到半个小时的时间内,主体建筑就变形倒塌,给火灾扑救带来了难度,加大了直接财产损失。

二、违反消防法规及标准情况

1. 建筑防火措施不到位

(1) 玉泉营环岛家具城分期建筑的工程在施工前未向当地消防监督机构申报进行建筑防火设计审核;工程竣工后,未经消防监督部门验收即投入使用,致使其建筑本身就存在设计缺陷。

(2) 在设计装修时,未按规定设置防火分区。家具城经多次扩建,单层钢架结构的总建筑面积达到 23000 m^2,相互毗连,未采取任何防火分隔措施,导致火灾发生后蔓延迅速,造成重大经济损失。

(3) 在装修过程中,建设单位擅自降低施工技术标准。在钢结构防火喷涂时偷工减料,减少涂层厚度,将消防技术规范规定的耐火极限为 2.0h 的柱、1.5h 的梁,均降为 0.5h。导致在火灾发生半个小时内,建筑主体坍塌。

(4) 建设单位未按要求,设置消防泵备用电源;室外消火栓数量也未按设计进行施工,只建了 2 个室外消火栓。火灾发生后,水源严重不足,给火灾扑救带来了一定的困难。

2. 消防安全管理不到位

(1) 在装修改造过程中未执行消防法律法规和消防技术标准。家具城在装修时未按当时的消防标准设计建筑的耐火等级,设置防火分区、室内外消防给水系统、消防供电等,且使用可燃材料作展厅装饰。

(2) 家具城消防安全管理混乱。家具城内私拉乱接临时电线、室内消火栓被遮挡、圈占、商户占道经营影响疏散、配电盘及电气开关直接安装在可燃物上、未采取必要的防火措施等问题长期存在,一直没有得到有效解决。

(3) 家具城领导只注重经济效益,轻视消防安全。家具城自开业后,消防监督部门多次检查,并提出建筑的耐火等级不够、防火分区、消防泵房应设备用电源、室外消火栓的数量不足等问题,但家具城却以影响营业等种种理由推脱,直至火灾发生时也未按要求整改完毕。

(4) 家具城消防安全责任制不落实。家具城在营业闭店后,值班人员没有认真检查、巡查,导致火灾发现不及时;且消防水泵房无人值班,火灾发生后,室内消火栓和自动灭火喷淋系统不能发挥作用,致使火灾蔓延迅速。

(5) 家具城平时对消防设施、电气设备维护管理不力。对固定消防设施未能做到经常维护、检修,该家具城消防泵房仅一路供电,且在三期工程地基施工时,泵房的电源电缆因被打断而停电,未能及时修复,造成失火后消防泵、自动喷淋和室内消防设施不能启动,以致"小火酿成大灾"。

第七节　北京市隆福商业大厦火灾案例分析

一、火灾成因分析及主要教训

项目	内容
起火直接原因	隆福商业大厦旧营业厅一层中部小礼品货架灯箱内安装的一日光灯镇流器线圈匝间短路，使线圈产生高温引燃固定镇流器的木质材料所致。
主要教训	隆福商业大厦违反了中华人民共和国商业部《商业零售商店消防安全管理规定》中"在营业终了后，必须断掉营业性用电"的规定，导致货架灯箱内日光灯镇流器线圈匝间短路起火；另外，隆福商业大厦未按规定设置防火分区，对固定消防设施、设备器材平时维修管理不善，致使自动报警、自动防卷帘等消防设施在火灾中未能正常发挥作用，使小火变成特大火灾。

二、违反消防法规及标准情况

1. 建筑防火措施不到位

（1）在设计装修时，未按规定设置防火分区。新旧营业厅总面积 28000 m²，新旧营业楼之间有 7 处接合部相通，均未采取防火分隔措施，导致火灾发生后蔓延迅速，造成重大经济损失。

（2）旧营业楼未设置自动喷水灭火系统，未能有效地控制初起火灾。

（3）旧营业楼未设置火灾自动报警系统，值班员没有在第一时间发现火灾，错过了火灾扑救的最佳时期。

（4）整个大厦未设置防排烟系统，且装修改造时未将敞开楼梯间改为防烟楼梯间，致使火灾时有毒烟气蔓延迅速，救火人员难以开展有效的内攻灭火。

2. 消防安全管理不到位

（1）在装修改造过程中未执行消防法律法规和消防技术标准。隆福商业大厦在装修改造设计时，没有按当时的消防标准设计火灾自动报警系统、防排烟系统、安全疏散设施和防火分隔措施等，致使大厦先天存在火灾隐患，带病营业。

（2）消防安全管理混乱。隆福大厦与340多家柜台承租方签订的协议中虽然包含了消防内容，但管理流于形式。这些出租柜台各行其是，人员调换频繁，用电混乱，违章吸烟，货物乱堆隐患严重，公安消防部门曾先后提出各类火险隐患167件，要求大厦整改，但有的并未落实。

（3）消防安全管理制度和岗位责任制不落实。起火当晚，护店员、值班员未履行职责，未对营业厅进行巡视检查。起火时，几个护店员正在值班室里分奖金，是三楼舞厅的一对男女下楼途经铁门时发现火光，向他们报的警。

（4）消防安全检查、巡查工作不落实。

（5）固定消防设施、设备器材日常维护保养、管理不善。

（6）没有制定灭火预案，并进行演练。

第八节 青岛市调理食品厂"11·5"火灾案例分析

一、火灾成因分析及主要教训

项目	内容
起火直接原因	工作人员未按规定、规章制度要求清洗排烟管道,导致清洗不彻底,在管道内残积有大量油渍,遇明火引起燃烧,是致使火灾事故发生的直接原因。
主要教训	(1)企业在验收后擅自在厂房顶彩钢板内侧喷涂聚氨酯发泡保温材料是导致火灾迅速蔓延扩大和致使人员中毒伤亡的主要原因。 (2)火灾迅速蔓延导致炭烤间相邻预冷间的氨冷却风机受损致使氨气大量泄露产生有毒有害气体是致人死亡重要原因。 (3)调理食品厂负责人未依法组织企业建立健全安全生产责任制和安全管理制度、消防安全管理制度、安全操作规程,安全生产主体责任落实不到位;未按有关法规配备专职安全人员,也未建立隐患排查治理等制度。因此,企业没有及时排查和消除隐患是导致火灾事故发生的间接原因。 (4)企业安全生产监管责任不落实,执行消防安全生产法规、规范不严格,对排烟管道内清洗不彻底积有大量油渍等安全隐患没有督促整改也是导致事故发生的间接原因。 (5)莱西沽河街道办事处履行安全生产监管职责不到位,配备的安全生产监管力量和装备不足,没有监督企业落实好有关法规规定的主体责任也是事故发生的间接原因。 (6)部分员工对消防安全"四个能力"掌握不熟练。火灾发生时员工未及时报警且未通知值班人员,延误了火灾初期扑救和人员疏散的有利时机,是导致人员伤亡的重要因素。

二、违反消防法规及标准情况

(1)单位违反《中华人民共和国消防法》第十二条之规定"依法应当经公安机关消防机构进行消防设计审核的建设工程,未经依法审核或者审核不合格的,负责审批该工程施工许可的部门不得给予施工许可,建设单位、施工单位不得施工。"和二十六条第二款之规定"人员密集场所室内装修、装饰,应当按照消防技术标准的要求,使用不燃、难燃材料。",擅自对调理食品厂对厂房屋顶进行保温改造,屋顶钢板内壁喷涂的可燃保温材料,是火灾蔓延扩大的主要原因。

(2)单位违反《青岛市实施＜中华人民共和共和国消防法＞若干规定》第十七条之规定"高层宾馆饭店和具有火灾危险性的其他餐饮场所的厨房油气烟道,应当由专业防火清理单位定期清理。"和《人员密集场所消防安全管理》规定"厨房燃油、燃气管道应经常检查、检测和保养"的规定,安全生产监管责任不落实,执行消防安全生产法规、行业标准不严格,对排烟管道清洗不彻底、积有大量油渍等安全隐患没有督促整改。

(3)单位违反《中华人民共和国消防法》第十六条之规定,未依法落实消防安全责任制,没有组织企业建立健全消防安全责任制、消防安全管理制度和消防安全操作规程。消防安全主体责任落实不到位,没有组织消防安全检查及时消除火灾隐患。

第九节 广东省某市一处小作坊火灾案例分析

一、火灾成因分析及主要教训

项目	内容
起火直接原因	起火原因是该业主家庭作坊一层南墙西端上方穿线孔内电源线短路,引发电源侧距短路点70cm至220cm范围内电源线多处短路,产生的迸溅熔珠引燃下方可燃物起火所致。
主要教训	(1)业主违规在住宅内设置家庭生产作坊和员工集体宿舍,未按规定采取有效的防火分隔和技术防范措施。 (2)起火建筑一层内堆放了大量可燃材料(聚氨酯海绵等物品),致使起火后火势迅速蔓延,释放大量有毒烟气,造成重大人员伤亡。

二、违反消防法规及标准情况

1.建筑防火措施不到位

(1)业主违规在住宅内设置家庭生产作坊。使住宅变成了家庭生产作坊,住宿、生产及经营功能混合设置,违反了《中华人民共和国消防法》第十九条规定。

(2)起火建筑一层内堆放了大量可燃材料(聚氨酯海绵等物品),致使起火后火势迅速蔓延,释放大量有毒烟气。

(3)起火建筑未按公共行业标准《住宿与生产储存经营合用场所消防安全技术要求》(GA 703-2007)规定采取有效的防火分隔和技术防范措施。

(4)业主违法在家庭作坊内设置员工集体宿舍。起火当天,起火建筑内共住有35人,其中7名男员工住在一层东北角的阁楼内,23名女工住在四层,致使火灾发生后,四层的女员工没有办法疏散。

(5)起火建筑设置防盗网,阻碍员工逃生、延误灭火救援。起火建筑一层到五层窗户均设置了防盗网,火灾发生后,外面的群众以及四楼员工无法采取绳索将四楼人员救下,延误了逃生救援。

2.消防安全管理不到位

(1)基层消防安全责任制不落实,政府、职能部门监管不到位。起火建筑所在的地区兴建的建筑物大部分未办理规划、建设等审批手续,有关职能部门对该类建筑物的大量存在及用途更改的现象处于失控监管状态。

(2)从业人员消防安全意识淡薄,逃生自救能力差。起火建筑的员工基本上受教育程度较底,法律意识、消防安全意识淡薄,火灾发生后,四楼员工不懂得阻止烟气进入房间,缺乏消防逃生自救常识,致使13名员工因吸入大量有毒烟气中毒、窒息死亡,造成伤亡惨重。